HERMANN GRASSMANNS

GESAMMELTE

MATHEMATISCHE UND PHYSIKALISCHE WERKE.

AUF VERANLASSUNG

DER

MATHEMATISCH-PHYSISCHEN KLASSE
DER KGL. SÄCHSISCHEN GESELLSCHAFT DER WISSENSCHAFTEN

UND UNTER MITWIRKUNG DER HERREN:

JAKOB LÜROTH, EDUARD STUDY, JUSTUS GRASSMANN,
HERMANN GRASSMANN DER JÜNGERE, GEORG SCHEFFERS

HERAUSGEGEBEN

VON

FRIEDRICH ENGEL.

LEIPZIG,
DRUCK UND VERLAG VON B. G. TEUBNER.
1894.

HERMANN GRASSMANNS

GESAMMELTE

MATHEMATISCHE UND PHYSIKALISCHE WERKE.

ERSTEN BANDES ERSTER THEIL:

DIE AUSDEHNUNGSLEHRE VON 1844 UND DIE GEOMETRISCHE ANALYSE.

UNTER DER MITWIRKUNG

VON

EDUARD STUDY

HERAUSGEGEBEN

VON

FRIEDRICH ENGEL.

MIT EINEM BILDE GRASSMANNS IN HOLZSCHNITT UND 35 FIGUREN IM TEXT.

LEIPZIG,
DRUCK UND VERLAG VON B. G. TEUBNER.
1894.

Vorbemerkungen.

Mit sehr wenigen Ausnahmen haben die deutschen Mathematiker Grassmann fast während seines ganzen Lebens die Anerkennung versagt, die er verdiente; eigentlich erst in dem letzten Jahrzehnt seines Lebens wurden einige Stimmen laut, die darauf hinwiesen, dass der Stettiner Gymnasiallehrer doch etwas geleistet habe, ja dass er in manchen Beziehungen seinen Zeitgenossen vorausgeeilt sei. Nach Grassmanns Tode ist es nicht viel anders geworden. Es giebt zwar jetzt eine ganze Reihe von Mathematikern, die nahezu ausschliesslich mit Grassmannschen Methoden arbeiten; aber der grossen Mehrheit aller Mathematiker ist er bis auf den heutigen Tag ganz fremd geblieben: man begnügt sich im günstigsten Falle, seinen Namen mit einer gewissen Hochachtung zu nennen, aber an seinen Werken geht man achselzuckend vorüber.

Allerdings ist es wahr, dass Grassmann nicht gerade leicht lesbar ist; seine Neigung zur Abstraktion, seine philosophische Darstellungsweise wirken auf uns alle, die wir so ganz anders gewöhnt sind, zunächst abschreckend ein. Wahr ist es auch, dass viele unter den Ergebnissen Grassmanns, die, als er sie veröffentlichte, neu waren, mittlerweile, unabhängig von ihm, auf andern Wegen wiedergefunden worden sind, und dass wir jetzt auf einem höheren Standpunkte stehen, von dem aus wir den Zusammenhang der Dinge ganz anders übersehen können, als es Grassmann möglich war. Aber andrerseits findet man doch bei Grassmann noch gar Manches, was auch heute noch neu ist und auf die Entwickelung der Wissenschaft Einfluss zu üben vermag. Ausserdem ist es aber eine einfache Pflicht der Gerechtigkeit, auch die andern Leistungen Grassmanns anzuerkennen und überhaupt Grassmann die ihm gebührende Stellung unter den Mathematikern des neunzehnten Jahrhunderts nicht länger vorzuenthalten.

Dieser Pflicht uns zu entziehen, haben wir heute gar keinen Vorwand mehr. Grassmanns Zeitgenossen nämlich wurde das Verständniss seiner Werke nicht blos durch deren eigenthümliche Darstellungsweise erschwert, sondern auch, und zwar in viel höherem Grade, durch die Fülle neuer, fremdartiger Begriffe, mit denen Grassmann sie förmlich überschüttete. Heutzutage dagegen sind wir in einer viel günstigeren Lage. Durch die Weiterentwickelung der Mathematik ist uns ein grosser Theil dieser Begriffe, die damals den Zeitgenossen Grassmanns so fremdartig erschienen, ganz geläufig, da sie eben seitdem von andern Mathematikern auf andern Wegen entwickelt worden sind, und deshalb ist es für uns viel leichter, Grassmann zu verstehen, und es bleibt eigentlich nur die Schwierigkeit übrig, die in seiner eigenthümlichen, halbphilosophischen Darstellungsweise liegt. Aber auch diese Schwierigkeit ist bei einiger Anspannung des Denkens zu überwinden und davor darf sich niemand scheuen; erfordert doch überhaupt jede ernste wissenschaftliche Leistung eine solche Anspannung des Denkens, wenn sie verstanden und gewürdigt werden soll.

Es sind eigentlich nur äussere Gründe, die es einigermassen entschuldigen können, dass Grassmann heutzutage noch so vernachlässigt wird. Seine Werke sind zum Theil nicht sehr leicht zugänglich. Eins seiner Hauptwerke, die Ausdehnungslehre von 1862, ist vergriffen und gar nicht mehr zu bezahlen. Seine Abhandlungen sind in Zeitschriften zerstreut. Der Bequemlichkeit der Mathematiker auch diesen letzten Vorwand zu entziehen, das ist der Zweck der Gesammtausgabe, von der jetzt der erste Theil des ersten Bandes vorliegt.

Den ersten Anstoss zur Veranstaltung dieser Ausgabe hat Felix Klein gegeben. Ueberzeugt, dass ein solches Unternehmen zeitgemäss sei, hatte er sich mit der Grassmannschen Familie in Verbindung gesetzt, um deren Einverständniss zu erlangen. Anfang Oktober 1892 fragte er dann bei mir an, ob ich etwa geneigt wäre, die Herausgabe zu übernehmen. Ich bin nie ein einseitiger Parteigänger Grassmanns gewesen und werde das auch nie werden, aber gerade deshalb durfte ich wenigstens den Anspruch erheben, unbefangen zu sein. Ausserdem hatte ich schon seit längerer Zeit Interesse für Grassmann gehabt und hatte wenigstens die beiden Ausdehnungslehren zum Theil gelesen, ich war also nicht ganz unvorbereitet. Endlich aber, ich gestehe es offen, reizte mich auch der Gedanke, etwas dazu beitragen zu können, dass der so verkannte Mann zu seinem Rechte käme. Ich antwortete daher, dass ich nicht abgeneigt sei, die Herausgabe zu übernehmen, vorausgesetzt, dass sich die geeigneten Mitarbeiter fänden.

Im weiteren Verlaufe des Oktobers 1892 hielt sich Klein einige Tage in Leipzig auf und wohnte am 17. Oktober einer Sitzung der mathematisch-physischen Klasse der Kgl. Sächsischen Gesellschaft der Wissenschaften bei. Klein benutzte diese Gelegenheit, um der Klasse darzulegen, wie wünschenswerth eine Gesammtausgabe der mathematischen und physikalischen Werke Grassmanns sei. Eine solche Ausgabe dürfe nicht blos die gedruckten Werke Grassmanns enthalten, sondern müsse auch aus dessen Nachlass Alles bringen, was der Veröffentlichung werth sei. Vielleicht könne die Klasse dieses Unternehmen in irgend einer Weise stützen, sei es auch nur, indem sie durch eine zu wählende Kommission eine Art Aufsicht über die Herausgabe führe, was dann auf dem Titel der Ausgabe zum Ausdruck zu bringen sei. Zugleich erwähnte er, dass er glaube, in mir eine geeignete Persönlichkeit zur Uebernahme der Herausgabe empfehlen zu können. Endlich erklärte er: für den Fall, dass die Klasse auf diesen Vorschlag eingehe, erachte er seine eigne Thätigkeit für das Zustandekommen der Ausgabe im Wesentlichen als beendet.

Diese von Klein gegebene Anregung fand bei den anwesenden Mitgliedern der Klasse beifällige Aufnahme, insbesondere äusserten sich die Mathematiker zustimmend und C. Ludwig, der damalige Sekretär der Klasse, sprach sich sogleich sehr wohlwollend über den Gedanken aus.

Ich suchte mir nunmehr ein genaueres Bild von dem Umfange des ganzen Unternehmens zu machen und warb Mitarbeiter. In sehr dankenswerther Weise erklärte sich Lüroth bereit, die Grassmannschen Arbeiten über Mechanik herauszugeben, und ebenso versprach mir Study seine Mitwirkung bei der Herausgabe der Ausdehnungslehre von 1844 sowie der geometrischen Analyse und anderer Abhandlungen. Ausserdem waren aber noch die Verlagsrechte klarzustellen, was durch Vermittelung der Grassmannschen Familie geschah. Die Verleger der Zeitschriften, in denen die einzelnen Abhandlungen Grassmanns erschienen waren, ertheilten ohne Weiteres ihre Zustimmung zu dem Wiederabdruck dieser Abhandlungen. Die Ausdehnungslehre von 1862 war bei Enslin überhaupt nur im Kommissionsverlage gewesen und überdies vollständig vergriffen, hier gab es also auch keine Schwierigkeit. Aehnlich verhielt es sich mit den beiden Lehrbüchern Grassmanns, mit der Arithmetik und der Trigonometrie. Die Fürstlich Jablonowskische Gesellschaft zu Leipzig ertheilte mit der grössten Bereitwilligkeit die Erlaubniss zum Wiederabdruck der „geometrischen Analyse“. So blieb nur die Ausdehnungslehre von 1844 übrig, an der die Verlagsbuchhandlung von O. Wigand in Leipzig das Verlagsrecht besass und deren zweite Auflage noch nicht vergriffen war. Aber die Verlagsbuchhandlung von O. Wigand war bereit, gegen eine mässige

Abfindungssumme auch die Aufnahme dieses Werkes in die Gesammtausgabe zu gestatten.

Ueber alles dies erstattete ich der mathematisch-physischen Klasse der Kgl. Gesellschaft der Wissenschaften in der Decembersitzung vom Jahre 1892 Bericht. Es wurde daraufhin eine Kommission gewählt, die aus dem Sekretär C. Ludwig als Vorsitzenden und aus den Herren Scheibner, Lie, A. Mayer und Bruns bestand und die darüber berathen sollte, in welcher Form die Klasse das Unternehmen fördern könne.

Auf Veranlassung der Kommission wurden zunächst mit der Verlagsbuchhandlung von B. G. Teubner Verhandlungen angeknüpft, die zu einem günstigen Ergebnisse führten. Die genannte Verlagsbuchhandlung erklärte sich bereit, den Verlag zu übernehmen. Ausserdem beschloss die Kommission, der Klasse vorzuschlagen, sie möge erstens die Kosten für den Erwerb der Verlagsrechte an der Ausdehnungslehre von 1844 auf sich nehmen und sie möge zweitens dem Herausgeber und seinen Mitarbeitern für die Theile der Ausgabe, die Ungedrucktes aus dem Nachlasse Grassmanns oder Anmerkungen enthalten würden, einen Zuschuss zum Honorare gewähren, jedoch nur soweit, als diese Theile zusammen den Umfang von zwanzig Bogen nicht überstiegen. Diese Vorschläge der Kommission, zu denen die Anregung in erster Linie von Ludwig ausging, wurden dann in der Klassensitzung vom 8. Januar 1894 genehmigt und es wurde zugleich beschlossen, dass der Titel der Ausgabe die gegenwärtige Fassung erhalten solle.

Es ist daher zu einem sehr wesentlichen Theile der mathematisch-physischen Klasse der hiesigen Gesellschaft der Wissenschaften zu danken, dass die gegenwärtige Ausgabe überhaupt zu Stande kommt, und es sei mir gestattet, hierdurch auch öffentlich der Klasse meinen Dank auszusprechen für die Freigebigkeit, mit der sie das Unternehmen unterstützt. Andrerseits aber hat auch die Verlagsbuchhandlung von B. G. Teubner begründeten Anspruch auf den Dank aller Mathematiker. Endlich darf auch nicht unerwähnt bleiben, was die Grassmannsche Familie selbst zu dem Zustandekommen der Ausgabe beigetragen hat: sie hat nämlich auf jeden Antheil an dem Honorar verzichtet.

Ich werde jetzt noch über den vorliegenden Theil des ersten Bandes kurz berichten und dann angeben, in welcher Weise das Unternehmen fortgesetzt werden soll.

Ursprünglich wollte ich die beiden Ausdehnungslehren und die geometrische Analyse in einem Bande veröffentlichen. Um jedoch diesen Band nicht zu umfangreich werden zu lassen, habe ich ihn getheilt und die Ausdehnungslehre von 1862 wird daher den zweiten Theil bilden. Man könnte ja auch diese beiden Theile als ersten und zweiten Band bezeichnen, ich thue das aber nicht, weil die darin enthaltenen Werke zusammengenommen ein abgeschlossenes Ganzes bilden.

Die Ausdehnungslehre von 1844 und die geometrische Analyse sind vor dem Druck zuerst von Study und dann von mir einer sorgfältigen Durchsicht unterzogen worden. Ich persönlich richtete bei dieser Durchsicht mein Augenmerk hauptsächlich darauf, wie es bei dem Wiederabdruck mit der typographischen Anordnung des Ganzen gehalten werden solle.

Grassmann hat die nicht sehr angenehme Eigenthümlichkeit, dass er im Texte seiner Arbeiten mit Absätzen äusserst sparsam ist. Der Druck geht zuweilen seitenlang fort, ohne dass ein Absatz gemacht wird, das Auge hat keine Ruhepunkte und die Gliederung der Gedankenentwickelung ist vollständig verhüllt. Schon dieser äussere Umstand ist beim Lesen der Originalausgaben sehr unbequem, auch abgesehen von den Schwierigkeiten, die der Inhalt an sich bietet. Ich habe daher rücksichtslos überall da Absätze angebracht, wo es mir nöthig schien, und das war fast auf jeder Seite mehrere Male. Auch Aenderungen der Interpunktion habe ich mir erlaubt, sobald die Uebersichtlichkeit dadurch erhöht wurde.

Von dem so nützlichen Verfahren, einzelne Wörter und ganze Sätze durch besonderen Druck hervorzuheben, macht Grassmann ebenfalls ziemlich selten Gebrauch. In der Ausdehnungslehre von 1844 waren nicht einmal die Formeln in cursiven Lettern gesetzt, nur ab und zu waren einzelne Wörter gesperrt gedruckt und die wichtigeren Sätze waren durch Einrücken der Zeilen ausgezeichnet. In der geometrischen Analyse wiederum waren die Sätze und einzelne Stichwörter cursiv gedruckt, dagegen nirgends gesperrter Druck angewendet. Ich habe nun in der Ausdehnungslehre Alles, was gesperrt gedruckt war, wieder so drucken lassen, die Sätze dagegen und einzelne Stichwörter, die auszuzeichnen mir nöthig schien, sind jetzt cursiv gedruckt. Dementsprechend ist in der geometrischen Analyse Alles, was schon vorher cursiv gedruckt war, wieder cursiv gedruckt, während dagegen bei solchen Wörtern, die ich auszeichnen lassen wollte, gesperrter Satz benutzt worden ist.

Die Ausdehnungslehre insbesondere war zwar schon in Paragraphen eingetheilt, aber auch diese Eintheilung bot dem Auge keine rechten Ruhepunkte, da sich die Anfänge der Paragraphen zu wenig abhoben. Zum Glück hatte Grassmann selbst am Schlusse ein sehr ausführliches Inhaltsverzeichniss beigegeben, das fast für jeden Paragraphen eine Ueberschrift enthielt; ich brauchte also blos diese Ueberschriften in den Text zu nehmen und ich denke, dass auch dadurch das Aussehen des Ganzen sehr gewonnen hat. Die Kopfüberschriften auf der rechten Seite mussten natürlich zum Theil geändert werden, aber ich habe mich bestrebt sie noch eingehender zu machen, als sie im Original waren. Auf den Köpfen der linken Seiten habe ich jedesmal ein A_1 hinzufügen lassen, damit man gleich weiss, dass man die Ausdehnungslehre von 1844 vor sich hat, und ausserdem die Kapitelnummern, die im Original fehlten. Die Figuren, die sich im Original auf einer besonderen Tafel befanden, sind jetzt in den Text aufgenommen.

Die Originalausgabe der geometrischen Analyse war überhaupt gar nicht in Paragraphen eingetheilt und ebensowenig hatte sie Kopfüberschriften, die über den Inhalt der einzelnen Seiten Aufschluss gaben. Beides ist jetzt hinzugefügt, die Kopfüberschriften in der Hauptsache von Study, die Paragrapheneintheilung von mir. Die Figuren stehen wie bei der Originalausgabe im Text; einige, die unverhältnissmässig gross waren, sind hier auf die Hälfte oder auf zwei Drittel verkleinert.

Unbedingt erforderlich scheint es mir, dass man bei einer solchen Ausgabe, wie der gegenwärtigen, die Seitenzahlen der Originalausgaben mit angiebt, wenn das auch bisher bei den Mathematikern noch nicht üblich ist — mir ist augenblicklich nur ein Fall erinnerlich, wo es geschehen ist, nämlich in den gesammelten wissenschaftlichen Abhandlungen von Helmholtz. Deshalb sind bei der Ausdehnungslehre von 1844 überall am Rande die Seitenzahlen der Ausgabe von 1878 angegeben und da, wo diese Seitenanfänge von der Originalausgabe von 1844 merklich abweichen, auch die Seitenzahlen der Originalausgabe, diese in cursivem Druck. In entsprechender Weise ist bei der geometrischen Analyse verfahren worden. So kann es nicht vorkommen, dass man bei irgend einem Citate, das nach Seitenzahlen gemacht ist, von der gegenwärtigen Ausgabe im Stiche gelassen wird.

Die vorliegende Ausgabe der Ausdehnungslehre von 1844 enthält Alles, was in der Ausgabe von 1878 steht; für die Behandlung des Textes ist aber immer die Originalausgabe von 1844 zu Grunde gelegt worden; überall, wo die Ausgabe von 1878 davon abweicht, ohne dass ein triftiger Anlass vorliegt, ist der Text der Originalausgabe wieder hergestellt worden. Bei der geometrischen Analyse lag ja überhaupt nur eine Ausgabe vor. Zusätze, die ich im Texte gemacht habe, sind durch Einschliessen in eckige Klammern gekennzeichnet. Die ursprünglichen Lesarten der Stellen, an denen Aenderungen im Texte nothwendig schienen, findet man auf S. 400—403 zusammengestellt. Bei solchen Aenderungen galt es immer, entweder ein Versehen Grassmanns zu berichtigen oder, soweit das möglich war, Unklarheiten zu beseitigen.

Während des Drucks habe ich sowohl die Ausdehnungslehre als die geometrische Analyse auf das Sorgfältigste geprüft und darf wohl sagen, dass kein Wort unerwogen geblieben ist. Study war durch einen längeren Aufenthalt im Auslande verhindert, die Korrektur der Ausdehnungslehre mit zu lesen, dagegen hat er mich bei der Korrektur der geometrischen Analyse unterstützt. Bei der Ausdehnungslehre hat seine Frau die erste Korrektur für ihn mit gelesen, ebenso mein Freund Dr. P. Domsch, jetzt Lehrer an den technischen Staatslehranstalten in Chemnitz i. S. Endlich hat mich F. Meyer in Klausthal bei dem ganzen jetzt vorliegenden Theile dadurch unterstützt, dass er die zweite Korrektur mit gelesen hat. Allen den Genannten bin ich hierfür zu besonderem Danke verpflichtet; ich wünsche jedoch nicht, dass man für die Korrektheit des Ganzen einen Anderen verantwortlich mache als mich.

Einzelne geschichtliche Anmerkungen waren unbedingt erforderlich, zum Beispiel über die Vorgeschichte der geometrischen Analyse. Ich habe aber auch Anmerkungen kritischen Inhalts beigefügt und ausserdem solche, in denen einzelne schwerer verständliche Stellen erläutert werden. Mir scheint es wenigstens naturgemäss, dass der Herausgeber da, wo er selbst Schwierigkeiten gefunden hat, andern die Mühe möglichst zu ersparen sucht. Ein Theil der Anmerkungen rührt von Study her; diese sind mit seinem Namen bezeichnet.

Das Sachregister wird hoffentlich Manchem willkommen sein. Ich habe es für die Ausdehnungslehre von 1844 und für die geometrische Analyse zusammen bearbeitet und werde für die Ausdehnungslehre von 1862 ein eignes machen. Diese beiden Sachregister zu vereinigen ging nicht wohl an, da die beiden Ausdehnungslehren in den einzelnen Kunstausdrücken zu sehr von einander abweichen.

Der zweite Theil des ersten Bandes wird womöglich zu Anfang des nächsten Jahres erscheinen und soll die Ausdehnungslehre von 1862 enthalten. Er wird von einem Sohne Grassmanns — Hermann Grassmann in Halle a. S. — und von mir herausgegeben werden. Der zweite Band soll die gedruckten Abhandlungen Grassmanns bringen und Einzelnes aus dem Nachlasse, was sich gut an die übrigen Abhandlungen anschliesst. Die Abhandlungen über Mechanik, auch die aus dem Nachlasse, hat Lüroth bereits für den Druck bearbeitet und diese Bearbeitung ist schon seit über Jahresfrist in meinen Händen. Die Arbeiten über Geometrie hat mein Leipziger Kollege Scheffers übernommen; in die übrigen werden sich Study und ich theilen. Der dritte Band wird die Prüfungsarbeit Grassmanns über Ebbe und Fluth enthalten, die aus dem Jahre 1840 stammt und deren Veröffentlichung schon von verschiedenen Seiten gewünscht worden ist, namentlich von J. W. Gibbs. Dazu kommt dann der Rest des Nachlasses, soweit er zur Veröffentlichung geeignet ist. Die Arbeit über Ebbe und Fluth wird ein anderer Sohn Grassmanns herausgeben, Justus Grassmann in Brandenburg a. H. In dem dritten Bande denke ich überdies eine Lebensbeschreibung Grassmanns zu liefern und eine kurze zusammenhängende Darstellung und Würdigung seiner wissenschaftlichen Leistungen. Wann diese beiden Theile erscheinen werden, darüber kann ich zur Zeit noch nichts Bestimmtes sagen. Uebereilt werden soll die Sache jedenfalls nicht.

Noch muss ich erwähnen, dass auch V. Schlegel und R. Mehmke, die ja besonders tief in Grassmanns Methoden eingedrungen sind, mir ihre Unterstützung zugesagt haben; insbesondere wird es mir durch ihre Hülfe möglich sein, dem dritten Band ein Verzeichniss aller Arbeiten, in denen an Grassmann angeknüpft worden ist, beizugeben. Auch bei dem jetzt erscheinenden Theile haben mich beide Herren schon unterstützt, indem sie mir über verschiedene Fragen Auskunft ertheilt haben. Ebenso hat mir der schon oben erwähnte Sohn Grassmanns — H. Grassmann — jederzeit mit Rath und That beigestanden.

Zum Schlusse möchte ich noch der Verlagsbuchhandlung von B. G. Teubner meinen besonderen Dank aussprechen für die Bereitwilligkeit, mit der sie allen meinen Wünschen entgegengekommen ist. Die Ausstattung des Ganzen ist dieselbe wie bei Riemanns gesammelten Werken. Auch hat die Verlagsbuchhandlung diesen ersten Theil mit einem Bilde Grassmanns geschmückt, das nach dem Urtheile der Grassmannschen Familie ganz vortrefflich ist.

Fünfzig Jahre sind gerade vergangen, seit Grassmann seine erste Ausdehnungslehre in die Welt schickte. Möge sie jetzt, wo sie zum dritten Male, in neuem und schönerem Gewande erscheint, mehr Theilnahme finden als damals und möge überhaupt die hiermit begonnene Ausgabe dazu wirken, dass die Leistungen Grassmanns endlich nach Verdienst gewürdigt werden.

Leipzig, im Juli 1894.

Friedrich Engel.

Inhaltsverzeichniss

zum ersten Theile des ersten Bandes.

DIE AUSDEHNUNGSLEHRE VON 1844

UND DIE

GEOMETRISCHE ANALYSE.

Die Wissenschaft

der

extensiven Grösse

oder

die Ausdehnungslehre,

eine neue mathematische Disciplin

dargestellt und durch Anwendungen erläutert

von

Hermann Grassmann

Lehrer an der Friedrich-Wilhelms-Schule zu Stettin.

Erster Theil,

die **lineale Ausdehnungslehre** enthaltend.

Leipzig, 1844.

Verlag von Otto Wigand.

Die

lineale Ausdehnungslehre

ein

neuer Zweig der Mathematik

dargestellt

und

durch Anwendungen auf die übrigen Zweige der Mathematik,

wie auch

auf die Statik, Mechanik, die Lehre vom Magnetismus und die Krystallonomie erläutert

von

Hermann Grassmann

Lehrer an der Friedrich-Wilhelms-Schule zu Stettin.

Mit 1 Tafel.

Leipzig, 1844.

Verlag von Otto Wigand.

Die Ausdehnungslehre von 1844

oder

Die lineale Ausdehnungslehre

ein

neuer Zweig der Mathematik

dargestellt

und

durch Anwendungen auf die übrigen Zweige der Mathematik,

wie auch

auf die Statik, Mechanik, die Lehre vom Magnetismus und die Krystallonomie erläutert

von

Hermann Grassmann.

Zweite, im Text unveränderte Auflage.

Mit 1 Tafel.

Leipzig
Verlag von Otto Wigand.
1878.

Vorrede zur ersten Auflage.

Wenn ich das Werk, dessen ersten Theil ich hiermit dem Publikum III übergebe, als Bearbeitung einer neuen mathematischen Disciplin bezeichne, so kann die Rechtfertigung einer solchen Behauptung nur durch das Werk selbst gegeben werden. Indem ich mich daher jeder anderweitigen Rechtfertigung entschlage, gehe ich sogleich dazu über, den Weg zu bezeichnen, auf welchem ich Schritt für Schritt zu den hier niedergelegten Resultaten gelangt bin, um damit zugleich den Umfang dieser neuen Disciplin, so weit es hier thunlich ist, zur Anschauung zu bringen.

Den ersten Anstoss gab mir die Betrachtung des Negativen in der Geometrie; ich gewöhnte mich, die Strecken AB und BA als entgegengesetzte Grössen aufzufassen; woraus denn hervorging, dass, wenn A, B, C Punkte einer geraden Linie sind, dann auch allemal $AB + BC = AC$ sei, sowohl wenn AB und BC gleichbezeichnet sind, als auch wenn entgegengesetzt bezeichnet, das heisst wenn C zwischen A und B liegt. In dem letzteren Falle waren nun AB und BC nicht als blosse Längen aufgefasst, sondern an ihnen zugleich ihre Richtung festgehalten, vermöge deren sie eben einander entgegengesetzt waren. So drängte sich der Unterschied auf zwischen der Summe der Längen und zwischen der Summe solcher Strecken, in denen zugleich die Richtung mit festgehalten war. Hieraus ergab sich die Forderung, den letzten Begriff der Summe nicht bloss für den Fall, dass die VI Strecken gleich- oder entgegengesetzt-gerichtet | waren, sondern auch IV für jeden andern Fall festzustellen. Dies konnte auf's Einfachste geschehen, indem das Gesetz, dass $AB + BC = AC$ sei, auch dann noch festgehalten wurde, wenn A, B, C nicht in einer geraden Linie lagen.

Hiermit war denn der erste Schritt zu einer Analyse gethan, welche in der Folge zu dem neuen Zweige der Mathematik führte, der hier vorliegt. Aber keinesweges ahnte ich, auf welch' ein fruchtbares und reiches Gebiet ich hier gelangt war; vielmehr schien mir jenes

Ergebniss wenig beachtenswerth; bis sich dasselbe mit einer verwandten Idee kombinirte.

Indem ich nämlich den Begriff des Produktes in der Geometrie verfolgte, wie er von meinem Vater*) aufgefasst wurde, so ergab sich mir, dass nicht nur das Rechteck, sondern auch das Parallelogramm überhaupt als Produkt zweier an einander stossender Seiten desselben zu betrachten sei, wenn man nämlich wiederum nicht das Produkt der Längen, sondern der beiden Strecken mit Festhaltung ihrer Richtungen auffasste. Indem ich nun diesen Begriff des Produktes mit dem vorher aufgestellten der Summe in Kombination brachte, so ergab sich die auffallendste Harmonie; wenn ich nämlich, statt die in dem vorher angegebenen Sinne genommene Summe zweier Strecken mit einer dritten in derselben Ebene liegenden Strecke in dem eben aufgestellten Sinne zu multipliciren, die Stücke einzeln mit derselben Strecke multiplicirte, und die Produkte mit gehöriger Beobachtung ihrer positiven oder negativen Geltung addirte, so zeigte sich, dass in beiden Fällen jedesmal dasselbe Resultat hervorging und hervorgehen musste.

Diese Harmonie liess mich nun allerdings ahnen, dass sich hiermit ein ganz neues Gebiet der Analyse aufschliessen würde, was zu *VII* wichtigen Resultaten führen könnte. Doch blieb diese Idee, da | mich mein Beruf in andere Kreise der Beschäftigung hineinzog, wieder eine ganze Zeit lang ruhen; auch machte mich das merkwürdige Resultat anfangs betroffen, dass für diese neue Art des Produktes zwar die V übrigen Gesetze der gewöhnlichen | Multiplikation und namentlich ihre Beziehung zur Addition bestehen blieb, dass man aber die Faktoren nur vertauschen konnte, wenn man zugleich die Vorzeichen umkehrte (+ in — verwandelte und umgekehrt).

Eine Arbeit über die Theorie der Ebbe und Fluth, welche ich späterhin vornahm, führte mich zu der Mécanique analytique des La Grange und dadurch wieder auf jene Ideen der Analyse zurück. Alle Entwickelungen in jenem Werke gestalteten sich nun durch die Principien dieser neuen Analyse auf eine so einfache Weise um, dass oft die Rechnung mehr als zehnmal kürzer ausfiel, als sie in jenem Werke geführt war.

Dies ermuthigte mich, auch auf die schwierige Theorie der Ebbe und Fluth die neue Analyse anzuwenden; es waren dazu mannigfache neue Begriffe zu entwickeln, und in die Analyse zu kleiden; namentlich führte mich der Begriff der Schwenkung zur geometrischen Ex-

*) Vergleiche: J. G. Grassmanns Raumlehre Theil II, p. 194 und dessen Trigonometrie p. 10. [Berlin bei G. Reimer, 1824 und 1835.]

ponentialgrösse, zu der Analyse der Winkel und der trigonometrischen Funktionen und so weiter*). Und ich hatte die Freude zu sehen, wie durch die so gestaltete und erweiterte Analyse nicht nur die oft sehr verwickelten und unsymmetrischen Formeln, welche dieser Theorie zu Grunde liegen**), sich in höchst einfache und symmetrische Formeln umsetzten, sondern auch die Art ihrer Entwickelung stets dem Begriffe zur Seite ging.

In der That konnte nicht nur jede Formel, welche im Gange der Entwickelung sich ergab, aufs leichteste in Worte gekleidet werden, und drückte dann jedesmal ein besonderes Gesetz aus; sondern auch jeder Fortschritt von einer Formel zur andern erschien unmittelbar nur als der symbolische Ausdruck einer parallel gehenden | begrifflichen *VIII* Beweisführung. Bei der sonst üblichen Methode zeigte sich durch die Einführung willkührlicher Koordinaten, die mit der Sache nichts zu schaffen haben, die Idee ganz verdunkelt, und die Rechnung bestand in einer mechanischen, dem Geiste nichts darbietenden und darum Geist tödtenden Formelentwickelung. Hingegen hier, wo die Idee, durch nichts fremdartiges getrübt, überall durch | die Formeln in voller Klar- VI heit hindurchstrahlte, war auch bei jeder Formelentwickelung der Geist in der Fortentwickelung der Idee begriffen.

Durch diesen Erfolg nun hielt ich mich zu der Hoffnung berechtigt, in dieser neuen Analyse die einzig naturgemässe Methode gefunden zu haben, nach welcher jede Anwendung der Mathematik auf die Natur fortschreiten müsse, und nach welcher gleichfalls die Geometrie zu behandeln sei, wenn sie zu allgemeinen und fruchtreichen Ergebnissen führen solle***). Es reifte daher in mir der Entschluss, aus der Darstellung, Erweiterung und Anwendung dieser Analyse eine Aufgabe meines Lebens zu machen. Indem ich nun meine freie Zeit diesem Gegenstande ungetheilt zuwandte, so füllten sich allmälig die Lücken aus, welche die frühere gelegentliche Bearbeitung gelassen hatte. Namentlich ergab sich auf die Weise und mit den Modifikationen, wie ich in dem Werke selbst dargestellt habe, dass als Summe mehrerer Punkte ihr Schwerpunkt, als Produkt zweier Punkte ihre Verbindungsstrecke, als das dreier der zwischen ihnen liegende Flächenraum und als das Produkt von vier Punkten der zwischen ihnen liegende Körperraum (die Pyramide) aufgefasst werden konnte.

---

*) Die nähere Nachweisung s. unten.

**) Vgl. La Place, Mécanique céleste, livre IV.

***) In der That zeigte sich bald, wie durch diese Analyse die Differenz zwischen der analytischen und synthetischen Behandlung der Geometrie gänzlich verschwand.

Die Auffassung des Schwerpunktes als Summe veranlasste mich, den barycentrischen Kalkül von Möbius zu vergleichen, ein Werk, das *IX* ich bis dahin nur dem Titel nach kannte; | und zu meiner nicht geringen Freude fand ich hier denselben Begriff der Summation der Punkte vor, zu dem mich der Gang der Entwickelung geführt hatte, und war somit zu dem ersten, aber wie die Folge lehrte, auch zu dem einzigen Berührungspunkte gelangt, welchen die neue Analyse mit dem schon anderweitig Bekannten darbot. Da indessen der Begriff eines Produktes von Punkten in jenem Werke gar nicht vorkommt, mit diesem Begriffe aber, indem er mit dem der Summe in Kombination tritt, erst die Entfaltung der neuen Analyse beginnt, so konnte ich auch von dorther keine weitere Förderung meiner Aufgabe erwarten.

VII Indem ich daher nun daran ging, | die so gefundenen Resultate zusammenhängend und von Anfang an zu bearbeiten, so dass ich mich auch auf keinen in irgend einem Zweige der Mathematik bewiesenen Satz zu berufen gedachte, so ergab sich, dass die von mir aufgefundene Analyse nicht, wie mir Anfangs schien, bloss auf dem Gebiete der Geometrie sich bewegte; sondern ich gewahrte bald, dass ich hier auf das Gebiet einer neuen Wissenschaft gelangt sei, von der die Geometrie selbst nur eine specielle Anwendung sei.

Schon lange war es mir nämlich einleuchtend geworden, dass die Geometrie keinesweges in dem Sinne wie die Arithmetik oder die Kombinationslehre als ein Zweig der Mathematik anzusehen sei, vielmehr die Geometrie schon auf ein in der Natur gegebenes (nämlich den Raum) sich beziehe, und dass es daher einen Zweig der Mathematik geben müsse, der in rein abstrakter Weise ähnliche Gesetze aus sich erzeuge, wie sie in der Geometrie an den Raum gebunden erscheinen. Durch die neue Analyse war die Möglichkeit, einen solchen rein abstrakten Zweig der Mathematik auszubilden, gegeben; ja diese Analyse, sobald sie, ohne irgend einen schon anderweitig erwiesenen Satz vorauszusetzen, entwickelt wurde, und sich rein in der Abstraktion bewegte, war diese Wissenschaft selbst.

Der wesentliche Vortheil, welcher durch diese Auffassung erreicht wurde, war der Form nach der, dass nun alle Grundsätze, welche X Raumesanschauungen | ausdrückten, gänzlich wegfielen, und somit der Anfang ein eben so unmittelbarer wurde, wie der der Arithmetik, dem Inhalte nach aber der, dass die Beschränkung auf drei Dimensionen wegfiel. Erst hierdurch traten die Gesetze in ihrer Unmittelbarkeit und Allgemeinheit ans Licht und stellten sich in ihrem wesentlichen Zusammenhange dar, und manche Gesetzmässigkeit, die bei drei Dimensionen entweder noch gar nicht, oder nur verdeckt vorhanden war, entfaltete sich nun bei dieser Verallgemeinerung in ihrer ganzen Klarheit.

Uebrigens ergab sich im Verlauf, dass mit den gehörigen Bestimmungen, wie sie im Werke selbst zu finden sind, der Durchschnittspunkt zweier Linien, die Durchschnittslinie zweier Ebenen und der Durchschnittspunkt dreier Ebenen als Produkte jener | Linien oder dieser VIII Ebenen aufgefasst werden konnten *), woraus sich dann zugleich eine höchst einfache und allgemeine Kurventheorie ergab**).

Darauf ging ich nun zur Erweiterung und Begründung dessen über, was ich für den zweiten Theil dieses Werkes bestimmt habe, wohin ich nämlich alles dasjenige verwiesen habe, was irgendwie den Begriff der Schwenkung oder des Winkels voraussetzt. Da dieser zweite Theil, welcher das Werk schliessen wird, erst später im Druck erscheinen soll, so scheint es mir für die Uebersicht des Ganzen nöthig, die hierher gehörigen Ergebnisse etwas genauer zu bezeichnen. Zu diesem Ende habe ich zuerst die Resultate anzugeben, welche sich schon vor der zusammenhängenden Bearbeitung ergeben hatten.

Ich habe eben gezeigt, wie als Produkt zweier Strecken das Parallelogramm aufgefasst werden kann, wenn nämlich, wie hier überall geschieht, die Richtung der Strecken mit festgehalten wird; wie aber dies Produkt dadurch ausgezeichnet ist, dass die Faktoren nur mit Zeichenwechsel vertauscht werden können, während zugleich das zweier gleichgerichteter Strecken offenbar | null ist. Diesem Begriffe stellte *XI* sich ein anderer zur Seite, der sich gleichfalls auf Strecken mit festgehaltener Richtung bezieht.

Nämlich wenn ich die eine Strecke senkrecht auf die andere projicirte, so stellte sich das arithmetische Produkt dieser Projektion in die Strecke, worauf projicirt war, gleichfalls als Produkt jener Strecken dar, sofern auch hierfür die multiplikative Beziehung zur Addition galt. Aber das Produkt war von ganz anderer Art, wie jenes erstere, insofern die Faktoren desselben ohne Zeichenwechsel vertauschbar waren, und das Produkt zweier gegen einander senkrechter Strecken als null erschien. Ich nannte jenes erstere Produkt das äussere, dies letztere das innere Produkt, sofern jenes nur bei auseinander tretenden Richtungen, dieses nur bei Annäherung derselben, das heisst bei theilweisem Ineinandersein einen geltenden Werth hatte. Dieser Begriff des inneren Produktes, welcher sich mir schon bei der Durcharbeitung

---

*) Vgl. Kap. 3 des zweiten Abschnitts.

**) Vgl. dasselbe Kapitel.

IX der Mécanique | analytique als nothwendig herausgestellt hatte, führte zugleich zu dem Begriffe der absoluten Länge*).

Eben so hatte sich mir schon bei der Bearbeitung der Theorie der Ebbe und Fluth die geometrische Exponentialgrösse ergeben; nämlich wenn a eine Strecke (mit festgehaltener Richtung) und α einen Winkel (mit festgehaltener Schwenkungsebene) darstellt, so ergab sich aus rein inneren Gründen, deren Angabe mich jedoch zu weit führen würde, dass $a . e^\alpha$, wo e als die Grundzahl des natürlichen Logarithmensystems aufgefasst werden kann, die Strecke bedeutet, welche aus a durch eine Schwenkung hervorgeht, die den Winkel α erzeugt; das heisst es bedeutet $a . e^\alpha$ die Strecke a geschwenkt um den Winkel α. Wenn ferner $\mathrm{Cos}\,\alpha$, wo α einen Winkel ausdrückt im geometrischen Sinne, dieselbe Zahl vorstellt wie $\cos\bar{\alpha}$ wo $\bar{\alpha}$ den zu dem Winkel gehörigen, durch den Halbmesser gemessenen Bogen bedeuten soll: so folgt aus jenem XII Begriffe der Exponentialgrösse sogleich, dass

$$\mathrm{Cos}\,\alpha = \frac{e^\alpha + e^{-\alpha}}{2}$$

sei**). Ebenso wenn $\mathrm{Sin}\,\alpha$ die Grösse vorstellt, welche die Strecke, mit der sie multiplicirt ist, nach der Schwenkungsseite des Winkels α um 90^0 in ihrer Richtung ändert, und zugleich ihre absolute Länge auf gleiche Weise ändert wie $\sin\bar{\alpha}$, so ist

$$\mathrm{Sin}\,\alpha = \frac{e^\alpha - e^{-\alpha}}{2},$$

und es ergiebt sich daraus die Gleichung

$$\mathrm{Cos}\,\alpha + \mathrm{Sin}\,\alpha = e^\alpha,$$

alles Gleichungen, welche die auffallendste Analogie mit den bekannten imaginären Ausdrücken verrathen.

X Soweit hatten sich diese Begriffe schon früher ergeben. | Als ich nun auch diese Begriffe zu verallgemeinern trachtete, so erweiterte sich zuerst der Begriff des inneren Produktes auf entsprechende Weise,

---

Fig. 1.

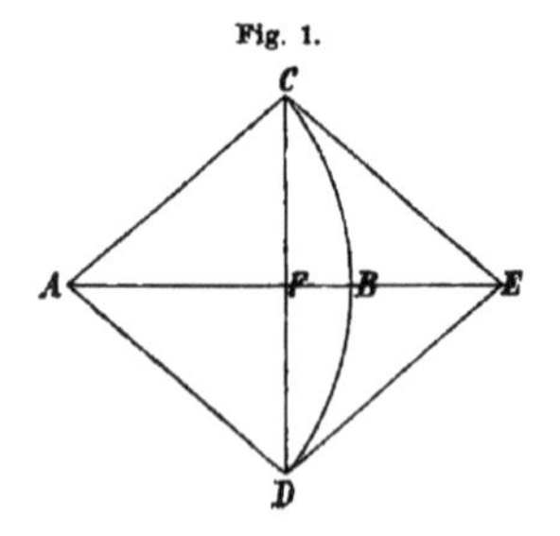

*) Auch dieser Begriff, da er die Schwenkung voraussetzt, gehört dem zweiten Theile an.

**) In der That wenn AB (Figur 1) die ursprüngliche Strecke ist, und dieselbe um den Winkel α in die Lage AC, um den Winkel $-\alpha$ aber in die Lage AD geschwenkt wird, und man das Parallelogramm $ACDE$ vollendet, so ist AE die Summe der Strecken $AC + AD$, und die Hälfte AF dieser Summe der Cosinus des Winkels α.

wie ich dies für das äussere Produkt in Bezug auf das Durchschneiden der Linien und Ebenen oben angedeutet habe; sodann kam ich zunächst auf den Begriff des Quotienten verschieden gerichteter Strecken, und verstand unter $\frac{a}{b}$, wo a und b verschieden gerichtete Strecken von gleicher Länge vorstellen, die Grösse, welche jede in derselben Ebene liegende Strecke um den Winkel ba (von b nach a gerechnet) ändert, so dass in der That, wie es sein muss, $\frac{a}{b} b = a$ ist; und hieraus ergab sich dann der Begriff für den Fall, dass a und b von ungleicher Länge sind, unmittelbar. Jener einfache Begriff wurde nun aber die Quelle für eine Reihe der interessantesten Beziehungen.

Zuerst ergab sich | hieraus sogleich eine neue Art der Multi- XIII plikation, welche dieser Division entsprach, und sich von allen früheren dadurch unterschied, dass das Produkt dieser neuen Art nur null werden konnte, wenn einer der Faktoren null wurde, während die Faktoren vertauschbar blieben, kurz eine Multiplikation, welche in allen ihren Gesetzen der gewöhnlichen arithmetischen analog blieb; und der Begriff derselben ging leicht hervor, wenn ich eine Strecke fortschreitend mit verschiedenen solchen Quotienten multiplicirte, und dann den einen Quotienten auffasste, welcher statt dieser fortschreitenden Faktoren gesetzt werden konnte. Da nun nach der Definition, wenn ab den Winkel beider Strecken, welche von gleicher Länge sind, bedeutet,

$$e^{ab} = \frac{b}{a}$$

ist, so hat man auch

$$\log \frac{b}{a} = ab.$$

Ferner, wenn der Winkel ab der m-te Theil von ac ist, so hat man

$$\left(\frac{b}{a}\right)^m = \frac{c}{a},$$

weil nämlich, wenn eine Strecke m-mal fortschreitend die Schwenkung XI $\frac{b}{a}$ erleidet, sie dann im Ganzen die Schwenkung $\frac{c}{a}$ vollendet. Also auch, wenn der Winkel ab halb so gross ist als ac, so ist

$$\left(\frac{b}{a}\right)^2 = \frac{c}{a} \text{ also } \frac{b}{a} = \sqrt{\frac{c}{a}}.$$

Ist namentlich $\frac{b}{a}$ der Schwenkung um einen Rechten, also $\frac{c}{a}$ der um zwei Rechte gleich, so ist, da $c = -a$, also $\frac{c}{a} = -1$ ist, $\frac{b}{a} = \sqrt{-1}$, das heisst der Ausdruck $\sqrt{-1}$ mit einer Strecke multiplicirt ändert ihre

Richtung um 90° nach irgend einer, dann aber allemal nach derselben Seite hin.

Diese schöne Bedeutung der imaginären Grösse vervollständigte sich noch dadurch, dass sich ergab, dass

$$e^{\alpha} \text{ und } e^{(\alpha)\sqrt{-1}}$$

denselben Werth bezeichnen, wenn α den Winkel, (α) aber den dazu XIV gehörigen Bogen dividirt durch den Halbmesser bedeutet; in | der That fand sich dann

$$\cos x = \frac{e^{x\sqrt{-1}} + e^{-x\sqrt{-1}}}{2},$$

wie gehörig, und ebenso

$$\sqrt{-1} \sin x = \frac{e^{x\sqrt{-1}} - e^{-x\sqrt{-1}}}{2},$$

Formeln, welche also eine rein geometrische Bedeutung haben, indem $e^{x\sqrt{-1}}$ die Schwenkung um einen Winkel bedeutet, dessen Bogen durch den Halbmesser gemessen x giebt.

Hiernach nun gewannen alle imaginären Ausdrücke eine rein geometrische Bedeutung, und liessen sich durch geometrische Konstruktionen darstellen. Zugleich war der Winkel als Logarithmus des Quotienten $\frac{b}{a}$ bestimmt, daher auch die unendliche Menge seiner Werthe bei derselben Schenkellage. Ebenso nun zeigte sich auch umgekehrt, wie XII man vermittelst | der so gefundenen Bedeutung des Imaginären auch die Gesetze der Analyse innerhalb der Ebene ableiten kann, hingegen ist es nicht mehr möglich, vermittelst des Imaginären auch die Gesetze für den Raum abzuleiten. Auch stellen sich überhaupt der Betrachtung der Winkel im Raume Schwierigkeiten entgegen, zu deren allseitiger Lösung mir noch nicht hinreichende Musse geworden ist.

Dies etwa sind die Gegenstände, welche ich mir für den zweiten und letzten Theil vorbehalten habe, wenigstens so weit sie bis jetzt von mir bearbeitet sind, mit ihm wird das Werk geschlossen sein. Die Zeit, wann dieser zweite Theil erscheinen wird, kann ich noch nicht bestimmen, indem es mir bei den mannigfachen Arbeiten, in welche mich mein jetziges Amt verwickelt, unmöglich wird, diejenige Ruhe zu finden, welche für die Bearbeitung desselben nothwendig ist. Doch bildet auch dieser erste Theil ein für sich bestehendes, in sich abgeschlossenes Ganze, und ich hielt es für zweckmässiger, diesen ersten Theil mit den zugehörigen Anwendungen zusammen erscheinen zu lassen, als beide Theile zusammen und von den Anwendungen gesondert.

In der That ist es bei der Darstellung einer neuen Wissenschaft, *XV* damit ihre Stellung und ihre Bedeutung recht erkannt werde, unumgänglich nothwendig, sogleich ihre Anwendung und ihre Beziehung zu verwandten Gegenständen zu zeigen. Hierzu soll auch zugleich die Einleitung dienen. Diese ist der Natur der Sache nach mehr philosophischer Natur, und, wenn ich dieselbe aus dem Zusammenhange des ganzen Werkes heraussonderte, so geschah dies, um die Mathematiker nicht sogleich durch die philosophische Form zurückzuschrecken.

Es herrscht nämlich noch immer unter den Mathematikern und zum Theil nicht mit Unrecht eine gewisse Scheu vor philosophischen Erörterungen mathematischer und physikalischer Gegenstände; und in der That leiden die meisten Untersuchungen dieser Art, wie sie namentlich von Hegel und seiner Schule geführt sind, an einer Unklarheit und Willkühr, welche alle Frucht solcher Untersuchungen vernichtet. Dessen ungeachtet glaubte ich es der Sache schuldig zu sein, der neuen Wissenschaft | ihre Stelle im Gebiete des Wissens anweisen zu müssen, XIII und stellte daher, um beiden Forderungen zu genügen, eine Einleitung voran, welche ohne dem Verständniss des Ganzen wesentlich zu schaden, überschlagen werden kann. Auch bemerke ich, dass unter den Anwendungen gleichfalls die, welche sich auf Gegenstände der Natur (Physik, Krystallonomie) beziehen, überschlagen werden können, ohne dass dadurch der Gang der ganzen Entwickelung gestört wird.

Durch diese Anwendungen auf die Physik glaubte ich besonders die Wichtigkeit, ja die Unentbehrlichkeit der neuen Wissenschaft und der in ihr gebotenen Analyse dargethan zu haben. Dass dieselbe in ihrer konkreten Gestalt, das heisst in ihrer Uebertragung auf die Geometrie, einen vortrefflichen Unterrichtsgegenstand liefern würde, welcher einer durchaus elementaren Behandlung fähig ist, hoffe ich gelegentlich einmal nachweisen zu können, indem zu einer solchen Nachweisung in dem Werke selbst, seiner Bestimmung gemäss, kein Platz gefunden werden konnte. Namentlich ist es bei einer | elemen- *XVI* taren Behandlung der Statik, wenn in derselben anschauliche und allgemeine (auch durch Konstruktion darstellbare) Resultate hervorgehen sollen, unumgänglich nothwendig, den Begriff der Summe und des Produktes von Strecken aufzunehmen, und die Hauptgesetze dafür zu entwickeln, und ich bin gewiss, dass, wer das Aufnehmen dieser Begriffe einmal versucht hat, es nie wieder aufgeben wird.

Wenn ich so der neuen Wissenschaft, deren Bearbeitung hier wenigstens theilweise vorliegt, ganz ihr Recht zuerkannt habe, und ihr die Ansprüche, die sie im Gebiete des Wissens machen kann, auf keine Weise verkürzen will, so glaube ich dadurch mir nicht den Vorwurf der Anmassung zuzuziehen; denn die Wahrheit verlangt ihr Recht; sie ist nicht das Werk dessen, der sie zum Bewusstsein oder zur Anerkennung bringt; sie hat ihr Wesen und Dasein in sich selbst; und ihr aus falscher Bescheidenheit ihr Recht verkürzen ist ein Verrath an der Wahrheit. Aber desto mehr Nachsicht muss ich in Anspruch nehmen für alles das, was mein Werk an der Wissenschaft XIV ist. Denn ich bin mir, ungeachtet aller auf die | Form verwandten Mühe, dennoch der grossen Unvollkommenheit derselben bewusst.

Zwar habe ich das Ganze mehrere Male durchgearbeitet in verschiedenen Formen, bald in Euklidischer Form von Erklärungen und Lehrsätzen in möglichster Strenge, bald in Form einer zusammenhängenden Entwickelung mit möglichster Uebersichtlichkeit, bald beides mit einander verflechtend, indem ich die Uebersicht-gebende Darstellung vorangehen, und dann die Entwickelung nach Euklidischer Form folgen liess. Zwar bin ich mir dessen wohl bewusst, dass bei abermaliger Umarbeitung manches in besserer, das heisst theils strengerer, theils übersichtlicherer Form hervortreten würde. Aber von der Ueberzeugung durchdrungen, dass ich doch keine volle Befriedigung hoffen könne, und der Einfachheit der Wahrheit gegenüber, die Darstellung doch immer nur dürftig bleiben müsse, entschloss ich mich, mit der Form hervorzutreten, welche mir zur Zeit als die beste erschien.

XVII Einen besonderen Grund der | Nachsicht hoffe ich auch darin zu finden, dass mir die Zeit für die Bearbeitung vermöge meiner amtlichen Thätigkeit nur äusserst kärglich und stückweise zugemessen war, auch mir mein Amt keine Gelegenheit darbot, durch Mittheilungen aus dem Gebiete dieser Wissenschaft, oder auch nur verwandter Gegenstände, die lebendige Frische zu gewinnen, welche wie ein belebender Hauch das Ganze durchwehen muss, wenn es als ein lebendiges Glied an dem Organismus des Wissens erscheinen soll. Doch wenn auch eine Berufsthätigkeit, in welcher solche Mittheilungen aus dem Gebiete der Wissenschaft meine eigentliche Aufgabe sein würden, als das Ziel meiner Wünsche und Bestrebungen mir vor Augen steht, so glaubte ich doch die Bearbeitung dieser Wissenschaft nicht bis zur Erreichung dieses Zieles aufschieben zu dürfen, zumal da ich hoffen konnte, durch die Bearbeitung dieses Theiles selbst mir den Weg zu jenem Ziele bahnen zu können.

Stettin, den 28. Juni 1844.

Vorrede zur zweiten Auflage.

Das Werk, dessen zweite Auflage ich hiermit der Oeffentlichkeit XV übergebe, hat in den ersten dreiundzwanzig Jahren nach seinem ersten Erscheinen nur eine geringe und meist nur gelegentliche Beachtung gefunden.

Diesen Mangel an Erfolg konnte ich nicht der behandelten Wissenschaft als solcher zur Last legen; denn ich kannte deren fundamentale Wichtigkeit, ja deren Nothwendigkeit vollkommen; sondern ich konnte die Ursache davon nur in der streng wissenschaftlichen, auf die ursprünglichen Begriffe zurückgehenden Behandlungsweise finden. Eine solche Behandlungsweise erforderte aber ein nicht bloss gelegentliches Auffassen dieser oder jener Resultate, sondern ein sich versenken in die zu Grunde liegenden Ideen und eine zusammenhängende Auffassung des ganzen auf dies Fundament aufgeführten Baues, dessen einzelne Theile erst durch das Ueberschauen des Ganzen ihr volles Verständniss erhalten konnten. Bei dem gewaltigen Fortschritt der Mathematik in der neueren Zeit, bei dem Hervortreten immer neuer Gebiete mathematischer Forschung, deren Durchdringung die angestrengteste Arbeit erforderte, bei dem Ringen nach neuen, dem Forschungsgeiste sich darbietenden und ihn anlockenden Resultaten, fanden die Mathematiker nicht die Ruhe und Musse, sich in ein so in sich zusammenhängendes Gebäude hineinzuversetzen.

Meine Hoffnung, einen akademischen Lehrstuhl zu gewinnen, und dadurch jüngere Kräfte in die Wissenschaft einzuführen und sie zum weiteren Ausbau derselben anzuregen, schlug fehl. Zwar konnte es nicht ausbleiben, dass | späterhin verschiedene Mathematiker auf andern XVI Wegen zu vereinzelten Resultaten gelangten, die schon in meiner Ausdehnungslehre von 1844 behandelt waren; aber fast nie geschah dabei meines Werkes Erwähnung; vielmehr zeigte sich, dass dasselbe ihnen fast allen ganz unbekannt geblieben war, da sonst die Resultate durch den inneren Zusammenhang, den sie dort fanden, sich viel einfacher und fruchtreicher hätten gestalten müssen.

Bei einer solchen Lage der Sache wird es Niemand einem Verleger verargen, wenn er in jener Zeit einen Theil der Exemplare meines Werkes makuliren liess, noch mir, wenn ich den verheissenen zweiten Theil meines Werkes nicht auf derselben Grundlage weiter baute, sondern im Jahre 1862 die ganze Ausdehnungslehre auf einer neuen Grundlage, die, wie ich hoffte, den Mathematikern mehr zusagen würde, aufbaute und bis zu Ende durchführte*). Aber auch dies neue Werk fand zuerst eben so wenig Beachtung als das erste. Erst seit dem Jahre 1867 gestaltete sich die Sache ganz anders.

Es war zuerst Hermann Hankel, welcher in seiner „Theorie der complexen Zahlensysteme, Leipzig 1867“ die fundamentale Bedeutung meiner Ausdehnungslehre betonte (S. 16, S. 112, S. 119—140, S. 140). Noch entschiedener geschah dies durch Clebsch, welcher kurz vor seinem Tode in seiner Abhandlung „zum Gedächtniss an Julius Plücker, Göttingen 1872“ auf S. 8 und 28 in Anmerkungen, die er unter den Text setzte, die Bedeutsamkeit meiner Ausdehnungslehre von 1844 in sehr rühmender Weise hervorhebt, und namentlich an der zweiten Stelle sagt: „In gewissem Sinne sind die Coordinaten der geraden Linie, wie überhaupt ein grosser Theil der Grundvorstellungen der neueren Algebra, bereits in Grassmanns „Ausdehnungslehre“ (1844) enthalten; die genauere Darlegung dieser Verhältnisse würde indessen hier zu weit führen“. Bei dem liebevollen und stets so fruchtreichen Eingehen auf die Arbeiten Anderer, welches diesen hervorragendsten XVII der neueren Mathematiker | auszeichnete, würde Clebsch gewiss späterhin Raum gefunden haben, um diese Verhältnisse darzulegen, und nach seiner Weise auch die Ausdehnungslehre mit neuen, weitgreifenden Ideen zu befruchten, wenn er nicht mitten in seinem kräftigsten Wirken der Wissenschaft so plötzlich entrissen wäre.

Aber schon drei Jahre vorher (1869) hatte Victor Schlegel angefangen, den von Clebsch angedeuteten Gedanken auszuführen. In seinem „System der Raumlehre nach den Prinzipien der Grassmann'schen Ausdehnungslehre und als Einleitung in dieselbe dargestellt von Victor Schlegel, Leipzig bei Teubner“, dessen erster Theil 1872 und dessen zweiter Theil 1875 erschien, hat der Verfasser mit grosser Klarheit und zum grossen Theile in selbständiger, der Sache durchaus angemessener Methode die Bedeutung der Ausdehnungslehre auch für die neueste Geometrie und Algebra dargelegt. Es ist besonders hervorzuheben, dass dies Werk Schlegel's das erste ist, welches die wesent-

*) Die Ausdehnungslehre vollständig und in strenger Form bearbeitet. Berlin 1862 (Enslin).

lichen Ideen der Ausdehnungslehre in ihrem inneren Zusammenhange aufgefasst und zur Darstellung gebracht hat.

[Seit dieser Zeit ist nicht nur die Bedeutung der Ausdehnungslehre wiederholt hervorgehoben worden, sondern man hat auch begonnen, auf verschiedenen Gebieten erfolgreich mit ihren Methoden zu arbeiten. — H. Noth in Freiberg legte in seiner Abhandlung „Die vier Species in den Elementen der Geometrie" (Schulprogramm 1874) den Grund zu einer vereinfachenden Darstellung der Geometrie der Lage. — R. Sturm in Darmstadt wandte in dem Aufsatz „Sulle forze in equilibrio" (Annali di Matem.*) VII p. 217 ff. 1876) die Methoden der Ausdehnungslehre zur Lösung von Problemen der Mechanik an. — Endlich hat W. Preyer in Jena in seinen „Elementen der reinen Empfindungslehre" (Jena, bei Dufft. 1877) eine auf den Prinzipien der Ausdehnungslehre beruhende Darstellung dieser Wissenschaft gegeben, und dadurch der ersteren auch ein vom Begriff des Raumes unabhängiges Gebiet erobert.]

Es versteht sich von selbst, dass in der Ausdehnungslehre, als einer noch jungen Wissenschaft, mannigfache Keime verborgen liegen, welche einer weiteren Entwickelung fähig und bedürftig sind, und auch ich selbst habe mich seit 1872, | nach einer zehnjährigen Unterbrechung wieder jenen Studien zugewandt. Meine früher erschienenen Arbeiten auf diesem Gebiete sind in meiner Ausdehnungslehre von 1862 aufgeführt, und ich habe daher hier nur die neueren Arbeiten zu verzeichnen. Es sind dies erstens zwei Aufsätze in den Göttinger Nachrichten von 1872 „Zur Theorie der Curven dritter Ordnung" (S. 505) und „Ueber zusammengehörige Pole und ihre Darstellung durch Produkte" (S. 567), ferner in den mathematischen Annalen „die neuere Algebra und die Ausdehnungslehre" Band VII S. 538, „die Mechanik nach den Principien der Ausdehnungslehre" Band XII S. 222, „der Ort der Hamilton'schen Quaternionen in der Ausdehnungslehre" Band XII S. 375. Endlich habe ich eine für Borchardts Journal bestimmte Abhandlung unter der Feder, in welcher ich die schönen Arbeiten Reye's über die Oberflächen durch weitere Ausführung der in meiner Ausdehnungslehre von 1862 Nr. 392 dargestellten Idee, nach welcher Funktionen als extensive Grössen behandelt werden, auf eine neue und einfache Weise zu begründen suche**).

XVIII

[So ist es denn gekommen, dass im Laufe der letzten Jahre das Interesse an der Ausdehnungslehre sich in immer weiteren Kreisen

*) [2. Serie.]

**) [Abgedruckt in Bd. 84, S. 273—283.]

verbreitete. Und da in demselben Maasse die Nachfrage nach der inzwischen selten gewordenen ersten Ausgabe des Werkes zunahm, so entschloss sich die Verlagshandlung mit dankenswerther Bereitwilligkeit zur Veranstaltung einer zweiten Auflage.]

Ich habe in dieser zweiten Auflage den Text der ersten Auflage (natürlich abgesehen von einzelnen Druckfehlern) unverändert gelassen, da die Darstellung in derselben die konsequente Durchführung einer einzigen Grundidee ist, und auch die Behandlungsweise eine solche ist, deren Berechtigung ich durchaus anerkenne, und die gewiss den mehr philosophisch gebildeten Lesern mehr zusagen wird, als die den Mathematikern mehr anbequemte Darstellungsweise der Ausdehnungslehre von 1862. Dagegen habe ich unter den Text, je nachdem es mir zweckmässig schien, neue Anmerkungen hinzugefügt, die ich mit der Jahreszahl 1877 versehen habe.

XIX Zwei | umfangreichere Anmerkungen habe ich, um die Uebereinstimmung mit den Seitenzahlen der ersten Auflage möglichst zu erhalten, als Anhänge an den Schluss gestellt. Dort findet sich auch noch ein Abdruck der Uebersicht über das Wesen der Ausdehnungslehre, welche ich in Grunerts Archiv Bd. VI gegeben habe, da dieselbe, wie mir von verschiedenen Seiten mitgetheilt ist, das Verständniss des Werkes sehr erleichtern soll. Endlich habe ich ein Verzeichniss der in dem Werke vorkommenden Kunstausdrücke hinzugefügt.

Um die Vergleichung mit der Ausdehnungslehre von 1862 zu erleichtern, gebe ich hier zuerst eine Uebersicht der in beiden der Hauptsache nach übereinstimmenden Resultate, bemerke jedoch, dass nicht nur die Ableitung derselben eine wesentlich verschiedene ist, sondern auch in der einen Resultate abgeleitet sind, die in der andern entweder übergangen oder mit andern Resultaten zusammengefasst sind, so dass es also unmöglich wird, jedes mit jedem zusammenzustellen. Ich bezeichne hier die Ausdehnungslehre von 1844 mit A_1, die von 1862 mit A_2:

A_1 § 13— 20. — A_2 Nr. 1— 9, 14— 24,
A_1 § 24 . — A_2 Nr. 216—223,
A_1 § 28— 36. — A_2 Nr. 52— 61, 66— 68,
A_1 § 37— 40. — A_2 Nr. 254, 262,
A_1 § 45, 46. — A_2 Nr. 134, 135,
A_1 § 47— 55. — A_2 Nr. 69— 85,
A_1 § 60— 73. — A_2 Nr. 10— 13, vgl. 377,
A_1 § 80— 90. — A_2 Nr. 27— 36,
A_1 § 93 . — A_2 Nr. 136,
A_1 § 94—119. — A_2 Nr. 224—286.

Die Gesetze der Elementargrössen sind in A_2 mit denen der Ausdehnungsgrössen zusammengefasst und nur in der Anwendung auf die Geometrie von ihnen gesondert.

A_1 § 126 . — A_2 Nr. 25, 26,
A_1 § 128—142. — A_2 Nr. 94—132.

Die §§ 127 und 143 sind als unfruchtbar aufgegeben.

A_1 § 144 . — A_2 Nr. 287—305,
A_1 § 145—148. — A_2 Nr. 306—329,
A_1 § 149—165. — A_2 Nr. 401—409.

Die Anmerkung über offene Produkte am Schlusse der A_1 ist XX weiter ausgeführt A_2 Nr. 353—363.

Die neuen Gegenstände, welche in der Ausdehnungslehre von 1862 bearbeitet werden sollten, sind in der Vorrede zur Ausdehnungslehre von 1844, S. X—XIV*) nur theilweise erwähnt. Ganz neu hinzugekommen ist der zweite Abschnitt (Nr. 348—527), welcher die Funktionenlehre, und die ihr zu Grunde liegende algebraische Multiplikation, nebst der Differenzialrechnung, den unendlichen Reihen und der Integralrechnung, behandelt und besonders tief in die verwandten Gebiete der gewöhnlichen Analysis, namentlich auch in die neuere Geometrie und Algebra eingreift, und in einzelnen Abschnitten, wie zum Beispiel in der Behandlung des Quotienten (Nr. 377—391), in der Auffassung der Funktionen als extensiver Grössen (392—400), sowie in der Integration der Differenzialgleichungen (491—527) Keime zu Entwickelungen enthält, welche noch zukünftiger Bearbeitung harren.

Stettin, im Sommer 1877.

Hermann Grassmann.

*) [S. 11—14 dieser Ausgabe.]

Einleitung.

XIX
XXI

A. Ableitung des Begriffs der reinen Mathematik.

1. Die oberste Theilung aller Wissenschaften ist die in reale und formale, von denen die ersteren das Sein, als das dem Denken selbstständig gegenübertretende, im Denken abbilden, und ihre Wahrheit haben in der Uebereinstimmung des Denkens mit jenem Sein; die letzteren hingegen das durch das Denken selbst gesetzte zum Gegenstande haben, und ihre Wahrheit haben in der Uebereinstimmung der Denkprocesse unter sich.

Denken ist nur in Bezug auf ein Sein, was ihm gegenübertritt und durch das Denken abgebildet wird; aber dies Sein ist bei den realen Wissenschaften ein selbstständiges, ausserhalb des Denkens für sich bestehendes, bei den formalen hingegen ein durch das Denken selbst gesetztes, was nun wieder einem zweiten Denkakte als Sein sich gegenüberstellt. Wenn nun die Wahrheit überhaupt in der Uebereinstimmung des Denkens mit dem Sein beruht, so beruht sie insbesondere bei den formalen Wissenschaften in der Uebereinstimmung des zweiten Denkaktes mit dem durch den ersten gesetzten Sein, also in der Uebereinstimmung beider Denkakte. Der Beweis in den formalen Wissenschaften geht daher nicht über das Denken selbst hinaus in eine andere Sphäre über, sondern verharrt rein in der Kombination der verschiedenen Denkakte. Daher dürfen auch die formalen Wissenschaften nicht von Grundsätzen ausgehen, wie die realen; sondern ihre Grundlage bilden die Definitionen*).

XX
XXII

2. Die formalen Wissenschaften betrachten entweder die allgemeinen Gesetze des Denkens, oder sie betrachten das Besondere

*) Wenn man in die formalen Wissenschaften, wie zum Beispiel in die Arithmetik, dennoch Grundsätze eingeführt hat, so ist dies als ein Missbrauch anzusehen, der nur aus der entsprechenden Behandlung der Geometrie zu erklären ist. Ich werde hierauf später noch einmal ausführlicher zurückkommen. Hier genüge es, das Fehlen der Grundsätze in den formalen Wissenschaften als nothwendig dargethan zu haben.

durch das Denken gesetzte, ersteres die Dialektik (Logik)*), letzteres die reine Mathematik.

Der Gegensatz zwischen Allgemeinem und Besonderem bedingt also die Theilung der formalen Wissenschaften in Dialektik und Mathematik. Die erstere ist eine philosophische Wissenschaft, indem sie die Einheit in allem Denken aufsucht, die Mathematik hingegen hat die entgegengesetzte Richtung, indem sie jedes Gedachte einzeln als ein Besonderes auffasst.

3. Die reine Mathematik ist daher die Wissenschaft des besonderen Seins als eines durch das Denken gewordenen. Das besondere Sein, in diesem Sinne aufgefasst, nennen wir eine Denkform oder schlechtweg eine Form. Daher ist reine Mathematik Formenlehre.

Der Name Grössenlehre eignet nicht der gesammten Mathematik, indem derselbe auf einen wesentlichen Zweig derselben, auf die Kombinationslehre, keine Anwendung findet, und auf die Arithmetik auch nur im uneigentlichen Sinne**). Dagegen scheint der Ausdruck Form wieder zu weit zu sein, und der Name Denkform angemessener; allein die Form in ihrer reinen Bedeutung, abstrahirt von allem realen Inhalte, ist eben nichts anderes, als die Denkform, und somit der Ausdruck entsprechend.

Ehe wir zur Theilung der Formenlehre übergehen, haben wir einen Zweig auszusondern, den man bisher mit Unrecht ihr zugerechnet hat, nämlich die Geometrie. Schon aus dem oben aufgestellten Begriffe leuchtet ein, dass die Geometrie, eben so wie die Mechanik, auf ein reales | Sein zurückgeht; nämlich dies ist für die Geometrie der Raum; XXIII und es ist klar, wie der Begriff des Raumes keineswegs durch das Denken erzeugt werden kann, sondern demselben | stets als ein gegebenes *XXI* gegenübertritt. Wer das Gegentheil behaupten wollte, müsste sich der Aufgabe unterziehen, die Nothwendigkeit der drei Dimensionen des Raumes aus den reinen Denkgesetzen abzuleiten, eine Aufgabe, deren Lösung sich sogleich als unmöglich darstellt.

Wollte nun jemand, obgleich er dies zugeben müsste, dennoch der Geometrie zu Liebe den Namen der Mathematik auch auf sie ausdehnen; so könnten wir uns dies zwar gefallen lassen, wenn er uns auch auf der andern Seite unsern Namen der Formenlehre oder irgend einen gleichgeltenden will stehen lassen; doch aber müssten wir ihn im Voraus

---

*) Die Logik bietet eine rein mathematische Seite dar, die man als formale Logik bezeichnen kann, und die ihrem Inhalte nach von meinem Bruder Robert und mir gemeinschaftlich bearbeitet und von dem ersteren in seinem zweiten Buche der Formenlehre, Stettin 1872, in eigenthümlicher Form dargestellt ist. (1877.) [Neue Auflage in 2 Bd.: Logik u. Formenlehre, Stettin 1890 u. 91.]

**) Der Begriff der Grösse wird in der Arithmetik durch den der Anzahl vertreten; die Sprache unterscheidet daher sehr wohl vermehren und vermindern, was der Zahl angehört, von vergrössern und verkleinern, was der Grösse.

darauf hinweisen, dass dann jener Name, weil er das differenteste in sich schliesst, auch nothwendig mit der Zeit als überflüssig werde verworfen werden.

Die Stellung der Geometrie zur Formenlehre hängt von dem Verhältniss ab, in welchem die Anschauung des Raumes zum reinen Denken steht. Wenngleich wir nun sagten, es trete jene Anschauung dem Denken als selbstständig gegebenes gegenüber, so ist damit doch nicht behauptet, dass die Anschauung des Raumes uns erst aus der Betrachtung der räumlichen Dinge würde; sondern sie ist eine Grundanschauung, die mit dem Geöffnetsein unseres Sinnes für die sinnliche Welt uns mitgegeben ist, und die uns eben so ursprünglich anhaftet, wie der Leib der Seele. Auf gleiche Weise verhält es sich mit der Zeit und mit der auf die Anschauungen der Zeit und des Raumes gegründeten Bewegung, weshalb man auch die reine Bewegungslehre (Phorometrie) mit gleichem Rechte wie die Geometrie den mathematischen Wissenschaften beigezählt hat. Aus der Anschauung der Bewegung fliesst vermittelst des Gegensatzes von Ursache und Wirkung der Begriff der bewegenden Kraft, so dass also Geometrie, Phorometrie und Mechanik als Anwendungen der Formenlehre auf die Grundanschauungen der sinnlichen Welt erscheinen.

B. Ableitung des Begriffs der Ausdehnungslehre.

4. Jedes durch das Denken gewordene (vgl. Nr. 3) kann auf zwiefache Weise geworden sein, entweder durch einen einfachen Akt
XXIV des Erzeugens, oder durch einen zwiefachen Akt | des Setzens | und
XXII Verknüpfens. Das auf die erste Weise gewordene ist die stetige Form oder die Grösse im engeren Sinn, das auf die letztere Weise gewordene die diskrete oder Verknüpfungs-Form.

Der schlechthin einfache Begriff des Werdens giebt die stetige Form. Das bei der diskreten Form vor der Verknüpfung gesetzte ist zwar auch durch das Denken gesetzt, erscheint aber für den Akt des Verknüpfens als Gegebenes, und die Art, wie aus dem Gegebenen die diskrete Form wird, ist ein blosses Zusammendenken. Der Begriff des stetigen Werdens ist am leichtesten aufzufassen, wenn man ihn zuerst nach der Analogie der geläufigeren, diskreten Entstehungsweise betrachtet. Nämlich da bei der stetigen Erzeugung das jedesmal gewordene festgehalten, und das neu entstehende sogleich in dem Momente seines Entstehens mit jenem zusammengedacht wird: so kann man der Analogie wegen auch für die stetige Form dem Begriffe nach einen zwiefachen Akt des Setzens und Verknüpfens unterscheiden, aber beides hier zu Einem Akte vereinigt, und somit in eine unzertrennliche Einheit zusammengehend; nämlich von den beiden Gliedern der Verknüpfung (wenn wir diesen Ausdruck der Analogie wegen für einen Augenblick festhalten) ist das eine das schon gewordene, das andere hingegen das in dem Momente des Verknüpfens selbst neu entstehende, also nicht ein vor dem Verknüpfen schon fertiges. Beide Akte also, nämlich des Setzens und Verknüpfens, gehen ganz in einander auf, so dass nicht eher verknüpft werden kann, als gesetzt ist, und nicht eher gesetzt werden darf, als verknüpft ist; oder wieder in der dem Stetigen zukommenden Ausdrucksweise gesprochen: das was neu entsteht, entsteht eben nur an dem schon gewordenen, ist also ein Moment des Werdens selbst, was hier in seinem weiteren Verlauf als Wachsen erscheint.

Der Gegensatz des Diskreten und Stetigen ist (wie alle wahren Gegensätze) ein fliessender, indem das Diskrete auch kann als stetig betrachtet werden, und umgekehrt das Stetige als diskret. Das Diskrete wird als Stetiges betrachtet, wenn das Verknüpfte selbst wieder als Gewordenes und der Akt des Verknüpfens als ein Moment des Werdens aufgefasst wird. Und das Stetige wird als diskret betrachtet, wenn einzelne Momente des Werdens als blosse || Verknüpfungsakte aufgefasst, und das so verknüpfte für die Verknüpfung als Gegebenes betrachtet wird. *XXIII* XXV

5. Jedes Besondere (Nr. 3) wird ein solches durch den Begriff des V e r s c h i e d e n e n, wodurch es einem anderen Besonderen nebengeordnet, und durch den des G l e i c h e n, wodurch es mit anderem Besonderen demselben Allgemeinen untergeordnet wird. Das aus dem Gleichen gewordene können wir die a l g e b r a i s c h e Form, das aus dem Verschiedenen gewordene die k o m b i n a t o r i s c h e Form nennen.

Der Gegensatz des Gleichen und Verschiedenen ist gleichfalls ein fliessender. Das Gleiche ist verschieden, schon sofern das eine und das andere ihm Gleiche irgend wie gesondert ist (und ohne diese Sonderung wäre es nur Eins, also nicht Gleiches), das Verschiedene ist gleich, schon sofern beides durch die auf beides sich beziehende Thätigkeit verknüpft ist, also beides ein Verknüpftes ist. Darum verschwimmen aber nun beide Glieder keineswegs in einander, so dass man einen Massstab anzulegen hätte, durch den bestimmt würde, wie viel Gleiches gesetzt sei zwischen beiden Vorstellungen und wie viel Verschiedenes; sondern wenn auch dem Gleichen immer schon irgend wie das Verschiedene anhaftet und umgekehrt, so bildet doch nur jedesmal das Eine das Moment der Betrachtung, während das andere nur als die vorauszusetzende Grundlage des ersteren erscheint.

Unter der algebraischen Form ist hier nicht bloss die Zahl sondern auch das der Zahl im Gebiete des Stetigen entsprechende, und unter der kombinatorischen Form nicht nur die Kombination sondern auch das ihr im Stetigen entsprechende verstanden.

6. Aus der Durchkreuzung dieser beiden Gegensätze, von denen der erste auf die Art der Erzeugung, der letztere auf die Elemente der Erzeugung sich bezieht, gehen die vier Gattungen der Formen

und die ihnen entsprechenden Zweige der Formenlehre hervor. Und
XXIV zwar sondert sich zuerst die diskrete Form danach in | Zahl und Kombination (Gebinde). Zahl ist die algebraisch diskrete Form, das heisst sie ist die Zusammenfassung des als gleich gesetzten; die Kombination ist die kombinatorisch diskrete Form, das heisst sie ist die Zu-
XXVI sammenfassung | des als verschieden gesetzten. Die Wissenschaften des Diskreten sind also Zahlenlehre und Kombinationslehre (Verbindungslehre).

Dass hierdurch der Begriff der Zahl vollständig erschöpft und genau umgränzt ist, und ebenso der der Kombination, bedarf wohl kaum eines weiteren Nachweises. Und da die Gegensätze, durch welche diese Definitionen hervorgegangen sind, die einfachsten, in dem Begriffe der mathematischen Form unmittelbar mit gegebenen sind, so ist hierdurch die obige Ableitung wohl hinlänglich gerechtfertigt*). Ich bemerke nur noch, wie dieser Gegensatz zwischen beiden Formen auf eine sehr reine Weise durch die differente Bezeichnung ihrer Elemente ausgedrückt ist, indem das zur Zahl verknüpfte mit einem und demselben Zeichen (1) bezeichnet wird, das zur Kombination verknüpfte mit verschiedenen, im Uebrigen ganz willkührlichen Zeichen (den Buchstaben). — Wie nun hiernach jede Menge von Dingen (Besonderheiten) als Zahl so gut, wie als Kombination aufgefasst werden kann, je nach der verschiedenen Betrachtungsweise, bedarf wohl kaum einer Erwähnung.

7. Eben so sondert sich die stetige Form oder die Grösse danach in die algebraisch-stetige Form oder die intensive Grösse, und in die kombinatorisch-stetige Form oder die extensive Grösse. Die intensive Grösse ist also das durch Erzeugung des Gleichen gewordene, die extensive Grösse oder die Ausdehnung ist das durch Erzeugung des Verschiedenen gewordene. Jene bildet als veränderliche Grösse
XXV die Grundlage der Funktionenlehre, der | Differenzial- und Integral-Rechnung, diese die Grundlage der Ausdehnungslehre.

Da von diesen beiden Zweigen der erstere der Zahlenlehre als höherer Zweig untergeordnet zu werden pflegt, der letztere aber noch als ein bisher unbekannter Zweig erscheint, so ist es nothwendig, diese ohnehin
XXVII durch den Begriff des stetigen Fliessens | schwierige Betrachtung näher zu erläutern.

Wie in der Zahl die Einigung hervortritt, in der Kombination die Sonderung des Zusammengedachten, so auch in der intensiven Grösse die

*) Der Begriff der Zahl und der Kombination ist schon vor siebzehn Jahren in einer von meinem Vater verfassten Abhandlung, über den Begriff der reinen Zahlenlehre, welche in dem Programme des Stettiner Gymnasiums von 1827 abgedruckt ist, auf ganz ähnliche Weise entwickelt worden, ohne aber zur Kenntniss eines grösseren Publikum gelangt zu sein.

Einigung der Elemente, welche ihrem Begriff nach zwar noch gesondert sind, aber nur in ihrem wesentlichen sich gleich sein die intensive Grösse bilden, hingegen in der extensiven Grösse die Sonderung der Elemente, welche zwar, sofern sie Eine Grösse bilden, vereinigt sind, aber welche eben nur in ihrer Trennung von einander die Grösse konstituiren. Es ist also die intensive Grösse gleichsam die flüssig gewordene Zahl, die extensive Grösse die flüssig gewordene Kombination. Der letzteren ist wesentlich ein Auseinandertreten der Elemente und ein Festhalten derselben als aus einander seiender; das erzeugende Element erscheint bei ihr als ein sich änderndes, das heisst durch eine Verschiedenheit der Zustände hindurchgehendes, und die Gesammtheit dieser verschiedenen Zustände bildet eben das Gebiet der Ausdehnungsgrösse. Bei der intensiven Grösse hingegen liefert die Erzeugung derselben eine stetige Reihe sich selbst gleicher Zustände, deren Quantität eben die intensive Grösse ist. Als Beispiel für die extensive Grösse können wir am besten die begränzte Linie (Strecke) wählen, deren Elemente wesentlich aus einander treten und dadurch eben die Linie als Ausdehnung konstituiren; hingegen als Beispiel der intensiven Grösse etwa einen mit bestimmter Kraft begabten Punkt, indem hier die Elemente nicht sich entäussern, sondern nur in der Steigerung sich darstellen, also eine bestimmte Stufe der Steigerung bilden.

Auch hier zeigt sich die aufgestellte Differenz auf eine schöne Weise in der Bezeichnung; nämlich bei der intensiven Grösse, welche den Gegenstand der Funktionenlehre ausmacht, unterscheidet man nicht die Elemente durch besondere Zeichen, sondern wo | besondere Zeichen hervortreten, *XXVI* da ist dadurch die ganze veränderliche Grösse bezeichnet. Hingegen bei der Ausdehnungsgrösse, oder deren konkreter Darstellung, der Linie, werden die verschiedenen Elemente auch mit verschiedenen Zeichen (den Buchstaben) bezeichnet, grade wie in der Kombinationslehre. Auch ist klar, wie jede reale Grösse auf zwiefache Weise kann angeschaut werden, als intensive und extensive; nämlich auch die Linie wird als intensive Grösse angeschaut, wenn man von der Art, wie ihre | Elemente aus einander sind, absieht, und bloss die Quantität der Elemente auffasst, und eben so kann der mit einer Kraft begabte Punkt als extensive Grösse gedacht werden, indem man sich die Kraft in Form einer Linie vorstellt. XXVIII

Historisch hat sich unter den vier Zweigen der Mathematik das Diskrete eher entwickelt als das Stetige (da jenes dem zergliedernden Verstande näher liegt als dieses), das Algebraische eher als das Kombinatorische (da das Gleiche leichter zusammengefasst wird als das Verschiedene). Daher ist die Zahlenlehre die früheste, Kombinationslehre und Differenzialrechnung sind gleichzeitig entstanden, und von ihnen allen musste die Ausdehnungslehre in ihrer abstrakten Form die späteste sein, während auf der andern Seite ihr konkretes (obwohl beschränktes) Abbild, die Raumlehre, schon der frühesten Zeit angehört.

8. Es kann der Zerspaltung der Formenlehre in die vier Zweige ein allgemeiner Theil vorangeschickt werden, welcher die allgemeinen, das heisst für alle Zweige gleich anwendbaren Verknüpfungsgesetze darstellt, und welchen wir die allgemeine Formenlehre nennen können.

Diesen Theil dem Ganzen vorauszuschicken, ist wesentlich, sofern dadurch nicht bloss die Wiederholung derselben Schlussreihen in allen vier Zweigen und selbst in den verschiedenen Abtheilungen desselben Zweiges erspart, und somit die Entwickelung bedeutend abgekürzt wird, sondern auch das dem Wesen nach zusammengehörige zusammen erscheint, und als Grundlage des Ganzen auftritt.

XXVII

C. Darlegung des Begriffs der Ausdehnungslehre.

9. Das stetige Werden, in seine Momente zerlegt, erscheint als ein stetiges Entstehen mit Festhaltung des schon gewordenen. Bei der Ausdehnungsform ist das jedesmal neu entstehende als ein verschiedenes gesetzt; halten wir hierbei nun das jedesmal gewordene nicht fest, so gelangen wir zu dem Begriffe der **stetigen Aenderung**. Was diese Aenderung erfährt, nennen wir das erzeugende Element, und das XXIX erzeugende Element in irgend einem der Zustände, den es | bei seiner Aenderung annimmt, ein Element der stetigen Form. Hiernach ist also die Ausdehnungsform die Gesammtheit aller Elemente, in die das erzeugende Element bei stetiger Aenderung übergeht.

Der Begriff der stetigen Aenderung des Elements kann nur bei der Ausdehnungsgrösse hervortreten; bei der intensiven Grösse würde bei Aufgebung des jedesmal gewordenen nur der stetige Ansatz zum Werden als ein vollkommen leeres zurückbleiben.

In der Raumlehre erscheint als das Element der Punkt, als seine stetige Aenderung die Ortsänderung oder Bewegung, als seine verschiedenen Zustände die verschiedenen Lagen des Punktes im Raume.

10. Das Verschiedene muss nach einem Gesetze sich entwickeln, wenn das Erzeugniss ein bestimmtes sein soll. Dies Gesetz muss bei der einfachen Form dasselbe sein für alle Momente des Werdens. Die **einfache** Ausdehnungsform ist also die Form, welche durch eine nach demselben Gesetze erfolgende Aenderung des erzeugenden Elements entsteht; die Gesammtheit aller nach demselben Gesetz erzeugbaren Elemente nennen wir ein **System** oder ein **Gebiet**.

Die Verschiedenheit würde, da das von einem Gegebenen verschiedene unendlich mannigfach sein kann, sich gänzlich ins Unbestimmte verlaufen, wenn sie nicht einem festen Gesetze unterworfen wäre. Dies Gesetz ist nun aber in der reinen Formenlehre nicht durch irgend welchen Inhalt bestimmt; sondern durch die rein | abstrakte Idee des Gesetzmässigen XXVIII ist der Begriff der Ausdehnung und durch die desselben Gesetzes für alle Momente der Aenderung der Begriff der einfachen Ausdehnung bestimmt. Hiernach hat nun die einfache Ausdehnung die Beschaffenheit, dass, wenn aus einem Elemente derselben a durch einen Akt der Aenderung ein anderes Element b derselben Ausdehnung hervorgeht, dann aus b durch denselben Akt der Aenderung ein drittes Element c derselben hervorgeht.

In der Raumlehre ist die Gleichheit der Richtung das die einzelnen Aenderungen umfassende Gesetz, die Strecke in der Raumlehre entspricht also der einfachen Ausdehnung, die unendliche gerade Linie dem ganzen System.

11. Wendet man zwei verschiedenene Gesetze der Aenderung an, XXX so bildet die Gesammtheit der vermöge beider Gesetze erzeugbaren Elemente ein System zweiter Stufe. Die Gesetze der Aenderung, durch welche die Elemente dieses Systems aus einander hervorgehen können, sind von jenen beiden ersten abhängig; nimmt man noch ein drittes unabhängiges Gesetz hinzu, so gelangt man zu einem Systeme dritter Stufe und so fort.

Als Beispiel möge hier wieder die Raumlehre dienen. In derselben werden bei zwei verschiedenen Richtungen aus einem Elemente die sämmtlichen Elemente einer Ebene erzeugt, indem nämlich das erzeugende Element beliebig viel nach beiden Richtungen nach einander fortschreitet, und die Gesammtheit der so erzeugbaren Punkte (Elemente) in eins zusammengefasst wird. Die Ebene ist also das System zweiter Stufe; in ihr ist eine unendliche Menge von Richtungen enthalten, welche von jenen beiden ersten abhängen. Nimmt man eine dritte unabhängige Richtung hinzu, so wird vermittelst ihrer der ganze unendliche Raum (als System dritter Stufe) erzeugt; und weiter als bis zu drei unabhängigen Richtungen (Aenderungsgesetzen) kann man hier nicht kommen, während sich in der reinen Ausdehnungslehre die Anzahl derselben bis ins Unendliche steigern kann.

12. Die Verschiedenheit der Gesetze erfordert wieder zu ihrer genaueren Bestimmung eine Erzeugungsweise, vermöge deren das eine System in das andere übergeht. Dieser Uebergang der verschiedenen XXIX Systeme in einander bildet daher eine zweite natürliche Stufe in dem Gebiete der Ausdehnungslehre, und mit ihr ist dann das Gebiet der elementaren Darstellung dieser Wissenschaft beschlossen.

Es entspricht dieser Uebergang der Systeme in einander der Schwenkungsbewegung in der Raumlehre, und mit dieser hängt zusammen die Winkelgrösse, die absolute Länge, der senkrechte Stand und so weiter; was alles seine Erledigung erst in dem zweiten Theile der Ausdehnungslehre finden wird.

XXXI

D. Form der Darstellung.

13. Das Eigenthümliche der philosophischen Methode ist, dass sie in Gegensätzen fortschreitet, und so vom Allgemeinen zum Besonderen gelangt; die mathematische Methode hingegen schreitet von den einfachsten Begriffen zu den zusammengesetzteren fort, und gewinnt so durch Verknüpfung des Besonderen neue und allgemeinere Begriffe.

Während also dort die Uebersicht über das Ganze vorwaltet, und die Entwickelung eben in der allmäligen Verzweigung und Gliederung des Ganzen besteht, so herrscht hier die Aneinanderkettung des Besonderen vor, und jede in sich geschlossene Entwickelungsreihe bildet zusammen wieder nur ein Glied für die folgende Verkettung, und diese Differenz der Methode liegt in dem Begriffe; denn in der Philosophie ist eben die Einheit der Idee das ursprüngliche, die Besonderheit das abgeleitete, in der Mathematik hingegen die Besonderheit das ursprüngliche, hingegen die Idee das letzte, angestrebte; wodurch die entgegengesetzte Fortschreitung bedingt ist.

14. Da sowohl die Mathematik als die Philosophie Wissenschaften im strengsten Sinne sind, so muss die Methode in beiden etwas gemeinschaftliches haben, was sie eben zur wissenschaftlichen macht. Nun legen wir einer Behandlungsweise Wissenschaftlichkeit bei, wenn der Leser durch sie einestheils mit Nothwendigkeit zur Anerkennung XXX jeder einzelnen Wahrheit geführt wird, andrerseits in | den Stand gesetzt wird, auf jedem Punkte der Entwickelung die Richtung des weiteren Fortschreitens zu übersehen.

Die Unerlässlichkeit der ersten Forderung, nämlich der wissenschaftlichen Strenge, wird jeder zugeben. Was das zweite betrifft, so ist dies noch immer ein Punkt, der von den meisten Mathematikern noch nicht gehörig beachtet wird. Es kommen oft Beweise vor, bei denen man zuerst, wenn nicht der Satz obenan stände, gar nicht wissen könnte, wohin sie führen sollen, und durch die man dann, nachdem man eine ganze Zeitlang blind und aufs Gerathewohl hin jeden Schritt nachgemacht hat, endlich, ehe man es | sich versieht, plötzlich zu der zu erweisenden Wahrheit gelangt. (XXXII) Ein solcher Beweis kann vielleicht an Strenge nichts zu wünschen übrig lassen, aber wissenschaftlich ist er nicht; es fehlt ihm das zweite Erforderniss, die Uebersichtlichkeit. Wer daher einem solchen Beweise nachgeht, gelangt nicht zu einer freien Erkenntniss der Wahrheit, sondern bleibt, wenn er sich nicht nachher jenen Ueberblick selbst schafft, in gänzlicher Abhängigkeit von der besonderen Weise, in der die Wahrheit gefunden war; und dies Gefühl der Unfreiheit, was in solchem Falle wenigstens während des Recipirens entsteht, ist für den, der gewohnt ist, frei und selbstständig zu denken, und alles was er aufnimmt, selbstthätig und lebendig sich anzueignen, ein höchst drückendes. Ist hingegen der Leser in jedem Punkt der Entwickelung in den Stand gesetzt, zu sehen, wohin er geht, so bleibt er Herrscher über den Stoff, er ist an die besondere Form der Darstellung nicht mehr gebunden, und die Aneignung wird eine wahre Reproduktion.

15. Auf dem jedesmaligen Punkte der Entwickelung ist die Art der Weiterentwickelung wesentlich durch eine leitende Idee bestimmt, welche entweder nichts anderes ist, als eine vermuthete Analogie mit verwandten und schon bekannten Zweigen des Wissens, oder welche, und dies ist der beste Fall, eine direkte Ahnung der zunächst zu suchenden Wahrheit ist.

Die Analogie ist, da sie in verwandte Gebiete hineinspielt, nur ein Nothbehelf; wenn es nicht eben darauf ankommt, die Beziehung | zu *XXXI* einem verwandten Zweige durchweg hervorzuheben, und so eine fortlaufende Analogie mit diesem Zweige zu ziehen*). Die Ahnung scheint dem Gebiet der reinen Wissenschaft fremd zu sein und am allermeisten dem mathematischen. Allein ohne sie ist es unmöglich, irgend eine neue Wahrheit aufzufinden; durch blinde Kombination der gewonnenen Resultate gelangt man nicht dazu; sondern, was man zu kombiniren hat und auf welche Weise, muss durch die leitende Idee bestimmt sein, und diese Idee wiederum kann, | ehe sie sich durch die Wissenschaft selbst XXXIII verwirklicht hat, nur in der Form der Ahnung erscheinen. Es ist daher diese Ahnung auf dem wissenschaftlichen Gebiet etwas unentbehrliches. Sie ist nämlich, wenn sie von rechter Art ist, das in eins zusammenschauen der ganzen Entwickelungsreihe, die zu der neuen Wahrheit führt, aber mit noch nicht aus einander gelegten Momenten der Entwickelung und daher auch im Anfang nur erst als dunkles Vorgefühl; die Auseinanderlegung jener Momente enthält zugleich die Auffindung der Wahrheit und die Kritik jenes Vorgefühls.

16. Daher ist die wisssenschaftliche Darstellung ihrem Wesen nach ein Ineinandergreifen zweier Entwickelungsreihen, von denen die eine mit Konsequenz von einer Wahrheit zur andern führt, und den eigentlichen Inhalt bildet, die andere aber das Verfahren selbst beherrscht und die Form bestimmt. In der Mathematik treten diese beiden Entwickelungsreihen am schärfsten aus einander.

Es ist in der Mathematik schon lange, und Euklid selbst hat darin das Vorbild gegeben, Sitte gewesen, nur die eine Entwickelungsreihe, welche den eigentlichen Inhalt bildet, hervortreten zu lassen, in Bezug auf die andere aber es dem Leser zu überlassen, sie zwischen den Zeilen herauszulesen. Allein wie vollendet auch die Anordnung und Darstel-

*) Dieser Fall tritt bei der hier zu behandelnden Wissenschaft in Bezug auf die Geometrie ein, weshalb ich den Weg der Analogie meist vorgezogen habe.

lung jener Entwickelungsreihe sein mag: so ist es doch unmöglich, dadurch demjenigen, der die Wissenschaft erst kennen lernen soll, schon
XXXIII auf jedem Punkte der Entwickelung | die Uebersicht gegenwärtig zu erhalten, und ihn in Stand zu setzen, selbstthätig und frei weiter fortzuschreiten. Dazu ist vielmehr nöthig, dass der Leser möglichst in denjenigen Zustand versetzt wird, in welchem der Entdecker der Wahrheit im günstigsten Falle sich befinden müsste. In demjenigen aber, der die Wahrheit auffindet, findet ein stetes sich besinnen über den Gang der Entwickelung statt; es bildet sich in ihm eine eigenthümliche Gedankenreihe über den Weg, den er einzuschlagen hat, und über die Idee, welche dem Ganzen zu Grunde liegt; und diese Gedankenreihe bildet den eigentlichen Kern und Geist seiner Thätigkeit, während die konsequente Auseinanderlegung der Wahrheiten nur die Verkörperung jener Idee ist.

Dem Leser nun zumuthen wollen, dass er, ohne zu solchen Gedanken-
XXXIV reihen angeleitet zu sein, dennoch auf | dem Wege der Entdeckung selbstständig fortschreiten sollte, heisst ihn über den Entdecker der Wahrheit selbst stellen, und somit das Verhältniss zwischen ihm und dem Verfasser umkehren, wobei dann die ganze Abfassung des Werkes als überflüssig erscheint. Daher haben denn auch neuere Mathematiker und namentlich die Franzosen angefangen, beide Entwickelungsreihen zu verweben. Das Anziehende, was dadurch ihre Werke bekommen haben, besteht eben darin, dass der Leser sich frei fühlt und nicht eingezwängt ist in Formen, denen er, weil er sie nicht beherrscht, knechtisch folgen muss.

Dass nun in der Mathematik diese Entwickelungsreihen am schärfsten aus einander treten, liegt in der Eigenthümlichkeit ihrer Methode (Nr. 13); da sie nämlich vom Besondern aus durch Verkettung fortschreitet, so ist die Einheit der Idee das letzte. Daher trägt die zweite Entwickelungsreihe einen ganz entgegengesetzten Charakter an sich wie die erste, und die Durchdringung beider erscheint schwieriger, wie in irgend einer andern Wissenschaft. Um dieser Schwierigkeit willen darf man aber doch nicht, wie es von den deutschen Mathematikern häufig geschieht, das ganze Verfahren aufgeben und verwerfen.

In dem vorliegenden Werke habe ich daher den angedeuteten Weg eingeschlagen, und es schien mir dies bei einer neuen Wissenschaft um so nothwendiger, als eben zugleich die Idee derselben zuerst ans Licht treten soll.

Uebersicht der allgemeinen Formenlehre.

§ 1. Begriff der Gleichheit.

Unter der allgemeinen Formenlehre verstehen wir diejenige Reihe 1 von Wahrheiten, welche sich auf alle Zweige der Mathematik auf gleiche Weise beziehen, und daher nur die allgemeinen Begriffe der Gleichheit und Verschiedenheit, der Verknüpfung und Sonderung voraussetzen. Es müsste daher die allgemeine Formenlehre allen speciellen Zweigen der Mathematik vorangehen *); da aber jener allgemeine Zweig noch nicht als solcher vorhanden ist, und wir ihn doch nicht, ohne uns in unnütze Weitläufigkeiten zu verwickeln, übergehen dürfen, so bleibt uns nichts übrig, als denselben hier so weit zu entwickeln, wie wir seiner für unsere Wissenschaft bedürfen.

Es ist hier zuerst der Begriff der Gleichheit und Verschiedenheit festzustellen.

Da das Gleiche nothwendig, auch schon damit nur die Zweiheit heraustritt, als Verschiedenes, und das Verschiedene auch als Gleiches erscheinen muss, nur in verschiedener Hinsicht **), so scheint es bei oberflächlicher Betrachtung nöthig, verschiedene Beziehungen der Gleichheit und Verschiedenheit aufzustellen; so würde zum Beispiel bei Vergleichung zweier begränzter Linien die Gleichheit der Richtung oder der Länge, oder der Richtung und Länge, oder der Richtung und Lage und so weiter ausgesagt werden können, und bei andern zu vergleichenden Dingen würden wieder andere Beziehungen der Gleichheit hervortreten. Aber schon dass diese Beziehungen | andere werden je nach *2* der Beschaffenheit der zu vergleichenden Dinge, liefert den Beweis dafür, dass diese Beziehungen nicht dem Begriff der Gleichheit selbst angehören, sondern den Gegenständen, auf welche derselbe Begriff der 2 Gleichheit angewandt wird. In der That von zwei gleich langen Strecken zum Beispiel können wir nicht sagen, dass sie an sich gleich sind, sondern nur, dass ihre Länge gleich sei, und diese Länge steht dann

*) S. Einl. Nr. 8.

**) Ebendas. Nr. 5.

eben auch in der vollkommenen Beziehung der Gleichheit. Somit haben wir dem Begriff der Gleichheit seine Einfachheit gerettet, und können denselben dahin bestimmen, *dass gleich dasjenige sei, von dem man stets dasselbe aussagen kann oder allgemeiner, was in jedem Urtheile sich gegenseitig substituirt werden kann**).

Wie hierin zugleich ausgesagt liegt, dass, wenn zwei Formen einer dritten gleich sind, sie auch selbst einander gleich sind, und dass das aus dem Gleichen auf dieselbe Weise erzeugte wieder gleich ist, liegt am Tage.

§ 2. Begriff der Verknüpfung.

Der zweite Gegensatz, den wir hier in Betracht zu ziehen haben, ist der der Verknüpfung und Sonderung. Wenn zwei Grössen oder Formen (welchen Namen wir als den allgemeineren vorziehen, s. Einl. 3) unter sich verknüpft sind, so heissen sie Glieder der Verknüpfung, die Form, welche durch die Verknüpfung beider dargestellt wird, das Ergebniss der Verknüpfung. Sollen beide Glieder unterschieden werden, so nennen wir das eine das Vorderglied, das andere das Hinterglied.

Als das allgemeine Zeichen der Verknüpfung wählen wir das Zeichen $\frown$; sind nun a und b die Glieder derselben, und zwar a das Vorderglied, b das Hinterglied, so bezeichnen wir das Ergebniss der Verknüpfung mit $(a \frown b)$; indem die Klammer hier ausdrücken soll, dass die Verknüpfung nicht mehr in der Trennung ihrer Glieder soll angeschaut werden, sondern als eine Einheit des Begriffs**). Das Ergebniss der Verknüpfung kann wieder mit andern Formen verknüpft werden, und so gelangt man zu einer Verknüpfung mehrerer Glieder, welche aber zunächst immer nur als eine Verknüpfung je zweier erscheint. Der Bequemlichkeit wegen bedienen wir uns der üblichen abgekürzten Klammerbezeichnung, indem wir nämlich die zusammengehörigen Zeichen einer Klammer weglassen, wenn deren Oeffnungszeichen [(] entweder am Anfang des ganzen Ausdrucks steht, oder nach einem

---

*) Es soll dies keine philosophische Begriffsbestimmung sein, sondern nur eine Verständigung über das Wort, damit nicht etwa verschiedenes darunter verstanden werde. Die philosophische Begriffsbestimmung würde vielmehr den Gegensatz des Gleichen und Verschiedenen in seinem Fliessen und in seiner starren Abgränzung zu ergreifen haben, wozu noch ein nicht unbeträchtlicher Apparat von Begriffsbestimmungen erforderlich sein würde, der hier nicht hergehört.

**) Auf welche Weise nun diese Einheit bewirkt wird, und was dabei jedesmal an der Vorstellung des einzelnen Verknüpften aufgegeben wird, hängt von der Natur der jedesmaligen Verknüpfung ab.

andern Oeffnungszeichen folgen würde, zum Beispiel statt $((a \frown b) \frown c)$ schreiben wir $a \frown b \frown c$.

§ 3. Vereinbarkeit der Glieder.

Die besondere Art der Verknüpfung wird nun dadurch bestimmt, was bei derselben als Ergebniss festgehalten, das heisst unter welchen Umständen und in welcher Ausdehnung das Ergebniss als sich gleich bleibend gesetzt wird.

Die einzigen Veränderungen, welche man, ohne die einzelnen verknüpften Formen selbst zu ändern, vornehmen kann, ist Aenderung der Klammern und Umordnung der Glieder. Nehmen wir zuerst die Verknüpfung so an, dass bei drei Gliedern das Setzen der Klammern keinen realen Unterschied, das heisst keinen Unterschied des Ergebnisses begründet, also dass $a \frown (b \frown c) = a \frown b \frown c$ ist, so folgt zunächst, dass man auch in jeder mehrgliedrigen Verknüpfung dieser Art ohne ihr Ergebniss zu ändern, die Klammern weglassen kann. Denn jede Klammer schliesst vermöge der darüber festgesetzten Bestimmung zunächst einen zweigliedrigen Ausdruck ein, und dieser Ausdruck muss wieder als Glied verbunden sein mit einer andern Form, kurz es tritt eine Verbindung von drei Formen hervor, für welche wir voraussetzten, dass man die Klammer weglassen könne, ohne das Ergebniss ihrer Verknüpfung zu ändern; also wird auch, da man statt jeder Form die ihr gleiche setzen darf, das Gesammtergebniss durch das Weglassen jener Klammer nicht geändert. Also

Wenn eine Verknüpfung von der Art ist, dass bei drei Gliedern die Klammern weggelassen werden dürfen, so gilt dies auch bei beliebig vielen;

oder, da man in zwei Ausdrücken, welche sich nur durch das Setzen der Klammern unterscheiden, stets nach dem so eben | erwiesenen 4 Satze die Klammern weglassen darf, so sind beide Ausdrücke, da sie demselben (klammerlosen) Ausdrucke gleich sind, auch unter sich gleich, und man hat den vorigen Satz in etwas allgemeinerer Form:

Wenn eine Verknüpfung von der Art ist, dass für drei Glieder die Art, 4 *wie die Klammern gesetzt werden, keinen realen Unterschied begründet, so gilt dasselbe auch für beliebig viele Glieder.*

§ 4. Vertauschbarkeit der Glieder. Begriff der einfachen Verknüpfung.

Wäre auf der andern Seite für eine Verknüpfung nur die Vertauschbarkeit der beiden Glieder festgesetzt, so würde daraus keine andere Folgerung gezogen werden können. Kommt aber diese Bestimmung noch zu der im vorigen Paragraphen gemachten hinzu, so folgt, dass auch bei mehrgliedrigen Ausdrücken die Ordnung der Glieder für das Gesammtergebniss gleichgültig ist, indem man nämlich leicht zeigen kann, dass sich je zwei auf einander folgende Glieder vertauschen lassen.

In der That kann man nach dem zuletzt erwiesenen Satze (§ 3) zwei solche Glieder, deren Vertauschbarkeit man nachweisen will, in Klammern einschliessen ohne Aenderung des Gesammtergebnisses, ferner diese Glieder unter sich vertauschen, ohne das Ergebniss der aus ihnen gebildeten Verknüpfung zu ändern (wie wir soeben voraussetzten), also auch ohne das Ergebniss der ganzen Verknüpfung zu ändern (da man statt jeder Form die ihr gleiche setzen kann), und endlich können nun die Klammern wieder so gesetzt werden, wie sie zu Anfang waren. Somit ist die Vertauschbarkeit zweier einander folgender Glieder erwiesen. Da man nun aber durch Fortsetzung dieses Verfahrens jedes Glied auf jede beliebige Stelle bringen kann, so ist die Ordnung der Glieder überhaupt gleichgültig. Also dies Resultat zusammengefasst mit dem des vorigen Paragraphen:

Wenn eine Verknüpfung von der Art ist, dass man, ohne Aenderung des Ergebnisses, bei drei Gliedern die Klammern beliebig setzen, bei zweien die Ordnung verändern darf: so ist auch bei beliebig vielen Gliedern das Setzen der Klammern und die Ordnung der Glieder gleichgültig für das Ergebniss.

Wir werden der Kürze wegen eine solche Verknüpfung, für welche die angegebenen Bestimmungen gelten, eine **einfache** nennen. Eine noch 5 weiter gehende Bestimmung ist nun für die Art der | Verknüpfung, wenn man nicht auf die Natur der verknüpften Formen zurückgeht, nicht mehr möglich, und wir schreiten daher zur Auflösung der gewonnenen Verknüpfung, oder zum analytischen Verfahren.

§ 5. Die synthetische und die analytische Verknüpfung.

5 Das analytische Verfahren besteht darin, dass man zu dem Ergebniss der Verknüpfung und dem einen Gliede derselben das andere sucht. Es gehören daher zu einer Verknüpfung zwei analytische Verfahrungsarten, je nachdem nämlich deren Vorderglied oder Hinterglied gesucht wird; und beide Verfahrungsarten liefern nur dann ein gleiches Ergebniss, wenn die beiden Glieder der ursprünglichen Verknüpfung vertauschbar sind. Da auch dies analytische Verfahren als Verknüpfung kann aufgefasst werden, so unterscheiden wir die ursprüngliche oder *synthetische* Verknüpfung und die auflösende oder *analytische* Verknüpfung.

Im Folgenden werden wir nun zunächst die synthetische Verknüpfung in dem Sinne des vorigen Paragraphen als eine einfache voraussetzen und als Zeichen derselben das Zeichen $\frown$ beibehalten, für die entsprechende analytische Verknüpfung hingegen, da hier die beiden Arten derselben zusammenfallen, das umgekehrte Zeichen $\smile$ wählen, und zwar so, dass wir das Ergebniss der synthetischen Verknüpfung, was bei der analytischen gegeben ist, hier zum Vordergliede machen.

Sonach bezeichnet hier $a \smile b$ diejenige Form, welche mit b synthetisch verknüpft a giebt, so dass also allemal $a \smile b \frown b = a$ ist. Hierin liegt sogleich eingeschlossen, dass $a \smile b \smile c$ diejenige Form bedeutet, welche mit c und dann mit b synthetisch verknüpft a giebt, das heisst also auch nach § 4 diejenige Form, welche mit denselben Werthen in umgekehrter Folge, oder auch mit $b \frown c$ synthetisch verknüpft a giebt, das heisst

$$a \smile b \smile c = a \smile c \smile b$$
$$= a \smile (b \frown c);$$

und da dieselbe Schlussfolge für beliebig viele Glieder gilt, so folgt, dass auch die Ordnung der Glieder, welche analytische Vorzeichen haben, gleichgültig ist, und [dass] man diese Glieder in eine Klammer schliessen darf, wenn man nur die in die Klammer rückenden Vorzeichen umkehrt. Hieraus nun folgt weiter, dass

$$a \smile (b \smile c) = a \smile b \frown c$$

sei. In der That hat man aus der Definition der analytischen Verknüpfung 6

$$a \smile (b \smile c) = a \smile (b \smile c) \smile c \frown c;$$

dieser Ausdruck ist wieder vermöge des soeben erwiesenen Gesetzes 6

$$= a \smile (b \smile c \frown c) \frown c,$$

und dies letztere ist endlich vermöge der Definition der analytischen Verknüpfung

$$= a \smile b \frown c,$$

also auch der erste Ausdruck dem letzten gleich. Drücken wir dies Resultat in Worten aus, und fassen wir es mit dem vorher gewonnenen Resultate zusammen, so erhalten wir den Satz:

Wenn die synthetische Verknüpfung eine einfache ist, so ist es für das Ergebniss gleichgültig, in welcher Ordnung man synthetisch oder analytisch verknüpft; auch darf man nach einem synthetischen Zeichen eine Klammer setzen oder weglassen, wenn dieselbe nur synthetische Glieder enthält, nach einem analytischen aber unter allen Umständen die Klammer setzen oder weglassen, sobald man nur in diesem Falle die Vorzeichen innerhalb der

Klammer umkehrt, das heisst das analytische Zeichen in ein synthetisches verwandelt und umgekehrt.

Dies ist das allgemeinste Resultat, zu dem wir bei den angenommenen Voraussetzungen gelangen können. Hingegen geht aus denselben nicht hervor, dass man eine Klammer, welche ein analytisches Zeichen einschliesst und ein synthetisches vor sich hat, weglassen könne. Vielmehr muss dazu erst eine neue Voraussetzung gemacht werden.

§ 6. Eindeutigkeit der Analyse; Addition und Subtraktion.

Die neue Voraussetzung, die wir hinzufügen, ist die, dass das Ergebniss der analytischen Verknüpfung eindeutig sei, oder mit andern Worten, dass, wenn das eine Glied der synthetischen Verknüpfung unverändert bleibt, das andere aber sich ändert, dann auch jedesmal das Ergebniss sich ändere. Hieraus ergiebt sich zunächst, dass

$$a \frown b \smile b = a$$

ist; denn $a \frown b \smile b$ bedeutet die Form, die mit b synthetisch verknüpft $a \frown b$ giebt. Nun ist a eine solche Form und vermöge der Eindeutig-
7 keit des Resultats die einzige, also die Geltung der | obigen Gleichung erwiesen. Hieraus wiederum geht hervor, dass

$$a \frown (b \smile c) = a \frown b \smile c$$

7 ist. Um nämlich den zweiten Ausdruck auf den ersten zu bringen, kann man in ihm statt b setzen $((b \smile c) \frown c)$ und erhält

$$a \frown b \smile c = a \frown ((b \smile c) \frown c) \smile c;$$

dies ist nach § 4

$$= a \frown (b \smile c) \frown c \smile c,$$

und dies wieder nach dem soeben erwiesenen Satze

$$= a \frown (b \smile c),$$

also ist auch der erste Ausdruck dem letzten gleich; da man nun diese Schlüsse wiederholen kann, wenn mehrere Glieder in der Klammer vorkommen, so hat man den Satz:

Wenn die synthetische Verknüpfung eine einfache, und die entsprechende analytische eine eindeutige ist, so kann man nach einem synthetischen Zeichen die Klammer beliebig setzen oder weglassen. Wir nennen dann (wenn jene Eindeutigkeit auf allgemeine Weise stattfindet) die synthetische Verknüpfung Addition, und die entsprechende analytische Subtraktion.

Was die Ordnung der Glieder betrifft, so folgt, dass $a \frown b \smile c = a \smile c \frown b$ ist; denn $a \frown b \smile c = b \frown a \smile c = b \frown (a \smile c) = a \smile c \frown b$; so dass wir also auch die Vertauschbarkeit zweier Glieder, deren eins ein synthetisches, das andere ein analytisches Vorzeichen hat, nachgewiesen haben, sobald die Eindeutigkeit des analytischen Ergebnisses vorausgesetzt ist. Und nur unter dieser Voraussetzung gelten die Sätze dieses Paragraphen, während die des vorigen auch dann noch gelten, wenn das Ergebniss der analytischen Verknüpfung vieldeutig ist*)**).

§ 7. Die indifferente und die analytische Form.

Durch das analytische Verfahren gelangt man zur indifferenten und zur analytischen Form.

Die erstere erhält man durch die analytische Verknüpfung zweier gleicher Formen, also $a \cup a$ stellt die *indifferente* Form dar, und zwar ist dieselbe unabhängig von dem Werthe a. In der That ist $a \cup a = b \cup b$; denn $b \cup b$ stellt die Form dar, welche mit b synthetisch verknüpft b giebt, eine solche Form ist $a \cup a$, da $b \cap (a \cup a) = b \cap a \cup a = b$ ist. In dem Umfange nun, in welchem zugleich das Ergebniss der analytischen Verknüpfung eindeutig ist, muss daher auch $a \cup a$ gleich $b \cup b$ gesetzt werden. Da somit die indifferente Form unter der gemachten Voraussetzung immer nur Einen Werth darstellt, so ergiebt sich daraus die Nothwendigkeit, sie durch ein eigenes Zeichen zu fixiren. Wir wählen dazu für den Augenblick das Zeichen $\backsim$, und bezeichnen die Form $(\backsim \cup a)$ mit $(\cup a)$, und nennen $(\cup a)$ die *rein analytische* Form, und zwar, wenn die synthetische Verknüpfung die Addition war, die *negative* Form. Dass $(a \cap \backsim)$ und $(a \cup \backsim)$ gleich a, dass ferner $\cap(\cup a)$ gleich $\cup a$, und $\cup(\cup a)$ gleich $\cap a$ ist, ergiebt sich direkt, indem man

*) Beispiele einer solchen Vieldeutigkeit liefert nicht bloss, wie sich später zeigen wird, die Ausdehnungslehre in reichlicher Menge, sondern auch die Arithmetik bietet sie dar, und es ist daher die festgesetzte Unterscheidung auch für sie wichtig. Nämlich als einfache Verknüpfungen zeigen sich Addition und Multiplikation; und während die Subtraktion immer eindeutig ist, so ist es die Division nur, so lange die Null nicht als Divisor erscheint; deshalb gelten für die Division nur die Sätze des vorigen Paragraphen allgemein, während die Sätze dieses Paragraphen nur mit der Beschränkung gelten, dass die Null nicht als Divisor erscheint. Aus der Nichtbeachtung dieses Umstandes müssen die ärgsten Widersprüche und Verwirrungen hervorgehen, wie es auch zum Theil geschehen ist.

**) Ein späterhin angestellter Versuch, die Gesetze für die Verknüpfung mehrdeutiger Grössen aufzustellen, hat mich zu der Ueberzeugung geführt, dass man überall die mehrdeutigen Grössen zuerst in eindeutige verwandeln muss, ehe man überhaupt auf sie irgend ein Verknüpfungsgesetz anwenden kann. Ich habe dieser Ueberzeugung in meiner Ausdehnungslehre von 1862 in den Anmerkungen zu Nr. 348 und zu Nr. 477 Ausdruck verliehen, und zugleich an ersterer Stelle gezeigt, wie man die mehrdeutigen Grössen in eindeutige verwandeln kann. Auch meiner Arithmetik (Stettin 1860. Druck und Verlag von R. Grassmann) [seit 1861 auch bei Enslin in Berlin] liegt diese Ueberzeugung zu Grunde. (1877.)

nur die soeben dargestellten vollständigen Ausdrücke diesen Formen zu substituiren hat, um sogleich die Richtigkeit dieser Gleichungen zu übersehen*). Die analytische Form zur Addition nannten wir 9 ins Besondere die negative | Form, und die indifferente in Bezug auf die Addition und Subtraktion nennen wir *Null.*

§ 8. Addition und Subtraktion gleichartiger Formen.

Wir haben bisher den Begriff der Addition rein formell gefasst, 9 indem wir ihn durch das Gelten gewisser Verknüpfungsgesetze | bestimmten. Dieser formelle Begriff bleibt auch immer der einzige allgemeine. Doch ist dies nicht die Art, wie wir in den einzelnen Zweigen der Mathematik zu diesem Begriffe gelangen. Vielmehr ergiebt sich in ihnen aus der Erzeugung der Grössen selbst eine eigenthümliche Verknüpfungsweise, welche sich dann dadurch, dass jene formellen Gesetze auf sie anwendbar sind, als Addition in dem eben angegebenen allgemeinen Sinne darstellt.

Betrachten wir nämlich zwei Grössen (Formen), welche durch Fortsetzung derselben Erzeugungsweise hervorgehen, und welche wir „in gleichem Sinne erzeugt“ nennen, so ist klar, wie man beide so an einander reihen kann, dass beide Ein Ganzes ausmachen, indem ihr beiderseitiger Inhalt, das heisst die Theile, welche beide enthalten, in eins zusammengedacht werden, und dies Ganze dann mit jenen beiden Grössen gleichfalls in gleichem Sinne erzeugt gedacht wird. Nun ist leicht zu zeigen, dass diese Verknüpfung eine Addition ist, das heisst dass sie eine einfache, und ihre Analyse eine eindeutige ist. Zuerst kann ich beliebig zusammenfassen und beliebig vertauschen, weil die Theile, welche zusammengedacht werden, dabei dieselben bleiben, und ihre Folge nichts ändern kann, da sie alle gleich sind (als durch gleiche

*) Es ist ein vergebliches Unternehmen, wenn man zum Beispiel bei der Addition und Subtraktion in der Arithmetik, nachdem man die hierher gehörenden Gesetze für positive Zahlen nachgewiesen hat, sie hinterher noch besonders für negative Zahlen beweisen will. Indem man nämlich die negative Zahl als solche definirt, die zu a addirt Null giebt, so meint man hier mit dem Addiren (indem der Begriff desselben zunächst nur für positive Zahlen aufgestellt ist) entweder dieselbe Verknüpfungsweise, für welche die Grundgesetze, die den allgemeinen Begriff der Addition bestimmen, gelten, oder eine andere. Im ersteren Falle ist der Nachweis unnöthig, da die weiteren Gesetze dann für die negativen Zahlen schon mit bewiesen sind; im letzteren Falle ist er unmöglich, wenn der Begriff der Addition solcher Zahlen nicht etwa noch anderweitig bestimmt werden sollte. Eben so verhält es sich mit den Brüchen im Gegensatze gegen die ganzen Zahlen.

Erzeugungen entstanden); aber es ist auch ihre Analyse eindeutig; denn wäre dies nicht der Fall, so müsste bei der synthetischen Verknüpfung, während das eine Glied und das Ergebniss dasselbe bliebe, das andere Glied verschiedene Werthe annehmen können; von diesen Werthen müsste dann der eine grösser sein als der andere; also müssten dann zu dem letzteren noch Theile hinzukommen; aber dann würden auch zu dem Ergebnisse dieselben Theile hinzukommen, das Ergebniss also ein anderes werden, wider die Voraussetzung. Also da auch die entsprechende analytische Verknüpfung eindeutig ist, | so ist die synthetische Verknüpfung als Addition aufzufassen, die entsprechende analytische als Subtraktion, und es gelten demnach für diese Verknüpfungen alle in §§ 3—7 aufgestellten Gesetze. Es ergab sich dort, dass die Gesetze dieser Verknüpfungen auch dann unverändert bestehen bleiben, wenn die Glieder negativ werden. Vergleichen wir die negativen Grössen mit den positiven, so können wir sagen, sie seien im entgegengesetzten Sinne erzeugt; und sowohl die in gleichem als die in entgegengesetztem | Sinne erzeugten Grössen können wir unter dem Namen gleichartiger Grössen zusammenfassen, und also ist auf diese Weise der reale Begriff der Addition und Subtraktion für gleichartige Grössen überhaupt bestimmt.

§ 9.* Verknüpfungen verschiedener Stufen, Multiplikation.

Wir haben bisher nur Eine synthetische Verknüpfungsart für sich und in ihrem Verhältnisse zur entsprechenden analytischen betrachtet. Es kommt jetzt darauf an, die Beziehung zweier verschiedener synthetischer Verknüpfungsarten darzulegen. Zu dem Ende muss die eine durch die andere ihrem Begriffe nach bestimmt sein. Diese Begriffsbestimmung hängt von der Art ab, wie ein Ausdruck, welcher beide Verknüpfungsweisen enthält, ohne Aenderung des Gesammtergebnisses umgestaltet werden kann.

Die einfachste Art, wie in einem Ausdrucke beide Verknüpfungen vorkommen können, ist die, dass das Ergebniss der einen Verknüpfung der zweiten unterworfen wird; also wenn $\frown$ und $\asymp$ die Zeichen der beiden Verknüpfungen sind, so hängt das Verhältniss beider von den Umgestaltungen ab, welche mit dem Ausdruck $(a \frown b) \asymp c$ vorgenommen werden dürfen. Wenn sich die zweite Verknüpfung auf beide Glieder der ersten gleichmässig beziehen soll, so bietet sich als die einfachste Umgestaltung die dar, dass man jedes Glied der ersten Verknüpfung der zweiten unterwerfen, und dann diese einzelnen Ergebnisse als Glieder der ersten Verknüpfungsweise setzen könne. Wenn diese Umgestaltung ohne Aenderung des Gesammtergebnisses vorgenommen werden kann, das heisst also

$$(a \frown b) \approx c = (a \approx c) \frown (b \approx c)$$

ist, so nennen wir die zweite Verknüpfung die jener ersten entsprechende *Verknüpfung nächst höherer Stufe.*

Sind ins besondere bei dieser zweiten Verknüpfung beide Glieder auf gleiche Weise abhängig von der ersten, so dass also jene Bestimmung sowohl für das Hinterglied der neuen Verbindung gilt, wie für
11 deren Vorderglied, und ist ferner die erstere Verknüpfung eine einfache, und ihre entsprechende analytische eine eindeutige, so nennen wir die letztere ***Multiplikation***, während wir für die erstere schon oben den Namen der *Addition* festgesetzt hatten. Es ist dies überhaupt die Art, wie von vorne herein, das heisst wenn noch keine Verknüpfungsart gegeben ist, eine solche nebst der sich daran anschliessenden höheren bestimmt werden kann. Daher betrachten wir auch die Addition als
11 die Verknüpfung erster Stufe, | die Multiplikation also als die Verknüpfung zweiter Stufe*).

Wir wählen von nun an statt der allgemeinen Verknüpfungszeichen die bestimmten für diese Verknüpfungsarten üblichen, und zwar wählen wir für die Multiplikation das blosse Aneinanderschreiben.

§ 10. Allgemeine Gesetze der Multiplikation.

Die Beziehung der Multiplikation zur Addition haben wir dahin bestimmt, dass

$$(a + b)\,c = ac + bc$$
$$c\,(a + b) = ca + cb$$

ist; und dadurch war uns der Begriff der Multiplikation festgestellt. Durch wiederholte Anwendung dieses Grundgesetzes gelangt man sogleich zu dem allgemeineren Satze, dass man, wenn beide Faktoren zerstückt sind, jedes Stück des einen mit jedem Stück des andern multipliciren und die Produkte addiren kann. Hieraus ergiebt sich für die Beziehung der Multiplikation zur Subtraktion ein entsprechendes Gesetz, nämlich zunächst, dass

$$(a - b)\,c = ac - bc$$

*) Als dritte Stufe würde sich nach demselben Prinzip das Potenziren darstellen, was wir hier aber der Kürze wegen übergehen. Dass übrigens die Begriffsbestimmung für diese Verknüpfungen hier nur eine formelle sein, und erst in den einzelnen Wissenschaften durch Realdefinitionen verkörpert werden kann, liegt in der Natur der Sache.

ist. Nämlich setzt man, um den zweiten Ausdruck auf den ersten zurückzuführen, in demselben statt a das ihm Gleiche $(a - b) + b$, so hat man

$$ac - bc = ((a - b) + b)\, c - bc;$$

der Ausdruck rechts ist hier nach dem soeben aufgestellten Gesetze

$$= (a - b)\, c + bc - bc,$$

und dieser Ausdruck nach § 6

$$= (a - b)\, c,$$

also der erste Ausdruck dem letzten gleich. Auf gleiche Weise folgt, 12 wenn der zweite Faktor eine Differenz ist, das entsprechende Gesetz. Durch wiederholte Anwendung dieser Gesetze gelangt man zu dem allgemeineren Satze:

Wenn die Faktoren eines Produktes durch Addition und Subtraktion gegliedert sind, so kann man ohne Aenderung des Gesammtergebnisses jedes Glied des einen mit jedem Gliede des andern multipliciren, und die so erhaltenen Produkte | durch vorgesetzte Additions- und Subtraktions- 13 *zeichen verknüpfen, je nachdem die Vorzeichen ihrer Faktoren gleich oder ungleich waren.*

§ 11. Gesetze der Division.

Für die Division gilt ganz allgemein, mag nun ihr Resultat eindeutig oder vieldeutig*) sein, das Gesetz der Zerstückung des Dividend, nämlich

$$\frac{a \mp b}{c} = \frac{a}{c} \mp \frac{b}{c},$$

wobei wir aber noch zu merken haben, dass, da für die Multiplikation im Allgemeinen nicht Vertauschbarkeit der Faktoren angenommen wurde, auch im Allgemeinen zwei Arten der Division unterschieden werden müssen, je nachdem nämlich das Vorderglied oder das Hinterglied der multiplikativen Verknüpfung gesucht wird. Da indessen beide Faktoren eine gleiche Beziehung zur Addition und Subtraktion haben, so wird dies auch von beiden Arten der Division gelten; und wenn das obige Gesetz für eine Art erwiesen ist, so wird es aus denselben Gründen auch für die andere erwiesen sein.

Wir wollen annehmen, es sei das Vorderglied gesucht; also wenn zum Beispiel

$$\frac{a}{.c} = x \text{ ist}^{**}), \text{ so sei } xc = a.$$

*) Vergleiche die Anmerkungen zu S. 39 und die Ausdehnungslehre von 1862 Nr. 377 bis 391. (1877.)

**) Wo der Punkt im Divisor die Stelle des gesuchten Faktors bezeichnet.

Es bedeutet $\frac{a+b}{.c}$ hiernach diejenige Form, die als Vorderglied mit c multiplicirt $a+b$ giebt. Ich kann zuerst jede Form in zwei Stücke
13 sondern, deren eins willkührlich angenommen werden kann. | Es sei daher die gesuchte mit $\frac{a+b}{.c}$ gleichgesetzte Form $= \frac{a}{.c} + x$. Diese nun als Vorderglied mit c multiplicirt, giebt nach dem vorigen Paragraphen $a + xc$; sie soll aber bei dieser Multiplikation $a+b$ geben, folglich ist

$$a + xc = a + b,$$

das heisst

$$xc = b, \quad x = \frac{b}{.c}$$

also die gesuchte Form, da sie gleich $\frac{a}{.c} + x$ gesetzt war, gleich

$$\frac{a}{.c} + \frac{b}{.c}.$$

Auf dieselbe Weise ergiebt sich das Gesetz für die Differenz.

§ 12. Realer Begriff der Multiplikation.

13 Die in den vorigen Paragraphen dargestellten Gesetze drücken die allgemeine Beziehung der Multiplikation und Division zur Addition und Subtraktion aus. Hingegen die Gesetze der Multiplikation an sich, wie sie die Arithmetik aufstellt, und welche die Vertauschbarkeit und Vereinbarkeit der Faktoren aussagen, gehen nicht aus dieser allgemeinen Beziehung hervor, und sind daher auch nicht durch den allgemeinen Begriff der Multiplikation bestimmt. Vielmehr werden wir in unserer Wissenschaft Arten der Multiplikation kennen lernen, bei denen wenigstens die Vertauschbarkeit der Faktoren nicht stattfindet, bei denen aber dennoch alle bisher aufgestellten Sätze ihre volle Anwendung haben.

Auch den allgemeinen Begriff dieser Multiplikation haben wir somit formell bestimmt; diesem formellen Begriffe muss, wenn die Natur der zu verknüpfenden Grössen gegeben ist, ein realer Begriff entsprechen, welcher die Erzeugungsweise des Produktes vermittelst der Faktoren aussagt. Die Beziehung zur realen Addition liefert uns eine allgemeine Bestimmung dieser Erzeugungsweise; wird nämlich einer der Faktoren als Summe seiner Theile (nach § 8) aufgefasst, so muss man nach dem allgemeinen Beziehungsgesetz, statt die Summe der Produkt-bildenden Erzeugungsweise zu unterwerfen, die Theile derselben unterwerfen können, und die so gebildeten Produkte addiren, das heisst, da diese Produkte wieder als in gleichem Sinne erzeugt sich darstellen, sie als Theile zu einem Ganzen verknüpfen können; das heisst die multiplikative Erzeugungsweise muss von der Art sein, dass die Theile der Faktoren auf gleiche Weise in sie eingehen, so nämlich, dass wenn ein Theil | des einen mit einem Theil des andern 14 multiplikativ verknüpft irgend eine Grösse erzeugt, dann bei der multiplikativen Verknüpfung der Ganzen, auch jeder Theil des ersten mit jedem Theil des andern eine solche Grösse und zwar dieselbe Grösse erzeugt, wenn diese Theile den zuerst angenommenen gleich sind. Und es leuchtet sogleich ein, dass wenn die Erzeugungsweise die angegebene Beschaffenheit hat, auch die ihr entsprechende Verknüpfungsweise zur Addition des Gleichartigen die multiplikative Beziehung hat, und für sie somit alle Gesetze dieser Beziehung gelten.

Wir nennen daher eine solche Verknüpfungsweise auch schon dann, wenn nur erst ihre multiplikative Beziehung zur Addition des Gleichartigen | nachgewiesen, oder mit andern Worten, das gleiche Ein- 14 gehen aller Theile der Verknüpfungsglieder in die Verknüpfung in dem oben angegebenen Sinne festgestellt ist, eine *Multiplikation*.

Die bisher dargestellten allgemeinen Verknüpfungsgesetze genügen im Wesentlichen für die Darstellung unserer Wissenschaft und wir gehen daher zu dieser über.

Erster Abschnitt.

Die Ausdehnungsgrösse.

Erstes Kapitel.

Addition und Subtraktion der einfachen Ausdehnungen erster Stufe oder der Strecken.

A. Theoretische Entwickelung.

§ 13, 14. Das Ausdehnungsgebilde, die Strecke und das System erster Stufe.

§ 13.

15
16
Der rein wissenschaftliche Weg, die Ausdehnungslehre zu behandeln, würde der sein, dass wir nach der Art, wie es in der Einleitung versucht ist, von den Begriffen aus, welche dieser Wissenschaft zu Grunde liegen, alles einzelne entwickelten. Allein um den Leser nicht durch fortgesetzte Abstraktionen zu ermüden, und um ihn zugleich dadurch, dass wir an Bekanntes anknüpfen, in den Stand zu setzen, sich mit grösserer Freiheit und Selbständigkeit zu bewegen, knüpfe ich überall bei der Ableitung neuer Begriffe an die Geometrie an, deren Basis unsere Wissenschaft bildet. Indem ich aber bei der Ableitung der Wahrheiten, welche den Inhalt dieser Wissenschaft bilden, jedesmal den abstrakten Begriff zu Grunde lege, ohne mich dabei je auf irgend eine in der Geometrie bewiesene Wahrheit zu stützen, so erhalte ich dennoch die Wissenschaft ihrem Inhalte nach gänzlich rein und unabhängig von der Geometrie*).

*) In der Einleitung (Nr. 16) habe ich gezeigt, wie bei der Darstellung einer jeden Wissenschaft und ins besondere der mathematischen, zwei Entwickelungsreihen in einander greifen, von denen die eine den Stoff liefert, das heisst die ganze Reihe der Wahrheiten, welche den eigentlichen Inhalt der Wissenschaft bildet,

Um die Ausdehnungsgrösse zu gewinnen, || knüpfe ich daher an die Erzeugung der Linie an. Hier ist es ein erzeugender Punkt, welcher verschiedene Lagen in stetiger Folge annimmt; und die Gesammtheit der Punkte, in welche der erzeugende Punkt bei dieser Veränderung übergeht, bildet die Linie. Die Punkte einer Linie erscheinen somit wesentlich als verschiedene, und werden auch als solche bezeichnet (mit verschiedenen Buchstaben); wie aber dem Verschiedenen immer zugleich das Gleiche (obwohl in einem untergeordneten Sinne) anhaftet, so erscheinen auch hier die verschiedenen Punkte als verschiedene Lagen eines und desselben erzeugenden Punktes. Auf gleiche Weise nun gelangen wir in unserer Wissenschaft zu der Ausdehnung, wenn wir nur statt der dort eintretenden räumlichen Beziehungen hier die entsprechenden begrifflichen setzen.

Zuerst statt des Punktes, das heisst des besonderen Ortes, setzen wir hier das *Element*, worunter wir das Besondere schlechthin, aufgefasst als verschiedenes von anderem Besonderen verstehen; und zwar legen wir dem Elemente in der abstrakten Wissenschaft gar keinen andern Inhalt bei; es kann daher hier gar nicht davon die Rede sein, was für ein Besonderes dies denn eigentlich sei — denn es ist eben das Besondere schlechthin, ohne allen realen Inhalt —, oder in welcher Beziehung das eine von dem andern verschieden sei — denn es ist eben schlechtweg als Verschiedenes bestimmt, ohne dass irgend ein realer Inhalt, in Bezug auf welchen es verschieden sei, gesetzt wäre. Dieser Begriff des Elementes ist unserer Wissenschaft gemeinschaftlich mit der Kombinationslehre, und daher auch die Bezeichnung der Elemente (durch verschiedene Buchstaben) beiden gemeinschaftlich *). Die verschiedenen Elemente können nun zugleich als verschiedene Zustände desselben erzeugenden Elementes aufgefasst werden, und diese abstrakte Verschiedenheit der Zustände ist es, welche der Ortsverschiedenheit entspricht.

Den Uebergang des erzeugenden Elementes aus | einem Zustande in einen andern nennen wir eine *Aenderung* desselben; und diese abstrakte Aenderung des erzeugenden Elementes entspricht also der Ortsänderung oder Bewegung des Punktes in der Geometrie. Wie nun in

---

während die andere dem Leser die Herrschaft über den Stoff geben soll. Jene erste Entwickelungsreihe nun ist es, welche ich gänzlich unabhängig von der Geometrie erhalten habe, während ich mir bei der letzten meinem Zwecke gemäss die grösste Freiheit gestattet habe.

*) Die Differenz liegt nur in der Art, wie in beiden Wissenschaften aus dem Elemente die Formen gewonnen werden, in der Kombinationslehre nämlich durch blosses Verknüpfen, also diskret, hier aber durch stetiges Erzeugen.

der Geometrie durch die Fortbewegung eines Punktes zunächst eine Linie entsteht, und erst, indem man das gewonnene Gebilde aufs neue der Bewegung unterwirft, räumliche Gebilde höherer Stufen entstehen können, so entsteht auch in unsrer Wissenschaft durch stetige Aenderung des erzeugenden Elementes zunächst das Ausdehnungsgebilde erster Stufe. Die Resultate der bisherigen Entwickelung zusammenfassend, können wir die Definition aufstellen:

Unter einem Ausdehnungsgebilde erster Stufe verstehen wir die Gesammtheit der Elemente, in die ein erzeugendes Element bei stetiger Aenderung übergeht,

und insbesondere nennen wir das erzeugende Element in seinem ersten Zustande das Anfangselement, in seinem letzten das Endelement.

Aus diesem Begriffe ergiebt sich sogleich, dass zu jedem Ausdehnungsgebilde ein entgegengesetztes gehört, welches dieselben Elemente enthält, aber in umgekehrter Entstehungsweise, so dass also namentlich das Anfangselement des einen das Endelement des andern wird. Oder, bestimmter ausgedrückt, wenn durch eine Aenderung aus a b wird, so ist die entgegengesetzte die, durch welche aus b a wird, und das einem Ausdehnungsgebilde entgegengesetzte ist dasjenige, welches durch die entgegengesetzten Aenderungen in umgekehrter Folge hervorgeht, worin zugleich liegt, dass das Entgegengesetztsein ein wechselseitiges ist.

§ 14.

Das Ausdehnungsgebilde wird nur dann als ein einfaches erscheinen, wenn die Aenderungen, die das erzeugende Element erleidet, stets einander gleich gesetzt werden; so dass also, wenn durch eine Aenderung aus einem Element a ein anderes b hervorgeht, welche beide jenem einfachen Ausdehnungsgebilde angehören, dann durch eine gleiche Aenderung aus b ein Element c desselben Ausdehnungsgebildes erzeugt wird, und zwar wird diese Gleichheit auch dann noch stattfinden müssen, wenn a und b als stetig aneinandergränzende Elemente aufgefasst werden, da diese Gleichheit durchweg bei der stetigen Er-
18 zeugung stattfinden | soll. Wir können eine solche Aenderung, durch
18 die aus einem Element | einer stetigen Form ein nächst angränzendes erzeugt wird, eine Grundänderung nennen, und werden dann sagen: „das einfache Ausdehnungsgebilde sei ein solches, das durch stetige Fortsetzung derselben Grundänderung hervorgeht."

In demselben Sinne nun, in welchem die Aenderungen einander gleich gesetzt werden, werden wir auch die dadurch erzeugten Gebilde gleich setzen können, und in diesem Sinne, dass nämlich das durch gleiche Aenderungen auf dieselbe Weise Erzeugte selbst gleich gesetzt werde, nennen wir das einfache Ausdehnungsgebilde erster Stufe eine Ausdehnungsgrösse oder Ausdehnung erster Stufe oder eine Strecke*). Es wird also das einfache Ausdehnungsgebilde zur Ausdehnungsgrösse, wenn wir von den Elementen, die das erstere enthält, absehen, und nur die Art der Erzeugung festhalten; und während zwei Ausdehnungsgebilde nur dann einander gleich gesetzt werden können, wenn sie dieselben Elemente enthalten, so zwei Ausdehnungsgrössen schon dann, wenn sie, auch ohne dieselben Elemente zu enthalten, auf gleiche Weise (das heisst durch dieselben Aenderungen) erzeugt sind. Die Gesammtheit endlich aller Elemente, welche durch Fortsetzung derselben und der entgegengesetzten Grundänderung erzeugbar sind, nennen wir ein System**) (oder ein Gebiet) erster Stufe. Die demselben System erster Stufe angehörigen Strecken werden also alle durch Fortsetzung entweder derselben Grundänderung oder entgegengesetzter Grundänderungen erzeugt.

Ehe wir zur Verknüpfung der Strecken übergehen, wollen wir die im vorigen Paragraphen aufgestellten Begriffe durch Anwendung auf die Geometrie veranschaulichen. Die Gleichheit der Aenderungsweise wird hier durch Gleichheit der Richtung vertreten; als System erster Stufe stellt sich daher hier die unendliche gerade Linie dar, als einfache Ausdehnung erster Stufe die begränzte gerade Linie. Was dort gleichartig genannt wurde, erscheint hier als parallel, und der Parallelismus bietet gleichfalls seine zwei Seiten dar, als | Parallelismus in *19* demselben und in entgegengesetztem Sinne***). Den Namen der 19 Strecke können wir in entsprechendem Sinne für die Geometrie festhalten, und also unter gleichen Strecken hier solche begränzte Linien verstehen, welche gleiche Richtung und Länge haben.

§ 15. Addition und Subtraktion gleichartiger Strecken.

Wenn die stetige Erzeugung der Strecke mitten in ihrem Gange unterbrochen gedacht wird, um dann hernach wieder fortgesetzt zu

---

*) Die abstrakte Bedeutung dieser ursprünglich konkreten Benennung bedarf wohl keiner Rechtfertigung, da die Namen des Abstrakten ursprünglich alle konkrete Bedeutung haben.

**) Ich ziehe jetzt den Ausdruck „Gebiet“ dem Ausdruck „System“, welcher vielfach in anderem Sinne gebräuchlich ist, vor. (1877.)

***) Diese Unterscheidung ist für die Geometrie so wichtig, dass es nicht wenig zur Vereinfachung der geometrischen Sätze und Beweise beitragen würde, wenn man diesen Unterschied durch einfache Benennungen fixirte, wozu ich etwa die Ausdrücke „gleichläufig“ und „gegenläufig“ vorschlagen möchte.

werden, so erscheint die ganze Strecke als Verknüpfung zweier Strecken, welche sich stetig aneinanderschliessen, und von denen die eine als Fortsetzung der andern erscheint. Die beiden Strecken, welche die Glieder dieser Verknüpfung bilden, sind in demselben Sinne erzeugt (§ 8), und das Ergebniss der Verknüpfung ist die Strecke vom Anfangselemente der ersten zum Endelemente der letzten, wenn beide stetig an einander gelegt, das heisst so dargestellt sind, dass das Endelement der ersten zugleich das Anfangselement für die zweite ist. Bezeichnen wir vorläufig die Strecke vom Anfangselement α (vgl. Fig. 2) zum Endelement β mit $[\alpha\beta]$, und sind $[\alpha\beta]$ und $[\beta\gamma]$ in demselben Sinne erzeugt, so ist also $[\alpha\gamma]$ das Ergebniss der oben angezeigten Verknüpfung, wenn $[\alpha\beta]$ und $[\beta\gamma]$ die Glieder sind*)**).

Fig. 2.

α β γ

Wir haben schon oben (§ 8) nachgewiesen, dass diese Verknüpfung, da sie die Vereinigung der in gleichem Sinne erzeugten Grössen darstellt, als Addition, ihre entsprechende analytische als | Subtraktion aufgefasst werden müsse, und daher alle Gesetze dieser Verknüpfungsarten für sie gelten. Wir haben hier nur noch die eigenthümliche Bedeutung nachzuweisen, welche die negative Grösse auf unserm Gebiete gewinnt.

Nämlich um zuerst die Bedeutung der Subtraktion uns anschaulicher zu machen, so können wir daraus, dass $[\alpha\beta]+[\beta\gamma]=[\alpha\gamma]$ ist, sobald $[\alpha\beta]$ und $[\beta\gamma]$ in gleichem Sinne erzeugt sind, | den Schluss ziehen, dass eben so allgemein $[\alpha\beta]=[\alpha\gamma]-[\beta\gamma]$ ist (vgl. Fig. 2), das heisst also, wenn wir uns der in der Subtraktion üblichen Benennungen bedienen, „der Rest ist, wenn man Minuend und Subtrahend mit ihren Endelementen aufeinander legt, die Strecke vom Anfangselement des Minuend zu dem des Subtrahend.“

Setzt man in der letzten Formel α und β identisch, so erhält man

$$[\alpha\alpha]=[\alpha\gamma]-[\alpha\gamma]$$

---

*) Diese Bezeichnung der Strecke ist nur eine vorläufige, die wahre Bezeichnung derselben durch ihre Gränzelemente kann erst verstanden werden, wenn wir die Verknüpfung der Elemente werden kennen gelernt haben (siehe den zweiten Abschnitt § 99).

**) Die Bezeichnung $[\alpha\beta]$ ist in der Ausdehnungslehre von 1862 für das Produkt der beiden Elemente α und β gewählt, welches, wenn α und β Punkte sind, den Linientheil zwischen α und β darstellt, wovon sich die Strecke dadurch unterscheidet, dass in dieser nur Länge und Richtung, in jenem aber zugleich die Lage der unendlichen geraden Linie festgehalten wird, welcher der Linientheil angehört. Es ist also hier um so mehr daran festzuhalten, dass die Bezeichnung der Strecke durch $[\alpha\beta]$ nur ein vorläufiger Nothbehelf ist; die sachgemässe Bezeichnung $\beta-\alpha$ konnte nach dem Prinzip der Darstellung erst in § 99 gegeben werden. (1877.)

das heisst gleich Null. Ferner ist vermöge des Begriffs des Negativen*)

$$(-[\alpha\beta]) = 0 - [\alpha\beta] = [\beta\beta] - [\alpha\beta] = [\beta\alpha],$$

das heisst die Strecke $[\beta\alpha]$, welche einer andern $[\alpha\beta]$ ihrem Begriff nach (§ 13) entgegengesetzt ist, erscheint auch in ihrer Beziehung zur Addition und Subtraktion als die entgegengesetzte Grösse zu jener. Da nun endlich $a + (-b) = a - b$ ist, so hat man, wenn $\alpha\gamma$ und $\gamma\beta$ im entgegengesetzten Sinne erzeugt sind

$$[\alpha\gamma] + [\gamma\beta] = [\alpha\gamma] + (-[\beta\gamma]) = [\alpha\gamma] - [\beta\gamma] = [\alpha\beta],$$

das heisst, auch wenn die beiden Strecken im entgegengesetzten Sinne erzeugt sind, ist ihre Summe die Strecke vom Anfangselement der ersten zum Endelement der zweiten an sie stetig angelegten. Und wir können also, dies Resultat mit dem obigen zusammenfassend, sagen:

Wenn man zwei gleichartige Strecken stetig, das heisst so verknüpft, dass das Endelement der ersten Anfangselement der zweiten wird, so ist die Strecke vom Anfangselement der ersten zum Endelement der letzten die Summe beider;

und indem sie so als Summe bezeichnet ist, so soll darin ausgedrückt liegen, dass alle Gesetze der Addition und Subtraktion für diese Verknüpfungsweise gelten.

Noch will ich hieran eine Folgerung schliessen, die für die Weiterentwickelung fruchtreich ist, nämlich dass, wenn die Gränzelemente einer Strecke in demselben System sich beide um | eine gleiche Strecke 21 ändern, dann die zwischen den neuen Gränzelementen liegende Strecke der ersteren gleich ist. In der That, es sei $[\alpha\beta]$ die ursprüngliche Strecke (vgl. Fig. 3) und $[\alpha\alpha'] = [\beta\beta']$, so ist zu zeigen, dass, wenn alle genannten Elemente demselben System angehören, $[\alpha'\beta'] = [\alpha\beta]$ sei. Es ist aber

Fig. 3.

α ——— β ——— α' ——— β'

$$[\alpha'\beta'] = [\alpha'\alpha] + [\alpha\beta] + [\beta\beta'],$$

nach der Definition | der Summe, und da 21

$$[\alpha'\alpha] = -[\alpha\alpha'] = -[\beta\beta']$$

ist, so heben sich $[\alpha'\alpha]$ und $[\beta\beta']$ bei der Addition, und es ist wirklich $[\alpha'\beta'] = [\alpha\beta]$.

§ 16. Systeme höherer Stufen.

Nehme ich nun, um zu den Verknüpfungen verschiedenartiger Strecken zu gelangen, zunächst zwei verschiedenartige Grundänderungen an, und lasse ein Element die erste Grundänderung (oder deren ent-

*) Vergleiche hier überall § 7.

gegengesetzte) beliebig fortsetzen und dann das so geänderte Element in der zweiten Aenderungsweise gleichfalls beliebig fortschreiten, so werde ich dadurch aus einem Element eine unendliche Menge neuer Elemente erzeugen können, und die Gesammtheit der so erzeugbaren Elemente nenne ich ein System zweiter Stufe. Nehme ich dann ferner eine dritte Grundänderung an, welche von jenem Anfangselemente aus nicht wieder zu einem Elemente dieses Systems zweiter Stufe führt, und welche ich deshalb als von jenen beiden ersten unabhängig bezeichne, und lasse ein beliebiges Element jenes Systems zweiter Stufe diese dritte Aenderung (oder deren entgegengesetzte) beliebig fortsetzen, so wird die Gesammtheit der so erzeugbaren Elemente ein System dritter Stufe bilden; und da dieser Erzeugungsweise dem Begriffe nach keine Schranke gesetzt ist, so werde ich auf diese Weise zu Systemen beliebig hoher Stufen fortschreiten können.

Hierbei ist es wichtig festzuhalten, dass alle auf diese Weise erzeugten Elemente nicht als anderweitig schon gegebene*) aufgefasst werden dürfen, sondern als ursprünglich erzeugt, und dass sie daher alle, sofern sie ursprünglich durch verschiedene Aenderungen erzeugt sind, auch ihrem Begriffe nach als verschiedene erscheinen. Dagegen ist wiederum klar, dass, nachdem die Elemente einmal erzeugt sind, sie von da ab als gegebene erscheinen, und [dass] über ihre Verschiedenheit oder Identität nicht anders entschieden werden kann, als wenn man auf die ursprüngliche Erzeugung zurückgeht.

22 Ehe ich nun zu unserer Aufgabe, nämlich zur Verknüpfung der verschiedenen Aenderungsweisen, übergehe, will ich der Anschauung durch geometrische Betrachtungen zu Hülfe kommen. Es ist nämlich klar, dass das System zweiter Stufe der Ebene entspricht, und die 22 Ebene dadurch erzeugt gedacht wird, dass alle | Punkte einer geraden Linie nach einer neuen in ihr nicht enthaltenen Richtung (oder nach der entgegengesetzten) sich fortbewegen, wobei dann eben die Gesammtheit der so erzeugbaren Punkte die unendliche Ebene bildet. Es erscheint somit die Ebene als eine Gesammtheit von Parallelen, welche alle eine gegebene Gerade durchschneiden; und es ist ersichtlich, dass, da diese Parallelen sich nicht schneiden, und auch die ursprüngliche Gerade nicht noch ein zweitesmal treffen, alle auf jene Weise erzeugten Punkte von einander verschieden sind und somit die Analogie eine vollständige ist. Ebenso gelangt man zu dem ganzen unendlichen Raume, als dem Systeme dritter Stufe, wenn man die Punkte der Ebene

*) Wie etwa in der Raumlehre alle Punkte schon durch den vorausgesetzten Raum ursprünglich gegeben sind.

nach einer neuen, nicht in der Ebene liegenden Richtung (oder der entgegengesetzten) fortbewegt; und weiter kann die Geometrie nicht fortschreiten, während die abstrakte Wissenschaft keine Gränze kennt.

§ 17—19. Addition und Subtraktion ungleichartiger Strecken.

§ 17.

Lasse ich nun, um zu unserer Aufgabe zurückzukehren, ein Element sich zuerst um eine Strecke a ändern, und dann das so geänderte Element um die Strecke b, so ist das Gesammtresultat beider Aenderungen zugleich als Resultat Einer Aenderung aufzufassen, welche die Verknüpfung jener beiden ersten ist, und welche, wenn beide Strecken gleichartig waren, als deren Summe erschien (§ 15). Hier können wir diese Verknüpfungsweise vorläufig mit dem allgemeinen Verknüpfungszeichen $\frown$ bezeichnen. Aus diesem Begriffe geht sogleich, da der Act des Zusammenfassens den Zustand des Elementes nicht ändert, das Gesetz hervor, dass

$$(a \frown b) \frown c = a \frown (b \frown c)$$

ist. Hingegen um auch zur Vertauschbarkeit der Glieder zu gelangen, ist noch eine Lücke in der Begriffsbestimmung auszufüllen.

Betrachten wir nämlich die Erzeugungsweise eines Systems höherer (m-ter) Stufe, wie wir solche im vorigen Paragraphen dargestellt haben, so war dort eine bestimmte Reihenfolge der m Aenderungsweisen, durch die jenes System erzeugt wurde, angenommen, und die Elemente des Systems wurden erzeugt, wenn das Anfangselement die | verschiedenen Aenderungsweisen in der bestimmten Reihenfolge fortschreitend einging, so dass jedes Element, welches durch eine Reihe von Aenderungen entstanden war, nur entweder seine letzte Aenderung fortsetzte, oder eine der folgenden Aenderungsweisen, | aber keine der früheren annahm. Sind daher a und b zwei Strecken, von denen a einer früheren, b einer späteren von den Aenderungsweisen angehört, so wird ein Element bei der Erzeugung des Systems zwar an die Aenderung a die Aenderung b anschliessen können, aber nicht umgekehrt; das heisst es wird dabei die Verknüpfung $a \frown b$ vorkommen, aber nicht die $b \frown a$. Aber obgleich die letztere Verknüpfung durch die Erzeugung des Systems nicht ihrem Begriffe nach bestimmt werden kann, so muss sie doch an sich möglich sein. Somit zeigt sich hier die besprochene Lücke.

Um dieselbe näher zu übersehen sei $[\alpha\beta]$ *) gleich a, $[\beta\beta'] = [\alpha\alpha'] = b$,

*) Zur Erläuterung kann Fig. 4 dienen [s. die nächste Seite].

23

23

so ist die Aenderung $[\alpha\beta']$ gleich $a \frown b$; es ist aber $[\alpha\beta']$ auch gleich $[\alpha\alpha'] \frown [\alpha'\beta']$, das heisst gleich $b \frown [\alpha'\beta']$. Sollten also die Glieder vertauschbar, das heisst $a \frown b = b \frown a$ sein, so müsste $[\alpha'\beta'] = [\alpha\beta]$ sein. Hierüber lässt sich nun aus dem Bisherigen nichts entscheiden; denn alles, was wir über das System und dessen Elemente aussagen können, muss, da das ganze System auf keine andere Weise, als nur durch seine Erzeugung gegeben ist, aus dieser Erzeugungsweise hervorgehen. Da nun aber in dieser nichts von einer solchen Aenderung $\alpha'\beta'$ vorkommt, so sind wir befugt und gedrungen, eine neue Begriffsbestimmung über solche Aenderungen zu geben, und die Analogie mit dem Früheren führt uns nothwendig dazu, in dem Umfange, in welchem wir zu einer neuen Begriffsbestimmung befugt sind, $\alpha'\beta'$ und $\alpha\beta$ gleich zu setzen. Diese Gleichsetzung vollziehen wir aber erst auf bestimmte Weise, wenn wir den Umfang jener Befugniss ausgemittelt haben.

Fig. 4.

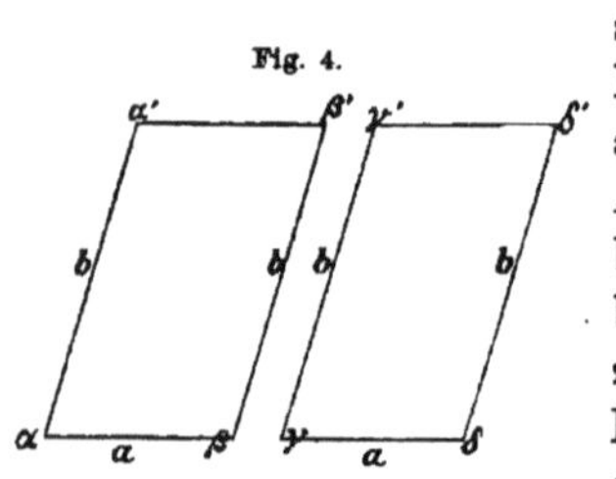

Zu dem Ende betrachten wir zwei gleiche Strecken:

$$[\alpha\beta] = [\gamma\delta] = a,$$

deren Gränzelemente einer der späteren Aenderungen b, aber alle derselben unterworfen werden und dadurch in α', β', γ', δ' übergehen, so dass

$$[\alpha\alpha'] = [\beta\beta'] = [\gamma\gamma'] = [\delta\delta'] = b$$

24 ist. Da nun $[\alpha'\alpha] = [\gamma'\gamma] = (-b)$ ist, so hat man für die Aenderungen $[\alpha'\beta']$ und $[\gamma'\delta']$ die Gleichungen:

$$[\alpha'\beta'] = [\alpha'\alpha] \frown [\alpha\beta] \frown [\beta\beta'] = (-b) \frown a \frown b$$
$$[\gamma'\delta'] = [\gamma'\gamma] \frown [\gamma\delta] \frown [\delta\delta'] = (-b) \frown a \frown b;$$

24 also sind beide Aenderungen einander gleich. Also wenn zwei Elementenpaare durch gleiche Aenderung aus einander erzeugbar sind, und man unterwirft alle vier Elemente einer neuen, aber alle derselben Aenderung, so werden auch die daraus hervorgehenden Elementenpaare durch gleiche Aenderungen auseinander erzeugbar sein. Da nun dies Gesetz auch noch bestehen bleibt, wenn $[\alpha\beta]$ eine Grundänderung darstellt, so folgt hieraus nicht nur, dass eine Strecke, wenn sich ihre Elemente alle um gleich viel ändern, eine Strecke bleibt, sondern auch dass, wenn nur für die Grundänderung gezeigt ist, dass sie bei jener Fortschreitung der Strecke gleich bleibt, dasselbe dann auch für die ganze Strecke gilt.

Damit ist der Umfang der oben angedeuteten Befugniss gegeben, und wir setzen daher fest, dass, wenn in einem Systeme m-ter Stufe eine Strecke, welche einer der früheren von den m Aenderungsweisen, die das System bestimmen, angehört, einer der späteren Aenderungsweisen unterworfen wird, und zwar alle Elemente derselben Aenderungsweise, dann die entsprechenden Grundänderungen in der ursprünglichen und der durch jene Aenderung entstandenen Strecke einander gleich genannt werden sollen, hingegen ungleich, wenn die Elemente verschiedenen Aenderungen unterworfen sind*). Daraus folgt dann, vermöge des vorhergehenden Satzes, dass diese Gleichheit (und Ungleichheit) unter denselben Umständen auch für die Strecken selbst fortbesteht; und wir gelangen also zu dem Satze: Wenn man eine Strecke, welche einer der m ursprünglichen Aenderungsweisen des Systems angehört, Aenderungen unterwirft, welche gleichfalls jenen Aenderungsweisen angehören, und zwar alle Elemente denselben Aenderungen, so ist die durch jene Aenderung entstandene Strecke der ursprünglichen | gleich. 25

Dass wir nämlich hier auch den Unterschied zwischen früheren und späteren Aenderungsweisen fallen lassen können, ergiebt sich leicht aus der Gegenseitigkeit der Beziehung; denn wenn vorausgesetzt wird, dass $[\alpha\beta]$ gleich oder ungleich $[\alpha'\beta']$ ist, je nachdem $[\alpha\alpha']$ gleich $[\beta\beta']$ ist oder nicht, so sind | auch umgekehrt die letzteren Ausdrücke gleich 25 oder ungleich, je nachdem die ersteren es sind, wie sogleich durch die Methode des indirekten Schlusses sich ergiebt. Wenn also die durch eine frühere Aenderung erzeugte Strecke, einer späteren Aenderung unterworfen, sich gleich bleibt, so bleibt auch die durch eine spätere erzeugte, der früheren unterworfen, sich gleich; und daraus folgt der Satz in der oben gegebenen Fassung.

Nun hatten wir schon oben gezeigt, dass unter Voraussetzung dieses Satzes $a \frown b = b \frown a$ sei; und wir haben somit für die m Aenderungsweisen, die das System bestimmen, allgemein die Gesetze

$$(a \frown b) \frown c = a \frown (b \frown c),$$

und

$$a \frown b = b \frown a;$$

also ist diese Verknüpfung eine einfache; aber auch die entsprechende analytische Verknüpfung eine eindeutige; denn, wenn ich das eine Glied der synthetischen Verknüpfung, etwa das erste, unverändert lasse, das andere aber verändere, indem ich entweder die Aenderungsweise, von der es erzeugt ist, durch eine neue ersetze, oder zwar die alte

*) Die Deduktion, durch die wir zu dieser Definition der gleichen Aenderung überleiteten, gehört derjenigen Entwickelungsreihe (Einleit. Nr. 16) an, die die Uebersicht geben soll. Für die rein mathematische Entwickelungsreihe erscheint dieselbe, wie überhaupt jede Definition, als rein willkührlich.

Aenderungsweise beibehalte, aber die Aenderung früher abbreche oder weiter fortführe als vorher, so verändert sich das zuletzt resultirende Element, welches zugleich das Endelement für das Ergebniss der Verknüpfung ist, also verändert sich dies Ergebniss; und hieraus folgt dann nach der bekannten Schlussweise (vgl. § 6) die Eindeutigkeit der analytischen Verknüpfung. Daraus ergiebt sich nach § 6, dass die angezeigten Verknüpfungen als Addition und Subtraktion zu bezeichnen sind, und [dass] alle Gesetze der Addition und Subtraktion für sie gelten. Da nun endlich dieselben Verknüpfungsgesetze, welche für die m ursprünglichen Aenderungsarten gelten, auch nach den Gesetzen der Addition und Subtraktion für deren Verknüpfungen bestehen bleiben, so können wir die Resultate der bisherigen Entwickelung in dem folgenden höchst einfachen Satze zusammenfassen:

Wenn $[\alpha\beta]$ *und* $[\beta\gamma]$ *beliebige Aenderungen darstellen, so ist*

$$[\alpha\gamma] = [\alpha\beta] + [\beta\gamma].$$

Indem wir nämlich diese Verknüpfung als Addition bezeichnen, so 26 sagen wir damit die Geltung aller | Additions- und Subtraktionsgesetze, wie wir sie in § 3—7 dargestellt haben, aus*).

§ 18.

26 In der Entwickelung des letzten Paragraphen hatten wir die durch Verknüpfung hervorgehenden Aenderungen nur betrachtet in Bezug auf ihr Anfangs- und End-Element, ohne die Strecke zu betrachten, welche beide verbindet; vielmehr traten als Strecken nur diejenigen hervor, welche den ursprünglichen Aenderungsarten des Systems angehören. Um nun das Fehlende zu ergänzen, haben wir zu zeigen, auf welche Weise durch zwei Elemente in einem höheren Systeme die sämmtlichen übrigen Elemente bestimmt sind, welche mit diesen beiden in Einem Systeme erster Stufe liegen.

Zu dem Ende haben wir nur auf den Begriff des Systemes erster Stufe zurückzugehen, dass es nämlich durch Fortsetzung einer sich

Fig. 5.

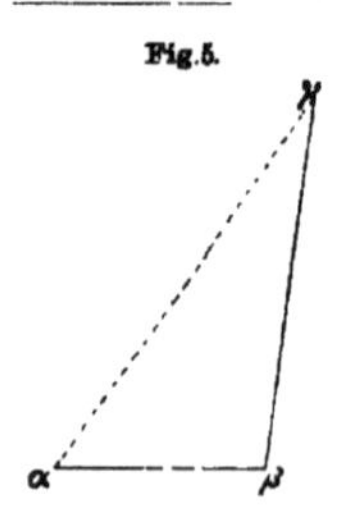

*) Ich kann es nicht dringend genug anempfehlen, dass man die Entwickelung überall, und namentlich die hier geführte, welche zu den schwierigsten in unserer Wissenschaft gehört, durch die entsprechenden geometrischen Konstruktionen sich veranschauliche. Um den Gang der Entwickelung nicht zu unterbrechen, habe ich diese Uebertragung auf die Geometrie hier nicht vornehmen mögen; überdies liegt sie überall auf der Hand (s. Fig. 5).

selbst gleich bleibenden Aenderung erzeugt sei. Entsteht nun dadurch, dass ein Element nach der Reihe und fortschreitend den Aenderungen a, b, c ... unterworfen wird, welche den ursprünglichen Aenderungsweisen angehören, aus einem Elemente α zuletzt ein anderes β*), so wird nach dem Begriffe des Systemes erster Stufe auch dasjenige Element demselben Systeme erster Stufe angehören müssen, welches aus β durch dieselben Aenderungen a, b, c ... hervorgeht und so fort; ja auch rückwärts wird man von α aus durch die entgegengesetzten Aenderungen fortschreiten können und immer noch zu Elementen gelangen, die demselben System erster Stufe angehören, aber nach der negativen Seite hin liegen, wenn die erstere als die positive gefasst wird. Es entstehen also die Elemente der positiven Seite aus dem Element α dadurch, dass dies wiederholt und fortschreitend derselben Reihe der Aenderungen a, b, c ... unterworfen wird. Da wir nun, wie im vorigen Paragraphen bewiesen wurde, die fortschreitenden Aenderungen beliebig vertauschen und zusammenfassen können, so können wir auch hier die gleichen Aenderungen zusammenordnen und zusammenfassen, und gelangen so | zu einer neuen Konstruktion jener 27 Elementenreihe, | die wir jetzt anschaulicher darlegen wollen. 27

Fig. 5a.

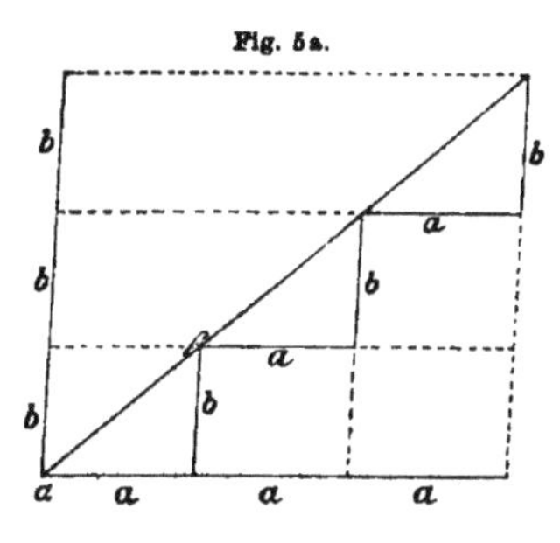

Wenn man nämlich das Element α einzeln den m Aenderungen a, b, c ... unterwirft, so entstehen m Elemente, die wir einander entsprechend setzen können; wenn man jedes von diesen wieder derselben Aenderung unterwirft, die es vorher erfuhr, so erhält man m neue einander entsprechende Elemente, und so fort. Betrachten wir nun die entsprechenden Elemente einer jeden solchen Gruppe von m Elementen als Endelemente von m Strecken, welche alle α zum Anfangselemente haben, und welche wir gleichfalls einander entsprechend setzen, so erhalten wir dieselben Elemente, die wir vorher gewannen, wenn wir α um die entsprechenden Strecken einer jeden Gruppe fortschreitend ändern, und es entspricht auf diese Weise jeder solchen Gruppe von einander entsprechenden Elementen in dem neuen System erster Stufe ein Element, welches durch eine Aenderung hervorgeht, die die Summe ist aus den durch jene Strecken dargestellten Aenderungen. Sind nun

*) Vergleiche Fig. 5a, wo es für zwei Aenderungen a, b bildlich dargestellt ist.

bei den angegebenen Konstruktionen die Aenderungen $a, b, c \ldots$ Grundänderungen, welche also unmittelbar von einem Elemente zum angränzenden überführen, so erhält man auch (wenn man dasselbe Verfahren zugleich nach der negativen Seite hin anwendet) das ganze System erster Stufe vollständig.

Es ist nun zu zeigen, dass man auf diese Weise durch zwei Elemente des höheren Systems allemal ein System erster Stufe legen kann, aber auch jedesmal nur eins.

Es seien α und β die beiden Elemente des Systems, so ist schon bei der Erzeugungsweise des Systems gezeigt, dass β aus α immer durch die m Aenderungsweisen des Systems und zwar bei gegebener Folge nur auf Eine Art erzeugbar ist; es seien $a, b, c \ldots$ diese Aenderungen, so kommt es zunächst darauf an, zu zeigen, dass man für diese Strecken stets solche einander entsprechende Grundänderungen annehmen kann, dass $a, b, c \ldots$ entsprechende Strecken werden, und also nach der soeben angegebenen Konstruktion β ein Element des durch diese entsprechenden Grundänderungen erzeugten Systems erster Stufe wird. Betrachte ich zuerst zwei Strecken a und b, deren jede durch Fortsetzung derselben Grundänderung entstanden ist, so können zuerst, da die Grundänderungen nach dem Begriff des Stetigen keine an sich fixirte Grösse haben, beliebige Grundänderungen in beiden als
28 entsprechende angenommen werden. Lässt man nun, während die eine Grundänderung und die dadurch erzeugte Strecke a dieselbe bleibt, die andere Grundänderung wachsen oder abnehmen, so wird auch die dadurch erzeugte und der Strecke a entsprechende Strecke b wachsen oder abnehmen, und zwar wenn die Grundänderung stetig wächst oder abnimmt, so wird auch die Strecke b stetig wachsen oder abnehmen, wie dies unmittelbar im Begriff des Stetigen liegt. Somit wird, da die Grundänderung für b beliebig angenommen werden kann, auch die der Strecke a entsprechende b jede gegebene Grösse annehmen können; und dasselbe gilt von jeder andern Strecke c und so weiter, so dass also in der That auch für die oben gegebenen Strecken $a, b, c \ldots$ solche Grundänderungen angenommen werden können, dass jene Strecken als entsprechende erscheinen, und also das Element β als ein Element des durch diese Grundänderungen erzeugten Systemes erster Stufe dargestellt ist.

Dass nun auch durch α und β nur Ein System erster Stufe gelegt werden kann, liegt schon in dem obigen Beweise. Ein anderes System erster Stufe könnte nämlich nur entstehen, wenn die der Grundänderung in a entsprechenden Grundänderungen der andern Strecken $b, c \ldots$ anders angenommen würden, allein dann würden auch die der

Strecke a entsprechenden andern Strecken, wie wir vorher zeigten, anders ausfallen, also würde auch nicht mehr von α aus das Element β erzeugt werden.

Nachdem wir nun gezeigt haben, wie in der That durch je zwei Elemente ein, aber auch nur Ein System erster Stufe gelegt werden kann, so ist nun der im Anfange dieses Paragraphen angedeutete Mangel aufgehoben, indem jetzt für die Strecke, die als Summe zweier Strecken erscheinen soll, nicht mehr bloss Anfangs- und Endelement bestimmt ist, sondern die ganze Strecke in allen ihren Elementen. Der Begriff der Summe ist daher nicht nur für die Aenderungen, sondern auch für die Strecken selbst bestimmt; sind nämlich $[\alpha\beta]$, $[\beta\gamma]$, $[\alpha\gamma]$ die nach dem soeben entwickelten Princip erzeugten Strecken, so hat man noch immer allgemein

$$[\alpha\gamma] = [\alpha\beta] + [\beta\gamma]$$

das heisst

Wenn man zwei oder mehrere Strecken stetig aneinander anschliesst, so ist die Strecke vom Anfangselement der ersten zum Endelement der letzten die Summe derselben.

Wenden wir auf den Begriff der Abhängigkeit, wie wir ihn in § 16 darstellten, diesen Begriff der Summe an, so ergiebt sich, dass eine Aenderungsweise von andern abhängig sei, wenn sich die der ersteren angehörigen Strecken als Summen von Strecken darstellen lassen, welche den letzteren angehören, [dass] hingegen, wenn dies nicht möglich ist, sie von ihnen unabhängig sei. 29

§ 19.

Wir haben bisher den Begriff der Summe der Strecken abhängig gemacht von der besonderen Erzeugungsweise des ganzen Systems, indem, wenn Anfangs- und Endelement der Summe durch stetiges Aneinanderschliessen der Strecken gegeben war, nun die zwischen beiden liegende Strecke, als Theil eines Systems erster Stufe, durch die m ursprünglichen Aenderungsweisen des ganzen Systemes konstruirt wurde. Diese Abhängigkeit haben wir noch schliesslich aufzuheben.

Wir haben schon oben (§ 18) gezeigt, dass, wenn mehrere Strecken auf entsprechende Weise erzeugt sind, dann nicht nur jedem Element und jedem Theil der einen ein Element und ein Theil in jeder der andern entspricht, sondern auch die Summe auf dieselbe Weise entsprechend erzeugt ist, nämlich so, dass die Summe der entsprechenden Theile jedesmal diesen Theilen entspricht. Hat man nun zwei beliebige Strecken des Systemes, nämlich p_1 und p_2, und es sind beide als Summen von

Strecken dargestellt, welche den ursprünglichen Aenderungsarten des ganzen Systemes angehören, nämlich

$$p_1 = a_1 + b_1 + \cdots$$
$$p_2 = a_2 + b_2 + \cdots,$$

so dass man hat

$$p_1 + p_2 = (a_1 + a_2) + (b_1 + b_2) + \cdots,$$

und sind ferner $\alpha_1, \alpha_2, \beta_1, \beta_2, \cdots$ entsprechende Theile der Strecken $a_1, a_2, b_1, b_2 \cdots$, also auch $(\alpha_1 + \alpha_2)$, $(\beta_1 + \beta_2)$, $\cdots$ in demselben Sinne entsprechende Theile von $(a_1 + a_2)$, $(b_1 + b_2)$, $\cdots$, so wird nach dem vorigen Paragraphen jeder Theil der Summe $(p_1 + p_2)$ als Summe der entsprechenden Theile gewonnen, das heisst also ein solcher ist jedesmal gleich

$$(\alpha_1 + \alpha_2) + (\beta_1 + \beta_2) + \cdots$$

das heisst

$$= (\alpha_1 + \beta_1 + \cdots) + (\alpha_2 + \beta_2 + \cdots),$$

wo das erste Glied einen Theil von p_1, das zweite den entsprechenden von p_2 darstellt. Also wird jedes Element der Summe $(p_1 + p_2)$ dadurch erzeugt, dass man das Anfangselement derselben um jeden beliebigen Theil von p_1 und dann um den entsprechenden von p_2 ändert. Somit können wir das allgemeine Resultat aufstellen: „Wenn zwei Strecken gegeben sind, und man ändert ein beliebiges Element um einen Theil der ersten, und dann (fortschreitend) um den entsprechenden Theil der zweiten, so bildet die Gesammtheit der so erzeugbaren Elemente die Summe jener beiden Strecken."

Nachdem wir nun den Begriff der Summe der Strecken in seiner Allgemeinheit und Unabhängigkeit aufgestellt haben, wollen wir noch einen Satz, den wir früher in specieller Form erwiesen hatten, jetzt in allgemeinerer Form darstellen, nämlich

Wenn alle Elemente einer Strecke sich um gleich viel ändern, so bleibt die so hervorgehende Strecke der ersteren gleich.

Dass dadurch wieder eine Strecke entsteht, ist schon in § 18 gezeigt, dass sie der ersteren gleich sei, folgt durch dieselben Formeln wie in § 15 am Schlusse. Nämlich ist $[\alpha\beta]$ die ursprüngliche Strecke, und $[\alpha\alpha'] = [\beta\beta']$, so ist

$$[\alpha'\beta'] = [\alpha'\alpha] + [\alpha\beta] + [\beta\beta'] = [\alpha\beta],$$

da sich nämlich $[\alpha'\alpha]$ und $[\beta\beta']$ als entgegengesetzte Grössen bei der Addition aufheben.

§ 20. Selbständigkeit der Systeme höherer Stufen.

Durch die im vorigen Paragraphen geführte Entwickelung ist die selbständige Darstellung der Systeme höherer Stufen vorbereitet. Nämlich es waren diese bisher als abhängig von gewissen zu Grunde gelegten Aenderungsweisen dargestellt, durch welche sie eben erzeugt wurden. Diese Abhängigkeit können wir in so fern aufheben, als wir zeigen können, dass dasselbe System m-ter Stufe durch je m Aenderungsweisen erzeugbar sei, welche demselben angehören, und welche von einander unabhängig sind (in dem Sinne von § 16), das heisst von keinem System niederer Stufe (als der m-ten) umfasst werden.

Ich will zuerst zeigen, dass, wenn das System durch irgend welche m Aenderungsweisen erzeugbar ist, ich dann statt jeder beliebigen derselben eine neue von den $(m-1)$ übrigen unabhängige, demselben System m-ter Stufe angehörige Aenderungsweise (p) einführen, und durch diese in Verbindung mit den $(m-1)$ übrigen das gegebene System erzeugen kann.

Da nach der Voraussetzung p dem gegebenen Systeme m-ter Stufe angehört, so | wird es sich (§ 18) darstellen lassen als Summe 31 von Strecken, die den ursprünglichen Aenderungsweisen angehören, das heisst [es wird]

$$p = a + b + c + \cdots$$

gesetzt werden können, wenn $a, b, c \ldots$ den ursprünglichen Aenderungsweisen angehören. Wenn nun a die Aenderungsweise darstellt, für welche p eingeführt werden soll, so muss p von den übrigen $b, c \ldots$, wie wir voraussetzten, unabhängig sein, das heisst a darf nicht gleich Null sein, während hingegen von den übrigen Stücken jedes null sein darf. Ich habe nun zu zeigen, dass jedes Element des durch $p, b, c \ldots$ erzeugten Systems auch dem durch $a, b, c \ldots$ erzeugten angehöre und umgekehrt, sobald beide von demselben Anfangselemente aus erzeugt sind. Das erste ist unmittelbar klar, da p dem durch $a, b, c \ldots$ erzeugten Systeme angehört, das zweite bedarf eines ausführlicheren Beweises.

Ein jedes Element des durch $a, b, c \ldots$ von irgend einem Anfangselement aus erzeugten Systemes kann durch eine Aenderung

$$q = a_1 + b_2 + c_2 + \cdots,$$

wo $a_1, b_2, c_2 \ldots$ mit $a, b, c \ldots$ beziehlich gleichartig sind, aus dem Anfangselemente erzeugt werden. Um nun hierin statt a_1 die Grösse p oder eine ihr gleichartige einführen zu können, nehme man für den Augenblick die Grössen $p, a, b, c \ldots$ als entsprechende an, und in demselben Sinne mögen p_1, a_1, b_1, c_1 .... einander entsprechen, so wird, da

$$p = a + b + c + \cdots$$

ist, auch nach § 18 dieselbe Gleichung für die entsprechenden Strecken gelten, also

$$p_1 = a_1 + b_1 + c_1 + \cdots$$

sein, somit auch

$$a_1 = p_1 - b_1 - c_1 - \cdots.$$

Wird dies statt a_1 substituirt, so hat man

$$q = p_1 + (b_2 - b_1) + (c_2 - c_1) + \cdots,$$

das heisst das fragliche Element ist aus dem Anfangselement durch Aenderungen, die mit p, b, c ... gleichartig sind, erzeugbar, das heisst [es] gehört dem durch p, b, c ... aus demselben Anfangselement erzeugten Systeme an. Es ist also die Identität beider Systeme bewiesen, und gezeigt, dass man statt jeder beliebigen der m das System ursprüng-32 lich erzeugenden Aenderungsweisen jede beliebige | neue einführen kann, sobald sie nur dem gegebenen Systeme angehört und von den übrigen (beibehaltenen) unabhängig ist. Und da man dies Verfahren fortsetzen kann, so folgt, dass man dasselbe System durch je m unabhängige Aenderungsweisen desselben erzeugen kann oder

Jede Strecke eines Systems m-ter Stufe kann als Summe von m Strecken, welche m gegebenen unabhängigen Aenderungsweisen des Systems angehören, dargestellt werden, aber auch jedesmal nur auf eine Art.

Es ist somit das System unabhängig gemacht von der Auswahl der m unabhängigen Aenderungsweisen; wir haben es noch vom Anfangselemente unabhängig zu machen.

Es sei das ursprünglich angenommene Anfangselement α, man mache statt dessen ein anderes Element β des Systems zum Anfangselement. Ist nun γ irgend ein drittes Element, so hat man

$$[\beta\gamma] = [\beta\alpha] + [\alpha\gamma].$$

Sind nun $[\beta\alpha]$ und $[\alpha\gamma]$ durch die angenommenen Aenderungsweisen darstellbar, so wird es auch $[\beta\gamma]$ als ihre Summe sein; das heisst jedes Element, was durch die angenommenen Aenderungsweisen aus α erzeugbar ist, ist auch durch dieselben aus jedem andern Elemente erzeugbar; also:

Jedes System m-ter Stufe kann erzeugt gedacht werden durch je m unabhängige Aenderungsweisen desselben aus jedem beliebigen Element desselben, das heisst aus Einem solchen Elemente können alle übrigen durch jene Aenderungsweisen erzeugt werden.

Hierdurch ist nun das System höherer Stufe als für sich bestehendes eigenthümliches Gebilde dargelegt.

B. Anwendungen.

§ 21—23. Unhaltbarkeit der bisherigen Grundlage der Geometrie und Versuch einer neuen Grundlegung.

§ 21.

Ich schreite nun zu den Anwendungen und zwar zunächst auf die Geometrie, will jedoch zuvor versuchen, einen rein wissenschaftlichen Anfang für die Geometrie selbst und zwar unabhängig von unserer Wissenschaft wenigstens andeutungsweise zu entwerfen, um so die Uebereinstimmung und Abweichung in dem Gange beider Disciplinen desto besser zu übersehen. Ich behaupte nämlich, dass die Geometrie noch immer eines wissenschaftlichen Anfangs entbehre, und dass die Grundlage für das ganze Gebäude der Geometrie bisher an einem Gebrechen leide, welches einen | gänzlichen Umbau desselben 33 nothwendig mache. Wenn ich eine solche Behauptung aufstelle, welche den durch Jahrtausende geheiligten Bau umzustürzen droht, so darf ich das nicht, ohne dieselbe durch die entscheidendsten Gründe zu belegen.

Das Gebrechen, dessen Vorhandensein ich nachweisen will, ist am leichtesten am Begriffe der Ebene zu erkennen. Wie dieselbe in den mir bekannt gewordenen Bearbeitungen der Geometrie definirt wird, so liegt dabei die Voraussetzung zu Grunde, dass eine gerade Linie, welche zwei Punkte mit der Ebene gemeinschaftlich habe, ganz in dieselbe falle; sei es nun, dass man dies stillschweigend annehme (so Euklid), oder in die Definition der Ebene hineinlege, oder endlich als besonderen Grundsatz aufstelle. Das erstere zeigt sich sogleich als unwissenschaftlich, das zweite kann aber, wie ich sogleich zeigen werde, eben so wenig auf Wissenschaftlichkeit Anspruch machen. Denn es ist klar, dass die Ebene schon bestimmt ist, sei es als Gesammtheit der Parallelen, welche von einer Geraden nach einer nicht in derselben enthaltenen Richtung gezogen werden können, sei es als Gesammtheit der Geraden, welche von einem Punkt an eine Gerade gezogen werden können.

Bleiben wir nun zum Beispiel bei der ersten Bestimmung stehen, so ist klar, wie nun erst erwiesen werden muss, dass jede gerade Linie, welche zwei dieser Parallelen schneidet, auch die sämmtlichen übrigen schneiden müsse, ein Satz, welcher nicht ohne eine Reihe von Hülfssätzen erwiesen werden kann. Definirt man nun die Ebene etwa als Fläche, welche alle geraden Linien, die zwei Punkte mit ihr gemeinschaftlich haben, vollständig enthält, so leuchtet ein, wie man dadurch den vorher ausgesprochenen Satz, unter dieser Definition versteckt, in das Gebiet der Geometrie einschmuggelt; und eben so wenig, als es sich irgend ein Mathematiker gefallen lassen würde, wenn man den Beweis des Satzes, dass in Parallelogrammen die gegenüberstehenden Seiten gleich lang sind, dadurch vermeiden wollte, dass man das Parallelogramm als Viereck, dessen gegenüberliegende Seiten gleich und parallel sind, definirte; eben so wenig darf man es sich gefallen lassen, wenn der oben angeführte Satz durch eine solche Definition der Ebene unrechtmässiger Weise in die Geometrie | eingeführt wird. Es bliebe also, wenn man bei dem bisherigen Gange der Geometrie verharren wollte, nur übrig, jenen Satz zu einem Grundsatze umzustempeln. Allein wenn ein Grundsatz vermieden werden kann, ohne dass ein neuer eingeführt zu werden braucht, so muss dies geschehen, und wenn es eine gänzliche Umgestaltung der ganzen Wissenschaft herbeiführen sollte; weil durch ein solches Vermeiden die Wissenschaft nothwendig ihrem Wesen nach an Einfachheit gewinnt.

Gehen wir nun von diesem Gebrechen aus, was wir nachgewiesen zu haben hoffen*), weiter zurück, um die Ursachen desselben aufzufinden, so liegen diese in der mangelhaften Auffassung der geometrischen Grundsätze.

Zuerst muss es auffallen, wie neben wirklichen Grundsätzen, welche geometrische Anschauungen aussagen, häufig unter demselben Namen ganz abstrakte Sätze aufgeführt werden, wie: „sind zwei Grössen einer dritten gleich, so sind sie selbst einander gleich", und welche, wenn man einmal unter Grundsätzen vorausgesetzte Wahrheiten versteht, gar nicht diesen Namen verdienen. In der That glaube ich oben (§ 1) nachgewiesen zu haben, dass der soeben angeführte abstrakte Satz nur den Begriff des Gleichen ausdrücke, und dasselbe gilt auch von den übrigen abstrakten Sätzen, welche im wesentlichen darauf hinauslaufen, dass das aus dem Gleichen auf dieselbe Weise Erzeugte selbst gleich sei. Von diesem Vorwurfe der Vermischung von Grundsätzen mit vorausgesetzten Begriffen bleibt indessen Euklid selbst frei, welcher die erstern mit unter seine Forderungen (*αἰτήματα*) aufnahm, während er die letzteren als allgemeine Begriffe (*κοιναὶ ἔννοιαι*) aussonderte, ein Verfahren, welches schon von seinen Kommentatoren nicht mehr

*) Es könnte freilich sein, dass es eine Darstellung gebe, die den gerügten Mangel vermieden hätte, ohne mir bekannt geworden zu sein. Da indessen mit einer solchen Darstellung zugleich die Parallelentheorie, dies Kreuz der Mathematiker, müsste ins Reine gebracht sein, so konnte ich mit ziemlicher Gewissheit annehmen, dass es eine solche Darstellung noch nicht gebe.

verstanden wurde, und auch bei neueren Mathematikern zum Schaden der Wissenschaft wenig Nachahmung gefunden hat. In der That kennen die abstrakten Disciplinen der Mathematik gar keine Grundsätze; sondern der erste Beweis geschieht in ihnen durch Aneinanderketten von Erklärungen, indem von keinem andern | Fortschreitungsgesetze Gebrauch gemacht wird, als von dem allgemein logischen, dass nämlich, was von einer Reihe von Dingen in dem Sinne ausgesagt ist, dass es von jedem einzelnen derselben gelten soll, auch wirklich von jedem einzelnen, was jener Reihe angehört, ausgesagt werden kann. Und dies Fortschreitungsgesetz, was, wie man sieht, nur ein sich besinnen über das, was man mit dem allgemeinen Satze hat sagen wollen, enthält, als Grundsatz aufzustellen, wie es in der Logik missbrauchsweise geschieht, wenn es nicht gar erst in ihr bewiesen wird, kann keinem Mathematiker einfallen. 35

§ 22.

In der Geometrie bleiben daher als Grundsätze nur übrig diejenigen Wahrheiten, welche der Anschauung des Raumes entnommen sind. Diese Grundsätze werden daher richtig gefasst sein, wenn sie in ihrer Gesammtheit die vollständige Anschauung des Raumes geben, und auch keiner aufgestellt wird, der nicht diese Anschauung vollenden hülfe.

Hier zeigt sich nun die wahre Ursache des mangelhaften Anfanges der Geometrie in ihrer bisherigen Bearbeitung; nämlich theils werden Grundsätze übergangen, welche ursprüngliche Raumesanschauungen ausdrücken, und die dann nachher, wo ihre Anwendung erfordert wird, stillschweigend vorausgesetzt werden müssen, theils werden Grundsätze aufgestellt, die keine Grundanschauung des Raumes ausdrücken, und sich daher bei genauerer Betrachtung als überflüssig ergeben, und überall gewähren die Grundsätze in ihrer Gesammtheit den Eindruck eines Aggregats von möglichst klaren Sätzen, welche behufs möglichst bequemer Beweisführung zusammengestellt sind. — Die Grundsätze der Geometrie, wie wir sie voraussetzen müssen, sagen vielmehr die Grundeigenschaften des Raumes aus, wie sie unserer Vorstellung ursprünglich mitgegeben sind, nämlich dessen Einfachheit und relative Beschränktheit.

Die Einfachheit des Raumes wird ausgesagt in dem Grundsatze:

Der Raum ist an allen Orten und nach allen Richtungen gleich beschaffen, das heisst an allen Orten und nach allen Richtungen können gleiche Konstruktionen vollzogen werden.

Dieser Grundsatz zerfällt schon seinem Ausdruck nach in zwei

Grundsätze, von denen der eine die Möglichkeit der Fortbewegung, der andere die Möglichkeit der Schwenkung setzt, nämlich:

36 1) *dass eine Gleichheit denkbar ist bei Verschiedenheit des Ortes.*

2) *dass eine Gleichheit denkbar ist bei Verschiedenheit der Richtung, und namentlich auch bei entgegengesetzter Richtung.*

Nennen wir Konstruktionen, welche an verschiedenen Orten ganz auf dieselbe Weise erfolgen, sich also nur dem Orte nach unterscheiden, gleich und gleichläufig*), die, welche sich nur dem Orte und der Richtung nach unterscheiden, absolut gleich, und insbesondere die, welche nach entgegengesetzter Richtung auf dieselbe Weise, wenn auch an verschiedenen Orten, erfolgen, gleich und gegenläufig oder kurzweg entgegengesetzt, und halten [wir] dieselben Benennungen auch für die Resultate der Konstruktion fest, so können wir jene beiden Grundsätze, wenn wir aus dem zweiten noch den partiellen Satz herausheben, bestimmter so ausdrücken:

1) *Was durch gleiche und gleichläufige Konstruktionen erfolgt, ist wieder gleich und gleichläufig.*

2) *Was durch entgegengesetzte Konstruktionen erfolgt, ist wieder entgegengesetzt.*

3) *Was durch absolut gleiche Konstruktionen (wenn auch an verschiedenen Orten und nach verschiedenen Anfangsrichtungen) erfolgt, ist wieder absolut gleich.*

Die beiden ersten von diesen drei Grundsätzen bilden die positive Voraussetzung für den Theil der Geometrie, der dem ersten unserer Wissenschaft entspricht. Die relative Beschränktheit des Raumes wird dargestellt durch den Grundsatz:

Der Raum ist ein System dritter Stufe.

Dem Verständniss desselben müssen Erklärungen und Bestimmungen vorangehen, wie wir sie oben in der abstrakten Wissenschaft gegeben haben.

§ 23.

Die unmittelbare Evidenz dieser Grundsätze und ihre Unentbehr-
37 lichkeit bietet sich wohl einem jeden sogleich dar: ohne | den ersten
37 ist keine gerade Linie, ohne den zweiten keine | Ebene (s. unten), ohne den

*) Wir schliessen uns hier mehr an die gewöhnliche Auffassungsweise an, indem wir nur dem Begriffe des Parallelen die bestimmteren des Gleichläufigen und Gegenläufigen (s. S. 49 Anm.) substituiren; sonst wäre es angemessener gewesen, hierfür einen einfacheren Ausdruck, wie etwa „vollkommen gleich" einzuführen.

dritten kein Winkel möglich, während der letzte den Raum selbst in seiner dreifachen Ausdehnung darstellt, und obgleich dieselben in den gewöhnlichen Darstellungen meist übergangen werden, so hält es doch nicht schwer, die Stellen nachzuweisen, wo von denselben stillschweigend Gebrauch gemacht wird. Dass dieselben ausreichen für die Geometrie, kann nur vollständig aus einander gelegt werden durch Entfaltung der Geometrie selbst aus diesem Keime heraus. Wir fahren jedoch hier fort in unserm mehr andeutenden als ausführenden Verfahren.

Den Satz, dass zwischen zwei Punkten nur Eine gerade Linie möglich ist, oder, wie ihn Euklid ausdrückt, dass zwei gerade Linien nicht einen Raum (χωρίον) umschliessen können, hier als Grundsatz übergangen zu sehen, mag auffallen; doch liegt derselbe in dem richtig aufgefassten ersten Grundsatze. Nämlich, sollten zwei gerade Linien, welche einen Punkt gemeinschaftlich haben, noch einen zweiten Punkt gemeinschaftlich haben, so würde der Raum an diesem zweiten Punkt anders beschaffen sein, als an den andern, wenn die Linien nicht zugleich auch alle andern Punkte gemeinschaftlich hätten, also ganz in einander fielen. Sollte dieser Beweis, der sich übrigens bei einer wirklichen Ausführung der Wissenschaft viel strenger ausnehmen würde, zu sehr ein philosophisches Gepräge zu haben scheinen, so mag man den Satz für die mathematische Darstellung immerhin als partiellen Grundsatz aufstellen, wenn man sich nur seiner Zusammengehörigkeit mit jenem ersten Grundsatze bewusst bleibt*).

Für die weitere Entwickelung bedienen wir uns hier, um zwei Grössen als gleich und gleichläufig zu bezeichnen, eines Zeichens (⋕), welches aus dem des Gleichen (=) und des Parallelen (‖) kombinirt ist.

Wenn nun zwei Strecken AB und BC entgegengesetzt sind mit zwei andern DE und EF (vgl. Fig. 6), so dass also

$$AB \# ED, \quad BC \# FE$$

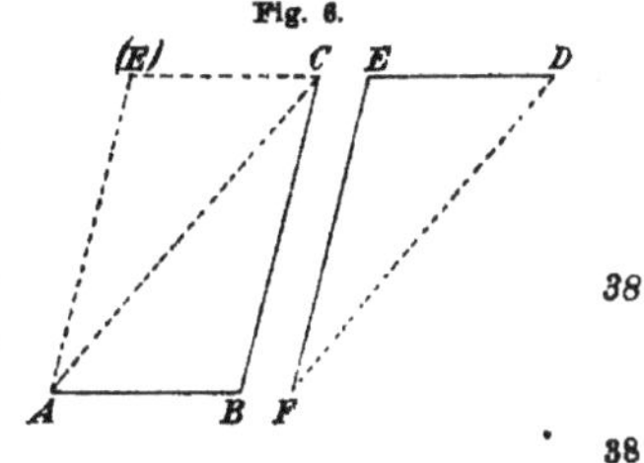

ist, so muss nach dem zweiten Grundsatze auch AC entgegengesetzt mit DF, das heisst

38

$$CA \# DF$$

38

sein. Fällt also C auf D, so muss auch CA auf DF, also A auf F fallen, und die vier Strecken bilden ein Viereck $ABCE$. Also „wenn

*) Ueberhaupt ist die Zerspaltung in möglichst besondere Grundsätze der mathematischen Methode eigenthümlich und förderlich, vgl. auch Einleitung Nr. 13.

von den vier stetig nach einander beschriebenen Seiten eines Vierecks zwei einander entgegengesetzt sind, so sind es auch die beiden andern *)". Oder wenn ein beliebiges räumliches Gebilde, sich selbst parallel bleibend, so fortschreitet, dass Ein Punkt eine gerade Linie beschreibt, so beschreiben auch alle übrigen Punkte gerade Linien, welche mit der ersteren gleichläufig und gleich sind.

Hieraus ergiebt sich leicht, dass, wenn zwei parallele Linien von einer dritten geschnitten werden, und man mit dieser dritten eine Parallele zieht, welche die eine jener parallelen Linien schneidet, sie auch die andere schneiden muss (und auf diese Weise ein Viereck bildet, in welchem die gegenüberstehenden Seiten gleich lang sind), oder allgemeiner: wenn man eine Ebene dadurch erzeugt, dass man von allen Punkten einer zu Grunde gelegten geraden Linie Parallele zieht, so wird jede gerade Linie, welche von einem Punkte der Ebene mit der zu Grunde gelegten Linie parallel gezogen wird, ganz in die Ebene fallen. Nennen wir die Richtung der zu Grunde gelegten Linie und die der von ihr aus gezogenen Parallelen die Grundrichtungen der Ebene, so können wir sagen, dass jede gerade Linie, welche von einem Punkte der Ebene nach einer ihrer Grundrichtungen gezogen wird, ganz in dieselbe falle.

Hieraus lässt sich endlich folgern, dass jede gerade Linie, welche zwei Punkte der Ebene verbindet, ganz in dieselbe fällt. Der Beweis kann ganz analog der Darstellung in der abstrakten Wissenschaft, wie sie in § 18 gegeben ist, geführt werden. Wenn nämlich auch hier aus einem Punkt der Ebene α ein anderer β derselben Ebene, durch die
39 Fortbewegungen a und b, welche den | Grundrichtungen angehören, erzeugt wird, so kann man durch Wiederholung dieser und der ent-
39 gegengesetzten Fortbewegungen, | ganz eben so wie es in § 18 gezeigt war, eine unendliche Reihe von Punkten erzeugen, welche alle in Einer geraden Linie liegen und der gegebenen Ebene angehören; indem man dann β an α sich stetig anschliessen lässt, erhält man jene gerade Linie in ihrer Vollständigkeit, und indem man endlich den Begriff des Entsprechenden auf gleiche Weise wie dort anwendet, so kann man eine gerade Linie erzeugen, welche zwei beliebige in der Ebene gegebene Punkte verbindet und ganz in der Ebene liegt. Da nun zwischen zwei Punkten nur Eine gerade Linie möglich ist, so muss auch jede

*) Hierbei ist immer festzuhalten, dass nach dem Obigen unter entgegengesetzten Strecken immer gleiche, aber gegenläufige verstanden sind. Der Satz in der Form: „sind in einem Vierecke zwei Seiten parallel und gleich, so sind es auch die beiden andern," ist nicht mehr allgemein richtig, wenn man auch Vierecke mit sich schneidenden Seiten annimmt.

gerade Linie, welche zwei Punkte der Ebene verbindet, mit der vorher zwischen denselben Punkten erzeugten zusammenfallen, also auch ganz in die Ebene fallen. Diese Andeutungen mögen genügen, um einen vorläufigen Begriff zu geben von einem wissenschaftlichen Anfange der Geometrie*).

§ 24. **Geometrische Aufgaben und Sätze; Mitte zwischen mehreren Punkten.**

Wir schliessen hieran eine Reihe von geometrischen Aufgaben, welche sich durch die in diesem Kapitel gegebene Methode lösen lassen, und setzen dabei, ohne die Anwendung des Zirkels zu gestatten, nur voraus, dass man durch zwei Punkte, unter welchen auch ein unendlich entfernter sich befinden darf, eine gerade Linie, und durch drei Punkte, die nicht in gerader Linie liegen, eine Ebene zu legen vermöge. Indem wir sagen, dass im ersten Falle unter den beiden Punkten auch einer unendlich entfernt sein dürfe, so wollen wir damit die Forderung ausdrücken, mit einer gegebenen geraden Linie eine Parallele zu ziehen. Die genannten Forderungen sind überhaupt die einzigen, die wir für den Theil der Geometrie, welcher dem ersten Theile unserer Wissenschaft entspricht, aufstellen**).

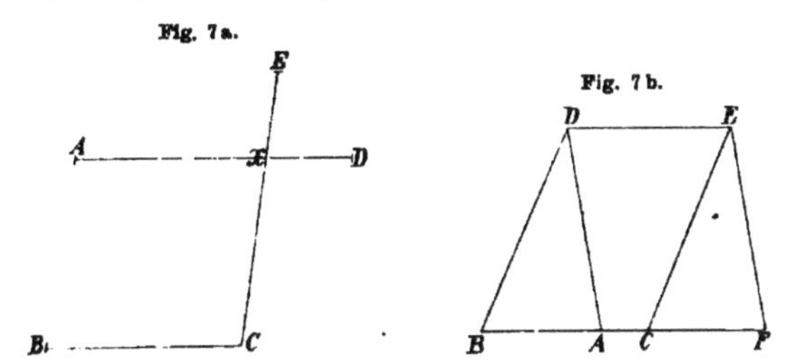

Fig. 7a. Fig. 7b.

Aufgabe 1. Eine Strecke AX zu zeichnen, welche einer gegebenen BC gleich und gleichläufig ist (vgl. Fig. 7a und 7b). 40

Auflösung. Man ziehe AD parallel BC und CE parallel BA, so ist der Durchschnittspunkt dieser beiden Linien der gesuchte Punkt X. Liegt ins besondere der Punkt A in der geraden Linie BC, so nehme man einen Punkt D ausserhalb derselben, mache nach dem soeben angegebenen Verfahren $DE \# BC$ und $AF \# DE$, so ist F der gesuchte Punkt X.

---

*) Vgl. zu diesem ganzen Abschnitt (§ 15—23) den Anhang I „Ueber das Verhältniss der nichteuklidischen Geometrie zur Ausdehnungslehre". (1877.)

**) Man pflegt die Forderung, mit einer gegebenen Linie eine Parallele zu

Aufgabe 2. Eine Strecke in beliebig viele gleiche Theile zu theilen.

Die Auflösung kann vermittelst der in der vorigen Aufgabe gegebenen Konstruktion auf die gewöhnliche Auflösung zurückgeführt werden.

Fig. 8.

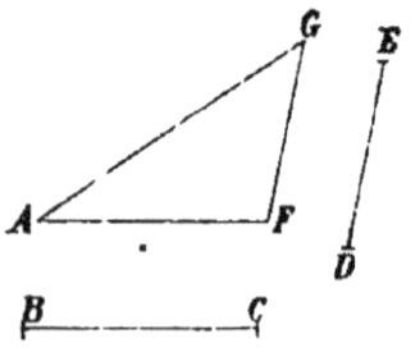

Aufgabe 3. Den Punkt X zu finden, welcher der Gleichung

$$[AX] = [BC] + [DE]$$

genügt*) (vgl. Fig. 8).

Auflösung. Man macht $AF \# BC$ und $FG \# DE$, so ist G der gesuchte Punkt.

Aufgabe 4. Den Punkt X zu finden, welcher der Gleichung

$$[AX] = [BC] - [DE]$$

genügt.

Für die folgenden Sätze und Aufgaben will ich ein Paar neue Benennungen einführen, welche zur Erleichterung der Ausdrucksweise wesentlich sind. Nämlich unter der *Abweichung* des Punktes A von einem andern B verstehe ich die Strecke BA mit Festhaltung ihrer Richtung und Länge, und unter der *Gesammtabweichung* eines Punktes R von einer Punktreihe $A, B, C, \ldots$ verstehe ich die Summe der Abweichungen jenes Punktes von den einzelnen Punkten dieser Reihe, also die Summe

$$[AR] + [BR] + [CR] + \cdots,$$

wobei, wie sich von selbst versteht, der im Vorigen entwickelte Begriff der Summe zu Grunde gelegt ist. Hieraus ist von selbst klar, dass die Gesammtabweichung einer Punktreihe $A, B, C \ldots$ von einem Punkte R durch die Summe

$$[RA] + [RB] + [RC] + \cdots$$

ziehen, nicht mit unter die Postulate der Geometrie aufzunehmen; allein wir haben dieselbe nur anzusehen als einen speciellen Fall der Forderung, zwei Punkte durch eine gerade Linie zu verbinden. Will man diese Forderung nicht mit aufnehmen, so bleibt die Reihe von Sätzen und Aufgaben, welche sich bloss auf das Ziehen von geraden Linien beschränken, gänzlich unfruchtbar, indem man dann nicht einmal die Projektion übersehen kann, bei welcher ja endlich entfernte Punkte ins Unendliche rücken können und umgekehrt.

*) Ich bediene mich hier der in der abstrakten Wissenschaft eingeführten Bezeichnung der Strecken, indem ich unter $[AB]$ die Strecke mit festgehaltener Richtung und Länge verstehe, weshalb hier das Gleichheitszeichen auch wieder das gewöhnliche ist**).

**) Vgl. die Anm. zu S. 50. (1877.)

dargestellt wird. Nun kann ich aus einer Gleichung

$$(1) \qquad [AB]+[CD]+[EF]+\cdots=0,$$

indem ich statt $[AB]$ nach dem allgemeinen Begriff der Summe (§ 19) 41 schreibe $[AR]+[RB]$ oder $[RB]-[RA]$, und ebenso statt $[CD]$ den Ausdruck $[RD]-[RC]$ einführe und so weiter, und indem ich dann $[RA]$, $[RC]$, ... mit umgekehrtem Zeichen auf die andere Seite bringe, die Gleichung ableiten:

$$(2) \quad [RA]+[RC]+[RE]+\cdots=[RB]+[RD]+[RF]+\cdots,$$

wo beide Seiten gleich viel Glieder haben. Diese so einfache Umgestaltung führt direkt zu einer Reihe der schönsten und einfachsten Sätze, wenn man nur noch bedenkt, dass man aus der zweiten Gleichung durch das rückgängige Verfahren wieder die erste gewinnen kann. Nämlich erstens:

Wenn die Gesammtabweichung eines Punktes R von einer Punktreihe, gleich der Gesammtabweichung desselben Punktes von einer andern Punktreihe ist, welche aber eben so viel Punkte enthält, wie jene erste: so gilt dasselbe auch für jeden andern Punkt, der statt R gesetzt werden mag, und es ist ferner die Summe der Strecken, welche von den Punkten der einen Reihe nach den entsprechenden der andern gezogen werden, gleich Null, wie man auch immer jene beiden Punktreihen als entsprechend setzen möge.

Ferner:

Wenn die Summe mehrerer (m) Strecken null ist, so bleibt die Summe auch null, wenn man die Anfangspunkte, oder auch die Endpunkte beliebig unter sich vertauscht (zum Beispiel statt AB und CD setzt AD und CB), und zugleich ist die Gesammtabweichung der Endpunkte von jedem beliebigen Punkte R stets gleich der Gesammtabweichung der Anfangspunkte von demselben Punkte R.

Als besondere Fälle dieser allgemeinen Sätze erscheinen die, wo einige Punkte oder alle Punkte der einen oder der andern Reihe zusammenfallen. Fallen alle m Punkte der einen Reihe in einen Punkt S zusammen, so haben wir nun, da die Gesammtabweichung dieser m Punkte gleich der m-fachen Abweichung des einen Punktes S ist, die Sätze in folgender Gestalt:

Wenn die Gesammtabweichung einer Reihe, welche m Punkte enthält, von einem Punkte R, gleich ist der m-fachen Abweichung eines Punktes S von demselben Punkte R, so gilt dasselbe auch | in Bezug auf 42 *jeden andern Punkt, der statt R gesetzt werden mag, und die Gesammtabweichung jener Punktreihe von dem Punkte S ist null,*

und umgekehrt:

Wenn die Gesammtabweichung eines Punktes S von einer Reihe von m Punkten null ist, so ist die Gesammtabweichung irgend eines Punktes R von jener Reihe gleich der m-fachen Abweichung desselben Punktes von S.

Aus dem letzten Satze folgt, dass es ausser dem Punkte S keinen andern gebe, welcher derselben Bedingung genüge; wir können ihn daher mit einem einfachen Namen bezeichnen, und nennen ihn die Mitte jener Punktreihe*). Es ist also unter der Mitte einer Punktreihe derjenige Punkt verstanden, dessen Gesammtabweichung von jener Reihe null ist. Aus dem ersten dieser beiden Sätze ergiebt sich eine höchst einfache Konstruktion der Mitte. Nämlich ist die Mitte zwischen m Punkten zu suchen, so ziehe man von irgend einem Punkte R die Strecken nach diesen Punkten, und mache RS gleich dem m-ten Theil von der Summe dieser Strecken (nach Aufgabe 3 und 2), so ist S die Mitte. Lässt man bei allen früheren Sätzen noch einige Punkte zusammenfallen, so erhält man mehrfache Punkte, oder Punkte mit zugehörigen Koefficienten, und für sie gelten noch immer dieselben Sätze, zum Beispiel: Sind m Punkte $A_1 \ldots A_m$ mit den zugehörigen Koefficienten $\alpha_1 \ldots \alpha_m$ und n Punkte $B_1 \ldots B_n$ mit den zugehörigen Koefficienten $\beta_1 \ldots \beta_n$ gegeben, und ist zugleich

$$\alpha_1 + \cdots + \alpha_m = \beta_1 + \cdots + \beta_n,$$

so wird immer, wenn die Gesammtabweichung des ersten Vereins von irgend einem Punkte R gleich der des zweiten von demselben Punkte, das heisst

$$\alpha_1 [RA_1] + \cdots + \alpha_m [RA_m] = \beta_1 [RB_1] + \cdots + \beta_n [RB_n]$$

ist, dasselbe auch gelten für jeden andern Punkt, der statt R gesetzt werden mag. — Und auf gleiche Weise könnten auch die übrigen Sätze umgestaltet werden.

Wir haben hier, um sogleich eine Uebersicht zu geben, vorgegriffen, indem wir den Begriff der | Zahl mit aufgenommen haben, von dem in der abstrakten Wissenschaft bisher noch nicht die Rede sein konnte.

43

*) Ich habe mich über den Gebrauch dieses Namens statt des sonst üblichen des Centrums der mittleren Entfernungen schon anderweitig gerechtfertigt (Crelle's Journal für die reine und angewandte Mathematik Bd. XXIV). [In der Abhandlung: Theorie der Centralen, s. dort insbesondere S. 271.]

§ 25. Die Neutonschen Grundgesetze der Mechanik.

Die Anwendung unserer Wissenschaft auf die Statik und Mechanik ist vorzugsweise geeignet, die Bedeutung derselben ans Licht treten zu lassen.

Betrachten wir zuerst, um das Ganze von Anfang an zu begründen, die Neuton'schen Grundgesetze, so besteht das erste*) aus zwei ungleichartigen Theilen, deren ersterer, dass nämlich jeder ruhende Körper im Zustande der Ruhe bleibt, bis eine Kraft ihn in Bewegung setzt, in dem Begriffe der Kraft, als Ursache der Bewegung, liegt, während der andere Theil aussagt, dass jeder bewegte Körper, so lange keine Kräfte auf ihn einwirken, dieselbe Bewegung beibehält, das heisst dass er in gleichen Zeiten stets gleiche Strecken (im Sinne unserer Wissenschaft, also gleich lange und gleichläufige) beschreibt. Da diese fortgesetzte Bewegung als eine fortdauernde Kraft erscheint, so können wir dies Gesetz noch einfacher so ausdrücken:

Jede Einwirkung einer Kraft auf die Materie ist zugleich die Mittheilung einer sich selbst stets gleich bleibenden (das heisst gleich stark und parallel bleibenden) Kraft an dieselbe.

Diese mitgetheilte und nach der Mittheilung der Materie einwohnende Kraft ist demnach wohl zu unterscheiden von der Kraft, welche auf die Materie einwirkt (ihren Sitz also anderswo hat).

Das zweite Neuton'sche Grundgesetz**) enthält ebenfalls zwei ungleichartige Theile, und jeder derselben enthält eine Grundvoraussetzung, welche aber in dem Neuton'schen Ausdrucke des Satzes etwas versteckt liegt. Nämlich ausser dem Zusammenhange betrachtet, scheint der Satz weiter nichts aussagen zu wollen, als dass, wenn verschiedene Kräfte auf dasselbe Theilchen wirkend gedacht werden, die mitgetheilten Bewegungen den Kräften proportional und gleichgerichtet seien; allein dies wäre kein | Grundgesetz, sondern bloss die Anwendung des Begriffs der Kraft, indem die Kraft als supponirte Ursache der Bewegung nur durch diese bestimmt und gemessen werden kann. Aber dass dies auch nicht der Sinn jenes Satzes sein soll, ergiebt sich aus dem Zusammenhange, und es zeigt sich, dass derselbe einestheils aussagen soll, wie dieselbe Kraft auf verschiedene Massen wirkt, und 44

*) „Corpus omne perseverare in statu suo quiescendi vel movendi uniformiter in directum, nisi quatenus a viribus impressis cogitur statum illum mutare." Newton, philosophiae naturalis principia mathematica, Lex I.

**) „Mutationem motus proportionalem esse vi motrici impressae, et fieri secundum lineam rectam, qua vis illa imprimitur."

anderntheils, wie dieselbe Kraft auf denselben Körper in verschiedenen Zuständen seiner Bewegung wirkt, das heisst wie die einwirkende Kraft sich mit einer andern, die dem Körper schon einwohnt, verbindet. Dies letztere wird so ausgedrückt, dass dann die Veränderung der Bewegung in der Richtung, in welcher die Kraft wirkt, und ihr proportional erfolge. Fasst man diesen Begriff der Veränderung der einwohnenden Kraft durch die hinzutretende genauer auf, so ist er nichts anderes, als was wir unter der Addition verstanden, sobald wir uns die Kräfte als Strecken vorstellen. Wir fassen daher diesen Theil des Grundgesetzes besser so:

Zwei demselben Punkte mitgetheilte Kräfte summiren sich.

Der andere Theil jenes Gesetzes verwandelt sich, wenn wir das ausscheiden, was schon im Begriff der Kraft liegt, oder aus ihm gefolgert werden kann, in das Grundgesetz:

Zwei materielle Theilchen, welche von irgend einer bewegenden Kraft gleiche Einwirkungen erleiden, erleiden auch durch jede andere bewegende Kraft gleiche Einwirkungen.

Zwei solche Theilchen, die wir uns als Punkte, oder als Theile von unendlich kleiner Ausdehnung vorstellen können, nennen wir dann an Masse gleich.

Dass dies Gesetz die eigentliche Grundlage ist von jenem Theil des Neuton'schen Grundgesetzes, würde sich durch eine genaue Analyse desselben leicht ergeben, der Nachweis würde mich jedoch hier zu weit führen. Doch ist es wichtig, zu bemerken, wie wir hierdurch zu einem bestimmten und allgemeinen Mass der Kräfte gelangen, indem wir die Kraft gleich setzen können der Strecke, welche ein materielles Theilchen, dessen Masse als Einheit der Massen zu Grunde gelegt ist, in der Zeiteinheit beschreibt, wenn jene Kraft ihm dauernd einwohnt, das heisst die Kraft, welche der Masseneinheit einwohnt, ist gleich ihrer Geschwindigkeit.

45 Das dritte Neuton'sche Gesetz endlich, von der | Gleichheit der Wirkung und Gegenwirkung*), können wir so ausdrücken:

Wenn zwei Theilchen von gleicher Masse auf einander wirken, so bleibt die Summe ihrer Bewegungen stets dieselbe, als wenn sie nicht auf einander wirkten.

Es ist übrigens klar, wie die vier soeben dargestellten Gesetze von der Beharrung, der Summation der Kräfte, der gleichen Masse und

*) Actioni contrariam semper et aequalem esse reactionem: sive corporum duorum actiones in se mutuo semper esse aequales et in partes contrarias dirigi.

der gegenseitigen Einwirkung ins Gesammt nur Ein Hauptgesetz darstellen, nämlich, dass die Kräfte sich in ihrer Gesammtheit erhalten. Das Beharrungsgesetz sagt die Erhaltung der einzelnen Kraft an dem einzelnen Theilchen aus, das Summationsgesetz die Erhaltung zweier Kräfte an dem einzelnen Theilchen in ihrer Summe, das letzte die Erhaltung der Gesammtkraft bei gegenseitiger Einwirkung, welches wiederum schon das dritte voraussetzt; denn das dritte lehrt, indem es den Begriff der Masse begründet, die Gesammtkraft eines Vereins von Punkten durch Addition der Kräfte, welche die einzelnen an Masse gleichen Punkte erfahren, finden.

§ 26. **Gesammtbewegung, Bewegung des Schwerpunkts.**

Daher können wir durch Kombination dieser Sätze sogleich den allgemeinen Satz aufstellen:

Die Gesammtkraft (oder die Gesammtbewegung), die einem Verein von materiellen Theilchen zu irgend einer Zeit einwohnt, ist die Summe aus der Gesammtkraft (oder der Gesammtbewegung), die ihm zu irgend einer früheren Zeit einwohnte, und den sämmtlichen Kräften, die ihm in der Zwischenzeit von aussen mitgetheilt sind; wenn nämlich alle Kräfte als Strecken aufgefasst werden von konstanter Richtung und Länge, und auf an Masse gleiche Punkte bezogen werden.

Die einwohnende Kraft und die einwohnende Bewegung sind nämlich nach dem vorigen Paragraphen identisch. — Der Beweis dieses Satzes liegt in den Grundgesetzen, wie wir sie vermittelst der Begriffe unserer Wissenschaft umgestaltet haben, vollständig vorbereitet. Jede einzelne Kraft erhält sich, jede neu einwirkende Kraft summirt sich, und die gegenseitigen Kräfte je zweier Punkte von gleicher Masse ändern die Gesammtkraft beider Punkte nicht, also ändern auch die sämmtlichen gegenseitigen Kräfte des ganzen Punktvereins die Gesammtkraft desselben nicht. 46

Eine specielle Folgerung dieses Satzes ist die, dass, so lange keine Kraft von aussen hinzutritt, die Gesammtkraft, oder die Gesammtbewegung, die dem Verein einwohnt, konstant bleibt. Ist p die Gesammtkraft, die einem Verein von m an Masse gleichen Punkten, deren Masse wir als Einheit zu Grunde legen, zu irgend einer Zeit einwohnt, und $\alpha_1 \ldots \alpha_m$ sind die Lagen dieser Punkte zu jener Zeit, und $\beta_1 \ldots \beta_m$ sind die Lagen, worin dieselben nach Verlauf einer Zeiteinheit übergehen würden, wenn die Gesammtkraft konstant bliebe, so haben wir die Gleichung

$$(1) \qquad [\alpha_1 \beta_1] + \cdots + [\alpha_m \beta_m] = p.$$

Wir wollen nun alles auf einen Punkt des Systems beziehen, den wir aber vorläufig noch ganz unbestimmt lassen, und nachher so bestimmen wollen, dass seine Bewegung sich vollständig ergiebt. Es habe dieser Punkt zu jener Zeit die Lage α; bei konstanter Gesammtkraft gehe nach einer Zeiteinheit α in β über, so hat man

$$[\alpha_1\beta_1] = [\alpha_1\alpha] + [\alpha\beta] + [\beta\beta_1]$$

nach der allgemeinen Definition der Summe. Da nun, wenn man auf diese Weise in alle Glieder der Gleichung (1) substituirt, $[\alpha\beta]$ selbst m-mal vorkommt, so erhält man

$$(2) \quad ([\alpha_1\alpha] + \cdots + [\alpha_m\alpha]) + m[\alpha\beta] + ([\beta\beta_1] + \cdots + [\beta\beta_m]) = p.$$

Bestimmen wir nun den Punkt α als Mitte der Punkte $\alpha_1 \ldots \alpha_m$, und β als die Mitte von $\beta_1 \ldots \beta_m$, so fallen die Summenglieder weg, weil die Gesammtabweichung einer Punktreihe von ihrer Mitte nach § 24 null ist, und man hat

$$(3) \qquad m[\alpha\beta] = p \quad \text{oder} \quad [\alpha\beta] = \frac{p}{m}$$

das heisst, wenn wir statt des Namens der Mitte den in der Statik üblichen des Schwerpunktes einführen, und m die Masse des ganzen Vereins nennen:

Der Weg, den der Schwerpunkt in der Zeiteinheit beschreiben würde, wenn die dem Verein einwohnende Gesammtkraft während derselben konstant bliebe,

oder kürzer ausgedrückt

die ***Geschwindigkeit*** *des Schwerpunktes ist gleich der Gesammtkraft, dividirt durch die Masse.*

Da nun dieselbe Gleichung (3) auch stattfinden würde, wenn 47 sämmtliche m Punkte in einem Punkte vereinigt wären, so kann man sagen:

Die Bewegung des Schwerpunktes eines Systems ist dieselbe, als ob die gesammte Masse ihm einwohnte, und sämmtliche Kräfte, die auf das System wirken, auf ihn allein einwirkten.

§ 27. Bemerkung über die Anwendbarkeit der neuen Analyse.

Mit dieser so höchst einfachen Beweisführung ist alles dargestellt, was in den bisherigen Lehrbüchern der Mechanik vermittelst weitläufiger Rechnungsapparate abgeleitet wird, und was wir zum Beispiel in *La Grange, Mécanique analytique p.* 45—48 und 257—262 der letzten Ausgabe*) entwickelt finden. — Und unsere Entwickelung würde noch

*) [Gemeint ist der 1. Band und zwar in der Ausgabe von 1811, s. Oeuvres de Lagrange Bd. XI. Die angeführten Stellen sind: I partie, section III, § 1 und II partie, section III, § 1.]

einfacher ausgefallen sein, wenn wir uns der in den folgenden Kapiteln entwickelten Begriffe und Rechnungsgesetze hätten bedienen können.

Aber der wesentlichste Vorzug unserer Methode ist nicht der der Kürze, sondern vielmehr der, dass jeder Fortschritt in der Rechnung zugleich der reine Ausdruck des begrifflichen Fortschreitens ist, während bei der bisherigen Methode der Begriff durch Einführung dreier willkührlicher Koordinatenaxen gänzlich in den Hintergrund gestellt wird. Und ich kann hoffen, schon durch die hier gegebene Entwickelung diesen Vorzug der neuen Analyse zur Anschauung gebracht zu haben, obgleich derselbe bei jedem Fortschritt in unserer Wissenschaft in ein immer helleres Licht treten wird, und erst nach Vollendung des Ganzen in seiner vollen Klarheit hervortreten kann.

Zweites Kapitel.

Die äussere Multiplikation der Strecken.

§ 28—30. Erzeugniss der Fortbewegung in der Geometrie, vorbereitende Betrachtung.

§ 28.

Wir gehen zuerst von der Geometrie aus, um aus ihr die Analogie zu gewinnen, nach welcher die abstrakte Wissenschaft fortschreiten muss, und sogleich eine anschauliche Idee vor Augen zu haben, welche uns durch die unbekannten und oft beschwerlichen Wege der abstrakten Entwickelung geleite. Wir gelangen von der Strecke zu einem räumlichen Gebilde höherer Stufe, wenn wir die ganze Strecke, das heisst jeden Punkt derselben | eine neue der ersteren ungleichartige 48 Strecke beschreiben lassen, so dass also alle Punkte eine gleiche Strecke konstruiren. Der so erzeugte Flächenraum hat die Gestalt eines Spathecks (Parallelogramms). Setzen wir nun zwei solche Flächenräume, die derselben Ebene angehören, als gleich bezeichnet, wenn man beim Uebergang aus der Richtung der bewegten Strecke in die Richtung der durch die Bewegung konstruirten, beidemale nach derselben Seite hin (zum Beispiel beidemale nach links hin) abbiegen muss, als ungleich bezeichnet, wenn nach entgegengesetzter, so ergiebt sich sogleich nachstehendes eben so einfache als allgemeine Gesetz:

Wenn in der Ebene eine Strecke sich nach einander um beliebige Strecken fortbewegt, so ist der gesammte dadurch beschriebene Flächenraum (wenn man die Vorzeichen der einzelnen Flächentheile in der angegebenen

Weise setzt) eben so gross, als ob sie sich um die Summe jener Strecken fortbewegt hätte.

Oder:

Wenn in der Ebene eine Strecke sich zwischen zwei festen Parallelen fortbewegt, so dass sie zu Anfang in der einen, zuletzt in der andern liegt, so ist der dadurch erzeugte gesammte Flächenraum stets gleich gross, auf welchem (geraden oder gebrochenen) Wege sie sich auch dahin bewegt haben mag, sobald man nur das angenommene Zeichengesetz festhält.

Dieser Satz folgt unmittelbar aus dem bekannten Satze, dass Parallelogramme, die von derselben Grundseite aus bis nach derselben Parallelen hin sich erstrecken, gleichen Flächenraum haben. Wie hieraus jener Satz hervorgeht, ergiebt sich leicht aus der Figur (vgl. Fig. 9). Betrachtet man nämlich zuerst die unendlichen geraden Linien ab und cd als die festen Parallelen, und vergleicht die Flächenräume, welche entstehen, wenn sich ab einerseits um die Strecke ac, andererseits um die gebrochene Linie aec bewegt, so ist der Anblick der Figur hinreichend, um sich vermittelst des angeführten Satzes von deren Gleichheit zu überzeugen. Aber ebenso, wenn man die Parallelen ab und ef als die festen betrachtet, und die Flächenräume vergleicht, welche entstehen, wenn sich ab einestheils um ae, anderntheils um ac und dann um ce fortbewegt, so überzeugt man 49 sich leicht von der Richtigkeit | des obigen Satzes auch für diesen Fall, wenn man nur festhält, dass die Flächenräume, welche durch Bewegung der Strecke ab nach den Richtungen ac und ce entstehen, entgegengesetzt bezeichnet sind, zu ihrer Summe also den Unterschied der absoluten Flächenräume haben. Daraus fliesst dann durch wiederholte Anwendung der zu erweisende Satz.

Fig. 9.

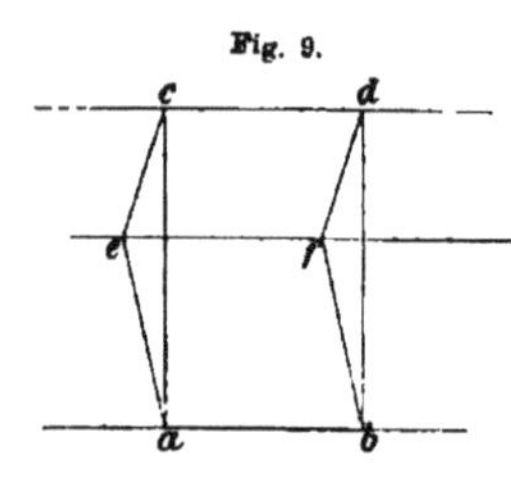

§ 29.

Es ist an sich klar, dass die angeführten Sätze (aus denselben Gründen) auch gelten, wenn man in den Spathecken, aber dann auch in allen gleichzeitig, die bewegte Seite und die die Bewegung messende gegen einander austauscht. Also hat man den Satz:

Der Flächenraum, den in der Ebene eine gebrochene Linie beschreibt, ist gleich dem der geraden Linie, welche mit jener gleichen Anfangspunkt und Endpunkt hat,

oder:

Der gesammte Flächenraum, den in einer Ebene die Seiten einer geschlossenen Figur bei ihrer Fortbewegung beschreiben, ist allemal null.

Aus den Sätzen dieses und des vorigen Paragraphen folgt, vermittelst der in der allgemeinen Formenlehre (§ 9) entwickelten Begriffe, dass diejenige Verknüpfung der beiden Strecken a und b, deren Ergebniss der durch die Bewegung der ersten um die zweite erzeugte Flächenraum ist, eine multiplikative sei, weil, wie sich sogleich zeigt, diejenige Beziehung zur Addition für sie gilt, welche eine Verknüpfung als multiplikative bestimmt. Nämlich wählen wir für den Augenblick noch das allgemeine Verknüpfungszeichen ($\frown$) zur Bezeichnung jener Verknüpfungsweise, und schreiben die bewegte Strecke voran, so hat man nach dem vorigen Paragraphen

$$a \frown (b + c) = a \frown b + a \frown c$$

und nach den Sätzen dieses Paragraphen

$$(b + c) \frown a = b \frown a + c \frown a.$$

Und dies waren nach § 9 die Beziehungen, welche eine Verknüpfung als multiplikative bestimmen. Die besondere Eigenthümlichkeit dieser Multiplikation und die darauf begründete Benennungs- und Bezeichnungsweise wollen wir in der streng wissenschaftlichen Darstellung angeben.

§ 30.

In der hier dargestellten Beziehung liegt die beredteste | Rechtfertigung des von uns im vorigen Kapitel aufgestellten Additionsbegriffes. [50] [*50*]

In der That, wenn man eine Gleichung hat, deren Glieder Strecken in derselben Ebene, aber von ungleicher Richtung sind, und welche nicht mehr gilt, wenn man statt der Strecken ihre Längen setzt, und so die Gleichung zu einer algebraischen macht, so können wir diese scheinbare Disharmonie zwischen geometrischen und algebraischen Gleichungen sogleich aufheben, wenn wir das ganze System jener Strecken in derselben Ebene fortbewegen, und die dadurch entstehenden Flächenräume in die Gleichung einführen, oder anders ausgedrückt, wenn wir die Gleichung mit einer Strecke derselben Ebene multipliciren. Für die so entstehenden Flächenräume gilt nun, wie wir soeben nachwiesen, die angenommene Gleichung auch in algebraischer Weise, sobald man nur das angegebene Zeichengesetz beobachtet. Auch ist klar, dass erst jetzt, da die Flächenräume als Theile derselben Ebene einander gleichartig geworden sind, der Begriff der algebraischen Addition anwendbar sein kann.

Jene scheinbare Disharmonie besteht indessen noch fort, wenn die Strecken nicht alle in einer Ebene liegen, eben weil dann die durch Fortbewegung entstandenen Flächenräume auch verschiedenen Ebenen angehören, und also selbst noch als verschiedenartig angesehen werden müssen. Offenbar wird diese Verschiedenartigkeit nun aber aufgehoben, wenn man die Gesammtheit jener Flächenräume noch nach einer andern Richtung bewegt, und die dadurch entstehenden Körperräume betrachtet, da diese, als demselben Einen unendlichen Raume angehörig, einander gleichartig sind. Und man übersieht leicht genug, dass, wenn man von der Gleichheit der Spathe (Parallelepipeda)*), welche zwischen denselben parallelen Ebenen liegen, ausgeht, man auf gleiche Weise für sie, wie vorher für die Spathecke (Parallelogramme) die algebraische Gültigkeit der auf die angegebene Weise entstandenen Gleichungen beweisen, und überhaupt die den obigen entsprechenden Sätze aufstellen kann. Nachdem wir so den Begriff der Multiplikation für die Geometrie zur Anschauung gebracht haben, so können wir nun 51 *51* zu unserer | Wissenschaft zurückkehren, | um in ihr den rein abstrakten, von aller Betrachtung des Raumes unabhängigen Weg zu verfolgen.

A. Theoretische Entwickelung.

§ 31. **Erzeugung von Ausdehnungen höherer Stufen.**

Im ersten Kapitel betrachteten wir die Ausdehnungen, wie sie durch einfache Erzeugung aus dem Elemente hervorgingen; und die Verknüpfung dieser Ausdehnungen, sofern dadurch wieder Ausdehnungen derselben Gattung, das heisst solche, die ihrerseits wieder durch einfache Erzeugung aus dem Elemente ableitbar sind, entstanden, haben wir vollständig der Betrachtung unterworfen, und nachgewiesen, dass dieselbe als Addition oder Subtraktion aufzufassen sei. Die weitere Entwickelung fordert also die Erzeugung neuer Gattungen der Ausdehnung. Die Art dieser Erzeugung ergiebt sich sogleich analog der Art, wie aus dem Elemente die Ausdehnung erster Stufe erzeugt wurde, indem man nun auf gleiche Weise die sämmtlichen Elemente einer Strecke wiederum einer andern Erzeugung unterwerfen kann; und zwar fordert die Einfachheit der neu zu erzeugenden Grösse die Gleichheit der Erzeugungsweise für alle Elemente, das heisst dass alle Elemente jener Strecke a eine gleiche Strecke b beschreiben. Die eine Strecke a

*) Der Ausdruck Spath statt Parallelepipedum bedarf wohl kaum einer Rechtfertigung; aus ihm ist der Name Spatheck hergeleitet.

erscheint hier als die erzeugende, die andere b als das Mass der Erzeugung, und das Ergebniss der Erzeugung ist, wenn a und b ungleichartig sind, ein Theil des durch a und b bestimmten Systemes zweiter Stufe, muss also als Ausdehnung zweiter Stufe aufgefasst werden.

Wollen wir nun, wie es der Gang der Wissenschaft fordert, dass die Ausdehnung zweiter Stufe zu dem System zweiter Stufe dieselbe Beziehung haben soll, wie die Ausdehnung erster Stufe zu dem System erster Stufe, so muss zuerst das System zweiter Stufe als ein einfaches, das heisst aus gleichartigen Theilen bestehendes angesehen, und in diesem Sinne die Ausdehnung zweiter Stufe als Theil dieses Systems und als wieder Theile desselben in sich enthaltend aufgefasst werden, woraus denn folgt, dass zwei Ausdehnungen zweiter Stufe, welche demselben Systeme zweiter Stufe angehören, als gleichartig erscheinen und daher, wenn sie in demselben Sinne erzeugt sind, zur Summe die Vereinigung beider zu Einem Ganzen haben. Wir bezeichnen nun das auf diese Weise aus a und b entstandene Erzeugniss vorläufig, nämlich so lange, bis wir die Art dieser Verknüpfung näher bestimmt haben, mit $a \frown b$, und verstehen vorläufig „unter $a \frown b$, wo a und b Strecken | sind, 52 diejenige Ausdehnung, welche erzeugt wird, wenn jedes Element von a die Strecke b erzeugt, und zwar diese Ausdehnung als ein den übrigen gleichartiger Theil des Systemes zweiter Stufe aufgefasst." Diese Definition dehnen wir nun auf beliebig viele Glieder aus, und verstehen vorläufig: „unter $a \frown b \frown c \frown \ldots$, wo a, b, $c \ldots$ beliebig viele, etwa n, Strecken sind, diejenige Ausdehnung, welche entsteht, wenn jedes Element von a die Strecke b erzeugt, jedes der so entstandenen Elemente die Strecke c erzeugt, und so weiter, und zwar diese Ausdehnung als allen übrigen Theilen desselben Systemes n-ter Stufe gleichartig gesetzt. Wir nennen die so erzeugte Ausdehnung eine Ausdehnung n-ter Stufe."

§ 32. Die Ausdehnungen höherer Stufen als Produkte.

Da die Ausdehnungen n-ter Stufe, sofern sie demselben Systeme n-ter Stufe angehören, einander gleichartig gesetzt wurden, so gilt für ihre Summe der Begriff, den wir in § 8 für die Summe des Gleichartigen aufgestellt haben, dass sie nämlich, wenn das Gleichartige auch in gleichem (nicht entgegengesetztem) Sinne erzeugt ist, das Ganze sei, zu dem jene gleichartigen Summanden die Theile bilden. Somit gelten auch sämmtliche Gesetze der Addition und Subtraktion für diese Verknüpfung der gleichartigen Ausdehnungen. Um daher die Beziehung der im vorigen Paragraphen dargestellten neuen Verknüpfungsweise zur Addition aufzufassen, werden wir zunächst die Addition gleichartiger Grössen in Betracht ziehen.

Es ergiebt sich hier unmittelbar, wenn A und A_1 zwei gleichartige und zwar auch in gleichem Sinne erzeugte Ausdehnungsgrössen von beliebiger Stufe sind, und b eine Strecke darstellt, dass allemal

$$(A + A_1) \frown b = A \frown b + A_1 \frown b$$

ist, wo auch wiederum $A \frown b$ und $A_1 \frown b$ gleichartig sind, und wo das Verknüpfungszeichen die neue Verknüpfungsweise darstellen soll. Da nämlich $(A + A_1)$ das Ganze ist aus A und A_1, so bedeutet $(A + A_1) \frown b$ die Gesammtheit der Elemente, welche entstehen, wenn jedes Element von A und von A_1 die Strecke b erzeugt, oder, was dasselbe bedeutet, wenn jedes Element von A die Strecke b erzeugt und ebenso jedes Element von A_1, das heisst: es ist gleich $A \frown b + A_1 \frown b$.

Ebenso folgt aber auch, dass

$$A \frown (b + b_1) = A \frown b + A \frown b_1$$

ist, wenn b und b_1 in gleichem Sinne erzeugt sind. Denn $A \frown (b + b_1)$ 53 bedeutet die Gesammtheit der Elemente, welche hervorgehen, wenn jedes Element von A die Strecke $(b + b_1)$ erzeugt, das heisst wenn jedes Element von A zuerst die Strecke b erzeugt, und dann jedes der um b geänderten Elemente von A die Strecke b_1 erzeugt. Wenn zuerst jedes Element von A die Strecke b erzeugt, so ist die Gesammtheit der so erzeugten Elemente $A \frown b$; alsdann soll jedes der Elemente von A, nachdem es sich um b geändert hat, die Strecke b_1 erzeugen. Nun haben wir aber in § 19 gezeigt, dass, wenn alle Elemente einer Strecke sich um gleich viel ändern, die so hervorgehende Strecke der ersteren gleich sei. Dasselbe werden wir nun auch auf Ausdehnungen beliebiger Stufen übertragen können, da diese nämlich als Verknüpfungen von Strecken dargestellt sind, also als gleich betrachtet werden müssen, wenn die Strecken es sind, durch deren Verknüpfung sie gebildet sind. Also wird die Ausdehnungsgrösse A, nachdem sich alle ihre Elemente um b geändert haben, noch sich selbst gleich geblieben sein. Wenn also alle Elemente von A, nachdem sie sich um b geändert haben, die Strecke b_1 erzeugen, so wird dieselbe Ausdehnungsgrösse hervorgehen, als wenn alle Elemente von A unmittelbar die Strecke b_1 erzeugt hätten, das heisst, es wird die Ausdehnungsgrösse $A \frown b_1$ hervorgehen. Also werden im Ganzen die Ausdehnungen $A \frown b$ und $A \frown b_1$ erzeugt, und ihre Gesammtheit wird gleich $A \frown (b + b_1)$ sein, das heisst

$$A \frown (b + b_1) = A \frown b + A \frown b_1.$$

Es ist klar, dass man durch wiederholte Anwendung dieses Beziehungsgesetzes dasselbe auf beliebig viele Faktoren ausdehnen kann. Da dies Gesetz nach § 9 das Grundgesetz der Multiplikation ist, so werden wir sagen, die neue Verknüpfungsweise habe zur Addition des in gleichem Sinne erzeugten die multiplikative Beziehung; somit werden auch alle daraus abgeleiteten Gesetze (§ 10) hier gelten, und namentlich das Grundgesetz auch bestehen bleiben, wenn einige der Grössen negativ, also mit den positiven in entgegengesetztem Sinne erzeugt sind. Nun haben wir das in gleichem und das in entgegengesetztem Sinne erzeugte unter dem Namen des Gleichartigen zusammengefasst (§ 8), und werden also sagen können, unsere Verknüpfungsweise habe überhaupt zur Addition des Gleichartigen die Beziehung, welche der Multiplikation im | Verhältniss zur Addition zukomme*). Hiermit ist 54 nun unsere Verknüpfung nach § 12 als Multiplikation nachgewiesen, und wir führen daher für sie auch sogleich die multiplikative Bezeichnung ein.

Es ergiebt sich nun unmittelbar aus dem im vorigen Paragraphen gegebenen Begriffe dieser Verknüpfungsweise, „dass ein Produkt, in welchem zwei Faktoren gleichartig, oder überhaupt in welchem die n Faktoren von einander abhängig sind, das heisst einem System von niederer Stufe als der n-ten angehören, als null zu betrachten ist;" hierzu gehört auch der Fall, wo einer der Faktoren null ist, sofern einerseits die Null immer als abhängig gedacht werden kann, andererseits das mit ihr gebildete Produkt null ist. Aber auch umgekehrt folgt, „dass, wenn die Faktoren von einander unabhängig sind, das Produkt immer einen geltenden Werth habe," indem es dann einen bestimmten Theil jenes Systemes n-ter Stufe darstellt.

Es bleibt uns nur noch übrig, zu zeigen, dass jene Beziehung auch für die Addition ungleichartiger Strecken gültig sei. Dies darzuthun soll nun die Aufgabe der folgenden Paragraphen sein.

§ 33, 34. Grundgesetz der äusseren Multiplikation.

§ 33.

Diese allgemeine Beziehung beruht bei zwei Faktoren wesentlich auf dem Satze, dass wenn b und b_1 gleichartige Strecken sind,

$$(a + b_1) \, . \, b = a \, . \, b, \quad \text{und} \quad b \, . \, (a + b_1) = b \, . \, a$$

sei. Es sei, um dies zu erweisen, $a = [\alpha\beta]$, wo α und β Elemente

*) Vgl. hier überall § 12, wo das gleiche Eingehen der Theile in die Verknüpfung zum Princip der Entwickelung gemacht ist.

sind (vgl. Fig. 10), und $b_1 = [\beta\gamma]$, also $a + b_1 = [\alpha\gamma]$ nach der Definition der Summe (§ 19). Ferner sei

$$b = [\alpha\alpha'] = [\beta\beta'] = [\gamma\gamma'].$$

Nach dieser Bezeichnung ist nun die Ausdehnung $[\alpha\beta\beta'\alpha']$, wenn wir darunter die von den Strecken $\alpha\beta$, $\beta\beta'$, $\beta'\alpha'$, $\alpha'\alpha$ begränzte Ausdehnung verstehen, gleich $a.b$ und die Ausdehnung $[\alpha\gamma\gamma'\alpha']$ gleich $[\alpha\gamma].b$, das heisst gleich $(a + b_1).b$, und die Gleichheit dieser beiden Ausdehnungen bleibt also zu erweisen.

Fig. 10.

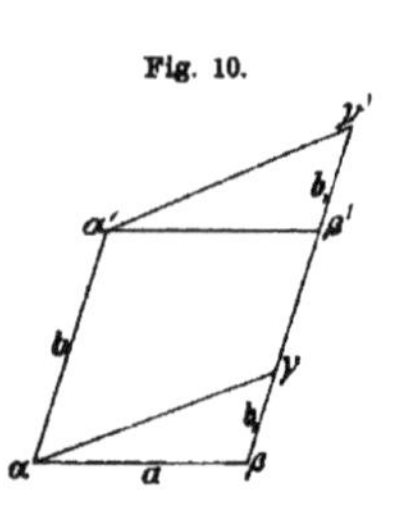

Vermöge der vorausgesetzten Gleichartigkeit von b und b_1 sind β, γ, β', γ' Elemente desselben Systemes erster Stufe, und wenn wir zunächst voraussetzen, dass b und b_1 auch in gleichem Sinne erzeugt sind (§ 8), so ist $[\beta\gamma]$ in gleichem Sinne erzeugt mit $[\gamma\gamma']$, das heisst γ liegt zwischen β und γ'*), und ebenso ist $[\beta\beta']$ in gleichem Sinne erzeugt mit $[\beta'\gamma']$, weil nämlich dies letztere nach § 19 gleich $[\beta\gamma]$ ist, also liegt auch β' zwischen denselben beiden Elementen β und γ', und diese letztern sind also die äussersten von den genannten vieren. Daraus folgt, dass

55

$$[\alpha\beta\beta'\alpha'] = [\alpha\beta\gamma'\alpha'] - [\alpha'\beta'\gamma']$$

und

$$[\alpha\gamma\gamma'\alpha'] = [\alpha\beta\gamma'\alpha'] - [\alpha\beta\gamma]$$

sei. Nun sind aber die Ausdehnungen $[\alpha\beta\gamma]$ und $[\alpha'\beta'\gamma']$ einander gleich, weil die letztere aus der ersteren durch Aenderung aller Elemente um die Strecke b hervorgeht, und dabei nach § 19 alle Strecken gleich bleiben, also auch die Ausdehnungen zweiter Stufe, indem jede solche nur eine Gesammtheit von Strecken darstellt. Somit werden auch die Ausdehnungen $[\alpha\beta\beta'\alpha']$ und $[\alpha\gamma\gamma'\alpha']$ einander gleich sein, da sie aus dem Gleichen auf dieselbe Weise entstanden sind; das heisst

$$a.b = (a + b_1).b\text{**)}.$$

Dieser Beweis ist zunächst nur für den Fall geführt, dass b und b_1 in gleichem Sinne erzeugt sind; um die Gültigkeit desselben Gesetzes auch für den Fall der in entgegengesetztem Sinne erfolgten Erzeugung darzuthun, sei $a + b_1 = c$, so ist $a = c - b_1$ und wir erhalten

$$c.b = (c - b_1).b$$

oder

$$= (c + (-b_1)).b,$$

*) Die Bedeutung des hier gebrauchten bildlichen Ausdrucks in der abstrakten Wissenschaft ist wohl an sich klar.

**) Es ist leicht zu sehen, dass dies nur der auf die abstrakte Wissenschaft übertragene Beweis für den entsprechenden geometrischen Satz ist.

das heisst, das eben dargestellte Gesetz gilt auch, wenn die eben durch b und b_1 bezeichneten Strecken in entgegengesetztem Sinne erzeugt sind, also überhaupt, wenn sie gleichartig sind.

Ganz genau auf dieselbe Weise folgt nun auch, dass, wenn b und b_1 gleichartig sind, auch

$$b \, . \, (a + b_1) = b \, . \, a$$

sei. Ist hier a gleich Null, so hat man $b \, . \, b_1$ gleich Null, das heisst, das Produkt zweier gleichartigen Strecken ist null, wie dies auch aus dem Begriff unmittelbar hervorgeht.

§ 34.

Dasselbe lässt sich nun auch erweisen, wenn in einem Produkte [56] aus mehreren Faktoren irgend zwei auf einander folgende Faktoren auf die angegebene Weise zerstückt sind. Nämlich da das Gleiche mit dem Gleichen auf dieselbe Weise verknüpft wieder Gleiches giebt (§ 1), so muss auch, wenn P irgend eine Faktorenreihe bezeichnet,

$$(a + b_1) \, . \, b \, . \, P = a \, . \, b \, . \, P$$

sein.

Demnächst lässt sich zeigen, dass bei Vertauschung der Faktoren der absolute Werth derselbe bleibt. Nämlich $a \, . \, b \, . \, c \ldots$ bedeutet die Ausdehnung, welche aus einem als Ursprungselement gesetzten Elemente dadurch hervorgeht, dass dasselbe zuerst die Strecke a erzeugt, dann jedes Element dieser Strecke die Strecke b, dann jedes so entstandene Element die Strecke c erzeugt und so weiter. Alle Elemente der so gebildeten Ausdehnung gehen somit aus dem angenommenen Ursprungselemente durch Aenderungen hervor, welche mit $a, b, c \ldots$ gleichartig sind, aber deren Grösse nicht überschreiten, und die Gesammtheit der so erzeugbaren Elemente ist eben jene Ausdehnung. Da es nun auch für's Resultat gleichgültig ist, in welcher Reihenfolge diese Aenderungen sich an einander schliessen (§ 17), so wird man von demselben Urprungselemente aus bei beliebiger Reihenfolge der Faktoren $a, b, c \ldots$ stets zu derselben Gesammtheit von Elementen gelangen, welche die Ausdehnung konstituiren; das heisst alle solche Produkte werden denselben absoluten Werth darstellen. Es werden also die früher für die ersten beiden Faktoren solcher Produkte erwiesenen Gesetze für je zwei andere Faktoren auch gelten, sofern nur die Vorzeichen entsprechend gewählt werden dürfen.

Die Vorzeichen können nur in so fern willkührlich gewählt werden, als sie noch nicht durch Definitionen bestimmt sind. Auf dieselbe

Weise nun, wie wir für zwei Faktoren die Zeichen nur so wählen konnten, dass auch dem Zeichen nach

$$(a + b_1) . b = a . b \quad \text{und} \quad b . (a + b_1) = b . a$$

wurde, auf dieselbe Weise werden wir auch, wenn beliebig viele Faktoren vorhergehen, diese Zeichenbestimmung festhalten, und also nicht nur dem absoluten Werthe nach, sondern auch dem Zeichen nach

$$P . (a + b_1) . b = P . a . b \quad \text{und} \quad P . b . (a + b_1) = P . b . a$$

57 setzen müssen, wo P ein Produkt von beliebig vielen Faktoren vorstellt. Da dieselbe Beziehung auch fortbesteht, wenn noch beliebig viele Faktoren folgen, so haben wir für diese besondere Art der Multiplikation das Gesetz gewonnen, „dass man, wenn ein Faktor einen Summanden enthält, welcher mit einem der angränzenden Faktoren gleichartig ist, diesen Summanden weglassen kann," worin denn schon liegt, dass, wenn zwei an einander gränzende Faktoren gleichartig werden, das Produkt null wird.

Dies Gesetz, in Verbindung mit der allgemeinen multiplikativen Beziehung zur Addition des Gleichartigen, bedingt alle ferneren Gesetze dieser besonderen Art der Multiplikation, die wir hier betrachten, und kann daher als Grundgesetz für dieselbe aufgefasst werden. Wir nennen diese Art der Multiplikation eine *äussere*, und wählen als specifisches Zeichen für sie den Punkt, während wir das unmittelbare Aneinanderschreiben als allgemeine Multiplikationsbezeichnung festhalten*).

§ 35, 36. **Hauptgesetze der äusseren Multiplikation.**

§ 35.

Aus diesem Grundgesetze nun und jenem Beziehungsgesetze leiten wir die übrigen Gesetze dieser Multiplikation auf rein formelle Weise ab.

Man hat durch Kombination beider, wenn P und Q beliebige Faktorenreihen, a_1 und b_1 aber Strecken bezeichnen, die [beziehungsweise] mit a und b gleichartig sind,

$$\begin{aligned} P . (a + a_1 + b_1) . b . Q &= P . (a + a_1) . b . Q \\ &= P . a . b . Q + P . a_1 . b . Q \\ &= P . a . b . Q + P . (a_1 + b_1) . b . Q; \end{aligned}$$

*) Ich habe hier die in der ersten Auflage gewählte Bezeichnung beibehalten. In der Ausdehnungslehre von 1862, so wie in meinen späteren Arbeiten habe ich für die äussere Multiplikation, wie überhaupt für die auf ein Hauptgebiet bezügliche, die scharfe Klammer als charakteristische Bezeichnung gewählt. (1877.)

oder da $a_1 + b_1$ jede Strecke vorstellen kann, welche in dem durch a und b bestimmten Systeme zweiter Stufe liegt (nach dem Begriffe dieses Systems*)), so hat man, so lange a, b, c demselben Systeme zweiter Stufe angehören,

$$P.(a+c).b.Q = P.a.b.Q + P.c.b.Q;$$

das heisst es gilt auch für diesen Fall noch die allgemeine multiplikative Beziehung zur Addition.

Hieraus nun folgt sogleich, dass

$$P.a.b.Q = -P.b.a.Q$$

ist, oder dass man zwei an einander gränzende Faktoren eines äusseren 58 Produktes, wenn sie Strecken sind, nur mit Zeichenwechsel vertauschen darf. In der That, da

$$P.(a+b).(a+b).Q = 0$$

ist, weil zwei an einander gränzende Faktoren gleichartig sind, so | erhält man mit Anwendung des soeben erwiesenen Gesetzes, und weil $P.a.a.Q$ und $P.b.b.Q$ ebenfalls null sind, 58

$$P.a.b.Q + P.b.a.Q = 0,$$

das heisst

$$P.a.b.Q = -P.b.a.Q.$$

Ich werde dies merkwürdige Resultat nachher noch ausführlicher durchgehen, um jetzt zu den wichtigen Folgerungen überzugehen, welche aus diesem Vertauschungsgesetze fliessen.

Es ergiebt sich daraus, dass, wenn ein einfacher Faktor (so nennen wir nämlich einen Faktor, der eine Ausdehnung erster Stufe oder eine Strecke darstellt), zwei solche Faktoren überspringt, das Produkt gleiches Zeichen behält, indem die zweimalige Aenderung des Vorzeichens wieder zu dem ursprünglichen Vorzeichen zurückführt; also auch, dass überhaupt, wenn ein einfacher Faktor eine gerade Anzahl einfacher Faktoren überspringt, das Vorzeichen des Produktes dasselbe bleibt, hingegen, wenn eine ungerade, sich in das entgegengesetzte verwandeln muss, sobald der ganze Ausdruck denselben Werth behalten soll. Somit müssen die Gesetze, welche für zwei an einander gränzende Faktoren gelten, auch für [zwei] getrennte fortbestehen; denn man kann den einen der beiden getrennten Faktoren an den andern heranrücken, wobei sich das Vorzeichen entweder ändert oder nicht, je nachdem er dabei eine ungerade oder gerade Anzahl einfacher Faktoren überspringt, kann nun die Gesetze, die für zwei an einander gränzende Faktoren gelten,

*) Vgl. § 16 [und § 20].

anwenden, und dann in allen Produkten wieder jenen Faktor auf seine alte Stelle zurückrücken, wobei das Vorzeichen offenbar jedesmal wieder das ursprüngliche werden muss*).

Also wenn irgend zwei einfache Faktoren eines Produktes aus Stücken bestehen, welche demselben Systeme zweiter Stufe angehören, so gilt das Beziehungsgesetz der Multiplikation zur Addition, und da, 59 wenn zwei einfache Faktoren gleichartig werden, nach § 33 ihr Produkt null ist, so folgt, dass man Stücke, welche den übrigen Faktoren gleichartig sind, aus einem Faktor weglassen oder ihm hinzufügen kann, ohne den Werth des Produktes zu ändern. Daraus folgt sogleich, 59 was auch schon nach § 32 aus dem Begriffe hervorging, dass das Produkt von n Strecken, die von einander abhängig sind, null ist; denn eine derselben muss sich dann als Summe von Stücken darstellen lassen, die den andern gleichartig sind; und diese kann man dann nach dem eben erwiesenen Satze in dem Produkte weglassen, also statt jener Summe Null setzen, wodurch das Produkt selbst null wird.

§ 36.

Aus dem Hauptsatze des vorigen Paragraphen folgt der allgemeine Satz, dass,

wenn in einem Produkte von n einfachen Faktoren einer derselben zerstückt ist, und zwar so, dass alle Faktoren und Stücke demselben Systeme n-ter Stufe angehören, die multiplikative Beziehung [zur Addition] noch fortbesteht.

Denn es sei $a \, . \, b \ldots (p + q)$ dies Produkt, in welchem die $(n + 1)$ Strecken $a, b, \ldots, p, q$ demselben Systeme n-ter Stufe angehören sollen. Zuerst wollen wir annehmen, dass ein Stück des letzten Faktors nebst den sämmtlichen übrigen Faktoren n unabhängige Strecken darstellen, das heisst, dass sie nicht einem System niederer Stufe (als der n-ten) angehören sollen. Als dies Stück des letzten Faktors sei p angenommen, so muss nach § 20 sich q als eine Summe von Stücken darstellen lassen, welche jenen Strecken gleichartig sind, also

$$q = a_1 + b_1 + \cdots + p_1$$

gesetzt werden können, wenn $a_1, b_1, \ldots, p_1$ beziehlich den Strecken $a, b, \ldots, p$ gleichartig sind. Dann hat man, da $a_1, b_1, \ldots,$ als den

*) Denn änderte es sich vorher nicht, so ändert es sich auch jetzt nicht, da der Faktor wieder dieselbe Faktorenzahl überspringt; änderte es sich vorher aber, so ändert es sich jetzt wieder (aus demselben Grunde), wird also wieder das ursprüngliche.

übrigen Faktoren des Produktes $a \, . \, b \ldots (p + q)$ gleichartig, in dem letzten weggelassen werden können,

$$a \, . \, b \ldots (p + q) = a \, . \, b \ldots (p + p_1)$$

und dies ist nach § 32, da p und p_1 gleichartig sind,

$$= a \, . \, b \ldots p + a \, . \, b \ldots p_1;$$

oder da man in dem letzteren Produkte wieder dem Faktor p_1 die Summanden $a_1 + b_1 + \cdots$ hinzufügen, also statt p_1 wieder q setzen kann, so hat man

$$a \, . \, b \ldots (p + q) = a \, . \, b \ldots p + a \, . \, b \ldots q.$$

Die Gültigkeit dieser Gleichung ist zunächst nur bewiesen für den Fall, dass a, b, ... und eine der Strecken p oder q von einander un- 60 abhängig sind. Sind hingegen a, b, ... von einander abhängig oder diese zwar unabhängig, aber beide Strecken p und q, also | auch ihre Summe *60* von ihnen abhängig, so werden beide Seiten jener Gleichung null, weil die Produkte abhängiger Strecken null sind; also besteht auch für diesen Fall jene Gleichung; also besteht sie allgemein, so lange in jenem Produkte von n Faktoren die sämmtlichen Strecken demselben Systeme n-ter Stufe angehören. Da aber nur in diesem Falle die Glieder der rechten Seite gleichartig sind, und bei höheren Stufen der Begriff der Addition nur für gleichartige Summanden festgesetzt ist, so haben wir die multiplikative Beziehung unserer Verknüpfungsweise zur Addition, so weit diese begrifflich bestimmt ist, vollständig dargethan; und es werden also alle Gesetze dieser Beziehung (s. § 10) hier gelten. Sollte sich späterhin ein erweiterter Begriff der Addition ergeben, so würde eine solche Verknüpfung nicht eher als Addition festgestellt sein, als bis auch ihre additive Beziehung zu der bisher dargelegten Multiplikation nachgewiesen ist.

Ich habe schon oben (§ 34) festgesetzt, dass wir das Produkt, zu dem wir hier gelangt sind, ein äusseres nennen, indem wir mit dieser Benennung andeuten wollen, dass diese Art des Produktes nur, sofern die Faktoren aus einander treten, und das Produkt eine neue Ausdehnung darstellt, einen geltenden Werth hat, hingegen, wenn die Faktoren in einander bleiben, gleich Null gesetzt wird*). Die Resultate der Entwickelung können wir in folgendem Satze zusammenfassen:

Wenn man unter dem äusseren Produkte von n Strecken diejenige Ausdehnungsgrösse n-ter Stufe versteht, welche erzeugt wird, wenn jedes Element der ersten Strecke die zweite erzeugt, jedes so erzeugte Element

*) Wie diesem äusseren Produkt ein inneres gegenüberstehe, habe ich in der Vorrede angedeutet.

die dritte, und so fort, und zwar so, dass jede Ausdehnungsgrösse n-ter Stufe als ein den übrigen gleichartiger Theil des Systems n-ter Stufe aufgefasst wird, dem sie angehört: so gelten für dasselbe, sofern Produkte aus n Faktoren nur innerhalb desselben Systems n-ter Stufe betrachtet 61 *werden, alle Gesetze, welche die Beziehung der Multiplikation | zur Addition und Subtraktion ausdrücken, und ausserdem das Gesetz, dass die einfachen Faktoren nur mit Zeichenwechsel vertauschbar sind.*

B. Anwendungen.

§ 37—40. Das Gesetz der Zeichenänderung bei Vertauschung räumlicher Faktoren.

§ 37.

61 Wir haben nun hier den Zusammenhang der Multiplikation mit dem bisherigen Begriff der Addition vollständig dargelegt, und gehen daher zu den Anwendungen über.

Die Anwendung auf die Geometrie haben wir der Hauptsache nach in § 28—30 vorweggenommen. Wir haben jedoch noch die jetzt eingeführten Benennungen und Bezeichnungen auf jene Darstellung zu übertragen.

Es erscheint danach nun der Flächenraum des Spathecks (Parallelogramms) als äusseres Produkt zweier Strecken, wenn man nämlich zugleich die Ebene mit festhält, welcher dasselbe angehört, und ebenso der Körperraum des Spathes (Parallelepipedons) als äusseres Produkt dreier Strecken, ohne dass man hier nöthig hat, eine Bestimmung hinzuzufügen, da der Raum stets ein und derselbe ist. Jene zwei Strecken bildeten dann die Seiten des Spathecks, und diese drei die Kanten des Spathes, und zwar nahmen wir dort die Strecke, durch deren Bewegung das Spatheck entstand, als ersten, die die Bewegung messende als zweiten Faktor an, und setzten zwei Spathecke als gleich bezeichnet, wenn der zweite Faktor vom ersten aus betrachtet nach derselben Seite hin liegt, wenn nach entgegengesetzter, als entgegengesetzt bezeichnet. Hierin liegt schon das Gesetz, dass

$$a \,.\, b = -\, b \,.\, a$$

ist; denn wenn b von a aus betrachtet nach links liegt, so muss a von b aus betrachtet nach rechts hin liegen und umgekehrt. Allein um diesem Vertauschungsgesetz, was die hier aufgestellte Multiplikation auf eine so auffallende Weise von der gewöhnlichen ausscheidet, eine noch anschaulichere Basis zu geben, will ich auch jenes allgemeinere

Zeichengesetz, von dem dieses eine specielle Folgerung enthält, auf geometrische Weise ableiten.

Zuerst ist aus dem Begriff des Negativen klar, dass, wenn Grundseite und Höhenseite*) eines Spathecks gleiche Richtungen**) beibehalten, auch der Flächenraum gleichbezeichnet bleibt, wie sich im Uebrigen auch jene Seiten vergrössern oder verkleinern mögen. Wenn 62 ferner der Endpunkt der Höhenseite in einer mit der Grundseite, oder 62 der Endpunkt der Grundseite in einer mit der Höhenseite parallelen Linie fortrückt, während die jedesmalige andere Seite dieselbe bleibt, so bleibt der Flächeninhalt des Spathecks gleich, also auch gleichbezeichnet. Von diesen beiden Voraussetzungen gehen wir aus, um die geometrische Begründung des allgemeinen Zeichengesetzes zu liefern.

Zunächst ist klar, dass bei den angegebenen Veränderungen die Höhenseite, von der Grundseite aus betrachtet, stets nach derselben Seite hin liegend bleibt, das heisst, wenn man zuerst in der Richtung der Grundseite, und dann in der der Höhenseite fortschreitet, so muss man in dem auf jene Weise veränderten Spatheck nach derselben Seite hin abbiegen, wie in dem ursprünglichen. Da man nun durch jene Veränderungen, bei welchen das Zeichen sich nicht ändert, die Höhenseite sowohl, als nachher die Grundseite in jede beliebige Lage bringen kann (nur dass sie beide nicht zusammenfallen dürfen), dabei aber immer die Höhenseite, von der Grundseite aus betrachtet, nach derselben Seite hin liegend bleibt, und man endlich auch dieselben, wenn man ihre Richtungen festhält, beliebig vergrössern und verkleinern kann, ohne dass sich das Vorzeichen ändert, so folgt daraus, dass alle Spathecke, deren Höhenseiten, von der Grundseite aus betrachtet, nach derselben Seite hin liegen, auch gleich bezeichnet sein müssen. Dass nun umgekehrt diejenigen Spathecke, in welchen die Höhenseiten, von den Grundseiten aus betrachtet, nach entgegengesetzten Seiten liegen, auch entgegengesetzt bezeichnete Flächenräume darstellen, folgt sogleich nach dem soeben erwiesenen, wenn es nur für irgend zwei bewiesen ist; für $a . b$ und $a . (-b)$ ergiebt sich dies aber sogleich aus dem Begriff des Negativen. Somit ist jenes allgemeine Zeichengesetz auch auf rein geometrischem Wege vollständig erwiesen.

Für Spathe würden wir auf ganz entsprechende Weise, wenn wir hier die erste, zweite und dritte Kante unterscheiden, das Gesetz aufstellen können:

*) Diesen Namen gebrauche ich in Ermangelung eines bessern, um die der Grundseite anliegende Seite (den zweiten Faktor) zu bezeichnen.

**) Entgegengesetzte Richtungen werden natürlich nicht als gleiche gerechnet.

Die Körperräume zweier Spathe sind gleich oder entgegengesetzt bezeichnet, je nachdem (um es in einem Bilde auszudrücken), wenn man den Körper in die Richtung der ersten Kante gestellt denkt (die Füsse nach deren Anfangspunkt zu, den Kopf nach dem Endpunkt), man, um von 63 *der Richtung der | zweiten Kante in die der dritten überzugehen, nach derselben, oder nach verschiedenen Seiten abbiegen muss.*

§ 38.

Um hiervon noch eine anschaulichere Idee zu geben, wollen wir die Aufgabe stellen:

„Ein Spatheck in ein ihm gleiches (und gleich bezeichnetes) zu verwandeln, dessen Grundseite (in derselben Ebene) gegeben ist, aber der des gegebenen Spathecks nicht parallel ist.“

Fig. 11 a.

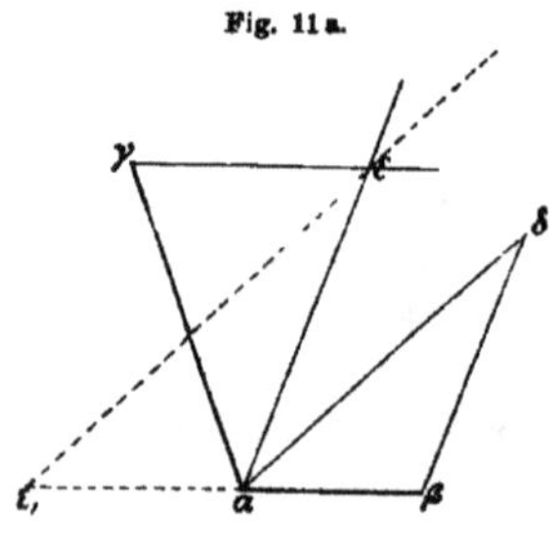

Es sei $\alpha\beta$ die Grundseite, $\alpha\gamma$ die Höhenseite des gegebenen Spathecks, $\alpha\delta$ die Grundseite des gesuchten (vgl. Fig. 11 a).

Man ziehe von α die Parallele mit $\beta\delta$, von γ mit $\alpha\beta$, und nenne den Durchschnitt beider ε: so ist $\alpha\varepsilon$ die Höhenseite eines solchen Spathecks, welches der Aufgabe Genüge leistet. Denn es ist

$$[\alpha\beta].[\alpha\gamma] = [\alpha\beta].[\alpha\varepsilon],$$

weil $\gamma\varepsilon$ mit $\alpha\beta$ parallel ist, und

$$[\alpha\beta].[\alpha\varepsilon] = [\alpha\delta].[\alpha\varepsilon],$$

weil $\beta\delta$ parallel $\alpha\varepsilon$ ist, also auch in der That

$$[\alpha\delta].[\alpha\varepsilon] = [\alpha\beta].[\alpha\gamma].$$

Wollte man die gesammte Schaar der Spathecke haben, welche der Aufgabe genügen, so hätte man noch von ε mit $\alpha\delta$ die Parallele zu ziehen, und den Punkt ε in dieser Parallelen veränderlich zu setzen.

Fig. 11 b.

Wendet man diese Auflösung auf den Fall an, dass die Grundseite des gesuchten Parallelogramms der Höhenseite des gegebenen identisch ist, so gelangt man durch reine Konstruktion zu der Formel

$$a.b = -b.a.$$

In der That fällt dann δ auf γ (vgl. Fig. 11 b), und zieht man dann von ε die Parallele mit $\alpha\delta$, welche $\alpha\beta$ in ε_1 schneide, so überzeugt man sich leicht, dass

$$[\alpha\varepsilon_1] = [\beta\alpha] = -[\alpha\beta]$$

ist. Die obige Auflösung ergiebt daher

$$[\alpha\beta] . [\alpha\gamma] = [\alpha\gamma] . [\alpha\varepsilon] = [\alpha\gamma] . [\alpha\varepsilon_1];$$

also statt $[\alpha\varepsilon_1]$ seinen Werth $-[\alpha\beta]$ gesetzt, und das negative Zeichen dem ganzen Produkte beigelegt:

$$[\alpha\beta] \cdot [\alpha\gamma] = [\alpha\gamma] \cdot (-[\alpha\beta]) = -[\alpha\gamma] \cdot [\alpha\beta].$$

Da man sich dies Gesetz des Zeichenwechsels bei der Vertauschung der Faktoren eines äusseren Produktes nicht fest genug einprägen kann, indem es den gewöhnlichen Vorstellungen zu widerstreiten scheint, so will ich noch auf eine Analogie hindeuten, welche aber hier nur als Abschweifung aufgefasst sein will. Nämlich den Flächeninhalt eines Spathecks $a . b$ kann man, wenn der von a und b eingeschlossene Winkel mit (ab) und die Längen der Strecken a und b mit $\underline{a}$ und $\underline{b}$ bezeichnet werden, ausdrücken durch die Formel:

64 64

$$a . b = \underline{a}\,\underline{b} \sin(ab),$$

und

$$b . a = \underline{b}\,\underline{a} \sin(ba),$$

wo das Produkt der Längen das gewöhnliche, also $\underline{a}\,\underline{b} = \underline{b}\,\underline{a}$ ist. Da nun die Winkel (ab) und (ba) entgegengesetzt sind, und die Sinusse entgegengesetzter Winkel gleichfalls entgegengesetzt sind, so ist

$$\sin(ab) = -\sin(ba),$$

und also auch hiernach

$$a . b = -b . a.$$

§ 39.

Mit der hier gegebenen Entwickelung steht nun die Darstellung des Rechtecks durch das Produkt seiner Seitenlängen nicht im Widerspruch, sobald man nur die blossen Seitenlängen, in irgend einem gemeinschaftlichen Mass gemessen, als Faktoren dieses Produktes festhält, und nur meint, dass der absolute (vom Zeichen unabhängige) Flächenraum des Rechtecks so oft das Quadrat dieses Masses enthalten solle, als das Produkt jener Zahlen beträgt. Will man aber damit noch mehr ausdrücken, und namentlich behaupten, dass der Flächenraum jenes Rechtecks an sich, das heisst auch seinem Zeichen nach, dem Produkte jener Seiten gleichgesetzt werden könne, so steht dies, wenn man eben für das Produkt noch die Eigenthümlichkeit des algebraischen Produktes festhalten will (wie bisher immer geschehen ist), mit den soeben erwiesenen Wahrheiten in offenbarem Widerspruch. Es erscheint vielmehr das Parallelogramm (also auch das Rechteck) nothwendiger Weise als ein solches Produkt seiner Seiten, in welchem die Vertauschung seiner Faktoren nur mit Zeichenwechsel stattfinden könne. Wie leicht übrigens diese Auffassung über bedeutende Schwierigkeiten, unter welchen sich selbst die ausgezeichnetsten Mathematiker 65 bisweilen verwirrt haben, hinweghilft, wird sich durch | folgendes Beispiel zeigen.

La Grange führt in seiner *mécanique analytique**) einen Satz von Varignon an, dessen er sich zur Verknüpfung der verschiedenen Principien der Statik bedient, und welcher nach ihm darin besteht, „dass, wenn man von irgend einem in der Ebene eines Parallelogramms genommenen Punkte Perpendikel fällt auf die Diagonale und auf die beiden Seiten, welche diese Diagonale einfassen (*comprennent*), das Produkt der Diagonale in ihr Perpendikel gleich ist der Summe der Produkte beider Seiten in ihre beziehlichen Perpendikel, wenn der Punkt ausserhalb des Parallelogramms (*hors du parallelogramme*) fällt, oder ihrem Unterschiede, wenn er innerhalb des Parallelogramms fällt"

Dieser Satz ist, wie sich sogleich zeigen wird, unrichtig, indem das erstere nicht stattfindet, wenn der Punkt ausserhalb des Parallelogramms fällt, sondern wenn er ausserhalb der beiden Winkelräume fällt, welche der von jenen beiden Seiten eingeschlossene Winkel und sein Scheitelwinkel bilden, hingegen das letztere, wenn innerhalb. Es versteht sich von selbst, dass das Produkt dabei im gewöhnlichen, algebraischen Sinne genommen ist. Betrachtet man nun aber jene Produkte näher, so stellen sie in der That die Flächenräume der Parallelogramme, welche jene beiden Seiten und die Diagonale zu Grundseiten haben, und deren der Grundseite gegenüberliegende Seiten durch den angenommenen Punkt gehen, ihrem absoluten Werthe nach, das heisst unabhängig vom Zeichen, dar. Hält man hingegen das Zeichen dieser Flächenräume fest, so gilt der Satz ohne Unterscheidung der einzelnen Fälle sogleich allgemein, indem der Flächenraum, der die Diagonale zur Grundseite hat, stets die Summe ist der Flächenräume, die die beiden andern Seiten zu Grundseiten haben; und zwar ist der Beweis dieses Satzes nach unserer Analyse auf der Stelle gegeben. Denn ist $\alpha\delta$ die Diagonale des Parallelogramms, und sind $\alpha\beta$ und $\alpha\gamma$ die beiden sie einschliessenden Seiten, ε endlich der willkührliche Punkt, so ist

$$[\alpha\delta] = [\alpha\beta] + [\alpha\gamma],$$

weil nämlich $[\beta\delta] = [\alpha\gamma]$ ist, und also nach dem einfachsten Multiplikationsgesetz

66 $$[\alpha\delta]\cdot[\alpha\varepsilon] = [\alpha\beta]\cdot[\alpha\varepsilon] + [\alpha\gamma]\cdot[\alpha\varepsilon],$$

was zu erweisen war. Will man dann den Satz für absolute Flächen-

*) P. 14 der neuen Ausgabe [I partie, section I, No. 12].

räume aussprechen, so hat man nur die Fälle zu unterscheiden, wo der Punkt ε von jenen beiden Seiten des Parallelogramms aus betrachtet nach derselben, und wo nach verschiedenen Seiten hin liegt, woraus sich dann leicht der Satz in der oben gegebenen verbesserten Form ergiebt.

§ 40.

Ich will die Anwendungen auf die Geometrie nun mit der Lösung der obigen Aufgabe (§ 38) für den dort nicht mit aufgenommenen Fall schliessen, nämlich ein Spatheck in ein ihm gleiches zu verwandeln, dessen Seiten mit denen des gegebenen parallel sind, aber dessen eine Seite zugleich ihrer Länge nach gegeben ist. Ich wähle den Weg, wie ihn unsere Analyse darbietet.

Es sei $a . b$ das gegebene Spatheck, a_1 die mit a parallele Seite des gesuchten und b_1 die gesuchte mit b parallele Seite desselben, für welche die Gleichung

$$a . b = a_1 . b_1$$

bestehen soll, oder da $a_1 . b_1 = - b_1 . a_1$ ist,

$$a . b + b_1 . a_1 = 0.$$

Da man dem Faktor a das Stück b_1, dem Faktor b_1 das Stück a hinzufügen kann, weil diese Stücke mit dem jedesmaligen andern Faktor gleichartig sind, also ihre Hinzufügung das Produkt nicht ändert, so hat man

$$(a + b_1) . b + (a + b_1) . a_1 = 0,$$

oder

$$(a + b_1) . (a_1 + b) = 0,$$

das heisst $(a + b_1)$ und $(a_1 + b)$ müssen parallel sein. Hierin nun liegt die folgende Konstruktion und deren Beweis; nämlich wenn $a = [\alpha\beta]$, $b = [\alpha\gamma]$ ist (vgl. Fig. 11c), und $a_1 = [\alpha\delta]$, wo α, β, δ in Einer geraden Linie liegen, so mache man $\delta\varepsilon$ gleich lang und parallel mit $\alpha\gamma$, also $[\alpha\varepsilon]$ gleich $(a_1 + b)$, ziehe von β die Parallele mit $\alpha\gamma$, welche $\alpha\varepsilon$ in ζ schneide, so ist $[\beta\zeta]$ die gesuchte Strecke b_1*).

Fig. 11c.

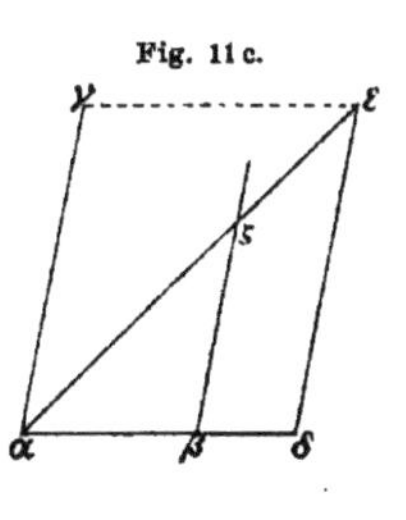

*) Es versteht sich von selbst, dass man diese Aufgabe auch lösen kann durch zweimalige Anwendung der in § 38 gegebenen Auflösung, indem man eine nicht parallele Grundseite zu Hülfe nimmt.

§ 41. Das statische Moment.

67 In der Statik und Mechanik wird der Begriff des äusseren Produktes repräsentirt durch den Begriff des Momentes.

In der That können wir das Moment einer Kraft in Bezug auf einen Punkt definiren als äusseres Produkt, dessen erster Faktor die Strecke ist, welche von jenem Punkte (dem Beziehungspunkte) nach einem Punkte der geraden Linie, in welcher die Kraft wirkt, gezogen ist, und dessen zweiter Faktor die Strecke ist, welche die Kraft darstellt. Ist also ϱ der Beziehungspunkt, α der Angriffspunkt, das heisst der Punkt, welcher von der Kraft getrieben wird, p die Strecke, welche die Kraft darstellt, so ist das Moment

$$[\varrho\alpha] \cdot p,$$

wobei nach den Gesetzen der äusseren Multiplikation einleuchtet, dass es für das Resultat gleichgültig ist, welchen Punkt in der Wirkungslinie der Kraft man statt α einführen mag; denn es sei β ein anderer Punkt dieser Linie, also $[\alpha\beta]$ gleichartig mit p, so hat man

$$[\varrho\beta] \cdot p = ([\varrho\alpha] + [\alpha\beta]) \cdot p = [\varrho\alpha] \cdot p,$$

weil das Stück $[\alpha\beta]$, als dem zweiten Faktor gleichartig, nach § 35 weggelassen werden darf. Und ebenso ist unter dem Momente einer Kraft in Bezug auf eine Axe $\varrho\sigma$ das äussere Produkt aus drei Faktoren verstanden, dessen erster Faktor die als Strecke genommene Axe, dessen zweiter Faktor die Strecke von irgend einem Punkt der Axe nach irgend einem Punkt in der Wirkungslinie der Kraft, und dessen dritter Faktor die Kraft ist, also

$$[\varrho\sigma] \cdot [\sigma\alpha] \cdot p,$$

oder auch es ist das Produkt der als Strecke genommenen Axe in das auf irgend einen Punkt der Axe bezügliche Moment der Kraft, wobei wieder, aus denselben Gründen wie vorher, gleichgültig ist, welche Punkte man in jenen Linien auswählt.

Es erscheint also das Moment einer Kraft in Bezug auf einen Punkt als Flächenraum eines Spathecks, in Bezug auf eine Axe als Körperraum eines Spathes, und dabei haben überall zwei Kräfte, welche als Strecken gleich sind, nur dann gleiche Momente, wenn sie auch in derselben geraden Linie wirken.

Ferner verstehen wir unter dem Gesammtmoment mehrerer Kräfte, welche in derselben Ebene liegen, in Bezug auf einen Punkt der Ebene die Summe aller auf jenen Punkt bezüglichen Momente derselben, und 68 ebenso unter dem | Gesammtmoment mehrerer Kräfte in Bezug auf eine Axe die Summe aller auf diese Axe bezüglichen Momente. Da

Kraft und Bewegung nach § 25 und 26 durch dieselbe Strecke dargestellt werden, indem die Kraft eben nur die der Bewegung supponirte und also ihr gleich zu setzende Ursache ist, so ist schon ohne weiteres klar, was unter dem Moment der Bewegung und unter dem Gesammtmoment mehrerer Bewegungen verstanden ist; doch erinnern wir hier noch einmal daran, dass die Bewegung (nach § 25) nur für die Masseneinheit der Geschwindigkeit gleich gesetzt werden könne, und dass gleiche Bewegungen nur dann gleiche Momente haben, wenn sie in derselben geraden Linie fortschreiten.

Wie leicht sich nun vermittelst unserer Analyse hieraus alle allgemeinen Gesetze der Statik und Mechanik, welche sich auf's Moment beziehen, ableiten lassen, wird die folgende Entwickelung zur Genüge zeigen. Ich bemerke nur noch vorläufig, dass wir im zweiten Abschnitte dieses Theils*) einen noch einfacheren Ausdruck des Momentes und in dem nächsten Kapitel (§ 57) eine Verallgemeinerung des Begriffs des Gesammtmomentes kennen lernen werden.

§ 42, 43. **Sätze über das Gesammtmoment. Gleichgewicht fester Körper.**

§ 42.

Die Hauptsache bei der Anwendung des Begriffs des Momentes ist, dass das Gesammtmoment aller inneren Kräfte in Bezug auf jede beliebige Axe, und in Bezug auf jeden Punkt gleich Null ist; doch können wir das letztere hier nur beweisen, wenn alles in derselben Ebene liegt**).

Man versteht nämlich unter inneren Kräften bekanntlich solche, welche sich paarweise in der Art entsprechen, dass die Kräfte jedes Paares in derselben geraden Linie wirken und einander entgegengesetzt gleich sind; und wir können sogleich zeigen, dass die Momente jedes solchen Paares in Bezug auf jeden Punkt und jede Axe zusammen null sind. In der That, betrachtet man zum Beispiel in Bezug auf eine Axe jene beiden Momente, welche nach dem Früheren äussere Produkte aus [je] drei Faktoren sind, so sind die beiden ersten Faktoren in beiden Produkten vollkommen gleich, der erste Faktor als die gemeinschaftliche Axe darstellend, der zweite als Verbindungsstrecke zwischen denselben | Linien; der dritte aber, welcher die Kraft darstellt, ist 69 entgegengesetzt gleich; folglich sind auch beide Momente einander ent- *69*

*) § 120.

**) Der Beweis für den allgemeinen Fall folgt in § 57.

gegengesetzt gleich, also ihre Summe null. Da nun das Gesammtmoment jedes einzelnen Paares der inneren Kräfte null ist, so ist auch das aller Paare, das heisst aller inneren Kräfte null. Auf ganz entsprechende Weise, wie wir dies in Bezug auf eine Axe dargethan haben, ergiebt es sich auch in Bezug auf einen Punkt, wenn alles in derselben Ebene liegt, weshalb wir uns dieses Beweises entschlagen dürfen.

§ 43.

Da nun die einem Punkte mitgetheilte Bewegung stets gleich ist der ihm mitgetheilten Kraft, so wird auch das Gesammtmoment der einem Punktvereine innerhalb eines Zeitraums mitgetheilten Bewegungen gleich dem Gesammtmoment der ihm während dieser Zeit mitgetheilten Kräfte sein, und da das der inneren Kräfte null ist, gleich dem Gesammtmomente der jenem Punktverein von aussen mitgetheilten Kräfte, und zwar in Bezug auf jede beliebige Axe, und, wenn die Kräfte in derselben Ebene liegen, auch in Bezug auf jeden Punkt derselben. Dies Gesetz, was hier in einer so einfachen Form erscheint, ist von der grössten Allgemeinheit und überall aufs leichteste anwendbar.

Soll zum Beispiel Gleichgewicht stattfinden, so müssen die mitgetheilten Bewegungen alle null sein, also auch deren Gesammtmoment, und man hat also für's Gleichgewicht die Bedingung, dass das Gesammtmoment der von aussen mitgetheilten Kräfte in Bezug auf jede Axe null sein muss; so auch namentlich bei festen Körpern, bei welchen die Kräfte, die den festen Zustand erhalten, als innere erscheinen. Ist aber der feste Körper in einem Punkte oder in einer Linie befestigt, um welche er sich frei schwenkt, so ist die Kraft, durch welche jener Punkt oder jene Linie desselben in ihrer festen Lage erhalten wird, eine äussere, die aber nur als Widerstand leistende aufgefasst und daher zunächst als unbekannte gesetzt wird. Man hat daher, um die Bedingungsgleichung des Gleichgewichts zu finden, jene unbekannte Kraft herauszuschaffen. Dies geschieht vermittelst unserer Analyse auf's leichteste.

Ist nämlich α der feste Punkt, x die Widerstand leistende Kraft, welche diesen Punkt fest hält, so muss man die Axe $\rho\sigma$, in Bezug auf welche man die Momentgleichung nimmt, so wählen, dass das Moment der Kraft x verschwindet, das heisst $[\rho\sigma].[\sigma\alpha].x = 0$ wird, für jeden | beliebigen Werth von x, das heisst es muss $[\rho\sigma].[\sigma\alpha] = 0$ sein, oder die Axe $\rho\sigma$ muss durch den Punkt α gehen. Somit haben wir dann als Bedingung, unter welcher nur Gleichgewicht stattfinden kann, dass das Gesammtmoment der von aussen wirkenden Kräfte in

70
70

Bezug auf jede durch den befestigten Punkt gehende Axe null sein muss. Soll eine Axe des Körpers befestigt sein, so kann man zwei befestigte Punkte annehmen, also zwei Widerstand leistende Kräfte, welche herausfallen, wenn die Axe, in Bezug auf welche die Moment-Gleichung genommen wird, durch jene beiden Punkte zugleich gelegt wird; also hat man dann als Bedingung, unter welcher nur Gleichgewicht stattfinden kann, dass das Gesammtmoment der von aussen wirkenden Kräfte in Bezug auf die befestigte Axe null sein muss.

§ 44. **Das Vertauschungsgesetz durch die Statik bestätigt.**

Wir haben in dem Begriff des Moments zugleich eine schöne Bestätigung des Gesetzes, dass innerhalb derselben Ebene das äussere Produkt zweier Strecken sein Zeichen so lange beibehält, als der zweite Faktor, vom ersten aus betrachtet, nach derselben Seite hin liegt, im entgegengesetzten Falle aber sein Zeichen ändert. Denn betrachtet man Kräfte in einer Ebene, welche um einen Punkt drehbar gedacht wird, so werden die Kräfte sich dann verstärken, wenn sie, vom Drehungspunkte aus betrachtet, nach derselben Seite hin gerichtet sind, hingegen sich ganz oder theilweise aufheben, wenn nach entgegengesetzter; so dass in der That durch den Begriff des Momentes, nach welchem die Natur selbst verfährt, jener Begriff des äusseren Produktes gerechtfertigt wird. Ich glaube nun, dass das Anfangs auffallende Zeichengesetz durch die ganze Reihe der Betrachtungen, wie wir sie in den verschiedenartigsten Beziehungen angestellt haben, das Auffallende ganz verloren hat, und vielmehr jetzt nicht nur als das begrifflich nothwendige, sondern auch als das durch die Natur selbst gerechtfertigte und in ihr sich überall bewährende erscheint.

§ 45, 46. **Lösung algebraischer Gleichungen ersten Grades mit mehreren Unbekannten.**

§ 45.

Dass nun die äussere Multiplikation, da sie den Begriff des Verschiedenartigen wesentlich voraussetzt, auf die Zahlenlehre keine so unmittelbare Anwendung findet, wie auf die Geometrie und Mechanik, darf uns freilich nicht wundern, indem die Zahlen ihrem Inhalte nach als gleichartige erscheinen. Aber desto interessanter ist es, zu bemerken, wie in der Algebra, sobald an der Zahl noch | die Art ihrer 71 Verknüpfung mit andern Grössen festgehalten, und in dieser Hinsicht die eine als von der andern formell verschiedenartig aufgefasst wird, auch die Anwendbarkeit der äusseren Multiplikation mit einer so schlagenden Entschiedenheit heraustritt, dass ich wohl behaupten darf, es werde durch diese Anwendung auch die Algebra eine wesentlich veränderte Gestalt gewinnen.

Um hiervon eine Idee zu geben, will ich n Gleichungen ersten Grades mit n Unbekannten setzen, von der Form

$$\begin{array}{c} a_1 x_1 + a_2 x_2 + \cdots + a_n x_n = a_0 \\ b_1 x_1 + b_2 x_2 + \cdots + b_n x_n = b_0 \\ \cdot \quad \cdot \quad \cdots \quad \cdot \quad \cdot \\ \cdot \quad \cdot \quad \cdots \quad \cdot \quad \cdot \\ s_1 x_1 + s_2 x_2 + \cdots + s_n x_n = s_0, \end{array}$$

wo $x_1 \ldots x_n$ die Unbekannten seien. Hier können wir die Zahlenkoefficienten, welche verschiedenen Gleichungen angehören, sofern wir diese Verschiedenheit an ihrem Begriff noch festhalten, als verschiedenartig ansehen, und zwar alle als an sich verschiedenartig, das heisst als unabhängig in dem Sinne unserer Wissenschaft — die einer und derselben Gleichung als unter sich in derselben Beziehung gleichartig. Addiren wir nun in diesem Sinne alle n Gleichungen und bezeichnen die Summe des Verschiedenartigen in dem Sinne unserer Wissenschaft mit dem Verknüpfungszeichen $\dotplus$, indem die gleichen Stellen in den so gebildeten Summenausdrücken immer dem Gleichartigen zukommen sollen, so erhalten wir

$$\begin{array}{c} (a_1 \dotplus b_1 \dotplus \ldots \dotplus s_1)\, x_1 \dotplus (a_2 \dotplus b_2 \dotplus \ldots \dotplus s_2)\, x_2 \dotplus \ldots \dotplus \\ \dotplus (a_n \dotplus b_n \dotplus \ldots \dotplus s_n)\, x_n = (a_0 \dotplus b_0 \dotplus \ldots \dotplus s_0), \end{array}$$

oder bezeichnen wir $(a_1 \dotplus b_1 \dotplus \ldots \dotplus s_1)$ mit p_1 und entsprechend die übrigen Summen, so haben wir

$$p_1 x_1 \dotplus p_2 x_2 \dotplus \ldots \dotplus p_n x_n = p_0 \,.$$

Aus dieser Gleichung, welche die Stelle jener n Gleichungen vertritt, lässt sich nun auf der Stelle jede der Unbekannten, zum Beispiel x_1 finden, wenn wir die beiden Seiten mit dem äusseren Produkte aus den Koefficienten der übrigen Unbekannten äusserlich multipliciren, also hier mit $p_2 \,.\, p_3 \ldots p_n$. Da nämlich, wenn man die Glieder der linken Seite einzeln multiplicirt, nach dem Begriff des | äusseren Produktes (§ 32) alle Produkte wegfallen, welche zwei gleiche Faktoren enthalten, so erhält man

72

$$p_1 \cdot p_2 \cdot p_3 \ldots p_n x_1 = p_0 \cdot p_2 \cdot p_3 \ldots p_n .$$

Also da beide Produkte, als demselben System n-ter Stufe angehörig einander gleichartig sind, so hat man

$$x_1 = \frac{p_0 \cdot p_2 \cdot p_3 \cdots p_n}{p_1 \cdot p_2 \cdot p_3 \cdots p_n}.\text{*)}$$

Also jede Unbekannte ist einem Bruche gleich, dessen Nenner das äussere Produkt der Koefficienten $p_1 \ldots p_n$ ist, und dessen Zähler man erhält, wenn man in diesem Produkt statt des Koefficienten jener Unbekannten die rechte Seite, nämlich p_0, als Faktor setzt. Alle Unbekannten haben also denselben Nenner, und werden unbestimmt oder unendlich, wenn dieser Nenner null wird, das heisst

$$p_1 \cdot p_2 \ldots p_n = 0$$

ist

§ 46.

Dass jene Ausdrücke für $x_1, \ldots, x_n$ nicht etwa blosse Rechnungsformen darstellen, sondern die vollkommenen Lösungen der gegebenen Gleichungen enthalten, wird noch deutlicher erhellen, wenn wir für irgend eine bestimmte Anzahl von Gleichungen statt p_1, p_2 ... ihre Werthe substituiren. Man hat für drei Gleichungen

$$(1) \qquad x_1 = \frac{p_0 \cdot p_2 \cdot p_3}{p_1 \cdot p_2 \cdot p_3},$$

wo

$$p_0 = (a_0 + b_0 + c_0), \quad p_1 = (a_1 + b_1 + c_1), \ldots$$

ist, und zwar a_0 gleichartig ist mit a_1, und so weiter. Substituiren wir diese Ausdrücke in obiger Gleichung, multipliciren durch, indem wir die Produkte der gleichartigen Grössen, da sie null werden, auslassen, und ordnen entsprechend mit Beobachtung des für äussere Produkte festgestellten Zeichengesetzes, so haben wir sogleich, wie man bei geringer Uebung ohne weiteres aus obiger Formel ablesen kann,

$$(2) \qquad x_1 = \frac{a_0 b_2 c_3 - a_0 b_3 c_2 + a_2 b_3 c_0 - a_2 b_0 c_3 + a_3 b_0 c_2 - a_3 b_2 c_0}{a_1 b_2 c_3 - a_1 b_3 c_2 + a_2 b_3 c_1 - a_2 b_1 c_3 + a_3 b_1 c_2 - a_3 b_2 c_1},$$

worin wir, da alles entsprechend geordnet ist, wieder die gewöhnliche Multiplikationsbezeichnung einführen konnten. Dies ist die bekannte Formel, durch welche aus drei Gleichungen mit drei Unbekannten eine derselben bestimmt wird, und es zeigt sich, wie dieselbe vollkommen in der so sehr viel einfacheren Formel (1) enthalten ist. 73

Wir haben hier, um sogleich die Anwendbarkeit unserer Analyse auch an einem Beispiele, welches nicht mehr auf die drei Dimensionen beschränkt ist, darzuthun, etwas vorgegriffen, indem der Begriff der Zahl und der Division, den wir hier anwandten, erst den Gegenstand

*) Die Gesetze der äusseren Multiplikation und Division lassen übrigens kein Heben im Zähler und Nenner zu, vgl. Kapitel IV.

des vierten Kapitels ausmachen werden; wir werden jedoch späterhin noch einmal auf diesen Gegenstand der Anwendung zurückkommen, und dort das Verfahren auch ausdehnen auf Gleichungen höherer Grade.

Drittes Kapitel.

Verknüpfung der Ausdehnungsgrössen höherer Stufen.

A. Theoretische Entwickelung.

§ 47, 48. Summe von Ausdehnungen in einem Gebiete nächst höherer Stufe.

§ 47.

Durch* die äussere Multiplikation sind höhere Ausdehnungsgrössen entstanden, die Verknüpfungen derselben [aber] haben wir bisher nur betrachtet, sofern gleichartige Ausdehnungsgrössen addirt werden sollten, indem die Addition sich hier auf den allgemeinen Begriff des Zusammendenkens gründete, welcher überhaupt die Addition des Gleichartigen (wenn dasselbe gleich bezeichnet ist) charakterisirt. Vermöge dieses Begriffs hatten wir die im vorigen Kapitel dargelegten Gesetze entwickelt. Das Grundgesetz der Multiplikation, dass man statt des zerstückten Faktors seine Stücke einzeln einführen, und die so gebildeten Produkte addiren dürfe, fand daher seine Beschränkung darin, dass die dadurch entstehenden Produkte, um sie nach den bisherigen Begriffen addiren zu können, gleichartig sein mussten.

Um diese Beschränkung aufzuheben, werden wir daher den Begriff der Addition für höhere Ausdehnungsgrössen erweitern müssen. Der so erweiterte Begriff muss von der Art sein, dass er erstens bei gleichartigen Ausdehnungsgrössen in den gewöhnlichen umschlägt, und
74 dass für | ihn die Grundbeziehung der Addition zur Multiplikation gilt.
74 Natürlich muss dann für dieselbe die Geltung der Additionsgesetze nachgewiesen werden, ehe jene Verknüpfung als Addition fixirt werden kann. Somit ist klar, dass, wenn es überhaupt eine Addition ungleichartiger Ausdehnungsgrössen höherer Stufen giebt, das Gesetz bestehen muss

$$A \, . \, b + A \, . \, c = A \, . \, (b \dot{+} c),$$

wo b und c Strecken vorstellen. Nennen wir schon vorläufig diese Verknüpfung eine Addition, um einen bequemeren Wortausdruck zu haben, so würden wir die Definition aufstellen können:

Zwei äussere Produkte n-ter Stufe, welche einen gemeinschaftlichen Faktor $(n-1)$-ter Stufe haben, addirt man, indem man die ungleichen Faktoren addirt, und dieser Summe den gemeinschaftlichen Faktor auf dieselbe Weise hinzufügt, wie er den Stücken hinzugefügt war.

§ 48.

Dieser formellen Definition müssen wir zuerst dadurch eine anschaulichere Bedeutung geben, dass wir untersuchen, wie weit sie reicht, das heisst, welche Ausdehnungsgrössen man nach ihr addiren kann.

Es leuchtet sogleich ein, dass zwei Ausdehnungsgrössen n-ter Stufe nur dann nach dem aufgestellten Begriffe summirbar sind, wenn sie demselben Systeme $(n+1)$-ter Stufe angehören; wir werden aber zeigen, dass sie alsdann auch immer summirbar sind, indem je zwei Ausdehnungsgrössen n-ter Stufe A_n und B_n, welche demselben Systeme $(n+1)$-ter Stufe angehören, sich stets auf einen gemeinschaftlichen Faktor $(n-1)$-ter Stufe bringen lassen.

Sind zuerst A_n und B_n gleichartig, so leuchtet es unmittelbar ein, indem, wenn $(n-1)$ einfache Faktoren von A_n konstant bleiben, der n-te aber sich beliebig durch Fortschreitung oder Rückschreitung verändert, auch das Produkt jeden beliebigen mit A_n gleichartigen Werth, also auch den Werth B_n annehmen kann. Hierin liegt zugleich, dass man jede Ausdehnung n-ter Stufe auf $(n-1)$ beliebige Faktoren, welche demselben Systeme n-ter Stufe angehören und von einander unabhängig sind, bringen kann.

Sind A_n und B_n ungleichartig, so sei

$$A_n = a_1 . a_2 \dots a_n,$$

wo $a_1, \dots, a_n$ Strecken vorstellen, welche von einander unabhängig sind. Dann muss B_n nothwendig wenigstens Einen Faktor enthalten, | welcher 75 von den sämmtlichen Strecken $a_1 \dots a_n$ unabhängig ist; es sei a_{n+1} ein solcher Faktor, und also

$$B_n = b_1 . b_2 \dots b_{n-1} . a_{n+1}. \qquad 75$$

Da in einem System $(n+1)$-ter Stufe nicht mehr als $(n+1)$ von einander unabhängige Strecken angenommen werden können, so muss jeder von den Faktoren $b_1 \dots b_{n-1}$ von jenen Strecken $a_1 \dots a_{n+1}$ abhängig sein, das heisst sich als Summe darstellen lassen, deren Stücke diesen Strecken gleichartig sind. Denkt man sich nun jeden dieser Faktoren $b_1 \dots b_{n-1}$ als solche Summe dargestellt, so kann man nun in jeder dasjenige Stück, was mit a_{n+1} gleichartig ist, weglassen, ohne den Werth des Produktes B_n zu ändern (vgl. § 35). Nach dieser

Weglassung sei das Produkt $b_1 . b_2 \ldots b_{n-1}$ übergegangen in C_{n-1}, so ist also

$$B_n = C_{n-1} . a_{n+1} .$$

Die Faktoren von C_{n-1} sind nur noch von den Strecken $a_1 \ldots a_n$, das heisst von den Faktoren der Ausdehnungsgrösse A_n abhängig; oder mit andern Worten, sie gehören dem Systeme A_n an, folglich wird sich A_n nach der im Anfang dieses Paragraphen angewandten Schlussfolge auf den Faktor C_{n-1} bringen lassen, wenn der n-te Faktor willkührlich gewählt werden darf; somit lassen sich beide Ausdehnungsgrössen A_n und B_n auf den gemeinschaftlichen Faktor C_{n-1} bringen, welcher von $(n-1)$-ter Stufe ist, oder, wie wir uns auch kürzer ausdrücken, beide haben eine Ausdehnungsgrösse $(n-1)$-ter Stufe gemeinschaftlich. So wird nun die obige Definition so umgewandelt werden können:

Zwei Ausdehnungsgrössen n-ter Stufe, welche demselben System $(n+1)$-ter Stufe angehören, werden addirt, indem man sie auf einen gemeinschaftlichen Faktor $(n-1)$-ter Stufe bringt, und die Summe der ungleichen Faktoren mit diesem gemeinschaftlichen Faktor verknüpft.

§ 49, 50. Geltung der Additionsgesetze für diese neue Summe.

§ 49.

Um nun die Geltung der Additionsgesetze, oder vielmehr zunächst nur die der Grundgesetze nachzuweisen, haben wir zuerst die Vertauschbarkeit der Stücke darzuthun. Diese Stücke werden sich nach dem vorigen Paragraphen darstellen lassen in der Form $A . b$ und $A . c$. Nun ist

$$A . b + A . c = A . (b + c) = A . (c + b) = A . c + A . b,$$

76 also sind die Stücke vertauschbar. Das zweite Gesetz, dessen | Geltung nachgewiesen werden muss, ist, dass

$$(A + B) + C = A + (B + C)$$

76 sei, auch dann, wenn A, B, C Ausdehnungen n-ter Stufe in demselben Systeme $(n+1)$-ter Stufe sind, und die Addition den vorher bezeichneten Begriff haben soll.

Wir haben zu dem Ende die Frage zu beantworten, was drei solche Ausdehnungen gemeinschaftlich haben werden. Nun ist schon im vorigen Paragraphen gezeigt, dass je zwei derselben eine Ausdehnung $(n-1)$-ter Stufe gemeinschaftlich haben müssen; so zum Beispiel hat B sowohl mit A als mit C eine solche gemeinschaftlich; und da diese beiden Ausdehnungen $(n-1)$-ter Stufe, nämlich, welche B mit A, und welche es mit C gemeinschaftlich hat, demselben Systeme B*), also demselben Systeme n-ter Stufe angehören, so haben sie nach demselben Satze des vorigen Paragraphen eine Ausdehnung $(n-2)$-ter Stufe gemeinschaftlich, und diese ist somit allen drei Grössen A, B, C gemeinschaftlich. Es sei D dieser gemeinschaftliche Faktor $(n-2)$-ter Stufe, so werden sich jene drei Grössen, da überdies je zwei eine Ausdehnung $(n-1)$-ter Stufe gemeinschaftlich haben, auf die Formen bringen lassen

$$A = D.b.c, \quad B = D.a.c, \quad C = D.a.b_1.$$

Nämlich je zwei derselben werden ausser D noch einen gemeinschaftlichen Faktor erster Stufe haben, dessen Grösse aber willkührlich ist. Dieser sei c zwischen A und B, zwischen B und C sei er a, und zwar sei die Grösse von a so bestimmt, dass $B = D.a.c$ sei; der gemeinschaftliche Faktor, auf welchen A und C gebracht werden können, sei ausser D der Faktor b, oder ein mit b gleichartiger b_1, und zwar seien b und b_1 so gewählt, dass

$$A = D.b.c \quad \text{und} \quad C = D.a.b_1$$

sei.

Nachdem nun A, B, C auf diese Form gebracht sind, zeigt sich, dass sich $(A+B)+C$ durch die folgenden Umgestaltungen in $A+(B+C)$ verwandeln lässt. Erstens

$$(A+B)+C = (D.b.c + D.a.c) + D.a.b_1.$$

Wir haben nun die durch die Klammer angedeutete Summation zu vollziehen. Nun lässt sich der Ausdruck $D.b.c + D.a.c$ zurückführen | auf $D.(b+a).c$; man kann nämlich zuerst in beiden Summanden c auf die vorletzte Stelle bringen, wobei die Vorzeichen sich ändern, dann kann man nach der Definition die Summation | vornehmen, und endlich mit derselben Zeichenänderung den summirten Faktor wieder auf die alte Stelle bringen und erhält 77 77

$$(A+B)+C = D.(b+a).c + D.a.b_1.$$

Um nun diese beiden Glieder summiren zu können, hat man nur statt $D.a.b_1$ zu setzen $D.(b+a).b_1$, was verstattet ist, weil b mit b_1 gleichartig ist, und man den Faktoren, ohne das Resultat zu ändern, Stücke hinzufügen darf, welche den andern Faktoren gleichartig sind (§ 35). Führt man dann auf der rechten Seite die Summation aus, so hat man

$$(A+B)+C = D.(b+a).(c+b_1),$$

*) Wir benennen das System eben so wie die Ausdehnung, welche einen Theil von ihm bildet, weil keine Zweideutigkeit möglich ist.

wodurch man die drei Glieder auf eins zurückgeführt hat*). In diesem Gliede kann man nun zuerst die Summe $b + a$ wieder auflösen und erhält auf der rechten Seite den Ausdruck

$$D . b . (c + b_1) + D . a . (c + b_1).$$

In dem ersten Gliede dieses Ausdrucks kann nun wieder (§ 35) das Stück b_1 weggelassen und das zweite Glied aufgelöst werden; dadurch verwandelt sich der ganze Ausdruck in

$$D . b . c + (D . a . c + D . a . b_1),$$

das heisst in $A + (B + C)$ und man hat also in der That

$$(A + B) + C = A + (B + C).$$

§ 50.

Es ist nun noch das dritte Grundgesetz (§ 6) zu erweisen, dass nämlich das Resultat der Subtraktion eindeutig ist, oder dass, wenn das eine Stück unverändert bleibt, das andere aber sich ändert, auch die Summe sich ändern müsse.

Es sei innerhalb eines Systems $(n + 1)$-ter Stufe

$$A + B = C,$$

wo A, B und C von n-ter Stufe sind. Es ändere sich B in $B + D$, so wird nun

$$A + (B + D) = (A + B) + D = C + D$$

sein, und es ist zu zeigen, dass wenn $B + D$ von B verschieden ist, 78 auch $C + D$ von C verschieden sein müsse. Das erstere setzt | voraus, dass D nicht null sei; nun können wir aber zeigen, dass, wenn D nicht null ist, es auch zu einer Grösse (C) hinzugelegt, ihren Werth ändern müsse.

Unmittelbar ist dies klar, wenn C und D gleichartig sind, indem 78 das durch Zusammendenken des Gleichartigen | hervorgegangene nothwendig von jedem der Stücke verschieden ist. Sind aber C und D verschiedenartig, so lässt sich leicht zeigen, dass ihre Summe mit beiden verschiedenartig ist (immer vorausgesetzt, dass keins von beiden null ist). Da alles in demselben Systeme $(n + 1)$-ter Stufe angenommen ist, so werden C und D sich auf einen gemeinschaftlichen Faktor $(n - 1)$-ter Stufe bringen lassen. Es sei dieser E und

*) Man könnte nun zeigen, dass der Ausdruck: $A + (B + C)$ sich auf dasselbe Glied zurückführen liesse, allein wir setzen den einmal eingeschlagenen Weg der fortschreitenden Umwandlung fort.

$$C = E . c, \quad D = E . d,$$

also

$$C + D = E . (c + d).$$

Sind nun C und D verschiedenartig, so darf d nicht in dem Systeme $E . c$ enthalten sein, also ist auch $(c + d)$ nicht in ihm enthalten, also auch $E . (c + d)$ mit $E . c$ verschiedenartig, also kann es ihm auch nicht gleich sein. Somit wird durch Hinzulegen der Grösse D auch die Grösse C geändert; wenn also das eine Stück jener Summe sich ändert, während das andere dasselbe bleibt, so muss auch die Summe sich ändern. Soll folglich die Summe und das eine Stück derselben unverändert bleiben, so muss es auch das andere, das heisst das Resultat der Subtraktion ist eindeutig.

Da nun alle drei Grundgesetze der Addition und Subtraktion hier gelten, so gelten auch alle Gesetze derselben.

Die Grundbeziehung dieser Addition zur Multiplikation ist noch nicht vollständig dargelegt; nach der Definition ist zwar

$$A . b + A . c = A . (b + c);$$

allein es ist auch zu zeigen, dass

$$(A + B) . c = A . c + B . c$$

ist, wenn A und B Grössen n-ter Stufe in einem Systeme $(n + 1)$-ter Stufe sind. Dann kann man $A = E . a$, $B = E . b$ setzen (nach § 48), und hat

$$A . c + B . c = E . a . c + E . b . c.$$

Der rechts stehende Ausdruck lässt sich, wenn man a und b zuerst auf die letzte Stelle bringt (wobei sich das Zeichen ändert), dann nach der Definition summirt, und endlich den Faktor $(a + b)$ wieder auf die vorletzte Stelle zurückbringt (wobei das Zeichen wieder das ursprüngliche wird), verwandeln in $E . (a + b) . c$, das heisst in | $(A + B) . c$, 79 also [ist] die Richtigkeit jener Gleichung bewiesen.

Da somit die Grundgesetze der Beziehung zwischen Addition und Multiplikation hier gelten, so gelten auch alle Gesetze dieser Beziehung, und unsere Verknüpfungsweise ist daher sowohl an sich, als auch | in 79 ihrer Beziehung als wahre Addition nachgewiesen. Somit können wir nun den Hauptsatz des vorigen Kapitels (§ 36) dahin erweitern:

Für äussere Produkte gelten, wenn Produkte aus n einfachen Faktoren nur in einem Systeme $(n + 1)$-ter Stufe betrachtet werden, alle Gesetze der Addition und Subtraktion, und alle Gesetze der Beziehung zwischen ihnen und der Multiplikation, wenn man die für diese Verknüpfungen aufgestellten Begriffe festhält.

§ 51. **Formelle Summe oder Summengrösse.**

Auch dies Gesetz hat also noch eine Beschränkung in sich, was darin seinen Grund hat, dass wir höhere Ausdehnungen bisher nur addiren konnten, wenn sie einem und demselben Systeme nächst höherer Stufe angehörten. Wir müssen nun, um das Gesetz in seiner Allgemeinheit aufstellen zu können, auch zeigen, was unter der Summe von Ausdehnungen, welche in beliebig höheren Systemen liegen, verstanden sein könne.

Wollten wir hier denselben Weg einzuschlagen versuchen, wie in den vorhergehenden Paragraphen, und also als Summe zweier Grössen $A.B$ und $A.C$, welche nicht demselben Systeme nächst höherer Stufe angehören, die Grösse $A.(B+C)$ auffassen, so würde dies zu nichts führen, da dann B und C auch Ausdehnungen höherer Stufen sind, welche nicht einem und demselben Systeme nächst höherer Stufe angehören, und also die eine Summe ihrer Bedeutung nach eben so unbekannt ist, wie die andere. Es bleibt uns also nichts übrig, als den Begriff der Summe in diesem Falle rein formell aufzufassen, ohne dass es möglich wäre, eine Ausdehnung aufzuweisen, welche als die Summe sich darstellte.

Wir definiren daher die Summe von Ausdehnungen n-ter Stufe, welche einem höheren Systeme als dem $(n+1)$-ter Stufe angehören, dadurch, dass die Grundgesetze der Addition auf dieselbe anwendbar sein sollen, das heisst also als „dasjenige, was konstant bleibt, welche Veränderungen man auch mit der Form der Summe durch Anwendung der Additions- und Subtraktions-Gesetze vornehmen mag.“

80 Es erscheint somit diese Summe nicht mehr als reine Ausdehnung, das heisst als solche, welche durch fortschreitende Multiplikation der Strecken gewonnen werden könnte, sondern sie tritt als Grösse von neuer Art, und zwar **zunächst** als Grösse von bloss formeller Bedeu-80 tung hervor, die wir | daher am passendsten mit dem Namen der *Summengrösse* belegen könnten; wir fassen sie mit der Ausdehnung unter dem Begriffe der *Ausdehnungsgrösse* zusammen. Um ihre konkrete Bedeutung zu gewinnen, müssten wir ihren Bereich ausmitteln, das heisst aufsuchen, wie sich die Form der Summe, die in dem Werth der Stücke besteht, ändern könne, ohne dass der Werth der Summe selbst sich ändere. Dadurch erhalten wir eine Reihe von konkreten Darstellungen jener formellen Summe, und die Gesammtheit dieser möglichen Darstellungen in Eins zusammengeschaut, wie die Arten einer Gattung (nicht wie die Theile eines Ganzen), würde uns den konkreten Begriff vor Augen legen.

Indessen da diese Summengrösse nicht eher als in einem Systeme vierter Stufe eintreten kann, sie also im Raume, als einem Systeme dritter Stufe, keine Anwendung findet, so versparen wir uns diese Darstellung bis zum siebenten Kapitel*), in welchem sich die Bedeutung einer solchen Summe auf einem verwandten Gebiet ergeben, und sich durch Anschauungen sowohl der Geometrie, als besonders der Statik fruchtreich gestalten wird.

§ 52, 53. **Multiplikation der Ausdehnungsgrössen.**

§ 52.

Dagegen dürfen wir unsere Aufgabe nicht fallen lassen, das in diesem und dem vorigen Kapitel gewonnene Gesetz von allen Schranken, in denen es noch zusammengeengt ist, zu befreien, und also auch die Beziehung der Multiplikation zu dieser Addition aufzufassen. Aber da die formelle Summe keine Ausdehnung darstellt, so ist auch das äussere Produkt jener formellen Summe in eine Strecke noch nicht seiner Bedeutung nach bestimmt. Nun muss auch diese wiederum formell durch das Fortbestehen der multiplikativen Beziehung bestimmt werden, und wir haben somit, wenn es überhaupt eine solche Multiplikation jener Summengrössen geben soll, dieselbe so zu definiren, dass

$$(A + B + C + \cdots) . p = A . p + B . p + C . p + \cdots$$

sei. Doch dürfen wir dies nur dann festsetzen, wenn bei dem Konstantbleiben von $A + B + C + \cdots$ auch $A . p + B . p + C . p + \cdots$ konstant bleibt, indem das Wesen der Summe nur in diesem | Kon- *81* stantbleiben besteht, und das Princip der Gleichheit das gleichzeitige Konstantbleiben erfordert.

Also haben wir zu zeigen, dass, wenn

$$A + B + \cdots = P + Q + \cdots$$

ist, auch

$$A . p + B . p + \cdots = P . p + Q . p + \cdots$$

sein müsse. Dies ergiebt sich aber leicht, indem, wenn $A + B + \cdots$ 81 der Summe $P + Q + \cdots$ gleich gesetzt wird, und beides formelle Summen sind, durch blosse Anwendung der Additionsgesetze (andere Anordnung, Zusammenfassung der Stücke, Auflösung der Stücke in kleinere Stücke) aus der einen die andere hervorgehen muss. Da nun jeder solchen Veränderung, welche ohne Aenderung des Gesammtwerthes verstattet ist, eine ebensolche mit den um den Faktor p ver-

*) [Das heisst, dem zweiten Kapitel des zweiten Abschnitts].

mehrten Grössen entspricht, so wird, wenn man mit diesen die entsprechenden Operationen, wie mit jenen vornimmt, gleichzeitig, während sich $A + B + \cdots$ in $P + Q + \cdots$ verwandelt, auch $A.p + B.p + \cdots$ in $P.p + Q.p + \cdots$ übergehen. Somit wird es gestattet sein, jene Definition festzustellen, welche hiernach nichts ist, als eine abgekürzte Schreibart.

§ 53.

Da ferner, wenn mit mehreren Strecken fortschreitend, das heisst so multiplicirt wird, dass das jedesmal gewonnene Resultat mit dem nächstfolgenden Faktor multiplicirt wird, das Gesammtprodukt stets gleichen Werth behält, sobald das Produkt jener Strecken sich gleich bleibt, so können wir abkürzend statt jener Strecken, mit welchen fortschreitend multiplicirt ist, ihr Produkt setzen. Hierdurch ist der Begriff des Produktes zweier Ausdehnungen bestimmt, und so auch das Produkt einer formellen Summe in eine Ausdehnung, ein Produkt, was zwar im Allgemeinen wieder eine formelle Summe liefert, aber in besonderen Fällen auch in eine Ausdehnung übergehen kann*).

Dass nun nach dieser Bestimmung allgemein

$$(A + B).P = A.P + B.P$$

82 ist, ergiebt sich leicht. Denn es sei $P = c.d\ldots$, so ist

$$(A + B).P = (A + B).c.d\ldots$$

nach der eben festgesetzten Bestimmung, ferner

$$(A + B).c = A.c + B.c$$

nach § 52, also durch wiederholte Anwendung desselben Gesetzes

$$(A + B).c.d\ldots = A.c.d\ldots + B.c.d\ldots,$$

das heisst

$$(A + B).P = A.P + B.P.$$

82 Ist der zweite Faktor zerstückt, so lässt sich das entsprechende Gesetz hier nur für reale Summen nachweisen; für diese ergiebt sich aus obiger Gleichung durch Vertauschung (wobei die Zeichen sich entweder in allen Gliedern oder in keinem ändern)

$$P.(A + B) = P.A + P.B.$$

Für formelle Summen ist noch nichts über die Vertauschbarkeit der Faktoren festgesetzt und daher auch jene Schlussweise noch nicht

*) Nämlich, wenn die Stücke der Summe von n-ter Stufe sind und einem System $(n + m)$-ter Stufe angehören, so wird durch Multiplikation mit einer Ausdehnung $(m - 1)$-ter Stufe desselben Systemes offenbar die formelle Summe in eine Ausdehnung verwandelt.

anwendbar. Da wir überhaupt noch nichts über den Begriff eines Produktes, dessen zweiter Faktor eine formelle Summe ist, festgesetzt haben, so ist uns erlaubt für den Fall, dass der zweite Faktor eine formelle Summe ist, dieselbe Voraussetzung zu machen, wie für den Fall, wo der erste es ist, und also auch dann

$$P.(A+B) = P.A + P.B$$

zu setzen, und dies selbst auf den Fall zu übertragen, wo auch P eine formelle Summe darstellt.

§ 54, 55. **Hauptgesetze der äusseren Multiplikation.**

§ 54.

Nachdem wir nun alle bis dahin noch bestehenden Schranken aufgehoben, und die Geltung der multiplikativen Grundbeziehung für alle Ausdehnungsgrössen theils aus dem Begriffe nachgewiesen, theils durch Definitionen festgestellt haben: so gelten somit alle Gesetze dieser Beziehung, wie auch alle Gesetze der Addition und Subtraktion, und es sind auf diese Weise alle angegebenen Begriffe im allgemeinsten Sinne gerechtfertigt. Wir fassen daher, nachdem wir am Schlusse dieser Entwickelungsreihe angelangt sind, die Resultate derselben in folgenden Sätzen zusammen:

*Wenn alle Elemente einer Ausdehnung (in ihrer elementaren Darstellung *)) einer und derselben Erzeugung unterworfen [werden], das heisst statt jedes Elementes eine gleiche Strecke gesetzt wird, | deren Anfangselement* 83 *jenes Element ist, so ist die Gesammtheit der so gewonnenen Elemente die konkrete Darstellung einer Ausdehnung, welche, als Theil des zugehörigen Systems aufgefasst, das Produkt jener Ausdehnung in diese Strecke ist, und wir nannten dasselbe ein äusseres.*

Ferner:

Wenn man eine Ausdehnung mit den einfachen Faktoren einer andern fortschreitend auf die angegebene Weise | multiplicirt, so ist das Re- 83 *sultat als Produkt jener ersten Ausdehnung in diese letzte charakterisirt.*

Als Summe zweier Ausdehnungen n-ter Stufe in einem Systeme $(n+1)$-ter Stufe wurde diejenige Ausdehnung nachgewiesen, welche hervorgeht, wenn man jene beiden auf einen gemeinschaftlichen Faktor $(n-1)$-ter Stufe brachte, und die ungleichen Faktoren addirte.

Als Summe zweier Ausdehnungen n-ter Stufe in einem System von höherer als $(n+1)$-ter Stufe ergab sich die formelle Summengrösse, welche dasjenige darstellte, was bei Anwendung der Additionsgesetze konstant blieb.

---

*) Unter der elementaren oder konkreten Darstellung einer Ausdehnung verstehen wir das Gebilde, welchem diese Ausdehnung zugehört.

Endlich als Produkt einer Summengrösse in eine andere Grösse wurde die Summe aufgefasst, welche hervorgeht, wenn jedes Stück des einen Faktors mit jedem des andern multiplicirt, und diese Produkte addirt werden.

Die Gültigkeit aller dieser Bestimmungen wurde dadurch dargethan, dass für die Addition die Grundgesetze derselben und für die Multiplikation die Grundbeziehungen derselben zur Addition nachgewiesen wurden, indem darin zugleich der Nachweis lag, dass alle Gesetze der Addition und Subtraktion und der Beziehung der Multiplikation zu beiden hier noch fortbestehen.

§ 55.

Es bleibt uns nur noch übrig, die Gesetze, welche die äussere Multiplikation als solche charakterisiren, in allgemeinerer Form zu entwickeln.

Wir hatten oben in § 34 als das Eigenthümliche dieser Art der Multiplikation das Gesetz dargestellt, dass man, wenn ein einfacher Faktor eines Produktes einen Summanden enthält, welcher mit einem der angränzenden Faktoren gleichartig ist, diesen Summanden ohne Werthänderung des Produktes weglassen kann; daraus ergab sich (§ 35, 36), dass das Produkt von n einfachen Faktoren stets dann, aber
84 auch nur dann als null erscheint, wenn | sie von einander abhängig sind, das heisst von einem Systeme niederer Stufe als der n-ten umfasst werden. Dies können wir unmittelbar auf Faktoren beliebiger Stufen ausdehnen, wenn wir mehrere Ausdehnungen dann von einander abhängig setzen, wenn die Summe ihrer Stufenzahlen grösser ist als die des Systems, welches sie alle umfasst; denn dann wird die An-
84 zahl der einfachen Faktoren, welche | ihr Produkt enthält, grösser sein als die Stufenzahl des umfassenden Systems, also ihr Produkt in der That null sein. Also:

Das äussere Produkt ist null, wenn die Faktoren von einander abhängig sind, und hat einen geltenden Werth, wenn sie es nicht sind.

Aus der Eigenthümlichkeit des äusseren Produktes ergab sich uns (§ 35), dass zwei einfache Faktoren vertauscht werden dürfen, wenn man zugleich das Vorzeichen des Produktes ändert; dies Gesetz erweiterten wir dahin, dass ein einfacher Faktor eine gerade Anzahl von einfachen Faktoren ohne, eine ungerade mit Zeichenwechsel überspringen dürfe. Da eine Reihe von einfachen Faktoren als Ausdehnung erschien, deren Stufenzahl der Anzahl jener einfachen Faktoren gleich ist, so folgt daraus zuerst, dass eine Ausdehnung von gerader Stufe einen einfachen Faktor, also auch jeden andern, ohne Zeichenwechsel überspringen dürfe, und wiederum, dass bei Vertauschung zweier beliebiger auf einander folgender Faktoren dann und nur dann Zeichenwechsel eintrete, wenn beide von ungerader Stufe sind.*) Dass nun dies Gesetz auch noch für | Summengrössen gelte, ist klar, indem es, 85 wenn man mit den einzelnen Stücken durchmultiplicirt, für die einzelnen Produkte gelten muss, also auch für deren Summe. Also:

Zwei auf einander folgende Faktoren sind **mit** *oder* **ohne** | *Zeichenwechsel vertauschbar, je nachdem die Stufenzahlen beider Faktoren zugleich ungerade sind oder nicht.* 85

B. Anwendungen.

§ 56. Erzeugnisse der Fortbewegung im Raume.

Die in diesem Kapitel entwickelten Gesetze lassen gegenwärtig nur eine theilweise Anwendung auf die Geometrie und Statik zu, indem die Summengrösse, welche zuerst in einem System vierter Stufe auftritt, hier keine Anwendung finden kann. Die Anwendungen beschränken sich daher nur auf die erste Hälfte dieses Kapitels (§ 47—50), und bestehen darin, dass die Gesetze, welche im vorigen Kapitel für jene Disciplinen festgestellt wurden, von ihren Schranken befreit und von einem allgemeineren Gesichtspunkte angeschaut werden.

Zuerst in der Geometrie haben wir den neuen Additionsbegriff auf die Flächenräume (als Ausdehnungen zweiter Stufe) zu übertragen.

Doch müssen wir dann an den Flächenräumen ihre Richtungen, das heisst die Richtungen der Ebene, welcher sie angehören, festhalten,

---

*) Es lässt sich dies, wenn a und b die beziehlichen Stufenzahlen der Ausdehnungen A und B sind, so ausdrücken, dass $A.B = (-1)^{ab} B.A$ sei. — Wenn beide Faktoren noch durch einen dritten Faktor getrennt sind, so hängt bei der Vertauschung das Zeichen noch von diesem ab. So hat man zum Beispiel

$$A.B.C = (-1)^{ab+bc+ca}\, C.B.A.$$

Für die formelle Auffassung der äusseren Multiplikation bemerke ich noch, dass man ihre Eigenthümlichkeit, wenn einmal die multiplikative Beziehung zur Addition festgestellt ist, auch durch das Gesetz, dass zwei einfache Faktoren mit Zeichenwechsel vertauschbar seien, vollkommen hätte charakterisiren können. Denn ist $a.b$ allgemein gleich $-b.a$, oder

$$a.b + b.a = 0,$$

so muss dies auch noch gelten, wenn $b = a$ wird, dann ist $a.a + a.a = 0$, also $2a.a = 0$ oder $a.a = 0$. Daraus folgt dann, dass überhaupt das Produkt zweier gleichartiger Strecken null sei, woraus dann das den Begriff der **äusseren** Multiplikation charakterisirende Gesetz, wie wir es oben darstellten, hervorgeht.

und also zwei Flächenräume als ungleichartig auffassen, wenn die Ebenen, denen sie angehören, eine Verschiedenheit in den Richtungen darbieten. Da nun die Flächenräume, auf diese Weise aufgefasst, Ausdehnungen zweiter Stufe sind, so werden sich zwei Flächenräume, da sie zugleich einem und demselben Systeme dritter Stufe (dem Raume) angehören, nach § 48 auf einen gemeinschaftlichen Faktor erster Stufe bringen, das heisst sich als Spathecke (Parallelogramme) von gleicher Grundseite darstellen lassen. Die Summe derselben wird somit ein Spatheck sein, welches dieselbe Grundseite hat, dessen Höhenseite [vgl. S. 91] aber die Summe der beiden Höhenseiten jener Spathecke ist. Hiernach kann man nun die Sätze von der Fortbewegung (§ 28 und 29) allgemeiner so aussprechen:

86 *Die geometrische*) Summe der Flächenräume, welche eine | gebrochene Linie bei ihrer Fortbewegung beschreibt, ist gleich dem Flächenraum, welchen eine gerade Linie, die mit jener gebrochenen gleichen Anfangspunkt und Endpunkt hat, beschreibt, wenn sie sich auf gleiche Weise fortbewegt,*

oder noch allgemeiner, indem wir die Strecke vom Anfangspunkt 86 zum Endpunkt der gebrochenen Linie die schliessende Seite derselben nennen:

Die geometrische Summe der Flächenräume, welche eine gebrochene Linie bei gebrochener Bahn beschreibt, ist gleich dem Flächenraum, welchen die Seite, die die erstere schliesst, in einer Bahn beschreibt, die die zweite schliesst.

Für die Bewegung der Flächenräume hat man den Satz:

Die Summe der Körperräume, welche eine beliebig gebrochene Fläche in beliebig gebrochener Bahn beschreibt, ist gleich dem Körperraum, welchen die geometrische Summe jener Flächenräume (die die gebrochene Fläche bilden) in der jene gebrochene schliessenden Bahn beschreibt.

§ 57. Allgemeiner Begriff des Gesammtmomentes.

Auch für die Statik und Mechanik besteht die Anwendung dieses Kapitels in einer Erweiterung, welche jedoch hier so fruchtreich ist, dass nun erst der ganze Reichthum der Beziehungen hervortreten kann.

Zuerst die Beschränkung, welche bei dem Gesammtmoment mehrerer Kräfte in Bezug auf einen Punkt hinzugefügt wurde (§ 41), fällt jetzt weg, und wir können daher sagen, unter dem Gesammtmoment

*) Dieses Adjektivs bediene ich mich, wenn die zu summirenden Grössen noch nicht hinreichend als Grössen mit konstanter Richtung bezeichnet sind, um die Summe von der rein arithmetischen Summe zu unterscheiden.

mehrerer Kräfte in Bezug auf einen Punkt sei die Summe aller einzelnen auf jenen Punkt bezüglichen Momente verstanden; und zugleich ist klar, dass, wenn man durch diesen Punkt eine Strecke als Axe zieht, das Moment in Bezug auf diese Axe gefunden wird, wenn man diese Axe in jenes erste Moment multiplicirt. Sind zum Beispiel $\alpha\beta$, $\gamma\delta$, ... die Kräfte, so ist ihr Gesammtmoment M_ϱ in Bezug auf einen Punkt ϱ gleich

$$[\varrho\alpha] \cdot [\alpha\beta] + [\varrho\gamma] \cdot [\gamma\delta] + \cdots;$$

und in Bezug auf eine Axe $\sigma\varrho$ ist das Moment derselben Kräfte gleich

$$[\sigma\varrho] \cdot [\varrho\alpha] \cdot [\alpha\beta] + [\sigma\varrho] \cdot [\varrho\gamma] \cdot [\gamma\delta] + \cdots$$

oder gleich

$$[\sigma\varrho] \cdot M_\varrho.$$

Dass nun auch hier das Gesammtmoment der innern Kräfte in Bezug auf einen beliebigen Punkt null ist, bedarf wohl kaum eines Beweises, indem sogleich einleuchtet, dass der Beweis auf ähnliche Weise, nur noch einfacher, erfolgt, wie der oben (§ 42) für den beschränkteren Begriff geführte. Und damit ist klar, wie die sämmtlichen oben aufgestellten Sätze (§ 43 und 44) auch in dieser | Verallgemeinerung noch gelten. Namentlich wird der in § 43 aufgestellte Hauptsatz jetzt so ausgesprochen werden können: 87

Das Gesammtmoment aller Bewegungen, welche den einzelnen Punkten (eines Vereins von Punkten) innerhalb eines Zeitraums mitgetheilt werden, ist gleich dem Gesammtmoment der sämmtlichen Kräfte, welche dem Vereine dieser Punkte während jener Zeit von aussen mitgetheilt werden, und zwar in Bezug auf jeden beliebigen Punkt. *)

Wirken also namentlich keine Kräfte von aussen ein, so muss auch das Gesammtmoment aller mitgetheilten Bewegungen während jedes Zeitraumes null sein, das heisst das Gesammtmoment aller Bewegungen, welche den Punkten einwohnen, muss in der Zeit konstant sein. **) Dies Gesammtmoment stellt somit eine unveränderliche Ebene und in derselben einen konstanten Flächenraum dar; jene Ebene ist es, welche *La Place* die unveränderliche Ebene (*plan invariable*) nennt, und welche vermittelst unserer Wissenschaft sich auf die einfachste Weise durch Summation ergiebt. Die Schwierigkeit der Ableitung nach den sonst üblichen Methoden übersieht sich leicht, wenn man nur

*) Die daraus hervorgehende Gleichung werden wir späterhin bei der Anwendung der Differenzialrechnung auf unsre Wissenschaft darstellen; s. § 105.

**) Es ist dies, wie man sich leicht überzeugt, das Princip der konstanten Flächenräume.

einen Blick wirft auf die in *La Grange's Mécanique analytique* *) oder in *La Place's Mécanique céleste* geführten Entwickelungen, und auf die komplicirten Formeln, in welchen dort die Darstellung fortschreitet.

§ 58, 59. **Abhängigkeit der Momente.**

§ 58.

Wir könnten zwar schon hier die Hauptsätze für die Theorie der Momente aufstellen; da indessen die Betrachtung der Momente im 88 zweiten Abschnitte sich noch weit einfacher gestalten | wird, so will ich hier nur ein Paar Beispiele geben, um zu zeigen, mit welcher Leichtigkeit sich durch Hülfe unserer Analyse die hierhergehörigen Aufgaben lösen lassen, und in welcher Ergiebigkeit die interessantesten Sätze daraus gleichsam hervorsprudeln.

Zuerst sei die Aufgabe die, aus dem Momente in Bezug auf einen 88 Punkt das in Bezug auf einen andern um eine Strecke von | gegebener Länge und Richtung von ihm entfernten Punkt zu finden, wenn ausserdem die Gesammtkraft (die Summe der als Strecken dargestellten Kräfte) ihrer Länge und Richtung nach gegeben ist. Es seien σ und τ die beiden Punkte, M_σ das gegebene auf den ersten Punkt bezügliche, M_τ das auf den zweiten bezügliche Moment, $[\alpha\beta]$, $[\gamma\delta]$, ... die Kräfte, α, γ, ... ihre Angriffspunkte, s die Gesammtkraft ihrer Länge und Richtung nach, also

$$s = [\alpha\beta] + [\gamma\delta] + \cdots.$$

Dann ist

$$M_\sigma = [\sigma\alpha] . [\alpha\beta] + [\sigma\gamma] . [\gamma\delta] + \cdots$$
$$M_\tau = [\tau\alpha] . [\alpha\beta] + [\tau\gamma] . [\gamma\delta] + \cdots.$$

Zieht man beide Gleichungen von einander ab, so erhält man, da

$$[\sigma\alpha] - [\tau\alpha] = [\sigma\alpha] + [\alpha\tau] = [\sigma\tau]$$

ist, und so weiter, die Gleichung

$$M_\sigma - M_\tau = [\sigma\tau] . ([\alpha\beta] + [\gamma\delta] + \cdots) = [\sigma\tau] . s,$$

wodurch die Aufgabe gelöst ist, und man hat den Satz gewonnen:

Rückt der Beziehungspunkt um eine Strecke fort, so nimmt das Moment um das äussere Produkt der Gesammtkraft in diese Strecke zu. **)

Hierin liegt zugleich, dass das Moment dasselbe bleibt, wenn jenes

---

*) P. 262—269 [II partie, section III, § 2, No. 7—11].

**) Hierbei ist das Wort „zunehmen“ in demselben allgemeinen Sinne genommen, in welchem man auch sagen kann, 8 habe um (— 3) zugenommen, wenn 5 daraus geworden ist.

äussere Produkt null ist, das heisst wenn der Beziehungspunkt in der Richtung der Gesammtkraft fortschreitet, oder anders ausgedrückt, dass

die Momente in Bezug auf alle Punkte, welche in einer und derselben mit der Gesammtkraft parallelen Linie liegen, einander gleich sind.

Ferner:

Ist das Moment in Bezug auf irgend einen Punkt null, so ist | es in Bezug auf jeden andern Punkt gleich dem äusseren Produkt der Gesammtkraft in die Abweichung des letzten Punktes von dem ersten. 89

§ 59.

Eine andere Aufgabe, welche die Abhängigkeit der Momente in Bezug auf Axen, die durch denselben Punkt gehen, auffasst, | ist die, 89 aus den Momenten in Bezug auf drei Axen, die durch einen Punkt gehen und nicht in derselben Ebene liegen, das Moment in Bezug auf jede vierte Axe, die durch denselben Punkt geht, zu finden.

Es seien a, b, c die drei Axen, A, B, C die auf sie bezüglichen Momente, $\alpha a + \beta b + \gamma c$, wo α, β, γ Zahlen vorstellen, die vierte Axe, deren zugehöriges Moment D gesucht wird.*) Das Moment in Bezug auf den Durchschnitt der drei Axen sei M, so ist nach § 57

$$A = a \,.\, M, \quad B = b \,.\, M, \quad C = c \,.\, M,$$

$$D = (\alpha a + \beta b + \gamma c) \,.\, M.$$

Lösen wir in dem letzten Ausdrucke die Klammer auf, so wird

$$D = \alpha a \,.\, M + \beta b \,.\, M + \gamma c \,.\, M$$

$$= \alpha A + \beta B + \gamma C.$$

Dies Resultat in Worten ausgedrückt:

*Aus den Momenten dreier Axen, die durch Einen Punkt gehen, ohne in Einer Ebene zu liegen, kann man das jeder andern Axe, die durch denselben Punkt geht, finden; und zwar herrscht zwischen den Momenten dieselbe Vielfachen-Gleichung, wie zwischen den Axen.***)

Wenn einer der Koefficienten null wird, so hat man den Satz:

Aus den Momenten zweier Axen, die durch einen Punkt gehen, kann man das jeder andern Axe, die durch denselben Punkt geht, finden, und

---

*) Dass sich jede Strecke im Raume als Summe aus drei Stücken darstellen lässt, welche drei gegebenen Strecken parallel sind, ist oben gezeigt; darin liegt, dass sie sich als Vielfachensumme derselben darstellen lässt.

**) Der Kürze wegen sagen wir, zwischen Grössen bestehe eine Vielfachen-Gleichung, wenn die Glieder der Gleichung nur Vielfache jener Grössen darstellen.

zwar herrscht zwischen den Momenten dieselbe Vielfachen-Gleichung, wie zwischen den Axen.

Wir werden späterhin bei der allgemeineren Behandlung der Momente auch diesen Satz in viel allgemeinerer Form darstellen können.

Viertes Kapitel.

Aeussere Division, Zahlengrösse.

A. Theoretische Entwickelung.

§ 60. Begriff der äusseren Division.

90 Die zur Multiplikation gehörige analytische Verknüpfung ist die Division; folglich wird nach dem allgemeinen Begriff der analytischen Verknüpfung (§ 5) das Dividiren darin bestehen, dass man zu dem Produkte und dem einen Faktor den andern sucht; und es wird vermöge dieser Erklärung jeder besonderen Art der Multiplikation eine ihr zugehörige Art der Division entsprechen; die äussere Division wird also darin bestehen, dass man zu dem äusseren Produkt und dem einen Faktor desselben den andern sucht.

Es ist klar, dass hier, da die Faktoren des äusseren Produktes im Allgemeinen nicht vertauschbar sind, auch zwei Arten der Division zu unterscheiden sind, je nachdem nämlich der erste Faktor gegeben ist oder der zweite (vgl. § 11). Wir bezeichnen den gesuchten Faktor (Quotienten) so, dass wir das gegebene Produkt A (den Dividend) nach gewöhnlicher Weise über den Divisionsstrich, den gegebenen Faktor B (den Divisor) unter denselben setzen, diesem gegebenen Faktor aber einen Punkt folgen oder vorangehen lassen, je nachdem der gesuchte Faktor als folgender oder vorangehender Faktor aufgefasst werden soll. Also $\frac{A}{B.}$ bedeutet den Faktor C, welcher als zweiter Faktor mit B verknüpft A giebt, also welcher der Gleichung genügt:

$$B . C = A;$$

und $\frac{A}{.B}$ bedeutet den Faktor C, welcher als erster Faktor mit B verknüpft A giebt, das heisst der Gleichung genügt:

$$C . B = A;$$

oder beide Bestimmungen durch blosse Formeln ausgedrückt:

$$B \cdot \frac{A}{B.} = A; \qquad \frac{A}{.B} \cdot B = A.$$

Hierbei haben wir dann nur festzuhalten, dass, wenn die Stufenzahlen von der Art sind, dass die Faktoren direkt vertauschbar sind, beide Quotienten gleichen Werth haben, wenn sie hingegen | nur mit *91* Zeichenwechsel vertauschbar sind, beide Quotienten | entgegengesetzten 91 Werth haben.*) Daher wird man im ersteren Falle auch das Zeichen des Punktes im Nenner weglassen können, wenn man nicht etwa die Division noch ins Besondere als äussere bezeichnen will.

§ 61, 62. **Realität und Vieldeutigkeit des Quotienten.**

§ 61.

Es kommt nun darauf an, aus der formellen Bestimmung die wesentliche Bedeutung des Quotienten zu ermitteln.

Da das äussere Produkt zweier Ausdehnungen stets eine Ausdehnung giebt, welcher jene beiden untergeordnet sind und deren Stufenzahl die Summe ist aus den Stufenzahlen der Faktoren, so folgt zunächst, dass auch der Quotient nur dann eine Ausdehnung darstellen könne, wenn der Divisor dem Dividend untergeordnet ist, das heisst von dem System des Dividend ganz umfasst wird; und dass dann zugleich der Divisor von niederer Stufe sein muss als der Dividend, die Stufenzahl des Quotienten aber die Differenz ist zwischen denen des Dividend und Divisors. In jedem andern Falle kann also der Quotient keine Ausdehnung darstellen, sondern nur eine formelle Bedeutung haben, die wir vorläufig auf sich beruhen lassen. Umgekehrt zeigt sich aber auch, dass der Quotient jedesmal dann eine Ausdehnung darstellen muss, wenn jene Bedingung erfüllt ist, dass nämlich der Divisor dem Dividend untergeordnet sei. Nämlich nach § 48 kann man jede Ausdehnung n-ter Stufe auf $(n-1)$ beliebige ihr untergeordnete Faktoren bringen, sobald diese nur von einander unabhängig sind, und somit kann man sie auch auf jede geringere Anzahl untergeordneter Faktoren bringen, das heisst sie als Produkt darstellen, dessen einer Faktor eine beliebige ihr untergeordnete Ausdehnung ist. Also

Der Quotient ist nur dann, aber auch stets dann, eine Ausdehnung, wenn der Divisor dem Dividend untergeordnet und von niederer Stufe ist, und zwar ist seine Stufenzahl dann der Unterschied der beiden Stufenzahlen des Dividend und Divisors.

---

*) Da die Vertauschung der Faktoren nur dann einen Zeichenwechsel erfordert, wenn beide von ungerader Stufenzahl sind, das Produkt also von gerader, so werden auch beide Quotienten nur dann entgegengesetzten Werth haben, wenn der Dividend von gerader, der Divisor von ungerader Stufe ist; in jedem andern Falle werden sie gleichen Werth haben.

§ 62.

92 Es bleibt nun zu untersuchen, ob in diesem Falle der Quotient
92 eindeutig ist, oder mehrdeutig, und wie im letztern Falle | die Gesammtheit seiner Werthe gefunden werden kann.

Es sei $\frac{A}{B.}$ der zu untersuchende Quotient, und B der Grösse A untergeordnet. Nach dem vorigen Paragraphen giebt es nun allemal eine Ausdehnung, welche mit B multiplicirt A giebt, das heisst welche als Quotient aufgefasst werden kann; es sei C eine solche, so dass also

$$B \,.\, C = A$$

ist, und die Frage ist die, ob es noch andere von C verschiedene Ausdehnungen gebe, welche statt C in diese Gleichung gesetzt werden können. Jedenfalls müssten dieselben von derselben Stufe sein wie C (§ 61). Jede von C verschiedene Ausdehnung derselben Stufe wird sich, wenn X eine beliebige Grösse derselben Stufe ist, darstellen lassen in der Form $C + X$, und es ist also X so zu bestimmen, dass

$$B \,.\, (C + X) = A$$

ist, wenn $C + X$ auch als ein Werth des Quotienten $\frac{A}{B.}$ erscheinen soll. Man hat dann

$$B \,.\, C + B \,.\, X = A = B \,.\, C,$$

das heisst

$$B \,.\, X = 0.$$

Nun giebt aber nach § 55 nur das Produkt zweier abhängiger Grössen, aber ein solches auch allemal Null, folglich genügt ausser dem partiellen Werth C des Quotienten noch jede andere Grösse, welche von ihm um einen vom Divisor abhängigen Summanden verschieden ist, aber auch keine andere. Die Gesammtheit dieser Grössen, die von B abhängig sind, oder welche statt X gesetzt der Gleichung

$$B \,.\, X = 0$$

genügen, können wir nun nach der Definition des Quotienten mit $\frac{0}{B}$ bezeichnen; somit haben wir

$$\frac{B \,.\, C}{B.} = C + \frac{0}{B}.$$

Dies Resultat können wir in folgendem Satze darstellen:

93 *Wenn der Divisor (B) dem Dividend (A) untergeordnet und von*
93 *niederer Stufe ist, so ist der Quotient nur partiell bestimmt, | und zwar findet man, wenn man einen besonderen Werth (C) des Quotienten kennt, den allgemeinen, indem man den unbestimmten Ausdruck einer von dem*

Divisor (B) *abhängigen Grösse zu jenem besondern Werth hinzuaddirt, oder es ist dann*

$$\frac{A}{B} = C + \frac{0}{B}.\text{*)}$$

Auf die Raumlehre übertragen, sagt dieser Satz aus, dass erstens, wenn zu einem Spathecke (Parallelogramme) die Grundseite und der Flächenraum (nebst der Ebene, der er angehören soll) gegeben ist, dann die andere Seite, die wir Höhenseite genannt haben, nur partiell bestimmt sei, und dass, wenn ihr Anfangspunkt fest ist, der Ort ihres Endpunktes eine mit der Grundseite parallele gerade Linie sei; dass zweitens, wenn zu einem Spathe die Grundfläche und der Körperraum gegeben ist, die andere Seite (Höhenseite) nur partiell bestimmt sei, und der Ort ihres Endpunktes bei festem Anfangspunkt eine mit der Grundfläche parallele Ebene sei; und dass endlich, wenn zu einem Spathe die Höhenseite und der Körperraum gegeben ist, die Grundfläche partiell bestimmt sei, indem dieselbe als der veränderliche ebene Durchschnitt eines Prismas, dessen Kanten der Höhenseite parallel sind, erscheint.

Dies letztere bedarf eines Nachweises. Ist nämlich eine Grundfläche als besonderer Werth jenes Quotienten gefunden, das heisst giebt sie wirklich mit der gegebenen Höhenseite äusserlich multiplicirt den gegebenen Körperraum, und stellt man sich diese Grundfläche in Form eines Spathecks vor, so wird man jedes andere Spatheck, was mit der gegebenen Höhenseite äusserlich multiplicirt dasselbe Produkt giebt, dadurch aus dem ersten gewinnen, dass man den Seiten des ersten beliebige mit der Höhenseite parallele Summanden hinzufügt, worin dann der ausgesprochene Satz liegt.

§ 63, 64. Ausdruck für den eindeutigen Quotienten.

§ 63.

Aus dem Satze des vorigen Paragraphen ergiebt sich, dass man die Gesetze der arithmetischen Division nicht ohne weiteres auf | unsere 94 Wissenschaft übertragen könne, namentlich dass man im Dividend | und 94 Divisor nicht gleiche Faktoren wegheben dürfe. Aber da überhaupt die Rechnung mit unbestimmten, wenn auch nur partiell unbestimmten Grössen, mannigfachen Schwierigkeiten unterliegt, und in der ander-

*) Es ist dies unbestimmte Glied sehr wohl zu vergleichen mit der unbestimmten Konstanten bei der Integration, und das eigenthümliche Verfahren, welches dadurch herbeigeführt wird, ist hier dasselbe wie dort.**)

**) Vergleiche die Anm. zu S. 39 und 43. (1877.)

weitigen Analyse des Endlichen nichts vollkommen entsprechendes findet, so ist es am zweckmässigsten, diesen unbestimmten Ausdruck durch bestimmte Ausdrücke zu ersetzen.

Es ergiebt sich nämlich, dass der Quotient ein bestimmter ist, sobald derselbe seiner Art nach gegeben, das heisst das System gleicher Stufe bestimmt ist, dem er angehören soll, vorausgesetzt nämlich, dass dies System von dem des Divisors unabhängig, dem Systeme des Dividend aber untergeordnet sei. Wird diese Voraussetzung erfüllt, so ist in der That immer ein, aber auch nur Ein Werth des Quotienten möglich, welcher in dem gegebenen Systeme liegt. Denn denkt man sich irgend eine diesem Systeme gleichartige Ausdehnung (C) mit dem Divisor multiplicirt, so wird das Produkt dem Dividend gleichartig sein, also auch durch Vergrösserung oder Verkleinerung jener Ausdehnung (C) dem Dividend gleich gemacht werden können, wobei diese Ausdehnung (C) selbst sich als Quotient darstellt. Aber auch nur Ein solcher Werth des Quotienten wird hervorgehen. Es sei nämlich C ein solcher Werth des Quotienten $\frac{A}{B.}$, so dass also $B \,.\, C = A$ ist; es verwandle sich C in eine ihm gleichartige Grösse $C + C_1$, wo C_1 nicht gleich Null ist, so hat man

$$B \,.\, (C + C_1) = B \,.\, C + B \,.\, C_1 = A + B \,.\, C_1;$$

es ist also $B \,.\, (C + C_1)$ nicht gleich A, da $B \,.\, C_1$, weil beide Faktoren nach der Voraussetzung von einander unabhängig sind, nicht Null geben kann. Also jeder andere mit C gleichartige Werth genügt statt C gesetzt nicht der Gleichung

$$B \,.\, C = A,$$

das heisst, kann nicht als ein Werth des Quotienten $\frac{A}{B.}$ aufgefasst werden; also giebt es nur einen solchen.

Dies Resultat kann man auch so ausdrücken: Wenn zwei gleiche Produkte einen gleichen Faktor haben, und der andere Faktor in beiden gleichartig, von dem ersten aber unabhängig ist, so ist auch dieser in beiden gleich.

95 Es kommt nun darauf an, für diesen bestimmten Quotienten eine angemessene Bezeichnung zu finden. Es sei P der Dividend, A der 96 Divisor, B | eine Grösse, welcher der Quotient gleichartig sein soll, A und B seien beide dem Systeme P untergeordnet, aber von einander unabhängig; dann wird P sich als Produkt von A_1 in B, wo A_1 mit A gleichartig ist, darstellen lassen, der Quotient wird also

$$\frac{A_1 \,.\, B}{A.}$$

sein; diesen können wir, sofern er mit B gleichartig sein soll, vorläufig mit

$$\frac{A_1}{A} B$$

bezeichnen. Also $\frac{A_1}{A} B$ soll die mit B gleichartige Grösse B_1 bezeichnen, welche der Gleichung

$$A_1 . B = A . B_1$$

genügt.*)

§ 64.

Um nun die Bedeutung dieser Ausdrücke auszumitteln, haben wir die Verbindung eines und desselben Ausdrucks | $\frac{A_1}{A}$ mit verschiedenen 96 Grössen zu untersuchen.

Zunächst ergiebt sich, dass, *wenn A, B, C von einander unabhängig sind*, und

$$\frac{A_1}{A} B = B_1$$

ist, dann auch allemal

$$\frac{A_1}{A} C = \frac{B_1}{B} C$$

sein muss. Denn aus der ersten Gleichung hat man nach der Definition

$$A_1 . B = A . B_1,$$

*) Die Bezeichnung kann keine Zweideutigkeit hervorrufen, da wir bisher noch nicht einen Quotienten zweier gleichartiger Grössen kennen gelernt haben. Dabei bleibt vorläufig unentschieden, ob in dieser Bezeichnung $\frac{A_1}{A}$ in der That als Quotient und seine Verbindung mit B als Multiplikation aufzufassen sei; doch wird die Angemessenheit der Bezeichnung erst dann klar werden können, wenn wirklich jene Auffassung sich herausstellt. Durch einen Seitenblick auf die Zahlenlehre, mit welcher hier unsere Wissenschaft in Berührung tritt, ohne aber von ihr Sätze zu entlehnen, leuchtet ein, dass wenn A_1 ein Vielfaches von A ist, auch B_1 ein eben so Vielfaches von B sein müsse, und dass also, wenn wir unter $\frac{A_1}{A}$ die Zahl verstehen, welche angiebt, ein Wievielfaches A_1 von A sei, dann B_1 in der Form $\frac{A_1}{A} B$ dargestellt werden könne. Allein so einfach diese Anwendung der Zahlenlehre auch sein mag, so dürfen wir sie hier nicht aufnehmen, ohne unserer Wissenschaft zu schaden. Auch würde sich dieser Verrath an unserer Wissenschaft bald genug rächen durch die mannigfachen Verwickelungen und Schwierigkeiten, in die wir sehr bald durch den Begriff der Irrationalität gerathen würden. Wir bleiben daher, ohne uns durch die betrügerische Aussicht auf einen bequemen Weg verlocken zu lassen, unserer Wissenschaft getreu.

und setzt man $\frac{A_1}{A} C = C_1$, so ist

$$A_1 . C = A . C_1 .$$

Multiplicirt man die erste dieser Gleichungen mit C, die zweite mit B (auf zweiter Stelle), so hat man

$$A_1 . B . C = A . B_1 . C,$$

$$A_1 . B . C = A . B . C_1,$$

also auch

$$A . B_1 . C = A . B . C_1 .$$

Da nun $B_1 . C$ mit $B . C_1$ gleichartig ist, und der andere Faktor (A) sowohl, als das Produkt auf beiden Seiten gleich ist, so muss (§ 63)

$$B_1 . C = B . C_1,$$

das heisst

$$\frac{B_1}{B} C = C_1 = \frac{A_1}{A} C$$

sein. Also wenn

$$\frac{A_1}{A} B = B_1$$

ist, so geben die Ausdrücke $\frac{A_1}{A}$ und $\frac{B_1}{B}$ mit jeder beliebigen von $A . B$ unabhängigen Grösse verbunden dasselbe Resultat.

Aber wir können nun zeigen, dass dies auch dann noch der Fall sein müsse, *wenn beide Ausdrücke mit einer Grösse C verbunden sind, welche nur von A und von B unabhängig ist, ohne zugleich von dem Produkte $A . B$ unabhängig zu sein.*

Zunächst erweisen wir dies für den Fall, dass C eine Strecke sei, die wir mit c bezeichnen wollen. Es sei also

97

$$\frac{A_1}{A} c = c_1$$

oder

$$A_1 . c = A . c_1,$$

wo c zwar von A und B unabhängig, aber von $A . B$ abhängig sei. Um nun zu zeigen, dass dann, wenn

$$\frac{A_1}{A} B = B_1$$

ist, auch

$$\frac{B_1}{B} c = \frac{A_1}{A} c = c_1$$

sein müsse, suchen wir den Faktor c durch Hinzufügung einer von $A . B$ unabhängigen Strecke p selbst davon unabhängig zu machen. Man erhält dann statt $A_1 . c$ den Ausdruck $A_1 . (c + p)$; diesem wird ein Ausdruck gleichgesetzt werden können, dessen erster Faktor A [ist], und dessen zweiter mit $(c + p)$ gleichartig ist und also als Summe zweier mit c und p gleichartiger Stücke dargestellt werden kann. Es sei derselbe $c_2 + p_1$, so hat man

$$A_1 . (c + p) = A . (c_2 + p_1).$$

Multiplicirt man diese Gleichung mit p, so erhält man

$$A_1 . c . p = A . c_2 . p$$

oder, da $A_1 . c = A . c_1$ ist,

$$A . c_1 . p = A . c_2 . p,$$

und daraus folgt, da die entsprechenden Faktoren gleichartig sind, nach § 63 die Gleichung

$$c_1 = c_2.$$

Führt man daher statt c_2 diesen Werth c_1 oben ein, so erhält man

$$A_1 . (c + p) = A . (c_1 + p_1).$$

Und da nun p von $A . B$ unabhängig war, also auch $(c + p)$ davon unabhängig ist, so können wir nun das oben erwiesene Gesetz anwenden, dass

$$B_1 . (c + p) = B . (c_1 + p_1)$$

ist; also auch, mit p multiplicirt,

$$B_1 . c . p = B . c_1 . p;$$

und da hier die entsprechenden Faktoren gleichartig sind, so hat man

$$B_1 . c = B . c_1$$

oder

$$\frac{B_1}{B} c = c_1 = \frac{A_1}{A} c$$

auch dann noch, wenn c von $A . B$ abhängig ist.

Nun können wir dies Resultat leicht ausdehnen auf den Fall, dass die Ausdrücke $\frac{A_1}{A}$ und $\frac{B_1}{B}$, welche der Gleichung

$$\frac{A_1}{A} B = B_1 \quad \text{oder} \quad A_1 . B = A . B_1$$

98

entsprechen, mit einer beliebigen von A und von B unabhängigen Grösse höherer Stufe C verbunden sind. Es sei $C = c . d . e \ldots$, so lässt sich jede mit C gleichartige Grösse C_1 in der Form $c_1 . d . e \ldots$ darstellen, wie wir schon an mehreren Orten gezeigt haben. Ist also

98

$$\frac{A_1}{A} C = C_1 \quad \text{oder} \quad A_1 . C = A . C_1,$$

so hat man nun durch jene Substitution

$$A_1 . c . d . e \ldots = A . c_1 . d . e \ldots,$$

woraus, vermöge der Gleichartigkeit der Faktoren, folgt (§ 63)

$$A_1 . c = A . c_1,$$

somit auch nach dem soeben erwiesenen Satze

$$B_1 . c = B . c_1,$$

also auch durch Wiederholung derselben Schlussreihe

$$B_1 . c . d . e \ldots = B . c_1 . d . e \ldots,$$

das heisst

$$B_1 . C = B . C_1$$

oder

$$\frac{B_1}{B} C = C_1 = \frac{A_1}{A} C.$$

Wir haben somit den allgemeinen Satz bewiesen:

Wenn

$$\frac{A_1}{A} B = B_1$$

ist, so ist auch in Bezug auf jede Grösse C, welche von A und von B unabhängig ist,

$$\frac{A_1}{A} C = \frac{B_1}{B} C.$$

§ 65, 66. Begriff des Quotienten zweier gleichartiger Grössen.

§ 65.

Da nun der Begriff der Ausdrücke $\frac{A_1}{A}$ und $\frac{B_1}{B}$ nur bestimmt ist, sofern sie mit Grössen verbunden sind, die von A und B unabhängig sind, und für jede zwei solche Verbindungen, in welche $\frac{A_1}{A}$ und $\frac{B_1}{B}$ mit derselben Grösse eingehen, unter der Voraussetzung, dass

$$\frac{A_1}{A} B = B_1$$

ist, die Gleichheit dargethan ist, so folgt, dass wir berechtigt sind, 99 die Ausdrücke $\frac{A_1}{A}$ und $\frac{B_1}{B}$ unter obiger Voraussetzung selbst | einander gleichzusetzen, und dadurch den Begriff, den diese Ausdrücke an sich haben, zu bestimmen. Also

99 *Wenn*

$$\frac{A_1}{A} B = B_1$$

oder $A_1 . B = A . B_1$ *ist (A und B von einander unabhängig gedacht), so setzen wir*

$$\frac{A_1}{A} \textit{ gleich } \frac{B_1}{B}.$$

Es ist klar, wie hierdurch die Bedeutung von $\frac{A_1}{A} B$ auch dann bestimmt ist, wenn B von A abhängig ist; denn man hat nur eine Hülfsgrösse C anzunehmen, welche von A und B unabhängig ist, und C_1 so zu bestimmen, dass nach der angegebenen Definition $\frac{C_1}{C}$ gleich ist $\frac{A_1}{A}$, so ist durch Substitution des Gleichen

$$\frac{A_1}{A} B = \frac{C_1}{C} B,$$

und dadurch auch der Begriff des ersten Ausdrucks bestimmt. Namentlich ergiebt sich daraus, dass

$$\frac{A_1}{A} A = A_1$$

ist. Denn nimmt man eine Hülfsgrösse B, welche von A unabhängig ist, und setzt

$$\frac{A_1}{A} = \frac{B_1}{B},$$

das heisst

$$\frac{B_1}{B} A = A_1,$$

so muss auch nach dem allgemeinen Begriff des Gleichen

$$\frac{A_1}{A} A = \frac{B_1}{B} A$$

sein; der letztere Ausdruck ist aber, wie wir soeben zeigten, gleich A_1, also auch der erstere, was wir zeigen wollten.

Hieraus nun folgt zugleich, dass der Ausdruck $\frac{A_1}{A}$ als Quotient aufgefasst werden könne, sobald seine Verbindung mit andern Grössen, wie wir sie bisher beschrieben, als Multiplikation dargethan ist, das heisst die Beziehung jener Verbindung zur Addition als eine multiplikative nachgewiesen ist.

§ 66.

Zuerst ist

$$\frac{A_1}{A}(b + c) = \frac{A_1}{A} b + \frac{A_1}{A} c.$$

Nämlich $\frac{A_1}{A}(b + c)$ ist eine mit $b + c$ gleichartige Strecke, welche sich daher auch in | Stücken ausdrücken lassen muss, die mit b und c *100* gleichartig sind; es seien dies b_1 und c_1, also

$$\frac{A_1}{A}(b + c) = b_1 + c_1 \tag{1}$$

100

oder

$$A_1 . (b + c) = A . (b_1 + c_1).$$

Man multiplicire diese Gleichung mit c, so hat man

$$A_1 . b . c = A . b_1 . c,$$

also auch vermöge der Gleichartigkeit der Faktoren

$$A_1 . b = A . b_1 \quad \text{oder} \quad \frac{A_1}{A} b = b_1 .$$

Auf dieselbe Weise ergiebt sich durch Multiplikation mit b, dass

$$\frac{A_1}{A} c = c_1$$

ist; substituirt man diese Ausdrücke für b_1 und c_1 in die obige Gleichung (1), so hat man in der That

$$\frac{A_1}{A}(b + c) = \frac{A_1}{A} b + \frac{A_1}{A} c .$$

Es ist dies nun auszudehnen auf den Fall, dass statt b und c Ausdehnungen höherer Stufen B und C eintreten. Die Summe derselben giebt nach § 47 nur dann eine Ausdehnung, wenn beide Ausdehnungen n-ter Stufe sich auf einen gemeinschaftlichen Faktor $(n-1)$-ter Stufe bringen lassen. Es sei daher

$$B = b . E, \quad C = c . E .$$

Dann sei

$$\frac{A_1}{A} b = b_1 ; \quad \frac{A_1}{A} c = c_1 ,$$

also

$$A_1 . (b + c) = A . (b_1 + c_1),$$

so ist auch noch, wenn man diese Gleichung mit E multiplicirt,

$$A_1 . (b + c) . E = A . (b_1 + c_1) . E$$

oder

$$A_1 . (b . E + c . E) = A . (b_1 . E + c_1 . E)$$

oder

$$\frac{A_1}{A}(B + C) = b_1 . E + c_1 . E . \tag{2}$$

Es ist aber, wenn man die Gleichungen, durch welche b_1 und c_1 bestimmt wurden, in Produktform darstellt und mit E multiplicirt,

$$A_1 . b . E = A . b_1 . E ; \quad A_1 . c . E = A . c_1 . E ,$$

also

101 $$\frac{A_1}{A} B = b_1 . E$$

101 und auf dieselbe Weise

$$\frac{A_1}{A} C = c_1 . E .$$

Diese Ausdrücke für $b_1 . E$ und $c_1 . E$ in die obige Gleichung (2) substituirt, hat man

$$\frac{A_1}{A}(B + C) = \frac{A_1}{A} B + \frac{A_1}{A} C .$$

Gilt nun die multiplikative Beziehung für reale Summen, so gilt sie auch für formale, weil diese ihrem Begriffe nach nur durch jene bestimmt sind; da nämlich dann $B + C$ keine Ausdehnung darstellt, so hat auch

$$\frac{A_1}{A}(B + C)$$

nur die formelle Bedeutung, dass es

$$= \frac{A_1}{A} B + \frac{A_1}{A} C$$

gesetzt werde. Es gilt also die multiplikative Beziehung für diese Ausdrücke $\left(\frac{A_1}{A}, \ldots\right)$ allgemein, und ihre Verknüpfung, wie wir sie aufgefasst haben, ist als wahre Multiplikation zu fassen. Also ist auch $\frac{A_1}{A}$ selbst ein wahrer Quotient*).

§ 67. Proportion.

Um eine anschaulichere Idee des Quotienten zu gewinnen, gehen wir zunächst von Strecken aus; es seien a und b von einander unabhängig, und

$$\frac{a_1}{a} = \frac{b_1}{b} \quad \text{oder} \quad a_1 . b = a . b_1,$$

so hat man aus der letzten Gleichung

$$a_1 . b + b_1 . a = 0,$$

oder da man dem zweiten Faktor Stücke hinzufügen darf, die dem *102* ersten gleichartig sind,

$$a_1 . (a + b) + b_1 . (a + b) = 0, \qquad 102$$

$$(a_1 + b_1) . (a + b) = 0,$$

das heisst $(a + b)$ und $(a_1 + b_1)$ sind gleichartig oder können als Theile desselben Systems erster Stufe aufgefasst werden. Nach der Erzeugungsweise des Systems erster Stufe mussten dann a_1 und b_1 entsprechende Theile von a und b sein. Schreibt man nun die ursprüngliche Gleichung als Proportion

$$a_1 : a = b_1 : b,$$

so gelangt man zu dem Satze: Vier Strecken stehen in Proportion,

---

*) Da die Stufenzahl des Quotienten die Differenz ist zwischen den Stufenzahlen des Dividend und Divisor, so ist $\frac{A_1}{A}$ als Ausdehnungs-Grösse nullter Stufe zu fassen, was auch damit übereinstimmt, dass, wenn eine Ausdehnung mit ihr multiplicirt wird, sich deren Stufenzahl nicht ändert.

wenn die erste von der zweiten der entsprechende Theil ist, wie die dritte von der vierten. Nach dem Begriff des Quotienten zweier gleichartiger Grössen bleibt der Werth desselben ungeändert, wenn man Dividend und Divisor mit derselben unabhängigen Ausdehnung multiplicirt, den Quotienten erweitert; nämlich wenn

$$a_1 . b = a . b_1, \text{ also } \frac{a_1}{a} = \frac{b_1}{b}$$

ist, so ist auch

$$a_1 . E . b = a . E . b_1,$$

also

$$\frac{a_1 . E}{a . E} = \frac{b_1}{b}, \text{ also } = \frac{a_1}{a}.$$

Somit kann man auch jedes Verhältniss durch eine beliebige Ausdehnung erweitern. Nun können wir sagen, dass $a_1 . E$ von $a . E$ der entsprechende Theil ist, wie a_1 von a, und somit haben wir den allgemeinen Satz:

Vier Grössen stehen in Proportion, wenn die erste von der zweiten der entsprechende Theil ist, wie die dritte von der vierten.

§ 68. **Zahlengrösse, Produkt derselben mit einer Ausdehnungsgrösse.**

Wir haben nun die Verknüpfungen dieser neu gewonnenen Grössen, die wir *Zahlengrössen* nennen, sowohl unter sich, als mit den Ausdehnungsgrössen darzustellen.

Die multiplikative Verknüpfung derselben mit den Ausdehnungsgrössen haben wir dargestellt, und ihre Beziehung zur Addition gesichert. Wir haben nun die rein multiplikativen Gesetze dieser Verknüpfung, das heisst die Vereinbarkeit und Vertauschbarkeit der Faktoren zu untersuchen. Es ergiebt sich, dass man in einem äusseren Produkt, worin Zahlengrössen vorkommen, diese jedem beliebigen Faktor 103 zuordnen | kann, ohne den Werth des Resultates zu ändern.

In der That ist, $\frac{a_1}{a}$ mit α bezeichnet,

108 $$\alpha (B . C) = (\alpha B) . C.$$

Denn es sei αB oder $\frac{a_1}{a} B = B_1$, oder

$$a_1 . B = a . B_1,$$

so hat man durch Multiplikation mit C

$$a_1 . B . C = a . B_1 . C;$$

also auch nach der Definition

$$\frac{a_1}{a}(B \, . \, C) = B_1 \, . \, C,$$

oder

$$\alpha(B \, . \, C) = (\alpha B) \, . \, C.$$

Was die Vertauschbarkeit anbetrifft, so ist die Bedeutung des Ausdrucks $A\alpha$, wo A eine beliebige Ausdehnung, α aber eine Zahlengrösse ist, noch nicht festgesetzt; und wir können diese Bedeutung nach der Analogie bestimmen. Nämlich, da die Ausdehnungsgrösse nullter Stufe als Ausdehnungsgrösse von gerader Stufe erscheint, eine solche aber in einem äusseren Produkt beliebig geordnet werden darf, so können wir feststellen, dass unter $A\alpha$ dasselbe verstanden sein solle, wie unter αA, woraus dann folgt,

dass die Stellung einer Zahlengrösse innerhalb eines äusseren Produktes ganz gleichgültig ist.

Was endlich den Quotienten einer Ausdehnung durch eine Zahlengrösse betrifft, so ist dessen Bedeutung aus dem allgemeinen Begriff der Division sogleich klar, und die Eindeutigkeit dieses Quotienten, so lange der Divisor nicht null wird, ergiebt sich leicht. In der That, es sei

$$\frac{B}{\alpha} = X, \quad \alpha = \frac{a}{a_1},$$

wo a von B unabhängig sei, so hat man

$$\alpha X = B, \quad \frac{a}{a_1} X = B, \quad a \, . \, X = a_1 \, . \, B,$$

und wir haben oben gezeigt, dass es nur Einen mit B gleichartigen Werth X giebt, welcher dieser letzten Gleichung genügt, während jene Gleichartigkeit in den vorhergehenden Gleichungen ausgesagt ist.

§ 69, 70. Produkt mehrerer Zahlengrössen.

§ 69.

Zu dem Begriffe des Produktes mehrerer Zahlengrössen gelangen *104* wir vom fortschreitenden Produkte aus.

Setzen wir das Produkt

$$P \, . \, \alpha\beta\gamma \ldots = P_1, \tag{1}$$

wo die Ausdehnung P mit den Zahlengrössen α, β, γ, ... fortschrei- 104 tend, das heisst so multiplicirt werden soll, dass das Resultat jeder früheren Multiplikation mit der nächstfolgenden Zahlengrösse multiplicirt wird: so entsteht die Aufgabe, eine Zahlengrösse zu finden, mit welcher P multiplicirt sogleich dasselbe Resultat P_1 gebe. Zu dem

Ende seien α, β, γ, ... dargestellt in den Formen

$$\frac{A_1}{A}, \frac{B_1}{B}, \frac{C_1}{C}, \ldots,$$

so dass P, A, B, C, ... alle von einander unabhängig seien. Multiplicirt man dann beide Seiten der obigen Gleichung (1) mit $A.B.C\ldots$, so kann man nach dem vorigen Paragraphen die Zahlengrössen α, β, γ, ... oder

$$\frac{A_1}{A}, \frac{B_1}{B}, \frac{C_1}{C}, \ldots$$

jedem beliebigen dieser Faktoren zuordnen, also auch $\frac{A_1}{A}$ dem A, und so weiter, und erhält dadurch

$$P.A_1.B_1.C_1\ldots = P_1.A.B.C\ldots.$$

Also ist, da P_1 dem P gleichartig ist, nach der Definition des Quotienten

$$P_1 = P\frac{A_1.B_1.C_1\ldots}{A.B.C\ldots}.$$

Somit haben wir das Gesetz, dass

$$P\frac{A_1}{A}\frac{B_1}{B}\frac{C_1}{C}\ldots = P\frac{A_1.B_1.C_1\ldots}{A.B.C\ldots}$$

ist, zunächst zwar nur, wenn P von $A.B.C\ldots$ unabhängig ist, aber demnächst auch, wenn P hiervon abhängig ist. Um dies zu zeigen, stellen wir zuerst die Zahlengrössen α, β, γ, ... oder die Quotienten $\frac{A_1}{A}, \cdots$ in neuen Formen $\left(\frac{\mathsf{A}_1}{\mathsf{A}}, \ldots\right)$ dar, so dass P von $\mathsf{A}.\mathsf{B}.\Gamma\ldots$ unabhängig ist, so werden wir nun das obige Gesetz anwenden können, und eine Zahlengrösse ϱ erhalten, welche statt der fortschreitenden Faktoren $\frac{A_1}{A}, \ldots$ $\left(\text{oder } \frac{\mathsf{A}_1}{\mathsf{A}}, \cdots\right)$ gesetzt werden kann und welche gleich

$$\frac{\mathsf{A}_1.\mathsf{B}_1.\Gamma_1\ldots}{\mathsf{A}.\mathsf{B}.\Gamma\ldots}$$

105 ist. Nimmt man nun eine Ausdehnung Q zu | Hülfe, welche sowohl von $A.B.C\ldots$ als auch von dieser neuen Grösse $\mathsf{A}.\mathsf{B}.\Gamma\ldots$ unabhängig ist, so ergiebt sich $Q\alpha\beta\gamma\ldots$ vermöge der ersten Grössen gleich

105
$$Q\frac{A_1.B_1.C_1\ldots}{A.B.C\ldots},$$

vermöge der zweiten aber gleich

$$Q\varrho.$$

Also ist

$$\varrho = \frac{A_1.B_1.C_1\ldots}{A.B.C\ldots}.$$

Nun war aber

$$P \cdot \alpha\beta\gamma \ldots = P\varrho$$

vermöge der zweiten Reihe von Formen, also ist auch vermöge des gefundenen Werthes für ϱ

$$P \frac{A_1}{A} \frac{B_1}{B} \frac{C_1}{C} \ldots = P \frac{A_1 \cdot B_1 \cdot C_1 \ldots}{A \cdot B \cdot C \ldots}.$$

Es ist also das obige Gesetz in seiner ganzen Allgemeinheit bewiesen.

§ 70.

Hieraus gehen sogleich zwei für die Verknüpfung der Zahlengrössen höchst wichtige Folgerungen hervor, nämlich erstens, dass, wenn für irgend eine Grösse P die fortschreitende Multiplikation mit mehreren Zahlengrössen $\alpha, \beta, \gamma, \ldots$ durch die Multiplikation mit einer bestimmten Zahlengrösse ϱ ersetzt wird, dies auch für jede andere Grösse gilt, die statt P gesetzt wird, indem nämlich der für ϱ im vorigen Paragraphen gewonnene Ausdruck gänzlich unabhängig ist von P, und nur von den Zahlengrössen $\alpha, \beta, \ldots$ abhängt; zweitens dass die Zahlengrössen auch beliebig unter sich vertauscht werden können, weil man in dem Produkt

$$\frac{A_1 \cdot B_1 \ldots}{A \cdot B \ldots}$$

im Zähler und Nenner gleiche Vertauschungen vornehmen kann, indem dadurch in beiden gleiche Zeichenänderungen, also für den Werth des Quotienten gar keine hervorgeht. Die erste dieser Folgerungen berechtigt uns, das Produkt $\alpha\beta\gamma \ldots$ selbst gleich ϱ zu setzen. Also:

Unter dem Produkte mehrerer Zahlengrössen ist diejenige Zahlengrösse zu verstehen, welche in ihrer Multiplikation mit irgend einer Ausdehnung dasselbe Resultat liefert, als wenn | diese Ausdehnung fortschreitend mit den Faktoren jenes Produktes multiplicirt wird. 106

Hiernach ist also, wenn $A, B, C, \ldots$ von einander unabhängig sind,

$$\frac{A_1}{A} \frac{B_1}{B} \frac{C_1}{C} \ldots = \frac{A_1 \cdot B_1 \cdot C_1 \ldots}{A \cdot B \cdot C \ldots}. \quad 106$$

Die zweite Folgerung, die wir vorher ableiteten, sagt nun aus, dass man Zahlengrössen als Faktoren unmittelbar vertauschen könne.

§ 71. Geltung aller Gesetze arithmetischer Multiplikation und Division für die Zahlengrössen.

Um nun die Geltung aller Gesetze arithmetischer Multiplikation und Division (s. § 6) für die Zahlengrössen nachzuweisen, haben wir noch die Eindeutigkeit des Quotienten $\frac{\beta}{\alpha}$, so lange α nicht null ist, darzuthun.

Es bedeutet nach der allgemeinen Definition analytischer Verknüpfungen $\frac{\beta}{\alpha}$ diejenige Grösse, welche mit α multiplicirt β giebt; es sei nun $\alpha\gamma$ gleich β, so haben wir zu zeigen, dass, wenn zugleich $\alpha\gamma'$ gleich β sei, γ nothwendig gleich γ' sein müsse, vorausgesetzt noch immer, dass α nicht null sei. Es soll also, wenn A irgend eine Ausdehnung vorstellt, vorausgesetzt werden, dass

$$A\beta = A(\alpha\gamma) = A(\alpha\gamma')$$

sei; da man aber nach dem vorigen Paragraphen statt mit dem Produkte, mit den einzelnen Faktoren multipliciren kann, so hat man auch

$$(A\alpha)\,\gamma = (A\alpha)\,\gamma'.$$

Nun haben wir aber bei der Definition der Zahlengrösse festgesetzt, dass zwei Zahlengrössen, welche mit derselben Ausdehnung multiplicirt gleiches Resultat geben, auch als gleich betrachtet werden müssen. Ist nun α nicht null, so ist $A\alpha$ eine wirkliche Ausdehnung, also nach der angeführten Bestimmung $\gamma = \gamma'$, das heisst der Quotient zweier Zahlengrössen eindeutig, so lange der Divisor nicht null ist.

Da nun auf der Vertauschbarkeit und Vereinbarkeit der Faktoren, wie auch auf der Eindeutigkeit des Quotienten in dem angegebenen Umfange, alle Gesetze arithmetischer Multiplikation und Division beruhen (§ 6), und dieselben Gesetze auch für die Verknüpfung der Zahlengrössen mit den Ausdehnungen gelten (§ 68), so ergiebt sich, dass

107 *alle Gesetze arithmetischer Multiplikation und Division für die | Verknüpfung der Zahlengrössen unter sich und mit den Ausdehnungsgrössen gelten* *).

107 Hierdurch ist nun zugleich der wesentliche Zusammenhang zwischen der arithmetischen und der äusseren Multiplikation dargethan, indem jene als specielle Gattung von dieser erscheint, für den Fall nämlich, dass die Faktoren Ausdehnungsgrössen nullter Stufe sind. Wir bedienen uns daher für die Multiplikation der Zahlengrössen beliebig bald des Punktes bald des unmittelbaren Aneinanderschreibens, indem das letztere uns oft bequem ist, um die Klammern zu ersparen und dadurch die Uebersicht zu erleichtern.

*) Wir entlehnen dabei nichts aus der Arithmetik, als nur den Namen, indem wir die Gesetze dieser Verknüpfungen in der allgemeinen Formenlehre § 6 unabhängig dargethan haben.

§ 72. Addition der Zahlengrössen.

Um zur Addition zweier Zahlengrössen (α und β) zu gelangen, haben wir zunächst den Ausdruck

$$\alpha C + \beta C = C_1$$

zu betrachten, und die Zahlengrösse zu suchen, mit welcher C multiplicirt werden muss, damit derselbe Werth C_1 hervorgehe.

Zu dem Ende seien α, β dargestellt in den Formen $\frac{a_1}{a}$ und $\frac{a_2}{a}$, wo a von C unabhängig sei. Die obige Gleichung verwandelt sich dann in

$$\frac{a_1}{a} C + \frac{a_2}{a} C = C_1$$

und durch die Multiplikation mit a in

$$a_1 . C + a_2 . C = a . C_1,$$

oder

$$(a_1 + a_2) . C = a . C_1,$$

also

$$C_1 = \frac{a_1 + a_2}{a} C.$$

Wir haben somit den Satz gewonnen, dass

$$\frac{a_1}{a} C + \frac{a_2}{a} C = \frac{a_1 + a_2}{a} C$$

sei, und zwar zunächst nur, wenn a von C unabhängig ist; aber auf dieselbe Weise wie in § 69 lässt sich dies auf den Fall der Abhängigkeit ausdehnen.

Aus diesem Satze nun geht hervor, dass, wenn

$$\alpha C + \beta C = \gamma C$$

ist, dann auch, weil der Ausdruck für γ nur von α und β und nicht von C abhängig ist, dieselbe Gleichung für jeden Werth von C fort- *108* besteht, und darin liegt die Berechtigung, in diesem Falle $\alpha + \beta$ gleich γ zu setzen. Also wir setzen

$$\alpha + \beta = \gamma,$$

wenn

$$\alpha C + \beta C = \gamma C$$

ist, wo C irgend eine Ausdehnung bezeichnet; das heisst, nach der De- 108 finition ist

$$\alpha C + \beta C = (\alpha + \beta) C.$$

Um nun diese Verknüpfung als wahre Addition nachzuweisen, haben wir die Geltung der additiven Grundgesetze und der additiven Beziehung zur Multiplikation darzuthun.

Zuerst liegt die Vertauschbarkeit der Stücke direkt in der Definition, da auch die Stücke αC und βC vertauschbar sind. Um die Vereinbarkeit der Stücke nachzuweisen, gehen wir darauf zurück, dass

$$(\alpha C + \beta C) + \gamma C = \alpha C + (\beta C + \gamma C)$$

ist; diese Gleichung verwandelt sich, wenn man das in der Definition dargelegte Gesetz auf jeder Seite zweimal anwendet, in

$$[(\alpha + \beta) + \gamma]\, C = [\alpha + (\beta + \gamma)]\, C,$$

woraus folgt

$$(\alpha + \beta) + \gamma = \alpha + (\beta + \gamma).$$

Endlich ist auch das Resultat der Subtraktion eindeutig. Denn wird der Werth von β in der Gleichung

$$\alpha + \beta = \gamma$$

gesucht, so erhalten wir, wenn

$$\alpha = \frac{a_1}{a}, \quad \beta = \frac{a_2}{a}, \quad \gamma = \frac{a_3}{a}$$

gesetzt wird, nach dem obigen die Gleichung

$$a_1 + a_2 = a_3,$$

oder

$$a_2 = a_3 - a_1.$$

Also hat a_2 einen bestimmten Werth, also auch $\frac{a_2}{a}$ oder β, das heisst $\gamma - \alpha$ hat nur Einen Werth, das Resultat der Subtraktion ist eindeutig.

Da somit die Grundgesetze der Addition und Subtraktion gelten, so gelten auch alle Gesetze derselben.

§ 73. Beziehung dieser Addition zur Multiplikation. Allgemeines Gesetz.

Es bleibt uns nur noch übrig, die Beziehung dieser Addition zur Multiplikation darzustellen, und zu zeigen, dass

$$\alpha(\beta + \gamma) = \alpha\beta + \alpha\gamma \tag{109}$$

ist.

Es ist nach der Definition des Produktes (§ 70)

$$P \,.\, \alpha(\beta + \gamma) = P\alpha \,.\, (\beta + \gamma),$$

wo der Punkt zugleich die Stelle der Klammern vertreten soll, der Ausdruck der rechten Seite ist aber nach dem vorigen Paragraphen

$$= P\alpha \,.\, \beta + P\alpha \,.\, \gamma$$
$$= P \,.\, \alpha\beta + P \,.\, \alpha\gamma.$$

109 Also ist wiederum nach dem vorigen Paragraphen, da

$$P \,.\, \alpha(\beta + \gamma) = P \,.\, \alpha\beta + P \,.\, \alpha\gamma$$

ist, auch $\alpha(\beta + \gamma) = \alpha\beta + \alpha\gamma$. Durch Verknüpfung dieses Resultates mit den früher gewonnenen gelangen wir nun zu dem allgemeinen Lehrsatze:

Alle Gesetze der arithmetischen Verknüpfungen gelten auch für die Verknüpfungen der Zahlengrössen unter sich und mit den Ausdehnungen; und alle Gesetze der äusseren Multiplikation und ihrer Beziehung zur Addition und Subtraktion bleiben bestehen, auch wenn man die Zahlengrösse als Ausdehnungsgrösse nullter Stufe nimmt, nur dass das Resultat der Division mit ihr ein bestimmtes wird.

Wenden wir den Begriff der Abhängigkeit, wie wir ihn in § 55 für Ausdehnungen aufstellten, auch auf die Zahlengrössen an, als Ausdehnungsgrössen nullter Stufe, so zeigt sich, dass diese immer unter sich und von allen Ausdehnungsgrössen unabhängig gedacht werden müssen, wenn nicht etwa eine dieser Grössen null wird. Die Null hingegen erscheint nach § 32 immer als abhängig. Auf der andern Seite erscheinen die Zahlengrössen stets als einander gleichartig.

B. Anwendungen.

§ 74. Die Zahlengrösse in der Geometrie.

Da wir schon in den Anwendungen zu den vorigen Kapiteln der leichteren Uebersicht wegen die Zahlengrösse mit aufgenommen hatten: so bleibt uns hier nur noch übrig, die hier gewählte Methode auf die *Geometrie* anzuwenden.

Es ist als ein wesentlicher Uebelstand bei den bisherigen Darstellungen der Geometrie zu betrachten, dass man bei der Behandlung der Aehnlichkeitslehre auf diskrete Zahlenverhältnisse zurückzugehen pflegt. Dies Verfahren, was sich zuerst leicht darbietet, verwickelt, wie wir schon oben andeuteten, bald genug in die schwierigen Untersuchungen über inkommensurable Grössen; und es rächt sich das Aufgeben | des rein geometrischen Verfahrens gegen ein dem ersten An- *110* scheine nach leichteres durch das Auftreten einer Menge schwieriger Untersuchungen von ganz heterogener Art, welche über das Wesen der räumlichen Grössen nichts zur Anschauung bringen. Allerdings kann man sich nicht der Aufgabe entziehen, die räumlichen Grössen zu messen und das Resultat dieses Messens in einem Zahlenbegriff auszudrücken. Allein diese Aufgabe kann nicht in der Geometrie | selbst 110 hervortreten, sondern nur dann, wenn man ausgerüstet einerseits mit dem Zahlenbegriff, andrerseits mit den räumlichen Anschauungen, jenen auf diese anwendet, also in einem gemischten Zweige, welchen wir im allgemeinen Sinne mit dem Namen der Messkunde belegen können, und von welchem die Trigonometrie ein besonderer Zweig ist*). Bis auf diesen Zweig nun die Aehnlichkeitslehre oder auch noch gar die Flächeninhaltslehre hinausschieben zu wollen, wie es zwar nicht der Form nach, aber dem Gehalte nach in der That bisher geschehen ist, hiesse die (reine) Geometrie ihres wesentlichen Inhaltes berauben. Nun finden wir zu dem Wege, den wir hier verlangen, in der neueren Geometrie mannigfache Vorarbeiten, in unserer Wissenschaft aber ist uns der Weg selbst aufs vollkommenste vorgezeichnet.

§ 75—79. Rein geometrische Darstellung der Proportionen in der Geometrie.

§ 75.

Es bieten sich hier zwei Ausgangspunkte dar, welche jedoch ihrem Wesen nach zusammenfallen, wie verschieden auch ihr Ausdruck klingen mag. Nämlich vier Strecken, von denen die beiden ersten und die beiden letzten unter sich parallel sind, aber nicht diese mit jenen, stehen in Proportion, nach der ersten Betrachtungsweise, wenn das Spatheck aus der ersten und vierten gleich ist dem aus der zweiten und dritten; nach der zweiten Betrachtungsweise, wenn die Summe aus der ersten und dritten (im Sinne unserer Wissenschaft) parallel ist mit der Summe aus der zweiten und vierten. Schon aus der in § 67 geführten Entwickelung geht die wesentliche Uebereinstimmung beider Betrachtungsweisen hervor, indem wenn

Fig. 12a.

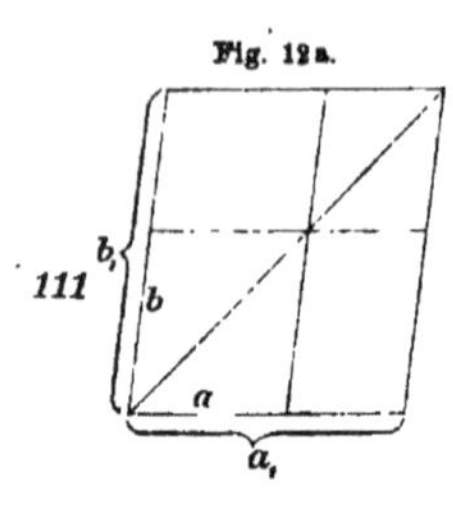

$$a_1 . b = a . b_1$$

war, daraus hervorging, dass

$$(a_1 + b_1) . (a + b) = 0^{**}),$$

das heisst beide Summen $(a + b)$ und $(a_1 + b_1)$ parallel waren, und ebenso würde aus der letzten Gleichung die erste folgen; und es ist also gleichgültig, von welcher der beiden Gleichungen wir die Gültigkeit der Proportion

$$a_1 : a = b_1 : b$$

abhängig machen.

111

*) Die Zahlengrösse, wie wir sie in unserer Wissenschaft entwickelt haben, erscheint nicht als diskrete Zahl, das heisst nicht als eine Menge von Einheiten, sondern in stetiger Form, als Quotient stetiger Grössen, und setzt daher den diskreten Zahlenbegriff keineswegs voraus.

**) Die Formeln sind hier nur Repräsentanten geometrischer Sätze, die ein jeder leicht aus denselben herauslesen kann, s. Fig. 12a.

Wir wollen die zweite Betrachtungsweise als die geometrisch einfachere wählen und können dieselbe so ausdrücken: Wenn zwei Dreiecke parallele Seiten haben, so sagen wir, dass zwei beliebige parallele Seiten beider sich verhalten, wie zwei andere in entsprechender Folge genommen; denn wenn a und b zwei Seiten des einen, und a_1 und b_1 die damit parallelen Seiten des andern sind, so sind eben dann und nur dann $a + b$ und $a_1 + b_1$ einander parallel. Hierbei ist wohl zu beachten, dass auf dieser Stufe vier Strecken, als Strecken, das heisst, mit festgehaltener Länge und Richtung aufgefasst, nur dann als proportionirt erscheinen, wenn sie paarweise parallel sind, und diese parallelen Strecken stellen wir dann in der Proportion auf die beiden ersten und auf die beiden letzten Stellen.

§ 76.

Der eigentliche Nerv der Entwickelung beruht nun darin, die Proportion als Gleichheit zweier Verhältnisse nachzuweisen, so dass, wenn $a : a_1 = b : b_1$, und $a : a_1 = c : c_1$ ist, auch $b : b_1 = c : c_1$ sei.

Fig. 12 b.

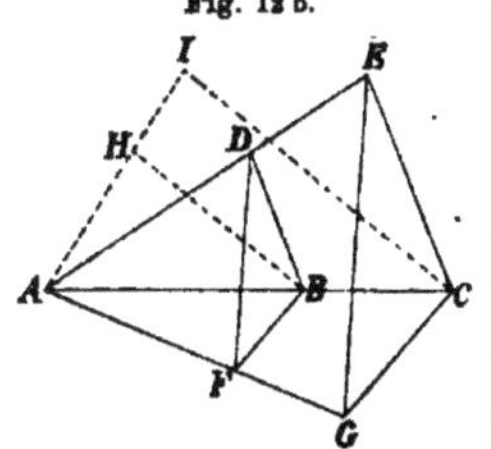

Um den geometrischen Ausdruck dieses Satzes zu finden, setzen wir*)

$$a = AB, \quad a_1 = AC,$$
$$b = BD, \quad b_1 = CE;$$

dann würden, wenn die erste Proportion bestehen soll, die Punkte A, D, E eine gerade Linie bilden müssen, weil $a + b$, das heisst AD parallel sein soll $a_1 + b_1$, das heisst AE. Ebenso sei

$$c = BF, \quad c_1 = CG, \qquad 112$$

so werden wieder vermöge der zweiten Proportion die Punkte A, F, G eine gerade Linie bilden. Soll nun auch die dritte Proportion richtig sein, so müsste DF parallel mit EG sein; es ist also zu zeigen, dass, wenn die Ecken eines Dreiecks in geraden Linien fortrücken, die sich in Einem Punkte schneiden, und zwei von den | Seiten parallel bleiben, 112 auch die dritte parallel bleiben müsse.

Dieser Satz ergiebt sich sogleich, wenn die beiden Dreiecke oder (was auf dasselbe zurückläuft) die drei Linien, in welchen sich die Ecken bewegen, nicht in derselben Ebene liegen. In diesem Falle darf man nur durch je zwei der von A ausgehenden Linien eine Ebene ge-

*) S. Fig. 12b.

legt denken, und durch den Punkt C eine mit BDF parallele Ebene legen, so wird diese die drei ersten Ebenen in Kanten schneiden, welche mit den Seiten jenes Dreiecks BDF parallel sind, und wovon zwei mit CE und CG zusammenfallen; somit wird auch die dritte mit EG zusammenfallen, also EG mit DF parallel sein.

§ 77.

Liegen jene Linien in Einer Ebene, so hat man nur von B und C zwei ausserhalb der Ebene liegende einander parallele Linien zu ziehen, welche durch eine von A aus gezogene Linie in den Punkten H und I geschnitten werden. Dann ist nach dem Satze des vorigen Paragraphen erstens HD parallel IE, zweitens HF parallel IG, also vermöge des Parallelismus dieser beiden Linienpaare wieder nach demselben Satze DF parallel mit EG.

Fig 12b.

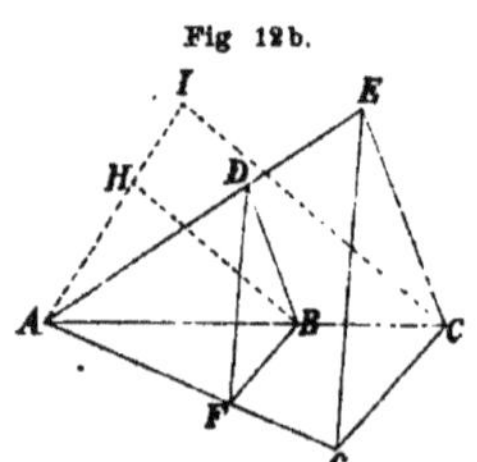

Somit haben wir allgemein bewiesen, dass, wenn die Ecken eines Dreiecks sich in geraden Linien fortbewegen, die durch einen Punkt gehen, und zwei Seiten parallel bleiben, auch die dritte es bleibt; oder dass, wenn zwei Streckenpaare einem und demselben Streckenpaare proportionirt sind, sie auch unter einander proportionirt sein müssen, sobald die drei Streckenpaare drei verschiedene Richtungen darbieten.

§ 78.

Der Begriff einer Proportion zwischen vier parallelen Strecken hat in dem Vorigen noch keine Bestimmung erfahren. In der That ist dieser Fall, obgleich arithmetisch der einfachste, doch geometrisch der verwickeltste, sofern zu drei parallelen Strecken die vierte Proportionale geometrisch nur durch zu Hülfe nehmen einer neuen Richtung erfolgt.

Nach dem Princip der im vorigen Paragraphen geführten Entwickelung haben wir ein Streckenpaar einem ihm parallelen als pro- 113 portionirt zu setzen, wenn beide einem und | demselben Streckenpaare proportionirt sind; denn sind sie es mit Einem solchen, so sind sie es nach dem vorigen Paragraphen auch mit jedem andern, welches dem vorher angenommenen selbst proportionirt ist. Es gilt somit, wenn wir diese Definition noch zu Hülfe nehmen, allgemein der Satz, dass zwei Streckenpaare, welche einem und demselben Streckenpaare proportionirt sind, es auch unter einander sein müssen. | [113] Somit können wir auch die Proportion, wie wir ihren Begriff geometrisch bestimmten, in der That als Gleichheit zweier Ausdrücke darstellen, deren jeden wir ein Verhältniss nennen.

Geometrisch sagt dies Resultat, indem man die proportionirten Strecken an Einen Punkt anlegt, zunächst nur aus, dass wenn die Ecken eines Dreiecks oder überhaupt eines Vielecks sich in geraden Linien bewegen, die durch Einen Punkt gehen, und die übrigen Seiten dabei sich parallel bleiben, auch die letzte sich parallel bleiben müsse, und ebenso jede Diagonale. Oder betrachtet man dies sich ändernde Vieleck in zweien seiner Zustände, so hat man den Satz: „Wenn die geraden Linien, welche die entsprechenden Ecken zweier Vielecke von gleicher Seitenzahl verbinden, durch Einen Punkt gehen, und alle entsprechenden Seitenpaare bis auf eines parallel sind, so muss auch dies eine Paar parallel sein.“ Jene Vielecke heissen dann bekanntlich „ähnlich und ähnlich liegend“, jener Eine Punkt ihr „Aehnlichkeitspunkt“. Umgekehrt ergiebt sich, dass zwei Dreiecke, welche parallele Seiten haben, auch ähnlich und ähnlich liegend sind, oder dass die geraden Linien, welche ihre entsprechenden Ecken verbinden, durch Einen Punkt gehen. Hieraus wieder folgt, dass in ähnlichen und ähnlich liegenden Figuren die Durchschnittspunkte zweier entsprechender Diagonalenpaare mit dem Aehnlichkeitspunkte in einer geraden Linie liegen, und überhaupt, dass, wenn man die Verbindungslinien entsprechender Punktenpaare und ebenso die Durchschnittspunkte entsprechender Linienpaare als entsprechend setzt, dann jedesmal in ähnlichen und ähnlich liegenden Figuren je zwei entsprechende Punkte mit dem Aehnlichkeitspunkte in gerader Linie liegen, je zwei entsprechende Linien aber parallel sind.

Hiermit sind dann die Sätze für die Aehnlichkeit, so weit man sie auf dieser Stufe (ohne den Begriff der Länge aufzunehmen) ableiten kann, entwickelt, und überall auf dem Begriff des Aehnlichkeitspunktes basirt. Es ist aber auch leicht abzusehen, wie | [114] dem ganz entsprechend, wenn man noch den Begriff der Länge, wie es in der Geometrie gewöhnlich geschieht, sogleich mit aufnimmt, alle Sätze der Aehnlichkeit selbst genau in der Form, in welcher man sie gewöhnlich aufstellt, dargestellt werden können, ohne dass man irgend den Begriff der Zahl aufzunehmen Ursache hätte. Auf die weitere Darlegung dieses Gegenstandes kann ich mich um so | [114] weniger einlassen, da die Entwickelung dem zweiten Theile dieses Werkes parallel gehen würde.

§ 79.

Nachdem wir so das Princip der Entwickelung für die Geometrie dargelegt haben, können wir uns wohl der Mühe überheben, die Entwickelung noch auf die Proportionalität der Flächenräume auszudehnen. Auch erscheint es überflüssig, für die Verknüpfungen der Zahlengrössen, wie wir sie in der abstrakten Wissenschaft formell bestimmt haben, noch die entsprechenden Sätze der Geometrie aufzustellen, da dieselben ihres Formalismus wegen nur für die Analyse eine Bedeutung haben, und mehr als blosse analytische Abkürzungen erscheinen, als dass sie eigenthümliche räumliche Verhältnisse darlegten.

Interessant ist es noch zu bemerken, wie bei der rein geometrischen Darstellung wie auch in der abstrakten Wissenschaft die Betrachtung vom Raume aus zur Ebene, und dann erst von dieser zur geraden Linie führt, und dass somit diejenige Betrachtung, in welcher alles räumlich aus einander tritt, sich räumlich entfaltet, auch als die der Raumlehre eigenthümliche und für sie als die einfachste erscheint, während, wenn die Gebilde in einander liegen, dann auch alles noch verhüllt erscheint, wie der Keim in der Knospe, und erst seine räumliche Bedeutung gewinnt, wenn man das Ineinanderliegende in Beziehung setzt zu dem räumlich Entfalteten.

Fünftes Kapitel.

Gleichungen, Projektionen.

A. Theoretische Entwickelung.

§ 80. Ableitung neuer Gleichungen aus einer gegebenen durch Multiplikation.

Nachdem wir in den vorigen Kapiteln die Verknüpfungsgesetze kennen gelernt haben, welchen die Ausdehnungsgrössen unterliegen, 115 so bleibt uns nun übrig, diese Gesetze auf | die Auflösung und Umgestaltung der Gleichungen, welche zwischen solchen Grössen stattfinden können, anzuwenden.

Da die Glieder auf beiden Seiten einer Gleichung als zu addirende oder zu subtrahirende alle von gleicher Stufe sein müssen, so können wir der Gleichung selbst diese Stufenzahl beilegen, und also unter einer Gleichung n-ter Stufe eine solche verstehen, deren Glieder von n-ter Stufe sind. Zunächst haben wir uns nun die Frage zu stellen, was für Umgestaltungen wir mit solchen Gleichungen vornehmen dürfen, 115 oder wie wir andere Gleichungen daraus ableiten können. Dass man die Glieder derselben mit Aenderung der Vorzeichen von einer Seite auf die andere bringen kann, ist klar, und es fragt sich also nur noch nach den Umgestaltungen, welche eine Gleichung durch Multiplikation und Division erleiden kann. Dabei wollen wir annehmen, dass alle Glieder auf dieselbe (linke) Seite gebracht seien, und also die andere (rechte) Seite gleich Null ist.

Nun ist klar, dass, wenn man beide Seiten der Gleichung mit einer und derselben Ausdehnungsgrösse multiplicirt, dann die rechte Seite null bleibt, auf der linken aber statt der ganzen Summe die einzelnen Glieder multiplicirt werden können. Man kann also, indem man alle Glieder einer Gleichung jedesmal mit derselben Ausdehnungsgrösse multiplicirt, eine Reihe neuer Gleichungen aus derselben ableiten, welche im Allgemeinen (wenn der hinzutretende Faktor nicht etwa von nullter Stufe ist) von höherer Stufe sind als die gegebene.

Ist die gegebene Gleichung von m-ter Stufe, und ist das System, welchem alle Glieder angehören, und welches wir das Hauptsystem der Gleichung nennen, von n-ter Stufe, so kann man insbesondere jene Gleichung mit einer Ausdehnung von ergänzender, das heisst von $(n-m)$-ter Stufe, welche gleichfalls dem Hauptsysteme angehört, multipliciren, und erhält dadurch eine Gleichung von n-ter Stufe, deren Glieder alle einander gleichartig sind. Hiernach kann man also aus jeder Gleichung, deren Glieder ungleichartig sind, insbesondere eine Reihe von Gleichungen ableiten, deren jede lauter gleichartige Glieder enthält.

§ 81. Wiederherstellung der ursprünglichen Gleichung.

Obgleich man nun aus einer Gleichung beliebig viele Gleichungen höherer Stufen ableiten kann, so kann man doch nicht umgekehrt aus einer der letzteren die ursprüngliche Gleichung herstellen. In der That, wenn man aus der ursprünglichen Gleichung

$$A = 0, \qquad 116$$

in welcher A ein Aggregat von beliebig vielen Gliedern bedeutet, durch Multiplikation mit einer beliebigen Ausdehnung L eine neue Gleichung

$$A . L = 0$$

abgeleitet hat, so folgt nun, wenn nur die Richtigkeit der letzten Gleichung gegeben ist, keinesweges daraus die Richtigkeit der ersteren; 116 vielmehr folgt aus jener letzten nur

$$A = \frac{0}{L},$$

in welcher nach dem vorigen Kapitel $\frac{0}{L}$ jede von L abhängige Grösse, die Null mit eingeschlossen, darstellt. Die Gleichung $A = 0$ wird sich daher nur dann ergeben, wenn vorausgesetzt ist, dass A keinen von L abhängigen geltenden Werth habe, oder mit andern Worten, wenn die Glieder, als deren Summe A gedacht ist, einem von L unabhängigen Systeme angehören; das heisst:

wenn die Glieder einer Gleichung alle einen gemeinschaftlichen Faktor L auf derselben Stelle haben, und die sämmtlichen übrigen Faktoren aller Glieder einem von diesem gemeinschaftlichen Faktor unabhängigen Systeme angehören, so kann man den Faktor L in allen Gliedern weglassen.

§ 82. **Projektion oder Abschattung. Abschattung einer Summe.**

Durch Verknüpfung der Verfahrungsarten der beiden vorigen Paragraphen gelangen wir nun zu einem Verfahren, um aus einer Gleichung andere Gleichungen derselben Stufe abzuleiten.

In der That, ist

$$A + B + \cdots = 0$$

die ursprüngliche Gleichung, so erhalten wir durch Multiplikation mit L (nach § 80) die Gleichung

$$A \,.\, L + B \,.\, L + \cdots = 0.$$

Wollen wir nun hierauf das Verfahren von § 81 anwenden, um den Faktor L wegzuschaffen, so müssen wir die Glieder dieser Gleichung in solcher Form darstellen, dass die Faktoren, mit welchen L multiplicirt ist, ins Gesammt einem von L unabhängigen Systeme angehören.

Es sei G ein solches System und A', B', ... seien Ausdehnungen, welche diesem System angehören, und die Beschaffenheit haben, dass

117 $$A' \,.\, L = A \,.\, L, \quad B' \,.\, L = B \,.\, L, \ldots$$

sei, so hat man die Gleichung

$$A' \,.\, L + B' \,.\, L + \cdots = 0,$$

und daraus nach dem vorigen Paragraphen

$$A' + B' + \cdots = 0,$$

eine Gleichung, welche von derselben Stufe ist, wie die ursprüngliche. 117 Ein jedes Glied der letzten Gleichung ist aus dem entsprechenden der ersten dadurch hervorgegangen, dass man in dem Systeme G eine Grösse gesucht hat, welche mit einer von G unabhängigen Grösse L multiplicirt dasselbe giebt, wie das entsprechende Glied der ursprünglichen Gleichung, und es zeigt sich sogleich, dass, wenn eine solche Grösse möglich ist, auch immer nur Eine möglich sei. Nimmt man nämlich zwei solche an, etwa A' und A'', welche aus A auf die angegebene Weise entstanden sein sollen, so müssen sie nach der Voraussetzung mit L multiplicirt gleiches Resultat geben (nämlich $A.L$); wir erhalten also die Gleichung

$$A'.L = A''.L,$$

und da das System G, welchem A' und A'' angehören, von L unabhängig sein soll, so kann man nach § 81 hier L weglassen und hat

$$A' = A'',$$

das heisst, beide Werthe fallen in Einen zusammen; es ist also in der That nur Eine solche Grösse möglich. Wir nennen hier A' die Projektion oder Abschattung *), A die projicirte oder abgeschattete Grösse, G das Grundsystem, das System L das Leitsystem, und sagen, dass A' die Projektion oder Abschattung von A auf G nach (gemäss) dem Leitsystem L sei. Also *unter der Projektion oder Abschattung einer Grösse (A) auf ein Grundsystem (G) nach einem Leitsysteme (L) verstehen wir diejenige Grösse, welche, dem Grundsysteme angehörend, mit einem Theil des Leitsystems gleiches Produkt liefert, wie die projicirte oder abgeschattete Grösse (A).*

Wir können somit den im Anfange dieses Paragraphen entwickelten Satz in der Form aussprechen:

Eine Gleichung bleibt als solche bestehen, wenn man alle ihre Glieder in demselben Sinne abschattet (projicirt); 118

oder auch, wenn man Ein Glied auf die eine Seite allein geschafft denkt,

die Abschattung (Projektion) einer Summe ist gleich der Summe aus den Abschattungen der Stücke. **) 118

§ 83. Wann die Abschattung null und wann sie unmöglich wird.

Um der Betrachtungsweise eine grössere Anschaulichkeit zu geben, haben wir zu untersuchen, wann die Abschattung null, und wann sie unmöglich wird.

---

*) Die Namen Projektion und Abschattung sollen nicht überall dasselbe bedeuten, ihr Unterschied wird aber erst im zweiten Abschnitte dieses Theiles heraustreten; auf die hier betrachteten Grössen angewandt, fallen beide Begriffe zusammen.

**) Ich ziehe in dem Ausdruck der Sätze den Namen Abschattung vor, weil in dieser Form die Sätze allgemein sind, und auch für die später zu entwickelnden Grössen bestehen bleiben.

Soll die Abschattung A' null werden, so muss auch, da

$$A'.L = A.L$$

ist, das Produkt $A.L$ null, das heisst A von L abhängig sein; aber auch umgekehrt, herrscht diese Abhängigkeit, so muss, weil das System, dem jeder geltende Werth von A' angehören soll, von L unabhängig ist, also das Produkt $A'.L$ nicht gleich Null machen kann, A' selbst null sein. Also ist die Abschattung dann, aber auch nur dann null, wenn die abgeschattete Grösse vom Leitsystem abhängig ist. Da endlich jede dem Systeme G angehörige Grösse, mit L multiplicirt, dem Systeme $G.L$ angehören muss, so wird $A'.L$, also auch das ihm Gleiche $A.L$, nothwendig dem Systeme $G.L$ angehören, wenn die Abschattung möglich sein soll; wobei der Nullwerth, wie immer, als jedem beliebigen Systeme angehörig und von ihm abhängig betrachtet wird. Aber auch umgekehrt, wenn $A.L$ dem Systeme $G.L$ angehört, so ist die Abschattung allemal möglich; denn wenn $A.L$ nicht null ist, und es dem Systeme $G.L$ angehört, so müssen die einfachen Faktoren von $A.L$ sich als Summen von Stücken darstellen lassen, welche denen von $G.L$ gleichartig sind; also muss dann namentlich A sich auf diese Weise darstellen lassen; aber diejenigen Stücke, welche mit den Faktoren von L gleichartig sind, kann man, ohne den Werth des Produktes $A.L$ zu ändern, [aus A] weglassen; thut man dies, und nennt die so gewonnene Grösse, welche nun statt A eintritt, A', so sind die Faktoren von A' nur von G abhängig, A' gehört also zu-
119 gleich dem Systeme G an, ist also die | Abschattung von A. Ist aber $A.L$ gleich Null, so haben wir schon nachgewiesen, dass die Abschattung auch null, also möglich ist.

Somit hat sich ergeben, dass die Abschattung allemal dann, aber auch nur dann, möglich ist, wenn das Produkt der abgeschatteten
119 Grösse in das Leitsystem dem Produkte des Grundsystems in das Leitsystem angehört. Da, wenn $A.L$ nicht null ist, die angeführte Bedingung mit der Bedingung identisch ist, dass A dem Systeme $G.L$ angehöre, so können wir die Resultate dieses Paragraphen auch in folgendem Satze zusammenfassen:

Ist die abzuschattende Grösse von dem Leitsysteme abhängig, so ist die Abschattung null; ist sie davon unabhängig, so hat die Abschattung allemal dann einen geltenden Werth, wenn die abzuschattende Grösse dem aus dem Grund- und Leitsysteme zusammengesetzten Systeme angehört; in jedem andern Falle ist sie unmöglich.

Wenden wir den Begriff der Abschattung auch auf die Grössen nullter Stufe, das heisst auf die Zahlengrössen an, so haben wir nur zu beachten, dass die Allgemeinheit der Gesetze es erfordert, dieselben als jedem beliebigen Systeme angehörig, aber, wenn sie nicht null sind, als von ihnen unabhängig zu betrachten (s. Kap. 4). Daraus geht dann hervor, dass die Zahlengrössen bei der Abschattung sich nicht ändern.

§ 84. Abschattung eines Produktes und eines Quotienten. Allgemeines Gesetz.

Wir gehen nun zur Abschattung eines Produktes über, um dieselbe mit den Abschattungen seiner Faktoren zu vergleichen.

Es sei $A.B$ das Produkt, A' und B' die Abschattungen von A und B auf das Grundsystem G nach dem Leitsysteme L, so hat man die Gleichungen

$$A'.L = A.L \text{ und } B'.L = B.L.$$

Die Abschattung des Produktes $A.B$ wird nun diejenige Grösse sein, welche, dem Systeme G angehörend, mit L multiplicirt ein Produkt giebt, welches gleich $A.B.L$ ist. Da nun $A.L$ gleich ist $A'.L$, so kann ich in dem Produkte $A.B.L$ statt A den Werth A' setzen, wie sich sogleich durch zweimalige Vertauschung und Zusammenfassung ergiebt.*) Somit erhalte ich

$$A.B.L = A'.B.L = A'.B'.L, \tag{120}$$

letzteres, weil $B.L$ gleich ist $B'.L$. Da nun A' und B' beide dem Systeme G angehören, so gehört auch $A'.B'$ ihm an, und da zugleich, wie wir eben zeigten,

$$A.B.L = A'.B'.L$$

ist, so ist in der That $A'.B'$ die Abschattung von $A.B$; also hat man den Satz:

Die Abschattung eines Produktes ist das Produkt aus den Abschattungen seiner Faktoren, wenn alle Abschattungen in demselben Sinne genommen (das heisst Grundsystem und Leitsystem dieselben) sind;

oder mit dem früheren Resultate zusammengefasst:

Eine richtige Gleichung bleibt richtig, wenn man ihre Glieder, oder die Faktoren ihrer Glieder, alle in demselben Sinne abschattet.

---

*) In der That kann ich $A.B.L$ entweder gleich $A.L.B$ oder gleich $-A.L.B$ setzen, dann die Faktoren $A.L$ zu einem Produkt zusammen fassen, statt dieses Produktes das ihm gleiche $A'.L$ setzen, und dann die vorige Ordnung wiederherstellen, wobei, wenn das *minus*-Zeichen eingetreten war, sich nothwendig das ursprüngliche Zeichen wiederherstellt.

Hat man ins Besondere die Gleichung

$$A_1 = \alpha A, \quad \text{oder} \quad \frac{A_1}{A} = \alpha,$$

wo α eine Zahlengrösse bezeichnen soll, so folgt daraus, wenn A_1' und A' die Abschattungen von A_1 und A sind, die Gleichung

$$A_1' = \alpha A' \quad \text{oder} \quad \frac{A_1'}{A'} = \alpha,$$

das heisst der Werth eines Quotienten zweier gleichartiger Grössen ändert sich nicht, wenn man statt derselben die in gleichem Sinne genommenen Abschattungen setzt. Oder allgemeiner, sucht man die Abschattung eines Quotienten $\frac{A}{.B}$, so hat man, da dieser Quotient jede Grösse C bezeichnet, welche der Gleichung

$$C \, . \, B = A$$

genügt, durch Abschattung der einzelnen Faktoren in gleichem Sinne die neue Gleichung

$$C' \, . \, B' = A' \quad \text{oder} \quad C' = \frac{A'}{.B'},$$

121 das heisst, statt einen Quotienten abzuschatten, kann man Zähler und Nenner in demselben Sinne abschatten. Fassen wir daher Addition, 121 Subtraktion, äussere Multiplikation und Division unter dem | allgemeinen Begriffe der *Grundverknüpfungen* zusammen, so können wir den allgemeinen Satz aufstellen, welcher die früheren in sich schliesst:

Statt das Ergebniss einer Grundverknüpfung abzuschatten, kann man deren Glieder in demselben Sinne abschatten.

§ 85. Analytischer Ausdruck der Abschattung.

Es bietet sich uns hier die Aufgabe dar, die Abschattung analytisch auszudrücken, wenn die Grösse, welche abgeschattet werden soll, und der Sinn der Abschattung, das heisst Grundsystem und Leitsystem gegeben sind. Doch beschränken wir uns hier nur auf den Fall, dass die abzuschattende Grösse mit dem Grundsysteme von gleicher Stufe ist, indem die Lösung im allgemeineren Falle zwar auch schon hier leicht zu bewerkstelligen ist, jedoch zu einem Ausdrucke führen würde, der an Einfachheit dem später zu entwickelnden Ausdrucke (s. Abschn. II, Kap. 4) sehr nachstehen würde.

Es sei A die abzuschattende Grösse, L ein Theil des Leitsystems, G des Grundsystems, und A und G seien von gleicher Stufe, so wird die Abschattung A' mit G gleichartig sein müssen, also

$$A' = x G$$

gesetzt werden können, wo x eine Zahlengrösse ist. Multiplicirt man diese Gleichung mit L, so hat man

$$A'.L = xG.L,$$

oder, da $A'.L$ nach dem Begriff der Abschattung gleich $A.L$ ist, so hat man

$$A.L = xG.L, \text{ also } x = \frac{A.L}{G.L}$$

und daraus

$$A' = \frac{A.L}{G.L} G,$$

was der gesuchte analytische Ausdruck ist. Den Wortausdruck dieses Resultats versparen wir uns bis zur Behandlung des allgemeinen Falles.

§ 86. Ableitung eines Vereins von Gleichungen, welcher die ursprüngliche ersetzt.

Dagegen müssen wir den Faden wieder anknüpfen, den wir oben (§ 81) fallen liessen. Wir hatten nämlich dort gezeigt, wie man zwar aus einer Gleichung

$$A + B + \cdots = 0 \qquad 122$$

durch Multiplikation mit einer beliebigen Ausdehnung L eine neue 122 Gleichung

$$A.L + B.L + \cdots = 0$$

ableiten, aber aus dieser im Allgemeinen nicht wieder die ursprüngliche herleiten könne; es kommt also jetzt darauf an, aus jener Gleichung einen Verein von Gleichungen dieser Art abzuleiten, welcher jene eine ersetze, das heisst, aus welchem sich jene erste wiederum ableiten lässt.

Ins Besondere liess sich der Faktor L so auswählen, dass nach der Multiplikation der einzelnen Glieder mit diesem Faktor eine Gleichung aus lauter gleichartigen Gliedern hervorging, und da solche Gleichungen als die einfachsten erscheinen, so wird es besonders darauf ankommen, jene erste Gleichung durch Gleichungen dieser Art zu ersetzen.*) Die Entwickelung der folgenden Paragraphen zeigte, wie die Gleichung

$$A.L + B.L + \cdots = 0$$

ersetzt werden konnte durch eine Gleichung zwischen den Abschattungen auf ein und dasselbe Grundsystem nach dem Leitsystem L,

---

*) Wir sagen überhaupt, dass sich zwei Vereine von Gleichungen gegenseitig ersetzen, wenn man aus jedem der beiden Vereine den andern ableiten kann.

also, wenn $A', B', \ldots$ solche Abschattungen von $A, B, \ldots$ darstellen, durch die Gleichung

$$A' + B' + \cdots = 0;$$

und die Aufgabe, die wir uns stellten, ist also identisch mit der, eine Gleichung zu ersetzen durch einen Verein von Gleichungen, welche durch Abschattungen der ersteren hervorgehen, und namentlich eine Gleichung zwischen ungleichartigen Gliedern durch solche Abschattungsgleichungen, deren Glieder alle gleichartig sind.

Es sei die ursprüngliche Gleichung von m-ter Stufe, und ihr Hauptsystem, das heisst das System, welchem alle ihre Glieder ins Gesammt angehören, von n-ter Stufe, und zwar sei dies letztere dargestellt als Produkt von n unabhängigen einfachen Faktoren $a \,.\, b \ldots$. Alsdann wird nach dem Begriffe des Systems n-ter Stufe sich jeder einfache Faktor eines jeden Gliedes der gegebenen Gleichung als Summe darstellen lassen, deren Stücke jenen Faktoren $a, b, \ldots$ gleichartig sind, 123 also in der Form $a_1 + b_1 + \cdots$. Denkt man sich | jeden einfachen Faktor jedes Gliedes der gegebenen Gleichung auf diese Weise dargestellt, und führt die Multiplikation aus, so dass die Klammern verschwinden, so erhält man eine Summe von Gliedern, deren jedes mit einem der Produkte zu m Faktoren aus $a, b, \ldots$ gleichartig ist. Multiplicirt man nun die Gleichung mit $(n - m)$ von den Faktoren $a, b, \ldots,$ so bleiben nur diejenigen Glieder von geltendem Werthe, welche mit dem Produkte der m übrigen Faktoren jener Reihe $a, b, \ldots$ gleichartig sind, indem alle andern wenigstens Einen einfachen Faktor enthalten, der mit den neu hinzutretenden Faktoren gleichartig ist, also bei dieser Multiplikation verschwinden. Nun kann man aber wiederum nach § 81 die hinzugetretenen Faktoren hinweglassen, indem das System, dem die übrigen angehören, von dem System der hinzutretenden unabhängig ist. Man erhält auf diese Weise einen Verein richtiger Gleichungen, wenn man, nachdem die ursprüngliche Gleichung auf die angegebene Weise umgestaltet ist, jedesmal die gleichartigen Glieder zu einer Gleichung vereinigt. Und da die sämmtlichen so gewonnenen Gleichungen bei ihrer Addition die ursprüngliche wiedergeben, so haben wir einen Verein von Gleichungen gewonnen, welcher die ursprüngliche genau ersetzt, und die Aufgabe ist gelöst. Somit haben wir den Satz:

Wenn man in einer Gleichung m-ter Stufe, deren Glieder einem Systeme n-ter Stufe angehören, jeden einfachen Faktor eines jeden Gliedes als Summe darstellt, deren Stücke n von einander unabhängigen Strecken gleichartig sind, und durchmultiplicirt, so kann man jede Reihe von gleichartigen Gliedern, welche daraus hervorgehen, zu Einer Gleichung zusammen-

fassen und erhält dadurch einen Verein von Gleichungen, welcher die ursprüngliche ersetzt.

Oder, da jede dieser Gleichungen ersetzt wird durch eine Gleichung, welche aus der ursprünglichen durch Multiplikation mit $(n-m)$ von den Faktoren $a, b, \ldots$ hervorgeht,

wenn man eine Gleichung m-ter Stufe, deren Glieder einem Systeme n-ter Stufe angehören, nach und nach mit jedem Produkt zu $(n-m)$ Faktoren, welches sich aus n von einander unabhängigen Strecken jenes Systems bilden lässt, multiplicirt, so | erhält man einen Verein von Gleichungen, 124 *welcher die ursprüngliche ersetzt.*

Da die Glieder, welche bei dem vorhergehenden Satze in jeder abgeleiteten Gleichung erschienen, sich unmittelbar als Abschattungen der Glieder, welche in der ursprünglichen Gleichung vorkamen, zu erkennen geben, so können wir den gewonnenen Satz auch vermittelst des Begriffs der Abschattungen aussprechen, haben jedoch für den bequemeren Ausdruck noch eine Reihe neuer Begriffe aufzustellen.

§ 87. Richtsysteme (Koordinatensysteme), Richtgebiet, Richtmasse, Hauptmass.

Nämlich die Betrachtungsweise des vorigen Paragraphen führt uns zu dem Begriffe der Koordinatensysteme oder Richtsysteme, welche wir jedoch in einem viel ausgedehnteren Sinne auffassen, als dies gewöhnlich geschieht. Auch erlaube ich mir, die sonst üblichen Benennungen, welche namentlich, wenn sie der durch die Wissenschaft geforderten Erweiterung unterworfen werden sollen, als sehr schleppend erscheinen, und überdies fremden Sprachen entlehnt sind, durch einfachere zu ersetzen.

Ich nenne die n Strecken $a, b, \ldots,$ welche ein System n-ter Stufe bestimmen, (also alle von einander unabhängig sind), sofern jede Strecke des Systems durch sie ausgedrückt werden soll, die Richtmasse erster Stufe oder die Grundmasse dieses Systems, ihren Verein ein Richtsystem, die Produkte von m Grundmassen (mit Festhaltung der ursprünglichen Ordnung derselben) Richtmasse m-ter Stufe, das Richtmass n-ter Stufe das Hauptmass, die Systeme der Richtmasse m-ter Stufe endlich nennen wir Richtgebiete m-ter Stufe, die Systeme der Grundmasse ins Besondere Richtaxen (Koordinatenaxen). Ergänzende Richtmasse nennen wir solche, die mit einander multiplicirt das Hauptmass geben, und die ihnen zugehörigen Richtgebiete nennen wir gleichfalls ergänzende.

§ 88. Richtstücke, Zeiger.

Durch die in § 86 geführte Entwickelung ist klar, wie jede Ausdehnung m-ter Stufe, welche einem Systeme n-ter Stufe angehört, sich als Summe darstellen lässt von Stücken, welche den Richtmassen m-ter Stufe, die zu jenem Systeme gehören, gleichartig sind. Diese Stücke nun nennen wir Richtstücke jener Grösse, so dass also jede Grösse als Summe ihrer Richtstücke erscheint; die Zahlengrössen, welche hervorgehen, wenn die Richtstücke einer Grösse durch die entsprechenden *125* (gleichartigen) | Richtmasse dividirt werden, die Zeiger der Grösse, 125 so dass also jede Grösse als | Vielfachen-Summe*) der Richtmasse gleicher Stufe erscheint. Die Richtstücke einer Grösse erster Stufe sind es, welche sonst auch Koordinaten genannt werden. Eine Grösse im Sinne des Richtsystems abschatten (projiciren), heisst, sie auf eins der Richtgebiete gemäss dem ergänzenden Richtgebiete abschatten.

§ 89. Gleichungen zwischen den Richtstücken und zwischen den Zeigern.

Wenden wir diese Begriffe auf die in § 86 aufgestellten Sätze an, so gehen dieselben in folgende über:

In einer Gleichung kann man statt aller Glieder die Richtstücke oder Zeiger derselben setzen, welche einem beliebigen, aber alle demselben Richtmasse zugehören, und führt man dies in Bezug auf alle Richtmasse derselben Stufe aus, so erhält man einen Verein von Gleichungen, welcher die gegebene ersetzt.

Die in § 86 abgeleiteten Gleichungen sind nämlich eben diese Gleichungen zwischen den Richtstücken, und aus ihnen erhält man die Zeigergleichungen durch Division mit dem jedesmal zugehörigen Richtmasse.**) Ferner:

Aus einer Gleichung kann man einen sie ersetzenden Verein von Gleichungen ableiten, indem man jene Gleichung nach und nach mit den sämmtlichen Richtmassen, deren Stufenzahl die der Gleichung zu der des Hauptsystems ergänzt, multiplicirt.

---

*) Jedes Produkt einer Grösse in eine Zahlengrösse nennen wir nämlich ein Vielfaches der ersteren, und unterscheiden davon das Mehrfache, bei welchem jene Zahlengrösse eine ganze Zahl sein muss.

**) Diese Zeigergleichungen, als Gleichungen zwischen blossen Zahlengrössen, vermitteln am vollständigsten den Uebergang zur Arithmetik.

§ 90. Abschattungen einer Gleichung im Sinne eines Richtsystems. Ausdruck für den Zeiger.

Wenn wir eine als Summe ihrer Richtstücke dargestellte Grösse m-ter Stufe mit einem Richtmasse von ergänzender, das heisst $(n-m)$-ter Stufe multipliciren, so fallen alle Richtstücke bis auf eins weg, und dies eine erscheint daher als Abschattung jener Grösse auf das Richtgebiet m-ter Stufe gemäss dem ergänzenden Richtgebiete, und alle Richtstücke jener Grösse erscheinen also als im Sinne des Richtsystems erfolgte Abschattungen auf die verschiedenen Richtgebiete gleicher Stufe. Wir können daher sagen,

*eine Gleichung m-ter Stufe werde ersetzt durch einen Verein von Gleichungen, welche durch Abschattung auf die verschiedenen Richtgebiete m-ter Stufe im Sinne des Richtsystems hervorgehen.**) 126

Zugleich ergiebt sich hieraus ein einfacher analytischer Ausdruck für die Richtstücke oder Zeiger einer Grösse. Es werde nämlich das einem Richtmasse A zugehörige Richtstück P' einer Grösse P gesucht, B sei das zu A gehörige ergänzende Richtmass, so hat man, da P' die Abschattung von P auf A nach B ist (s. § 85),

$$P' = \frac{P.B}{A.B} A,$$

also ist der zugehörige Zeiger gleich

$$\frac{P.B}{A.B},$$

das heisst:

der einem Richtmass A zugehörige Zeiger einer Grösse ist gleich einem Bruche, dessen Zähler das Produkt der Grösse in das ergänzende Richtmass und dessen Nenner das Produkt jenes ersten Richtmasses in das ergänzende ist.

B. Anwendungen.

§ 91. Abschattung in der Geometrie.

Wenden wir die in diesem Kapitel entwickelten Begriffe auf die Geometrie an, so ergiebt sich zunächst für die Ebene nur Eine Art der Projektion (Abschattung)**), indem eine Strecke auf eine gegebene

*) Dass eine Gleichung m-ter Stufe in einem System n-ter Stufe durch so viel einfache Gleichungen ersetzt werde, als es Kombinationen aus n Elementen zur m-ten Klasse gebe, bedarf wohl kaum einer Erwähnung.

**) Wir ziehen bei dieser Anwendung wieder den Namen der Projektion vor, aus Gründen, die späterhin von selbst einleuchten werden.

gerade Linie nach einer gegebenen Richtung projicirt werden kann. Das Richtsystem für die Ebene bietet nur zwei Grundmasse und zwei ihnen zugehörige Richtaxen dar. Als Hauptmass erscheint der Flächenraum des von den beiden Grundmassen gebildeten Spathecks (Parallelogramms).

Im Raume treten drei Arten der Projektion hervor, nämlich es werden entweder Strecken oder Flächenräume auf eine gegebene Ebene nach einer gegebenen Richtung projicirt, oder es werden Strecken auf eine gegebene gerade Linie parallel einer gegebenen Ebene projicirt. Das Richtsystem für den Raum bietet drei Grundmasse und drei ihnen zugehörige Richtaxen dar, ferner drei Richtebenen als Richtgebiete 127 zweiter | Stufe, und drei ihnen zugehörige Richtmasse zweiter Stufe, welche die Flächenräume der aus je zwei Grundmassen beschriebenen Spathecke mit Festhaltung der Richtungen ihrer Ebenen darstellen. Als Hauptmass erscheint das von den drei Grundmassen beschriebene Spath (Parallelepipedum). Interessant erscheint hier besonders die Darstellung eines Flächenraums von bestimmter Richtung als Summe seiner Richtstücke, nämlich als Summe dreier Flächenräume, welche den drei Richtebenen angehören. Da die Sätze, welche sich über Projektionen und Richtsysteme in der Geometrie aufstellen lassen, in unserer Wissenschaft schon ganz in der Form aufgestellt sind, in welcher sie für die Geometrie auszusprechen wären, so können wir uns der Wiederholung derselben hier überheben.

§ 92. Verwandlung der Koordinaten.

Dagegen wollen wir das Problem der Koordinatenverwandlung zunächst für die Geometrie und demnächst auch allgemein für unsre Wissenschaft lösen.

Es seien a, b, c drei Grundmasse und e_1, e_2, e_3 drei neue von einander unabhängige Grundmasse, welche als Vielfachensummen jener ursprünglichen Grundmasse gegeben sind, so ist nun die Aufgabe: eine Grösse p, einestheils, wenn sie als Vielfachensumme der ursprünglichen Grundmasse gegeben ist, als Vielfachensumme der neuen Grundmasse darzustellen, und umgekehrt, wenn sie in der letzteren Form gegeben ist, sie in der ersteren darzustellen; in beiden Fällen sind die Zeiger zu suchen. Diese Aufgaben sind nun in der That durch den Satz in § 90, welcher die Zeiger finden lehrt, gelöst. Danach ist in Bezug auf die erste Aufgabe der zu e_1 gehörige Zeiger von p gleich

$$\frac{p \,.\, e_2 \,.\, e_3}{e_1 \,.\, e_2 \,.\, e_3}$$

und in Bezug auf die zweite der zu a gehörige Zeiger von p gleich

$$\frac{p.b.c}{a.b.c}$$

und durch diese so höchst einfachen Ausdrücke ist das Problem der Koordinatenverwandlung in seiner grössten Allgemeinheit gelöst.

Die zweite Aufgabe ist besonders bei der Theorie der Kurven und Oberflächen von Wichtigkeit, indem dieselben dadurch bestimmt werden, dass zwischen den Zeigern einer Strecke, welche von einem als Anfangspunkt der Koordinaten angenommenen Punkte nach einem Punkte 128 der Kurve oder Oberfläche gezogen ist, eine Gleichung aufgestellt wird. Es sei $p = xa + yb + zc$ diese Strecke, und

$$f(x, y, z) = 0$$

die Gleichung, welche eine Oberfläche bestimmt; sucht man nun die Gleichung derselben Oberfläche zunächst für denselben Anfangspunkt der Koordinaten, aber in Bezug auf neue Richtaxen und auf die ihnen zugehörigen Richtmasse, e_1, e_2, e_3, so hat man, wenn

$$p = u_1 e_1 + u_2 e_2 + u_3 e_3$$

ist, die Gleichung

$$f\left(\frac{p.b.c}{a.b.c}, \frac{a.p.c}{a.b.c}, \frac{a.b.p}{a.b.c}\right) = 0,$$

eine Gleichung, welche, wenn man statt p seinen Werth substituirt, als Gleichung zwischen den neuen Variabeln u_1, u_2, u_3 erscheint. Will man auch den Anfangspunkt der Koordinaten etwa um die Strecke e verlegen, so hat man nun, wenn q die Strecke ist von dem neuen Anfangspunkt nach demselben Punkte der Oberfläche, nach welchem der entsprechende Werth von p gerichtet, und

$$q = v_1 e_1 + v_2 e_2 + v_3 e_3$$

ist, nur in der obigen Gleichung statt p seinen Werth $q + e$ einzuführen, um die verlangte Gleichung zu erhalten, oder ist

$$e = \alpha a + \beta b + \gamma c,$$

so hat man, wie sich sogleich ergiebt,

$$f\left(\frac{q.b.c}{a.b.c} + \alpha, \frac{a.q.c}{a.b.c} + \beta, \frac{a.b.q}{a.b.c} + \gamma\right) = 0$$

als die verlangte Gleichung zwischen den neuen Variabeln v_1, v_2, v_3. Will man diese Gleichung als blosse Zahlengleichung darstellen, so hat man nur die neuen Grundmasse auf bestimmte Weise als Vielfachensummen der ursprünglichen darzustellen und in die Gleichung einzuführen. Es sei

$$e_1 = \alpha_1 a + \beta_1 b + \gamma_1 c$$
$$e_2 = \alpha_2 a + \beta_2 b + \gamma_2 c$$
$$e_3 = \alpha_3 a + \beta_3 b + \gamma_3 c,$$

so zeigt sich unmittelbar, wie sich die verlangte Gleichung darstellt in der Form

$$f(\alpha + \alpha_1 v_1 + \alpha_2 v_2 + \alpha_3 v_3, \quad \beta + \beta_1 v_1 + \beta_2 v_2 + \beta_3 v_3,$$
$$\gamma + \gamma_1 v_1 + \gamma_2 v_2 + \gamma_3 v_3) = 0,$$

129 eine Gleichung, welche an Einfachheit nichts zu wünschen übrig | lässt.

Für den allgemeinsten Fall der abstrakten Wissenschaft ergiebt sich die Lösung unserer Aufgabe mit derselben Leichtigkeit. In der That, ist eine Grösse P als Vielfachensumme gewisser Richtmasse gegeben, und man will dieselbe als Vielfachensumme anderer Richtmasse ausdrücken, so hat man den zu einem derselben, A gehörigen Zeiger, wenn B das zu A gehörige ergänzende Richtmass ist, nach § 90 gleich

$$\frac{P.B}{A.B}.$$

§ 93. Elimination einer Unbekannten aus Gleichungen höherer Grade.

Was nun die Anwendung auf die Theorie der Gleichungen betrifft, so haben wir schon oben (§ 45) die Methode, Gleichungen des ersten Grades mit mehreren Unbekannten durch Hülfe unserer Analyse aufzulösen, vorweggenommen. Wir setzen diesen Gegenstand hier fort, indem wir die durch unsere Wissenschaft dargebotene Methode, aus Gleichungen höherer Grade mit mehreren Unbekannten die Unbekannten zu eliminiren, darlegen.

Es seien zwei Gleichungen höherer Grade mit mehreren Unbekannten gegeben, es soll eine derselben, etwa y, eliminirt, also eine Gleichung zwischen den übrigen Unbekannten aufgestellt werden. Die gegebenen Gleichungen seien nach Potenzen von y geordnet:

$$a_m y^m + \cdots + a_1 y + a_0 = 0$$
$$b_n y^n + \cdots + b_1 y + b_0 = 0,$$

wo $a_m, \ldots, a_0$ und $b_n, \ldots, b_0$ beliebige Funktionen der andern Unbekannten sind, a_0 und b_0 aber nicht gleich Null sein sollen. Multiplicirt man die erste Gleichung nach der Reihe mit $y, y^2, \ldots, y^n$, die letzte nach und nach mit $y, y^2, \ldots, y^m$, so erhält man $m+n$ neue Gleichungen. Betrachtet man die Koefficienten einer jeden dieser $m+n$ Gleichungen als unter sich gleichartig, hingegen die der verschiedenen Gleichungen als von einander unabhängig (auch wenn sie bis dahin mit demselben Buchstaben bezeichnet waren), so erhält man, wenn man die so aufgefassten Gleichungen im Sinne unserer Wissenschaft addirt, eine Gleichung von der Form

$$c_{m+n} y^{m+n} + \cdots + c_1 y = 0.$$

Multipliciren wir diese Gleichung mit dem äusseren Produkt $e_2 . e_3 \ldots e_{m+n}$, so fallen alle Glieder bis auf das letzte nach den ¦ Ge- 130 setzen der äusseren Multiplikation weg, und wir erhalten die Gleichung

$$e_1 . e_2 . e_3 \ldots e_{m+n} y = 0,$$

oder, da y nicht null sein kann, weil dann in den gegebenen Gleichungen wider die Voraussetzung a_0 und b_0 gleich Null sein würden, so hat man

$$e_1 . e_2 . e_3 \ldots e_{m+n} = 0$$

als die verlangte Eliminationsgleichung.

Zweiter Abschnitt.

Die Elementargrösse.

Erstes Kapitel.

Addition und Subtraktion der Elementargrössen erster Stufe.

A. Theoretische Entwickelung.

§ 94. Gesetz über die Summe der Strecken, welche von einem veränderlichen Elemente nach einer Reihe fester Elemente gezogen sind.

131 Ich knüpfe den Begriff der Elementargrössen an die Lösung einer einfachen Aufgabe, durch die ich zuerst zu diesem Begriffe gelangte, und die mir überhaupt zu dessen genetischer Entwickelung am geeignetsten zu sein scheint.

Aufgabe. Es seien drei Elemente α_1, α_2, β_1 und ausserdem ein Element ϱ gegeben; man soll das Element β_2 finden, welches der Gleichung

$$[\varrho\alpha_1] + [\varrho\alpha_2] = [\varrho\beta_1] + [\varrho\beta_2]$$

genügt.

Auflösung. Schafft man die Glieder der linken Seite auf die rechte, so hat man, da

$$-[\varrho\alpha] = [\alpha\varrho], \text{ und } [\alpha\varrho] + [\varrho\beta] = [\alpha\beta]$$

ist, die Gleichung

$$[\alpha_1\beta_1] + [\alpha_2\beta_2] = 0,$$

durch welche das Element β_2 auf eine einfache Weise bestimmt ist.

Um dies Resultat der Anschauung näher zu bringen, wollen wir es auf die Geometrie anwenden, und also die Elemente als Punkte annehmen; so finden wir den Punkt β_2, indem wir $[\alpha_2\beta_2]$ entgegengesetzt gleich mit $[\alpha_1\beta_1]$ machen. — Das Interessante bei dieser Auflösung

ist, dass das Element β_2 ganz unabhängig von ϱ bestimmt ist, und 182
da wir aus der letzten Gleichung, welche in der Auflösung vorkommt, durch das umgekehrte Verfahren wieder die erste in Bezug auf jedes beliebige ϱ ableiten können, so haben wir zugleich den Satz, dass, wenn die Gleichung

$$[\varrho\alpha_1] + [\varrho\alpha_2] = [\varrho\beta_1] + [\varrho\beta_2]$$

für irgend einen Punkt ϱ gilt, sie auch für jeden andern Punkt gilt, der statt ϱ eingeführt werden mag.

Dieser Satz lässt sich direkt ableiten, doch wollen wir ihn vorher verallgemeinern; denn es ist klar, wie das angegebene Verfahren auch noch anwendbar bleibt, wenn man statt der zwei Elemente α_1, α_2 und β_1, β_2 beliebig viele, nur auf beiden Seiten eine gleiche Anzahl, einführt, ja, da unter den Elementen beliebig viele zusammen fallen können, auch dann noch, wenn zu den Strecken auf beiden Seiten beliebige Koefficienten hinzutreten, sobald nur die Summe dieser Koefficienten auf beiden Seiten dieselbe ist. In der That, es sei

$$i_1\,[\varrho\alpha_1] + \cdots + i_n\,[\varrho\alpha_n] = k_1\,[\varrho\beta_1] + \cdots + k_m\,[\varrho\beta_m],$$

wo die Grössen $i_1, \ldots$ und $k_1, \ldots$ Zahlengrössen darstellen, und es sei zugleich

$$i_1 + \cdots + i_n = k_1 + \cdots + k_m,$$

so können wir zeigen, dass die erste Gleichung auch fortbesteht für jeden Punkt σ, der statt ϱ eingeführt wird. Denn es ist

$$[\varrho\alpha] = [\varrho\sigma] + [\sigma\alpha], \quad [\varrho\beta] = [\varrho\sigma] + [\sigma\beta].$$

Führt man diese Ausdrücke in Bezug auf die betreffenden Zeiger ($1 \ldots n$, $1 \ldots m$) in die obige Gleichung ein, löst die Klammern auf und fasst die Glieder, welche $[\varrho\sigma]$ enthalten, auf jeder Seite zusammen, so erhält man auf jeder Seite $[\varrho\sigma]$ multiplicirt mit der Summe der Koefficienten, und da diese auf beiden Seiten gleich ist, so hebt sich das so gewonnene Glied auf beiden Seiten auf, und man behält

$$i_1\,[\sigma\alpha_1] + \cdots + i_n\,[\sigma\alpha_n] = k_1\,[\sigma\beta_1] + \cdots + k_m\,[\sigma\beta_m],$$

das heisst, die Gleichung besteht fort in Bezug auf jedes Element, was statt ϱ eingeführt werden mag. Also:

Wenn man von einem Elemente ϱ Strecken nach beliebig vielen festen Elementen zieht, und zwei beliebige Vielfachensummen derselben, deren Koefficienten aber gleiche Summe haben, einander gleich sind, so besteht diese Gleichheit fort, wie sich auch das Element ϱ ändern mag.

Ist ins Besondere die Summe der Koefficienten in dem Ausdrucke 133

$$i_1\,[\varrho\alpha_1] + \cdots + i_n\,[\varrho\alpha_n]$$

null, so ergiebt sich, indem man auf die oben angegebene Weise, nämlich statt $[\rho\alpha]$ überall $[\rho\sigma] + [\sigma\alpha]$, substituirt, jener Ausdruck gleich

$$i_1 [\sigma\alpha_1] + \cdots + i_n [\sigma\alpha_n],$$

weil nämlich das Glied $(i_1 + \cdots + i_n) [\rho\sigma]$ wegen des ersten Faktors null wird. Also:

Wenn man von einem veränderlichen Elemente ρ Strecken nach beliebig vielen festen Elementen zieht, so ist jede Vielfachensumme dieser Strecken, deren Koefficientensumme null ist, eine konstante Grösse.

Auch geht aus der Art, wie sich die Gleichungen dieses Paragraphen aus einander ableiten lassen, unmittelbar hervor, dass, wenn zwei beliebige Vielfachensummen jener Strecken in Bezug auf dieselben zwei Anfangselemente ρ und σ einander gleich sind, auch ihre Koefficientensummen gleich sein, und daher ihre eigene Gleichheit bei jeder Aenderung von ρ fortbestehen müsse, und ebenso dass, wenn eine solche Vielfachensumme in Bezug auf zwei Anfangs-Elemente ρ und σ gleichen Werth behält, ihre Koefficientensumme null ist, und sie selbst daher bei jeder Aenderung von ρ denselben Werth behält.

§ 95. Abweichung eines Elementes, eines Elementarvereins. Gewicht.

Um die Resultate des vorigen Paragraphen einfacher einkleiden zu können, führen wir einige Benennungen ein, die wir auch für die Geometrie festhalten.

Nämlich wir verstehen unter der *Abweichung eines Elementes α von einem Elemente ρ* die Strecke $[\rho\alpha]$, unter der *Gesammtabweichung einer Elementenreihe von einem Elemente ρ* die Summe aus den Abweichungen der einzelnen Elemente jener Reihe von dem Elemente ρ. Fallen unter jenen Elementen mehrere (m) in eins (α) zusammen, so wird auch die Abweichung $[\rho\alpha]$ dieses Elementes ebenso oft (m-mal) in jener Summe vorkommen. Hierdurch gelangen wir zu einer Erweiterung des Begriffs; nämlich, nennen wir einen Verein von Elementen, deren jedes mit einer bestimmten Zahlengrösse behaftet ist, einen *Elementarverein*, so werden wir unter der *Gesammtabweichung eines Elementarvereins von einem Elemente ρ* eine Vielfachensumme aus den Abweichungen der jenem Vereine angehörigen Elemente von dem Element ρ verstehen müssen, deren Koefficienten die Zahlengrössen | sind, mit welchen die zugehörigen Elemente behaftet sind. Die Summe dieser Zahlengrössen nennen wir das *Gewicht*) des Elementarvereins,*

134

*) Der Name „Gewicht" ist auch sonst in der Mathematik (in der Wahrscheinlichkeitsrechnung) im abstrakten Sinne gebräuchlich, und bedarf wohl hier keiner Rechtfertigung.

so wie die Zahlengrössen, mit welchen die einzelnen Elemente behaftet sind, die ihnen zugehörigen Gewichte. Besteht also der Elementarverein aus den Elementen $\alpha, \beta, \ldots$ und den zugehörigen Gewichten $\mathfrak{a}, \mathfrak{b}, \ldots$, so ist die Abweichung jenes Elementarvereins von einem Elemente ϱ gleich

$$\mathfrak{a}\,[\varrho\alpha] + \mathfrak{b}\,[\varrho\beta] + \cdots.$$

Somit haben wir denn die Sätze:

Wenn zwei Elementarvereine von demselben Elemente um Gleiches) abweichen, und ihr Gewicht gleich ist, oder wenn sie von denselben zwei Elementen um Gleiches abweichen, so weichen sie auch von jedem andern Elemente um Gleiches ab, und im letztern Falle ist ihr Gewicht gleich,*

und

*Ein Elementarverein, dessen Gewicht null ist, weicht von je zwei Elementen um Gleiches ab, und ein Elementarverein, welcher von zwei Elementen um Gleiches abweicht, hat Null zum Gewicht und weicht von allen Elementen um Gleiches ab**).*

§ 96. Begriff der Elementargrössen und ihrer Summe.

Jedes Gebilde wird dadurch als Grösse fixirt, dass der Bereich seiner Gleichheit und Verschiedenheit bestimmt wird. Wir bezeichnen daher zwei Elementarvereine als gleiche Grössen und zwar als gleiche *Elementargrössen*, wenn ihre Abweichungen von denselben Elementen jedesmal gleichen Werth haben. Ein Elementarverein wird also zur Elementargrösse, wenn man von der besonderen Art seiner Zusammensetzung absieht, und nur die Abweichungswerthe festhält, welche er mit anderen Elementen bildet, so dass also eine Elementargrösse auf verschiedene Weise als | Elementarverein da sein kann, und jeder Ele- 136 mentarverein als eine | besondere Verkörperung einer Elementargrösse 135 oder, wie wir es oben bezeichneten, als elementare oder konkrete Darstellung einer Elementargrösse aufzufassen ist. Hiernach versteht es sich nun schon von selbst, dass unter der Abweichung und dem Gewichte einer Elementargrösse dasselbe zu verstehen ist, was wir unter der Abweichung und dem Gewichte des Elementarvereins verstanden, welchem sie zugehört, und dass zwei Elementargrössen nur dann gleich sein können, wenn sie gleiches Gewicht und gleiche Abweichungswerthe darbieten, dass aber die Gleichheit der Elementargrössen schon

*) Das heisst, die Abweichungen sollen gleich sein.

**) Dabei versteht sich von selbst, dass auch jedes einzelne Element sowohl für sich, als wenn es mit einer Zahlengrösse behaftet ist, als Elementarverein aufgefasst werden kann, indem die Gewichte der übrigen Elemente null sind.

erfolgt, wenn auch nur irgend zwei solche Werthe als gleich dargethan sind.

Unsere Aufgabe ist nun, die Art der Verknüpfung auszumitteln, in welche die verschiedenen Elemente und die zugehörigen Zahlengrössen eines Elementarvereins eingehen müssen, wenn als das Resultat der Verknüpfung die Elementargrösse erscheinen soll.

Die Verknüpfungen sind von zwiefacher Art, einestheils nämlich zwischen einem Element und der zugehörigen Zahlengrösse, dem Gewichte, andererseits zwischen den mit Gewichten behafteten Elementen und überhaupt zwischen den Elementarvereinen, sofern sie ihren Abweichungen nach betrachtet werden, das heisst zwischen den Elementargrössen unter sich.

Betrachten wir zuerst diese letzte Verknüpfungsweise, so ist klar, dass die Gesammtabweichung eines Elementarvereins dieselbe bleibt, in welcher Ordnung man die einzelnen Theile dieses Vereins nehmen, und wie man sie unter sich zu besonderen Vereinen zusammenfassen mag, und dass endlich, wenn man zu Elementarvereinen, welche verschiedene Abweichung darbieten, Elementarvereine, welche gleiche Abweichungen darbieten, hinzufügt, die so erzeugten Gesammtvereine auch verschiedene Abweichung darbieten müssen; und zwar wird dies alles der Fall sein, weil es für die Addition der Strecken gilt. Diese Vertauschbarkeit und Vereinbarkeit der Glieder, und auf der andern Seite das Gesetz, dass, wenn das eine Glied der Verknüpfung konstant bleibt, das Resultat nur dann konstant bleibe, wenn auch das andere Glied es bleibt, bestimmt jene Verknüpfung nach § 6 als eine additive, und die Gesetze der Addition und Subtraktion gelten allgemein für diese Verknüpfung.

Was nun die Verknüpfung des Elementes mit dem zugehörigen 136 Gewichte betrifft, so leuchtet ein, ' dass, wenn in einem Elementar- *136* vereine | dasselbe Element mehrmals und zwar mit verschiedenen Gewichten behaftet vorkommt, man statt dessen das Element einmal und zwar mit der Summe der Gewichte behaftet setzen kann, ohne dass die Abweichung des Vereins geändert wird, wie dies aus den Gesetzen der Multiplikation von Zahlengrössen mit Strecken bekannt ist. Bezeichnet man daher vorläufig diese zweite Verknüpfungsweise durch das Zeichen $\frown$, so hat man, wenn α ein Element, m und n die Gewichte sind,

$$m \frown \alpha + n \frown \alpha = (m + n) \frown \alpha,$$

eine Gleichung, welche das multiplikative Grundgesetz in Bezug auf das erste Verknüpfungsglied darstellt, und da die Verknüpfung einer Zahlengrösse mit einem Verein aus mehreren Elementen noch nicht ihrem Begriffe nach gegeben ist, also auch die andere Seite jenes Grundgesetzes noch nicht hervortreten kann, so ist jene Verknüpfung, so weit sie überhaupt bestimmt ist, als eine multiplikative bestimmt.

Fassen wir dies zusammen, so ist die Elementargrösse eines Vereins von Elementen $\alpha, \beta, \ldots$ mit den zugehörigen Gewichten $\mathfrak{a}, \mathfrak{b}, \ldots$ gleich

$$\mathfrak{a}\alpha + \mathfrak{b}\beta + \cdots,$$

das heisst, sie ist als Vielfachensumme der Elemente dargestellt, deren Koefficienten die den Elementen zugehörigen Gewichte sind, und zugleich ist dadurch die Addition der Elementargrössen unter sich bestimmt.

§ 97. **Vervielfachung dieser Grössen.**

Um nun die multiplikative Verknüpfung allgemeiner darzustellen, haben wir die Multiplikation einer Zahlengrösse mit einer Elementargrösse so zu definiren, dass auch die andere Seite des multiplikativen Grundgesetzes fortbesteht; dies geschieht, indem wir festsetzen, dass eine Vielfachensumme von Elementen mit einer Zahlengrösse multiplicirt werde, wenn man die Koefficienten derselben mit dieser Zahlengrösse multiplicirt.

Nämlich dann ergiebt sich sogleich, wenn a und b beliebige Elementargrössen, das heisst Vielfachensummen von Elementen darstellen, die Geltung der beiden multiplikativen Grundgesetze

$$ma + na = (m + n)\,a$$

und

$$ma + mb = m\,(a + b).$$

Dass nun auch das Resultat der Division mit einer Zahlengrösse, | so- 137 bald diese nicht null ist, ein bestimmtes sei, ergiebt sich leicht, indem verschiedene Elementargrössen, das heisst solche, deren Abweichungen von denselben Elementen Verschiedenheiten darbieten, auch nachdem sie mit derselben Zahlengrösse, die nicht null ist, multiplicirt sind, verschiedene Abweichungen darbieten müssen, also verschieden bleiben. Und ebenso leicht ergiebt sich auch, dass, wenn wir *gleichartige Elementargrössen* solche nennen, welche aus derselben Elementargrösse durch Multiplikation mit Zahlengrössen hervorgegangen sind, der Quotient zweier gleichartiger Elementargrössen, wenn nicht der Divisor null ist, eine bestimmte Zahlengrösse liefert. Somit gelten alle Gesetze arithmetischer Multiplikation und Division für die fragliche Verknüpfung.

Die Verknüpfung des Elementes ϱ mit andern Elementen oder Elementargrössen, wie sie bei der oben eingeführten Bezeichnung der Abweichung eintritt, behalten wir dem folgenden Kapitel vor.

§ 98. Die Elementargrösse als vielfaches Element.

Es erschien bisher die Elementargrösse im Allgemeinen als eine Vielfachensumme von Elementen, und wir müssen uns die Aufgabe stellen, eine Elementargrösse, welche in dieser Form gegeben ist, in möglichst einfacher Form darzustellen.

Zunächst machen wir den Versuch, sie in Einem Gliede, also als vielfaches Element darzustellen. Es sei daher

$$\mathfrak{a}\alpha + \mathfrak{b}\beta + \cdots = x\sigma$$

gesetzt, wo σ ein Element, x sein Gewicht bezeichnet; da das Gesammtgewicht auf beiden Seiten gleich sein muss, so erhalten wir sogleich

$$x = \mathfrak{a} + \mathfrak{b} + \cdots,$$

und wir haben nur noch σ so zu bestimmen, dass die Gesammtabweichung von irgend einem Elemente ϱ auf beiden Seiten gleich ist, und erhalten

$$\mathfrak{a}\,[\varrho\alpha] + \mathfrak{b}\,[\varrho\beta] + \cdots = (\mathfrak{a} + \mathfrak{b} + \cdots)\,[\varrho\sigma],$$

das heisst

$$[\varrho\sigma] = \frac{\mathfrak{a}\,[\varrho\alpha] + \mathfrak{b}\,[\varrho\beta] + \cdots}{\mathfrak{a} + \mathfrak{b} + \cdots},$$

wodurch σ bestimmt ist, sobald $\mathfrak{a} + \mathfrak{b} + \cdots$ einen geltenden Werth hat, das heisst:

Eine Elementargrösse, deren Gewicht nicht null ist, lässt sich als ein 188 *mit gleichem Gewichte behaftetes Element darstellen, | und zwar ist die Abweichung dieses Elementes von einem Elemente ϱ gleich der durch das Gewicht dividirten Abweichung der Elementargrösse von demselben Elemente.*

Setzt man übrigens in jener Gleichung, welche für jedes Element ϱ gilt, dies Element mit σ identisch, so hat man, weil $[\sigma\sigma]$ null ist, mit Weglassung des Divisors die Gleichung

$$0 = \mathfrak{a}\,[\sigma\alpha] + \mathfrak{b}\,[\sigma\beta] + \cdots,$$

das heisst, die Gesammtabweichung einer Vielfachensumme von Elementen von dem Summenelement (σ) ist gleich Null.

§ 99. Die Elementargrösse mit dem Gewichte Null ist eine Strecke.

Ist das Gewicht der Elementargrösse null, so haben wir schon gezeigt, dass dann die Abweichungen der Elementargrösse von je zwei Elementen gleich gross sind; ist diese Abweichung daher in Bezug auf irgend ein Element null, so ist sie es auch in Bezug auf jedes andere, und jene Elementargrösse kann dann einem beliebigen Elemente mit dem Gewichte Null gleichgesetzt werden, wie dies auch die Formel des vorigen Paragraphen schon darlegt, oder sie kann selbst gleich Null gesetzt werden. Ist aber die Abweichung einer solchen Elementargrösse (deren Gewicht null ist) von irgend einem Elemente gleich einer Strecke von geltender Grösse, so ist auch die Abweichung derselben von jedem andern Elemente derselben Strecke gleich, und diese Strecke, welche jene konstante Abweichung misst, repräsentirt daher jene Elementargrösse vollständig, so dass zu gleichen Elementargrössen, deren Gewichte null sind, auch gleiche Abweichungswerthe gehören, und umgekehrt.

Werden nun solche Elementargrössen zu einander addirt oder mit Zahlengrössen multiplicirt, so geht der Abweichungswerth des Resultates aus denen jener Elementargrössen durch dieselbe Addition oder Multiplikation hervor, es tritt also zwischen solchen Elementargrössen und ihren Abweichungswerthen weder an sich, das heisst in ihrem Begriffsumfange, noch in ihren Verknüpfungen, irgend ein Unterschied hervor, und wir sind somit berechtigt, jene Elementargrösse und ihren Abweichungswerth als gleich zu definiren, ja wir sind dazu gezwungen, wenn wir nicht durch unnütze Unterscheidungen den Gegenstand verwirren wollen. *Wir setzen daher eine Elementargrösse, deren Gewicht null ist, derjenigen konstanten Strecke gleich, um welche jene Grösse von beliebigen Elementen abweicht*, oder, *wir verstehen unter der* | *Abweichung* 139 *einer Strecke von einem Element jene Strecke selbst, und die Strecke* | *erscheint als eine besondere Art von Elementargrössen.* 139

Um dies noch anschaulicher zu übersehen, können wir zunächst nachweisen, dass sich jede Elementargrösse, deren Gewicht null ist, als Differenz zweier Elemente $(\beta - \alpha)$ darstellen lässt, deren eins (α) willkührlich ist. In der That, da das Gesammtgewicht dieser Differenz gleichfalls null ist, so kommt es nur darauf an, dass in Bezug auf irgend ein Element (ϱ) die Abweichungen gleich sind. Die Abweichung jener Differenz von ϱ ist $[\varrho\beta] - [\varrho\alpha]$, das heisst sie ist gleich $[\alpha\beta]$, und dadurch ist nicht bloss das Element β bestimmt, wenn α gegeben ist, sondern auch die konstante Abweichung der gegebenen Elementargrösse selbst gefunden, und es folgt daraus ferner, dass

$$[\alpha\beta] = \beta - \alpha$$

ist. Beide stellen also nur verschiedene Bezeichnungen dar, und da die erstere willkührlich, die letztere nothwendig ist, so werden wir von jetzt an am liebsten jene von Anfang an nur als vorläufig dargestellte Bezeichnung gegen die letzte fallen lassen, und also künftig eine Strecke, welche, wenn α als ihr Anfangselement gesetzt wird, β zum Endelement hat, mit $\beta - \alpha$ bezeichnen*).

Fassen wir das Ergebniss beider Paragraphen zusammen, so zeigt sich,

dass eine Elementargrösse erster Stufe, denn so bezeichnen wir die bisher behandelte Elementargrösse im Gegensatz gegen die später zu behandelnden, *sich, wenn ihr Gewicht einen geltenden Werth hat, als vielfaches Element, wenn ihr Gewicht null ist, als Strecke darstellen lässt, und zwar erhält man jedesmal diesen Werth, indem man die Gewichte und die Abweichungen von irgend einem Elemente gleichsetzt, wobei die Abweichung einer Strecke von einem Elemente jener Strecke selbst gleich gesetzt, und das Gewicht einer Strecke null gesetzt wird.*

§ 100. Summe einer Strecke und eines einfachen oder vielfachen Elementes.

140 Da nach dem vorigen Paragraphen die Strecke als eine besondere 140 Gattung von Elementargrössen erster Stufe erschien, so lässt sich | die Summe einer Strecke und eines einfachen oder vielfachen Elementes gleichfalls als Elementargrösse auffassen, und den Begriff dieser Summe, der durch das Frühere schon bestimmt ist, wollen wir nun näher vor Augen rücken.

Suchen wir zuerst die Summe $(\alpha + p)$ eines Elementes α und einer Strecke p, so muss, da das Gewicht dieser Summe Eins ist, dieselbe wieder gleich einem einfachen Elemente β gesetzt werden. Man hat dann aus der Gleichung

$$\alpha + p = \beta$$

die neue Gleichung

$$\beta - \alpha = p,$$

das heisst $\alpha + p$ bedeutet das Element β, in welches α übergeht, wenn es sich um p ändert, oder dessen Abweichung von α gleich p ist. Betrachten wir die Summe eines vielfachen Elementes $m\alpha$ und einer Strecke p, so haben wir, da das Gewicht der Summe m ist, die Gleichung

$$m\alpha + p = m\beta$$

und daraus

$$m(\beta - \alpha) = p,$$

oder

*) Es ist hier noch zu erwähnen, dass die Formel des vorigen Paragraphen für diesen Fall die Elementargrösse als unendlich entferntes Element mit dem Gewichte Null darstellt, falls man nämlich die Division mit Null gelten lassen will; aber die bestimmte Bedeutung dieses Ausdrucks tritt eben erst durch die hier gegebene Darstellung ans Licht.

$$\beta - \alpha = \frac{p}{m},$$

das heisst $m\alpha \dotplus p$ bedeutet das m-fache eines Elementes β, dessen Abweichung von α der m-te Theil der Strecke p ist. Oder fassen wir beides zusammen und drücken es auf allgemeinere Weise aus, indem wir zugleich bedenken, dass, wenn β von α um $\frac{p}{m}$ abweicht, dann $m\beta$ von α um p abweiche, so ergiebt sich,

dass die Summe einer Elementargrösse von geltendem Gewichtswerthe und einer Strecke eine Elementargrösse ist, welche mit der ersteren gleiches Gewicht hat, und von dem Elemente der ersteren um die hinzuaddirte Strecke abweicht.

B. Anwendungen.

§ 101. Mitte eines Punktvereins.

Wollen wir die in diesem Kapitel gewonnenen Resultate auf die Geometrie anwenden, so haben wir nur statt der Elemente uns Punkte vorzustellen; und behalten wir dann die übrigen Benennungen, welche in diesem Kapitel eingeführt wurden, namentlich die Benennungen „Gewicht, Abweichung, Elementargrösse" | hier in derselben Bedeutung *141* bei, so erhalten wir auch dieselben Sätze, von denen wir jedoch die interessantesten in anschaulicherer | Form darlegen wollen **141**

Stellt man sich zunächst n Punkte $\alpha_1, \ldots \alpha_n$ vor, so lässt sich stets ein Punkt σ finden, dessen Abweichung von jedem beliebigen Punkte ϱ der n-te Theil ist von der Gesammtabweichung jener n Punkte von demselben Punkte ϱ, und dieser Punkt ist durch eine solche Gleichung

$$[\varrho\sigma] = \frac{[\varrho\alpha_1] + \cdots + [\varrho\alpha_n]}{n}$$

vollkommen bestimmt. Dieser Punkt ist es, welchen man den Punkt der mittleren Entfernung zwischen jenen n Punkten zu nennen pflegt, den ich aber kürzer als deren *Mitte* bezeichnet habe (vgl. § 24). Drücken wir nun den obigen Satz geometrischer aus, so können wir sagen:

Zieht man von einem veränderlichen Punkte ϱ die Strecken nach n festen Punkten, so geht die von ϱ aus mit der Summe dieser Strecken gezogene Parallele durch einen festen Punkt σ, welcher die Mitte zwischen jenen n Punkten heisst, und dessen Entfernung von ϱ der n-te Theil jener Summe ist.

Oder, wenn wir auch den Begriff der Summe vermeiden wollen:

Zieht man von einem veränderlichen Punkte ρ die Strecken nach n festen Punkten, und legt diese Strecken, ohne ihre Richtung und Länge zu ändern, stetig, das heisst so an einander, dass der Endpunkt einer jeden Strecke jedesmal der Anfangspunkt der nächstfolgenden wird, und macht ρ zum Anfangspunkt der ersten, so geht die Linie, welche die so gebildete Figur schliesst, durch einen festen Punkt σ, welcher die Mitte der n Punkte heisst und von der schliessenden Seite nach dem Punkte ρ zu den n-ten Theil abschneidet.

Hieraus ergiebt sich eine höchst einfache Konstruktion der Mitte, und zugleich das Gesetz, dass die Strecken, welche von der Mitte nach den n Punkten gezogen werden, stetig an einander gelegt eine geschlossene Figur geben, oder dass sie den Seiten einer geschlossenen Figur gleich und parallel sind.

§ 102. Die Mitte als Axe.

Es ist klar, wie die im vorigen Paragraphen aufgestellten Gesetze auch noch gelten, wenn sich mehrere der festen Punkte vereinigen, wenn man dann nur die Anzahl derselben festhält, und auch dann 142 noch, wenn man diese Punkte mit beliebigen positiven oder | negativen Zahlengrössen, welche wir auch hier Gewichte nennen können, multiplicirt denkt, so lange nur die Summe der Gewichte einen geltenden Werth hat; nennen wir dann wieder die Gesammtheit der so 142 mit | Gewichten behafteten Punkte einen Punktverein, so können wir den Satz aussprechen: „Wenn man von einem veränderlichen Punkte ϱ nach den Punkten eines festen Punktvereins Strecken zieht, diese Strecken, ohne ihre Richtung zu ändern, mit den zugehörigen Gewichten multiplicirt, und die so gewonnenen Strecken von ϱ aus stetig an einander legt, so geht die die Figur schliessende Seite durch einen festen Punkt σ, welcher die Mitte jenes Punktvereins ist, und dessen Entfernung von ϱ so oft in der schliessenden Seite enthalten ist, als das Gesammtgewicht beträgt.“

Ist das Gesammtgewicht null, so fällt, wie sich aus der Formel

$$[\varrho\sigma] = \frac{\mathfrak{a}[\varrho\alpha] + \mathfrak{b}[\varrho\beta] + \cdots}{\mathfrak{a} + \mathfrak{b} + \cdots}$$

ergiebt, der Punkt σ ins Unendliche, und die schliessende Seite geht dann durch denselben unendlich entfernten Punkt, das heisst, hat eine konstante Richtung. Dies ergiebt sich noch einfacher und zugleich bestimmter aus den Sätzen, die wir für den Fall, dass das Gesammtgewicht null ist, oben aufgestellt hatten, und es folgt daraus zugleich, dass diese schliessende Seite zugleich eine konstante Länge hat. Es erscheint also als Mitte des Punktvereins, wenn das Gesammtgewicht null ist, ein unendlich entfernter Punkt, oder was dasselbe ist, eine konstante Richtung, also nicht ein (endlich liegender) Mittelpunkt, sondern eine Mittelaxe. Da dieser Fall ein besonderes Interesse darbietet, so sprechen wir ihn noch einmal mit möglichster Vermeidung aller Kunstausdrücke aus:

Zieht man von einem veränderlichen Punkte ϱ die Strecken nach einer Reihe fester Punkte, zu welchen eine Reihe von Zahlengrössen, deren Summe null ist, gehört, und man legt diese Strecken, nachdem man sie, ohne ihre Richtung zu verändern, mit den zugehörigen Zahlen multiplicirt hat, stetig an einander, so hat die schliessende Seite konstante Richtung und Länge, und kann die Axe jenes Punktvereins genannt werden).*

§ 103. Schwerpunkt. Axe des Gleichgewichts.

In Bezug auf die Statik stellen wir sogleich das Hauptgesetz auf, *143* nämlich

Wenn die Punkte eines Vereins von parallelen Kräften gezogen | werden, 143 *welche den Gewichten jener Punkte proportional, aber von veränderlicher Richtung sind, so ist das Gesammtmoment jener Kräfte in Bezug auf die Mitte jenes Vereins null, in Bezug auf jeden andern Punkt gleich dem Moment der an der Mitte angebrachten Gesammtkraft.*

Der Beweis ist höchst einfach. Ist nämlich σ die Mitte des Vereins $\mathfrak{a}\alpha$, $\mathfrak{b}\beta$, ..., und sind $\mathfrak{a}p$, $\mathfrak{b}p$, ... die Kräfte, durch welche die Punkte α, β, ... gezogen werden, so hat man das Gesammtmoment in Bezug auf σ gleich

$$\mathfrak{a}\,[\sigma\alpha]\,.\,p + \mathfrak{b}\,[\sigma\beta]\,.\,p + \cdots = (\mathfrak{a}\,[\sigma\alpha] + \mathfrak{b}\,[\sigma\beta] + \cdots)\,.\,p = 0,$$

da der erste Faktor nach dem vorigen Paragraphen null ist. Für jeden andern Punkt ϱ hat man das Moment gleich

$$(\mathfrak{a}\,[\varrho\alpha] + \mathfrak{b}\,[\varrho\beta] + \cdots)\,.\,p,$$

und da der erste Faktor gleich $(\mathfrak{a} + \mathfrak{b} + \cdots)\,[\varrho\sigma]$ ist, gleich

$$[\varrho\sigma]\,.\,(\mathfrak{a} + \mathfrak{b} + \cdots)\,.\,p,$$

das heisst gleich dem Moment der an σ angebrachten Gesammtkraft.

Es ist bekannt genug, dass von der ersteren Eigenschaft die Mitte, wenn die Gewichte als physische Gewichte aufgefasst werden, der Schwerpunkt heisst. Da die physischen Gewichte immer als positiv

*) Sollten die Resultate dieses Paragraphen in rein geometrische Form gekleidet werden, so müsste man statt der Gewichte parallele Strecken nehmen, deren Grössen das Verhältniss der Gewichte darstellten.

erscheinen, so hat der zweite Fall hier keine direkte Anwendung. Denkt man sich aber einen in eine Flüssigkeit getauchten Körper, welcher von dieser Flüssigkeit rings umgeben ist, und rechnet man die Kraft, mit welcher jedes Theilchen durch sein physisches Gewicht nach unten, und die, mit welcher es durch den Druck der Flüssigkeit (welcher dem physischen Gewichte der verdrängten Flüssigkeit gleich ist) nach oben getrieben wird, zusammen, und betrachtet die Gesammtkraft als mathematisches Gewicht des betreffenden Theilchens, so hat man ebenso wohl positive als negative Gewichte. Wenn ins Besondere der Körper in der Flüssigkeit schwebt, so ist die Summe jener Gewichte null, und statt des mit einem Gewicht behafteten Schwerpunktes tritt nun eine bestimmte Strecke als Summe des Punktvereins auf, welchen der in der Flüssigkeit schwebende Körper darstellt. Diese
144 Strecke kann | ins Besondere null werden; dann schwebt der Körper in jeder Lage im Gleichgewicht; hingegen in jedem andern Falle bestimmt die Richtung der Strecke die Axe, welche die senkrechte Lage
144 annehmen muss, wenn der in der Flüssigkeit schwebende Körper | im Gleichgewichte sein soll.

Wie die Richtung und Länge dieser Strecke, welche für die Statik, wie wir im nächsten Paragraphen zeigen werden, eine bestimmte und einfache Bedeutung hat, gefunden werden könne, ergiebt sich sogleich aus dem folgenden Satze, welcher eine unmittelbare Folgerung aus dem Begriffe der Summe mehrerer Elementargrössen ist, nämlich aus dem Satze:

Wenn ein Körper aus mehreren einzelnen Körpern zusammengefügt ist, so findet man aus den Schwerpunkten und den Gewichten der einzelnen Körper den Schwerpunkt und das Gewicht des Ganzen, oder die Strecke, welche beides vertritt, indem man die Summe aus den mit den betreffenden Gewichten behafteten Schwerpunkten nimmt.

In unserm Falle ist der Schwerpunkt des Körpers an sich und der des verdrängten Wassers zu nehmen, und beide mit den betreffenden Gewichten, welche entgegengesetzt bezeichnet sind, zu multipliciren; und da für den Fall, dass der Körper schwebt in der Flüssigkeit, die Gewichte gleich sind, so erhält man als Summe dies Gewicht, multiplicirt mit der gegenseitigen Abweichung beider Schwerpunkte; die Axe geht also durch beide Schwerpunkte und ist null, wenn dieselben zusammenfallen.

§ 104. **Magnetismus, magnetische Axe.**

Eine ungleich wichtigere Anwendung des letzten Falles, in welchem statt des Summenpunktes eine Axe erscheint, ist die auf den Magnetismus.

Gauss hat gezeigt*), dass die magnetischen Intensitäten innerhalb eines magnetischen Körpers allemal zur Summe Null geben. Denkt man sich diese Intensitäten den zugehörigen Punkten (oder Theilchen) als mathematische Gewichte beigelegt, so wird die Summe des so gebildeten Punktvereins eine Strecke von bestimmter Richtung und Länge sein. Um die Bedeutung dieser Strecke für die Theorie des Magnetismus kennen zu lernen, denken wir uns eine magnetische Kraft, welche, wie etwa der Erdmagnetismus, oder die Kraft eines entfernten Magneten, die einzelnen Punkte in parallelen Richtungen, den magne- 145 tischen Intensitäten proportional forttreibt, so ist das Moment dieser Kräfte in Bezug auf irgend einen Punkt ϱ gleich

$$\mathfrak{a}\,[\varrho\alpha]\,.\,p + \mathfrak{b}\,[\varrho\beta]\,.\,p + \cdots,$$

wenn $\mathfrak{a}p, \mathfrak{b}p, \ldots$ die den magnetischen Intensitäten $\mathfrak{a}, \mathfrak{b}, \ldots$ proportio- 145 nalen auf die Punkte $\alpha, \beta, \ldots$ wirkenden Kräfte sind; es verwandelt sich aber jener Ausdruck, wenn man den gemeinschaftlichen Faktor p ausserhalb einer Klammer setzt, und bedenkt, dass dann die von der Klammer eingeschlossene Grösse jener konstanten Strecke, welche die Summe des Punktvereins darstellt und von uns mit a bezeichnet werden soll, gleich ist, in

$$a\,.\,p,$$

das heisst, das Moment jener Kräfte ist in Bezug auf je zwei Punkte gleich gross, nämlich, wenn wir a die magnetische Axe, und p die einwirkende magnetische Kraft (wie sie auf einen Punkt von der zur Einheit genommenen Intensität wirkt) nennen, gleich dem äusseren Produkt der magnetischen Axe in die einwirkende magnetische Kraft. Gleichgewicht ist also vorhanden, wenn dies Produkt null ist, das heisst, die magnetische Axe in der Richtung der einwirkenden Kraft liegt.

Der Begriff der magnetischen Axe, wie ich ihn hier dargestellt habe, ist von dem sonst gangbaren nur dadurch verschieden, dass sie hier als eine Strecke von bestimmter Richtung und Länge aufgefasst ist, während man sonst an ihr nur die Richtung festzuhalten pflegt. Die Gründe, warum ich diesen Begriff modificirt habe, ohne die Benennung zu ändern, ergeben sich leicht, da einerseits die Wissenschaft die Verknüpfung der Richtung und Länge jener Strecke zu einem Begriffe fordert, und andrerseits aus dem, was man über die magnetische Axe aussagt, jedesmal sogleich hervorgeht, ob die Länge in den Begriff mit aufgenommen ist, oder nicht, so dass also keine Verwechselung möglich ist. Dass man bisher in der Theorie des Magnetismus beides

*) In seiner Abhandlung „*Intensitas vis magneticae*". [Werke, Bd. V, S. 79 ff.]

stets gesondert betrachtet hat, liegt nur darin, dass die Einheit von Richtung und Länge, wie wir sie in dem Begriffe der Strecke aufgefasst haben, bisher in der Geometrie keine Stelle fand. Uebrigens beweist schon die ausserordentliche Einfachheit, in welcher vermöge dieses Begriffes und der durch unsere Wissenschaft gebotenen Verknüpfung
146 das magnetische Moment sich darstellt, die Unentbehrlichkeit unserer Analyse für die Theorie des Magnetismus hinlänglich.

Anmerkung. Wir sind hier zu dem ersten und einzigen Punkte gelangt, in welchem unsere Wissenschaft an schon anderweitig Bekanntes heranstreift. Nämlich in dem barycentrischen Kalkül von Möbius wird gleichfalls eine Addition einfacher und vielfacher Punkte
146 dargelegt, zwar zunächst nur als eine kürzere Schreibart, aber doch mit derselben Rechnungsmethode, wie wir sie in den ersten Paragraphen dieses Kapitels, wenn gleich in grösserer Allgemeinheit, dargelegt haben. Was jedoch dort gänzlich fehlt, ist die Auffassung der Summe als Einer Grösse für den Fall, dass die Gewichte zusammen Null betragen.

Was den scharfsinnigen Verfasser jenes Werkes daran hinderte, diese Summe als Strecke von konstanter Länge und Richtung aufzufassen, ist ohne Zweifel die Ungewohntheit, Länge und Richtung in Einem Begriffe zusammenzufassen. Wäre jene Summe dort als Strecke fixirt, so wäre daraus der Begriff der Addition und Subtraktion der Strecken, wie wir ihn in Kapitel 1 des ersten Abschnittes dargestellt haben, für die Geometrie hervorgegangen, und unsere Wissenschaft hätte einen zweiten Berührungspunkt mit jenem Werke gefunden; auch würde dann der barycentrische Kalkül selbst eine viel freiere und allgemeinere Behandlung gewonnen haben*).

§ 105. **Anwendung auf die Differenzialrechnung.**

Es erscheint mir hier der geeignetste Ort, um die Anwendung unserer Wissenschaft auf die Differenzialrechnung wenigstens anzudeuten.

---

*) Als ich diese Anmerkung schrieb, war mir die Mechanik von Möbius (Leipzig 1843), in welcher er die Addition der Strecken lehrte, noch nicht zu Gesicht gekommen. Die Abhandlung in Crelle's Journal (Band 28), in welcher Möbius den barycentrischen Kalkül in der hier angedeuteten Weise begründete, erschien erst nach dem Druck der Ausdehnungslehre, obwohl das Datum der Unterschrift nachweist, dass dieselbe schon früher geschrieben war. Es gehört dies zu den merkwürdigen Berührungen wissenschaftlicher Arbeiten, wie sie so oft zum Erstaunen derer, welche so zusammentreffen, stattfinden. (1877.) [Gemeint sind die Elemente der Mechanik des Himmels, s. Möbius ges. Werke Bd. 4, S. 1—318. Die erwähnte Abhandlung steht im Crelleschen Journale, Bd. 28 auf S. 1—9 und in den ges. Werken Bd. 1, S. 601—612.]

Um zu einer solchen Anwendung zu gelangen, müssen wir die durch unsere Wissenschaft gewonnenen Grössen als Funktionen darstellen. Dies geschieht am einfachsten, wenn die unabhängige Veränderliche als Zahlengrösse gesetzt wird, etwa gleich t. Dann wird sich jede Grösse P in der Form

$$P = A + Bt^1 + Ct^2 + \cdots,$$

oder noch allgemeiner in der Form

$$P = A_m t^m + A_n t^n + \cdot \cdot$$

darstellen lassen, wo $A, B, C, \ldots$ oder $A_m, A_n, \ldots$ nothwendig Grössen von derselben Stufe sind wie P, und als unabhängig von t gedacht werden müssen. Setzen wir dann diesen Ausdruck als Funktion von t gleich $f(t)$, also

$$P = f(t),$$

und setzen wir ferner 147

$$dP = f(t + dt) - f(t),$$

so erhalten wir im allgemeinen Falle

$$\frac{dP}{dt} = m A_m t^{m-1} + n A_n t^{n-1} + \cdots.$$

Als der einfachste Fall erscheint hier der, dass P, also auch $A_m, A_n, \ldots$ Elementargrössen erster Stufe sind. Nimmt man dann ins Besondere an, dass P ein konstantes Gewicht habe, so wird es sich, wenn man die Grössen jetzt als Grössen erster Stufe mit kleinen Buchstaben bezeichnet, in der Form darstellen lassen

$$p = a + b_m t^m + b_n t^n + \cdots,$$

wo $b_m, b_n, \ldots$ Strecken darstellen, a und p also Elementargrössen von gleichem Gewichte. Dann erhält man

$$\frac{dp}{dt} = m b_m t^{m-1} + n b_n t^{n-1} + \cdots,$$

und $\frac{dp}{dt}$ stellt also eine Strecke dar.

Man übersieht leicht, dass, wenn p den Ort eines Punktes in der Zeit t darstellt, dann

$$\frac{dp}{dt}$$

die Geschwindigkeit desselben ihrer Grösse und Richtung nach, und

$$\frac{d^2p}{dt^2}$$

seine Beschleunigung auf dieselbe Weise darstellt. Durch die Einführung dieser Betrachtungsweise in die Mechanik gelangt man mit

Anwendung unserer Analyse auf's Leichteste zu der Lösung mancher Probleme, die sonst als verwickelt erscheinen; doch würde mich die weitere Verfolgung dieses Gegenstandes zu weit von meinem Ziele abführen*).

Zweites Kapitel.

Aeussere Multiplikation, Division und Abschattung der Elementargrössen.

A. Theoretische Entwickelung.

§ 106. **In wiefern die Strecke als Produkt aufgefasst werden kann.**

Der Begriff der Abweichung, wie wir ihn der Entwickelung des vorigen Kapitels zu Grunde legten, enthält dem Keime nach den Begriff des Produktes zweier Elementargrössen in sich.

148 Wir verstanden dort unter der Abweichung eines Elementes α von einem andern Elemente ϱ die Strecke, welche von ϱ nach α geführt werden kann, und bezeichneten dieselbe mit $[\varrho\alpha]$; ebenso verstanden wir unter der Abweichung eines Elementarvereines von einem Elemente ϱ die Vielfachensumme aus den Abweichungen seiner Elemente von demselben Elemente ϱ, wenn man als Koefficienten dieser Vielfachensumme die den betreffenden Elementen zugehörigen Zahlengrössen (Gewichte) nimmt. Wir bestimmten darauf die einem Elementarverein entsprechende Elementargrösse so, dass sie statt desselben gesetzt werden konnte, sobald es sich nur um die Abweichung handelte, und setzten eben die Gleichheit der Abweichungen als einzige Bedingung für die Gleichheit der Elementargrössen; daraus ergab sich dann, dass die einem Elementarvereine zugehörige Elementargrösse wiederum die mit den zugehörigen Gewichten als Koefficienten versehene Vielfachensumme der Elemente sei, also die entsprechende Vielfachensumme der Elemente, wie die Gesammtabweichung jenes Vereins eine Vielfachensumme aus den Abweichungen der Elemente war.

Bezeichnen wir daher gleichfalls die Abweichung einer Elementargrösse a von einem Elemente ϱ mit $[\varrho a]$, so haben wir

$$[\varrho\,(\mathfrak{a}\alpha + \mathfrak{b}\beta + \cdots)] = \mathfrak{a}\,[\varrho\alpha] + \mathfrak{b}\,[\varrho\beta] + \cdots;$$

und so auch, da die Gesammtabweichung eines Elementarvereins die Summe ist aus den Abweichungen seiner Theile

*) Vgl. meinen Aufsatz: Die Mechanik nach den Principien der Ausdehnungslehre, in den mathematischen Annalen Bd. XII, [S. 222—240]. (1877.)

$$[\varrho\,(a + b + c + \cdots)] = [\varrho a] + [\varrho b] + \cdots,$$

wenn $a, b, \ldots$ beliebige Elementargrössen vorstellen. Späterhin hatten wir das Produkt einer Zahlengrösse in eine Elementargrösse, das heisst in eine Vielfachensumme von Elementen, als eine Vielfachensumme definirt, welche aus der ersteren durch Multiplikation ihrer Koefficienten mit jener Zahlengrösse hervorgeht, und daraus folgt nun, dass man die Abweichung einer m-fachen Elementargrösse findet, wenn man die der einfachen mit m multiplicirt, also dass

$$[\varrho\,(m a)] = m\,[\varrho a]$$

ist*). Kurz es zeigt sich, dass die multiplikative Grundbeziehung für 149 die fragliche Verknüpfung von ϱ mit einer Elementargrösse, sowohl an sich, als auch in Bezug auf das Hinzutreten von Zahlenfaktoren gilt, sobald man nur den zweiten Faktor als gegliedert betrachtet. 149 Ueberdies zeigt sich, da $[\varrho\varrho]$ null ist, und $[\varrho\alpha]$ gleich $-[\alpha\varrho]$, dass diese Multiplikation eine äussere sein würde.

§ 107. Elementarsysteme.

Ehe wir nun zu dem vollständigen Begriffe des äusseren Produktes der Elementargrössen übergehen, wollen wir den Begriff der Elementarsysteme feststellen.

Dieser Begriff gründet sich wie der der Ausdehnungssysteme (§ 16) auf den Begriff der Abhängigkeit. Wir nennen eine Elementargrösse erster Stufe *abhängig* von andern Elementargrössen, wenn sie sich als Vielfachensumme derselben darstellen lässt, hingegen nennen wir mehrere Elementargrössen erster Stufe *unabhängig*, wenn zwischen ihnen keine Abhängigkeit in dem angegebenen Sinne stattfindet, das heisst, keine von ihnen sich als Vielfachensumme der übrigen darstellen lässt. Nun verstehen wir unter einem *Elementarsysteme n-ter Stufe* die Gesammtheit der Elemente, welche von n Elementen abhängig sind, während diese n Elemente von einander unabhängig sind.

Sind nun $\alpha, \beta, \gamma, \ldots$ die n von einander unabhängigen Elemente, und ich betrachte zwei von ihnen abhängige Elemente ϱ und σ, so wird auch ihre Differenz sich als Vielfachensumme jener n Elemente darstellen lassen; diese Differenz, welche die gegenseitige Abweichung beider Elemente darstellt, hat zum Gewichte Null, und man erhält daher $\varrho - \sigma$ in der Form dargestellt:

---

*) Hieraus ergiebt sich übrigens, dass man in der ersten Gleichung dieses Paragraphen auch statt der Elemente $\alpha, \beta, \ldots$ die Elementargrössen $a, b, \ldots$ einführen könnte.

$$\varrho - \sigma = \mathfrak{a}\alpha + \mathfrak{b}\beta + \mathfrak{c}\gamma + \cdots,$$

wo zugleich

$$\mathfrak{a} + \mathfrak{b} + \mathfrak{c} + \cdots = 0$$

ist. Drückt man vermittelst der letzten Gleichung irgend einen der Koefficienten, zum Beispiel $\mathfrak{a}$, durch die übrigen aus, so erhält man, indem man diesen Werth in die erste einführt,

$$\varrho - \sigma = \mathfrak{b}(\beta - \alpha) + \mathfrak{c}(\gamma - \alpha) + \cdots,$$

das heisst, die gegenseitige Abweichung zweier Elemente eines Elementar-Systems n-ter Stufe ist als Vielfachensumme von $(n-1)$ Strecken darstellbar, welche von einem der n Elemente, die das System bestimmen, nach den übrigen gelegt sind; und umgekehrt, jede Strecke, *150* die sich als Vielfachensumme dieser $(n-1)$ Strecken | darstellen lässt, führt auch von einem Elemente jenes Systems nothwendig wieder zu einem Elemente desselben Systems.

Wir können daher auch sagen, ein Elementarsystem n-ter Stufe 150 sei die Gesammtheit der Elemente, deren gegenseitige | Abweichungen einem und demselben Ausdehnungssystem $(n-1)$-ter Stufe angehören, oder, wenn man sich so ausdrücken will, es sei die elementare Darstellung eines Ausdehnungssystemes $(n-1)$-ter Stufe. Noch bemerke ich, dass es im Begriffe des Elementarsystems unmittelbar liegt, dass n Elemente dann und nur dann von einander unabhängig sind, wenn sie keinem niederen Elementarsystem als dem n-ter Stufe angehören.

§ 108. **Aeusseres Produkt der Elementargrössen, formell bestimmt.**

Um nun sogleich zu dem Begriff der äusseren Multiplikation beliebig vieler Elementargrössen erster Stufe zu gelangen, haben wir nur den allgemeinen (formellen) Begriff der äusseren Multiplikation auf diese Grössen anzuwenden.

Der Begriff der Multiplikation ist schon dadurch bestimmt, dass man in einem Produkte von zwei Faktoren, von denen der eine aus zwei gleichartigen Stücken besteht, statt dieses Faktors seine Stücke einzeln einführen, und die so gebildeten Produkte, welche wieder als gleichartig zu betrachten sind, addiren darf. Das Produkt mehrerer Grössen erster Stufe (die wir als solche einfache Faktoren genannt haben) wird als ein äusseres dadurch bestimmt, dass ohne Werthänderung desselben in jedem einfachen Faktor solche Stücke, welche mit einem der beiden zunächststehenden Faktoren gleichartig sind, weggelassen werden können. Durch diese Grundgesetze bestimmen wir also auch den Begriff der Multiplikation von Elementargrössen erster Stufe, und halten zugleich alle, in dem ersten Abschnitte für Ausdehnungsgrössen gegebenen Begriffsbestimmungen auch für Elementargrössen fest, und da auf jenen Grundgesetzen und den hinzutretenden Begriffsbestimmungen alle im ersten Abschnitte bewiesenen Gesetze beruhen, so gelten sie auch alle für Elementargrössen, also namentlich alle Gesetze der äusseren Multiplikation, der formellen Addition und Subtraktion, der Division und der Abschattung. In Bezug auf die letzte bemerken wir nur noch, dass der Name Projektion hier nicht gebraucht werden darf, weil er in Bezug auf Elementargrössen, wie sich später zeigen wird, einen gänzlich andern Begriff in sich schliesst, als wir bisher mit dem Namen | der Abschattung bezeichneten. *151*

Unsere Aufgabe bleibt daher ins Besondere, unserm Begriffe die möglichste Anschaulichkeit zu geben, und seine konkrete Darstellung vor Augen zu legen.

§ 109. Realisation dieses Produktes; Ausweichung, starre Elementargrösse.

Die Hauptsache ist hier, auszumitteln, wann zwei Produkte einander gleichgesetzt werden können, indem dadurch der Begriffsumfang der Grösse, welche das Produkt darstellt, bestimmt wird. Da nun | durch 151 jene formellen Grundgesetze der Begriff des Produktes vollkommen bestimmt sein soll, so haben wir zwei Produkte dann, aber auch nur dann, einander gleich zu setzen, wenn sich vermittelst jener Grundgesetze (oder der daraus abgeleiteten) das eine Produkt in das andere verwandeln lässt.

Es sei daher ein Produkt aus n Elementargrössen erster Stufe der Betrachtung unterworfen. Zunächst ist klar, dass wenn die Gewichte dieser n Elementargrössen alle einzeln genommen null sind, also jede derselben als Ausdehnungsgrösse erster Stufe erscheint, auch ihr Produkt eine Ausdehnungsgrösse n-ter Stufe liefert. In jedem andern Falle, und wenn auch nur Ein einfacher Faktor ein geltendes Gewicht hat*), lässt sich jenes Produkt als Produkt eines Elementes in eine Ausdehnungsgrösse $(n-1)$-ter Stufe darstellen. Denn wir können zuerst den Faktor, von welchem wir voraussetzen, dass sein Gewicht nicht null sei, auf die erste Stelle bringen; sollte sich dabei das Vorzeichen des Produktes ändern, so können wir statt dessen das Zeichen irgend eines Faktors ändern. Ist nun $\mathfrak{a}\alpha$ jener Faktor, dessen Gewicht $\mathfrak{a}$ nicht null sein soll, so können wir nun den übrigen Faktoren, wenn ihr Gewicht noch nicht null ist, ein beliebiges Vielfaches von α als Stück hinzufügen, ohne den Werth des Produktes zu ändern, und

*) das heisst ein solches, welches nicht null ist.

dadurch das Gewicht jedes der übrigen Faktoren auf Null bringen. Nachdem dies geschehen ist, sind also die übrigen $(n-1)$ Faktoren Strecken geworden; ihr Produkt, welches eine Ausdehnungsgrösse $(n-1)$-ter Stufe ist, sei Q, so ist die Elementargrösse gleich

$$\mathfrak{a}\alpha \,.\, Q,$$

und dies wiederum, da $\mathfrak{a}$ eine Zahlengrösse ist, gleich

$$\alpha \,.\, \mathfrak{a}Q = \alpha \,.\, P,$$

152 wenn $\mathfrak{a}Q$ gleich P gesetzt wird. Es ist also die oben aufgestellte | Behauptung erwiesen; aber noch mehr: da das zu den einzelnen Faktoren hinzuzuaddirende Vielfache von α, wenn es das Gewicht derselben null machen soll, ein bestimmtes ist, so ergiebt sich dadurch ein bestimmter Werth von Q, also auch von P.

Um nun zu zeigen, dass P immer einen bestimmten Werth behält, welche Formveränderung man auch vorher mit jenem Produkte vorgenommen hat, haben wir nur festzuhalten, dass alle Formveränderungen eines Produktes, welche den Werth desselben ungeändert 152 lassen, darauf | beruhen, dass man jedem einfachen Faktor Stücke hinzufügen kann, welche den übrigen Faktoren gleichartig sind. Lassen wir nun in dem ursprünglichen Produkte zunächst den Faktor $\mathfrak{a}\alpha$ ungeändert, fügen aber irgend einem andern Faktor ein Stück hinzu, welches irgend einem der übrigen Faktoren, etwa dem Faktor $\mathfrak{b}\beta$ gleichartig ist, zum Beispiel das Stück $\mathfrak{m}\beta$, wo $\mathfrak{m}$ eine Zahlengrösse bedeutet, so hat man nachher, um das Gewicht dieses vermehrten Faktors auf Null zu bringen, noch ausser dem, was vorher zu subtrahiren war, die Grösse $\mathfrak{m}\alpha$ zu subtrahiren, somit erscheint das jenem Faktor hinzugefügte gleich $\mathfrak{m}(\beta-\alpha)$; aber der Faktor $\mathfrak{b}\beta$ verwandelt sich bei derselben Umwandlung in $\mathfrak{b}(\beta-\alpha)$; also bleibt auch nach der bezeichneten Umwandlung das dem einen Faktor hinzugefügte Stück dem andern gleichartig, das heisst das Produkt Q, also auch P behält denselben Werth.

Somit haben wir gezeigt, dass der Werth P, welcher als zweiter Faktor erscheint, ein bestimmter ist, wenn α unverändert bleibt; nun kann aber α um jede Strecke wachsen, welche dem Systeme P angehört; es sei dieselbe p_1, so hat man

$$(\alpha + p_1) \,.\, P = \alpha \,.\, P,$$

das heisst, es kann sich das Element α in jedes dem Elementarsysteme, was durch α und P bestimmt ist, angehörige Element verwandeln, während P immer denselben Werth behält, und hiermit ist der Begriffsumfang bestimmt.

Wir nennen nun ein Produkt von n Elementargrössen erster Stufe oder eine Summe von solchen Produkten eine Elementargrösse n-ter Stufe, und ein solches Produkt, dessen einfache Faktoren nicht sämmtlich Strecken sind, eine starre Elementargrösse. Somit haben wir den Satz gewonnen, „dass eine starre Elementargrösse n-ter Stufe sich als Produkt eines Elementes in eine Ausdehnung $(n-1)$-ter Stufe darstellen lässt, | dass diese Ausdehnung, welche wir die Ausweichung jener Elementargrösse nennen, durch dieselbe vollkommen bestimmt sei, dass aber als Element jedes beliebige angenommen werden kann, was dem durch die einfachen Faktoren der Elementargrösse bestimmten Systeme angehört." Die starre Elementargrösse erscheint daher überhaupt als Einheit des durch sie bedingten Elementarsystems und der ihr zugehörigen Ausweichung; und durch das Ineinanderschauen beider, das heisst, durch das Zusammenfassen beider Anschauungen in eine ist die Begriffseinheit einer Elementargrösse von höherer Stufe, oder, | was dasselbe ist, eines Produktes von Elementargrössen erster Stufe gegeben.

Wir wollen nun die Anschauung der starren Elementargrösse dadurch vollenden, dass wir sie als bestimmten Theil des Elementarsystems, dem sie angehört, darzustellen suchen.

§ 110. Das Eckgebilde.

Nach dem im vorigen Paragraphen aufgestellten Begriff ist das Produkt zweier Elemente α, β die an das durch α und β bestimmte Elementarsystem gebundene und dadurch gleichsam erstarrte Strecke $\alpha\beta$.

Den Begriff der Strecke gründeten wir auf den des einfachen Ausdehnungsgebildes erster Stufe. Darunter verstanden wir die Gesammtheit der Elemente, in die ein erzeugendes Element bei stetiger Fortsetzung derselben Aenderung überging; das erzeugende Element in seinem ersten Zustande nannten wir das Anfangselement des Gebildes, in seinem letzten das Endelement, beide Elemente die Gränzelemente und alle übrigen Elemente des Gebildes bezeichneten wir als zwischen jenen Gränzelementen liegende. Somit können wir auch sagen, das einfache Gebilde $\alpha\beta$ sei die Gesammtheit der zwischen α und β liegenden Elemente, wobei es vermöge des Begriffs des Stetigen gleichgültig ist, ob wir die Gränzelemente selbst, weil sie an sich keine Ausdehnung darstellen, mit hinzunehmen oder nicht.

Dies Gebilde nun wird als Elementargrösse zweiter Stufe aufgefasst, wenn man nur einestheils das Elementarsystem zweiter Stufe, dem es angehört, und andrerseits die Erzeugungsweise festhält, so dass zwei solche Gebilde, welche demselben Elementarsysteme zweiter Stufe angehören und durch dieselben Aenderungen erzeugt sind, als Elementargrössen einander gleich sind, aber auch nur zwei solche. Oder denkt man das ganze Elementarsystem durch stetige Fortsetzung derselben 154 Aenderung | erzeugt, und nimmt zwei Elemente desselben als entsprechende an, und ausserdem je zwei Elemente als entsprechende, welche aus den entsprechenden durch dieselbe Aenderung erzeugt sind, so werden zwei auf diese Weise sich entsprechende Gebilde als gleiche Elementargrössen zweiter Stufe erscheinen.

Wenden wir nun dasselbe auf die Elementargrössen höherer Stufe an, und betrachten also drei oder mehrere Elemente $\alpha, \beta, \gamma, \ldots,$ so entsteht uns hier gleichfalls die Aufgabe, die Gesammtheit der zwischen diesen Elementen liegenden Elemente zu finden, und diese Gesammt-154 heit zu vergleichen mit dem Produkte der Elemente. Was wir | unter einem zwischen zwei Elementen liegenden Elemente verstehen, ist schon festgesetzt; jedes Element nun, was zwischen einem Elemente α und einem zwischen β und γ liegenden Elemente sich befindet, bezeichnen wir als ein zwischen α, β und γ liegendes, und überhaupt ein Element, welches zwischen α und einem zwischen einer Reihe von Elementen $\beta, \gamma, \ldots$ befindlichen Elemente liegt, als ein zwischen der ganzen Elementenreihe $\alpha, \beta, \gamma, \ldots$ liegendes. Die Gesammtheit dieser Elemente wollen wir vorläufig ein *Eckgebilde* nennen, $\alpha, \beta, \gamma, \ldots$ seine Ecken, und diese Ecken sowohl als die Elemente, welche zwischen einem Theile dieser Ecken liegen (nicht zwischen allen), seine Gränzelemente, jene zwischen sämmtlichen Ecken liegenden Elemente hingegen die inneren Elemente des Eckgebildes.

Unsere Aufgabe ist nun zunächst die, alle Zwischenelemente (inneren Elemente) als Vielfachensummen jener Elemente, zwischen denen sie liegen, darzustellen, und die Relation zu bestimmen, welche dann zwischen den Koefficienten statt finden muss.

Zuerst in Bezug auf zwei Elemente ist klar, dass ein Element ϱ dann und nur dann zwischen α und β liege, wenn $\alpha\varrho$ gleichbezeichnet ist mit $\varrho\beta$, so dass die letzte Aenderung als Fortsetzung der ersten erscheint. Jedes Element ϱ nun, was in dem durch α, β bedingten Elementarsystem liegt, kann dargestellt werden durch die Gleichung

$$\varrho = \mathfrak{a}\alpha + \mathfrak{b}\beta,$$

wo $\mathfrak{a}$ und $\mathfrak{b}$ beliebige Zahlengrössen vorstellen, deren Summe Eins ist. Nach dem vorigen liegt nun ϱ dann und nur dann zwischen α und β, wenn $\alpha\varrho$ gleichbezeichnet ist mit $\varrho\beta$, das heisst,

$$\alpha \,.\, (\mathfrak{a}\alpha + \mathfrak{b}\beta) \text{ gleiches Zeichen hat mit } (\mathfrak{a}\alpha + \mathfrak{b}\beta) \,.\, \beta,$$

155 oder, indem man die Gesetze der äusseren Multiplikation anwendet, wenn $\mathfrak{b}\alpha \,.\, \beta$ gleich bezeichnet ist mit $\mathfrak{a}\alpha \,.\, \beta$, das heisst, $\mathfrak{b}$ gleich be-

zeichnet ist mit $\mathfrak{a}$; das heisst, da ihre Summe Eins, also positiv ist, wenn beide Koefficienten oder Gewichte positiv sind. Ist einer derselben null, so ist das Element ein Gränzelement.

Durch Fortsetzung desselben Verfahrens können wir nun beweisen, dass ein Element ϱ dann und nur dann zwischen einer Reihe von Elementen α, β, γ, ..., welche von einander unabhängig sind, liege, wenn es sich in der Form

$$\varrho = \mathfrak{a}\alpha + \mathfrak{b}\beta + \mathfrak{c}\gamma + \cdots$$

mit lauter positiven Koefficienten darstellen lasse.

Wir sagten, dass | ein Element ϱ dann und nur dann zwischen 155 einer Reihe von Elementen liege, wenn es zwischen dem ersten Elemente dieser Reihe und einem zwischen den folgenden befindlichen Elemente liege. Soll ϱ daher zwischen $\alpha, \beta, \gamma, \ldots$ liegen, so muss es zwischen α und einem zwischen $\beta, \gamma, \ldots$ liegenden Elemente sich befinden, es muss also ϱ sich als Vielfachensumme von α und einem zwischen $\beta, \gamma, \ldots$ liegenden Elemente, deren Koefficienten beide positiv sind, darstellen lassen; also muss zuerst der Koefficient von α positiv sein, demnächst aber auch der Koefficient des zwischen β, γ, ... liegenden Elementes. Dies Element muss sich aber aus demselben Grunde als Vielfachensumme von β und einem zwischen den folgenden Elementen γ, ... befindlichen Elemente mit positiven Koefficienten darstellen lassen; in dem Ausdrucke für ϱ war aber dies zwischen $\beta, \gamma, \ldots$ liegende Element mit einem positiven Koefficienten multiplicirt; also werden wir, indem wir den für dies Element gefundenen Ausdruck in den Ausdruck für ϱ einführen, und die Klammer auflösen, ϱ als Vielfachensumme von den Elementen α, β und einem zwischen den folgenden Elementen γ, ... befindlichen Elemente mit positiven Koefficienten dargestellt haben, und da wir dies Verfahren bis zum letzten Elemente hin fortsetzen können, so folgt, dass jedes zwischen $\alpha, \beta, \gamma, \ldots$ liegende Element sich als Vielfachensumme von $\alpha, \beta, \gamma, \ldots$ mit positiven Koefficienten darstellen lasse.

Es ist nun noch zu zeigen, dass auch jedes Element, was sich in dieser Form darstellen lasse, Zwischenelement sei.

Ist ein Element ϱ in der obigen Form dargestellt

$$\varrho = \mathfrak{a}\alpha + \mathfrak{b}\beta + \mathfrak{c}\gamma + \cdots,$$

wo $\mathfrak{a}, \mathfrak{b}, \mathfrak{c}, \ldots$ positive Koefficienten sind, so hat die Summe aller *156* auf $\mathfrak{a}\alpha$ folgenden Glieder zum Gewichte $\mathfrak{b} + \mathfrak{c} + \cdots$, also eine positive Zahl, ist also, wenn man die Koefficienten $\mathfrak{b}, \mathfrak{c}, \ldots$ mit $\mathfrak{b} + \mathfrak{c} + \cdots$ dividirt, und dann jene Summe mit $\mathfrak{b} + \mathfrak{c} + \cdots$ multiplicirt, als Produkt einer positiven Zahl in ein Element, was seinerseits wieder als

Vielfachensumme von $\beta, \gamma, \ldots$ mit positiven Koefficienten erscheint, darstellbar; folglich liegt ϱ zwischen α und einem Elemente, was als Vielfachensumme der folgenden Elemente mit positiven Koefficienten darstellbar ist, und da wir diesen Schluss fortsetzen können bis zu den beiden letzten Elementen hin, und [da] das als Vielfachensumme dieser 156 letzten mit positiven Koefficienten | darstellbare Element ein zwischenliegendes ist, so folgt, dass ϱ selbst zwischen $\alpha, \beta, \gamma, \ldots$ liege. Also ist der vorher ausgesprochene Satz erwiesen; auch ist klar, dass, wenn einer oder mehrere Koefficienten null werden, während die übrigen positiv bleiben, ϱ als Gränzelement erscheint.

§ 111. Vergleichung des Eckgebildes mit dem Produkte. Ausdehnung der Elementargrösse.

Betrachte ich nun auf der andern Seite das Produkt $\alpha . \beta . \gamma . \delta \ldots$, dessen Ausweichung nach § 109 gleich $[\alpha\beta] . [\beta\gamma] . [\gamma\delta] \ldots$ ist, und stelle das Ausdehnungsgebilde dar, was diesen Werth hat, und dadurch entsteht, dass das Element α zuerst die Strecke $[\alpha\beta]$ beschreibt, dann jedes so erzeugte Element die Strecke $[\beta\gamma]$, dann jedes die Strecke $[\gamma\delta]$ beschreibt, und so weiter, so ist klar, dass jedes solche Element (σ) aus α durch eine Aenderung von der Form

$$p\,[\alpha\beta] + q\,[\beta\gamma] + r\,[\gamma\delta] + \cdots,$$

wo $p, q, r, \ldots$ sämmtlich positiv und kleiner als Eins sind, hervorgeht, also der Gleichung

$$[\alpha\sigma] = p\,[\alpha\beta] + q\,[\beta\gamma] + r\,[\gamma\delta] + \cdots$$

genügt, und dass jenes Ausdehnungsgebilde ausserdem keine Elemente enthält, indem die Werthe Null und Eins für jene Koefficienten ($p, q, r, \ldots$) Gränzelemente bedingen.

Das Eckgebilde zwischen $\alpha, \beta, \gamma, \delta, \ldots$ enthielt die Gesammtheit der Elemente, welche der Gleichung

$$\sigma = \mathfrak{a}\alpha + \mathfrak{b}\beta + \mathfrak{c}\gamma + \mathfrak{d}\delta + \cdots$$

mit positiven Werthen von $\mathfrak{a}, \mathfrak{b}, \mathfrak{c}, \mathfrak{d}, \ldots$, das heisst, welche der Gleichung

$$[\alpha\sigma] = \mathfrak{b}\,[\alpha\beta] + \mathfrak{c}\,[\alpha\gamma] + \mathfrak{d}\,[\alpha\delta] + \cdots$$

genügen, wenn $\mathfrak{b}, \mathfrak{c}, \mathfrak{d}, \ldots$ positiv, und ihre Summe kleiner als Eins 157 ist. Setzen wir hier statt $[\alpha\gamma]$ seinen Werth $[\alpha\beta] + [\beta\gamma]$, statt $[\alpha\delta]$ seinen Werth $[\alpha\beta] + [\beta\gamma] + [\gamma\delta]$, und so weiter, so erhält man für ein Element σ des Eckgebildes die Gleichung

$$[\alpha\sigma] =$$
$$= (\mathfrak{b} + \mathfrak{c} + \mathfrak{d} + \cdots)[\alpha\beta] + (\mathfrak{c} + \mathfrak{d} + \cdots)[\beta\gamma] + (\mathfrak{d} + \cdots)[\gamma\delta] + \cdots$$
$$= p[\alpha\beta] + q[\beta\gamma] + r[\gamma\delta] + \cdots$$

mit der Bedingung, dass jeder frühere Koefficient grösser als der folgende, der erste kleiner als Eins, der letzte grösser als Null ist, also mit der Bedingung

$$1 > p > q > r > \cdots > 0.$$

Es umfasst also das Eckgebilde nur einen Theil der Elemente, welche jenes dem Produkte $\alpha . \beta . \gamma . \delta \ldots$ entsprechende Ausdehnungsgebilde enthält, nämlich diejenigen, in denen die zuletzt hinzugefügte Be- 157 dingung erfüllt ist.

Nun wollen wir jenes Eckgebilde vorläufig mit $[a, b, c, \ldots]$ bezeichnen, indem wir $[\alpha\beta]$ mit a, $[\beta\gamma]$ mit b, $[\gamma\delta]$ mit c bezeichnen, und so weiter, und verstehen also darunter die Gesammtheit der Elemente σ, welche der Gleichung

$$[\alpha\sigma] = pa + qb + rc + \cdots$$

mit der Bedingung

$$1 > p > q > r > \cdots > 0$$

genügen. Als Gränzelemente erscheinen diejenigen, bei deren Darstellung in jener Form theilweise Gleichheit jener Grössen $(1, p, q, r, \ldots, 0)$ eintritt. Nun leuchtet ein, wie jede andere Folge von $a, b, c, \ldots$ auch ein anderes Eckgebilde hervorruft, welches mit dem ersteren kein inneres Element gemeinschaftlich hat, und wie die Gesammtheit der Elemente, welche die zu allen möglichen Folgen von $a, b, c, \ldots$ gehörigen Eckgebilde enthalten, wenn man die Gränzelemente immer nur einmal setzt, das dem Produkte $a . b . c \ldots$ entsprechende Ausdehnungsgebilde selbst darstellt. In der That, jedes Element dieses Ausdehnungsgebildes wird, wenn die Koefficienten $p, q, r, \ldots$ verschieden sind, nur in Einem der Eckgebilde, aber auch gewiss in einem, vorkommen; und wenn diese Koefficienten theilweise gleich sind, so werden es Gränzelemente sein, die also nur einmal gesetzt werden sollten. Wir können daher, da auch die Eckgebilde kein Element enthalten, welches nicht in jenem Ausdehnungsgebilde enthalten wäre, das letztere als Summe | sämmtlicher Eckgebilde, welche bei allen möglichen Folgen 158 der Faktoren $a, b, c, \ldots$ eintreten, ansehen.

Nun können wir endlich zeigen, dass alle diese Eckgebilde, als Theile ihres Systems, einander gleich sind.

Die Gleichheit zweier Theile eines Elementarsystems besteht im allgemeinsten Sinne darin, dass beide von dem in einfachem Sinne erzeugten Systeme von Elementen gleiche Gebiete umfassen, nämlich so, dass wechselseitig jedem Elemente des einen Gebietes ein, aber auch nur Ein Element des andern entspricht.

Um dies bestimmter zu fassen, nehmen wir an, $a, b, c, \ldots$ seien entsprechende Aenderungen, das heisst solche, die aus den entsprechenden Grundänderungen auf dieselbe Weise hervorgegangen seien, und 158 durch sie werde das System von α aus erzeugt, und zwar so, dass je zwei Elemente, welche in einer der Richtungen $a, b, c, \ldots$ an einander gränzen, durch die dieser Richtung zugehörige Grundänderung aus einander erzeugt seien. Dann ist klar, wie jedem Elemente des Eckgebildes $[a, b, c, \ldots]$ ein, aber auch nur Ein Element eines Eckgebildes, in welchem die Strecken $a, b, c, \ldots$ in anderer Ordnung vorkommen, entspricht. Denn, wenn σ ein Element des ersten ist und $[\alpha\sigma]$ als Vielfachensumme von $a, b, c, \ldots$ dargestellt ist, so hat man sogleich das entsprechende Element des andern, wenn man in jener Vielfachensumme, ohne die Ordnung der Koefficienten zu ändern, $a, b, c, \ldots$ auf die Ordnung des zweiten Eckgebildes bringt. Folglich sind in der That, wenigstens in Bezug auf die angenommene Erzeugungsweise des Systems, alle jene Eckgebilde als Elementargrössen einander gleich. Aber schon aus der Art, wie wir in § 20 die Systeme von den Grundänderungen unabhängig gemacht haben, geht hervor, dass dasselbe auch gelten wird in Bezug auf jede andere einfache Erzeugungsweise des Systems; also sind jene Eckgebilde an sich gleich.

Da sie nun insgesammt dem Produkte gleich waren, so werden wir sagen können, jedes derselben sei gleich dem Produkte dividirt durch eine Zahl, welche die Anzahl der verschiedenen Folgen ausdrückt, welche die n Faktoren $a, b, c, \ldots$ annehmen können; diese Zahl nennen wir die *Gefolgszahl* aus n Elementen, und bezeichnen sie, wenn die Anzahl der Faktoren n ist, mit $n!$, setzen also das Eckgebilde seiner Ausdehnung nach gleich

159
$$\frac{a \cdot b \cdot c \ldots}{n!}\text{*)};$$

wir nennen diesen Werth die Ausdehnung des Produktes $\alpha \cdot \beta \cdot \gamma \ldots$, das heisst die Ausdehnung der Elementargrösse. Es ist also

die Ausdehnung einer starren Elementargrösse gleich ihrer Ausweichung, dividirt durch die zu der Stufenzahl dieser Ausweichung gehörige Gefolgszahl.

Namentlich ist, indem wir voraussetzen, dass zwei Elemente zwei

*) Dass $n! = 1 \cdot 2 \cdot 3 \ldots n$ sei, lehrt die Kombinationslehre; würden wir dies voraussetzen, so würden wir den Werth des Eckgebildes erhalten $\dfrac{a \cdot b \cdot c \ldots}{1 \cdot 2 \cdot 3 \ldots}$.

Folgen zulassen, drei Elemente aber deren sechs, die Ausdehnung einer starren Elementargrösse dritter Stufe die Hälfte ihrer Auswei- 159 chung, und die Ausdehnung einer starren Elementargrösse vierter Stufe der sechste Theil ihrer Ausweichung*); und nehmen wir an, dass Ein Element nur Eine Anordnung zulasse, nämlich die, dass es eben gesetzt wird, und wenn kein Element da ist, auch Eine Anordnung möglich ist, nämlich die, dass eben kein Element gesetzt wird, so folgt, dass für Elementargrössen erster und zweiter Stufe Ausdehnung und Ausweichung einander gleich sind.

§ 112. **Gleiche Elementargrössen haben gleiche Ausweichungen.**

Für die Elementargrössen erster Stufe ist die Ausweichung oder Ausdehnung eine Zahlengrösse, nämlich dieselbe, die wir oben als ihr Gewicht bezeichneten. Es entsteht daher die Aufgabe, für Elementargrössen höherer Stufen die entsprechenden Sätze abzuleiten, die wir für Elementargrössen erster Stufe in Bezug auf ihr Gewicht aufstellten.

Zunächst ergiebt sich, „dass, wenn die Glieder einer Gleichung dasselbe Element α als gemeinschaftlichen Faktor enthalten, während der andere Faktor eines jeden Gliedes eine Ausdehnung ist, man jenes Element α aus allen Gliedern weglassen könne, ohne die Richtigkeit der Gleichung aufzuheben.“ Die Richtigkeit dieses Satzes erhellt, wenn man in der vorausgesetzten Gleichung Ein Glied auf die linke Seite allein schafft, | und die übrigen in Ein Glied mit dem Faktor α zu- 160 sammenfasst, und also die Gleichung in der Form darstellt

$$\alpha . A = \alpha . (B + C + \cdots);$$

da nämlich nun die linke Seite eine starre Elementargrösse darstellt, die rechte also gleichfalls, so müssen die Ausweichungen auf beiden Seiten gleich, also

$$A = B + C + \cdots$$

sein. Stellt man dann die Glieder dieser Gleichung wieder in der ursprünglichen Ordnung her, so hat man die Gleichung, deren Richtigkeit zu erweisen war.

Wir können die Summe der Ausweichungen mehrerer Glieder, welche alle dasselbe Element ρ als Faktor haben, auch dann, wenn diese Summe eine *formelle* Ausdehnungsgrösse darstellt, die Ausweichung

---

*) Diese Resultate entsprechen den Sätzen der Geometrie, dass das Dreieck die Hälfte ist des Parallelogramms von gleicher Grundseite und Höhe, und die dreiseitige Pyramide der sechste Theil des Spathes, dessen Kanten drei zusammenstossenden Kanten der Pyramide gleich sind.

160 ihrer Summe nennen, | und dann den soeben erwiesenen Satz auch so ausdrücken: „In einer Gleichung, deren Glieder dasselbe Element ϱ als gemeinschaftlichen Faktor haben, kann man statt aller Glieder gleichzeitig ihre Ausweichungen setzen, ohne die Richtigkeit der Gleichung aufzuheben." Vermittelst dieses Satzes ergiebt sich nun, dass, wenn man die Glieder irgend einer Gleichung alle mit demselben Elemente ϱ multiplicirt, und statt jedes so gewonnenen Gliedes seine Ausweichung setzt, die Gleichung eine richtige bleibt.

Wir verstehen nun dem vorigen Kapitel gemäss *unter der Abweichung einer Grösse B von einer andern A die Ausweichung des Produktes* $A.B$, und haben somit den Satz gewonnen, dass man in einer Gleichung statt aller Glieder gleichzeitig ihre Abweichungen von demselben Elemente ϱ setzen darf, oder einfacher ausgedrückt, dass gleiche Elementargrössen auch von demselben Elemente um Gleiches abweichen. Hierbei ist zu bemerken, wie aus der Definition sogleich hervorgeht, dass die Abweichung einer Ausdehnung von einem Elemente stets dieser selbst gleich, also von dem Elemente gänzlich unabhängig ist.

Stellen wir uns nun eine Gleichung vor, deren Glieder theils starre Elementargrössen theils Ausdehnungen sind, und in welcher jede der ersteren als Produkt eines Elementes in eine Ausdehnung, also in der Form $\alpha . A$ dargestellt ist: so verwandelt sich durch Multiplikation aller Glieder mit ϱ jenes Glied in $\varrho . \alpha . A$ oder in $\varrho . (\alpha - \varrho) . A$, weil man in jedem Faktor eines äusseren Produktes Stücke hinzufügen
161 kann, | welche den andern Faktoren gleichartig sind, und da $(\alpha - \varrho)$ eine Strecke, also $(\alpha - \varrho) . A$ eine Ausdehnung ist, so kann man nun den gemeinschaftlichen Faktor ϱ weglassen, und erhält auf diese Weise die Abweichungsgleichung, welche somit aus der gegebenen dadurch hervorgeht, dass man von den Elementen der starren Elementargrössen überall ϱ subtrahirt, und die Glieder, welche Ausdehnungen darstellen, unverändert lässt. Subtrahirt man nun diese Gleichung von der gegebenen, so fallen die Ausdehnungsglieder weg, das Glied $\alpha . A$ verwandelt sich in $\alpha . A - (\alpha - \varrho) . A$, das heisst in $\varrho . A$; das heisst, statt der verschiedenen Elemente, welche mit den Ausweichungen multiplicirt waren, tritt überall das Element ϱ ein; dies kann man nun weglassen nach dem vorigen Paragraphen, und erhält somit eine Glei-
161 chung, welche aus der gegebenen dadurch hervorgeht, | dass man die Ausdehnungsglieder weglässt, statt der übrigen aber ihre Ausweichungen setzt. Da nun die Ausweichung einer Summe von Elementargrössen als die Summe ihrer Ausweichungen definirt ist, worin zugleich liegt, *dass die Ausweichung einer Ausdehnungsgrösse null ist*, so können wir einfacher sagen:

Gleiche Elementargrössen haben gleiche Ausweichungen,
oder

Eine Gleichung bleibt richtig, wenn man statt aller Glieder gleichzeitig ihre Ausweichungen setzt.

Aus diesem Satze geht, wenn man die Ableitungsweise, durch welche er sich ergab, umkehrt, der umgekehrte Satz hervor:

Zwei Elementargrössen, welche gleiche Ausweichungen haben, und von irgend einem Elemente ϱ um gleiche Grössen abweichen, sind einander gleich (und weichen auch von jedem andern Elemente um eine gleiche Grösse ab).

Nämlich sind

$$\alpha_1 . A_1 + \alpha_2 . A_2 + \cdots + P$$

und

$$\beta_1 . B_1 + \beta_2 . B_2 + \cdots + Q,$$

wo die griechischen Buchstaben Elemente, die lateinischen Ausdehnungsgrössen vorstellen, die beiden Elementargrössen, von denen wir voraussetzen, dass ihre Ausweichungen gleich sind, das heisst,

$$A_1 + A_2 + \cdots = B_1 + B_2 + \cdots$$

ist, und dass ihre Abweichungen von irgend einem Elemente ϱ gleich sind, das heisst

$$(\alpha_1 - \varrho) . A_1 + (\alpha_2 - \varrho) . A_2 + \cdots + P$$

gleich ist 162

$$(\beta_1 - \varrho) . B_1 + (\beta_2 - \varrho) . B_2 + \cdots + Q,$$

so erhält man aus dieser letzten Gleichung, indem man die Klammern auflöst, und bemerkt, dass nun die Glieder, welche ϱ enthalten, sich vermöge der ersten Gleichung aufheben, die zu erweisende Gleichung

$$\alpha_1 . A_1 + \alpha_2 . A_2 + \cdots + P$$

gleich

$$\beta_1 . B_1 + \beta_2 . B_2 + \cdots + Q.$$

Eine specielle Folgerung dieses Satzes ist die, *dass eine Elementargrösse, deren Ausweichung null ist, einer Ausdehnungsgrösse gleich ist, und von allen Elementen um gleich viel, nämlich um eben diese Ausdehnungsgrösse abweicht.* Denn wenn die Abweichung jener Elementargrösse von irgend einem Elemente ϱ, welche Abweichung | immer nach 162 der Definition eine Ausdehnungsgrösse darstellt, gleich P ist, so muss sie selbst gleich P sein, weil sie mit P gleiche Ausweichung nämlich Null hat, und beide von demselben Elemente ϱ um eine gleiche Grösse abweichen, denn die Abweichung jeder Ausdehnungsgrösse von einem beliebigen Elemente ist eben diese Ausdehnungsgrösse selbst; also erfolgt jene Gleichheit nach dem soeben erwiesenen Satze, und daraus fliesst dann der andere Theil des zu erweisenden Satzes unmittelbar.

§ 113. **Summe der Elementargrössen.**

Wir wenden den Satz des vorigen Paragraphen noch auf die Addition einer starren Elementargrösse $(\alpha . A)$ und einer Ausdehnung (P) an.

Ist A die Ausweichung der ersteren, so muss es auch, da die Ausweichung einer Ausdehnungsgrösse null ist, die der Summe sein; soll daher die Summe wiederum eine starre Elementargrösse sein, so muss sie sich in der Form $\beta . A$ darstellen lassen, und es wird dann $\beta . A$ in der That der Summe gleich sein, wenn beide gleiche Abweichungen von irgend einem Elemente, zum Beispiel von α, darbieten; die Abweichung der Grösse $\alpha . A$ von α ist aber null, also hat man als die einzige Bedingungsgleichung

$$P = (\beta - \alpha) . A ,$$

das heisst,

die Summe einer starren Elementargrösse und einer Ausdehnungsgrösse ist nur dann wieder eine starre Elementargrösse, wenn die Aus- 163 *weichung der ersteren der letzteren | untergeordnet ist, und zwar ist die Summe dann diejenige Elementargrösse, welche mit der ersteren gleiche Ausweichung hat, und von einem Elemente der ersteren um die letztere abweicht.*

B. Anwendungen.

§ 114. **Die Elementargrössen im Raume, Liniengrössen, Plangrössen.**

Nachdem wir nun die Erzeugung der Elementargrössen höherer Stufen aus denen der ersten durch Multiplikation und Addition dargestellt, und ihren Begriff durch Vergleichung mit den Elementargrössen erster Stufe und mit den Ausdehnungsgrössen der Anschauung näher gerückt haben, gehen wir jetzt zu den Anwendungen auf die *Geometrie* und *Mechanik* über, in welchen jene Begriffe sich anschaulich abbilden.

Was zuerst die *Geometrie* betrifft, so ist klar, wie die gerade Linie und die Ebene als Elementarsysteme zweiter und dritter Stufe erscheinen. Der Raum selbst aber erscheint als Elementarsystem vierter Stufe, und erst hierdurch ist der Raum in seiner wahren Bedeutung dargestellt.

163 Die starre Elementargrösse | liess sich am einfachsten als Produkt eines Elementes in eine Ausdehnungsgrösse darstellen, welche wir die Ausweichung derselben nannten; und es erschien dieselbe als die an ihr Elementarsystem gebundene Ausweichung.

Betrachten wir zuerst das Produkt $(\alpha . p)$ eines Punktes (α) in eine Strecke (p), so ist p die Ausweichung dieses Produktes; die gerade Linie, welche von α in der Richtung der Strecke p gezogen wird, das Elementarsystem desselben, und das Produkt erscheint also als eine Strecke, welche einen Theil einer konstanten geraden Linie ausmacht, und an diese Linie gebunden bleibt. Wir nennen dies Produkt, da es einen Theil einer geraden Linie bildet, *Liniengrösse*, und fahren fort, die Strecke, welche an ihr erscheint, ihre Ausweichung zu nennen. Ebenso stellt sich das Produkt $(\alpha . P)$ eines Punktes (α) in einen Flächenraum (P) von konstanter Richtung als ein Flächenraum dar, welcher in einer konstanten Ebene liegt, nämlich in der durch jenen Punkt in der Richtung des Flächenraums gelegten Ebene; wir nennen jene Grösse, da sie einen Theil einer konstanten Ebene bildet, *Ebenengrösse* (vielleicht besser *Plangrösse*), und jenen Flächenraum von konstanter Richtung ihre Ausweichung. Das Produkt endlich eines Punktes in einen Körperraum hat für die Geometrie, da der Raum ein Elementarsystem vierter Stufe ist, also jeder Körperraum schon an sich an ihn gebunden ist, keine andere Bedeutung als dieser Körperraum selbst. *164*

§ 115. Produkte und Summen dieser Grössen.

Hieraus entwickelt sich nun leicht der Begriff eines Produktes von mehreren Punkten.

Betrachtet man zuerst das Produkt zweier Punkte $\alpha . \beta$ oder $\alpha\beta$, so ist das System, an welches es gebunden ist, die durch beide Punkte gezogene gerade Linie, und da

$$\alpha . \beta = \alpha . (\beta - \alpha)$$

ist, so ist die Ausweichung dieses Produktes die Abweichung des zweiten Punktes von dem ersten, das heisst, das Produkt zweier Punkte ist eine Liniengrösse, deren Linie durch jene beiden Punkte geht, und deren Ausweichung die von dem ersten an den zweiten geführte Strecke ist.

Das Produkt dreier Punkte $\alpha . \beta . \gamma$ erscheint als Plangrösse, deren Ebene durch jene drei Punkte geht; und da

$$\alpha . \beta . \gamma = \alpha . (\beta - \alpha) . (\gamma - \alpha) = \alpha . [\alpha\beta] . [\alpha\gamma]$$

ist, so ist die Ausweichung derselben der Flächenraum eines Parallelogramms, was die Abweichungen der beiden letzten Punkte von dem ersten zu Seiten hat. Auch können wir, da

$$[\alpha\gamma] = [\alpha\beta] + [\beta\gamma] \qquad 164$$

ist,

$$[\alpha\beta] . [\alpha\gamma] = [\alpha\beta] . [\beta\gamma]$$

setzen; also ist die Ausweichung das Produkt der stetig auf einander folgenden Strecken, welche die Punkte in der Reihenfolge, in welcher sie in dem Produkte auftreten, verbinden.

Das Produkt von vier Punkten $\alpha.\beta.\gamma.\delta$ erscheint als ein Körperraum, und zwar ist die Ausweichung desselben, da

$$\alpha.\beta.\gamma.\delta = \alpha.(\beta-\alpha).(\gamma-\alpha).(\delta-\alpha) = \alpha.[\alpha\beta].[\alpha\gamma].[\alpha\delta]$$

ist, gleich dem Körperraum eines Spathes, welches die Abweichungen der drei letzten Punkte von dem ersten (in der gehörigen Reihenfolge genommen) zu Seiten hat; oder da

$$[\alpha\gamma] = [\alpha\beta] + [\beta\gamma]$$
$$[\alpha\delta] = [\alpha\beta] + [\beta\gamma] + [\gamma\delta]$$

ist, so ist auch, wenn man die den übrigen Faktoren gleichartigen Stücke weglässt,

$$[\alpha\beta].[\alpha\gamma].[\alpha\delta] = [\alpha\beta].[\beta\gamma].[\gamma\delta],$$

das heisst, die Ausweichung des Produktes von vier Punkten ist gleich dem Produkte der stetig auf einander folgenden Strecken, welche jene Punkte in der Reihenfolge, in welcher sie in jenem Produkte vor-
165 kommen, verbinden. | Hierbei braucht man nicht hinzuzufügen, dass diese Grösse als an den Raum gebunden zu betrachten ist, weil alle räumlichen Grössen an ihn gebunden sind.

Das Produkt von mehr als vier Punkten wird, da der Raum nur ein Elementarsystem vierter Stufe ist, stets null sein müssen. Sind die zu multiplicirenden Punkte noch mit Gewichten behaftet, so hat man nur das Produkt der einfachen Punkte noch mit dem Produkte der Gewichte zu multipliciren, wodurch sich nur die Ausweichung ändert.

Viel einfacher gestaltet sich alles, wenn wir die *Ausdehnung* betrachten. Nach der Definition der inneren oder zwischen liegenden Elemente, deren Gesammtheit die Ausdehnung darstellt, ist die Ausdehnung des Produktes $\alpha.\beta.\gamma$ gleich dem Flächenraum des Dreiecks, welches α, β, γ zu Ecken hat, und die des Produktes $\alpha.\beta.\gamma.\delta$ gleich dem Körperraum der Pyramide, welche α, β, γ, δ zu Ecken hat; und zugleich liegt in dem Satze, dass die Ausdehnung einer starren Elementargrösse gleich ihrer Ausweichung dividirt durch die zu der Stufenzahl dieser Ausweichung gehörige Gefolgszahl ist, dass das Dreieck die Hälfte des Parallelogramms, und die dreiseitige Pyramide der sechste
165 Theil des Spathes ist, | dessen Kanten mit dreien der Pyramide parallel sind.

Hierdurch ist also der Begriff eines Produktes von mehreren Elementargrössen erster Stufe für den Raum bestimmt; und wir sind dabei nur zu zwei neuen Grössen, nämlich der Liniengrösse und der

Plangrösse gelangt. Auch erhellt, wie das Produkt einer Liniengrösse in einen Punkt (oder eine Elementargrösse erster Stufe) allemal eine Plangrösse, das Produkt zweier Liniengrössen und das eines Punktes in eine Plangrösse allemal einen Körperraum liefert; dass diese Produkte aber null werden, wenn die Stufenzahlen der Faktoren zusammengenommen grösser sind, als die des Elementarsystemes, in welchem sie liegen, also zum Beispiel das Produkt zweier Liniengrössen null wird, wenn sie in derselben Ebene liegen. Also auch hierdurch gelangen wir zu keinen andern Grössen, als zu den beiden oben genannten.

Hingegen gelangen wir durch die Addition der Liniengrössen zu einer eigenthümlichen Summengrösse, welche besonders für die Statik von entschiedener Wichtigkeit ist. Wir zeigten oben (Kapitel 3 des ersten Abschnittes), dass die Summe zweier Produkte n-ter Stufe nur dann wieder als ein Produkt n-ter Stufe erscheint, | wenn jene beiden *166* Produkte demselben Systeme $(n+1)$-ter Stufe angehören, hingegen eine formelle Summe, die wir Summengrösse nannten, liefert, wenn sie nur durch ein noch höheres System umfasst werden konnten. Der letztere Fall kann für den Raum, welcher als Elementarsystem vierter Stufe erscheint, nur eintreten, wenn Elementargrössen zweiter Stufe, das heisst Liniengrössen addirt werden sollen, und diese nicht in Einer Ebene liegen. Die nähere Erörterung dieses Falles behalte ich der Anwendung auf die Statik vor, in welcher diese Summengrösse eine selbstständige Bedeutung gewinnt.

§ 116, 117. **Richtsysteme für Elementargrössen.**

§ 116.

Unter den zahlreichen Anwendungen, welche die Methode unserer Analyse auf die *Geometrie* verstattet, hebe ich hier nur diejenigen hervor, welche mir am geeignetsten erscheinen, um das Wesen jener Methode in ein helleres Licht zu setzen.

Um die Beziehung zu der sonst üblichen *Koordinatenbestimmung* hervortreten zu lassen, will ich zuerst den Begriff der Richtsysteme auf die Auffassung des Raumes als eines Elementarsystemes übertragen. Wir hatten im fünften Kapitel des ersten Abschnittes den Begriff eines Richtsystemes für Ausdehnungsgrössen aufgestellt, und demnächst für Elementargrössen festgesetzt, dass alle Definitionen, welche wir für Ausdehnungsgrössen aufgestellt hatten, auch auf jene übertragen werden sollen. Während dort als Grundmasse Ausdehnungsgrössen 166 erster Stufe auftraten, so werden hier Elementargrössen erster Stufe als Grundmasse auftreten, und dadurch ist dann die Bedeutung aller

dort in § 87 und 88 aufgestellten Begriffe auch für Elementargrössen bestimmt, namentlich sind die Definitionen von Richtmassen, Richtgebieten, Richtstücken, Zeigern hier genau dieselben wie dort; nur die Richtgebiete erster Stufe, welche wir dort Richtaxen nannten, werden wir hier Richtelemente nennen müssen. Dabei will ich dann nur noch bemerken, dass, da auch die Strecken als Elementargrössen erster Stufe aufgefasst werden können, unter den Grundmassen beliebig viele als Strecken auftreten können, und nur wenn alle Grundmasse Strecken werden, erhalten wir das Richtsystem für Ausdehnungsgrössen. Dasjenige Richtsystem, was diesem am nächsten steht, und dennoch zur Darstellung und Bestimmung der Elementargrössen hinreicht, ist das-
167 jenige, in welchem Ein Grundmass ein Element ist, alle | übrigen aber Strecken darstellen, ein Richtsystem, was seiner Einfachheit wegen besondere Auszeichnung verdient.

§ 117.

Wenden wir dies nun auf die Geometrie an, so erscheinen für den Raum als ein Elementarsystem vierter Stufe vier von einander unabhängige Elementargrössen erster Stufe als Grundmasse, welche zur Bestimmung hinreichen. Die Bedingung, dass sie von einander unabhängig sein sollen, sagt nur aus, dass sie nicht in Einer Ebene liegen dürfen, und wenigstens eins von ihnen eine starre Elementargrösse sein muss (während von den übrigen beliebige auch Strecken sein dürfen).

Nehmen wir vier starre Elementargrössen (das heisst vielfache Elemente) als Grundmasse an, so haben wir die von Möbius in seinem barycentrischen Kalkül zu Grunde gelegte Art der Koordinatenbestimmung, welche mit der von Plücker in seinem System der analytischen Geometrie dargestellten ihrem Wesen nach zusammenfällt. Als Richtgebiete zweiter Stufe erscheinen hier sechs gerade Linien, welche je zwei der Richtelemente verbinden, und als Kanten einer Pyramide erscheinen, welche jene Richtelemente zu Ecken hat; als Richtgebiete dritter Stufe vier Ebenen, welche durch je drei der Richtelemente gelegt sind und als Seitenflächen jener Pyramide erscheinen; und die Richtmasse zweiter und dritter Stufe stellen Theile jener Linien und Ebenen dar; das Richtmass vierter Stufe, welches hier das Hauptmass
167 ist, stellt einen Körperraum dar. Jede Elementargrösse | erster Stufe, mag sie nun eine starre Elementargrösse oder eine Strecke sein, kann im Raume als Vielfachensumme der vier Grundmasse dargestellt werden; jede Elementargrösse zweiter Stufe, mag sie nun eine Liniengrösse

oder ein Flächenraum von konstanter Richtung, oder eine Summengrösse sein, kann als Summe von sechs Liniengrössen dargestellt werden, welche den oben erwähnten sechs Linien angehören; kurz jede Grösse kann als Vielfachensumme der Richtmasse gleicher Stufe, oder als Summe von Stücken, welche den Richtgebieten gleicher Stufe angehören, dargestellt werden.

Diese Richtsysteme, deren Grundmasse starre Elementargrössen, das heisst vielfache Punkte sind, nennen wir mit Möbius *barycentrische*. Die einfachste Art der barycentrischen Richtsysteme ist die, bei welcher die Grundmasse blosse Punkte darstellen. Aber die barycentrischen Richtsysteme selbst erscheinen nur als eine besondere, | obwohl am *168* weitesten reichende Art der allgemeinen Richtsysteme, welche aus vier beliebigen Elementargrössen erster Stufe bestehen. Denn wir zeigten, dass sich beliebig viele derselben bis auf eine in Strecken verwandeln können, und erhalten so ausser dem genannten noch solche Richtsysteme, in welchen die Richtgebiete erster Stufe theils Richtelemente, theils Richtaxen (konstante Richtungen) sind.

Unter diesen heben wir besonders diejenige Art der Richtsysteme hervor, welche ein Element und drei Strecken zu Grundmassen haben. Als Richtmasse zweiter Stufe treten hier auf einestheils drei Liniengrössen, deren Linien durch das Richtelement gehen, und deren Ausweichungen die drei andern Grundmasse sind; anderntheils drei Flächenräume von konstanter Richtung, welche durch die drei zwischen jenen drei Strecken möglichen Spathecke (Parallelogramme) dargestellt werden. Als Richtmasse dritter Stufe erscheinen einestheils drei Plangrössen, deren Ebenen durch das Richtelement gehen und deren Ausweichungen die Flächenräume jener drei Spathecke sind, anderntheils ein als Ausdehnungsgrösse aufgefasster Körperraum, welcher durch das aus jenen drei Strecken konstruirbare Spath dargestellt ist. Als Hauptmass endlich erscheint derselbe Körperraum aufgefasst als Elementargrösse vierter Stufe. Die Systeme, welchen diese Richtmasse angehören, bilden dann die zugehörigen Richtgebiete.

Die Richtstücke eines Punktes in Bezug auf ein solches Richtsystem sind nun einestheils das Richtelement, anderntheils drei | Strecken, 168 welche den drei Richtaxen parallel sind, und als Summe von solchen vier Richtstücken wird jeder Punkt im Raume dargestellt werden können; die Abweichung eines Punktes im Raume vom Richtelemente wird daher nach diesem Richtsysteme durch Richtstücke von konstanter Richtung (durch Parallelkoordinaten) bestimmt, also ganz auf dieselbe Weise, wie eine Ausdehnung überhaupt durch Richtsysteme, welche zur Bestimmung von Ausdehnungen dienen, bestimmt wird.

§ 118. Verwandlung der Koordinaten.

Indem wir nun alle diese Richtsysteme als besondere Arten eines allgemeinen Richtsystems, dessen vier Grundmasse Elementargrössen sind, darstellen: so haben wir damit einestheils die allgemeinste Ko-169ordinatenbestimmung gefunden, bei welcher die Ebene | noch als Punktgebilde erster Ordnung erscheint, andererseits sind wir dadurch in den Stand gesetzt, das Verfahren, durch welches wir von einer Koordinatenbestimmung zu einer andern derselben Art übergehen konnten, und welches wir in § 92 für Parallelkoordinaten darstellten, nicht nur auf jede Art der Richtsysteme anzuwenden, sondern auch es da eintreten zu lassen, wo aus einer Art der Koordinatenbestimmung zur andern übergegangen werden soll, sobald beide nur jener von uns dargestellten allgemeineren Gattung angehören. Namentlich können wir danach unmittelbar die barycentrischen Gleichungen in Gleichungen zwischen Parallelkoordinaten umwandeln und umgekehrt, ohne dass wir noch irgend einer besonderen Vorschrift bedürften. — Indem wir nun ferner den Begriff der Richtstücke (Koordinaten) in einem allgemeineren Sinne auffassten, sofern wir auch Richtstücke höherer Ordnung annahmen, so reicht dieselbe allgemeine Art der Richtsysteme auch aus, um Elementargrössen höherer Stufen, namentlich um Liniengrössen und Ebenengrössen zu bestimmen.

Ehe wir die Bedeutung dieser Bestimmungen durchgehen, haben wir auf einen Unterschied zwischen der von uns angegebenen Bestimmungsweise und der sonst üblichen aufmerksam zu machen und zu zeigen, wie dieser Unterschied ausgeglichen werden könne. Nämlich wir sind überall zu der Bestimmung von Elementargrössen, das heisst von Punkten mit zugehörigen Gewichten, von Liniengrössen und Ebenengrössen gelangt. Bei der Bestimmung durch Koordinaten kommt es aber nur auf die Bestimmung der Punkte, Linien und Ebenen ihrer Lage nach an, und dadurch erhalten wir bei unserer Betrachtungsweise 169 stets ein Richtstück oder einen Zeiger mehr, als es bei jener Bestimmung der Lage erforderlich ist. Dieser Unterschied lässt sich auf der Stelle ausgleichen, indem man bedenkt, dass, wenn alle Richtstücke oder Zeiger einer Grösse mit derselben Zahlengrösse multiplicirt oder dividirt werden, dadurch die Lage (das Elementarsystem) derselben nicht geändert wird. Man erhält also sogleich die Anzahl der Zeiger um Eins vermindert, wenn man die Richtstücke (oder die Zeiger) mit einem der Zeiger jedesmal dividirt, und dadurch einen der Zeiger jedesmal auf Eins bringt. Die so gewonnenen Zeiger genügen dann jedesmal zur Bestimmung der Lage.

Indem wir nun auf solche Weise zum Beispiel die Lage einer Ebene durch | ihre Zeiger bestimmen, und zwischen den als veränder- 170 lich genommenen Zeigern eine Gleichung m-ten Grades aufstellen, so wird dadurch eine unendliche Menge von Ebenen bedingt, deren Zeiger jener Gleichung genügen; und von allen diesen Ebenen wird eine Oberfläche umhüllt werden, von welcher ich späterhin zeigen werde, dass sie dieselbe sei, welche man als Oberfläche m-ter Klasse bezeichnet hat. Ebenso führt die Bestimmung der geraden Linie durch ihre Zeiger zu eigenthümlichen, bisher nicht beachteten Gebilden, welche ich zuerst gelegentlich in einer Abhandlung im Crelle'schen Journal der Betrachtung unterworfen habe.*)**) Da die weitere Erörterung dieses Gegenstandes die Schranken dieses Werkes überschreiten würde, so will ich mich damit begnügen, hier noch die Gleichung für die gerade Linie und die Ebene, wie sie sich durch unsere Wissenschaft ergiebt, aufzustellen, und mit den sonst bekannten Gleichungen für dieselben in Beziehung zu setzen.

§ 119. Gleichung der Ebene.

Die allgemeinste Aufgabe, die man sich hier stellen kann, ist die, die Gleichung einer Ebene, welche durch drei beliebige gegebene Punkte geht, oder die Gleichung einer [geraden] Linie, welche durch zwei beliebige gegebene Punkte geht, aufzustellen.

Es seien die gegebenen Punkte im ersten Falle α, β, γ, im zweiten Falle α, β; der veränderliche Punkt, welcher als Punkt jener Ebene oder dieser | Linie durch eine Gleichung zwischen ihm und den ge- 170 gebenen Punkten bestimmt werden soll, sei σ, so hat man sogleich aus dem Begriffe eines Elementarsystems zweiter und dritter Stufe für den ersten Fall die Gleichung

$$\alpha \,.\, \beta \,.\, \gamma \,.\, \sigma = 0,$$

für den zweiten

$$\alpha \,.\, \beta \,.\, \sigma = 0,$$

und durch diese Formeln, welche den grössten Grad der Einfachheit besitzen, ist die Aufgabe im allgemeinsten Sinne gelöst. Will man dann aus Vorliebe für die gewöhnliche Koordinatenbehandlung oder aus einem andern Grunde die entsprechenden Koordinatengleichungen

*) Crelle, Journal für die reine und angewandte Mathematik Bd. XXIV. [S. 262—282 und 372—380.]

**) Diese Gebilde sind besonders seit Plücker's letztem Werke „Neue Geometrie des Raumes, 1868" vielfach von den ausgezeichnetsten Mathematikern bearbeitet worden und bilden den Hauptgegenstand der heutigen Liniengeometrie. (1877.)

aufstellen, so kann man, wenn man nur die Mühe des Niederschreibens dieser langgestreckten Formeln nicht scheut, dieselben unmittelbar aus jener einfachen Gleichung ableiten.

171 Will man zum Beispiel die Gleichung in Parallelkoordinaten darstellen, so hat man sich nur des am Schlusse des § 117 erwähnten Richtsystems zu bedienen. Bei diesem Richtsysteme wird jeder Punkt als Summe des Richtelements ϱ und einer Strecke dargestellt. Es sei

$$\alpha = \varrho + p_1, \quad \beta = \varrho + p_2, \quad \gamma = \varrho + p_3, \quad \sigma = \varrho + p,$$

so hat man durch Substitution dieser Ausdrücke in die Gleichung der Ebene

$$(\varrho + p_1) \cdot (\varrho + p_2) \cdot (\varrho + p_3) \cdot (\varrho + p) = 0,$$

oder, indem man die Klammern auflöst, und die Produkte, welche null werden*), weglässt,

$$\varrho \cdot p_2 \cdot p_3 \cdot p + p_1 \cdot \varrho \cdot p_3 \cdot p + p_1 \cdot p_2 \cdot \varrho \cdot p + p_1 \cdot p_2 \cdot p_3 \cdot \varrho = 0,$$

oder, indem man mit gehöriger Beobachtung des Vorzeichens ϱ überall auf die erste Stelle bringt, und es dann nach § 112 weglässt,

$$(p_2 \cdot p_3 + p_3 \cdot p_1 + p_1 \cdot p_2) \cdot p = p_1 \cdot p_2 \cdot p_3 .$$

Um nun diese Gleichung in die Koordinaten-Gleichung zu verwandeln, hat man nach § 88 nur statt jeder Strecke die Summe ihrer Richtstücke zu setzen. Es sei

$$p = x + y + z$$
$$p_1 = x_1 + y_1 + z_1$$
$$. \quad . \quad . \quad .,$$

wo x, y, z, ... die Richtstücke darstellen, so hat man nun

171
$$\begin{aligned}
&(x_2 + y_2 + z_2) \cdot (x_3 + y_3 + z_3) \cdot (x + y + z) + \\
&+ (x_3 + y_3 + z_3) \cdot (x_1 + y_1 + z_1) \cdot (x + y + z) + \\
&+ (x_1 + y_1 + z_1) \cdot (x_2 + y_2 + z_2) \cdot (x + y + z) = \\
&= (x_1 + y_1 + z_1) \cdot (x_2 + y_2 + z_2) \cdot (x_3 + y_3 + z_3).
\end{aligned}$$

Nun hat man nur die Klammern aufzulösen, indem man beachtet, dass die mit gleichen Buchstaben bezeichneten Richtstücke parallel sind, und somit aus jedem Gliede nur sechs geltende Produkte zu je drei Faktoren hervorgehen, und hat dann die Faktoren der so entstehenden vierundzwanzig Produkte mit Beobachtung der Zeichen so zu ordnen, dass die Buchstaben in jedem Produkte auf dieselbe Weise auf einander folgen, und erhält dann eine Gleichung, in welcher man statt der Richtstücke die Zeiger setzen und sie dadurch zu einer

---

*) Das sind nämlich alle die, welche ϱ öfter als einmal als Faktor enthalten, und das Produkt $p_1 \cdot p_2 \cdot p_3 \cdot p$.

arithmetischen Gleichung machen kann, in welcher | wiederum die Ord- 172
nung der Faktoren gleichgültig ist. Die Gleichung, welche man auf diese Weise gewinnt, ist, wenn man unter $x, y, z, \ldots$ jetzt die Zeiger versteht, folgende:

$$\begin{aligned}&(y_2z_3 - y_3z_2 + y_3z_1 - y_1z_3 + y_1z_2 - y_2z_1)\,x + \\ &+ (z_2x_3 - z_3x_2 + z_3x_1 - z_1x_3 + z_1x_2 - z_2x_1)\,y + \\ &+ (x_2y_3 - x_3y_2 + x_3y_1 - x_1y_3 + x_1y_2 - x_2y_1)\,z = \\ &= x_1y_2z_3 - x_1y_3z_2 + x_3y_1z_2 - x_3y_2z_1 + x_2y_3z_1 - x_2y_1z_3.\end{aligned}$$

Diese Gleichung, welche sich durch die gewöhnliche Analyse nicht auf eine einfachere Form reduciren lässt, sagt, so weitläuftig sie auch erscheint, dennoch nichts weiter aus, als jene ursprüngliche Gleichung

$$\alpha \,.\, \beta \,.\, \gamma \,.\, \sigma = 0,$$

und enthält die kürzeste Lösung des obigen Problems, welche auf dem Wege der Koordinaten möglich ist. Man sieht hier in einem recht schlagenden Beispiel den Vortheil unserer Methode, und die Formelverwickelungen, in die man hineingeräth, sobald man diese Methode aufgiebt.

§ 120. Das statische Moment als Abweichung.

Indem ich die Darstellung der geometrischen Abschattung und Projektion, wie auch der verschiedenen Verwandtschaftssysteme einem späteren Kapitel*), in welchem diese Begriffe in einem noch grösseren Umfange ans Licht treten werden, vorbehalte, so schreite ich nun zu den Anwendungen auf die *Statik*.

Der Begriff | des Momentes tritt zuerst hier in seiner ganzen Ein- 172
fachheit auf, wie auch der Begriff der Kraft erst hier seine Darstellung findet, indem wir die Kraft als Liniengrösse, also als Elementargrösse zweiter Stufe auffassen. Unter dem Moment einer Kraft $\alpha\beta$ in Bezug auf einen Punkt ϱ verstanden wir oben das Produkt

$$[\varrho\alpha] \,.\, [\alpha\beta] \text{ oder } (\alpha - \varrho) \,.\, (\beta - \alpha);$$

multipliciren wir diesen Werth noch mit dem Elemente ϱ, so erscheint das Moment als Ausweichung der so entstehenden Elementargrösse $\varrho \,.\, (\alpha - \varrho) \,.\, (\beta - \alpha)$; diese ist aber nach dem bekannten Gesetz der äusseren Multiplikation gleich

$$\varrho \,.\, \alpha \,.\, \beta,$$

somit können wir das Moment in Bezug auf einen Punkt definiren als Ausweichung eines Produkts, dessen erster Faktor der | Beziehungs- 173

*) Kap. 4 dieses Abschnittes.

punkt und dessen zweiter Faktor die Kraft ist, oder als Abweichung der Kraft von dem Beziehungspunkte. Da nun jede Gleichung zwischen den Elementargrössen auch zwischen ihren Ausweichungen besteht, so wird auch jede Gleichung, welche zwischen jenen Produkten stattfindet, zwischen ihren Momenten gleichfalls stattfinden, obwohl nicht umgekehrt.

Man könnte daher selbst zweifelhaft sein, ob man nicht lieber jenes Produkt des Beziehungspunktes in die Kraft als Moment definiren und, was wir bisher als Moment fixirten, nur als Ausweichung jener Grösse darstellen soll. — Doch behalten wir den festgestellten Begriff bei.

Unter dem Moment einer Kraft $\alpha\beta$ in Bezug auf eine Axe $\varrho\sigma$ verstanden wir oben (§ 41) das Produkt

$$[\varrho\sigma] . [\sigma\alpha] . [\alpha\beta]$$

oder

$$(\sigma - \varrho) . (\alpha - \sigma) . (\beta - \alpha).$$

Multipliciren wir dasselbe mit ϱ, so erhalten wir das Produkt

$$\varrho . \sigma . \alpha . \beta,$$

dessen Ausweichung eben jenes Moment ist. Also erscheint das Moment einer Kraft in Bezug auf eine Axe als Ausweichung eines Produktes, dessen erster Faktor die Axe und dessen zweiter Faktor die Kraft ist, oder, einfacher ausgedrückt, als Abweichung der Kraft von der Axe. Da übrigens eine Gleichung zwischen Elementargrössen vierter Stufe im Raume, als einem Elementarsystem vierter Stufe, keine andere 173 Bedeutung hat, als die Gleichung zwischen ihren | Ausweichungen, so kann man das Moment in Bezug auf eine Axe auch direkt als Produkt dieser Axe in die Kraft auffassen.*)

§ 121. **Neuer Weg für die Behandlung der Statik.**

Es bietet sich auf diesem Punkte der Entwickelung eine Methode dar, durch welche wir alle Gesetze für das Gleichgewicht fester Körper ohne Voraussetzung aller früher bewiesenen Sätze der Statik auf die einfachste Weise ableiten können.

---

*) Da der Name (statisches) Moment jetzt überflüssig erscheint, indem er durch den Namen der Abweichung vollkommen ersetzt wird, und sich dieser sogar noch leichter handhaben lässt, so wäre es gewiss zweckmässig, wenn man den Namen Moment nur in dem Sinne gebrauchte, in welchem ihn zum Beispiel La Grange in seiner *mécanique analytique* überall gebraucht, wo er von dem Moment ohne weitere Bestimmung redet, und wenn man das sogenannte statische Moment eben als Abweichung bezeichnete. Doch habe ich dies nicht ohne weiteres einführen wollen.

Wir bedürfen dazu nur einestheils des Grundsatzes, *dass drei Kräfte,* | *welche auf einen Punkt wirken, dann und nur dann im Gleich-* 174 *gewicht sind, wenn ihre Summe null ist*, oder, indem wir zwei Kräfte oder Kraftsysteme einander gleichwirkend nennen, wenn sie durch dieselben Kräfte aufgehoben werden können, *dass zwei Kräfte, die auf einen Punkt wirken, der auf denselben Punkt wirkenden Summe beider Kräfte gleichwirkend sind*, anderntheils, *dass zwei Kräfte, welche auf einen festen Körper wirken, dann und nur dann im Gleichgewichte sind, wenn sie in derselben geraden Linie wirken und einander entgegengesetzt gleich sind.* Hieraus folgt sogleich, wenn wir den soeben aufgestellten Begriff des Gleichwirkens festhalten, *dass zwei Kräfte, welche auf einen festen Körper wirken, dann und nur dann einander gleichwirkend sind, wenn sie in derselben Linie wirken und einander gleich sind* oder einfacher ausgedrückt, *wenn sie als Liniengrössen einander gleich sind.*

Betrachten wir daher die Kräfte, welche auf feste Körper wirken, als Liniengrössen, so zeigt sich sogleich, wie zwei Kräfte, deren Wirkungslinien sich schneiden, ihrer Summe gleichwirkend seien; denn ist α dieser Durchschnittspunkt, so werden sich beide Kräfte als Liniengrössen darstellen lassen, deren erster Faktor α ist; sind dann $\alpha . p$ und $\alpha . q$, wo p und q Strecken bedeuten, diese Kräfte, so sind sie nach der ersten Voraussetzung gleichwirkend mit $\alpha . (p + q)$ oder mit $\alpha . p + \alpha . q$, das heisst sie sind der Summe der | Kräfte gleich- 174 wirkend, auch wenn die Kräfte als Liniengrössen aufgefasst werden.

Sind die Kräfte parallel, zum Beispiel die eine gleich $\alpha . p$, die andere gleich $m\beta . p$, wo p wiederum eine Strecke bedeutet, so können wir die beiden gleichwirkende Kraft nach demselben Princip nicht unmittelbar finden; nehmen wir daher zwei sich einander aufhebende Kräfte zu Hülfe, nämlich $\alpha . m\beta$ und $m\beta . \alpha$*), so sind jene beiden Kräfte gleichwirkend den vier Kräften

$$\alpha . p, \quad \alpha . m\beta, \quad m\beta . \alpha, \quad m\beta . p,$$

von denen die beiden ersten, da sie auf denselben Punkt wirken, ihrer Summe gleichwirkend sein werden, und ebenso die beiden letzten, und wir erhalten somit die beiden Kräfte

$$\alpha . (p + m\beta), \quad m\beta . (\alpha + p)$$

als den gegebenen Kräften gleichwirkend. Diese beiden Produkte können wir, indem wir zu dem zweiten Faktor den ersten hinzuaddiren, 175 wodurch nach den Gesetzen der äusseren Multiplikation der Werth des Produktes nicht geändert wird, auf einen gemeinschaftlichen Faktor

*) Beide heben einander auf, weil $\alpha . m\beta = - m\beta . \alpha$ ist.

bringen; nämlich es werden dann jene Kräfte gleich

$$\alpha.(\alpha + m\beta + p), \quad m\beta.(\alpha + m\beta + p).$$

Wenn nun m nicht gleich -1 ist, so stellt der zweite Faktor einen vielfachen Punkt dar (mit dem Gewichte $1 + m$); beide Kräfte wirken dann auf einen Punkt, und sind somit ihrer Summe gleichwirkend; diese Summe ist

$$(\alpha + m\beta).(\alpha + m\beta + p),$$

das heisst, sie ist gleich

$$(\alpha + m\beta).p.$$

Und so sind also die beiden Kräfte $\alpha.p$ und $m\beta.p$, wenn nicht m gleich -1, das heisst wenn nicht die Summe ihrer Ausweichungen null ist, Einer Kraft $(\alpha + m\beta).p$, das heisst ihrer Summe gleichwirkend.

Da nun die Wirkungslinien zweier Kräfte, die in Einer Ebene liegen, sich entweder schneiden oder parallel laufen, so folgt überhaupt, dass zwei Kräfte, welche in Einer Ebene liegen, jedesmal, wenn ihre 175 Ausweichungen nicht zur Summe Null geben, Einer Kraft | gleichwirkend sind, welche die Summe jener Kräfte ist.

Betrachten wir nun noch den Fall, den wir bisher ausschlossen, dass nämlich die Ausweichungen beider Kräfte zusammen null, das heisst beide Kräfte, als Strecken betrachtet, entgegengesetzt gleich sind, so leuchtet ein, dass beide dann aber auch nur dann im Gleichgewicht sind, wenn sie in derselben Richtungslinie liegen, das heisst die Summe der Kräfte selbst null ist. In diesem besonderen Falle können wir also auch noch sagen, dass beide Kräfte ihrer Summe gleichwirkend sind. Es bleibt daher nur der Fall noch zu untersuchen, wo beide Kräfte als Strecken zur Summe Null geben, als Liniengrössen aber nicht.

In diesem Falle nun ist nach der zweiten Voraussetzung nicht Gleichgewicht vorhanden; aber wir können auch leicht zeigen, dass es dann keine geltende Kraft gebe, welche jenen beiden Kräften das Gleichgewicht halte. Denn aus den beiden Voraussetzungen, die wir zu Anfang dieses Paragraphen aufstellten, geht hervor, dass die Ausweichung der Gesammtkraft stets die Summe ist aus den Ausweichungen 176 der einzelnen Kräfte. Also müsste hier die Ausweichung der | fraglichen Kraft null sein, das heisst, diese Kraft selbst müsste null sein und die gegebenen Kräfte schon im Gleichgewichte stehen, was wider die Annahme ist. Somit haben wir in der That gezeigt, dass zwei Kräfte, welche in parallelen, von einander getrennten Linien wirken, und als Strecken entgegengesetzt gleich sind, auf keine ihnen gleichwirkende einzelne Kraft zurückgeführt werden können. Dieser Fall ist aber derselbe, in welchem die Kräfte keine Liniengrösse als Summe darbieten, sondern eine Ausdehnung zweiter Stufe; in der That ist $\alpha . p - \beta . p$ gleich $(\alpha - \beta) . p$, was eine Ausdehnung zweiter Stufe darstellt.

Um die Bedeutung dieses Falles für die Statik näher in's Auge zu fassen, bemerken wir, dass das Gesammtmoment zweier solcher Kräfte in Bezug auf alle Punkte im Raume, das heisst die Gesammtabweichung derselben von allen Punkten, eine konstante Grösse ist. In der That, da die gesammte Abweichung gleich der Abweichung der Summe ist, die Summe aber hier eine Ausdehnung zweiter Stufe ist, und die Abweichung einer Ausdehnung immer dieser selbst gleich ist, so folgt, dass die Gesammtabweichung jener beiden Kräfte von jedem beliebigen Punkte der Summe dieser beiden Kräfte selbst gleich ist, also konstant bleibt, sobald diese Summe es bleibt. Wir sagen daher, es seien beide | Kräfte diesem Moment, welches durch ihre Summe 176 dargestellt wird, gleichwirkend*). Somit können wir nun den Satz aufstellen:

Zwei oder mehrere Kräfte, welche in Einer Ebene wirken, sind ihrer Summe gleichwirkend.

Nämlich von zwei Kräften lässt sich dies sogleich auf beliebig viele übertragen.

§ 122. Allgemeines Gesetz für das Gleichgewicht.

Gehen wir zur Betrachtung der Kräfte im Raume über, so haben wir daran zu erinnern, dass die Addition von Kräften als Elementargrössen zweiter Stufe nur dann eine reale Bedeutung hat, wenn dieselben in Einer Ebene als einem Systeme dritter Stufe liegen, hingegen eine bloss formelle Bedeutung gewinnt, wenn | dies nicht der 177 Fall ist. Vermöge dieser formellen Bedeutung wurden zwei solche Summen einander gleich gesetzt, wenn sie durch Anwendung der realen Addition und der allgemeinen additiven Verknüpfungsgesetze sich auf denselben Ausdruck zurückführen lassen.

Betrachten wir nun zwei solche Summen von Kräften im Raume, welche sich auf diese Weise auf denselben Ausdruck zurückführen lassen, und bedenken, dass bei der realen Addition, weil dabei die

*) Es ist dies also als eine Erweiterung des Begriffs des Gleichwirkens anzusehen, indem das Moment selbst als eine eigenthümliche Kraftgrösse aufgefasst ist, welche mit andern Kräften zusammenwirken kann; dadurch ist die in der Statik so wichtige Theorie der Kräftepaare in ihrem wahren Gesichtspunkte aufgefasst.

Kräfte in Einer Ebene liegen, die Summe der Kräfte jedesmal der Gesammtheit der einzelnen Kräfte, welche ihre Stücke bilden, gleichwirkend sei: so folgt, dass bei jener Umwandlung der formellen Summe in eine ihr gleiche, jedesmal die Kräfte, welche diese Summe bilden, einander gleichwirkend bleiben, also „dass zwei Vereine von Kräften, welche gleiche Summe darbieten, allemal einander gleichwirkend sind", also auch, „dass eine Reihe von Kräften, deren Summe null ist, im Gleichgewicht ist".

Nun können wir ferner jede Summe von Kräften auf Eine Kraft, deren Angriffspunkt willkührlich ist, und Ein Moment, oder auch auf zwei Kräfte zurückführen. In der That, setzen wir die Summe mehrerer Kräfte gleich

$$\alpha . p + M,$$

wo α ein Element, p eine Strecke, $\alpha . p$ also eine Kraft, M aber eine 177 Ausdehnung zweiter Stufe, also ein Moment darstellt: so werden nach den oben dargestellten Sätzen beide Ausdrücke dann und nur dann gleich sein, wenn sie gleiche Ausweichung und von irgend einem Elemente, zum Beispiel α, gleiche Abweichung haben; es muss also dann p gleich der Summe aller Ausweichungen, welche die einzelnen Kräfte darbieten, und M gleich der Summe aller Abweichungen von dem Elemente α sein; da aber beide Summen stets real sind, die erste als Summe von Strecken, die letzte als Summe von Ausdehnungsgrössen zweiter Stufe in einem Systeme dritter Stufe, so lässt sich jene Reihe von Kräften allemal auf die angegebene Form bringen, und zwar ist α willkührlich, dann aber p und M bestimmt. Kann man nun jene Kraftsumme auf den Ausdruck $\alpha . p + M$ bringen, so kann man sie auch auf die Summe zweier Kräfte bringen; ist zum Beispiel M gleich $r . s$, so kann man von dem Gliede $\alpha . p$ das Glied $\alpha . s$ subtrahiren und dasselbe Glied zu M addiren, ohne den Werth der Summe zu ändern, und erhält so

$$\alpha . p + M = \alpha . (p - s) + (\alpha + r) . s, \tag{178}$$

wo die rechte Seite zwei Kräfte darstellt. Da endlich zwei Vereine von Kräften, welche gleiche Summen haben, einander gleichwirkend sind, wie wir oben zeigten, so hat man den Satz, „dass sich jede Reihe von Kräften im Raume auf zwei Kräfte oder auf eine Kraft und ein Moment zurückführen lassen, welche ihnen gleichwirkend sind und dieselbe Summe liefern, wie jene Kräfte."

Hieran schliesst sich sogleich die Folgerung, „dass mehrere Kräfte auch nur dann im Gleichgewicht sind, wenn ihre Summe null ist"; denn auf zwei ihnen gleichwirkende Kräfte, welche auch dieselbe Summe liefern, lassen sie sich zurückführen, aber zwei Kräfte sind nach der zweiten Voraussetzung nur dann im Gleichgewichte, wenn ihre Summe null ist, alsdann wird aber auch die Summe der gegebenen Kräfte, da sie dieselbe ist, null sein; also ist jener Satz bewiesen.

Wenn nun zwei Vereine von Kräften einander gleichwirkend sind, so müssen die des einen Vereins mit den entgegengesetzt genommenen Kräften des andern (nach der Definition des Gleichwirkens) zusammengesetzt Gleichgewicht geben, das heisst nach dem vorigen Satze, ihre Summe muss null sein, also müssen dann die Kräfte des einen Vereins dieselbe Summe liefern, wie die des andern; somit haben wir bewiesen, „dass zwei Vereine gleichwirkender | Kräfte nothwendig gleiche Sum- 178 men liefern." Fassen wir diesen Satz mit dem umgekehrten, den wir vorher bewiesen haben, zusammen, so erhalten wir den Satz:

Dass zwei Vereine von Kräften dann und nur dann einander gleichwirkend sind, wenn sie gleiche Summen liefern.

Dieser Satz berechtigt uns, die Gesammtwirkung mehrerer Kräfte als die Wirkung ihrer Summe aufzufassen, auch dann, wenn diese Summe sich nicht mehr als einzelne Kraft darstellen lässt; wir haben somit den allgemeinen Satz:

Zwei oder mehrere Kräfte sind ihrer Summe gleichwirkend, und sind nur dann im Gleichgewichte, wenn ihre Summe null ist.

Dieser Satz umfasst alle früheren und erscheint als deren Endresultat.

§ 123. Allgemeine Beziehung zwischen den statischen Momenten.

Dass nun zwei Vereine gleichwirkender Kräfte in Bezug auf jeden Punkt und jede Axe gleiches Gesammtmoment | haben, dass zwei Ver- *179* eine von Kräften, welche gleiche Gesammtausweichung und in Bezug auf irgend einen Punkt gleiches Moment haben, einander gleichwirkend sind und in Bezug auf jeden Punkt und jede Axe gleiches Moment haben, sind jetzt, nachdem wir einen Verein von Kräften als ihrer Summe gleichwirkend dargestellt haben, nur andere Ausdrucksweisen der von uns in der abstrakten Wissenschaft aufgestellten Sätze. — Wir halten uns daher mit der Ableitung jener statischen Gesetze nicht weiter auf, und wollen statt dessen einen allgemeinern Satz über die Theorie der Momente aufstellen, welcher alle Sätze, die man bisher über diese Theorie aufgestellt hat, an Allgemeinheit weit übertrifft, und dennoch durch unsere Analyse sich auf's einfachste ergiebt.

Um diesen Satz sogleich in einer leichtfasslichen Form zu geben, will ich einen neuen Begriff einführen, welcher für die Betrachtung der Verwandtschaftsbeziehungen überhaupt von der grössten Wichtigkeit ist. Nämlich ich sage, *dass ein Verein von Grössen in derselben Zahlenrelation stehe, wie ein anderer Verein entsprechender Grössen, wenn jede Gleichheit, welche zwischen den Vielfachensummen aus den Grössen des letzten Vereins stattfindet, auch bestehen bleibt, wenn man statt dieser Grössen die entsprechenden des ersten Vereins setzt.* Der Satz, den wir hier beweisen wollen, lässt sich nun in der Form darstellen:

179 *Die Gesammtmomente eines Kräftevereins in Bezug auf verschiedene Punkte oder Axen stehen in derselben Zahlenrelation, wie diese Punkte oder Axen.*

Denn ist S die Summe des Kräftevereins, so ist das Gesammtmoment desselben in Bezug auf irgend eine Grösse A (sei dieselbe nun ein Punkt oder eine Axe) gleich der Ausweichung des Produktes $A.S$; sind nun verschiedene Beziehungsgrössen $A, B, \ldots$ gegeben, und herrscht zwischen denselben eine Zahlenrelation, welche sich in der Form

$$\mathfrak{a}A + \mathfrak{b}B + \cdots = 0,$$

wo $\mathfrak{a}, \mathfrak{b}, \ldots$ Zahlengrössen sind, darstellen lässt, so wird auch, wenn man mit S multiplicirt,

$$\mathfrak{a}A.S + \mathfrak{b}B.S + \cdots = 0$$

sein; diese Gleichung bleibt nun nach § 112 auch bestehen, wenn 180 man statt der Produkte $A.S, \ldots$ ihre Ausweichungen, das heisst die Momente von S in Bezug auf jene Grössen setzt; also stehen diese Momente in derselben Zahlenrelation, wie die Beziehungsgrössen.

Vermittelst dieses Satzes können wir also aus den Momenten in Bezug auf zwei Punkte das Moment in Bezug auf jeden andern Punkt derselben geraden Linie finden, und ebenso aus den Momenten in Bezug auf drei Punkte, die nicht in Einer geraden Linie liegen, das jedem andern Punkte derselben Ebene zugehörige; aus den Momenten in Bezug auf vier Punkte, die nicht in einer Ebene liegen, das jedem andern Punkte des Raumes zugehörige; ferner aus den Momenten in Bezug auf zwei Axen, die sich schneiden, das Moment in Bezug auf jede andere durch denselben Punkt gehende und in derselben Ebene liegende Axe; aus den Momenten in Bezug auf drei Axen derselben Ebene, welche nicht durch Einen Punkt gehen, das jeder andern Axe derselben Ebene; und überhaupt aus den Momenten in Bezug auf eine Reihe von Axen, welche in keiner Zahlenrelation zu einander stehen, das Moment in Bezug auf jede Axe, welche zu ihnen in bestimmter Zahlenrelation steht.

§ 124. Wann ein Verein von Kräften einer einzelnen Kraft gleichwirkt.

Ich schliesse diese Anwendung mit der Lösung der Aufgabe, die Bedingungsgleichung zu finden, welche bestehen muss, wenn ein System von Kräften einer einzelnen Kraft oder einem Moment gleichwirkend sein soll.

In beiden Fällen wird die Summe der Kräfte S als Produkt | zweier 180 Elementargrössen erster Stufe dargestellt werden können, und daraus folgt für diesen Fall sogleich die Gleichung

$$S \,.\, S = 0,$$

eine Gleichung, welcher nie genügt wird, wenn S eine formelle Summe darstellt; denn dann lässt sich S als Summe zweier Kräfte darstellen, welche nicht in derselben Ebene liegen; es seien dies A und B, also

$$S = A + B,$$

so ist

$$S \,.\, S = (A + B) \,.\, (A + B)$$
$$= \quad 2A \,.\, B,$$

weil nämlich $A \,.\, A$ und $B \,.\, B$ null sind, $A \,.\, B$ aber gleich $B \,.\, A$ | ist*); *181* da nun A und B nicht derselben Ebene angehören, so kann auch $A \,.\, B$ nicht null sein, also ist jene Gleichung

$$S \,.\, S = 0$$

die nothwendige, aber auch ausreichende Bedingungsgleichung für den Fall, dass S eine einzelne Kraft oder ein einzelnes Moment darstellen soll; und zwar wird sie ein Moment darstellen, wenn die Ausweichung von S null ist, im entgegengesetzten Falle eine Kraft von geltendem Werthe.

Ist

$$S = A + B + C + \cdots,$$

so wird

$$S \,.\, S = 2A \,.\, B + 2A \,.\, C + 2B \,.\, C + \cdots,$$

also gleich der Summe aus den Produkten zu zwei Faktoren, die sich aus den Stücken bilden lassen**). Daraus folgen sogleich die Sätze:

Ein Verein von Kräften ist dann und nur dann einer einzelnen Kraft oder einem einzelnen Moment gleichwirkend, wenn die Summe der Produkte zu zwei Faktoren, welche sich aus den Kräften bilden lassen, null ist.

---

*) Nämlich weil A und B Grössen zweiter, also gerader Stufe sind, welche sich nach § 55 ohne Zeichenwechsel vertauschen lassen.

**) Nämlich gleich der einfachen Summe, wenn man die Produkte $A \,.\, B$ und $B \,.\, A$ als verschieden gebildete betrachtet.

Ferner

Zwei Vereine von Kräften können nur dann einander gleichwirkend 181 *sein, wenn die Produkte zu zwei Faktoren, welche sich | aus den Kräften des einen Vereins bilden lassen, gleiche Summe liefern wie die aus den Kräften des andern gebildeten.*

Diese Sätze bleiben auch noch bestehen, wenn man statt der Produkte zweier Kräfte überall ihre sechsten Theile, nämlich die Pyramiden, welche die Kräfte zu gegenüberliegenden Kanten haben, einführt.

Drittes Kapitel.

Das eingewandte Produkt*).

A. Theoretische Entwickelung.

§ 125. Formelle Erklärung des eingewandten Produktes; Grad der Abhängigkeit und der Multiplikation.

182 Der Begriff des Produktes als eines äusseren bestand darin, dass jedes Stück eines Faktors, welches von dem andern Faktor abhängig war, ohne Werthänderung des Produktes weggelassen werden konnte, worin zugleich lag, dass das Produkt zweier abhängiger Grössen null sei. Reale Grössen, das heisst solche, die sich als Produkte aus lauter einfachen Faktoren darstellen lassen, wurden dann „von einander unabhängig“ genannt, wenn jeder einzelne Faktor derselben ganz ausserhalb desjenigen Systems lag, was durch die übrigen Faktoren bestimmt war, oder, mehr abstrakt ausgedrückt, wenn keine Grösse, die dem Systeme von einer der Grössen angehört, zugleich dem durch die sämmtlichen übrigen bestimmten Systeme angehört. Da nun diese Bestimmung, welche das Produkt als ein äusseres charakterisirt, nicht in dem Begriffe des Produktes an sich liegt, so muss es möglich sein, den allgemeinen Begriff des Produktes festzuhalten, und doch jene Bestimmung aufzugeben, oder durch eine andere zu ersetzen. Um nun diese neue Bestimmung aufzufinden, müssen wir, da nach ihr auch das Produkt zweier abhängiger Grössen soll einen geltenden Werth haben können, die verschiedenen Grade der Abhängigkeit untersuchen.

Wenn zwei Systeme höherer Stufen überhaupt von einander abhängig sind, so wird es Grössen geben, welche beiden zugleich angehören. Da nun jedes System, welches gewisse Grössen enthält, auch

*) Vgl. zu diesem Kapitel den zweiten Anhang. (1877.)

sämmtliche von ihnen abhängige Grössen, das heisst das ganze durch sie bestimmte System, also auch das äussere Produkt jener Grössen, enthalten muss, so folgt, | dass Systeme, welche gewisse Grössen ge- 182 meinschaftlich enthalten, auch das ganze durch diese Grössen bestimmte System, also auch das äussere Produkt derselben, gemeinschaftlich enthalten werden; nach der Stufenzahl dieses gemeinschaftlichen Systemes wird nun auch der Grad der Abhängigkeit bestimmt werden können, und wir werden sagen können, zwei Systeme seien im m-ten Grade von einander abhängig, wenn sie ein System m-ter Stufe gemeinschaftlich enthalten, und ebenso, zwei reale Grössen seien im m-ten Grade von einander | abhängig, wenn die durch sie bestimmten Systeme *183* es sind, oder wenn sie sich auf einen gemeinschaftlichen Faktor m-ter Stufe bringen lassen (und auf keinen höheren). Dies letztere nämlich folgt aus dem Vorhergehenden, da nach § 61 jede Grösse, welche dem durch eine andere Grösse bestimmten Systeme angehört, auch als Faktor der letzteren angesehen werden kann*).

Jedem Grade der Abhängigkeit nun entspricht eine Art der Multiplikation; wir fassen alle diese Arten der Multiplikation unter dem Namen der eingewandten Multiplikation zusammen, und verstehen ins Besondere unter dem *eingewandten Produkt m-ter Stufe* dasjenige, in welchem ohne Werthänderung desselben in jedem Faktor nur ein solches Stück weggelassen werden kann, welches von dem andern Faktor in einem höheren, als dem m-ten Grade abhängig ist; und zwar nennen wir das eingewandte Produkt m-ter Stufe ein reales, wenn die Faktoren wenigstens im m-ten Grade von einander abhängen, hingegen ein formales, wenn in einem niederen**). Der Werth des eingewandten Produktes besteht dann eben in demjenigen, was bei jenen verstatteten Aenderungen konstant bleibt. Nur das reale Produkt ist es jedoch, was wir hier der Betrachtung unterwerfen, indem das formale eine andere Behandlungs- und Bezeichnungsweise erfordert, und überdies von viel geringerer Bedeutung ist.

Das reale eingewandte Produkt hat nun entweder einen geltenden Werth, oder es ist null, und zwar wird es nicht nur, wie jedes Produkt, null, wenn ein Faktor es wird, sondern auch, wenn die | beiden 183 Faktoren in einem höheren Grade von einander abhängen, als die Stufe der eingewandten Multiplikation beträgt. Nämlich dies letztere folgt

*) Von den unabhängigen Grössen würden wir also sagen können, sie seien im nullten Grade, das heisst eben gar nicht abhängig von einander.

**) Der formale Begriff des eingewandten (regressiven) Produktes ist in der Ausdehnungslehre von 1862 als unfruchtbar aufgegeben und dadurch die ganze Sache vereinfacht worden. (1877.)

daraus, dass man dann einen Faktor als Summe betrachten kann, deren eines Stück null und deren anderes er selbst ist, und dass man dann nach der vorhergehenden Definition dies Stück weglassen darf, wodurch das Produkt gleich Null erscheint.

§ 126. Beziehung zwischen dem gemeinschaftlichen und dem nächstumfassenden Systeme.

Um die Bedeutung des realen eingewandten Produktes darlegen zu können, haben wir das Nullwerden desselben abhängig zu machen *184*von dem Systeme, welchem beide Faktoren | angehören, während wir es bisher von dem gemeinschaftlichen Systeme beider Faktoren oder von dem Grade ihrer gegenseitigen Abhängigkeit bedingt sein liessen.

Wir stellen uns zu dem Ende die Aufgabe: „Wenn das zweien Grössen gemeinschaftliche System gegeben ist, das sie zunächst umfassende System, das heisst das niedrigste*) System, welchem beide zugleich angehören, zu finden."

Wir erinnern hierbei daran, dass eine Grösse einem Systeme dann und nur dann angehört, wenn sie einer andern Grösse, die dies System darstellt, untergeordnet ist, das heisst, sich dieselbe als äusserer Faktor dieser letzteren Grösse darstellen lässt. Wenn daher A und B die beiden Grössen sind, und C ihr gemeinschaftliches System darstellt, so wird sich C als äusserer Faktor sowohl von A als von B darstellen lassen, also zum Beispiel B auf die Form CD gebracht werden können.

Indem wir C als das gemeinschaftliche System für A und B setzen, so meinen wir damit nach dem vorigen Paragraphen, dass C alle Grössen in sich enthalte, welche dem A und B gemeinschaftlich angehören, aber auch keine andern. Daraus folgt, dass D keine Grösse mit A gemeinschaftlich haben kann, weil sonst auch CD, das heisst B noch Grössen mit A gemeinschaftlich haben würde, welche nicht dem Systeme von C angehörten, wider die Annahme. Da nun hiernach A und D von einander unabhängig sind, das Produkt AD also als äusseres einen geltenden Werth hat, so werden zuerst beide Grössen A und B diesem Produkte AD untergeordnet sein, indem A unmittelbar als äusserer Faktor desselben erscheint, von den beiden Faktoren der Grösse B oder CD aber der eine C in A enthalten ist, der andere 184 unmittelbar in | jenem Produkte AD erscheint, also auch B selbst als äusserer Faktor dieses Produktes darstellbar ist. Dass es aber keine Grösse von niederer Stufe giebt, welcher beide Grössen A und B unter-

*) Darunter ist natürlich das System, was die kleinste Stufenzahl hat, zu verstehen.

geordnet sind, folgt sogleich, da eine solche Grösse sowohl A als D zu äusseren Faktoren haben muss, also, da beide von einander unabhängig sind, auch ihr Produkt AD (§ 125) als äusseren Faktor enthalten muss. Also stellt AD das jene Grössen A und B zunächst umfassende System dar, und die Aufgabe ist gelöst. Hierin liegt der Satz:

Wenn zwei Grössen A und B als höchsten gemeinschaftlichen Faktor eine Grösse C haben, und man setzt eine derselben, zum Beispiel B, gleich dem äusseren Produkt CD, so stellt das Produkt der andern in die Grösse D, nämlich das Produkt AD, das nächstumfassende System dar. 185

Bezeichnen wir die Stufenzahlen der vier Grössen A, B, C, D mit den entsprechenden kleinen Buchstaben, die des nächstumfassenden Systemes mit u, so haben wir u gleich $a + d$, oder da $B = CD$, also $b = c + d$ ist,

$$u = a + b - c;$$

oder

$$u + c = a + b,$$

oder

$$c = a + b - u,$$

das heisst:

Die Stufenzahlen zweier Grössen sind zusammengenommen ebenso gross, als die Stufenzahl des ihnen gemeinschaftlichen Systemes und die des sie zunächst umfassenden zusammengenommen;

oder

aus der Stufenzahl des gemeinschaftlichen Systems zweier Grössen findet man die des nächstumfassenden, indem man jene von der Summe der Stufenzahlen, welche jenen einzelnen Grössen zugehören, subtrahirt;

oder

aus der Stufenzahl des zwei Grössen zunächst umfassenden Systemes findet man die des gemeinschaftlichen durch Subtraktion der ersteren von der Summe der Stufenzahlen beider Grössen.

In der letzten Form ist dieser allgemeine Satz besonders für die Anwendung bequem, wie sich leicht zeigt, wenn man ihn auf die Geometrie zu übertragen versucht.*) 186

---

*) Betrachte ich zum Beispiel die Ebene als das nächstumfassende System zweier Linien, so wird, da jene als Elementarsystem von dritter, diese von zweiter Stufe sind, das gemeinschaftliche System von $(2 + 2 - 3)$-ter, das heisst von erster Stufe sein, und somit entweder durch einen Punkt oder durch eine Richtung dargestellt sein. Somit haben wir dann den Satz: „Zwei gerade Linien, welche in derselben Ebene liegen, ohne zusammenzufallen, schneiden sich entweder in Einem Punkte oder laufen parallel." Wird der Raum als nächstumfassendes System gedacht, so haben wir die Sätze: „Zwei Ebenen, welche nicht zusammenfallen, schneiden sich entweder in einer geraden Linie, oder liegen ein-

§ 127. Einführung des Beziehungssystemes.

186 Es hatte nach § 125 ein eingewandtes Produkt zweier geltenden Werthe dann und nur dann wiederum einen geltenden realen Werth, wenn die Stufe des ihnen gemeinschaftlichen Systems gleich war der Stufe der eingewandten Multiplikation, oder, mit Anwendung des im vorigen Paragraphen bewiesenen Gesetzes, wenn die Stufe des nächstumfassenden Systemes und die der eingewandten Multiplikation zusammen gleich der Stufensumme beider Faktoren sind.

Nennen wir nun im Allgemeinen diejenige Zahl, welche die Stufe der eingewandten Multiplikation zur Stufensumme beider Faktoren ergänzt, die **Beziehungszahl** des eingewandten Produktes oder der eingewandten Multiplikation, so folgt, dass das eingewandte Produkt zweier geltenden Werthe nur dann und immer dann einen geltenden, realen Werth liefert, wenn die Stufe des nächstumfassenden Systemes gleich der Beziehungszahl des Produktes ist. Wurde die Stufenzahl des gemeinschaftlichen Systemes grösser als die Stufe der eingewandten Multiplikation, so wurde das Produkt nach § 125 null, wurde sie kleiner, so erhielt das Produkt einen bloss formalen Werth. Bleiben nun die Stufen beider Faktoren dieselben, so wird, wenn die Stufe des gemeinschaftlichen Systemes wächst, die des nächstumfassenden Systemes abnehmen und umgekehrt, weil beide eine konstante Summe haben, nämlich die Stufensumme beider Faktoren. Daraus folgt, dass ein eingewandtes Produkt zweier geltender Werthe null wird, wenn 186 die Stufe des sie zunächst umfassenden | Systemes kleiner wird als die Beziehungszahl; und einen formalen Werth erhält, wenn sie grösser wird.

Wenn also ein System von h-ter Stufe gegeben ist, und wir wissen, dass alle in Betracht gezogenen Grössen diesem Systeme als Hauptsystem (s. § 80) angehören, so sind wir auch sicher, dass das eingewandte Produkt, dessen Beziehungszahl h ist, einen realen Werth haben werde. Wir nennen dann diese eingewandte Multiplikation eine auf jenes System **bezügliche**, und nennen dies System das **Be-** 187 **ziehungssystem** | des Produktes*), und wenn diesem Beziehungssysteme zugleich beide Faktoren angehören, so nennen wir dasselbe auch (der früheren Benennungsweise gemäss) das Hauptsystem des

ander parallel"; „eine Linie, welche nicht ganz in einer Ebene liegt, schneidet diese entweder in einem Punkte, oder liegt mit ihr parallel"; „zwei Ebenen, welche nicht parallel sind, haben eine Richtung, aber auch nur Eine gemeinschaftlich."

*) Die Stufenzahl dieses Systemes ist eben die Zahl, die wir oben Beziehungszahl nannten.

Produktes. Dann können wir sagen, das eingewandte Produkt sei immer ein reales, wenn die Faktoren dem Beziehungssysteme angehören, es sei zugleich von geltendem Werthe, wenn das die Faktoren zunächst umfassende System zugleich das Beziehungssystem des Produktes ist, und es sei null, wenn das nächstumfassende System beider Faktoren dem Beziehungssysteme des Produktes untergeordnet und [also] von niederer Stufe ist.

§ 128. **Dadurch ist die Einheit der äusseren und der eingewandten Multiplikation vermittelt.**

Das äussere Produkt zweier geltender Grössen zeigte sich nach § 55 dann als null, wenn sie von einander abhängig sind, das heisst, wenn die Stufe des sie zunächst umfassenden Systemes kleiner ist als die Stufensumme der beiden Faktoren; oder, da wir für das äussere Produkt jedes System, welchem die Faktoren untergeordnet sind, und dessen Stufenzahl grösser oder eben so gross ist, wie jene Summe, als Beziehungssystem ansehen können, so können wir, das Gesetz des vorigen Paragraphen erweiternd, sagen:

Ein Produkt zweier geltenden Werthe ist dann und nur dann null, wenn die Faktoren von einander abhängig sind, und zugleich ihr nächstumfassendes System niedriger ist als das Beziehungssystem.

Hierin liegt dann zugleich, „dass ein solches Produkt nur dann einen geltenden Werth hat, wenn entweder beide Faktoren von einander unabhängig sind, oder ihr nächstumfassendes System das Beziehungssystem ist." Und zwar ist im ersteren Falle das Produkt ein äusseres, im letzteren ein eingewandtes. Wenn beide Bedingungen | zugleich eintreten, das heisst beide Faktoren von einander unabhängig sind und zugleich ihr nächstumfassendes System das Beziehungssystem ist, so kann die Multiplikation nicht nur als äussere, sondern auch als eingewandte nullten Grades aufgefasst werden. Dadurch erweitert sich der zweite Satz des vorigen Paragraphen zu folgendem Satze: 187

Wenn in einem Produkte zweier geltenden Werthe die Stufensumme der Faktoren kleiner ist als die Beziehungszahl, so ist das Produkt ein äusseres; ist jene Summe grösser, so ist das Produkt ein eingewandtes und zwar von so vielter Stufe, als der Ueberschuss jener Summe über die Beziehungszahl beträgt; ist endlich jene Summe dieser Zahl gleich, so kann das Produkt sowohl als äusseres, wie auch als eingewandtes nullter Stufe betrachtet werden. 188

Durch die Einführung des Beziehungssystemes oder des Hauptsystemes haben wir somit den wichtigen Vortheil errungen, dass es nun, wenn einmal das Beziehungssystem als Hauptsystem feststeht, nicht mehr nöthig ist, für das Produkt zweier Grössen die Multiplikationsweise noch besonders festzustellen, dass es daher nun auch als überflüssig erscheint, die äussere Multiplikation von der eingewandten, oder die verschiedenen Grade der letzteren durch die Bezeichnung zu unterscheiden.*)

§ 129. Das eingewandte Produkt in der Form der Unterordnung.

188 Um nun den geltenden Werth eines realen eingewandten | Produktes in einen einfachen Begriff zu fassen, müssen wir für das gegegebene Produkt, dessen Werth zu ermitteln ist, alle Formen aufsuchen, in welchen es sich vermöge der in der Definition festgestellten formellen Multiplikationsgesetze darstellen lässt, ohne seinen Werth zu ändern. Das, was dann allen diesen Formen gemeinschaftlich ist, wird den Werth dieses Produktes unter einen einfachen Begriff gefasst darstellen.

189 Die vermöge der | Definition verstatteten Formänderungen sind erstens die allgemein multiplikative, dass man die Faktoren in umgekehrtem Verhältnisse ändern darf, und zweitens die besondere, dass man aus dem einen Faktor ein Stück weglassen darf, was von dem andern Faktor in einem höheren Grade abhängt, als die Stufe des eingewandten Produktes beträgt; oder, aufs Beziehungssystem zurückgeführt, dass man aus dem einen Faktor ein Stück weglassen darf, welches mit dem andern Faktor zusammen von einem Systeme umfasst wird, dessen Stufe kleiner ist als die Beziehungszahl.

Als einfachster Fall erscheint der, wo der eine Faktor das Beziehungssystem darstellt, der andere also ihm untergeordnet ist, oder kürzer ausgedrückt, wo das Produkt in Form der Unterordnung

*) Zugleich haben wir hierdurch den Vortheil einer leichteren Anwendbarkeit auf die Raumlehre gewonnen. Betrachten wir zum Beispiel die Ebene, also ein Elementarsystem dritter Stufe, als Hauptsystem, wie dies überall in der Planimetrie geschieht, so wird das Produkt zweier Elementargrössen in Bezug auf dies System dann und nur dann null sein, wenn sie von einander abhängig sind und zugleich einem System zweiter Stufe angehören, das heisst, wenn sie Punkte oder Richtungen gemeinschaftlich haben und zugleich in Einer geraden Linie liegen. Betrachten wir ferner den Raum, das heisst also ein Elementarsystem vierter Stufe als Hauptsystem, wie dies in der Stereometrie als solcher geschieht, so wird das darauf bezügliche Produkt zweier Elementargrössen dann und nur dann null sein, wenn sie in derselben Ebene liegen und zugleich von einander abhängig sind, das heisst Punkte oder Richtungen gemeinschaftlich haben; zum Beispiel das Produkt zweier Liniengrössen, welche sich schneiden oder einander parallel sind, das zweier Ebenen, wenn sie in einander liegen, und so weiter.

erscheint. Da hier das nächstumfassende System immer zugleich das Beziehungssystem ist, so kann keinem der Faktoren ein geltendes Stück hinzugefügt werden, ohne den Werth des Produktes zu ändern. Die einzige Formänderung, welche den Werth des Produktes ungeändert lässt, ist daher die allgemein multiplikative, dass nämlich die Faktoren sich in umgekehrtem Verhältnisse ändern dürfen, also

$$A \,.\, B = mA \,.\, \frac{B}{m}$$

gesetzt werden kann, wenn m irgend eine Zahlengrösse darstellt. Es bleiben somit bei allen verstatteten Formänderungen die Systeme der beiden Faktoren konstant, und ihre Grösse ändert sich dabei nur in umgekehrtem Verhältnisse. Die Zusammenschauung beider Systeme nebst dem auf beide Faktoren auf multiplikative Weise zu vertheilenden Quantum bildet daher den Werth jenes Produktes.

§ 130—132. **Reale Bedeutung des eingewandten Produktes; der auf ein Hauptmass bezügliche eigenthümliche Werth desselben.**

§ 130.

Sind in dem allgemeineren Falle A und B die beiden Faktoren des eingewandten Produktes, und stellt die Grösse C, deren Stufenzahl c sei, das beiden Faktoren gemeinschaftliche System dar, so wird, wenn B gleich CD gesetzt wird, AD nach § 126 | das nächstum- 189 fassende System, also auch nach § 128, wenn das Produkt nicht null ist, das Beziehungssystem darstellen.*)

Nun zeigten wir in § 129, dass dann ausser der allgemeinen multiplikativen | nur die Formänderung verstattet ist, dass der eine 190 Faktor CD um ein Stück wachse, welches von dem andern Faktor A in einem höheren als dem c-ten Grade abhängig ist. Es ist klar, dass dies Stück nicht mit CD gleichartig sein dürfe, weil ein solches mit A in demselben Grade der Abhängigkeit stehen würde, wie CD selbst; es muss also mit CD ungleichartig angenommen werden. Für die Addition der ungleichartigen Grössen hatten wir einen realen und einen formalen Begriff aufgestellt, von denen der erstere dann eintrat, wenn beide zu addirenden Grössen auf eine solche Weise in einfache Faktoren zerlegt werden können, dass sie alle bis auf Einen Faktor gemeinschaftlich enthalten. Da nun die formale Addition nur als abgekürzte Schreibart auftrat, so werden wir die Bedeutung unseres Produktes schon auffinden, wenn wir nur die reale Addition berücksichtigen, und

---

*) Wir setzen hier natürlich voraus, dass das Produkt nicht null sei, weil für den Fall, dass es null ist, keine Ermittelung seines Werthes mehr nöthig ist.

also annehmen, das hinzuzuaddirende Stück habe mit CD alle einfachen Faktoren mit Ausschluss Eines solchen gemeinschaftlich. Dieser Eine einfache Faktor nun wird, da das hinzuzuaddirende Stück von A in einem höheren als dem c-ten Grade abhängen soll, nothwendig dem Systeme von A angehören, während unter den übrigen einfachen Faktoren nothwendig die sämmtlichen einfachen Faktoren von C vorkommen müssen. Es wird sich also dies Stück in der Form CE darstellen lassen müssen, wo E von A abhängig ist. Hiernach wird nun das Produkt in der Form

$$A . (CD + CE)$$

oder

$$A . C(D + E)$$

erscheinen, wo E von A abhängig ist. Vergleichen wir nun die beiden Produkte

$$A . CD = A . C(D + E),$$

so stellt AD das nächstumfassende System für die Faktoren des ersten, $A(D + E)$ das für die Faktoren des zweiten Produktes dar; und da E von A abhängig, also

$$AD = A(D + E)$$

190 ist, so ist auch das nächstumfassende System für beide Produkte dasselbe.

Ausser dieser Formänderung ist nur noch die allgemein multiplikative verstattet, dass die Faktoren sich in umgekehrtem Zahlenverhältnisse ändern. Da hierdurch die Systeme der Faktoren nicht ge-191 ändert werden, also das gemeinschaftliche und das | nächstumfassende System auch bei dieser Formänderung dieselben bleiben, so bleiben die genannten Systeme überhaupt bei jeder Formänderung des Produktes dieselben und gehören also zu demjenigen, was den konstanten Werth dieses Produktes ausmacht. Setzt man den gemeinschaftlichen äusseren Faktor C als den mittleren, so dass das Produkt, wie wir es schon oben darstellten, in der Form

$$A . CD$$

erscheint, so giebt das Produkt der äusseren Faktoren AD das nächstumfassende System; und es stellen dann also sowohl der mittlere Faktor als das Produkt der beiden äusseren AD konstante Systeme dar.

Vergleichen wir beide Grössen C und AD auch ihrem Werthe nach, so haben wir nicht bloss diejenigen Umgestaltungen zu berücksichtigen, durch welche der Werth der eingewandten Faktoren A und CD, aber nicht der ihres Produktes $A . CD$ geändert wird, sondern auch diejenigen, welche den Werth des äusseren Produktes CD und das System seines ersten Faktors ungeändert lassen. Vermöge der ersten Art der

Umgestaltung konnte CD um ein Stück CE wachsen, in welchem E von A abhängig ist, vermöge der zweiten kann D um ein von C abhängiges Stück wachsen, welches dann gleichfalls von A abhängig sein muss, weil C dem A untergeordnet ist. Bezeichnen wir daher auch dies Stück mit E, so verwandelt sich in beiden Fällen das Produkt $A.CD$ in das ihm gleiche $A.C(D+E)$. Da nun E von A abhängig, also

$$A(D+E)=AD$$

ist, so ist in beiden Produkten sowohl der Werth des mittleren Faktors, als auch der Werth des Produktes aus den äusseren Faktoren derselbe geblieben. Ausserdem ist nun bei beiden Arten der Umgestaltung nur noch die allgemeine multiplikative Formänderung, nach welcher sich die Faktoren in umgekehrtem Verhältnisse ändern können, anwendbar. Wendet man diese Aenderung bei beiden Arten der Umgestaltung an, so wird jedesmal, wenn dem einen Faktor eine Zahl als Faktor hinzugefügt wird, einem andern dieselbe | Zahl als Divisor 191 hinzugefügt werden müssen; also auch, wenn von den drei Faktoren des Produktes einer, zum Beispiel C, m-mal grösser wird, so muss das Produkt der beiden andern m-mal kleiner werden, das heisst, C und AD müssen sich dann im umgekehrten Verhältnisse | ändern.*) 192 Da nun hierin zugleich schon liegt, dass ihre Systeme konstant bleiben, so können wir als Resultat der bisherigen Entwickelung den Satz aussprechen, „dass, wenn ein eingewandtes Produkt auf den Ausdruck $A.CD$ gebracht ist, in welchem der mittlere Faktor C das den beiden Faktoren des eingewandten Produktes, A und CD, gemeinschaftliche System darstellt, dann C und AD, das heisst der mittlere Faktor und das Produkt der beiden äussern sich nur im umgekehrten Verhältnisse ändern können, wenn das ganze Produkt konstanten Werth behalten soll.“

§ 131.

Um die Bedeutung des eingewandten Produktes vollständig zu gewinnen, bleibt noch die Frage zu beantworten, ob diese beiden Systeme, die durch den mittleren und durch das Produkt der äusseren Faktoren dargestellt sind, nebst dem auf sie in multiplikativer Weise zu vertheilenden Quantum, dasjenige, was bei ungeändertem Werthe

---

*) Geht zum Beispiel A über in mA, so wird CD übergehen in $\frac{CD}{m}$ oder $C\frac{D}{m}$; geht zugleich C über in nC, so geht $\frac{D}{m}$ über in $\frac{D}{mn}$; das Produkt der äusseren Faktoren AD ist dann übergegangen in $\frac{AD}{n}$, während C in nC übergegangen ist.

des eingewandten Produktes konstant bleibt, vollständig darstellen, oder mit andern Worten, ob, wenn sich jene Grössen C und AD in umgekehrtem Verhältnisse ändern, das Produkt $A.CD$ stets konstanten Werth behalte, vorausgesetzt, dass der mittlere Faktor C unausgesetzt das den beiden Faktoren A und CD gemeinschaftliche System darstelle.

Dass dies in der That der Fall sei, können wir leicht beweisen, wenn wir noch voraussetzen, dass die eingewandten Faktoren gleiche Stufenzahl behalten. Zu dem Ende seien $A.CD$ und $A'.C'D'$ zwei solche Produkte, in welchen der mittlere Faktor C oder C' das den beiden eingewandten Faktoren A und CD oder A' und $C'D'$ gemeinschaftliche System darstellt. Wir setzen voraus, dass beim Uebergange aus dem einen Ausdrucke in den andern AD sich im umgekehrten 192 Verhältnisse geändert habe | wie C (worin schon liegt, dass ihre Systeme konstant geblieben sind), und dass die Stufenzahl von A und die von CD dieselben geblieben seien. Wir wollen zeigen, dass beide Produkte $A.CD$ und $A'.C'D'$ einander gleich seien.

193 Zunächst können wir | das letztere auf die Form bringen, dass der mittlere Faktor derselbe sei, wie in dem ersten Produkte, wodurch dann auch das Produkt der beiden äusseren in beiden gleichen Werth erhalten wird. Es sei dann das letztere Produkt übergegangen in $A_1.CD_1$, so haben wir nun die einfachere Voraussetzung, dass

$$AD = A_1D_1$$

ist, und A und A_1 ebenso wie D und D_1 von gleicher Stufe sind; und zu beweisen bleibt dann nur, dass

$$A.CD = A_1.CD_1$$

sei. Zwei gleiche äussere Produkte, deren entsprechende Faktoren gleiche Stufenzahlen haben (wie hier AD und A_1D_1), müssen aber durch eine Reihe von Formänderungen aus einander erzeugbar sein, welche theils darin bestehen, dass die Faktoren sich in umgekehrtem Verhältnisse ändern, theils darin, dass der eine Faktor um ein von dem andern abhängiges Stück wächst. Bei der ersten Aenderungsart ist unmittelbar einleuchtend, dass sich auch der Werth des eingewandten Produktes $A.CD$ nicht ändere. Bei der letzten kann entweder D um ein von A abhängiges Stück, oder A um ein von D abhängiges wachsen. Geht also zuerst D in $D+E$ über, wo E von A abhängig ist, so geht $A.CD$ in $A.C(D+E)$ oder in $A.(CD+CE)$ über. Da hier E von A abhängig, C aber dem A untergeordnet, also im c-ten Grade von ihm abhängig ist, so ist CE in einem höheren als dem c-ten Grade von A abhängig, kann also als Stück des andern Faktors weggelassen werden, es ist also der Werth des Produktes noch derselbe geblieben. Zweitens konnte der Faktor A um ein von D abhängiges Stück wachsen. Es sei A gleich CF, so muss nun, wenn C noch immer, wie wir voraussetzten, das gemeinschaftliche System darstellen soll, das Wachsen des Faktors A um ein von D abhängiges Stück dadurch bewirkt werden, dass F um ein von D abhängiges Stück wächst; dies wird dann, aus demselben Grunde wie vorher der Zuwuchs von D, den Werth des ganzen Produktes ungeändert lassen.

Somit sehen wir, dass bei allen Aenderungen, welche den Werth des mittleren Faktors und den des Produktes | der beiden äusseren un- 193 geändert lassen, auch der Werth des gesammten Produktes ungeändert bleibt; oder, indem wir noch einen Schritt weiter zurückgehen, dass, wenn sich jene Grössen C | und AD in umgekehrtem Verhältnisse 194 ändern, der Werth des Produktes $A.CD$ unter der Voraussetzung, dass die Stufenzahlen von A und CD dieselben bleiben, sich nicht ändere. Fassen wir hiermit das Resultat des vorigen Paragraphen zusammen, so können wir sagen, „der Werth eines eingewandten Produktes bestehe, wenn die Stufenzahlen der Faktoren gegeben sind, in dem gemeinschaftlichen und nächstumfassenden Systeme beider Faktoren nebst dem auf beide Systeme multiplikativ zu vertheilenden Quantum."

§ 132.

Es erscheint hiernach der Begriff des eingewandten Produktes noch abhängig von den Stufenzahlen, sofern nach den bisherigen Bestimmungen zwei Produkte noch nicht als gleich betrachtet werden konnten, so lange ihre Faktoren ungleiche Stufenzahl besassen. Diese Abhängigkeit des Begriffes von den Stufenzahlen führt in denselben eine Beschränkung hinein, welche der Einfachheit des Begriffs schadet und der analytischen Behandlung widerstrebt. Indem wir daher diese Beschränkung aufheben, setzen wir fest, *dass zwei eingewandte Produkte von geltendem Werthe* $A.CD$ und $A'.C'D'$, *in welchen die beiden letzten Faktoren durch äussere Multiplikation verknüpft sind, der mittlere aber das den beiden eingewandten Faktoren* (A *und* CD, *oder* A' *und* $C'D'$) *gemeinschaftliche System darstellt, einander gleich seien, sobald überhaupt das Produkt der äussersten Faktoren und der mittlere in beiden Ausdrücken gleich sind, oder in umgekehrtem Verhältnisse stehen*, gleich viel, ob die Stufenzahlen der entsprechenden Faktoren übereinstimmen oder nicht.*) Namentlich können wir durch diese Bestimmung jedes

*) Zu einer solchen erweiterten Definition sind wir berechtigt, da über die Vergleichung von eingewandten Produkten mit ungleichen Stufenzahlen ihrer Faktoren noch nichts festgesetzt ist. Wir sind dazu gedrungen, wenn wir der Wissenschaft die ihr gebührende Einfachheit erhalten wollen.

eingewandte Produkt auf die Form der Unterordnung (s. § 129) bringen.

In der That ist hiernach

$$A . CD = AD . C,$$

wenn im ersten Produkte C und D durch äussere, A und CD durch eingewandte Multiplikation verknüpft sind, und C das gemeinschaft-194liche | System der beiden eingewandten Faktoren darstellt. Denn in dem letzten Ausdrucke kann AD als erster, C als mittlerer und die Einheit als letzter Faktor vorgestellt werden, welcher mit C (nach 195[Abschn. I,] Kap. 4) durch äussere Multiplikation verknüpft ist, während C noch das gemeinschaftliche System darstellt. In dieser Form aufgefasst bietet der zweite Ausdruck dasselbe Produkt der äussersten Faktoren und denselben mittleren Faktor dar, wie der erste, und beide sind somit einander gleich.

Noch habe ich hier daran zu erinnern, dass, wenn das Produkt der äussersten Faktoren von niederer Stufe ist als das Beziehungssystem, dann beide Produkte gleichzeitig null werden (nach § 127), also auch für diesen Fall ihre Gleichheit bewahrt bleibt. Nehmen wir endlich einen bestimmten Theil H des Hauptsystems als Hauptmass (§ 87) an, so können wir jedes auf jenes Hauptsystem bezügliche eingewandte Produkt auf die Form bringen, dass der erste Faktor das Hauptmass wird. Nämlich wir können nach dem vorher Gesagten jedes solche Produkt, wenn es einen geltenden Werth hat, auf die Form bringen, dass der erste Faktor das Beziehungssystem oder hier das Hauptsystem darstellt, also auch, da wir die Faktoren in umgekehrtem Verhältnisse ändern können, auf die Form, dass der erste Faktor irgend ein bestimmter Theil des Hauptsystems, also auch dass er das Hauptmass wird. Ist das eingewandte Produkt null, so können wir den ersten Faktor beliebig setzen, wenn nur der zweite null ist, also kann auch in diesem Falle das Produkt auf die verlangte Form gebracht werden.

Wir nennen dann, wenn ein Produkt auf diese Form gebracht ist, den zweiten Faktor desselben *den eigenthümlichen (specifischen) Werth oder Faktor jener Produktgrösse in Bezug auf das Hauptmass* H, und sein System, welches zugleich das beiden Faktoren gemeinschaftliche System ist, „das eigenthümliche System jener Grösse;“ seine Stufenzahl, das heisst die Stufenzahl des beiden Faktoren gemeinschaftlichen Systems*), können wir als Stufenzahl der Grösse selbst auffassen. Erst

*) Ist die Produktgrösse also von geltendem Werthe (und nur in diesem Falle lässt sich von einer Stufenzahl derselben reden) so ist die Stufenzahl der Produktgrösse gleich der Stufe der eingewandten Multiplikation.

bei dieser Betrachtungsweise tritt der Werth des eingewandten Produktes in seiner ganzen Einfachheit hervor.

§ 133. Einführung der Ergänzzahlen.

Aus dem im vorhergehenden Paragraphen aufgestellten Begriffe 195 des eingewandten Produktes können wir nun das | Vertauschungsgesetz 196 ableiten.

Betrachten wir nämlich zwei Produkte von geltendem Werthe,

$$AB\,.\,AC \text{ und } AC\,.\,AB,$$

in welchen der Punkt die eingewandte Multiplikation, das unmittelbare Zusammenschreiben die äussere Multiplikation andeuten soll, und in welchen der Faktor A das gemeinschaftliche System, ABC oder ACB also das nächstumfassende System oder das Beziehungssystem darstellt, so hat man nach dem vorhergehenden Paragraphen

$$AB\,.\,AC = ABC\,.\,A,$$
$$AC\,.\,AB = ACB\,.\,A.$$

Beide Produkte sind also einander gleich oder entgegengesetzt, je nachdem ABC und ACB es sind, das heisst, je nachdem die äusseren Faktoren B und C sich ohne oder mit Zeichenwechsel vertauschen lassen. Nun hat man bei der Vertauschung zweier äusseren Faktoren, welche auf einander folgen (nach § 55), nur dann (aber auch stets dann) das Vorzeichen zu ändern, wenn die Stufenzahlen beider Faktoren ungerade sind. Man wird also auch die Faktoren jenes eingewandten Produktes mit oder ohne Zeichenwechsel vertauschen können, je nachdem die Stufenzahlen von B und C beide zugleich ungerade sind oder nicht. Die Stufenzahlen von B und C ergänzen aber die der eingewandten Faktoren AC und AB zu der Stufenzahl des Beziehungssystemes ABC. Nennen wir daher diejenige Zahl, welche die Stufenzahl einer Grösse zu der des Beziehungssystemes ergänzt, die *Ergänzzahl* jener Grösse (in Bezug auf jenes System), so haben wir das Gesetz:

Die beiden Faktoren eines eingewandten Produktes lassen sich mit oder ohne Zeichenwechsel vertauschen, je nachdem die Ergänzzahlen der Faktoren beide zugleich ungerade sind oder nicht.

Hierin liegt zugleich, dass ein Faktor, welcher das Beziehungssystem darstellt, sich ohne Zeichenänderung vertauschen lässt, da seine Ergänzzahl null, also gerade ist. — Es entspricht dies Gesetz dem in § 55 für die äussere Multiplikation aufgestellten, womit noch der Satz in § 68 über die willkührliche Stellung der Zahlengrösse zu vergleichen ist.

196 Da hier die Ergänzzahlen in die Stelle | der dort vorkommenden Stufenzahlen eintreten, so erscheint es überhaupt als zweckmässig, 197 auch für die übrigen Sätze der äusseren | Multiplikation, welche sich auf die Stufenzahlen beziehen, hier die entsprechenden aufzusuchen, was natürlich hier nur geschehen kann in Bezug auf Produkte aus zwei Faktoren.

Es war die Stufenzahl eines äusseren Produktes von geltendem Werthe die Summe aus den Stufenzahlen seiner Faktoren. Bei der eingewandten Multiplikation ist die Stufenzahl des beiden Faktoren gemeinschaftlichen Systems (nach § 132) als die Stufenzahl der Produktgrösse, wenn diese einen geltenden Werth hat, aufgefasst. Sind a und b die Stufenzahlen der Faktoren, und h die des Beziehungssystems, was hier zugleich das nächstumfassende System ist, so ist die des gemeinschaftlichen Systems (g) nach § 126 gleich $a + b - h$. Um hier die Ergänzzahlen einzuführen, kann man der Gleichung folgende Gestalt geben

$$h - g = h - a + h - b,$$

oder, wenn man die Ergänzzahlen mit a', b', g' bezeichnet,

$$g' = a' + b',$$

das heisst, die Ergänzzahl eines eingewandten Produktes von geltendem Werthe ist die Summe aus den Ergänzzahlen seiner beiden Faktoren.

Es bleibt uns noch der Fall, wo das Produkt null ist, zu berücksichtigen. Bei der eingewandten Multiplikation trat dieser Fall (nach § 125) dann ein, wenn das beiden Faktoren gemeinschaftliche System von höherer Stufe war, als die Stufe der eingewandten Multiplikation, das heisst $a + b - h$, betrug, also wenn

$$g > a + b - h,$$

das heisst

$$h - a + h - b > h - g,$$

oder wenn

$$a' + b' > g',$$

und ausserdem nur noch, wenn einer der Faktoren null war, das heisst, *ein eingewandtes Produkt zweier geltenden Werthe ist null, wenn die Ergänzzahlen beider Faktoren zusammengenommen grösser sind, als die Ergänzzahl des beiden Faktoren gemeinschaftlichen Systems.* Ein äusseres Produkt zweier geltenden Werthe hingegen erschien als null, wenn die Stufenzahlen der Faktoren zusammengenommen grösser sind, als die des beide Faktoren zunächst umfassenden Systemes.

Es stimmen also diese Gesetze für beide Multiplikationsweisen 197 überein, wenn man den Begriff der Stufenzahl gegen den der Ergänzzahl und den des nächstumfassenden Systems gegen den | des gemein- 198 schaftlichen austauscht; eine Beziehung, welche, wie wir sehen werden, bei der weiteren Entwickelung ihre Gültigkeit beibehält.

§ 134. Multiplikation von Produkten, die in der Form der Unterordnung erscheinen.

Das Produkt von drei und mehr Faktoren, zu welchem wir nun übergehen, kann stets auf das von zwei Faktoren zurückgeführt werden, wenn nur die Multiplikation zweier Faktoren auch für den Fall feststeht, dass diese Faktoren wieder Produkte sind. Da nun, wenn die Faktoren wieder eingewandte Produkte sind, der Sinn ihrer Multiplikation noch nicht festgestellt ist, so bedürfen wir hier einer neuen Definition; und zwar müssen wir festsetzen, welche Bedeutung eine beliebige Produktgrösse als erster Faktor, und welche sie als zweiter Faktor habe.

Wenn eine Grösse als zweiter Faktor auftritt, so wollen wir sagen, es werde mit ihr multiplicirt, wenn als erster, sie selbst werde multiplicirt. Ich setze nun fest, „mit einer Produktgrösse, welche auf die Form der Unterordnung gebracht, das heisst, so dargestellt ist, dass jeder folgende Faktor dem vorhergehenden untergeordnet sei, multipliciren, heisse mit ihren Faktoren fortschreitend*) multipliciren," und ferner „eine Produktgrösse, welche auf die Form der Unterordnung gebracht ist, mit irgend einer Grösse multipliciren, heisse den letzten Faktor der ersteren mit der letzteren multipliciren (ohne die früheren Faktoren zu ändern)". Hierbei muss dann natürlich, damit der Sinn der gesammten Multiplikation klar sei, die Stufe für eine jede der einzelnen Multiplikationen, auf welche jene Eine reducirt wird, bestimmt sein.

Dass diese Definitionen für jedes reale Produkt ausreichen, werde ich sogleich zeigen. Das Produkt wird nämlich als ein reales von geltendem Werthe erscheinen, wenn bei den einzelnen Multiplikationen die Stufe der eingewandten Multiplikation mit dem Grade der Abhängigkeit übereinstimmt; hingegen wird es null werden, wenn der Grad der Abhängigkeit bei irgend einer dieser Multiplikationen die Stufe der Multiplikation | übersteigt, indem dadurch dann einer der 198 Faktoren null wird. Bloss formale Bedeutung wird es haben, wenn der Grad der Abhängigkeit irgendwo | geringer ist, als die Stufe der 199

*) Fortschreitend mit einer Reihe von Grössen verknüpfen, heisst nach dem schon früher eingeführten Sprachgebrauche, so verknüpfen, dass das jedesmalige Ergebniss der Verknüpfung mit der nächstfolgenden Grösse der Reihe verknüpft wird.

zugehörigen Multiplikation, ohne dass anderswo das entgegengesetzte Verhältniss eintritt.

§ 135. Jedes reale Produkt lässt sich auf die Form der Unterordnung bringen.

Der Nachweis dafür, dass die aufgestellten Definitionen für das reale Produkt ausreichen, fällt zusammen mit dem Beweise des Satzes, dass jedes reale Produkt sich auf die Form der Unterordnung bringen lasse.

In der That lässt sich nach § 132 zunächst das Produkt zweier reiner Faktoren (so können wir solche Faktoren nennen, die nicht wieder als eingewandte Produkte erscheinen) auf die Form der Unterordnung bringen. Kommt nun zu einem solchen Produkt $A.B$, wo B dem A untergeordnet sei, ein dritter reiner Faktor hinzu, welcher mit B im c-ten Grade der Abhängigkeit steht, mit A im $(c+d)$-ten, während seine eigne Stufenzahl $c+d+e$ beträgt, so wird er sich darstellen lassen in der Form CDE, wo C dem B (also auch dem A) untergeordnet ist, und CD dem A, während sonst keine Abhängigkeit stattfindet, vorausgesetzt nämlich, dass c, d, e die Stufenzahlen von C, D, E sind. Ist dann das Produkt ein reales von geltendem Werthe, das heisst, stimmt die Stufe der Multiplikation mit dem Grade der Abhängigkeit überein, so lässt sich zeigen, dass

$$A.B.CDE = AE.BD.C$$

sei.

In der That, da hier die Produktgrösse $A.B$ in der Form der Unterordnung erscheint, so wird sie mit einer andern Grösse CDE multiplicirt, indem man den letzten Faktor mit derselben multiplicirt; also ist

$$A.B.CDE = A.(B.CDE).$$

Es ist aber $B.CDE$, da C dem B untergeordnet, und c der Grad der Multiplikation ist, gleich $BDE.C$ (nach § 132), also jenes Produkt

$$= A.(BDE.C).$$

Da hier C dem B, also auch dem BDE untergeordnet ist, so multiplicirt man nach dem ersten Theil der Definition (§ 134) mit $BDE.C$, indem man zuerst mit BDE und das Ergebniss dieser Multiplikation mit C multiplicirt. Nun ist aber $A.BDE$, da B und D, also auch 199 BD, dem A untergeordnet sind, und $(b+d)$ den Grad | der Multiplikation darstellt, gleich $AE.BD$; also ist der obige Ausdruck

$$= AE.BD.C.$$

200 Dieser Ausdruck hat die Form der Unterordnung, da C dem B,

also auch dem BD, BD aber dem A, also auch dem AE untergeordnet ist.

Somit lässt sich das fortschreitende Produkt von drei reinen Faktoren stets auf die Form der Unterordnung bringen.

Kommt nun noch ein vierter Faktor hinzu, so kann man zuerst die drei ersten auf die Form der Unterordnung bringen. Es sei $A.B.C$ diese Form. Tritt nun ein vierter Faktor hinzu, so muss, damit der Sinn der Multiplikation ein bestimmter sei, festgesetzt sein, in welchem Grade der Abhängigkeit er mit jeder der drei Grössen A, B, C stehen muss, wenn das Produkt einen realen geltenden Werth haben soll; es möge dann der vierte Faktor von C im d-ten Grade abhängig sein, von B im $(d+e)$-ten, von A im $(d+e+f)$-ten Grade, während er selbst zur Stufenzahl $d+e+f+g$ habe, so wird er sich in der Form $DEFG$ darstellen lassen, wo D dem C, E dem B, F dem A untergeordnet ist, und d, e, f, g die Stufenzahlen von D, E, F, G darstellen. Dann kann man zeigen, dass

$$A.B.C.DEFG = AG.BF.CE.D$$

sei. Denn es ist

$$\begin{aligned} A.B.C.DEFG &= A.B.(C.DEFG) \\ &= A.B.(CEFG.D), \end{aligned}$$

da nämlich D dem C untergeordnet ist. Da nun $CEFG.D$ in der Form der Unterordnung erscheint, so kann man mit seinen einzelnen Faktoren $CEFG$ und D fortschreitend multipliciren; B giebt aber mit $CEFG$ multiplicirt, da C und E, also auch CE dem B untergeordnet sind, den Ausdruck $BFG.CE$. Man erhält also den obigen Ausdruck

$$\begin{aligned} &= A.(BFG.CE).D \\ &= A.BFG.CE.D \\ &= AG.BF.CE.D, \end{aligned}$$

da nämlich B und F, also auch BF, dem A untergeordnet sind.

Also erscheint auch das fortschreitende Produkt aus vier reinen Faktoren in der Form der Unterordnung, und es lässt sich schon übersehen, wie ganz auf dieselbe Weise folgt, dass überhaupt ein fortschreitendes | Produkt aus beliebig vielen reinen Faktoren sich auf die Form der Unterordnung bringen lässt. Ist nun aber dies der Fall, so wird, da nach den Definitionen sich die Multiplikation überhaupt | auf die fortschreitende Multiplikation reiner Grössen zurückführen lässt, dasselbe auch von beliebigen realen Produkten gelten, nämlich dass 200 201

jedes reale Produkt sich in Form der Unterordnung darstellen lässt.

Es reichen daher in der That die obigen Definitionen für das reale Produkt aus, und die Form der Unterordnung, als die einfachste, auf die sich das reale Produkt bringen lässt, bestimmt die Bedeutung desselben.

§ 136. Multiplikation mit einander eingeordneten Grössen.

Es entsteht uns nun die Aufgabe, die verschiedenen Umgestaltungen, welche nach der bis hierher geführten Darstellung das eingewandte Produkt zulässt, in ein einfaches Hauptgesetz zusammenzufassen, auf welches wir dann in der Folge stets zurückgehen können, wenn es sich um solche Umgestaltungen handelt.

Wir brauchen, um dazu zu gelangen, nur die im vorigen Paragraphen entwickelten Umgestaltungen weiter fortzuführen und in Worte zu kleiden. Es ergab sich dort, dass

$$A . B . CDE = AE . BD . C$$

sei, wenn B dem A untergeordnet ist, C das System darstellt, was CDE mit B, also auch mit A gemeinschaftlich hat, und CD das System darstellt, was CDE mit A gemeinschaftlich hat, und überdies die Art der Multiplikation so angenommen ist, dass sie unter diesen Voraussetzungen einen geltenden realen Werth liefert. Unter denselben Voraussetzungen ergiebt sich nämlich auch

$$EDC . B . A = EA . DB . C.$$

Denn

$$EDC . B . A = (EDC . B) . A$$
$$= (EDB . C) . A;$$

und da $EDB . C$ in der Form der Unterordnung erscheint, so multiplicirt man es (nach § 134) mit A, indem man C mit A multiplicirt; da C dem A untergeordnet ist, so ist hier nach § 133 die Ordnung gleichgültig; man erhält also den zuletzt gefundenen Ausdruck

$$= EDB . (A . C);$$

201 da wieder $A . C$ auf die Form der Unterordnung gebracht ist, so kann man hier mit A und C fortschreitend multipliciren, und erhält den letzten Ausdruck

202
$$= EA . DB . C.$$

Auf dieselbe Form nun führt der Ausdruck

$$EDC . A . B \text{ oder } EDC . (A . B)$$

zurück; nämlich da $EDC . A$ gleich $EA . DC$ ist, so hat man jenen Ausdruck

$$EDC . A . B = EA . DC . B$$
$$= EA . DB . C.$$

Daraus folgt also, dass man in einem Produkte von realem geltenden Werthe mit zwei einander eingeordneten*) Faktoren fortschreitend in beliebiger Ordnung multipliciren, oder auch mit ihrem Produkte auf einmal multipliciren darf.

Wenn c, d, e die Stufenzahlen von C, D, E sind, so ist hier angenommen (s. den vorigen Paragraphen), dass EDC von A im $(c+d)$-ten Grade, von B im c-ten Grade abhänge, und da in beiden Produkten

$$EDC \,.\, A \,.\, B \text{ und } EDC \,.\, B \,.\, A$$

die Multiplikationsweise als eine reale von geltendem Werthe angenommen ist, wenn der soeben bezeichnete Grad der Abhängigkeit stattfindet, so wird jedes von beiden Produkten dann aber auch nur dann null werden, wenn der Grad der Abhängigkeit wächst, also wird, wenn eins dieser Produkte null wird, auch das andere null werden müssen. Somit bleibt das angeführte Gesetz auch bestehen, wenn das Produkt nur als ein reales aufgefasst ist, und da es sich von zwei einander eingeordneten Faktoren unmittelbar auf mehrere übertragen lässt, so haben wir den Satz:

Statt mit einem Produkte von einander eingeordneten Faktoren zu multipliciren, kann man mit den einzelnen Faktoren fortschreitend multipliciren und zwar in beliebiger Ordnung.

Hierbei haben wir die Multiplikationsweisen so angenommen, dass das Produkt bei demselben Abhängigkeitsverhältniss in allen diesen Formen gleichzeitig als real erscheint. Dies Gesetz drückt somit eine Erweiterung des ersten Theils der Definition (§ 134) aus, dass man, statt mit einem Produkt, welches in Form der | Unterordnung erscheint, 202 mit den Faktoren desselben fortschreitend multipliciren darf. Das Gesetz, was den zweiten Theil der Definition | (§ 134) verallgemeinert, näm- 203 lich, dass man ein Produkt aus einander eingeordneten Faktoren mit einer Grösse multiplicirt, indem man den letzten Faktor mit derselben multiplicirt, ergiebt sich leicht auf ähnliche Weise wie das obige Gesetz, ist aber von geringerer Bedeutung. Uebrigens ist klar, dass in dem obigen Gesetz zugleich das Gesetz über den mittleren Faktor in § 132 liegt; nämlich

$$BA \,.\, AC = BAC \,.\, A,$$

indem man, statt B fortschreitend mit A und dem ihm übergeordneten AC zu multipliciren, auch in umgekehrter Folge multipliciren darf.

---

*) Einander eingeordnete Grössen nennen wir solche, von denen die eine der andern untergeordnet ist.

§ 137. Eigenthümlicher Werth eines eingewandten Produktes aus mehreren Faktoren. Reines und gemischtes Produkt.

Wir verlassen den allgemeinen Begriff des eingewandten Produktes und beschränken die Betrachtung auf den Fall, dass die Multiplikation sich stets auf dasselbe Hauptsystem beziehe. Da nun ein jedes solches Produkt nach § 132, wenn es auf die Form der Unterordnung gebracht ist, als ersten Faktor entweder nothwendig eine das Hauptsystem darstellende Grösse hat, oder doch in dieser Form dargestellt werden kann, so folgt, dass, wenn man auf ein Produkt aus mehreren Faktoren, welches sich auf dasselbe Hauptsystem bezieht, das in § 135 mitgetheilte Verfahren anwendet, das Produkt sich auf die Form bringen lässt, dass alle Faktoren mit Ausnahme des letzten das Hauptsystem darstellen.*)

Bringen wir alle jene vorangehenden Faktoren, welche das Hauptsystem darstellen, durch Anwendung der allgemeinen multiplikativen Formänderung auf denselben Grössenwerth, und fassen diesen Werth als Hauptmass auf, so können wir dann den letzten Faktor, wie es in § 132 schon in Bezug auf zwei Faktoren festgestellt ist, „den eigenthümlichen (specifischen) Werth oder Faktor jener Produktgrösse 203 in Bezug auf dies | Hauptmass" und das System desselben „das eigenthümliche System" der Produktgrösse nennen, und die Stufenzahl *204* dieses Systems als Stufenzahl jener Produktgrösse selbst auffassen. Wir können ferner die Grössen, welche durch eingewandte Multiplikation reiner Grössen (s. § 135) hervorgehen, *Beziehungsgrössen* nennen, weil sie nur in ihrer Beziehung auf ein System oder ein Mass eine einfache Bedeutung gewinnen. Als eigenthümlicher Werth einer reinen Grösse erscheint natürlich diese Grösse selbst.

Es gilt hier auch noch das, was wir in § 128 über die Bezeichnung der Multiplikation bei zwei Faktoren sagten, dass es nämlich, wenn einmal das Hauptsystem als Beziehungssystem feststehe, als überflüssig erscheine, die äussere Multiplikation von der eingewandten oder die verschiedenen Grade der letzteren durch die Bezeichnung zu unter-

---

*) Es sei zum Beispiel $H.A.B$ dies Produkt, in welchem H das Hauptsystem darstelle, indem nämlich das Produkt der beiden ersten Faktoren schon auf die verlangte Form gebracht ist; nun sei $B = CD$, wo im Falle, dass das ganze Produkt geltenden Werth habe, AD das Hauptsystem darstelle. Dann ist jenes ganze Produkt gleich $H.AD.C$, was die verlangte Form hat. Ist das ganze Produkt null, so kann man die ersten Faktoren beliebig setzen, wenn nur der letzte null ist; also kann auch dann das Produkt auf die verlangte Form gebracht werden.

scheiden.*) Dagegen tritt hier ein neuer Unterschied hervor, nämlich der zwischen reinen und gemischten Produkten.

Nämlich reine Produkte nenne ich solche, deren Faktoren fortschreitend stets durch dieselbe Art der Multiplikation verknüpft sind, das heisst, entweder nur durch äussere Multiplikation (äussere Produkte), oder nur durch eingewandte auf ein und dasselbe System bezügliche (reine eingewandte Produkte); gemischte hingegen nenne ich solche, deren Faktoren fortschreitend entweder durch beiderlei Arten der Multiplikation (äussere und eingewandte) verknüpft sind, oder zwar bloss durch eingewandte aber auf verschiedene Systeme bezügliche.

Da die reinen und die gemischten Produkte verschiedenen Gesetzen unterliegen, so ist ihre Unterscheidung sehr wichtig; und obgleich eine Unterscheidung durch die Bezeichnung nicht nothwendig ist, indem durch die Stufenzahlen der Faktoren, wenn das Hauptsystem als Beziehungssystem feststeht, auch schon immer bestimmt ist, ob das Produkt ein reines oder gemischtes sei, so erscheint eine solche Unterscheidung doch in vielen | Fällen als sehr bequem. *Ich will mich* 204 *daher in solchen | Fällen der Punkte bedienen, um durch sie die Faktoren* 205 *des reinen Produktes von einander abzusondern, und will daher festsetzen, dass, wo Punkte zur Bezeichnung der Multiplikation angewandt werden, dann auch stets, wenn sie gar keiner oder derselben Klammer eingeordnet sind, durch sie Faktoren eines reinen Produktes von einander abgesondert werden, wobei dann ein Produkt von unmittelbar zusammengeschriebenen Grössen in Bezug auf diese Punkte jedesmal als Ein Faktor erscheint; zum Beispiel bedeutet* $AB\,.\,CD\,.\,EF$ *ein reines Produkt, dessen Faktoren* AB, CD, EF *sind.*

§ 138. Gesetz für die Ergänzzahlen reiner Produkte.

Wir können nun die in § 133 für zwei Faktoren erwiesenen Sätze auch auf mehrere Faktoren übertragen.

Zuerst was die Vertauschung betrifft, so zeigt sich, dass auch bei mehreren Faktoren die Stellung eines Faktors, der das Beziehungssystem darstellt, ganz gleichgültig ist; und daraus folgt dann über-

*) Ganz anders würde dies bei der allgemeinen realen Multiplikation sein, indem bei ihr die verschiedenen Grade der Abhängigkeit zwischen den einzelnen Faktoren festgestellt werden müssten, bei denen das Produkt noch einen geltenden Werth hätte. Das Produkt aus mehreren Faktoren würde dann seiner Art nach durch eine Reihe von Zahlen bestimmt sein, welche jene Abhängigkeitsgrade darstellten; diese Bestimmung würde also eine zusammengesetzte sein und nicht mehr einen einfachen Begriff darstellen. Und dies ist der Grund, weshalb wir diesen allgemeinen Fall hier übergangen haben.

haupt, dass man, um zwei Produktgrössen zu multipliciren, nur ihre eigenthümlichen Werthe in Bezug auf irgend ein Hauptmass zu multipliciren, und diesem Produkte das Hauptmass so oft als Faktor hinzuzufügen hat, als es in beiden Grössen zusammengenommen als Faktor vorkommt; zum Beispiel ist $H^m A . H^n B$, wo H das Hauptmass darstellt, gleich $H^m H^n A . B$ oder gleich $H^{m+n} A . B$. Hierin liegt dann, dass zwei Produktgrössen, welche als Faktoren zusammentreten, gleichfalls mit oder ohne Zeichenwechsel vertauschbar sind, je nachdem ihre Ergänzzahlen beide zugleich ungerade sind oder nicht.

Die folgenden Sätze jenes Paragraphen können wir nur auf reine eingewandte Produkte übertragen. Da nämlich bei zwei Faktoren eines eingewandten Produktes von geltendem Werthe die Ergänzzahl des Produktes die Summe ist aus den Ergänzzahlen der Faktoren, so bleibt dies Gesetz bestehen, wenn zu diesem eingewandten Produkte wieder ein eingewandter Faktor hinzutritt und das Produkt wieder geltenden Werth behält; es ist dann die Ergänzzahl des Gesammtproduktes, wie sogleich durch zweimalige Anwendung des für zwei Faktoren bewiesenen Gesetzes einleuchtet, die Summe aus den Ergänzzahlen der Faktoren, und so fort für beliebig viele Faktoren. Da überdies das Produkt zweier Faktoren dann und nur dann als ein eingewandtes erscheint, wenn die Summe der beiden Stufenzahlen grösser, das heisst, die Summe 205 der Ergänzzahlen kleiner ist als die Stufenzahl des Hauptsystems, so 206 wird auch | das geltende Produkt aus drei und mehr Faktoren dann und nur dann als ein reines eingewandtes erscheinen, wenn die Summe der Ergänzzahlen stets kleiner bleibt als die Stufenzahl des Hauptsystems, das heisst, wenn die Summe aller Ergänzzahlen der Faktoren noch kleiner bleibt als die Stufenzahl des Hauptsystems.

Um endlich auch den Satz aus § 133 über das Nullwerden hier zu übertragen, erinnern wir daran, dass die Summe der Ergänzzahlen zweier Grössen, welche das Beziehungssystem als nächstumfassendes System haben und also als Produkt einen geltenden Werth darbieten, gleich der Ergänzzahl ihres gemeinschaftlichen Systemes ist; dass aber, wenn das nächstumfassende System niedriger ist als das Beziehungssystem, und das Produkt also null ist, die Stufenzahl des gemeinschaftlichen Systems grösser, seine Ergänzzahl also kleiner wird als die Summe der zu den Faktoren gehörigen Ergänzzahlen. Tritt nun ein Faktor hinzu, so ist das gemeinschaftliche System aller Faktoren dasjenige, was der hinzutretende Faktor mit dem allen vorhergehenden Faktoren gemeinschaftlichen Systeme selbst wieder gemeinschaftlich hat. Es wird also, sobald das gesammte Produkt geltenden Werth behält, die Summe aller Ergänzzahlen gleich der Ergänzzahl des den sämmtlichen Faktoren gemeinschaftlichen Systemes sein; wenn aber durch irgend einen Faktor, welcher hinzutritt, das Produkt null wird, ohne dass der hinzutretende Faktor selbst null ist, so wird dort die Ergänzzahl des gemeinschaftlichen Systemes kleiner werden, und somit auch, wenn noch neue Faktoren hinzutreten, kleiner bleiben als die jedesmalige Summe aus den Ergänzzahlen der Faktoren. Es wird also ein reines eingewandtes Produkt, dessen Faktoren geltende Werthe haben, dann und nur dann null werden, wenn die Ergänzzahl des allen Faktoren gemeinschaftlichen Systems kleiner ist als die Summe der Ergänzzahlen der Faktoren. Auch liegt in der Art der Beweisführung, dass der eigenthümliche Werth eines solchen Produktes, wenn es nicht null ist, das den sämmtlichen Faktoren gemeinschaftliche System darstellt.

Fassen wir nun die über die Ergänzzahlen aufgestellten Gesetze zusammen und schliessen die entsprechenden Gesetze über die Stufenzahlen äusserer Produkte mit hinein, so erhalten wir den Satz:

Ein Produkt aus beliebig vielen Faktoren von geltenden | Werthen 207 *ist ein reines, wenn entweder die Stufenzahlen oder die | Ergänzzahlen* 206 *der Faktoren zusammengenommen kleiner sind als die Stufenzahl des Hauptsystems, und zwar im ersteren Falle ein äusseres, im letzteren ein eingewandtes, hingegen ein gemischtes, wenn keins von beiden der Fall ist. Das reine Produkt ist null im ersten Falle, wenn die Stufenzahlen der Faktoren zusammengenommen grösser sind als die Stufenzahl des die Faktoren zunächst umfassenden Systemes, im letzteren, wenn die Ergänzzahlen der Faktoren zusammengenommen grösser sind als die Ergänzzahl des den Faktoren gemeinschaftlichen Systemes. Wenn das reine Produkt einen geltenden Werth hat, so stellt der eigenthümliche Werth desselben im ersten Falle das nächstumfassende, im letzteren das gemeinschaftliche System dar; und im ersteren Falle ist die Stufenzahl desselben die Summe aus den Stufenzahlen der Faktoren, im letzteren ist seine Ergänzzahl die Summe aus den Ergänzzahlen der Faktoren.*

§ 139. Die Faktoren eines reinen Produktes lassen sich beliebig zusammenfassen.

Wir schreiten nun zu dem multiplikativen Zusammenfassungsgesetz, das heisst, wir untersuchen, ob und in welchem Umfange

$$PQR = P(QR)$$

gesetzt werden könne. Schon aus dem Satze in § 136 geht hervor, dass für das gemischte Produkt dreier Faktoren jenes Gesetz im Allgemeinen nicht gelte*); hingegen wollen wir zeigen, dass dasselbe für das reine Produkt im allgemeinsten Sinne gelte, dass also nach der in § 137 eingeführten Bezeichnung allemal

$$P.Q.R = P.(Q.R)$$

sei.

Zunächst leuchtet ein, dass, wenn die Gültigkeit dieses Gesetzes nachgewiesen ist für den Fall, dass P, Q, R reine Grössen sind, sie damit auch zugleich für den Fall, dass dieselben sämmtlich oder zum 208 Theil Beziehungsgrössen sind, nachgewiesen sei. | Denn nach dem vorigen Paragraphen hat man Beziehungsgrössen so mit einander zu multipliciren, dass man ihre eigenthümlichen Werthe in Bezug auf ein 207 und dasselbe Hauptmass mit einander | multiplicirt und dem Produkte, gleichviel auf welcher Stelle, so oft das Hauptmass als Faktor hinzufügt, als es in beiden Grössen zusammen als Faktor enthalten war. Da man hiernach also in einem Produkte überhaupt jeden Faktor, der das Hauptmass darstellt, auf eine beliebige Stelle setzen und beliebig aus einer Klammer heraus oder in eine solche hineinrücken kann, so folgt, dass jenes Gesetz, wenn es für reine Grössen gilt, auch für Beziehungsgrössen, also allgemein gelte. Nun gilt es zunächst nach den Gesetzen der äusseren Multiplikation für äussere Produkte reiner Grössen, also auch für äussere Produkte überhaupt. Es bleibt also nur zu beweisen übrig, dass es auch für das reine eingewandte Produkt reiner Grössen gelte.

In diesem Falle kommt es darauf an, zu zeigen, dass P, Q, R, wenn das eingewandte Produkt einen geltenden Werth hat, sich in den Formen ABC, ABD, ADC darstellen lassen, so dass zugleich $ABCD$ das Hauptsystem darstellt.

Es seien die Ergänzzahlen der Grössen P, Q, R beziehlich d, c, b, so ist die Ergänzzahl des Produktes oder des den drei Faktoren gemeinschaftlichen Systemes A nach § 138 (am Schlusse) gleich der Summe jener Zahlen, also gleich $b + c + d$; und ist also a die Stufenzahl jenes gemeinschaftlichen Systemes, so ist die des Hauptsystemes gleich $a + b + c + d$. Zwei der Faktoren, zum Beispiel P und Q, werden nach demselben Satze ein System gemeinschaftlich haben, dessen Ergänzzahl die Summe ist aus den Ergänzzahlen jener Faktoren, also hier gleich $c + d$ ist; also ist die Stufenzahl dieses gemeinschaftlichen Systemes gleich $a + b$, es wird somit dies System durch ein Produkt

*) Allerdings können Fälle aufgeführt werden, in welchen vermittelst des Satzes in § 136 unser Gesetz auch dann noch seine Anwendung findet; allein diese Fälle sind so vereinzelt, die Bedingungen, unter denen sie eintreten, so zusammengesetzt, dass aus ihrer Aufzählung der Wissenschaft kein Vortheil erwächst.

AB dargestellt werden können, in welchem B von b-ter Stufe und von A unabhängig ist. Ebenso wird das dem P und R gemeinschaftliche System von $(a + c)$-ter Stufe sein, und also eine von A unabhängige Grösse c-ter Stufe C in sich fassen. Und zwar muss dann C von AB unabhängig sein; denn wäre es davon abhängig, das heisst, hätte C mit AB irgend eine Grösse gemeinschaftlich, so würden die drei Faktoren P, Q, R diese Grösse, also eine von A unabhängige Grösse, gemeinschaftlich enthalten, was mit der Annahme streitet.

Somit sind nun der Grösse P drei | von einander unabhängige 209 Grössen A, B, C untergeordnet, also auch ihr Produkt ABC. Es muss sich daher P als Produkt darstellen lassen, dessen einer Faktor ABC ist; da P aber selbst von $(a + b + c)$-ter Stufe ist, so wird der andere Faktor, den P | ausser ABC enthält, von nullter Stufe, 208 das heisst, eine blosse Zahlengrösse sein, also P sich als Vielfaches von ABC darstellen lassen. Q und R endlich werden aus demselben Grunde einen von A unabhängigen Faktor D gemeinschaftlich haben, und so werden sich die Grössen P, Q, R beziehlich als Vielfache von ABC, ABD und ADC darstellen lassen; ja, da für die Grössen A, B, C, D nur die Systeme, welche durch sie dargestellt werden, bestimmt sind, sie selbst also beliebig gross angenommen werden können, so wird man dieselben, wie leicht zu sehen ist, auch so annehmen können, dass die Grössen P, Q, R jenen Werthen selbst gleich sind, also

$$P \, . \, Q \, . \, R = ABC \, . \, ABD \, . \, ADC$$

ist. Da das ganze Produkt, wie wir voraussetzten, einen geltenden Werth haben soll, also auch zum Beispiel das Produkt $ABC \, . \, ABD$, so muss hier das nächstumfassende System, also $ABCD$, zugleich das Beziehungssystem sein. Es ist daher dies Produkt gleich $ABCD \, . \, AB$; also der ganze Ausdruck

$$= ABCD \, . \, AB \, . \, ADC$$
$$= ABCD \, . \, ABDC \, . \, A.$$

Auf dieselbe Form nun lässt sich das andere Produkt $P \, . \, (Q \, . \, R)$ bringen; denn $Q \, . \, R$ oder $ABD \, . \, ADC$ ist gleich $ABDC \, . \, AD$, also

$$P \, . \, (Q \, . \, R) = ABC \, . \, (ABDC \, . \, AD).$$

Da nun $ABDC$ das Hauptsystem darstellt, so können wir nach § 138 die eigenthümlichen Werthe unter sich multipliciren und $ABDC$ als Faktor hinzufügen. Wir erhalten aber $ABC \, . \, AD$ gleich $ABCD \, . \, A$, also ist der obige Ausdruck

$$= ABCD \, . \, ABDC \, . \, A.$$

Da also die beiden Produkte $P . Q . R$ und $P . (Q . R)$ demselben Ausdrucke gleich sind, so sind sie auch unter sich gleich.

Wir nahmen bei dieser Beweisführung an, dass die Produkte einen geltenden Werth hatten. Nun können sie aber auch nur gleichzeitig null werden, weil nach § 138 das Nullwerden dann und nur dann eintritt, wenn das den Faktoren gemeinschaftliche System von höherer Stufe ist, als die [Stufenzahl des Beziehungssystems vermindert um 210 die] Summe der Ergänzzahlen beträgt, und | dies bei beiden Produkten nur gleichzeitig eintreten kann. Also bleibt auch für diesen Fall die Gleichheit beider Produkte bestehen. Das Gesetz gilt daher allge-209 mein für reine Grössen, also muss es nun auch, wie wir oben sahen, für Beziehungsgrössen gelten, so dass allgemein für die reine Multiplikation überhaupt

$$P . Q . R = P . (Q . R)$$

ist. Da nun endlich das Zusammenfassungsgesetz, wenn es für drei Faktoren gilt, auch für beliebig viele gelten muss (§ 3), so ergiebt sich der allgemeine Satz:

Die Faktoren eines reinen Produktes lassen sich beliebig zusammenfassen.

§ 140. **Beziehung zur Addition und Subtraktion.**

Für die Addition der Beziehungsgrössen bietet sich das allgemeine multiplikative Beziehungsgesetz als begriffsbestimmend dar. Man hat dann nur beide auf die Form der Unterordnung zu bringen. Auf diese Form gebracht, erscheinen dann beide als summirbar, wenn einestheils das Hauptmass in beiden gleichvielmal als Faktor erscheint, und anderntheils die Grössen selbst eine gleiche Stufenzahl haben; und zwar werden sie dann addirt, indem man die eigenthümlichen Werthe addirt, und der Summe das Hauptmass so oft als Faktor hinzufügt, als es in jedem der Produkte als Faktor enthalten war.*)

Das allgemeine Beziehungsgesetz ist, dass

$$P . (Q + R) = P . Q + P . R,$$

und

$$(Q + R) . P = Q . P + R . P$$

sei. Die Gültigkeit desselben haben wir zunächst nur für den Fall nachzuweisen, dass die Grössen P, Q, R reine sind, indem das Hinzutreten beliebiger Faktoren, die das Hauptmass darstellen, auf welches sich die Grössen beziehen, nichts ändern kann. Wir nehmen daher zuerst an, P, Q, R seien reine Grössen.

---

*) Diese Bestimmung dient eben als Definition, indem wir unter der Summe zweier Beziehungsgrössen die auf die angegebene Weise gebildete Summe verstehen.

Es sei, um die Stücke der Summe

$$P.Q+P.R$$

auf die Form der Unterordnung zu bringen, $Q=AB$, wo A dem P untergeordnet ist, PB aber das Hauptsystem darstellt, auf welches *211* sich die Multiplikation bezieht, und gleich H gesetzt werden mag, und ebenso sei $R=CD$, wo C dem P untergeordnet ist und PD das Hauptsystem darstellt. Da hier D beliebig gross angenommen werden kann (indem C dann nur im umgekehrten Verhältnisse wie D geändert 210 werden muss), so kann man es so annehmen, dass

$$PD=PB=H$$

wird. Dann ist

$$P.Q+P.R=HA+HC=H(A+C),$$

letzteres nach der Definition.

Auf dieselbe Form nun können wir auch $P.(Q+R)$ bringen. Nämlich da PD gleich PB ist, so folgt, dass D auch gleich B plus einer von P abhängigen Grösse, die wir K nennen wollen, gesetzt werden könne; somit ist R, was gleich CD gesetzt war, gleich $C(B+K)$, oder gleich $CB+CK$. Also ist

$$P.(Q+R)=P.(AB+CB+CK).$$

Da hier K von P abhängig ist, CK also von P in einem höheren Grade abhängt als CB, so kann es mit P kein geltendes Produkt liefern, kann also nach § 125 weggelassen werden. Es ist also der obige Ausdruck

$$\begin{aligned} &= P.(AB+CB) \\ &= P.(A+C)B. \end{aligned}$$

Da hier A und C, also auch $(A+C)$ dem P untergeordnet sind, PB aber oder H das Hauptsystem darstellt, so ist der letzte Ausdruck wieder

$$=H(A+C).$$

Also sind die beiden zu vergleichenden Ausdrücke $P.(Q+R)$ und $P.Q+P.R$ demselben dritten Ausdrucke gleich, also auch beide unter sich gleich.

Kommt nun ferner zu P das Hauptmass mehrmals, etwa m-mal, als Faktor hinzu, und ebenso auch zu Q und R, zu den letzteren aber gleichvielmal, damit sie summirbar bleiben, etwa n-mal, so ist das so gut, als käme H zu jedem von den beiden Ausdrücken $(m+n)$-mal als Faktor hinzu, also bleiben sie gleich, wenn sie es vorher waren. Da nun endlich dasselbe sich auch von den beiden Ausdrücken $(Q+R).P$ und $Q.P+R.P$ sagen lässt, so folgt, dass das multiplikative Be-

ziehungsgesetz auch für diese neuen Arten der Addition und Multi-
212 plikation ganz allgemein | gilt. Somit gelten nun auch alle Gesetze, die darauf gegründet sind, das heisst:

Alle Gesetze, welche die Beziehung der Multiplikation zur Addition und Subtraktion ausdrücken, gelten noch immer allgemein für jede Art der Addition und Multiplikation, die bisher festgestellt ist.

§ 141. Division in Bezug auf ein System; Grad der Beziehungsgrösse.

211 Für die Division*) ergiebt sich sogleich, dass sie nur dann real ist, wenn Divisor und Dividend einander eingeordnet sind, das heisst, wenn entweder der Divisor dem Dividend untergeordnet ist, oder dieser jenem.

Im ersteren Falle ist die Division eine äussere, im letzteren eine eingewandte; wenn daher beide Fälle zugleich eintreten, das heisst, wenn Divisor und Dividend einander gleichartig sind, so kann die Division sowohl als äussere, wie auch als eingewandte aufgefasst werden. Und zwar gelten diese Bestimmungen nicht nur, wenn die zu verknüpfenden Grössen reine Grössen, sondern auch, wenn sie Beziehungsgrössen sind.

In dem letzteren Falle kommt es dann darauf an, dass die eigenthümlichen Werthe in der angegebenen Beziehung stehen, während das Hauptsystem, auf welches sich beide Grössen beziehen, dasselbe ist. Hierbei kann dann der Fall eintreten, dass das Hauptmass im Divisor öfter als im Dividend als Faktor vorkommt; der Quotient erscheint dann als eine reine Grösse, welche mehrmals durch das Hauptmass dividirt ist, oder welche mit einer Potenz des Hauptmasses multiplicirt ist, deren Exponent negativ ist. Wir fassen daher auch diese neue Grösse als Beziehungsgrösse auf, und nennen den Exponenten derjenigen Potenz des Hauptmasses, mit welcher der eigenthümliche Werth einer Beziehungsgrösse durch Multiplikation verbunden ist, den Grad der Beziehungsgrösse. Es ist somit die neue Grösse eine Beziehungsgrösse, deren Grad negativ ist, während der Grad der vorher betrachteten positiv war, und auch die reine Grösse kann nun als Beziehungsgrösse nullten Grades aufgefasst werden.

Hierbei muss ich noch bemerken, dass die Grössen nullter Stufe, und die das Hauptsystem darstellenden Grössen, das heisst die Grössen nullter und h-ter Stufe (wenn h die Stufenzahl des Hauptsystems ist) auf eine zwiefache Weise aufgefasst werden können. Nämlich „eine

*) Vergleiche die Anmerkungen zu Seite 39 und 43. (1877.)

Grösse nullter Stufe und n-ten Grades kann als Grösse h-ter Stufe und $(n-1)$-ten Grades | aufgefasst werden", indem man den eigen- 213 thümlichen Werth jener Grösse, welcher eine blosse Zahlengrösse ist, mit einem der Faktoren, welche das Hauptmass darstellen, multiplicirt denkt und dies Produkt als eigenthümlichen Werth jener Grösse auffasst, wodurch natürlich der Grad derselben um Eins abnimmt. Ebenso kann umgekehrt „jede Grösse h-ter Stufe und n-ten Grades als Grösse 212 nullter Stufe und $(n+1)$-ten Grades aufgefasst werden." Im Allgemeinen wollen wir es vorziehen, eine solche Grösse als Grösse nullter Stufe zu betrachten.

Es kommt uns nun darauf an, die Eindeutigkeit des Quotienten zu untersuchen.

Es sei zu dem Ende A der Dividend, B der Divisor als erster Faktor, C ein Werth des Quotienten, so dass

$$B.C = A$$

ist, und der Quotient in der Form $\frac{A}{B}$ erscheint. Jeder Werth nun, welcher statt C gesetzt jener Gleichung genügt, wird auch als ein besonderer Werth dieses Quotienten aufgefasst werden können. Jeder solche Werth wird aus dem Werthe C durch Addition erzeugt werden können, und zwar muss dann das zu C hinzuaddirte Stück mit B multiplicirt Null geben, wenn das Produkt gleich A bleiben soll, und jedes solche hinzuaddirte Stück wird auch das Produkt gleich A lassen; nun können wir ein solches Stück, was mit B multiplicirt Null giebt, allgemein mit $\frac{0}{B}$ bezeichnen, und daher sagen, wenn C ein besonderer Werth des Quotienten ist, und B der Divisor, so sei der vollständige Werth des Quotienten gleich

$$C + \frac{0}{B},$$

wie wir dies schon für die äussere Division in § 62 dargethan haben. Doch müssen wir hierbei stets festhalten, dass hier unter $\frac{0}{B}$ zugleich eine mit C addirbare Grösse verstanden sein muss, das heisst eine Grösse, welche mit C von gleicher Stufe und gleichem Grade ist. Es wird also der Quotient eindeutig sein, wenn unter dieser Voraussetzung $\frac{0}{B}$ jedesmal 0 ist, das heisst, es keine andere Grösse dieser Art X giebt, die mit B multiplicirt Null giebt, als Null selbst.

Da das Produkt einer Grösse nullter Stufe, welche selbst nicht 214 null ist, oder einer Grösse, die das Hauptsystem darstellt, jedesmal einen geltenden Werth liefert, wenn der andere Faktor einen geltenden

Werth hat, so folgt, dass wenn B einen geltenden Werth hat und zugleich entweder B selbst oder auch X eine Grösse nullter oder h-ter 213 Stufe ist, | allemal X null sein müsse, wenn $B . X$ null sein soll. Es wird also auch in diesem Falle der Quotient eindeutig sein; aber auch in keinem andern. Denn wenn beide Grössen B und X von mittlerer Stufe sind, das heisst, wenn ihre Stufenzahlen zwischen 0 und h liegen, so wird X, ohne dass es null wird, stets so angenommen werden können, dass B und X von einander abhängig sind, und ihr nächstumfassendes System doch nicht das Hauptsystem selbst ist; es wird also alsdann nach § 128 einen geltenden Werth für X geben, dessen Produkt mit B Null giebt, das heisst, es wird dann der Quotient nicht eindeutig sein.

Ist der Divisor null, so wird, da Null mit jeder Grösse, die wir bisher kennen gelernt haben, zum Produkte verknüpft Null giebt, auch der Dividend null sein müssen, wenn der Quotient eine der bisher entwickelten Grössen sein soll, und zwar wird dann jede dieser Grössen als ein besonderer Werth des Quotienten aufgefasst werden können. Ist der Dividend aber eine Grösse von geltendem Werthe, während der Divisor null ist, so erscheint der Quotient als eine Grösse von ganz neuer Gattung, die wir als *unendliche* Grösse bezeichnen können, während die bisher betrachteten als *endliche* erschienen.

Fassen wir nun die soeben gewonnenen Ergebnisse zusammen, indem wir zugleich bedenken, dass wenn C von nullter oder h-ter Stufe ist, Dividend und Divisor gleichartig sind, so gelangen wir zu dem Satze:

Der Quotient stellt dann und nur dann einen einzigen, endlichen Werth dar, wenn der Divisor von geltendem Werthe ist, und zugleich entweder selbst als Grösse nullter Stufe dargestellt werden kann), oder dem Dividend gleichartig ist. Sind Dividend und Divisor null, so ist der Quotient jede beliebige endliche Grösse. Ist der Divisor null, der Dividend* 215 *nicht, so ist der Quotient unendlich. In jedem andern Falle, das heisst, wenn der Divisor nicht null ist, und zugleich Divisor und Quotient beide von mittlerer Stufe sind, ist der Quotient nur partiell bestimmt, und zwar erhält man dann aus einem besondern Werthe des Quotienten den allgemeinen, indem man den allgemeinen Ausdruck einer Grösse, die mit dem Divisor multiplicirt Null giebt, hinzuaddirt.*

214 Ein besonderes Interesse gewähren hier noch solche Ausdrücke, deren Dividend die Einheit ist, während der Divisor eine Grösse von

*) Denn auch die Grösse h-ter Stufe kann, wie wir oben sahen, als Grösse nullter Stufe dargestellt werden.

geltender Stufe darstellt, zum Beispiel der Quotient $\frac{1}{ab}$. Ist hier $abcd$ oder H das Hauptmass, so ist

$$\frac{1}{ab} = \frac{1}{H}\left(cd + \frac{0}{ab}\right),$$

wo $\frac{0}{ab}$ jede von ab abhängige Grösse zweiter Stufe darstellt.

§ 142. Vollkommene Analogie zwischen äusserer und eingewandter Multiplikation.

Um die Analogie zwischen der äusseren Multiplikation und der reinen eingewandten Multiplikation zu vollenden, bleibt uns noch eine Betrachtung übrig. Nämlich es liessen sich bei der äusseren Multiplikation alle Grössen höherer Stufen als Produkte der Grössen erster Stufe darstellen, und die Gesetze ihrer Verknüpfung liessen sich aus den Verknüpfungsgesetzen für Grössen erster Stufe auf rein formelle Weise ableiten. Den Grössen erster Stufe entsprechen nach § 138 bei der eingewandten Multiplikation Grössen, deren Ergänzzahl Eins ist, das heisst Grössen $(h-1)$-ter Stufe, wenn das Beziehungssystem für alle Grössen und Produkte dasselbe, und zwar ein System von h-ter Stufe ist. Durch ihre Multiplikation entstehen nach § 138 Grössen, deren Ergänzzahlen die Einheit übertreffen, das heisst also, deren Stufenzahlen kleiner sind als $(h-1)$. Es kommt daher, um die vollständige Analogie nachzuweisen, nur darauf an, die Analogie der Gesetze für diese Grössen erster und $(h-1)$-ter Stufe darzuthun.

Die Identität dieser Gesetze, sofern sie nur die allgemeinen Verknüpfungsgesetze der vier Grundrechnungen (Addition, Subtraktion, Multiplikation, Division) darstellen, haben wir nachgewiesen. Auch haben wir gezeigt, dass die Gesetze der äusseren Multiplikation als solcher, sobald sie nur auf den Begriff der Stufenzahl und des gemeinschaftlichen Systemes | zurückgehen, auch für die eingewandte, auf ein *216* festes Hauptsystem bezügliche Multiplikation gelten, wenn man statt des Begriffs der Stufenzahl den der Ergänzzahl, und statt des Begriffs des gemeinschaftlichen Systems den des nächstumfassenden einführt, und umgekehrt. Sofern daher der Begriff der Abhängigkeit, auf den alle besonderen Gesetze der äusseren Multiplikation, als auf ihre Wurzel, gegründet sind, durch den des gemeinschaftlichen oder nächstumfassenden Systemes bestimmt ist, werden die | Gesetze der äusseren Multi- 215 plikation sich auch auf die reine eingewandte nach jenem Princip übertragen lassen.

Aber der Begriff der Abhängigkeit, welcher zuerst bei Grössen erster Stufe hervortrat, wurde ursprünglich ganz anders bestimmt, und viele später entwickelten Gesetze gründen sich auf diese ursprüngliche Bestimmung. Nämlich es wurde ursprünglich eine Grösse erster Stufe dann als abhängig von einer Reihe solcher Grössen dargestellt, wenn sich jene als Summe von Stücken ausdrücken lässt, welche diesen gleichartig sind, oder, wie wir es späterhin ausdrückten, wenn sich jene als Vielfachensumme von diesen darstellen lässt; und so nannten wir überhaupt mehrere Grössen erster Stufe von einander abhängig, wenn sich eine derselben als Vielfachensumme der übrigen darstellen lässt, und erst daraus folgte dann vermittelst des ursprünglichen Begriffs des Systemes, dass n Grössen erster Stufe dann und nur dann von einander abhängig sind, wenn sie von einem Systeme von niederer als der n-ten Stufe umfasst werden, und vermittelst des Begriffs der äusseren Multiplikation, dass das Produkt abhängiger Grössen, aber auch nur ein solches, null sei. Wir müssen daher zu jener ursprünglichen Bestimmung auf unserm Gebiete das Analoge suchen.

Wenn zuerst in einem Systeme n-ter Stufe n Grössen erster Stufe gegeben waren, deren äusseres Produkt nicht null ist, so zeigte sich, dass jede andere Grösse erster Stufe, die diesem Systeme angehört, sich als Vielfachensumme jener ersteren darstellen lässt. Der analoge Satz würde hier lauten: *Wenn in einem Systeme n-ter Stufe n Grössen $(n-1)$-ter Stufe gegeben sind, deren eingewandtes auf jenes System bezügliche Produkt nicht null ist, so lässt sich jede andere Grösse $(n-1)$-ter Stufe, welche diesem Systeme angehört, als Vielfachensumme der ersteren darstellen.*

217 Der Beweis dieses Satzes ergiebt | sich aus § 138. Nämlich nach dem angeführten Paragraphen werden je $(n-1)$ von den n Faktoren, welche die im Satze ausgesprochene Beschaffenheit haben, als gemeinschaftliches System ein System erster Stufe haben, während alle n Faktoren kein System von geltender Stufe gemeinschaftlich haben dürfen, wenn das Produkt einen geltenden Werth haben soll. Es wird also im Ganzen n solcher Systeme erster Stufe geben, wovon immer je $(n-1)$ einem der n Faktoren untergeordnet sind. Diese n Systeme erster Stufe müssen aber von einander unabhängig sein; denn wäre 216 eins derselben | von den übrigen $(n-1)$ abhängig, so müsste es in dem durch sie bedingten Systeme liegen (nach dem ursprünglichen Begriffe des Systems); es sind aber diese übrigen einem der n Faktoren untergeordnet, folglich müsste auch jenes erste System diesem Faktor untergeordnet sein; es ist aber jenes erste System das den übrigen $(n-1)$ Faktoren gemeinschaftliche System, folglich würde dies System allen n Faktoren gemeinschaftlich sein, also das Produkt nach § 138 null sein, gegen die Voraussetzung. Es sind also in der That jene n

Systeme erster Stufe von einander unabhängig. Nehmen wir nun n beliebige Grössen erster Stufe an, welche diesen Systemen angehören und also gleichfalls von einander unabhängig sind, so wird zuerst jeder der gegebenen n Faktoren, da ihm $(n-1)$ jener Grössen erster Stufe untergeordnet sind, und er selbst von $(n-1)$-ter Stufe ist, sich als Vielfaches von dem äusseren Produkte jener Grössen darstellen lassen; ferner wird jede Grösse erster Stufe, welche dem Hauptsysteme (n-ter Stufe) angehört, sich als Vielfachensumme jener n Grössen erster Stufe, also auch jede Grösse $(n-1)$-ter Stufe, die jenem Hauptsysteme angehört, sich als äusseres Produkt aus $(n-1)$ solchen Vielfachensummen darstellen lassen. Das Produkt dieser $(n-1)$ Vielfachensummen verwandelt sich aber beim Durchmultipliciren in eine Vielfachensumme von äusseren Produkten zu $(n-1)$ Faktoren aus jenen n Grössen erster Stufe, folglich auch, da diese Produkte den n gegebenen Faktoren gleichartig sind, in eine Vielfachensumme dieser Faktoren.

Wir haben also den oben ausgesprochenen Satz bewiesen. Doch ist damit noch nicht unsere Aufgabe gelöst. Vielmehr beruhte das Wesen der äusseren Multiplikation als äusserer auf dem Satze, dass ein Produkt von Grössen erster Stufe dann | und nur dann null sei, *218* wenn sich eine derselben als Vielfachensumme der übrigen darstellen liess; und ehe wir diesen Satz nicht auf unser Gebiet übertragen haben, ist die Analogie noch nicht vollständig.

Dass ein Produkt von Grössen $(n-1)$-ter Stufe dann allemal null sei, wenn eine derselben als Vielfachensumme der andern darstellbar ist, erhellt sogleich aus dem Gesetze des Durchmultiplicirens, wenn man zugleich festhält, dass das Produkt zweier gleichartiger Grössen $(n-1)$-ter Stufe null ist. Um zu beweisen, dass das Produkt auch nur dann null sei, wenn sich einer der Faktoren als Vielfachensumme der andern darstellen lässt, müssen wir zeigen, | dass, wenn zu einem 217 geltenden Produkt von m Faktoren $(n-1)$-ter Stufe in einem Hauptsysteme n-ter Stufe ein Faktor derselben $(n-1)$-ten Stufe hinzutritt, welcher das Produkt null macht, sich dieser als Vielfachensumme der ersteren darstellen lässt.

Dass ein Produkt aus mehr als n Faktoren dieser Art null wird, liegt schon in dem allgemeinen Satze § 138, ergiebt sich aber auch schon sogleich aus dem vorher bewiesenen Satze. Wenn ferner zu n solchen Faktoren, deren Produkt einen geltenden Werth hat, ein Faktor derselben Stufe hinzukommt, so wird dieser einestheils das Produkt immer null machen, anderntheils sich als Vielfachensumme jener n Faktoren darstellen lassen, wie wir oben zeigten. Es bleibt uns also, um den Beweis unseres Satzes zu führen, nur der Fall zu berücksichtigen übrig, dass die Anzahl der Faktoren (m) kleiner ist als die Stufe des Hauptsystemes (n).

In diesem Falle können wir zur Führung des Beweises ($n - m$) Faktoren ($n - 1$)-ter Stufe zu Hülfe nehmen, welche mit den gegebenen m Faktoren ein Produkt von geltendem Werthe liefern. Dann wird sich der Faktor ($n - 1$)-ter Stufe, welcher zu dem Produkt der m gegebenen Faktoren (P) hinzutreten und dasselbe null machen soll, nach dem vorher bewiesenen Satze als Vielfachensumme der sämmtlichen n Grössen, deren Produkt geltenden Werth hat, darstellen lassen, das heisst, als Summe, deren eines Stück (A) eine Vielfachensumme der gegebenen m Faktoren, und deren anderes Stück (B) eine Vielfachensumme der zu Hülfe genommenen Faktoren ist, und zu beweisen bleibt, dass dies zweite Stück null sei. Multipliciren wir nun das Produkt der m gegebenen Faktoren (P) mit dieser Summe ($A + B$), so können 219 wir das erste Stück (A) | weglassen, da es als Vielfachensumme von den ersten m Faktoren erscheint, also mit ihnen multiplicirt Null giebt. Da nun das Produkt jener Summe und der m gegebenen Faktoren Null betragen sollte, also $P . (\dot{A} + B) = 0$ sein sollte, so folgt jetzt, dass das Produkt ihres zweiten Stückes in die m gegebenen Faktoren auch null sein müsse; also

$$P . B = 0.$$

Dies zweite Stück B ist aber eine Vielfachensumme der zu Hülfe genommenen ($n - m$) Faktoren; und wir können zeigen, dass die Koefficienten dieser Vielfachensumme sämmtlich Null betragen müssen, sie 218 selbst also null sei. Zu dem Ende multiplicire man, statt mit | der Vielfachensumme B, mit ihren Stücken, so erhält man eine Vielfachensumme mit denselben Koefficienten, und zwar enthält jedes Glied ausser den m gegebenen Faktoren einen von den zu Hülfe genommenen. Um nun zu beweisen, dass der Koefficient zu irgend einem solchen Gliede null sei, hat man nur noch mit denjenigen ($n - m - 1$) von den zu Hülfe genommenen Faktoren, welche diesem Gliede fehlen, beide Seiten der obigen Gleichung, oder vielmehr deren Glieder zu multipliciren; so ist klar, dass dann alle jene Glieder ausser dem Einen wegfallen, und die Gleichung dann aussagt, dass dies Glied, also auch sein Koefficient null sei. Es sind somit sämmtliche Koefficienten der Vielfachensumme B null, also sie selbst null; also [ist] der hinzutretende Faktor, welcher gleich $A + B$ gesetzt war, gleich A, das heisst, eine Vielfachensumme der m gegebenen Faktoren, was wir beweisen wollten. Fassen wir daher die gewonnenen Resultate zusammen, so gelangen wir zu dem Satze:

Ein Produkt von Grössen $(n-1)$-ter Stufe in Bezug auf ein Hauptsystem n-ter Stufe ist dann und nur dann null, wenn sich eine derselben als Vielfachensumme der übrigen darstellen lässt.

Durch dies Gesetz ist nun die Analogie zwischen eingewandter und äusserer Multiplikation, sobald das Beziehungssystem ein und dasselbe ist und zugleich das Hauptsystem darstellt, dem alle in Betracht gezogenen Grössen angehören, vollendet. Und alle Gesetze der äusseren Multiplikation, so weit die nachgewiesene Analogie reicht, das heisst, welche auf die allgemeinen Verknüpfungsbegriffe, oder auf die Begriffe von Ueberordnung und Unterordnung der | Grössen und auf die Stufen- 220 zahlen zurückgehen, werden in analoger Form, indem man nämlich die Begriffe der Ueberordnung und Unterordnung vertauscht, den Begriff der Stufenzahl aber durch den der Ergänzzahl ersetzt, auch für die eingewandte auf das Hauptsystem bezügliche Multiplikation gelten. Und da auch das Hinzufügen von Faktoren, die das Hauptsystem darstellen, wenn es nur in allen Gliedern einer Gleichung gleich vielmal geschieht, die Gleichung nicht ändert, so bestehen jene Gesetze auch noch, wenn man statt der reinen Grössen die Beziehungsgrössen setzt, deren Beziehungssystem gleichfalls das Hauptsystem ist.

§ 143*): Doppelsystem und darauf bezügliches Produkt.

Nachdem ich nun die vollkommene Analogie zwischen äusserer 219 und eingewandter Multiplikation dargethan habe, will ich noch auf eine Erweiterung der bisherigen Betrachtungsweise aufmerksam machen.

Hat man nämlich mehrere Grössen, welche demselben Systeme a-ter Stufe übergeordnet und demselben Systeme $(a+b)$-ter Stufe untergeordnet sind, so kann man dieselben als Produkte darstellen, deren einer Faktor (A) von a-ter Stufe und in allen derselbe ist, während die andern Faktoren demselben Systeme b-ter Stufe, B, welches von A unabhängig ist, angehören. Dann leuchtet sogleich ein, dass jede Zahlenrelation, welche zwischen diesen Faktoren, die dem Systeme B angehören, statt findet, auch zwischen den ursprünglichen Grössen (da sie durch Multiplikation der letzteren mit A hervorgehen) herrschen müsse, und umgekehrt, dass jede Zahlenrelation, welche zwischen diesen letzteren herrscht, auch zwischen den ersteren herrschen müsse (da man nach § 81 in den Gleichungen, welche jene Zahlenrelation darstellen, den Faktor A weglassen darf). Nehmen wir namentlich Grössen

---

*) Auch die hier angedeutete Erweiterung des Begriffes ist in der Ausgabe von 1862 von mir aufgegeben worden. (1877.)

$(a+1)$-ter Stufe an, zum Beispiel Ac, Ad, ..., wo c, d, ... dem Systeme B angehören, so werden zwischen Ac, Ad, ... dieselben Zahlenrelationen herrschen, wie zwischen c, d, ..., und umgekehrt.

Setzt man daher den Begriff des Produktes solcher Grössen Ac, Ad, ... so fest, dass es null wird, wenn das Produkt der entsprechenden Grössen c, d, ... es wird; so wird man nun alle Begriffe und Gesetze von Grössen erster Stufe in einem Systeme b-ter Stufe, also auch alle Begriffe und Gesetze von Grössen höherer Stufen in einem solchen Systeme, auf jene Grössen $(a+1)$-ter Stufe und die daraus auf gleiche Weise erzeugten Grössen übertragen können. Hierdurch 221 entwickelt sich eine Reihe neuer Begriffe, von denen ich die wichtigsten hier kurz zusammenstellen will.

Wir können die Vereinigung zweier solcher Systeme, von denen das eine dem andern untergeordnet ist, ein *Doppelsystem* nennen, und sagen, eine Grösse sei diesem Doppelsystem eingeordnet, wenn sie dem einen der beiden Systeme, aus denen das Doppelsystem besteht, übergeordnet, dem andern untergeordnet ist. Wir können das höhere von 220 den beiden Systemen, aus denen das Doppelsystem | besteht, das *Obersystem*, das niedere das *Untersystem* nennen. Dann zeigt sich, wie ein auf ein Doppelsystem bezügliches Produkt zweier geltenden Werthe, die dem Doppelsystem eingeordnet sind, allemal dann, aber auch nur dann null ist, wenn das den beiden Faktoren gemeinschaftliche System von höherer Stufe als das Untersystem, und zugleich das sie zunächst umfassende von niederer Stufe als das Obersystem ist, dass ferner ein Produkt von geltendem Werthe in Bezug auf jenes Doppelsystem als äusseres erscheint, wenn das den Faktoren gemeinschaftliche System das Untersystem ist, und als ein eingewandtes, wenn das sie zunächst umfassende System das Obersystem ist, und dass endlich ein solches Produkt zugleich als äusseres und eingewandtes aufgefasst werden kann, wenn beide Bedingungen zugleich erfüllt sind. Zugleich erweitert sich hierdurch der Begriff der Beziehungsgrösse, indem diese nun in der Form der Unterordnung als Produkt von Grössen erscheinen kann, welche drei verschiedene einander eingeordnete Systeme darstellen, von denen die erste das Obersystem, die letzte das Untersystem, und die mittlere das eigenthümliche System der Grösse ist. Um daher den eigenthümlichen Werth einer solchen Beziehungsgrösse aufzufassen, werden zwei Masse erforderlich sein, von denen das eine dem Obersystem, das andere dem Untersysteme zugehört; und nur in Bezug auf ein solches Doppelmass wird diese neue Beziehungsgrösse einen bestimmten eigenthümlichen Werth darbieten.

Da auch die Beziehungsgrössen, welche sich auf ein einfaches

System beziehen, als auf ein Doppelsystem bezügliche angesehen werden können, dessen Untersystem von nullter Stufe ist, so zeigt sich, dass die neu gewonnene Grössengattung von allgemeinerer Natur ist und jene erstere als besondere Gattung unter sich begreift. Da ferner die Beziehungsgrössen als allgemeinere Grössengattung zu den reinen Elementargrössen, und diese wieder als allgemeinere Grössengattung 222 zu den reinen Ausdehnungsgrössen auftraten, so bilden die Beziehungsgrössen überhaupt die allgemeinste Grössengattung, zu welcher wir auf dieser Stufe gelangen. Da zugleich auch die reine Multiplikation als die allgemeinste Multiplikationsweise sich darstellt, bei welcher noch die allgemeinen multiplikativen Gesetze und namentlich auch das Zusammenfassungsgesetz fortbesteht, so erscheint hier die theoretische Darstellung dieses Theils der Ausdehnungslehre als | vollendet, insofern 221 man nicht auch die Multiplikationsweisen in Betracht ziehen will, für welche das Zusammenfassungsgesetz nicht mehr gilt.*)

Wir schreiten daher zu den Anwendungen, und behalten dem folgenden Kapitel nur noch die specielle Behandlung der Verwandtschaftsverhältnisse vor, welche am geeignetsten erscheint, um die in diesem Theile gewonnenen Ergebnisse in einander zu verflechten, und ihre gegenseitigen Beziehungen ans Licht treten zu lassen.

B. Anwendungen.

§ 144. Eingewandtes Produkt in der Geometrie.

Zunächst ergeben sich aus dem allgemeinen Begriffe für die *Geometrie* folgende Resultate:

Das Produkt zweier Liniengrössen in der Ebene ist der Durchschnittspunkt beider Linien, verbunden mit einem Theil jener Ebene als Faktor; sind zum Beispiel ab und ac, wo a, b, c Punkte vorstellen, die beiden Liniengrössen, so ist ihr Produkt $abc \, . \, a$; ferner das Produkt dreier Liniengrössen in der Ebene ist gleich dem zweimal als Faktor gesetzten doppelten Flächeninhalt des von den Linien eingeschlossenen Dreiecks, multiplicirt mit dem Produkt der drei Quotienten, welche ausdrücken, wie oft jede Seite in der zugehörigen Liniengrösse enthalten ist; denn sind a, b, c jene drei Punkte, und mab, nac, pbc, wo m, n, p Zahlgrössen sind, die drei Liniengrössen, so ist das Produkt derselben gleich

$$mnp \, . \, abc \, . \, abc.$$

*) Wie solche Produkte, welche allerdings auch eine mannigfache Anwendung gestatten, zu behandeln seien, habe ich am Schlusse des Werkes anzudeuten gesucht.

Das Produkt zweier Plangrössen im Raume ist ein Theil der Durchschnittskante multiplicirt mit einem Theil des Raumes, zum Beispiel $abc \,.\, abd = abcd \,.\, ab$, ferner das Produkt dreier Plangrössen ist der 223 Durchschnittspunkt der drei Ebenen multiplicirt mit zwei Theilen des Raumes, zum Beispiel $abc \,.\, abd \,.\, acd = abcd \,.\, abcd \,.\, a$. Das Produkt von vier Plangrössen stellt drei als Faktoren verbundene Theile des Raums dar, zum Beispiel

$$mabc \,.\, nabd \,.\, pacd \,.\, qbcd = mnpq \,.\, abcd \,.\, abcd \,.\, abcd.$$

Dies letzte Produkt wird null, wenn eine der Grössen $m, \ldots q$ es wird, oder wenn der eingeschlossene Körperraum null wird, das heisst, die vier Ebenen sich in einem Punkte schneiden, wie dies auch schon im Begriff liegt. Das Produkt einer Liniengrösse und einer Plangrösse 222 ist | ein Theil des Raumes multiplicirt mit dem Durchschnittspunkt, zum Beispiel $ab \,.\, acd = abcd \,.\, a$.

Ich habe oben (§ 118) die Methode, die Kurven und Oberflächen durch Gleichungen darzustellen, mit unserer Wissenschaft in Beziehung gesetzt, und gezeigt, wie zum Beispiel eine Oberfläche als geometrischer Ort eines Punktes dargestellt werden kann, zwischen dessen Zeigern (in Bezug auf irgend ein Richtsystem) eine Gleichung statt findet. Ich habe dort gezeigt, wie die Oberfläche auch als Umhülle einer veränderlichen Ebene oder vielmehr Plangrösse dargestellt werden kann, zwischen deren Zeigern eine Gleichung n-ten Grades statt findet, und ich habe dort angedeutet, dass die umhüllte Oberfläche dann eine Oberfläche n-ter Klasse sei; dies hängt davon ab, dass die Gleichung zwischen den Zeigern einer veränderlichen Ebene, welche einen festen Punkt umhüllt, dann von erstem Grade ist.

In der That, ist a dieser Punkt und P die Ebene, so hat man sogleich für den Fall, dass P durch a geht, die Gleichung

$$P \,.\, a = 0.$$

Sind A, B, C, D die vier Richtmasse dritter Stufe, als deren Vielfachensumme P erscheint, und wird einer der Zeiger, zum Beispiel der von D, gleich Eins gesetzt (was immer, da es auf den Masswerth*) von P nicht ankommt, verstattet ist), und ist

$$P = xA + yB + zC + D,$$

so erhält man

$$0 = Pa = xAa + yBa + zCa + Da,$$

was eine Gleichung ersten Grades ist; somit erscheint, wie es sein 224 muss, der Punkt als Oberfläche erster Klasse.

*) So nenne ich das Quantum der Grösse, wenn ihr System schon feststeht.

Will man die Gleichung eines Punktes aufstellen, der durch drei feste Ebenen bestimmt ist, oder, was dasselbe ist, will man die Bedingung aufstellen, unter welcher eine Ebene P mit drei andern A, B, C durch denselben Punkt geht, so hat man sogleich

$$P . A \cdot B . C = 0,$$

eine Gleichung, welche die höchst verwickelten Gleichungen, zu | denen 223 die gewöhnliche Koordinatenmethode führt, vollkommen ersetzt.

§ 145. Allgemeiner Satz über algebraische Kurven und Oberflächen.

Die Gleichungen für die Kurven und krummen Oberflächen, wie wir sie bisher darstellten, waren, da sie zwischen den Zeigern der veränderlichen Grösse statt fanden, rein arithmetischer Natur, und bezogen sich jedesmal auf bestimmte, mit der Natur des durch die Gleichung dargestellten Gebildes in keinem Zusammenhang stehende Richtsysteme; und nur die Gleichungen ersten Grades stellten wir in rein geometrischer Form dar. In der That konnten auch nur diese, wenn wir bei dem reinen Produkte stehen blieben, in geometrischer Form dargestellt werden, indem die veränderliche Grösse dann nur einmal als Faktor vorkommen konnte. Dagegen bietet uns das gemischte Produkt ein ausgezeichnetes Mittel dar, um die Kurven und Oberflächen höherer Grade in rein geometrischer Form darzustellen.

Es ist nämlich sogleich klar, *dass, wenn wir eine beliebige Gleichung zwischen Ausdehnungsgrössen haben, deren Glieder gemischte Produkte sind, der Grad der Gleichung in Bezug auf eine derselben* (P) *stets so hoch ist, als die Anzahl* (m) *beträgt, wie oft diese Ausdehnungsgrösse* (P) *in einem und demselben Gliede von geltendem Werthe höchstens als Faktor vorkommt, das heisst, dass sie durch Zahlengleichungen ersetzt wird, von denen wenigstens Eine in Bezug auf die Zeiger der veränderlichen Ausdehnungsgrösse einen Grad erreicht, welcher jener Anzahl gleich ist.*

Dies folgt unmittelbar, da man, um zu den ersetzenden Zahlengleichungen zu gelangen, nur statt jeder Grösse die Summe aus den Produkten ihrer Zeiger in die zugehörigen Richtmasse zu setzen, dann die Gesetze der Multiplikation bei jedem Gliede der gegebenen Gleichung anzuwenden hat, indem man, statt mit der Summe zu multipliciren, mit den einzelnen Stücken multiplicirt, und dann die Glieder, welche demselben Richtgebiete gleichartig | sind, jedesmal zu Einer 225 Gleichung vereinigt. Es ist klar, dass dabei die Zeiger der veränderlichen Grösse P in einem Gliede so oft als Faktoren erscheinen, als

P in dem Gliede, aus welchem das erstere hervorging, als Faktor vorkam. Somit kann also der Grad dieser Zeigergleichungen nie höher sein, als die oben bezeichnete Anzahl (m) beträgt. Aber es muss auch wenigstens eine derselben diesen Grad (m) wirklich erreichen; denn 224 wäre dies nicht der Fall, so müssten die sämmtlichen Glieder, welche aus demjenigen Gliede hervorgehen, was jene Grösse in höchster Anzahl als Faktor enthält, null werden, also auch jenes Glied selbst null sein, wider die Voraussetzung. Es ist also die Geltung des oben aufgestellten Satzes bewiesen.

Hierbei haben wir noch zu bemerken, dass die Gleichung im Allgemeinen nicht nur das System der veränderlichen Grösse bestimmt, sondern auch ihren Masswerth. Bei der gewöhnlichen Betrachtung der Kurven und Oberflächen kommt es aber nur auf die Bestimmung des Systems an*), obgleich auch der Masswerth für die Theorie nicht ohne Interesse ist. Wollen wir also uns der gewöhnlichen Betrachtungsweise annähern, so haben wir die allgemeine Gleichung so zu specialisiren, dass dadurch der Masswerth nicht mit bestimmt ist, das heisst, dass, wenn irgend eine Ausdehnungsgrösse der (ursprünglichen) Gleichung genügt, auch jede ihr gleichartige, das heisst, deren Zeiger denen der ersteren proportional sind, derselben genügen wird. Es ist sogleich einleuchtend, dass dann in allen Gliedern der Gleichung die Grösse P in gleicher Anzahl (m) als Faktor vorkommen muss, und dass dann auch die Zeigergleichung eine symmetrische desselben Grades wird, das heisst, in allen Gliedern ebenso viele (m) Zeiger von P als Faktoren vorkommen werden. Dividirt man dann die Gleichung durch die m-te Potenz von einem der Zeiger, so erhält man (unter der Voraussetzung, dass jener Zeiger nicht null ist) die Gleichung in der gewöhnlichen Form, in welcher sie ein Gebilde m-ten Grades bestimmt.

§ 146—148. Allgemeiner Satz über Kurven in der Ebene und Anwendung desselben auf die Kegelschnitte.

§ 146.

226 Wir beschränken uns, um die Bedeutung dieses bisher noch unbekannten Satzes, welcher über den Zusammenhang der Kurven und Oberflächen ein bisher wohl kaum geahntes Licht verbreitet, zur An-

---

*) Zum Beispiel, wenn eine Kurve als geometrischer Ort eines Punktes bestimmt werden soll, so kommt es nur auf die Lage dieses Punktes, nicht auf das ihm anhaftende Gewicht an; oder soll die Kurve als Umhülle einer veränderlichen geraden Linie aufgefasst werden, so kommt es eben nur auf die Lage jener Linie an, nicht auf deren Länge, also überall auf das System, nicht auf den Masswerth.

schauung zu bringen, auf die Kurven in der Ebene, indem die analoge Betrachtung der Kurven im Raume und der krummen Oberflächen dann kaum noch einer Erläuterung bedarf.

Es zeigt sich sogleich, dass die geometrische Gleichung nur dann eine Kurve darstellen wird, wenn sie durch Eine arithmetische ersetzt 225 wird, das heisst, wenn sie, da die Ebene ein Elementarsystem dritter Stufe ist, gleichfalls von dritter Stufe ist. Hierdurch ergeben sich dann aus dem allgemeinen Satze des vorigen Paragraphen folgende Specialsätze:

Wenn die Lage eines Punktes (p) in der Ebene dadurch beschränkt ist, dass drei Punkte, welche durch Konstruktionen vermittelst des Lineals aus jenem Punkte (p) und aus einer gegebenen Reihe fester gerader Linien oder Punkte hervorgehen, in Einer geraden Linie liegen (oder drei solche Gerade durch Einen Punkt gehen), so ist der Ort jenes Punktes (p) eine algebraische Kurve, deren Ordnung man durch blosses Nachzählen findet. Nämlich man hat nur nachzuzählen, wie oft bei den angenommenen Konstruktionen auf den beweglichen Punkt (p) zurückgegangen wird, ohne dass man auf einen andern beweglichen Punkt zurückgeht; die so erhaltene Zahl (m) ist dann die Ordnungszahl der Kurve.

Es ist hierbei klar, dass, wenn man auf einen andern beweglichen Punkt zurückgeht, bei dessen Erzeugung p selbst n-mal angewandt ist, es dasselbe ist, als wäre man auf p selbst n-mal zurückgegangen.

Der Beweis besteht nur darin, dass ich zeige, wie daraus eine geometrische Gleichung hervorgeht, in der p so oft als Faktor eines Gliedes erscheint. Jede Konstruktion vermittelst des Lineals in der Ebene besteht nämlich darin, dass entweder zwei Punkte durch eine gerade Linie verbunden, oder der Durchschnittspunkt zweier gerader Linien bestimmt wird; die gerade Linie zwischen den beiden Punkten ist aber das Produkt derselben, und der Durchschnittspunkt zweier gerader Linien, wenn es nicht auf das Gewicht ankommt, gleichfalls ihr Produkt; folglich kann ich jeder linealen Konstruktion, bei welcher ein Punkt oder eine Linie angewandt wird, eine Multiplikation mit diesem Punkte oder dieser Linie | substituiren; die drei Punkte oder 227 Geraden, welche somit durch lineale Konstruktionen aus den gegebenen und der veränderlichen Grösse erfolgen, werden als Produkte derselben erscheinen; und da jene drei Punkte in einer geraden Linie liegen, oder jene drei Linien durch einen Punkt gehen sollen, so heisst das, ihr Produkt ist null, also hat man eine geometrische Gleichung aus einem Gliede, in welchem p so oft als Faktor erscheint, als es bei jenen Konstruktionen angewandt ist, | also ist die entstehende Kurve 226 von eben so vielter Ordnung.

Den entsprechenden Satz für die durch eine veränderliche Gerade umhüllte Kurve erhält man aus dem obigen, wenn man die Ausdrücke Punkt und Gerade verwechselt, und statt des Ausdrucks „Ordnung" den Ausdruck „Klasse" einführt. Ich will hier noch bemerken, dass diese Sätze ohne alle Einschränkung gelten, wenn man nur festhält, dass der Ort eines Punktes, dessen Koordinaten durch eine Gleichung m-ten Grades von einander abhängen, ohne Ausnahme als Kurve m-ter Ordnung aufzufassen ist, mag diese Kurve nun eine Gestalt annehmen, welche sie will, mag sie zum Beispiel in ein System von m geraden Linien übergehen, und mögen selbst beliebig viele dieser Geraden zusammenfallen.

§ 147.

Um diesen Satz auf einen noch specielleren Fall zu übertragen, will ich die *geometrische Gleichung für die Kurven zweiter Ordnung* aufstellen.

Ist p der veränderliche Punkt, so hat man als Gleichung des zweiten Grades, wenn die kleinen Buchstaben Punkte, die grossen Linien vorstellen,

$$paBcDep = 0,$$

oder, in Worten ausgedrückt, „wenn die Seiten eines Dreiecks sich um drei feste Punkte a, c, e schwenken, während zwei Ecken sich in zwei festen Geraden B und D bewegen, so beschreibt die dritte Ecke einen Kegelschnitt."

Die Gleichung eines Kegelschnittes, welcher durch fünf Punkte a, b, c, d, e geht, ist

$$(pa \,.\, bc)(pd \,.\, ce)(db \,.\, ae) = 0;$$

dass sie nämlich ein Kegelschnitt sei, folgt aus dem allgemeinen Satze; dass die fünf Punkte a, b, c, d, e in ihm liegen, ergiebt sich leicht, indem jeder derselben statt p gesetzt der Gleichung genügt.

Nämlich zuerst ist klar, dass, wenn man p gleich a oder d setzt, auch ein Faktor, nämlich pa oder pd null wird, also das ganze Produkt null wird; also sind a und d Punkte des Kegelschnittes. Ferner, 228 wenn p gleich c ist, so stellen die beiden ersten Faktoren des ganzen Produktes beide den Punkt c dar, also ist ihr Produkt null; ist p gleich b, so stellt der erste Faktor des ganzen Produktes die Grösse b dar, das Produkt der beiden letzten die Grösse bd, und bbd ist null; ist p gleich e, so stellt der mittlere Faktor die Grösse e dar, das Produkt der beiden andern stellt die Grösse ae dar, und eae ist wieder 227 null. Also liegen alle fünf Punkte in jenem Kegelschnitt, und | es ist also die Aufgabe, die Gleichung eines durch fünf Punkte bestimmten Kegelschnittes aufzufinden, dadurch gelöst.

Uebrigens stellt jene Gleichung nichts anders als die bekannte Eigenschaft des mystischen Sechsecks dar.

§ 148.

Ich kann mich hier nicht auf die Entwicklung der neuen Kurventheorie einlassen, welche durch den von mir aufgestellten allgemeinen Satz bedingt ist; ich muss mich hier damit begnügen, den Satz selbst in seiner Allgemeinheit hingestellt, und durch seine Anwendung auf die einfachsten Fälle seine Bedeutung anschaulich gemacht zu haben.

Ich bin überzeugt, dass schon hierdurch sowohl die Einfachheit als auch die ausgezeichnete Allgemeinheit jenes Satzes klar geworden sein wird; indem ja in der That alle Sätze, welche auf die Abhängigkeit der Kurven von linealen Konstruktionen sich beziehen, hieraus mit der grössten Leichtigkeit hervorströmen, während ihre Ableitung bisher, wenn jene Sätze überhaupt bekannt waren, vermittelst weitläuftiger Theorien erfolgte, und jeder dieser Sätze eine eigne Ableitung erforderte. Es ist auch klar genug, wie man jetzt diesen allgemeinen Satz auch ohne Hülfe der von mir angewandten Analyse ohne Schwierigkeit beweisen kann; aber erst durch sie tritt der Satz in seiner unmittelbaren Klarheit hervor, wie er auch durch sie aufgefunden ist; und zugleich bietet diese Analyse den höchst wichtigen Vortheil dar, die durch lineale Konstruktionen bestimmten Kurven auf gleich einfache Weise durch Gleichungen darzustellen.

Wie der Satz ebenso auf Kurven im Raume und auf krumme Oberflächen übertragen werden kann, bedarf keiner Auseinandersetzung, da der allgemeine Satz in § 145 dies schon in viel grösserer Allgemeinheit für die abstrakte Wissenschaft leistet.

Viertes Kapitel.

Verwandtschaftsbeziehungen.

§ 149—151. Allgemeiner Begriff der (äusseren und eingewandten) Abschattung und Projektion.

§ 149.

Wir knüpfen die Darstellung der Verwandtschaftsbeziehungen an den Begriff der *Abschattung*. 229

Unter der Abschattung einer Grösse A auf ein Grundsystem G nach einem Leitsysteme L verstanden wir (§ 82) diejenige Grösse A', 228 welche dem Grundsysteme | G zugehört, und mit einem Theile des Leitsystemes (L) gleiches Produkt liefert, wie die abgeschattete Grösse (A), wobei vorausgesetzt wurde, dass G von L unabhängig ist, und das System LG das Hauptsystem darstellt, auf welches sich jenes Produkt bezieht.

Diese Erklärung stellten wir dort (in § 82) nur für den Fall fest, dass unter den Grössen A, L, G reine Ausdehnungsgrössen verstanden seien, und die Multiplikation eine äussere, also A' dem Grundsysteme G untergeordnet sei. Diese Erklärung erweiterten wir in § 108, indem wir statt der Ausdehnungsgrössen eine allgemeinere Grössengattung, die Elementargrössen einführten, und in § 142 deuteten wir eine noch weiter reichende Verallgemeinerung an, indem statt der äusseren Multiplikation mit den nöthigen Veränderungen und Beschränkungen die eingewandte eingeführt werden konnte.

Halten wir die Bestimmung fest, dass zwei Grössen einander eingeordnet genannt werden, wenn eine von ihnen der andern untergeordnet ist, so können wir sagen: *Unter der Abschattung einer reinen Grösse A auf ein Grundsystem G nach einem Leitsysteme L verstehen wir diejenige Grösse A', welche dem Grundsysteme G eingeordnet ist, und mit einem Theile von L in Bezug auf das aus Grundsystem und Leitsystem kombinirte System LG multiplicirt dasselbe Produkt liefert, wie die abgeschattete Grösse A.* Dabei ist also vorausgesetzt, dass LG ein äusseres Produkt darstellt und das Hauptsystem ist, dem auch die Grösse A angehört, und auf welches sich die Multiplikation bezieht.

Es ergiebt sich hieraus sogleich im allgemeinsten Sinne die höchst einfache Gleichung

$$A' = \frac{LA \,.\, G}{LG}.$$

230 In der That, da LA nach der Definition gleich LA' ist, so ist auch

$$LA \,.\, G = LA' \,.\, G;$$

und da hier gleichfalls nach der Definition A' und G einander eingeordnet sind, so kann man A' und G nach § 136 vertauschen und erhält somit den Ausdruck der rechten Seite

$$= LG \,.\, A'.$$

Somit ist nun, indem man durch LG die gewonnene Gleichung

$$LA \,.\, G = LG \,.\, A'$$

dividirt, die Richtigkeit der oben aufgestellten Gleichung

$$A' = \frac{LA.G}{LG}$$ 229

erwiesen, das heisst,

man erhält die Abschattung einer Grösse, wenn man das Leitsystem mit ihr und dem Grundsysteme fortschreitend multiplicirt, und das Resultat durch das Produkt des Leitsystems in das Grundsystem dividirt.

Hierdurch ist die in § 85 gestellte Aufgabe, die Abschattung analytisch auszudrücken, wenn die abzuschattende Grösse und der Sinn ihrer Abschattung, das heisst Grundsystem und Leitsystem gegeben sind, für reine Grössen allgemein gelöst.

§ 150.

Für Beziehungsgrössen haben wir nur festzusetzen, dass ihre Abschattung gefunden wird, wenn man sowohl ihren eigenthümlichen Werth in Bezug auf irgend ein Mass, als auch dies Mass abschattet, und in den Ausdruck der Beziehungsgrösse diese Abschattungen statt jener Grössen einführt. Ist zum Beispiel $H^3 . A$ die Beziehungsgrösse, H ihr Hauptmass und sind H', A' die Abschattungen von H und A nach irgend einem Richtsysteme genommen, so ist $H'^3 . A'$ die Abschattung der Beziehungsgrösse $H^3 . A$ nach demselben Richtsysteme.

Es liegt übrigens in der ursprünglichen Definition, dass die Abschattung einer Zahlengrösse sowohl, als einer Grösse, die das Hauptsystem LG darstellt, der abgeschatteten Grösse selbst gleich ist. Daraus folgt, dass, wenn das Beziehungssystem einer Beziehungsgrösse mit dem Hauptsysteme LG zusammenfällt, man dann, um die Beziehungsgrösse abzuschatten, nur ihren eigenthümlichen Werth abzuschatten braucht, und dass dann für die Abschattung der Beziehungsgrösse noch die für reine Grössen aufgestellte Definition der Abschattung gilt.

Wir wollen die Abschattung | eine äussere oder [eine] eingewandte 231 nennen, je nachdem das Produkt LA ein äusseres oder [ein] eingewandtes, das heisst, je nachdem die abzuschattende Grösse von niederer oder höherer Stufe ist, als das Grundsystem. Ist sie von gleicher Stufe, so kann LA als äusseres und auch als eingewandtes Produkt aufgefasst, die Abschattung dann also gleichfalls auf beiderlei Arten benannt werden.

§ 151.

Nennt man das System des Produktes zweier Grössen | die Kombination*) dieser Grössen oder ihrer Systeme, und nennt man das 230

*) Nach diesem Begriffe ist die Kombination, wenn das entsprechende Produkt null ist, unbestimmt.

System der Abschattung die Projektion des Systems der abgeschatteten Grösse, so kann man sagen, *die Projektion eines Systemes werde gefunden, wenn man das System fortschreitend mit dem Leitsysteme und dem Grundsysteme kombinirt.* Indem wir dann die Projektion irgend einer Gesammtheit von Elementen, deren umfassendes System von gleicher oder niederer Stufe ist als das Grundsystem, als Gesammtheit der Projektionen dieser Elemente definiren, so haben wir den gewöhnlichen Begriff der Projektion, nur in etwas erweiterter Form; und es zeigt sich, wie sich die Projektion von der Abschattung nur durch den Masswerth unterscheidet, während das System dasselbe ist.

Um dies auf die *Geometrie* anzuwenden, wollen wir zuerst als Grundsystem eine Linie G, als Leitsystem eine davon unabhängige Elementargrösse erster Stufe l, das heisst, da es nur auf das System ankommt, entweder einen Punkt oder eine Richtung setzen. Die Projektion eines Punktes a ist dann der Durchschnitt der Linie al mit G (Fig. 13), während die Abschattung a' gleich $\frac{la \,.\, G}{lG}$ ist. Ist l eine Richtung (oder eine mit dieser Richtung begabte Strecke), so ist die Projektion der Durchschnitt einer von a aus nach dieser Richtung gezogenen Linie mit der Grundlinie G.

Fig. 13.

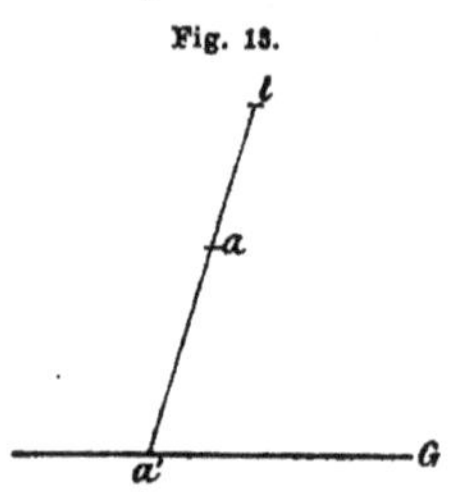

Ist das Grundsystem ein Punkt g, das Leitsystem eine Linie L, so wird eine Linie A projicirt, indem man den Durchschnitt zwischen A und L mit g verbindet (s. Fig. 14)*). Die Abschattung eines Theiles jener Linie, | den wir gleichfalls mit A bezeichnen, wird dann dargestellt durch die Gleichung

$$A' = \frac{LA \,.\, g}{Lg}.$$

Fig. 14.

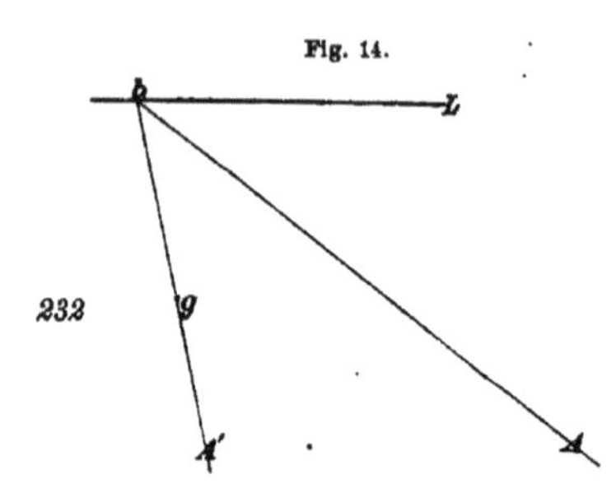

232

Nach dieser Analogie wird man sich leicht eine Anschauung bilden können von der Projektion eines Punktes oder einer Linie, wenn das Grundsystem eine Ebene, das Leitsystem ein Punkt oder eine Richtung

*) Man ist zwar nicht gewohnt, die so entstehende Linie als Projektion zu betrachten; allein die Analogie fordert diese Betrachtungsweise. Die Projektion ist hier nämlich eine eingewandte, s. oben.

ist; ferner von der eines Punktes oder einer Ebene, wenn Leitsystem 231 und Grundsystem Linien sind; endlich von der einer Linie oder Ebene, wenn das Grundsystem ein Punkt, das Leitsystem eine Ebene ist. Ist die abzuschattende Grösse von gleicher Stufe mit dem Grundsystem, so zeigt sich leicht, dass die Projektion ihres Systemes das Grundsystem selbst ist, dass also das Wesen der Abschattung dann nur in dem Masswerthe derselben beruht.

§ 152. **Abschattung der Summe.**

Wir haben nun die Geltung der im fünften Kapitel des I. Abschnittes (von § 81 an) für die dort behandelte Art der Abschattung erwiesenen Gesetze auch für den soeben dargestellten allgemeineren Begriff derselben zu untersuchen.

Dass diese Sätze noch gelten, wenn man statt der Ausdehnungsgrössen Elementargrössen setzt, folgte schon aus der vollkommenen Uebereinstimmung zwischen den Gesetzen, die für beiderlei Grössen gelten (s. § 108). Es ist also die Geltung derselben nur noch für die eingewandte Abschattung darzulegen, und zugleich sind jene Sätze noch so zu erweitern, dass man auch statt der äusseren Multiplikation die eingewandte einführt.

Vergleichen wir den von § 81 an gewählten Gang der Entwickelung, so können wir zunächst den am Schlusse jenes Paragraphen aufgestellten Satz für das eingewandte Produkt in folgender Form darstellen:

Wenn die Glieder einer Gleichung sämmtlich eingewandte Produkte zu zwei Faktoren sind, und entweder der erste oder der letzte Faktor (L) *in allen diesen Gliedern derselbe ist, die ungleichen Faktoren aber demselben Systeme* (G) *übergeordnet sind, und dies System* (G) *mit dem gleichen Faktor L multiplicirt das Hauptsystem liefert, so kann man den Faktor L in allen Gliedern weglassen.*

In der That werden sich dann die ungleichen Faktoren in den Formen AG, BG, ... darstellen lassen, wo A, B, ... dem L unter- 233 geordnet und die Produkte äussere sind; dann wird die Gleichung in der Form

$$L \,.\, AG + L \,.\, BG + \cdots = 0$$

erscheinen, oder da

$$L \,.\, AG = LG \,.\, A$$

ist, weil A dem L untergeordnet, G aber und L kombinirt das Hauptsystem darstellen, und ebenso

$$L \,.\, BG = LG \,.\, B, \ldots, \qquad 232$$

so erhält man

$$LG . A + LG . B + \cdots = 0,$$

das heisst,

$$LG(A + B + \cdots) = 0,$$

welcher Gleichung, da LG das Hauptsystem darstellt, nur genügt wird, wenn

$$A + B + \cdots = 0,$$

also auch

$$(A + B + \cdots) G,$$

das heisst

$$AG + BG + \cdots$$

gleich Null ist, und somit ist jener Satz bewiesen.

Aus diesem Satze folgen nun ganz auf dieselbe Weise, wie in § 82, die Sätze:

Eine Gleichung bleibt als solche bestehen, wenn man alle ihre Glieder in demselben Sinne abschattet,

und

Die Abschattung einer Summe ist gleich der Summe aus den Abschattungen der Stücke.

In der That erhält man, wenn man die gegebene Gleichung gliedweise mit dem Leitsystem (L) multiplicirt, und statt der Glieder der ursprünglichen Gleichung nun in diese neue Gleichung ihre Abschattungen auf dasselbe Grundsystem G setzt (was nach der Definition der Abschattung verstattet ist), die Gleichung in der Form, dass man nach dem zuletzt bewiesenen Satze den Faktor L weglassen darf; wodurch dann der erste jener beiden Sätze erwiesen ist, und somit auch der zweite, welcher nur eine andere Ausdrucksweise desselben Satzes darstellt*).

§ 153. Abschattung des Produktes.

234 Die Sätze in § 84 setzen die Abschattung eines äusseren Produktes in Beziehung mit den Abschattungen seiner Faktoren, und wir haben die entsprechenden Sätze aufzustellen, sowohl wenn das Produkt ein eingewandtes, als auch wenn die Abschattung eine eingewandte wird.

Ist das Produkt ein eingewandtes, dessen Beziehungssystem zugleich das Hauptsystem der Abschattung ist, und ist die Abschattung durchweg eine eingewandte, das heisst nicht nur die der Faktoren jenes 233 Produktes, sondern auch ins Besondere [die] des | Produktes selbst,

*) Was dem in § 83 dargestellten Satze entspricht, ist seinem wesentlichen Gehalte nach schon früher da gewesen, und kann daher hier übergangen werden.

so gilt der in § 84 dargestellte Satz, dass die Abschattung eines Produktes das Produkt ist aus den Abschattungen seiner Faktoren, auch für den soeben bezeichneten Fall, indem die Beweisführung genau dieselbe ist, wie in jenem Paragraphen. Nämlich, sind A, B die Faktoren des Produktes, L das Leitsystem, G das Grundsystem, so ist das Produkt $L.(A.B)$ ein eingewandtes aus drei Faktoren in Bezug auf dasselbe Hauptsystem; da man hier beliebig zusammenfassen und mit Beobachtung der Vorzeichen vertauschen kann, so wird der Werth jenes Produktes nicht geändert, wenn man statt A und B Grössen setzt, die mit L dieselben Produkte liefern, also zum Beispiel ihre Abschattungen A' und B' auf das Grundsystem G; es ist also dann

$$L.(A'.B') = L.(A.B),$$

und da A' sowohl, als B' als eingewandte Abschattungen dem Grundsysteme übergeordnet sind, so ist es auch ihr gemeinschaftliches System, das heisst ihr Produkt, also ist $A'.B'$ die Abschattung von $A.B$ auf G nach dem Leitsysteme L.

Es ist also die Geltung des Satzes für den bezeichneten Fall bewiesen; allein es zeigt sich bald, dass derselbe allgemein gilt, sobald nur die Abschattungen des Produktes und der beiden Faktoren entweder alle drei eingewandte, oder alle drei äussere sind, mag nun das Produkt ein äusseres oder eingewandtes sein.

Wir setzen zuerst voraus, dass das Produkt einen geltenden Werth habe und seine beiden Faktoren reine Grössen seien; und zwar wollen wir die Geltung des Satzes zuerst für den Fall beweisen, dass die Abschattung durchweg eine äussere, das Produkt ein eingewandtes ist. Es seien die beiden Faktoren dieses Produktes M und N, B stelle ihr gemeinschaftliches System dar; dann werden sich M und N als äussere Produkte in den Formen AB und BC darstellen lassen; und zwar muss dann ABC als | äusseres Produkt einen geltenden Werth haben, 235 weil C mit AB keinen Faktor von geltender Stufe gemeinschaftlich haben kann; denn hätten sie einen solchen gemeinschaftlich, so würden auch M und N, wie leicht zu sehen ist, ein System höherer Stufe gemeinschaftlich haben, als B ist, gegen die Voraussetzung. Nun ist

$$M.N = AB.BC = ABC.B,$$

indem B und BC einander eingeordnete Faktoren sind, welche man daher bei der fortschreitenden Multiplikation nach § 136 vertauschen kann. Wir haben nun vorausgesetzt, dass die Abschattung durchweg 234 eine äussere sei, sowohl für die Faktoren M und N, als auch für deren Produkt, das heisst für ihr gemeinschaftliches System B und ihr nächstumfassendes ABC. Sind nun A', B', C', M', N' beziehlich die äusseren

Abschattungen von A, B, C, M, N, so sind (nach § 84) $A'B'$, $B'C'$, $A'B'C'$ die Abschattungen von AB, BC, ABC. Ferner da $M.N$ gleich $ABC.B$ ist, so ist nach der in § 150 aufgestellten Definition die Abschattung von $M.N$ gleich dem Produkt der Abschattungen von ABC und B, also gleich $A'B'C'.B'$. Ferner ist

$$M'.N' = A'B'.B'C' = A'B'C'.B',$$

also das Produkt der Abschattungen $M'.N'$ gleich der Abschattung des Produktes $M.N$. Somit ist für den in Betracht gezogenen Fall die Gültigkeit des obigen Gesetzes nachgewiesen.

Es bleibt also das Fortbestehen dieses Gesetzes nur noch für den Fall zu beweisen, dass die Abschattung durchweg eine eingewandte ist. Der Beweis für diesen Fall ist genau derselbe, wie für den soeben betrachteten Fall, wenn man nur nach dem in § 142 aufgestellten Princip statt der äusseren Multiplikation die auf das Hauptsystem der Abschattung bezügliche eingewandte Multiplikation einführt, und die dort entwickelten Umänderungen, welche durch diese Einführung bedingt sind, eintreten lässt. Namentlich ist festzuhalten, dass, wie jede Grösse, welche einer andern untergeordnet ist, als äusserer Faktor derselben dargestellt werden kann, so auch jede Grösse, welche einer andern übergeordnet ist, als eingewandter Faktor derselben in Bezug auf das Hauptsystem dargestellt werden könne. Um jedoch die Art dieser Umänderung an einem ziemlich zusammengesetzten Beispiele klar an's Licht treten zu lassen, will ich die Uebertragung des obigen 236 Beweises hier ausführlich folgen | lassen.

Es seien die beiden Faktoren des eingewandten Produktes M und N, B stelle ihr nächstumfassendes System dar; dann werden sich M und N als eingewandte, auf das Hauptsystem der Abschattung bezügliche Produkte in den Formen AB und BC darstellen lassen*); und 235 zwar muss dann ABC als | eingewandtes, auf das Hauptsystem der Abschattung bezügliches Produkt einen geltenden Werth haben, weil AB und C von keinem niederen Systeme als dem Hauptsysteme umfasst werden können**); denn würden sie von einem solchen Systeme

---

*) In der That, wenn S ein System darstellt, welches das System von B zum Hauptsysteme der Abschattung ergänzt, so wird man nur

$$A = \frac{SM}{SB} \text{ und } C = \frac{NS}{BS}$$

zu setzen haben.

**) Hier tritt die Analogie in dem Wortausdrucke nicht so klar hervor. Sollte sie klar hervortreten, so müsste man im ersten Falle sagen: „weil das System, welches AB und C gemeinschaftlich haben, von keiner höheren Stufe als der umfasst, so würden auch M und N, wie leicht zu sehen ist*), von einem Systeme niederer Stufe umfasst werden, als B ist, gegen die Voraussetzung. Nun ist

$$M.N = AB.BC = ABC.B,$$

indem B und BC einander eingeordnete Faktoren sind, welche man daher bei der fortschreitenden Multiplikation nach § 136 vertauschen kann. Wir haben nun vorausgesetzt, dass die Abschattung durchweg eine eingewandte sei, sowohl für die Faktoren M und N, als auch für deren Produkt, das heisst, für ihr nächstumfassendes System B und ihr gemeinschaftliches ABC. Sind nun A', B', C', M', N' be- 237 ziehlich die eingewandten Abschattungen von A, B, C, M, N, so sind (nach § 153) $A'B'$, $B'C'$, $A'B'C'$ die Abschattungen von AB, BC, ABC. Ferner, da $M.N$ gleich $ABC.B$ ist, so ist nach der in § 150 aufgestellten Definition die Abschattung von $M.N$ gleich dem Produkt der Abschattungen von ABC und B, also gleich $A'B'C'.B'$. Ferner ist

$$M'.N' = A'B'.B'C' = A'B'C'.B',$$

also das Produkt der Abschattungen $M'.N'$ gleich der Abschattung des Produktes $M.N$. Somit ist auch für diesen Fall die Gültigkeit des obigen Gesetzes nachgewiesen. 236

Wir setzten in beiden Fällen noch voraus, dass das abzuschattende Produkt einen geltenden Werth habe, und die Faktoren reine Grössen seien. Ist das abzuschattende Produkt null, so ist, um die Geltung jenes Gesetzes auch für diesen Fall zu erweisen, nur zu zeigen, dass das Produkt aus den Abschattungen der beiden Faktoren auch null sei.

Wenn einer der ursprünglichen Faktoren null ist, so ist auch seine Abschattung null, also auch das Produkt der Abschattungen null. Wenn aber die beiden Faktoren geltende Werthe haben, und das Produkt dennoch null ist, so muss, da

---

nullten sein kann", und im letzteren Falle: „weil das System, welches AB und C umfasst, von keiner niederen Stufe als der h-ten sein kann", indem nämlich h die Stufe des Hauptsystems bezeichnet.

*) Nämlich, wenn D jenes System darstellte, was AB, oder M, und C umfassen sollte und doch niedriger wäre als das Hauptsystem, so würde sich C als eingewandtes, auf das Hauptsystem bezügliches Produkt in der Form $D.E$ darstellen lassen, und es würde $N = B.C = B.(D.E)$, oder da dies Produkt ein reines ist, $= (B.D).E$ sein, wo das nächstumfassende System zu B und D das Hauptsystem sein muss; es wird also das den Grössen B und D gemeinschaftliche System die Grösse N umfassen, und auch die Grösse M, da diese sowohl von B als von D umfasst wird. Das gemeinschaftliche System von B und D umfasst also M und N, ist aber von niederer Stufe als B, da D nicht das Hauptsystem ist, und B und D als nächstumfassendes System das Hauptsystem haben.

$$M . N = ABC . B$$

ist, und B nicht null ist, $ABC . B$ als Produkt in der Form der Einordnung aber nicht anders null werden kann, als wenn einer der Faktoren null wird, nothwendig ABC null sein, also auch seine Abschattung, das heisst

$$A'B'C' = 0;$$

also muss auch $A'B'C' . B'$, das heisst $M' . N'$ oder das Produkt der Abschattungen null sein. Es bleibt also auch noch in diesem Falle die Abschattung des Produktes gleich dem Produkt aus den Abschattungen der Faktoren.

Es ist nun, um das Gesetz in seiner ganzen Allgemeinheit darzustellen, nur noch die Beschränkung aufzuheben, dass die Faktoren des abzuschattenden Produktes reine Grössen sind.

Sind dieselben Beziehungsgrössen, deren Beziehungssystem (K) identisch ist mit dem Beziehungssysteme des eingewandten Produktes, und sind μ und ν die Gradzahlen jener Beziehungsgrössen, M und N ihre eigenthümlichen Werthe in Bezug auf das Mass K, so wird sich das Produkt in der Form

$$K^{\mu} M . K^{\nu} N$$

238 darstellen lassen. Dies Produkt ist nun nach § 138 gleich $K^{\mu+\nu} M . N$ oder, wenn $M . N$ gleich $K . I$ ist, gleich $K^{\mu+\nu} K . I$. Bezeichnen wir die Abschattungen mit Accenten und nehmen dieselben entweder durchweg als äussere oder durchweg als eingewandte an, so ist die Abschattung des obigen Produktes

$$= K'^{\mu+\nu} K' . I',$$
$$= K'^{\mu+\nu} M' . N',$$
$$= K'^{\mu} M' . K'^{\nu} N',$$

das heisst, gleich dem Produkte der Abschattungen. Also gilt nun das 237 Gesetz auch noch, wenn die Faktoren Beziehungsgrössen sind, deren Beziehungssystem mit dem Beziehungssysteme des eingewandten Produktes zusammenfällt. Daraus folgt nun auch, dass es für reine eingewandte Produkte aus beliebig vielen Faktoren gilt.

Nachdem wir nun alle überflüssigen Beschränkungen aufgehoben haben, können wir das Gesetz in seiner ganzen Allgemeinheit hinstellen:

Die Abschattung des Produktes ist gleich dem Produkte aus den Abschattungen seiner Faktoren, wenn für alle abzuschattenden Grössen sowohl der Sinn der Abschattung als auch das Beziehungssystem dasselbe ist.

Wir sagen nämlich, dass der Sinn der Abschattung mehrerer Grössen derselbe sei, wenn nicht nur Grundsystem und Leitsystem dieselben sind, sondern auch die Abschattungen entweder sämmtlich äussere oder sämmtlich eingewandte sind.

§ 154. **Affinität. Bildung affiner Vereine.**

Daraus, dass jede Gleichheit, welche zwischen den Vielfachensummen einer Reihe von Grössen stattfindet, auch bestehen bleibt, wenn man statt der Grössen ihre Abschattungen setzt, oder mit andern Worten, dass die Abschattungen in derselben Zahlenrelation stehen wie die abgeschatteten Grössen, folgt, dass die Verwandtschaft zwischen den Abschattungen und den abgeschatteten Grössen eine besondere Art einer allgemeineren Verwandtschaft ist, welche darin besteht, dass die zwischen einer Reihe von Grössen herrschenden Zahlenrelationen auch für die entsprechenden Grössen der zweiten Reihe gelten; und wir wollen daher diese allgemeinere Verwandtschaft der Betrachtung unterwerfen.

Es tritt jedoch diese Verwandtschaft erst in ihrer ganzen Einfachheit hervor, wenn die Beziehung eine gegenseitige ist, das heisst, wenn jede Zahlenrelation, welche zwischen Grössen der einen | Reihe, *239* welche von beiden es auch sei, stattfindet, auch zwischen den Grössen der andern Reihe herrscht; und zwei solche Vereine von entsprechenden Grössen, welche in dieser gegenseitigen Beziehung zu einander stehen, nennen wir affin*).

Diese Gegenseitigkeit der Beziehung führt das Gesetz herbei, welches überall jede einfache Beziehung auszeichnet, dass nämlich, wenn zwei 238 Vereine von Grössen A und B mit einem dritten C affin sind, sie es auch unter sich sind. In der That, da dann jede Relation in A auch in C stattfindet, und jede Relation, die in C stattfindet, auch in B herrscht, so muss auch jede Relation in A zugleich in B stattfinden, und aus demselben Grunde jede Relation, die in B herrscht, zugleich in A stattfinden, das heisst, A und B sind einander affin.

Es fragt sich nun, wie man zu einem beliebigen Vereine von Grössen überhaupt einen andern Verein bilden kann, welcher mit jenem in derselben Zahlenrelation stehe, und ins Besondere einen solchen,

*) Der Begriff der Affinität, wie wir ihn hier aufstellten, stimmt mit dem gewöhnlichen Begriff derselben in sofern überein, als er, auf dieselben Grössen angewandt, auch dieselbe Beziehung darstellt; ihr Begriff ist hier nur in sofern allgemeiner gefasst, als er sich auch auf andere Grössen übertragen lässt.

bei welchem diese Beziehung eine gegenseitige ist, das heisst, welcher dem ersteren affin sei.

Hat man in dem gegebenen Vereine n Grössen (derselben Stufe), zwischen denen keine Zahlenrelation stattfindet, als deren Vielfachensummen sich aber die übrigen Grössen jenes Vereins darstellen lassen, so lässt sich zeigen, dass man, um zu einem zweiten Vereine zu gelangen, welcher dieselben Zahlenrelationen darbietet, die in dem ersten Vereine herrschen, in dem zweiten Vereine n beliebige Grössen, welche unter sich von gleicher Stufe sind, als jenen n Grössen entsprechende annehmen kann, dann aber zu jeder andern Grösse des ersten Vereins die entsprechende im zweiten findet, indem man die erste als Vielfachensumme jener n Grössen der ersten Reihe darstellt und dann in dieser Vielfachensumme statt jener n Grössen die entsprechenden der zweiten setzt, dass aber diese Beziehung nur dann und immer dann eine gegenseitige ist, die Vereine also einander affin sind, wenn zugleich die n Grössen des zweiten Vereins keine Zahlenrelation unter sich zulassen.

240 Die Richtigkeit | dieser Behauptung beruht darauf, dass, wenn n Grössen in keiner Zahlenrelation stehen, das heisst, keine derselben sich als Vielfachensumme der übrigen darstellen lässt, und dennoch eine Vielfachensumme dieser Grössen gleich Null sein soll, nothwendig alle Koefficienten dieser Vielfachensumme einzeln genommen gleich Null sein müssen; denn hätte einer von ihnen einen geltenden Werth, so würde die Grösse, der er zugehört, sich als Vielfachensumme der übrigen darstellen lassen, was gegen die Voraussetzung ist. Aus diesem Satze nun ergiebt sich die Richtigkeit der obigen Behauptung sogleich. Denn sind $a, b, c, \ldots$ irgend welche Grössen des ersten Vereins, zwischen denen eine Zahlenrelation

239 $$\alpha a + \beta b + \cdots = 0$$

statt findet, und man drückt $a, b, \ldots$ als Vielfachensummen jener n Grössen des ersten Vereins $r_1, \ldots r_n$ aus, so wird sich jene Gleichung in der Form

$$\varrho_1 r_1 + \varrho_2 r_2 + \cdots = 0$$

darstellen lassen, in welcher nach dem soeben erwiesenen Satze alle Koefficienten null sein müssen; also

$$\varrho_1 = 0, \quad \varrho_2 = 0, \cdots.$$

Diese Grössen $\varrho_1, \varrho_2, \ldots$ sind nur von den Koefficienten $\alpha, \beta, \ldots$ und von den Koefficienten der Vielfachensummen, in welchen $a, b, \ldots$ dargestellt sind, abhängig. Sind nun $a', b', \ldots$ und $r'_1, r'_2, \ldots$ die entsprechenden Grössen des zweiten Vereins, so müssen $a', b', \ldots$ aus

$a, b, \ldots$ dadurch hervorgehen, dass man in den Vielfachensummen, welche $a, b, \ldots$ darstellen, statt $r_1, r_2, \ldots$ die entsprechenden Grössen $r'_1, r'_2, \ldots$ setzt. Folglich wird der Ausdruck

$$\alpha a' + \beta b' + \cdots = \varrho_1 r'_1 + \varrho_2 r'_2 + \cdots$$

sein, und also, da $\varrho_1, \varrho_2, \ldots$ einzeln genommen null sind, selbst gleich Null sein müssen, also

$$\alpha a' + \beta b' + \cdots = 0,$$

das heisst, zwischen den Grössen des zweiten Vereins bleibt jede Zahlenrelation bestehen, welche zwischen denen des ersten besteht. Sind nun die Grössen $r'_1, \ldots r'_n$ gleichfalls von der Beschaffenheit, dass zwischen ihnen keine Zahlenrelation stattfindet, so lässt sich ebenso der Rückschluss machen, die Beziehung ist also dann eine gegenseitige, und die beiden Vereine von Grössen sind einander affin. Hingegen, herrscht zwischen diesen Grössen $r'_1, \ldots r'_n$ eine | Zahlenrelation, so ist klar, *241* dass man, da diese Relation zwischen den entsprechenden Grössen des ersten Vereins nicht stattfindet, auch nicht von dem Herrschen einer Relation innerhalb des zweiten Vereins einen Schluss auf das Fortbestehen derselben im ersten machen darf, dass vielmehr die Beziehung dann nur eine einseitige ist.

§ 155, 156. Entsprechen der Produkte entsprechender Grössen aus zwei affinen Vereinen.

§ 155.

Wenn nun zwei Vereine entsprechender Grössen einander affin sind, so werden auch die Produkte aus den Grössen des einen Vereins den entsprechend gebildeten Produkten des andern Vereins affin sein, wenn nur die Multiplikationsweise, durch welche diese entsprechenden Produkte gebildet sind, in beiden Vereinen in dem Sinne genommen 240 ist, dass das Produkt dann, aber auch nur dann als null erscheint, wenn die Faktoren in einer Zahlenrelation zu einander stehen.

Ist nämlich die Multiplikation in dieser Weise angenommen, so kann zuerst zwischen den verschiedenen Produkten, welche sich aus den n Grössen $A_1, \ldots A_n$ des einen Vereins, die in keiner Zahlenrelation zu einander standen, bilden lassen, gleichfalls keine Zahlenrelation stattfinden; das heisst, es kann keins dieser Produkte sich als Vielfachensumme der übrigen darstellen lassen. Denn gesetzt, es wäre dies der Fall, so könnte man in der Gleichung, welche jenes Produkt, zum Beispiel $A_1 A_2 A_3$, als Vielfachensumme der übrigen darstellt, jedes Glied mit den sämmtlichen Faktoren $A_4 \ldots A_n$ multipliciren, die jenes

Produkt nicht enthält; durch diese Multiplikation werden dann alle übrigen Produkte mit Ausnahme dessen, was als Vielfachensumme der übrigen erscheinen soll, null, weil in ihnen wenigstens einer von den hinzutretenden Faktoren schon unter den vorhandenen Faktoren vorkommt, also nun zwischen den Faktoren Gleichheit, also auch eine Zahlenrelation statt findet; man erhält daher die Gleichung

$$A_1 . A_2 \ldots A_n = 0,$$

das heisst, zwischen $A_1, \ldots A_n$ würde eine Zahlenrelation statt finden müssen, was wider die Voraussetzung ist.

Betrachtet man nun ferner ein Produkt PQR, dessen Faktoren Grössen jenes Vereins, also als Vielfachensummen von $A_1, \ldots A_n$ darstellbar sind, so wird auch dies Produkt, wenn man die einzelnen Faktoren als Vielfachensummen darstellt, gliedweise durchmultiplicirt und die Faktoren der einzelnen Glieder gehörig ordnet, als Vielfachen-242summe | der aus den Faktoren $A_1, \ldots A_n$ gebildeten Produkte erscheinen. Sind nun in dem andern Vereine $A'_1, \ldots A'_n$ als die den Grössen $A_1, \ldots A_n$ entsprechenden angenommen, und werden als die ihren Produkten $A_1 A_2 A_3, \ldots$ entsprechenden Grössen die Produkte der entsprechenden Faktoren $A'_1 A'_2 A'_3, \ldots$ angenommen (was verstattet ist, da zwischen jenen Produkten des ersten Vereins keine Zahlenrelation stattfindet), so wird dem Produkte PQR das Produkt $P'Q'R'$ der entsprechenden Faktoren gleichfalls entsprechen. Denn man erhält aus PQR das Produkt $P'Q'R'$, wenn man, nachdem P, Q, R als Vielfachensummen von $A_1, \ldots A_n$ dargestellt sind, statt $A_1, \ldots A_n$ die 241 entsprechenden Grössen $A'_1, \ldots A'_n$ setzt. Das Gesetz des | Durchmulticirens ist nun für beide Produkte dasselbe, jedes Produkt ferner zwischen $A_1, \ldots A_n$, was gleiche Faktoren enthält und somit null wird, hat auch zum entsprechenden Produkte ein solches, was null wird; und darin liegt, dass auch dasselbe Vertauschungsgesetz herrscht, indem $(A+B)(A+B)$ oder $AB+BA$ in beiden Fällen null ist, also die Faktoren nur mit Zeichenwechsel vertauschbar sind. Daraus nun folgt, dass, wenn PQR als Vielfachensumme der aus den Faktoren $A_1, \ldots A_n$ gebildeten Produkte erscheint, man daraus $P'Q'R'$ erhält, indem man statt $A_1, \ldots A_n$ die entsprechenden Grössen $A'_1, \ldots A'_n$, oder statt der aus den ersteren gebildeten Produkte die aus den letzteren gebildeten setzt.

Hierin liegt nun vermittelst des obigen Gesetzes, dass die Produkte des zweiten Vereins in derselben Zahlenrelation stehen, wie die entsprechenden des ersten, und dass also, wenn die beiden Vereine einander affin sind, auch die Produkte des einen Vereins den entsprechenden des andern affin sind.

§ 156.

Es giebt unter den bisher betrachteten Multiplikationsweisen nur zwei, welche der im vorigen Paragraphen ausgesprochenen Bedingung genügen, dass nämlich das Produkt dann und nur dann als null erscheinen soll, wenn zwischen den Faktoren eine Zahlenrelation herrscht, das sind nämlich erstens die äussere Multiplikation von Grössen erster Stufe und zweitens die eingewandte Multiplikation von Grössen $(n-1)$-ter Stufe in einem Hauptsysteme n-ter Stufe und in Bezug auf dasselbe.

Dass die übrigen Multiplikationsweisen, welche wir bisher kennen gelernt haben, nicht den Bedingungen des vorigen Paragraphen genügen, leuchtet sehr | bald ein. Zwar würde das in jenem Paragraphen 243 dargestellte Verwandtschaftsgesetz ein vortreffliches Mittel darbieten, um in die Bedeutung des formalen Produktes, welches wir bisher nicht der Betrachtung unterworfen hatten, hineinzudringen; doch wollen wir uns durch solche Betrachtungen, welche uns jedenfalls in schwierige und weitläuftige Untersuchungen verwickeln würden, nicht den Raum für andere, wichtigere Gegenstände verkürzen; und wir bleiben daher bei den beiden Fällen stehen, auf welche unser Gesetz direkte Anwendung erleidet.

§ 157. **Direkte und reciproke Affinität. Allgemeiner Satz.**

Wir gelangen durch Anwendung des in § 155 dargestellten Gesetzes auf die beiden in § 156 aufgeführten Multiplikationsweisen zu zwei Hauptgattungen der Affinität, nämlich der direkten und der reciproken, indem eines Theils den Grössen | erster Stufe des einen 242 Vereins Grössen erster Stufe des andern entsprechen; und andern Theils den Grössen erster Stufe des einen Vereins Grössen $(n-1)$-ter Stufe des andern entsprechen, wenn jeder Verein ein System n-ter Stufe als Hauptsystem darbietet. Wir können daher folgenden Hauptsatz der Affinität aussprechen:

Wenn man zu n von einander unabhängigen Grössen erster Stufe n gleichfalls von einander unabhängige Grössen erster Stufe oder n Grössen $(n-1)$-ter Stufe, welche einem System n-ter Stufe angehören, deren eingewandtes Produkt aber einen geltenden Werth hat, als entsprechende nimmt, so bilden die aus den entsprechenden Grössen durch dieselben Grundverknüpfungen gebildeten Grössen zwei einander affine Vereine von Grössen, und jede Grundgleichung, welche zwischen den Grössen des einen Vereins besteht, bleibt auch bestehen, wenn man statt dieser Grössen die entsprechenden des andern setzt. Im ersten Falle heissen beide Vereine direkt affin, im zweiten reciprok affin.

Dieser Satz ist von so allgemeiner Geltung, dass er, wie wir späterhin zeigen werden, die allgemeinsten linearen Verwandtschaften, wie die Kollineation und Reciprocität, unter sich begreift und den vollständigen Begriff dieser Verwandtschaften, welche bei der gewöhnlichen Auffassungsweise nur in unvollkommener Gestalt hervortreten, darstellt. Namentlich liegt in diesem Satze, dass, wenn m Grössen des einen Vereins irgend einem System angehören, dann auch die ent- 244 sprechenden Grössen des andern Vereins bei der direkten | Affinität einem System derselben Stufe angehören, bei der reciproken einem System von ergänzender Stufe, weil nämlich das Produkt derselben gleichzeitig null wird.

§ 158. **Zusammenhang zwischen Abschattung und Affinität.**

Wir haben nun die Abschattung als besondere Art der konstanten Zahlenrelation und der Affinität darzustellen, und anzugeben, in welchem Falle die allgemeine Verwandtschaft in diese besondere übergeht.

Wenn zuerst zwischen den Grössen erster Stufe eines Vereins A dieselben Zahlenrelationen statt finden, welche zwischen den entsprechenden Grössen erster Stufe eines andern Vereines B herrschen, so fragt sich, welcher Bedingung beide Vereine unterworfen sein müssen, wenn 243 der erste Verein A zugleich die Abschattung des | zweiten B sein soll.

Nennen wir das System, welches einen Verein von Grössen erster Stufe zunächst umfasst, *das System dieses Vereins*, so leuchtet ein, dass A nur dann die Abschattung von B sein könne, wenn in demjenigen Systeme C, welches den Systemen beider Vereine gemeinschaftlich ist, die entsprechenden Grössen beider Vereine zusammenfallen, das heisst, einander gleich sind, wie dies unmittelbar aus der Idee der Abschattung hervorgeht. Wir können aber auch zeigen, dass, wenn diese Bedingung eintritt, auch jedesmal der Verein A als Abschattung des Vereines B aufgefasst werden könne, und der Sinn der Abschattung dann bestimmt sei.

Um dies zu beweisen, können wir zuerst das System von B als Kombination des gemeinschaftlichen Systemes C mit einem davon unabhängigen Systeme darstellen. Dies System, welches dann zugleich von dem Systeme des Vereines A unabhängig sein wird, sei von m-ter Stufe, das heisst, es sei durch das äussere Produkt von m Grössen erster Stufe $b_1, \dots b_m$ dargestellt, welche alle von einander unabhängig sind. Wird nun vorläufig L als das Leitsystem angenommen, und sind $a_1, \dots a_m$ die den Grössen $b_1, \dots b_m$ entsprechenden Grössen des ersten Vereins A, so erhält man, wenn zugleich $a_1, \dots a_m$ die Abschattungen von $b_1, \dots b_m$ nach dem Leitsysteme L sein sollen, die Gleichungen:

$$L . a_1 = L . b_1, \ldots, \quad L . a_m = L . b_m,$$

oder

$$L . (a_1 - b_1) = 0, \ldots, \quad L . (a_m - b_m) = 0,$$

das heisst, die Grössen $(a_1 - b_1), \ldots, (a_m - b_m)$ sind dem Leitsysteme untergeordnet. Es sind aber diese Grössen sowohl von einander, als 245 von dem Systeme des Vereins A unabhängig. Denn fände eine solche Abhängigkeit statt, so würde auch eine Vielfachensumme von $a_1, \ldots a_m$ und den andern Grössen erster Stufe, die dem Vereine A angehören, als gleich erscheinen einer Vielfachensumme der Grössen $b_1, \ldots b_m$, das heisst, es würde in dem Systeme $b_1 . b_2 \ldots b_m$ eine Grösse geben, welche den Systemen beider Vereine gemeinschaftlich wäre, das heisst, dem Systeme C angehörte, was wider die Voraussetzung ist, indem jenes Produkt von C unabhängig angenommen ist. Da nun die Grössen $(a_1 - b_1), \ldots, (a_m - b_m)$ von einander unabhängig und dem Systeme L untergeordnet sind, so ist auch ihr äusseres Produkt diesem Systeme untergeordnet; und wenn wir annehmen, dass das Leitsystem nicht von höherer als m-ter Stufe ist, so folgt, dass es durch jenes | Pro- 244 dukt dargestellt, also vollkommen bestimmt ist, oder mit andern Worten, es ist dann der Sinn der Abschattung bestimmt. Setzen wir daher L jenem Produkte gleich, so folgt auch umgekehrt die Gültigkeit der Gleichungen

$$L . a_1 = L . b_1, \ldots,$$

und da L von dem Systeme von A unabhängig ist, so folgt, dass $a_1, \ldots a_m$ in der That die Abschattungen von $b_1, \ldots b_m$ auf das System von A nach dem Leitsysteme L sind. Nimmt man nun in dem Systeme von B irgend eine andere Grösse erster Stufe b an, so wird sich dieselbe als Vielfachensumme von den Grössen $b_1, \ldots b_m$ und von Grössen, die dem Systeme C angehören, darstellen lassen. Dann wird die entsprechende Grösse a des ersten Vereins sich als entsprechende Vielfachensumme von den entsprechenden Grössen ihres Vereins darstellen lassen, das heisst, als entsprechende Vielfachensumme von den Abschattungen jener Grössen erscheinen, oder, sie selbst ist die Abschattung jener ersteren. Wir haben somit den Satz gewonnen:

Wenn zwischen den Grössen erster Stufe eines Vereins (A) *dieselben Zahlenrelationen stattfinden, welche zwischen den entsprechenden Grössen erster Stufe eines andern Vereins* (B) *herrschen: so ist der erste Verein* (A) *dann und nur dann als Abschattung des zweiten* (B) *aufzufassen, wenn in dem gemeinschaftlichen Systeme beider Vereine die entsprechenden Grössen zusammenfallen; und zwar ist dann der Sinn der Abschattung vollkommen bestimmt.*

Als unmittelbare Folgerung aus diesem Satze geht hervor, „dass 246 von zwei affinen Vereinen dann und nur dann der eine als Abschattung des andern erscheint, wenn in dem gemeinschaftlichen Systeme beider Vereine je zwei entsprechende Grössen zusammenfallen, und dass dann jeder von beiden Vereinen als Abschattung des andern aufgefasst werden kann.

§ 159. **Affinität in der Geometrie.**

Um die gewonnenen Resultate durch geometrische Anschauungen zu verdeutlichen, wird es genügen, affine Vereine beiderlei Art in der Ebene zu betrachten.

Es ist klar, wie man dann zu drei nicht in gerader Linie liegenden Punktgrössen (die aber auch in Strecken übergehen können) drei beliebige ebenfalls nicht in gerader Linie liegende Punktgrössen als entsprechende annehmen, und daraus zwei einander direkt affine Vereine ableiten kann, indem man die | aus jenen entsprechenden Grössen auf gleiche Weise gebildeten Vielfachensummen, oder deren auf gleiche Weise gebildete Produkte als entsprechende Grössen setzt. Ebenso erhält man zwei reciprok affine Vereine, wenn man zu drei Elementargrössen erster Stufe, die nicht in gerader Linie liegen, drei Liniengrössen, deren Linien ein Dreieck begränzen, als entsprechende annimmt, und ausserdem je zwei durch dieselben Grundverknüpfungen aus ihnen erzeugte Grössen als entsprechende setzt.

Es ist aus dem Früheren klar, wie im ersten Falle dreien Punktgrössen des einen Vereins, die in gerader Linie liegen, auch drei des andern entsprechen, die gleichfalls in gerader Linie liegen, und ebenso dreien Liniengrössen des einen, die durch Einen Punkt gehen, drei des andern entsprechen, welche gleichfalls durch Einen Punkt gehen; wie ferner im zweiten Falle dreien Punktgrössen des einen Vereins, die in Einer geraden Linie liegen, drei Liniengrössen des andern entsprechen, die durch Einen Punkt gehen, und umgekehrt. Dabei ist jedoch festzuhalten, dass die Punktgrössen auch in Strecken, die Liniengrössen in Flächenräume umschlagen können.

§ 160. **Lineäre Verwandtschaft, Kollineation und Reciprocität nach dem Princip der gleichen Zeiger.**

Unsere bisherige Betrachtungsweise unterscheidet sich von der gewöhnlichen geometrischen Anschauungsweise dadurch, dass wir die Punkte nicht für sich, sondern behaftet mit gewissen Zahlenkoefficienten, die wir Gewichte nannten, auffassten; und dies war nothwendig, damit sie eben als Grössen erscheinen konnten. Der Punkt selbst erschien entweder als solche Grösse mit dem | Gewichte Eins, oder als System, 247 dem die Grösse angehörte. Ebenso mussten die Linie, die Ebene, der Raum, wenn sie als Grössen erscheinen sollten, einen bestimmten Masswerth darbieten, und so als Liniengrösse, Plangrösse und begränzter Körperraum aufgefasst werden.

Es ist besonders die erste Betrachtungsweise (der Punkte als Grössen), welche von der gewöhnlichen gänzlich abweicht. Es bleibt uns daher jetzt noch besonders übrig, für die in diesem Kapitel dargestellten Gesetze jene Differenz auszugleichen.

Wir knüpfen diese Betrachtung an die allgemeine Verwandtschaft der Affinität, und nennen zunächst die entsprechenden Systeme zweier affiner Vereine *lineär verwandt*, und zwar, wenn jene Vereine direkt affin sind, so nennen wir die Vereine ihrer Systeme *kollinear verwandt*, und wenn sie reciprok affin sind, *reciprok verwandt*; oder um diese Begriffe | sogleich auf die Geometrie zu übertragen: wenn zwei Ver- 246 eine von Grössen (Elementargrössen, Liniengrössen, Plangrössen) in direkter oder reciproker Affinität stehen, so nennen wir die Vereine der ihnen zugehörigen Systeme (Punkte, Linien, Ebenen) kollinear oder reciprok verwandt. Wir haben nun nachzuweisen, dass diese Begriffe mit den sonst unter den aufgeführten Namen verstandenen Begriffen zusammen fallen.

Möbius, der Begründer dieser allgemeinen Verwandtschaftstheorie, stellt als den Begriff der Kollineation auf*), dass bei zwei ebenen oder körperlichen Räumen, welche in dieser Verwandtschaft stehen, jedem Punkte des einen Raumes ein Punkt in dem andern Raume dergestalt entspricht, dass, wenn man in dem einen Raume eine beliebige Gerade zieht, von allen Punkten, welche von dieser Geraden getroffen werden, die entsprechenden Punkte des andern Raumes gleichfalls durch eine Gerade verbunden werden können. Hieraus folgt vermöge der in den vorigen Paragraphen dargelegten Gesetze, dass in der That die Systeme, welche den entsprechenden Grössen zweier direkt affiner Vereine zugehören, zwei kollineare Vereine in dem von Möbius dargestellten Sinne bilden; aber auch umgekehrt lässt sich zeigen, dass, wenn zwei Räume in diesem Sinne als kollinear verwandt erscheinen, die entsprechenden Punkte auch mit solchen Gewichten behaftet werden können, dass die Vereine | der so gebildeten Grössen einander affin 248 sind; oder mit andern Worten, dass zwei Räume, welche nach dem Princip der gleichen Konstruktionen einander kollinear sind, es auch nach dem Princip der gleichen Zeiger sind.

---

*) in seinem barycentrischen Kalkül, § 217 [ges. Werke, Bd. I, S. 266].

§ 161, 162. Kollineation nach dem Princip der gleichen Zeiger und nach dem Princip der gleichen Konstruktion. Identität beider Begriffe.

§ 161.

Um dies zuerst für die Ebene zu beweisen, nehme man irgend vier Punkte in der einen Ebene an, von denen keine drei in gerader Linie liegen, und ebenso in der andern auch vier solche Punkte, und setze sie einander entsprechend, was nach dem Princip der gleichen Konstruktionen verstattet ist, weil der vierte Punkt von den drei ersten durch keine lineäre Konstruktion abhängt: Nun kann man in jeder Ebene dreien von den Punkten solche Gewichte hinzufügen, dass der vierte Punkt als Summe der so gebildeten drei Elementargrössen erscheint; denn wenn man nur jene drei Punkte als Richtelemente annimmt, so sind die drei Richtstücke des vierten Punktes die verlangten 247 Elementargrössen; nimmt man nun diese drei Paare von Elementargrössen als einander entsprechende Grössen zweier affiner Vereine an, so sind auch die beiden vierten Punkte entsprechende Grössen derselben Vereine. Nun erhält man nach dem Princip der gleichen lineären

Fig. 15. Fig. 16.

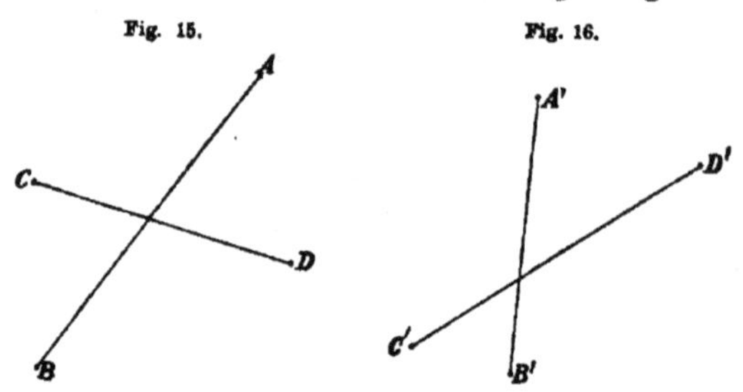

Konstruktion aus vier entsprechenden Punktenpaaren $ABCD$ und $A'B'C'D'$ zweier kollinearer ebenen Räume (Fig. 15 u. 16) ein neues Paar durch das Kreuzen der entsprechenden Linien AB und CD einerseits, und $A'B'$ und $C'D'$ andererseits, indem der eine Kreuzpunkt, da er zweien Geraden des einen Vereines angehört, auch als entsprechenden Punkt denjenigen Punkt haben muss, welcher den entsprechenden Geraden des andern Vereines angehört, also den Kreuzpunkt beider Geraden. Sind nun die zu jenen Elementen gehörigen Elementargrössen a, b, c, d und a', b', c', d' einander affin, so sind es auch die Produkte $ab \,.\, cd$ und $a'b' \,.\, c'd'$ (§ 157), und die Elemente dieser Produkte, das heisst, die oben bezeichneten Kreuzpunkte, sind also dann auch nach dem Princip der gleichen Zeiger einander kollinear. Also je zwei Elemente, welche in der Ebene sich als entsprechende nach dem Princip der gleichen Konstruktion nachweisen lassen, sind es auch nach dem Princip der gleichen Zeiger.

§ 162.

Entsprechend lässt sich der Satz für Körperräume nachweisen, indem man dann nur statt jener vier Punktenpaare | fünf solche nimmt, *249* von denen keine vier in Einer Ebene liegen. Dann zeigt sich, wie nach dem Princip der gleichen Konstruktion jeden vier Punkten des einen Vereins, welche in Einer Ebene liegen, auch vier Punkte des andern entsprechen müssen, welche gleichfalls in Einer Ebene liegen.

Denn vier Punkte, welche in derselben Ebene liegen, müssen sich so verbinden lassen, dass ihre Verbindungslinien sich kreuzen; diesem Kreuzpunkte muss dann auch ein Kreuzpunkt der entsprechenden Verbindungslinien des andern Raumes entsprechen, also müssen auch diese Verbindungslinien, also auch die Punkte, welche durch sie verbunden werden, in Einer Ebene liegen. Sind nun A, B, C, D, E und A', B', C', D', E' die fünf entsprechenden Punktenpaare, so wird nach dem Princip der gleichen Konstruktion dem Durchschnitte der Ebene ABC mit der geraden Linie DE der Durchschnitt von $A'B'C'$ mit $D'E'$ entsprechen.

Nun können wir ganz auf dieselbe Weise, wie vorher, den fünf Punktenpaaren solche Gewichte geben, dass die so entstehenden Elementargrössen a, b, c, d, e | und a', b', c', d', e' einander affin werden, 248 indem man nur in jedem Vereine einen jener Punkte als Vielfachensumme der übrigen desselben Vereins darzustellen, und diese Vielfachen als die entsprechenden Elementargrössen zu setzen braucht. Dann sind nach § 157 auch die Produkte $abc\,.\,de$ und $a'b'c'\,.\,d'e'$ einander entsprechende Grössen jener affinen Vereine; die Elemente dieser Produkte, das heisst, die oben bezeichneten Durchschnittspunkte, sind also dann auch nach dem Princip der gleichen Zeiger einander kollinear entsprechend.

Somit wieder, wenn irgend fünf Elemente des einen Vereines nach beiden Principien fünf Elementen des andern entsprechen, so wird auch jedes sechste Elementenpaar, was nach dem Princip der gleichen Konstruktion sich als entsprechendes nachweisen lässt, sich auch nach dem Princip der gleichen Zeiger als solches nachweisen lassen.

Es ist also in der That die Identität beider Principien für ebene sowohl als körperliche Räume nachgewiesen. Bei Punkten einer geraden Linie reicht das Princip der gleichen Konstruktionen nur dann aus, wenn man mit den Konstruktionen aus der geraden Linie herausgeht, und also ein entsprechendes Punktenpaar ausserhalb derselben annimmt; das Princip der gleichen Zeiger | hat hingegen auch dann noch, *250* wie überhaupt immer, seine direkte Anwendung.

§ 163. Identität der Reciprocität nach beiden Principien.

Nach dem Princip der gleichen Konstruktion nennen wir zwei Vereine einander reciprok, wenn jedem Punkte des ersten Vereins eine Gerade des andern dergestalt entspricht, dass, wenn man in der Ebene des ersten Vereines eine Gerade zieht, von allen Punkten, welche in dieser Geraden liegen, die entsprechenden Geraden des andern Vereines durch einen Punkt gehen, und umgekehrt zu allen Geraden des zweiten Vereines, welche durch denselben Punkt gezogen werden können, die entsprechenden Punkte des ersten in einer geraden Linie liegen.

Ebenso werden zwei räumliche Vereine einander nach dem Princip der gleichen Konstruktion reciprok sein, wenn die Ebenen des zweiten Vereins, welche den sämmtlichen Punkten einer Geraden im ersten entsprechen, sich in einer und derselben Geraden schneiden, und umgekehrt die Punkte des ersten Vereins, welche den sämmtlichen Ebenen [entsprechen], die durch dieselbe gerade Linie gehen und dem zweiten Vereine angehörig gedacht werden, sich durch eine gerade Linie verbinden lassen.

Es bedarf kaum noch einer Auseinandersetzung, dass die auf 249 diese Weise | reciproken Gebilde es auch nach dem Princip der gleichen Zeiger sind, indem sich dies genau auf dieselbe Weise ergiebt, wie es sich oben für die Kollineation ergab.

§ 164. Identität des Affinitätsbegriffes nach beiden Principien für Punktvereine.

Setzen wir drei Punkte, die nicht in einer geraden Linie liegen, entsprechend mit drei Punkten, die auch nicht in gerader Linie liegen, und bilden daraus durch gleiche Zeiger zwei Vereine entsprechender Grössen: so wird das Gewicht einer jeden Grösse die Summe ihrer drei Zeiger, also das Gewicht zweier entsprechender Grössen dasselbe sein; es erscheinen also auch die Punkte selbst überall als entsprechende Grössen, und es herrscht also zwischen den Vereinen der entsprechenden Punkte selbst Affinität. Daraus folgt, dass, wenn a, b, c drei in gerader Linie liegende Punkte, a', b', c' drei ihnen entsprechende Punkte eines affinen Punktgebildes sind, dann nicht nur auch a', b', c' in gerader Linie liegen, sondern auch die zwischen ihnen befindlichen Abschnitte proportional sein müssen, denn wenn

$$ab = mbc,$$

251 ist, wo m eine Zahl vorstellt, so wird auch nach dem allgemeinen Gesetz der Affinität

$$a'b' = mb'c'$$

sein, und nach der Annahme sollten auch a', b', c' Punkte sein, wenn a, b, c es waren. Es fällt somit unser Begriff der Affinität mit dem sonst üblichen Begriff derselben zusammen, sobald er auf dieselben Grössen, nämlich auf blosse Punkte (mit gleichen Gewichten) angewandt wird.

Die Erzeugung affiner Punktvereine tritt noch klarer hervor, wenn wir Parallelkoordinaten zu Grunde legen, oder nach unserer Benennungsweise, wenn wir zu einem Punkt und zwei Strecken des einen Vereins in dem andern Vereine einen Punkt und zwei Strecken als entsprechende setzen, und dann die entsprechenden Grössen durch gleiche Zeiger erzeugen: dann wird das Gewicht dieser Grössen gleich dem zu jenem Punkte gehörigen Zeiger sein, und also gleich Eins erscheinen, wenn jener Zeiger der Einheit gleich wird. Zieht man somit in dem einen Gebilde von einem Punkte aus zwei Strecken, und in dem andern von dem entsprechenden Punkte aus zwei entsprechende Strecken, und setzt diese Strecken als Richtmasse für die Richtstücke der demselben Gebilde zugehörigen Punkte, so haben die entsprechenden Punkte beider Vereine stets gleiche Gewichte; und zugleich sind dadurch aus drei Paaren entsprechender | Punkte alle übrigen entsprechenden Punktenpaare zweier affiner Punktgebilde bestimmt. 250

§ 165. Die metrischen Relationen zweier kollinearer Punktgebilde.

Was die metrischen Relationen zweier kollinearer Punktgebilde betrifft, so sind diese auf eine höchst einfache Weise dadurch ausgedrückt, dass

jede Grundgleichung, welche unabhängig ist von den Masswerthen der darin vorkommenden Grössen, bestehen bleibt, wenn man statt der Grössen die entsprechenden eines kollinearen Vereines setzt.

Nämlich, da man diese Masswerthe auch so setzen kann, dass beide Vereine von Grössen affin werden, und für affine Grössenvereine die Geltung dieses Satzes erwiesen ist, so gilt er nun unter jener Voraussetzung auch für kollineare Vereine.

Eine specielle Folgerung dieses allgemeinen Satzes, welcher die metrischen Relationen, welche zwischen kollinearen Gebilden herrschen, in ihrer ganzen Vollständigkeit umfasst, ist zum Beispiel die, dass jeder Doppelquotient | zwischen vier Grössen A, B, C, D, welcher 252 einen Zahlenwerth darstellt, auch denselben Zahlenwerth behält, wenn man statt A, B, C, D die entsprechenden Grössen A', B', C', D' eines kollinear verwandten Gebildes setzt; nämlich ein solcher Doppelquotient, da er sich in der Form

$$\frac{AB}{BC} \cdot \frac{CD}{DA} = m$$

darstellen lässt, ist unabhängig von dem Masswerthe der vier Grössen A, B, C, D, weil jede im Zähler und Nenner einmal vorkommt, folglich wird, wenn man diesen gleich einer Zahl m setzt, diese Gleichung auch fortbestehen, wenn man statt der Grössen A, B, C, D die ihnen kollinear entsprechenden Grössen A', B', C', D' setzt, und man hat somit

$$\frac{AB}{BC} \cdot \frac{CD}{DA} = \frac{A'B'}{B'C'} \cdot \frac{C'D'}{D'A'}.$$

Namentlich hat man, wenn a, b, c, d Punkte einer geraden Linie sind, und a', b', c', d' die entsprechenden,

$$\frac{ab}{bc} \cdot \frac{cd}{da} = \frac{a'b'}{b'c'} \cdot \frac{c'd'}{d'a'}.$$

Ebenso ist, wenn A eine Linie, b, c, d aber Punkte sind, welche mit A in derselben Ebene liegen und selbst unter einander in derselben geraden Linie liegen,

251 $$\frac{bA}{Ac} \cdot \frac{cd}{db} = \frac{b'A'}{A'c'} \cdot \frac{c'd'}{d'b'}.$$

Ferner, wenn A und C gerade Linien, b und d Punkte sind, und A, C, b, d in derselben Ebene liegen, so ist

$$\frac{Ab}{bC} \cdot \frac{Cd}{dA} = \frac{A'b'}{b'C'} \cdot \frac{C'd'}{d'A'}.$$

Ferner, wenn A und C Ebenen, b und d Punkte sind, so ist

$$\frac{Ab}{bC} \cdot \frac{Cd}{dA} = \frac{A'b'}{b'C'} \cdot \frac{C'd'}{d'A'}.$$

Endlich, wenn A, B, C, D Linien im Raume sind, so ist

$$\frac{AB}{BC} \cdot \frac{CD}{DA} = \frac{A'B'}{B'C'} \cdot \frac{C'D'}{D'A'}.$$

Die hinzugefügten Bedingungen entsprechen nämlich der in dem allgemeineren Satze hinzugefügten Bedingung, dass der Doppelquotient eine Zahl darstellen soll.

§ 166. Zusammenhang zwischen Kollineation und Projektion. (Perspektivität).

253 Wie sich nun die Kollineation zur Affinität verhält, so verhält sich die Projektion zur Abschattung, indem, wie wir oben zeigten, bei Elementargrössen das System der Abschattung die Projektion darstellte. Es werden also auch alle Grundgleichungen, welche von dem Masswerthe ihrer Grössen unabhängig sind, bestehen bleiben, wenn man statt der Grössen ihre Projektionen setzt; namentlich werden auch jene Doppelquotienten bei der Projektion denselben Werth beibehalten.

Wie ferner die durch Abschattung aus einander erzeugbaren Vereine eine besondere Art der Affinität darstellten, so werden nun auch die durch Projektion aus einander erzeugbaren Vereine eine besondere Art der Kollineation darstellen, und zwar können wir, wenn wir die durch Projektion aus einander erzeugbaren Vereine *perspektivische* nennen, den Satz aufstellen:

Zwei kollineare Vereine sind dann und nur dann perspektivisch, wenn in dem Durchschnitte der beiden Systeme, dem jene Vereine angehören, je zwei entsprechende Punkte zusammenfallen, und der Sinn der Projektion ist dann bestimmt.

Dieser Satz ist eben nur eine Uebertragung des in § 158 für die Abschattung aufgestellten Satzes. Namentlich folgt daraus auch, dass zwei kollineare Linien, welche nicht in Einer Ebene liegen, stets perspektivisch sind, weil sie sich nicht schneiden. Endlich wird in demselben Falle, in welchem die kollinearen Vereine zugleich | affin werden, 252 die Projektion mit der Abschattung identisch werden; nämlich, wenn die Abschattung und die abgeschattete Grösse Punkte oder überhaupt Elementargrössen erster Stufe mit gleichen Gewichten darstellen. Dies wird der Fall sein, wenn das Leitsystem ein Ausdehnungssystem ist (oder anders ausgedrückt, als Elementarsystem ins Unendliche fällt). Dieser Fall trat im ersten Abschnitte (§ 82) ein, weshalb dort Projektion und Abschattung zusammenfielen.

§ 167. Harmonische Gleichungen, Konstruktion der harmonischen Mitte. Harmonische Summe, harmonische Koefficienten. Polsystem.

Fragen wir überhaupt danach, welche Gleichungen unabhängig sind von dem Masswerthe der Grössen geltender Stufe, die darin vorkommen, und welche also in der Projektion und überhaupt in der Kollineation bestehen bleiben, so sind es diejenigen, bei welchen jede Grösse von geltender Stufe in demselben Gliede eben so oft als Faktor des Nenners vorkommt, wie als Faktor des Zählers, und nur diejenigen Faktoren, welche sämmtlichen Zählern | oder Nennern gemeinschaft- 254 lich sind, können in den Gliedern beliebig oft vorkommen, wenn nur in allen gleich oft.

Die einfachste Form einer solchen Gleichung ist daher

$$\frac{\alpha QA}{PA} + \frac{\beta QB}{PB} + \cdots = 0,$$

wo α, β, ... Zahlengrössen vorstellen, und wobei wir, damit die Gleichung einen bestimmten Sinn gewinne, annehmen müssen, dass die Nenner PA, PB, ... einander gleichartig sind, ohne null zu werden.

Setzen wir dies voraus, und nehmen wir Q gleich der Einheit, wodurch die Gleichung übergeht in

$$\frac{\alpha A}{PA} + \frac{\beta B}{PB} + \cdots = 0,$$

so nennen wir dieselbe eine harmonische Gleichung, $\alpha, \beta, \ldots$ die *harmonischen Koefficienten* (harmonischen Gewichte), die Systeme von $A, B, \ldots$ die *harmonischen Systeme*, P das *Polsystem*. Verstehen wir unter $A, B, \ldots$ blosse Systeme, so schreiben wir die Gleichung auch so:

$$\alpha A + \beta B + \cdots \overset{P}{=} 0,$$

und sagen, der Ausdruck $\alpha A + \beta B + \cdots$ sei in Bezug auf P gleich Null.

Die Bedingung, dass die Grössen PA, PB, ... alle einander gleichartig sein müssen, ohne null zu werden, können wir auch so ausdrücken, dass für alle diese Produkte das nächstumfassende System
253 und das gemeinschaftliche System der Faktoren dieselben sein müssen. Wenn das nächstumfassende System in allen dasselbe sein soll, so heisst das, es muss dasselbe zusammenfallen mit demjenigen Systeme, was die sämmtlichen Grössen $P, A, B, \ldots$ zunächst umfasst, das heisst, mit dem Hauptsysteme der Gleichung. Wenn das gemeinschaftliche System in einem jener Produkte, also auch in allen von nullter Stufe ist, so sind die Produkte äussere, und dann, aber auch nur dann sind die Werthe der Quotienten $\frac{\alpha A}{PA}, \ldots$ bestimmte Grössen (§ 141). In diesem Falle nennen wir die harmonische Gleichung *eine harmonische von reiner Form*. Aber obgleich in dem andern Falle die Quotienten $\frac{\alpha A}{PA}$ nur partiell bestimmte Werthe darstellen, so behält die harmo-
255 nische Gleichung | dennoch auch dann ihre bestimmte Bedeutung, welche wir nun aufsuchen wollen.

Da PA, PB, ... einander gleichartig sind, ohne null zu werden, so müssen sich solche Masswerthe von $A, B, \ldots$ annehmen lassen, dass

$$PA = PB = \cdots$$

ist; dann wird die Gleichung in der Form

$$\frac{\alpha A + \beta B + \cdots}{PA} = 0$$

erscheinen, woraus man durch Multiplikation mit PA die absolute Gleichung

$$\alpha A + \beta B + \cdots = 0$$

erhält. Multiplicirt man diese Gleichung mit P, so erhält man

$$(\alpha + \beta + \cdots) AP = 0,$$

das heisst

$$\alpha + \beta + \cdots = 0,$$

oder:

in einer harmonischen Gleichung ist die Summe der harmonischen Koefficienten auf beiden Seiten gleich.

Zugleich erhält man hierdurch ein Mittel, um den Werth σS, welcher der Gleichung

$$\overset{P}{\alpha A + \beta B + \cdots = \sigma S}$$

genügt, zu konstruiren, das heisst, den harmonischen Koefficienten und das harmonische System dieses Gliedes zu finden; nämlich, erstens ist

$$\sigma = \alpha + \beta + \cdots,$$

zweitens ist, wenn $A, B, \ldots$ so gross gemacht sind, dass die Produkte mit P einander gleich sind, und auch S in solcher Grösse angenommen wird, nach dem Vorigen 254

$$\alpha A + \beta B + \cdots = \sigma S$$

oder

$$S = \frac{\alpha A + \beta B + \cdots}{\sigma},$$

wodurch S selbst, wenn nicht etwa σ null ist*), bestimmt, also auch das System von S bestimmt, die Bedeutung der harmonischen Gleichung somit nachgewiesen ist. 256

Wir nennen das System von S die *harmonische Mitte* zwischen den Systemen $A, B, \ldots$ in Bezug auf die zugehörigen Koefficienten $\alpha, \beta, \ldots$ und das Polsystem P, und dies System, verbunden mit dem harmonischen Koefficienten $(\alpha + \beta + \cdots)$, nennen wir die auf P bezügliche *harmonische Summe* von $\alpha A, \beta B, \ldots$.

§ 168. Umgestaltung reiner harmonischer Gleichungen.

Im vorigen Paragraphen haben wir gezeigt, dass eine harmonische Gleichung auch als absolute besteht, wenn man den Systemen solche Masswerthe beilegt, dass ihre Produkte mit dem Polsysteme einander gleich werden. Wir können nun auch umgekehrt schliessen und sagen, *eine Gleichung zwischen Vielfachensummen von Grössen, deren Produkte mit einer und derselben Grösse P gleichen Werth liefern, sei eine har-*

*) Ist σ null, und auch $\alpha A + \beta B + \cdots = 0$, so ist S gänzlich unbestimmt, wie dies auch in der Idee der harmonischen Gleichung liegt. Ist σ null, und $\alpha A + \beta B + \cdots$ stellt einen geltenden Werth dar, so giebt es keinen (endlichen) Werth von S, welcher der Gleichung genügt; da dann auch $(\alpha A + \beta B + \cdots) P$ gleich Null ist, so ist klar, dass das System, was jener Summe entspricht, auch nicht der Bedingung, mit P ein Produkt von geltendem Werthe zu liefern, genügt.

monische, wenn man die Koefficienten jener Grössen als harmonische Koefficienten der durch sie dargestellten Systeme, das System von P aber als Polsystem setzt.

In der That, ist

$$\alpha A + \beta B + \cdots = \sigma S$$

die gegebene Gleichung, und ist

$$PA = PB = \cdots = PS,$$

so erhält man, indem man mit PS dividirt, und links, statt die Summe zu dividiren, die Stücke dividirt, indem man dann statt PS die ihm gleichen Ausdrücke setzt, die harmonische Gleichung

256
$$\frac{\alpha A}{PA} + \frac{\beta B}{PB} + \cdots = \frac{\sigma S}{PS},$$

oder

$$\overset{P}{\alpha A + \beta B + \cdots = 0},$$

wo A, B, ... nur noch blosse Systeme vorstellen.

Durch diese Sätze ergeben sich nun leicht die Umwandlungen, welcher eine harmonische Gleichung, welche in reiner Form erscheint, fähig ist.

Zuerst leuchtet unmittelbar ein, dass man einestheils die sämmtlichen harmonischen Systeme, anderntheils das Polsystem mit einem 257 Systeme L äusserlich kombiniren darf, welches von dem | Hauptsysteme der ursprünglichen Gleichung unabhängig ist, ohne dass die Gleichung aufhört, eine harmonische zu sein. Denn, wenn

$$\alpha A + \beta B + \cdots = 0$$

und

$$PA = PB = \cdots$$

ist, so ist klar, dass, wenn L von PA unabhängig ist und PA, wie wir voraussetzten, ein äusseres Produkt ist, auch

$$LPA = LPB = \cdots$$

sei, also auch LP als Polsystem angenommen werden könne, dass ferner

$$\alpha AL + \beta BL + \cdots = 0$$

und

$$PAL = PBL = \cdots$$

sei, also diese mit L kombinirte Gleichung noch in Bezug auf dasselbe Polsystem P eine harmonische sei.

Ohne Vergleich wichtiger als diese Umwandlungen sind diejenigen, bei welchen man nicht aus dem Hauptsysteme der ursprünglichen Gleichung herausgeht. Setzt man nämlich P gleich $Q.R$, sei es nun, dass $Q.R$ ein äusseres, oder dass es ein, auf das Hauptsystem der

Gleichung bezügliches, eingewandtes Produkt darstelle, so wird, da $P.A$ als äusseres oder auch als eingewandtes Produkt nullter Stufe betrachtet werden kann, das Produkt $Q.R.A$ ein reines, also (nach § 139) gleich $Q.(R.A)$ sein. Multiplicirt man daher die ursprüngliche Gleichung

$$\alpha A + \beta B + \cdots = 0,$$

zu welcher die Bedingungsgleichungen

$$P.A = P.B = \cdots,$$ 256

oder

$$Q.(R.A) = Q.(R.B) = \cdots$$

gehören, mit R, so erhält man

$$\alpha RA + \beta RB + \cdots = 0,$$

welche vermöge der Bedingungsgleichungen in Bezug auf Q harmonisch ist. Also:

Stellt man das Polsystem einer r e i n e n *harmonischen Gleichung als Kombination dar, sei es als äussere, oder als eingewandte auf das Hauptsystem der Gleichung bezügliche: so bleibt die Gleichung eine reine harmonische, wenn man das | eine Glied jener Kombination mit den harmonischen Systemen kombinirt, das andere als Polsystem setzt, alles übrige aber unverändert lässt.* 258

Um die Allgemeinheit dieses Satzes und den Reichthum der Beziehungen zu übersehen, welchen er in sich fasst, haben wir auch diejenigen harmonischen Gleichungen in Betracht zu ziehen, welche nicht in reiner Form erscheinen.

§ 169. Umwandlung des Polsystems einer harmonischen Gleichung.

Ist die Gleichung

$$\alpha A + \beta B + \cdots = 0$$

mit den Bedingungsgleichungen

$$PA = PB = \cdots$$

gegeben, und sind die Produkte $PA, \ldots$ eingewandte, so lässt sich die harmonische Gleichung, welche daraus hervorgeht, in reiner Form darstellen. In der That, wenn E das System darstellt, welches den Faktoren eines jeden dieser Produkte gemeinschaftlich ist, so wird P sich als äusseres Produkt in der Form QE darstellen lassen, und man hat

$$PA = QE.A = QA.E;$$

also gehen die Bedingungsgleichungen über in

$$QA.E = QB.E = \cdots,$$

oder, da E dem $QA, \ldots$ untergeordnet ist, in

$$QA = QB = \cdots,$$

wo $QA, \ldots$ äussere Produkte sind; und die Gleichung ist also auch harmonisch in Bezug auf Q, das heisst

$$\overset{Q}{\alpha A + \beta B + \cdots = 0},$$

257 und sie ist nun in reiner Form dargestellt.

Also „eine unreine harmonische Gleichung bietet stets ein System (E) dar, welches den sämmtlichen harmonischen Systemen und dem Polsysteme derselben (P) gemeinschaftlich ist, und man kann die Gleichung in reiner Form darstellen, indem man als Polsystem irgend ein System (Q) setzt, dessen äussere Kombination mit jenem gemeinschaftlichen Systeme (E) das ursprüngliche Polsystem (P) liefert."

Da man nun aus den zuletzt gefundenen Bedingungsgleichungen

$$QA = QB = \cdots$$

für den Fall, dass $A, B, \ldots$ das gemeinschaftliche System E haben,
259 und E_1 dem E untergeordnet ist, die neuen Bedingungsgleichungen

$$QA \, . \, E_1 = QB \, . \, E_1 = \cdots,$$

oder, da E_1 auch dem $A, B, \ldots$ untergeordnet ist, die Bedingungsgleichungen

$$QE_1 \, . \, A = QE_1 \, . \, B = \cdots$$

ableiten kann, so folgt, dass dieselbe Gleichung auch noch harmonisch ist in Bezug auf QE_1. Daraus folgt, dass man in einer reinen harmonischen Gleichung das Polsystem mit einem Systeme, welches allen harmonischen Systemen untergeordnet ist, kombiniren und diese Kombination als Polsystem setzen kann, oder allgemeiner:

Wenn die harmonischen Systeme einer Gleichung ein System von geltender Stufe gemeinschaftlich haben, so kann man das Polsystem beliebig ändern, wenn nur dasjenige System, welches jenes gemeinschaftliche System und dieses Polsystem zunächst umfasst, dasselbe bleibt.

Nehmen wir ferner an, dass in einer reinen harmonischen Gleichung das Polsystem demjenigen Systeme R, was die sämmtlichen harmonischen Systeme zunächst umfasst, nicht untergeordnet sei, sondern mit ihm nur ein System E gemeinschaftlich habe und sich also in der Form QE darstellen lasse, wo Q von jenem nächstumfassenden Systeme unabhängig ist, so kann man statt der Bedingungsgleichungen

$$QEA = QEB = \cdots$$

auch, da Q von dem Systeme, welches die Faktoren $EA, EB, \ldots$

zunächst umfasst, unabhängig ist, nach § 81 mit Weglassung des Faktors Q die Gleichungen

$$EA = EB = \cdots$$ 258

setzen, das heisst, die Gleichung ist auch harmonisch in Bezug auf E; da man nun nach § 168 auch E wieder mit jedem von R unabhängigen Systeme äusserlich kombiniren darf, so haben wir den Satz:

Man kann in einer reinen harmonischen Gleichung das Polsystem beliebig in der Art ändern, dass dasjenige System, welches es mit dem, alle harmonischen Systeme zunächst umfassenden Systeme gemeinschaftlich hat, dasselbe bleibt.

Dieser Satz entspricht dem vorhergehenden und lässt sich, wenn 260 man will, in die ganz entsprechende Form kleiden. Auch übersieht man leicht, wie man durch Kombination dieser beiden Gesetze ein allgemeineres Gesetz ableiten könnte, welches jedoch wegen seiner verwickelten Form von geringerer Bedeutung ist*).

§ 170. Umwandlung harmonischer Gleichungen bei unverändertem Polsysteme. Allgemeiner Satz über harmonische Mitten.

Vermittelst dieser Sätze nun können wir den Satz aus § 168 noch in einer etwas einfacheren und für die Anwendung bequemeren Form darstellen.

Nämlich, wenn wir die dort gewählte Bezeichnung wieder aufnehmen, so können wir in der harmonischen Gleichung

$$\overset{Q}{\alpha RA + \beta RB + \cdots = 0}$$

nach den beiden Sätzen des vorigen Paragraphen statt Q auch QR, das heisst P setzen, und haben somit den Satz:

In einer reinen harmonischen Gleichung kann man ohne Aenderung des Polsystems die harmonischen Glieder mit jedem, dem Polsystem eingeordneten Systeme kombiniren.

In diesem Satze liegen die sämmtlichen Sätze über die harmonischen Mitten (*centres de moyennes harmoniques*), welche Poncelet aufgestellt hat**).

---

*) Es würde dies Gesetz etwa so ausgedrückt werden können: Wenn man ein veränderliches Polsystem mit dem die harmonischen Systeme zunächst umfassenden Systeme kombinirt, und dabei dasjenige System, welches diese Kombination und das allen harmonischen Systemen gemeinschaftliche System zunächst umfasst, konstant bleibt, so bleibt die harmonische Gleichung als solche in Bezug auf jenes veränderliche Polsystem bestehen.

**) In seinem *Mémoire sur les centres de moyennes harmoniques*, welches im

In der That, hat man zum Beispiel in einer Ebene die harmonische 259 Mitte mehrerer Linien in Bezug auf gewisse harmonische Koefficienten und einen Punkt der Ebene als Pol, und man zieht durch diesen Punkt eine gerade Linie, so wird zwischen den Durchschnittspunkten dieser Linie mit den ersteren nach dem zuletzt angeführten Satze in Bezug auf denselben Pol auch dieselbe harmonische Gleichung herr- 261 schen; oder, anders ausgedrückt, wenn | man durch einen festen Punkt eine veränderliche Gerade zieht, welche eine Reihe von n festen Geraden derselben Ebene schneidet, und man bestimmt in Bezug auf jenen Punkt als Pol die harmonische Mitte zwischen den mit konstanten harmonischen Koefficienten behafteten Durchschnittspunkten, so liegt dieselbe in einer festen Geraden, und zwar ist diese Gerade die harmonische Mitte jener n Geraden in Bezug auf denselben Pol und dieselben harmonischen Koefficienten. Hat man auf der andern Seite in Bezug auf eine Axe die harmonische Mitte zwischen einer Reihe von n Punkten derselben Ebene, und man legt durch irgend einen Punkt der Axe und jene n Punkte gerade Linien, so findet zwischen ihnen nach dem angeführten Satze in Bezug auf die Axe dieselbe harmonische Gleichung statt, wie zwischen jenen n Punkten. Oder, verbindet man einen, in einer festen Geraden liegenden, veränderlichen Punkt mit n festen Punkten derselben Ebene, so geht die harmonische Mitte dieser Verbindungslinien in Bezug auf jene Gerade als Axe und in Bezug auf eine Reihe konstanter Koefficienten, welche jenen Punkten zugehören, durch einen festen Punkt, und zwar ist dieser Punkt die harmonische Mitte der gegebenen n Punkte in Bezug auf dieselbe Axe.

Wollen wir die zweite Ausdrucksform in ihrer ganzen Allgemeinheit darstellen, so gelangen wir zu folgender neuen Form des oben aufgestellten Satzes:

Kombinirt man ein veränderliches System R, welches einem festen Systeme P als Polsysteme eingeordnet ist, mit n festen Systemen $A, B, \ldots$, deren jedes, mit dem Polsysteme kombinirt, das Hauptsystem liefert: so ist die harmonische Mitte jener n Kombinationen in Bezug auf n zugehörige feste Koefficienten $\alpha, \beta, \ldots$, deren Summe nicht null ist, und auf jenes 260 *Polsystem P | einem festen Systeme Q eingeordnet, und zwar ist dies feste*

---

dritten Bande des Crelle'schen Journals [S. 213—272] abgedruckt ist. — Eine Erweiterung dieser Poncelet'schen Theorie habe ich in einer Abhandlung „Theorie der Centralen", welche im 24-ten Bande desselben Journals [auf S. 262 —282 und 372—380] abgedruckt ist, versucht. [Die Poncelet'sche Arbeit ist in dem „Traité des propriétés projectives des figures" wieder abgedruckt und zwar in Bd. 2 auf S. 1—56.]

System Q die harmonische Mitte der n festen Systeme A, B, ... in Bezug auf dieselben Koefficienten α, β, ... und auf dasselbe Polsystem P.

Diese Ausdrucksform ergiebt sich aus der ersteren (im vorigen Paragraphen aufgestellten) mit vollkommener Schärfe, wenn man von dem Satze Gebrauch macht, dass wenn das Polsystem, die harmonischen Systeme, deren jedes mit dem Polsysteme kombinirt das Hauptsystem liefert, und die zugehörigen harmonischen Koefficienten, | deren Summe 262 aber nicht null sein darf, gegeben sind, die harmonische Mitte jedesmal bestimmt ist.

Die letzte Bestimmung in diesen Sätzen, dass nämlich das feste System Q, dem jene harmonischen Mitten eingeordnet sind, selbst als harmonische Mitte erscheint, fehlt in der Poncelet'schen Darstellung, und es bieten daher die hier gefundenen Ausdrucksformen, da die harmonische Mitte nach § 167 leicht konstruirt werden kann, zugleich neue und einfache geometrische Beziehungen dar.

§ 171. Anwendung auf die Krystallgestalten.

Ich will diese Darstellung mit einer der schönsten Anwendungen schliessen, die sich von der behandelten Wissenschaft machen lässt, nämlich mit der *Anwendung auf die Krystallgestalten.* Doch will ich mich hier auf die Mittheilung der Resultate beschränken, indem ich die Ableitung derselben dem Leser überlasse.

Bekanntlich stellen die Krystallgestalten jede ein System von Ebenen dar, welche ihrer Lage nach veränderlich, ihren Richtungen nach aber konstant sind; das heisst, statt jeder Ebene, die an einer Krystallgestalt hervortritt, kann auch die ihr parallele hervortreten, ohne dass dadurch die Krystallgestalt als solche geändert wird. Die Abhängigkeit, in welcher die Richtungen dieser Ebenen unter einander stehen, können wir vermittelst der durch unsere Wissenschaft festgestellten Begriffe so ausdrücken:

Wenn man vier Flächen eines Krystalles ohne Aenderung ihrer Richtungen so legt, dass sie einen Raum einschliessen), und die Stücke, welche dadurch von dreien derselben abgeschnitten werden, zu Richtmassen macht, so lässt sich jede andere Fläche | des Krystalles als Vielfachensumme* 261 *dieser Richtmasse rational ausdrücken.*

Darin, dass der Ausdruck ein rationaler ist, liegt, dass die Zeiger sich als rationale Brüche, und also, da es nur auf ihr Verhältniss ankommt, sich als ganze Zahlen darstellen lassen. Hierbei bemerken

*) Hierin liegt schon, dass die Flächen keine parallelen Kanten haben dürfen.

wir noch, dass im Allgemeinen diejenigen Ebenen am häufigsten am Krystalle hervorzutreten pflegen, deren Zeiger sich durch die kleinsten ganzen Zahlen ausdrücken lassen, und dass es schon äusserst selten 263 ist, wenn die Zeiger einer Krystallfläche sich nur | durch ganze Zahlen ausdrücken lassen, unter denen grössere als sieben vorkommen. Namentlich lässt sich die abschneidende Ebene, da ihre drei Projektionen im Sinne des Richtsystemes die drei Richtmasse geben, als Summe derselben darstellen, das heisst, ihre Zeiger sind 1, 1, 1.

Aufgabe. Es sind in Bezug auf vier Ebenen A, B, C, D, von denen die letztere die abschneidende ist, die Zeiger von vier anderen Ebenen Q_1, Q_2, Q_3, Q und die Zeiger einer Ebene P gegeben, man soll die Zeiger x, y, z von P suchen, wenn Q_1, Q_2, Q_3 und Q als die ursprünglichen Ebenen, und zwar Q als die abschneidende betrachtet werden sollen.

Auflösung. Es ist, wenn x, y, z sich auf Q_1, Q_2, Q_3 beziehen,

$$x = \frac{P \cdot Q_2 \cdot Q_3}{Q \cdot Q_2 \cdot Q_3}, \quad y = \frac{Q_1 \cdot P \cdot Q_3}{Q_1 \cdot Q \cdot Q_3}, \quad z = \frac{Q_1 \cdot Q_2 \cdot P}{Q_1 \cdot Q_2 \cdot Q}.$$

Diese Auflösung, welche sich durch die Gesetze unserer Analyse 262 264 auf's Leichteste ergiebt *), erscheint in höchst einfacher Gestalt, || während bei der gewöhnlichen analytischen Methode sowohl die Endformel als auch die Mittelglieder in sehr verwickelten Formen erscheinen. Aus dieser Auflösung fliesst sogleich der Satz:

---

*) Sind nämlich P_1, P_2, P_3 die durch Q von Q_1, Q_2, Q_3 abgeschnittenen Stücke, so hat man die Zeiger x, y, z zu suchen, welche der Gleichung

$$P = xP_1 + yP_2 + zP_3$$

genügen. Ist nun

$$P_1 = uQ_1, \quad P_2 = vQ_2, \quad P_3 = wQ_3,$$

also

$$1) \quad Q = uQ_1 + vQ_2 + wQ_3,$$

und ist ferner

$$2) \quad P = x'Q_1 + y'Q_2 + z'Q_3,$$

so ist auch

$$P = \frac{x'}{u} P_1 + \frac{y'}{v} P_2 + \frac{z'}{w} P_3,$$

also $x = \frac{x'}{u}$, und so weiter.

Nun ist aus 1)

$$u = \frac{Q \cdot Q_2 \cdot Q_3}{Q_1 \cdot Q_2 \cdot Q_3},$$

und aus 2)

$$x' = \frac{P \cdot Q_2 \cdot Q_3}{Q_1 \cdot Q_2 \cdot Q_3},$$

also

$$x = \frac{x'}{u} = \frac{P \cdot Q_2 \cdot Q_3}{Q \cdot Q_2 \cdot Q_3}, \; \ldots$$

Wenn sich eine Reihe von Ebenen aus vier Ebenen, die einen Raum einschliessen, auf die angegebene Weise rational ableiten lässt, so lässt sich auch dieselbe Reihe von Ebenen aus jeden vier andern Ebenen dieser Reihe, welche einen Raum einschliessen, gleichfalls rational ableiten.

Jede Kante der Krystallgestalt erscheint als Produkt der Flächen, welche sie bilden, und dadurch ergiebt sich die Lösung der Aufgabe: „Wenn die Zeiger zweier Flächen P, P_1 in Bezug auf vier Ebenen A, B, C, D, von denen die letzte die abschneidende ist, gegeben sind, dann ihre Kante als Vielfachensumme der von den Ebenen A, B, C gebildeten und durch D begränzten Kanten zu finden." Man erhält, wenn A, B, C die durch D begränzten Flächenräume darstellen, als die Zeiger dieser Kante die Ausdrücke

$$\frac{P \, . \, P_1 \, . \, C}{A \, . \, B \, . \, C}, \quad \frac{A \, . \, P \, . \, P_1}{A \, . \, B \, . \, C}, \quad \frac{P_1 \, . \, B \, . \, P}{A \, . \, B \, . \, C},$$

welche sich auf die durch die Produkte AB, BC, CA dargestellten Kanten beziehen*). Hieraus fliesst, da man beliebige vier raumbegränzende Krystallflächen als Fundamentalflächen annehmen kann, 263 der Satz:

Wenn man drei Kanten eines Krystalles, welche nicht in derselben Ebene liegen, ohne Aenderung ihrer Richtung an einen gemeinschaftlichen Anfangspunkt legt, und als ihre Endpunkte | ihre Durchschnitte mit 265 *irgend einer Krystallfläche setzt, so lässt sich jede andere Kante des Krystalles als Vielfachensumme dieser Strecken rational ausdrücken.*

Da die hindurchgelegte Ebene D mit den drei Kanten a, b, c gleiche Produkte liefert, so wird man auch jede Grösse p, welche als Vielfachensumme von a, b, c dargestellt ist, als harmonische Viel-

*) Nämlich, es ist

$$\frac{P \, . \, P_1 \, . \, C}{A \, . \, B \, . \, C} A \, . \, B$$

die Projektion von $P \, . \, P_1$ auf $A \, . \, B$ nach C, und so weiter, und daraus folgt

$$P \, . \, P_1 = \frac{P \, . \, P_1 \, . \, C}{A \, . \, B \, . \, C} AB + \frac{A \, . \, P \, . \, P_1}{A \, . \, B \, . \, C} BC + \frac{P_1 \, . \, B \, . \, P}{A \, . \, B \, . \, C} CA.$$

Nun stellen AB, BC, CA jene drei Kanten dar, welche zwischen A, B, C liegen und durch die Ebene D begränzt werden; denn es seien c, a, b diese drei Kanten, so werden die Flächenräume bc, ca, ab den drei Flächenräumen A, B, C proportional sein (da diese die Hälften von jenen sind), und also AB, BC, CA den Produkten $bc \, . \, ca$, $ca \, . \, ab$, $ab \, . \, bc$, das heisst den Produkten $abc \, . \, c$, $abc \, . \, a$, $abc \, . \, b$ oder den Grössen c, a, b proportional sein, und diese Grössen können also statt jener Produkte gesetzt werden.

fachensumme von a, b, c in Bezug auf D darstellen können. Somit hat man den Satz:

Nimmt man drei Kanten einer Krystallgestalt und eine Fläche derselben (ohne dass die Kombination der drei Kanten, oder der Fläche mit einer derselben Null giebt), so lässt sich jede andere Kante des Krystalles als harmonische Vielfachensumme jener Kanten in Bezug auf jene Ebene rational ausdrücken.

Dies Gesetz ist dadurch interessant, dass es die Beziehung der Richtungen (ohne Rücksicht auf hypothetische Masswerthe) rein ausdrückt. Ebenso ergiebt sich leicht, da die Flächen ab, bc, ca mit der Kante $a + b + c$ gleiches Produkt liefern, der Satz:

Nimmt man drei Flächen einer Krystallgestalt und eine Kante derselben (ohne dass die Kombination der drei Flächen oder der Kante mit einer derselben Null giebt), so lässt sich jede andere Fläche des Krystalles als harmonische Vielfachensumme jener Flächen in Bezug auf jene Kante rational darstellen.

Da die sämmtlichen Ausdehnungsgrössen im Raume als Elementargrössen, die der unendlich entfernten Ebene angehören, aufgefasst werden können, so werden die Abschattungen auf irgend eine Grundebene nach irgend einem Leitpunkte ein dem ersteren affines System darstellen, und also zwischen ihnen genau dieselben Gleichungen stattfinden, wie zwischen den abgeschatteten Grössen; und umgekehrt jede Gleichung, welche zwischen den Abschattungen stattfindet, wird auch zwischen den abgeschatteten Grössen stattfinden, und der Verein dieser Abschattungen wird daher alle in der Krystallgestalt herrschenden Be-
264 ziehungen vollkommen treu darstellen; die Krystallflächen | werden durch Liniengrössen, die Krystallkanten durch Punktgrössen, oder sofern beide bloss ihren Richtungen nach gegeben waren, durch Linien und Punkte dargestellt sein. Diese Darstellung in der Ebene, da sie alles, was bei den Krystallgestalten als wesentliches vorkommt, rein
266 und treu | abbildet, ohne das zufällige mit aufzunehmen, eignet sich besonders schön, um die Krystallgestalten in der Ebene zu entwerfen.

Diese Andeutungen mögen genügen, um die Fruchtbarkeit der neuen Analyse auch nach dieser Seite hin nachzuweisen.

---

§ 172. Anmerkung über offne Produkte.

Ich habe mich in der obigen Darstellung hauptsächlich auf solche Produkte beschränkt, in denen sich die Faktoren ohne Werthänderung des ganzen Produktes beliebig zu besonderen Produkten zusammenfassen lassen (§ 143); und es schien mir diese Beschränkung nothwendig, damit der schon überdies so mannigfaltige Stoff mehr zusammengehalten werde, und der Leser nicht durch die immer wieder neu hervortretenden Begriffe ermüde. Ueberdies erfordern die Produkte, für welche jene Bedingung nicht mehr gilt, eine ganz differente Behandlung, neue und verwickeltere Grössen treten in ihnen hervor, und wenn gleich dieselben eine reiche Anwendung namentlich auf die Mechanik und Optik gestatten, so kann doch diese Anwendbarkeit hier nicht ganz zur Anschauung gebracht werden, indem dazu erst die in dem folgenden Theile zu entwickelnden Gesetze erforderlich sein würden. Doch will ich die Art ihrer Behandlung hier wenigstens an einem Beispiele erläutern, und zugleich auf die interessanten Grössenbeziehungen hindeuten, welche sich dadurch aufschliessen.

Es war bisher nur das gemischte Produkt (§ 139), welches jenem Zusammenfassungsgesetze nicht unterlag, obgleich die allgemeine multiplikative Beziehung zur Addition, vermöge welcher man statt eines zerstückten Faktors die einzelnen Stücke setzen und die so entstehenden einzelnen Produkte addiren kann, für dasselbe ihre Geltung behielt. Aber auch diese Beziehung erscheint hier | noch als eine einseitige, in- 265 sofern zwar gemischte Produkte, in welchen Ein Faktor verschieden ist, während die übrigen gleichartig sind, danach zu Einem Produkte vereinigt werden können, aber nicht solche, in welchen mehr als Ein Faktor verschiedenartig ist, es müsste denn sein, dass diese verschiedenartigen | Faktoren schon zu einem Produkte zusammengefasst 267 seien. In der Aufhebung dieser Einseitigkeit nun liegt das Princip der Behandlung jener Produkte.

Es sei $A_1P.B_1 + A_2P.B_2$ eine solche Summe zweier gemischten Produkte, in welchen P der gemeinschaftliche Faktor ist, und die beiden letzten Faktoren nicht zu Einem Produkt vereinigt werden dürfen; so kann man statt dessen auch nicht $\mp(A_1B_1 + A_2B_2).P$ setzen; sondern, wenn wir einen solchen Ausdruck, wie es die Analogie der Multiplikation fordert, einführen wollen, so müssen wir die Stelle des Produktes, in welche P einrücken soll, bezeichnen. Es sei diese Stelle durch eine leer gelassene Klammer bezeichnet, so dass

$$[A\,().B]\,P = AP.B$$

und

$$[A_1\,().B_1 + A_2\,().B_2 + \cdots]\,P = A_1P.B_1 + A_2P.B_2 + \cdots$$

sei, und es werde ein solches Produkt mit leer gelassener Stelle ein *offnes* genannt. Treten mehrere Faktoren hinzu, von denen nur Einer in die Lücke eintreten soll, so kann dieser durch dieselbe Klammer ausgezeichnet werden, durch welche die Lücke bezeichnet ist. Sind zwei oder mehr Lücken in dem Produkte, so müssen die Klammerbezeichnungen verschieden sein, wenn verschiedene Faktoren in dieselben eintreten sollen.

Wir betrachten hier indessen nur die Produkte mit Einer Lücke, deren Summe formell dadurch bestimmt ist, dass die multiplikative Beziehung bestehen bleibt. Wir werden daher zwei Summen von offnen Produkten, da sie nur durch ihre Multiplikation mit andern Grössen ihrem Begriffe nach bestimmt sind, dann und nur dann als gleich zu setzen haben, wenn sie mit jeder beliebigen, aber beide mit derselben Grösse multiplicirt, gleiches Produkt liefern.*) Es kommt also darauf an, die konstanten Beziehungen zwischen den in jenem Summenausdrucke vorkommenden Grössen, die wir als veränderlich setzen können, auszumitteln, wenn eben der Summenwerth konstant bleiben soll. Je 266 einfacher und | anschaulicher diese konstanten Beziehungen aufgefasst sein werden, desto einfacher und anschaulicher wird der Begriff jener 268 Summe sein, welcher eben als die | Gesammtheit jener konstanten Beziehungen selbst aufgefasst werden kann.

Es lassen sich sehr leicht diese konstanten Beziehungen als Zahlenbeziehungen in Bezug auf irgend ein zu Grunde gelegtes Richtsystem darstellen. Nämlich man hat dann nur die sämmtlichen Grössen in jenem Summenausdruck S, so wie auch die Grösse P, mit welcher multiplicirt werden soll, als Vielfachensummen der Richtmasse von gleicher Stufe darzustellen, dann das Produkt SP gleichfalls als Vielfachensumme von Richtmassen zu gestalten, so wird in diesem Produkte der Koefficient eines jeden Richtmasses (nach § 89) konstant sein, wie sich auch die Grössen in S ändern mögen, wenn eben jenes Produkt oder jene Vielfachensumme, auf welche dasselbe zurückgeführt ist, konstant bleiben soll. Ein jeder solcher Koefficient kann wiederum als Vielfachensumme von den Zeigern der Grösse P dargestellt werden; und da für jeden bestimmten Werth dieser Zeiger jene Vielfachensumme konstant bleiben soll, so muss auch in ihr der Koefficient eines jeden Zeigers von P konstant sein.

Es ist nun sogleich einleuchtend, dass hierdurch die konstanten Beziehungen zwischen den Grössen in S vollständig dargestellt sind, indem aus ihnen die Beständigkeit des Summenausdruckes mit Nothwendigkeit hervorgeht. Wir erläutern dies an einem Beispiele.

Es sei die Summe

$$S = e_1\,() \, . \, e_1 + e_2\,() \, . \, e_2 + \cdots = \Sigma[e\,() \, . \, e]$$

*) Wenn auch nur mit jeder Grösse von gegebener Stufe, wobei dann jener Summenwerth zugleich von der Stufenzahl abhängig bleibt.

zu behandeln, in welcher $e, e_1, e_2, \ldots$ Strecken im Raume vorstellen, und wo bei der letzteren Bezeichnung das Summenzeichen sich auf die verschiedenen Anzeiger 1, 2, ... bezieht. Es ist klar, dass, wenn die Strecken e nicht etwa Einer Ebene angehören, die Grösse P, welche mit jener Summe multiplicirt werden soll, von zweiter Stufe, das heisst ein Flächenraum sein muss, sobald die Produkte der einzelnen Glieder summirbar bleiben sollen, ohne null zu werden. Es seien nun a, b, c die Richtmasse erster Stufe des zu Grunde gelegten Richtsystems, bc, ca, ab also die Richtmasse zweiter Stufe, und

$$e = \alpha a + \beta b + \gamma c,$$
$$P = xbc + yca + zab,$$

so hat man

$$SP = \Sigma(eP \,.\, e) = \Sigma(eP \,.\, (\alpha a + \beta b + \gamma c)).$$

Hier müssen die zu den Richtmassen a, b, c gehörigen Zeiger des 267 ganzen Ausdrucks konstant sein; das heisst, es müssen

$$\Sigma(eP \,.\, \alpha), \quad \Sigma(eP \,.\, \beta), \quad \Sigma(eP \,.\, \gamma)$$ 269

konstant sein für jeden Werth von x, y, z, wobei

$$eP = abc(\alpha x + \beta y + \gamma z)$$

ist. Daraus ergeben sich folgende sechs konstante Grössen:

$$(1) \qquad \begin{cases} \Sigma(\alpha^2), & \Sigma(\beta^2), & \Sigma(\gamma^2), \\ \Sigma(\beta\gamma), & \Sigma(\gamma\alpha), & \Sigma(\alpha\beta). \end{cases}$$

Bezeichnen wir diese sechs Grössen beziehlich mit

$$A, \; B, \; C$$
$$A', \; B', \; C',$$

so ist

$$(2) \qquad \begin{cases} SP = abc(Ax + C'y + B'z)\,a + \\ \quad + abc(C'x + By + A'z)\,b + \\ \quad + abc(B'x + A'y + Cz)\,c. \end{cases}$$

Es hat demnach jene Summe S dann und nur dann einen konstanten Werth, wenn in Bezug auf irgend ein festes Richtsystem diese sechs Zahlengrössen konstant sind. So haben wir nun zwar die konstanten Beziehungen, welche zwischen den in jener Summe vorkommenden Grössen herrschen müssen, wenn die Summe konstant bleiben soll, bestimmt; allein der einfache Begriff jener Summe ist dadurch noch nicht gefunden, weil in diese Bestimmungen ein ganz fremdartiges, mit dem Begriffe jener Summe in keinerlei Beziehung stehendes Element, nämlich das zu Grunde gelegte Richtsystem, eingeführt ist. Es dienen daher jene sechs Grössen nur zur Uebertragung auf gegebene Richtsysteme, während der einfache Begriff der Summe noch zu realisiren ist.

Wir können, um uns der Lösung dieser Aufgabe zu nähern, zuerst versuchen, jene Summe auf eine möglichst geringe Anzahl von Gliedern zurückzuführen.

Da jede Strecke drei Zeiger darbietet, so scheint für den ersten Anblick jene Summe auf zwei Glieder reducirbar, in sofern zur Bestimmung der sechs Zeiger jener Strecken sechs Gleichungen erscheinen; allein es erhellt leicht, dass, wenn nicht etwa sämmtliche Grössen in S derselben Ebene angehören, jene sechs Zeiger nicht so gewählt werden können, dass diesen sechs Gleichungen genügt wird. Denn, da das Richtsystem willkührlich ist, so kann es auch so genommen werden, dass jene zwei Strecken mit zweien der Richtmasse, etwa mit a und b zusammenfallen; dann ist klar, wie

268
$$SP = aP \,.\, a + bP \,.\, b$$

270 stets eine Strecke der Ebene ab darstellt; es müsste also das Glied von SP, was der dritten Axe c angehört, stets null sein, das heisst, B', A', C müssten null sein. C aber, was die Summe der Quadrate von γ vorstellt, kann nicht [anders] null werden, als wenn sämmtliche Werthe von γ null sind, das heisst, sämmtliche Werthe e der Ebene ab angehören. Es lässt sich daher die Summe S auf keine geringere Anzahl reeller Glieder zurückführen als auf drei. Da aber drei Strecken neun Zeiger darbieten, so werden dieselben durch jene sechs Gleichungen nicht bestimmt sein, sondern noch für drei Zahlenbestimmungen Raum lassen.

Um nun eine gegebene Summe S von der Form $\Sigma[e\,() \,.\, e]$, in welcher die verschiedenen Grössen e nicht derselben Ebene angehören sollen, das heisst, A, B, C stets geltende (positive) Werthe darstellen, auf drei Glieder zu reduciren, gehen wir auf die Gleichung (2) zurück. Setzen wir hier

$$P = ab,$$

das heisst

$$x = y = 0, \quad z = 1,$$

so ist

$$SP = S\,(ab) = abc\,(B'a + A'b + Cc).$$

Da hier C nicht null werden kann, so ist $S\,(ab)$ nie der Ebene ab parallel. Also können wir, da die Annahme des Richtsystems willkührlich ist, wenn nur die drei Richtaxen von einander unabhängig sind, die dritte Richtaxe c parallel $S\,(ab)$ annehmen. Dann wird

$$A' = B' = 0$$

und $S\,(ab)$ gleich $abc \,.\, Cc$. Da auch der Masswerth c willkührlich ist, und C positiv ist, so kann man c so annehmen, dass C gleich Eins ist*); dann ist

$$S(ab) = abc \,.\, c.$$

Nimmt man nun ferner

$$P = ca, \quad z = x = 0, \quad y = 1,$$

so ist

$$S(ca) = abc\,(C'a + Bb)^{**}),$$

was nothwendig in der Ebene ab liegen muss, aber da B nicht null werden kann, von a unabhängig ist. Da nun b innerhalb der Ebene 269 ab willkührlich angenommen werden kann, wenn es nur von a unab- 271 hängig bleibt, so kann man b selbst diesem Ausdrucke $S(ca)$ parallel setzen. Man hat dann noch $C' = 0$, also

$$A' = B' = C' = 0,$$

und $S(ca)$ wird gleich $abcB\,.\,b$, oder, wenn man wieder den Masswerth von b so annimmt, dass B gleich Eins wird,

$$S(ca) = abc \,.\, b.$$

Endlich wird $S(bc)$ gleich $abcA\,.\,a$, oder bei einer solchen Annahme von a, dass A gleich Eins wird,

$$S(bc) = abc \,.\, a.$$

Die Bedingungsgleichungen, die wir auf solche Weise realisirt haben, sind also

$$(3) \qquad \begin{cases} A' = B' = C' = 0 \\ A = B = C = 1, \end{cases}$$

woraus folgt

$$(4) \qquad S = a\,()\,.\,a + b\,()\,.\,b + c\,()\,.\,c.$$

Es ist also auf die angegebene Weise jene Summe in der That auf drei reale Glieder zurückgeführt; und für die Grössen c, b, a haben wir die Gleichungen

$$(5) \qquad \begin{cases} S(ab) = abc \,.\, c \\ S(ca) = abc \,.\, b \\ S(bc) = abc \,.\, a. \end{cases}$$

Zu diesen Gleichungen (5) würde man direkt gelangen, wenn man einmal voraussetzt, dass sich jene Summe auf drei Glieder zurückführen lässt. Denn, sind a, b, c die diesen Gliedern zugehörigen Strecken,

---

*) Man hat zu dem Ende nur statt c zu setzen $\frac{c}{\sqrt{C}}$, dann verwandelt sich γ^2 in $\frac{\gamma^2}{C}$ und $\Sigma(\gamma^2)$ in $\frac{\Sigma(\gamma^2)}{C}$, das heisst, in 1.

**) Da A' gleich Null ist.

so hat man aus (4) sogleich durch Multiplikation mit ab, ca, bc die Gleichungen (5). Betrachtet man eine dieser Gleichungen, zum Beispiel die erste, so ist sie von dem Masswerthe des Faktors (ab), mit welchem S multiplicirt ist, unabhängig; setzt man daher irgend eine mit ab parallele Grösse gleich Q, so hat man

(6) $$SQ = Qc \,.\, c = (c() \,.\, c)\, Q,$$

und da Q ursprünglich willkührlich angenommen werden konnte, so wird jede Grösse c, welche dieser Gleichung für irgend ein Q genügt, als eine der drei Strecken betrachtet werden können, auf welche sich S zurückführen lässt; dann ist Q selbst die Ebene der beiden andern, und in ihr kann dann noch die eine der beiden andern Strecken von willkührlicher Richtung angenommen werden, | wodurch dann alles bestimmt ist. Jene willkührliche Annahme der Richtung der Ebene Q und der Richtung der einen Strecke in ihr vertritt die Stelle der drei willkührlich anzunehmenden Zahlenbestimmungen, von denen oben die Rede war.

270
272

Um nun den Begriff zu vollenden, haben wir die Beziehung zwischen je drei solchen Strecken aufzustellen; dies wird geschehen, indem wir die Gleichung der Oberfläche, deren Punktträger jene Strecken sind, wenn sie an denselben Anfangspunkt gelegt sind, aufstellen, und zwar in Bezug auf je drei beliebige Strecken, auf die S zurückgeführt werden kann.

Man hat, wenn p dieser Träger ist, und in die Gleichung (6) p statt c gesetzt wird,

(7) $$SQ = Qp \,.\, p.$$

Ist nun

$$p = xa + yb + zc$$
$$S = a() \,.\, a + b() \,.\, b + c() \,.\, c$$
$$Q = x'bc + y'ca + z'ab,$$

so ist

$$SQ = abc \,.\, (x'a + y'b + z'c).$$

Aus (7) folgt also, dass $x'a + y'b + z'c$ parallel p ist, das heisst, dass $x' : y' : z' = x : y : z$ ist. Da nun in der Gleichung (7) statt Q jede mit Q parallele Grösse gesetzt werden kann, so können wir nun

$$Q = xbc + yca + zab$$

setzen, dann erhalten wir aus (7)

$$abc = Qp = (x^2 + y^2 + z^2)\, abc,$$

das heisst

(8) $$x^2 + y^2 + z^2 = 1.$$

Dies ist aber die Gleichung eines Ellipsoides, in welchem die Grundmasse a, b, c konjugirte Halbmesser sind.*) Nennen wir einen Ausdruck wie $a().a$ ein offnes Quadrat von a, so können wir die gewonnenen Resultate in folgendem Satze darstellen:

Eine Summe von offnen Quadraten im Raume ist gleich der Summe aus den offnen Quadraten von je drei beliebigen konjugirten Halbmessern, welche einem konstanten Ellipsoid angehören. 271 *273*

Da dies Ellipsoid demnach der vollkommen treue Ausdruck jener Summe ist, so können wir auch sagen, diese Summe sei eine solche Grösse, die ein Ellipsoid darstellt und selbst als Ellipsoid gedacht werden könne. Auf diese Weise nun ist der Begriff jener Summe, welcher Anfangs bloss formell auftrat, auf seine reale Bedeutung zurückgeführt.

Wir stellen uns die Aufgabe, die Gleichung des Ellipsoids, welches zu einem gegebenen Summenausdruck

$$S = \Sigma(e().e)$$

gehört, zu finden. Wir haben zu dem Ende in der Gleichung (7)

$$SQ = pQ.p$$

nur entweder p oder Q zu eliminiren, indem p der Träger eines Punktes der Oberfläche ist, Q aber, da es die Ebene der zu p gehörigen konjugirten Halbmesser darstellt, der Tangentialebene parallel ist. Um im ersteren Falle (wenn p eliminirt ist) das Ellipsoid als Umhüllte darzustellen, können wir uns der in § 144 erwähnten Methode bedienen, wonach der Masswerth von Q so angenommen wurde, dass, wenn Q in die Lage der Tangentialebene versetzt wird, seine Abweichung vom Ursprung der Träger eine konstante Grösse ist, die wir der Einheit gleich setzen können. Es ist aber jene Abweichung gleich pQ, also pQ gleich der Einheit. Multiplicirt man daher obige Gleichung mit Q, so hat man

$$SQ.Q = pQ.pQ = 1,$$

was die geometrische Gleichung jenes Ellipsoids als umhüllter Fläche ist. Es ist aber

---

*) Wenn man unter x', y', z' die Koordinaten selbst versteht, welche zu den Zeigern x, y, z gehören, so hat man $x' = xa, \ldots$, oder $x = \frac{x'}{a}, \ldots$ und die Gleichung (8) wird dann

$$\frac{x'^2}{a^2} + \frac{y'^2}{b^2} + \frac{z'^2}{c^2} = 1,$$

was die gewöhnliche Form der Gleichung eines Ellipsoids ist.

$$SQ \,.\, Q = \Sigma (eQ \,.\, e) \,.\, Q = \Sigma (eQ)^2,$$

und die Gleichung des Ellipsoids ist also

(9) $$\Sigma (eQ)^2 = 1.$$

Will man diese Gleichung auf ein gegebenes Richtsystem a, b, c zurückführen, so nehme man

$$Q = xbc + yca + zab$$

an, und

$$e = \alpha a + \beta b + \gamma c,$$

also

272
274

$$eQ = (\alpha x + \beta y + \gamma z),$$

wenn abc (das Hauptmass) der Einheit gleich gesetzt ist, und man hat also

$$\Sigma (\alpha x + \beta y + \gamma z)^2 = 1,$$

oder, mit Beibehaltung der obigen Bezeichnung

$$Ax^2 + By^2 + Cz^2 + 2A'yz + 2B'zx + 2C'xy = 1.$$

Wir haben bisher nur die Summe von offenen Quadraten betrachtet. Nehmen wir auch die Differenzen in die Betrachtung auf, so können die Ellipsoide auch übergehen in Hyperboloide, und wir gelangen dann zu dem allgemeinen Begriffe einer Grösse, die im Raume durch eine Oberfläche, in der Ebene durch eine Kurve zweiter Ordnung dargestellt wird, und die wir, da sie ursprünglich als Ellipsoid oder Ellipse erscheint, eine elliptische Grösse nennen könnten. Doch scheint es kaum nöthig, dies noch weiter auszuführen, indem der Gang der weitern Entwickelung keine Schwierigkeiten mehr darbietet. Auch übersieht man leicht, wie die ganze Entwickelung so hätte geführt werden können, dass gar nicht auf willkührliche Koordinatensysteme zurückgegangen [worden] wäre; und ich habe den eingeschlagenen Weg nur darum gewählt, um zugleich die Behandlungsweise für die offenen Produkte überhaupt hindurchblicken zu lassen.

Anhang I. (1877.)

Ueber das Verhältniss der nichteuklidischen Geometrie zur Ausdehnungslehre.

(Vgl. § 15—23.)

Es ist die ganze Darstellung in § 15—23 zum Schaden der Wissen- 273 schaft bisher fast ganz unbeachtet geblieben. Weder Riemann in seiner Habilitationsschrift *) vom Jahre 1854, die zuerst 1867 veröffentlicht wurde, noch Helmholtz**) in seiner Abhandlung „Ueber die Thatsachen, welche der Geometrie zu Grunde liegen. 1868", noch auch in seinem vortrefflichen Vortrage „Ueber den Ursprung und die Bedeutung der geometrischen Axiome. 1876" thut derselben Erwähnung, obgleich darin die Grundlagen der Geometrie in viel einfacherer Weise zur Anschauung kommen als in jenen späteren Schriften.

In der Ausdehnungslehre erscheint ganz speciell und im Gegensatz gegen Euklid die gerade Linie als Grundlage der geometrischen Definitionen. Die Ebene wird in § 16 definirt als Gesammtheit der Parallelen, welche eine gerade Linie schneiden, und der Raum als Gesammtheit der Parallelen, welche eine Ebene schneiden, und weiter kann die Geometrie nicht fortschreiten, während die abstrakte Wissenschaft keine Gränzen kennt. Da alle Punkte einer geraden Linie sich aus zwei Punkten derselben numerisch ableiten lassen, so erscheint die gerade Linie als einfaches Elementargebiet zweiter Stufe und entsprechend die Ebene als einfaches Elementargebiet dritter, der Raum als ein solches vierter Stufe ***).

---

*) [Gemeint ist seine Habilitationsrede: Ueber die Hypothesen, welche der Geometrie zu Grunde liegen. Ges. Werke, 1. Ausg. S. 254 ff., 2. Ausg. S. 272 ff.]

**) [Die Abhandlung steht in den Göttinger Nachrichten von 1868, S. 193—221, s. auch seine ges. wiss. Abh. Bd. II, S. 618—639. Den Vortrag findet man in seinen „Vorträgen und Reden", Bd. II, S. 1 ff., Braunschweig 1884.]

***) Um Verwechselungen vorzubeugen, bemerke ich, dass die Strecken einer Ebene ein einfaches Ausdehnungsgebiet zweiter Stufe, die des Raumes ein einfaches Ausdehnungsgebiet dritter Stufe und überhaupt die Strecken eines einfachen Elementargebietes $(n+1)$-ter Stufe ein einfaches Ausdehnungsgebiet n-ter Stufe bilden.

274 Es sind also zum Beispiel | die Punkte einer Ebene aus drei nicht in gerader Linie liegenden Punkten numerisch ableitbar, etwa durch die Zahlen x_1, x_2, x_3. Wird nun zwischen diesen drei Zahlen eine homogene Gleichung festgesetzt, so reducirt sich die Gesammtheit der Punkte, welche der Gleichung genügen, auf ein Gebiet zweiter Stufe. Ist diese homogene Gleichung vom ersten Grade, so wird das so bestimmte Gebiet zweiter Stufe ein einfaches, das heisst, eine gerade Linie; ist aber jene Gleichung von höherem Grade, so entstehen krumme Linien, für welche nur ein Theil der für die gerade Linie gültigen longimetrischen Gesetze gelten wird.

Geht man zum Raum über, so ist jeder Punkt desselben aus vier Punkten, welche ein Tetraeder bilden, durch vier Zahlen $x_1, \dots x_4$ numerisch ableitbar. Herrschen zwischen diesen vier Grössen zwei von einander unabhängige homogene Gleichungen, von denen keine vom ersten Grade ist, so erhalten wir Linien doppelter Krümmung, für welche wieder nur ein Theil jener longimetrischen Gesetze gilt.

Schreiten wir nun vom Raume, als einem Gebiet vierter Stufe, zu einem Gebiet fünfter Stufe vor (welches nicht mehr geometrisch existirt), so hat man für dasselbe fünf Ableitungszahlen $x_1, \dots x_5$, und besteht zwischen diesen eine homogene Gleichung ersten Grades, so kommt man auf das einfache Elementargebiet vierter Stufe, das heisst, auf den Euklidischen Raum zurück. Herrscht dagegen zwischen ihnen eine homogene Gleichung höheren Grades, so kommt man zwar auch zu Elementargebieten vierter Stufe, indessen zu solchen, für welche die Euklidischen Axiome nicht mehr gelten, also gewissermassen zu nichteuklidischen Räumen *); ja man kann zu einem Elementargebiete sechster Stufe übergehen und zwischen den sechs Ableitungszahlen zwei höhere homogene Gleichungen annehmen, und erhält so abermals 275 neue Elementargebiete vierter Stufe **) und kann | somit eine unendliche Menge nichteuklidischer Räume bilden, aus deren Gleichungen sofort hervorleuchtet, in wie weit die Euklidischen Axiome noch gelten.

So bietet also die Ausdehnungslehre die vollkommen ausreichende und ganz allgemeine Grundlage auch für diese und ähnliche Betrachtungen.

*) So zum Beispiel entsteht der Helmholtz'sche sphärische Raum, wenn man zwischen den genannten fünf Ableitungszahlen eine gewisse homogene Gleichung zweiten Grades annimmt (oder allgemeiner ein gekrümmter Raum bei Annahme einer Gleichung beliebigen Grades).

**) Man könnte einen solchen Raum im Gegensatz zu dem eben genannten (einfach) gekrümmten Raum etwa einen doppelt gekrümmten Raum nennen.

Anhang II. (1877.)

Ueber das eingewandte Produkt.

(Vgl. das dritte Kapitel des zweiten Abschnitts.)

Da in dem ganzen Kapitel nur der Begriff des auf ein Hauptgebiet bezüglichen Produktes zur Evidenz entwickelt ist, und alle übrigen formellen Begriffe nach und nach fallen gelassen sind, so wäre es zweckmässig gewesen, die ganze Entwickelung auf jenen Begriff zu beschränken. Doch hätte sich auch in dieser Beschränkung die Darstellung einfacher fassen lassen, was ich hier versuchen will. Ich gehe dabei auf den Satz am Schlusse von § 126 zurück, wonach, wenn a und b die Stufenzahlen zweier Grössen, u die des sie zunächst umfassenden Gebietes und c die des gemeinschaftlichen Gebietes ist, $c = a + b - u$ ist.

Der Begriff des eingewandten (regressiven), auf ein Hauptgebiet bezüglichen Produktes ist dahin festgestellt, dass dasselbe dann und nur dann null ist, wenn das die Faktoren zunächst umfassende Gebiet von geringerer Stufe ist als das Hauptgebiet. Hierauf und auf den allgemeinen Begriff der Multiplikation, das heisst, auf die bekannte Beziehung derselben zur Addition, ist der formale Begriff des betrachteten Produktes gegründet. Um zu dem realen Begriff desselben zu gelangen, kommt es zunächst darauf an, dasjenige, was bei einer Formänderung des Produktes, die den Werth desselben nicht ändert, konstant bleibt, in möglichst anschaulicher Form darzustellen.

Es sei $A.B$ das eingewandte Produkt, dessen Werth nicht null ist, und seien a und b die Stufenzahlen von A und B, u die des Hauptgebietes, so zeige ich zuerst, dass bei jeder Formänderung des Produktes $A.B$, welche dessen Werth unverändert lässt, das den beiden Faktoren gemeinschaftliche Gebiet unverändert bleibt. 276

Unmittelbar leuchtet dies ein, wenn die beiden Faktoren denselben Werth behalten oder sich in umgekehrtem Zahlenverhältnisse ändern, weil dann auch deren Gebiete dieselben bleiben. Aendert nun einer der beiden Faktoren, zum Beispiel der zweite B seinen Werth in $B + B_1$, ohne dass sich der Werth des Produktes ändert, so folgt daraus, dass $A.B_1 = 0$ sein, das heisst, das die Faktoren A und B_1 zunächst umfassende Gebiet von niederer als u-ter Stufe, oder, was dasselbe ist, das ihnen gemeinschaftliche Gebiet [von] höherer als c-ter Stufe sein muss. Da nun die Summe zweier Grössen höherer Stufe nach § 51 sich stets auf den Fall zurückführen lässt, wo die beiden Grössen in einem Gebiete nächsthöherer Stufe, also in unserm Falle in einem Gebiete $(b+1)$-ter Stufe liegen, so brauchen wir auch hier nur diesen Fall zu berücksichtigen. Aber dann haben B und B_1 ein Gebiet $(b-1)$-ter Stufe gemeinsam, und man kann also B_1 in b einfache Faktoren zerlegen, von denen $b-1$ in B liegen und einer ausserhalb B; nun soll B_1 mit A aber $c+1$ einfache Faktoren gemeinsam haben, was nur möglich ist, wenn c von jenen $b-1$ einfachen Faktoren zugleich in A liegen, das heisst, dem gemeinsamen Gebiete C angehören, und der eine ausserhalb B liegende Faktor von B_1 gleichfalls in A liegt. Es liegt somit das ganze Gebiet C in B_1, das heisst, C ist das gemeinsame Gebiet von A und B_1, also auch von A und $B+B_1$; das den beiden Faktoren gemeinsame Gebiet bleibt [mithin] unverändert, wenn das Produkt denselben Werth behält. Denn für die Aenderung des ersten Faktors gilt dieselbe Schlussreihe.

Um nun den metrischen Werth des Produktes zu finden, setzen wir $B = CD$, also $A.B = A.CD$, dann stellt AD das umfassende, hier also das Hauptgebiet dar. Nun können wir einen Theil des Hauptgebietes gleich Eins setzen (zum Beispiel das äussere Produkt der in ihrer Reihenfolge genommenen ursprünglichen Einheiten). Dann stellt $A.D$ eine Zahl dar. Wenn dieselbe $= \lambda$ ist, so kann man statt C und D die Grössen $C_1 = \lambda C$ und $D_1 = \frac{D}{\lambda}$ einführen, ohne den Werth des Produktes $C.D$ zu ändern; dann wird aber $A.D_1 = 1$, und $A.CD = A.C_1D_1$.

Ich behaupte nun, dass C_1 bei der oben besprochenen Formänderung des Produktes ungeändert bleibt. Es | kann nach dem Obigen $B_1 = C_1.E_1$ gesetzt werden, wo E_1 einen einfachen Faktor mit A gemein hat, das heisst, $A.E_1 = 0$ ist; dann wird also in $A.C_1(D_1+E_1)$ das Produkt $A.(D_1+E_1) = A.D_1 = 1$, und es bleibt das so bestimmte C_1 ungeändert. Wir können daher C_1 als den wahren Werth des Produktes betrachten und können dann allgemein, auch wenn $A.D$ nicht gleich Eins ist, stets $A.CD = AD.C$ setzen, wo AD [ein] Theil des Hauptgebietes und also eine Zahl ist, und können dies als die *reale* Definition des eingewandten Produktes auffassen.

277

Anhang III. (1877.)

Kurze Uebersicht über das Wesen der Ausdehnungslehre.

(In Folge einer Aufforderung Grunerts in dessen Archiv Bd. VI (1845) veröffentlicht vom Verfasser.)

I. Tendenz der Ausdehnungslehre als solcher. [337]

1. Meine Ausdehnungslehre bildet die abstrakte Grundlage der Raumlehre (Geometrie), das heisst, sie ist die von allen räumlichen Anschauungen gelöste, rein mathematische Wissenschaft, deren specielle Anwendung auf den Raum die Raumlehre ist.

Die Raumlehre, da sie auf etwas in der Natur gegebenes, nämlich den Raum, zurückgeht, ist kein Zweig der reinen Mathematik, | sondern [338] eine Anwendung derselben auf die Natur; aber nicht eine blosse Anwendung der Algebra, auch dann nicht, wenn die algebraische Grösse, wie in der Funktionenlehre, als stetig veränderlich betrachtet wird; denn es fehlt der Algebra der der Raumlehre eigenthümliche Begriff der verschiedenen Dimensionen. Daher ist ein Zweig der Mathematik nothwendig, welcher in den Begriff der stetig veränderlichen Grösse zugleich den Begriff von Verschiedenheiten aufnimmt, welche den Dimensionen des Raumes entsprechen, und dieser Zweig ist meine Ausdehnungslehre.

2. Doch sind die Sätze der Ausdehnungslehre nicht etwa 278 blosse Uebertragungen geometrischer Sätze in die abstrakte Sprache, sondern haben eine viel allgemeinere Bedeutung; denn, während die Raumlehre gebunden bleibt an die drei Dimensionen des Raumes, so bleibt die abstrakte Wissenschaft von diesen Schranken frei.

In der Raumlehre können durch die Bewegung von Punkten Linien, durch die der Linien Flächen, durch die der Flächen Körperräume erzeugt werden, aber weiter kann die Raumlehre nicht fortschreiten. Hingegen, stellt man sich vor, dass an die Stelle des Punktes und der Bewegung abstrakte, vom Raume unabhängige Begriffe eingeführt werden (s. unten, Nr. 4—6), so verschwinden diese Schranken.

3. Dadurch geschieht es nun, dass die Sätze der Raumlehre eine Tendenz zur Allgemeinheit haben, die in ihr vermöge ihrer Beschränkung auf drei Dimensionen keine Befriedigung findet, sondern erst in der Ausdehnungslehre zur Ruhe kommt.

Zwei Beispiele mögen dies erläutern.

1) Zwei gerade Linien derselben Ebene schneiden sich in Einem Punkte, ebenso eine Ebene und eine Gerade, zwei Ebenen in Einer geraden Linie, vorausgesetzt, dass die Geraden, oder die Ebene und die Gerade, oder die Ebenen nicht zusammenfallen, und die Durchschnitte im Unendlichen mitgerechnet werden. Werden der Punkt, die Gerade, die Ebene, der Körperraum beziehlich als Gebiete erster, zweiter, dritter, vierter Stufe aufgefasst, so liegt darin der allgemeine Satz angedeutet, dass ein Gebiet von a-ter und eins von b-ter Stufe, wenn sie in einem Gebiete von c-ter Stufe, aber auch in keinem Gebiete von niederer Stufe vereinigt sind, ein Gebiet $(a + b - c)$-ter Stufe gemeinschaftlich haben; aber die Raumlehre kann diesen Satz nur für c gleich oder kleiner als vier zur Anschauung bringen.

2) Der Flächenraum eines Dreiecks ist die Hälfte von dem eines Parallelogramms, dessen Seiten mit zwei Seiten des Dreiecks gleich lang und parallel sind, der Körperraum des Tetraeders ein Sechstel von dem des Spathes (Parallelepipedums), dessen Kanten mit drei in einem Punkte zusammentreffenden Kanten des Tetraeders gleich lang 279 und parallel sind. Darin scheint der Satz | angedeutet: der Raum, welcher zwischen n Punkten liegt, die in einem Gebiete n-ter Stufe (und in keinem Gebiete von niederer Stufe) vereinigt sind, ist $\frac{1}{1.2.3\ldots(n-1)}$ von dem Raume eines Gebildes (einer Figur, eines [339] Körpers), dessen Begränzungslinien | (Seiten, Kanten) den, von einem der n Punkte zu den übrigen gezogenen geraden Linien gleich und parallel sind. Aber auch dieser Satz kommt hier nicht in seiner Allgemeinheit heraus.

Hingegen in der Ausdehnungslehre treten in diesen beiden und in allen andern Fällen die ganz allgemeinen Sätze vollkommen hervor. So nimmt also überall die Raumlehre einen Anlauf zur Allgemeinheit, stösst sich aber, ohne diese Allgemeinheit erreichen zu können, an den ihr durch den Raum gesteckten Schranken, welche nur die abstrakte Wissenschaft der Ausdehnungslehre zu durchbrechen vermag.

4. Das der Linie entsprechende Gebilde der Ausdehnungslehre ist die Gesammtheit der Elemente, in die ein seinen Zustand stetig änderndes Element übergeht.

Die Linie kann als Gesammtheit der Punkte betrachtet werden, in die ein seinen Ort stetig ändernder Punkt übergeht. Substituiren wir hier dem Punkte allgemeiner irgend ein Ding, welches einer stetigen Aenderung irgend eines Zustandes, den es hat, fähig ist, und abstrahiren nun von allem anderweitigen Inhalte des Dinges und aller

Besonderheit dieses seines Zustandes, und nennen das von allem anderweitigen Inhalte abstrahirte Ding das *Element*, so gelangen wir zu dem aufgestellten Begriffe.

5. Wenn hierbei das Element seinen Zustand stets auf gleiche Weise ändert, so dass, wenn aus einem Elemente a des Gebildes durch Eine solche Aenderung ein anderes Element b desselben hervorgeht, dann durch eine gleiche Aenderung aus b ein neues Element c desselben Gebildes hervorgeht, so entsteht das der *geraden* Linie entsprechende Gebilde, das Gebiet zweiter Stufe.

Die gerade Linie wird von dem Punkte konstruirt, wenn dieser seinen Ort stets nach derselben Richtung hin ändert; | substituiren wir 280 daher der Richtung die Art und Weise der Aenderung, so geht der aufgestellte Begriff hervor *).

6. Wenn man alle Elemente eines Gebietes n-ter Stufe einer und derselben Aenderungsweise unterwirft, welche zu neuen (in jenem Gebiete nicht enthaltenen) Elementen führt, so heisst die Gesammtheit der durch diese Aenderungsweise und die entgegengesetzte erzeugbaren Elemente ein Gebiet $(n+1)$-ter Stufe; das Gebiet dritter Stufe entspricht der Ebene, das vierter dem ganzen Raume.

Wenn die Punkte einer geraden Linie sich alle nach einer und derselben Richtung bewegen, die zu neuen (in jener Geraden nicht enthaltenen) Punkten führt, so ist die Gesammtheit der durch diese Bewegung und die entgegengesetzte erzeugbaren Punkte die Ebene; und wenn man ebenso mit den Punkten der | Ebene verfährt, so erhält man [340] den ganzen Raum. Substituirt man hier den räumlichen Begriffen die vorher angegebenen abstrakten und hält den Fortgang von einer Stufe zur nächst höheren allgemein fest, so ergiebt sich der obige Begriff.

II. Tendenz der in meiner Ausdehnungslehre angewandten Rechnungsmethode, an der Geometrie erläutert.

7. In meiner Ausdehnungslehre tritt eine eigenthümliche Rechnungsmethode hervor, welche, auf die Raumlehre übertragen, von unerschöpflicher Fruchtbarkeit ist, und hier (in der Raumlehre) darin besteht, dass räumliche Gebilde

*) Soll die gerade Linie und das ihr entsprechende Gebilde nach beiden Seiten unendlich sein, so muss der Punkt (das Element) auch nach der entgegengesetzten Richtung (Aenderungsweise) fortschreiten, was wir hier der Einfachheit wegen übergangen haben.

(Punkte, Linien und so weiter) unmittelbar der Rechnung unterworfen werden.

Zum Beispiel wird die durch zwei Punkte geführte Gerade ihrer Grösse und Lage nach als Verknüpfung jener Punkte und zwar als eine eigenthümliche Art der Multiplikation aufgefasst (s. unten, Nr. 15), ebenso das zwischen drei Punkten liegende Dreieck seinem Flächen-
281 raum und der Lage seiner Ebene nach als Produkt dreier Punkte, | so dass dies Produkt null ist, wenn der Flächenraum jenes Dreiecks es ist, das heisst, die drei Punkte in gerader Linie liegen; ferner der Durchschnittspunkt zweier gerader Linien in einem unten (Nr. 22 und Aufgabe 19) näher zu bezeichnenden Sinne als Produkt dieser Linien.

8. Die Tendenz dieser Rechnungsmethode für die Geometrie ist, die synthetische und analytische Methode zu vereinigen, das heisst, die Vorzüge einer jeden auf den Boden der andern zu verpflanzen, indem jeder Konstruktion eine einfache analytische Operation zur Seite gestellt wird, und umgekehrt.

Zur Erläuterung diene folgendes Beispiel. Bekanntlich beschreibt eine Ecke γ eines veränderlichen Dreiecks, dessen beide andere Ecken α, β sich in festen geraden Linien A und B bewegen, und dessen Seiten durch drei feste Punkte a, b, c gehen, einen Kegelschnitt. Sind a, b, c die festen Punkte, durch welche beziehlich die den Ecken α, β, γ gegenüberliegenden Seiten gehen, so sieht man, dass (s. Nr. 7) $\gamma a B$ die Ecke β, $\gamma a B c A$ die Ecke α darstellt, und da die Punkte α, b, γ in Einer geraden Linie liegen, also ihr Produkt null ist (Nr. 7), so hat man die Gleichung

$$\gamma a B c A b \gamma = 0$$

als Gleichung eines von γ beschriebenen Kegelschnittes. Man sieht, dass diese Gleichung in Bezug auf γ vom zweiten Grade ist, und man wird schon hierin ein auf alle algebraischen Kurven gehendes wichtiges Gesetz ahnen.

III. Einfachste Rechnungsregeln für die neue Analyse.

Die Verknüpfungen, die in diesem Theile der Ausdehnungslehre vorkommen, sind Addition, Subtraktion, kombinatorische Multiplikation, kombinatorische Division.

[341] 9. Für alle Arten der Addition und Subtraktion gilt das gewöhnliche Rechnungsverfahren.

10. Für alle Multiplikations- und Divisionsweisen gilt das Gesetz: Statt ein Aggregat von Gliedern mit einem zeichen-

losen Ausdrucke auf irgend eine Weise zu multipliciren oder zu dividiren, kann man ohne Aenderung des letzten Ergebnisses die | einzelnen Glieder mit diesem Ausdrucke auf die- 282 selbe Weise*) multipliciren oder dividiren, und die einzelnen Produkte oder Quotienten so zu einem Aggregate verknüpfen, dass man einem jeden das Zeichen desjenigen Gliedes vorsetzt, durch dessen Multiplikation oder Division es entstanden ist; ein Zahlfaktor kann überdies, wenn er irgend einem Faktor des Produktes zugeordnet ist, auch jedem andern oder auch dem Produkte zugeordnet werden; endlich $\frac{A}{A}$ ist allemal Eins, wenn A nicht null ist.

11. Ein Produkt $a.b.c\ldots$ nenne ich ein kombinatorisches, wenn ausser dem Gesetze Nr. 10 für dasselbe noch das Gesetz gilt, dass, wenn von den einzelnen Faktoren $a, b, c, \ldots$ zwei aufeinanderfolgende vertauscht werden, das Produkt entgegengesetzten Werth annimmt; und zwar nenne ich $a, b, c, \ldots$ und deren Summen oder Differenzen dann Faktoren erster Ordnung.

Hiernach ist also zum Beispiel $a.b.c.d. = -a.c.b.d.$

12. Wenn in einem kombinatorischen Produkte zwei Faktoren erster Ordnung einander gleich sind, so ist das Produkt null.

Zum Beispiel $a.b.b.d = 0$ (wie sich auch sogleich ergiebt, wenn man in dem Beispiel zu Nr. 11 b und c gleich setzt).

Folgende Aufgaben mögen zur Erläuterung dieser Multiplikationsweise dienen:

Aufgabe 1. *Das kombinatorische Produkt*

$$(\alpha_1 e_1 + \alpha_2 e_2 + \alpha_3 e_3) \cdot (\beta_1 e_1 + \beta_2 e_2 + \beta_3 e_3) \cdot (\gamma_1 e_1 + \gamma_2 e_2 + \gamma_3 e_3)$$

zu entwickeln, wenn $\alpha_1, \alpha_2, \alpha_3;\ \beta_1, \beta_2, \beta_3;\ \gamma_1, \gamma_2, \gamma_3$ *Zahlgrössen,* e_1, e_2, e_3 *aber kombinatorische Faktoren erster Ordnung bezeichnen.*

Man erhält durch Anwendung der Rechnungsregeln (9—12) schliesslich den Ausdruck

$$(\alpha_1\beta_2\gamma_3 - \alpha_1\beta_3\gamma_2 + \alpha_3\beta_1\gamma_2 - \alpha_3\beta_2\gamma_1 + \alpha_2\beta_3\gamma_1 - \alpha_2\beta_1\gamma_3)\, e_1 . e_2 . e_3 .$$

Aufgabe 2. *Drei Gleichungen ersten Grades mit drei Unbekannten* 283 *durch die Regeln der kombinatorischen Multiplikation zu lösen* (§ 45).

Die drei Gleichungen seien

*) Dieser Ausdruck bezieht sich nicht nur auf die Verknüpfungsweise im Allgemeinen, sondern auch auf die Stellung des Faktors in dem Produkte.

$$(1)\qquad \begin{cases} \alpha_1 x + \beta_1 y + \gamma_1 z = \delta_1, \\ \alpha_2 x + \beta_2 y + \gamma_2 z = \delta_2, \\ \alpha_3 x + \beta_3 y + \gamma_3 z = \delta_3. \end{cases}$$

[342] Man multiplicire die drei Gleichungen beziehlich mit drei kombinatorischen Faktoren erster Ordnung e_1, e_2, e_3, deren Produkt nicht null ist, addire sie, und setze

$$(2)\qquad \begin{cases} \alpha_1 e_1 + \alpha_2 e_2 + \alpha_3 e_3 = a, \\ \beta_1 e_1 + \beta_2 e_2 + \beta_3 e_3 = b, \\ \gamma_1 e_1 + \gamma_2 e_2 + \gamma_3 e_3 = c, \\ \delta_1 e_1 + \delta_2 e_2 + \delta_3 e_3 = d, \end{cases}$$

so erhält man die Gleichung

$$(3)\qquad xa + yb + zc = d.$$

Multiplicirt man diese Gleichung kombinatorisch mit $b.c$, so erhält man, weil $b.b.c$ und $c.b.c$ nach Nr. 12 null sind, die Gleichung

$$x.a.b.c = d.b.c, \text{ also } x = \frac{d.b.c}{a.b.c},$$

und auf ähnliche Weise findet man y und z, und erhält

$$(4)\qquad x = \frac{d.b.c}{a.b.c}, \quad y = \frac{a.d.c}{a.b.c}, \quad z = \frac{a.b.d}{a.b.c}.$$

Diese Ausdrücke (in welchen die Gesetze der kombinatorischen Multiplikation kein Heben der einzelnen kombinatorischen Faktoren gestatten) sind äusserst bequem für die Analyse. Will man die Unbekannten in der gewöhnlichen Form ausgedrückt erhalten, so hat man nur aus Gleichung (2) zu substituiren, nach Aufgabe 1 zu entwickeln und $e_1 e_2 e_3$ nach Nr. 10 im Zähler und Nenner zu heben; zum Beispiel findet man .

$$(5)\qquad x = \frac{\delta_1\beta_2\gamma_3 - \delta_1\beta_3\gamma_2 + \delta_3\beta_1\gamma_2 - \delta_3\beta_2\gamma_1 + \delta_2\beta_3\gamma_1 - \delta_2\beta_1\gamma_3}{\alpha_1\beta_2\gamma_3 - \alpha_1\beta_3\gamma_2 + \alpha_3\beta_1\gamma_2 - \alpha_3\beta_2\gamma_1 + \alpha_2\beta_3\gamma_1 - \alpha_2\beta_1\gamma_3}.$$

Man sieht, wie dies Verfahren nicht nur überhaupt für n Gleichungen ersten Grades mit n Unbekannten anwendbar ist, sondern wie man auch bei einiger Geläufigkeit hiernach sogleich das Endresultat hinschreiben kann, sobald die n Gleichungen gegeben sind.

284 IV. Anschauliche Begriffe der verschiedenen Grössen und Verknüpfungsweisen in der Geometrie.

13. Die räumlichen Grössen erster Stufe sind einfache oder vielfache Punkte, und gerade Linien von bestimmter Länge und Richtung. (§ 13—§ 19.)

Sind A und B Punkte, so bezeichne ich die gerade Linie von A nach B, so fern an ihr zugleich Länge und Richtung, aber auch nichts weiter, festgehalten wird, mit $B-A$; ich sage also, dass $B-A$ dann und nur dann gleich $B_1 - A_1$ sei, wenn die geraden Linien | von [348] A nach B und von A_1 nach B_1 gleiche Länge und Richtung haben.

14. Die räumlichen Grössen n-ter Stufe entstehen durch kombinatorische Multiplikation von n Grössen erster Stufe, welche als Faktoren erster Ordnung angenommen werden.

In diesem Falle, wenn nämlich die Faktoren erster Ordnung zugleich Grössen erster Stufe sind, nenne ich die Multiplikation eine äussere.

15. Sind A, B, C, D Punkte, so bedeutet (§ 106—115)

1) $A.B$ die Linie, welche A und B zu Gränzpunkten hat, aufgefasst als bestimmter Theil der durch A und B bestimmten unendlichen geraden Linie.

2) $A.B.C$ das Dreieck, dessen Ecken A, B, C sind, aufgefasst als bestimmter Theil der durch A, B, C bestimmten unendlichen Ebene.

3) $A.B.C.D$ das Tetraeder, dessen Ecken A, B, C, D sind, aufgefasst als bestimmter Theil des unendlichen Körperraumes.

Das heisst, wir setzen $A.B = A_1.B_1$, wenn beide Produkte gleiche und gleichbezeichnete*) Theile derselben geraden Linie vorstellen; ferner

$$A.B.C = A_1.B_1.C_1,$$

wenn beide Dreiecke gleiche und gleichbezeichnete Theile derselben Ebene sind; endlich

$$A.B.C.D = A_1.B_1.C_1.D_1,$$

wenn beide Tetraeder gleichen und gleichbezeichneten Inhalt haben.

16. Sind a, b, c Linien von bestimmter Länge und Rich- 285 tung, so bedeutet (§ 28—36)

1) $a.b$ das Parallelogramm, dessen Seiten gleich und parallel a und b sind, und zwar aufgefasst als Flächenraum von bestimmter Grösse und Ebenen-Richtung**).

2) $a.b.c$ das Spath (Parallelepipedum), dessen Kanten

---

*) Gleichbezeichnet nenne ich zwei Grössen, welche entweder beide positiven, oder beide negativen Werth haben.

**) Von zwei parallelen Ebenen sage ich, dass sie gleiche Ebenen-Richtung haben.

gleich und parallel a, b, c sind, und zwar aufgefasst als Körperraum von bestimmter Grösse.

Das heisst, wir setzen

$$a . b = a_1 . b_1,$$

wenn die Parallelogramme, welche durch diese Produkte dargestellt sind, in parallelen Ebenen liegen und gleichen und gleichbezeichneten Flächenraum haben;

$$a . b . c = a_1 . b_1 . c_1,$$

[344] wenn die durch diese Produkte dargestellten Spathe gleichen und gleichbezeichneten Inhalt haben.

17. Die Seite (rechte oder linke), nach welcher die Konstruktion einer räumlichen Grösse erfolgt, bestimmt ihren positiven oder negativen Werth, nämlich

1) Zwei Theile derselben Linie, $A . B$ und $A_1 . B_1$, setzen wir als gleichbezeichnet, wenn B von A aus nach derselben Seite liegt, wie B_1 von A_1 aus.

2) Zwei Theile derselben Ebene, $A . B . C$ und $A_1 . B_1 . C_1$, setzen wir als gleichbezeichnet, wenn C von $A . B$ aus nach derselben Seite hin liegt, wie C_1 von $A_1 . B_1$ aus, oder deutlicher, wenn dem, der in A stehend nach B sieht, C nach derselben Seite hin liegt, wie C_1 dem liegt, der in A_1 stehend nach B_1 sieht.

3) Zwei Körpertheile $A . B . C . D$ und $A_1 . B_1 . C_1 . D_1$ setzen wir als gleichbezeichnet, wenn D von $A . B . C$ aus nach derselben Seite hin liegt, wie D_1 von $A_1 . B_1 . C_1$ aus; oder deutlicher, wenn einer menschlichen Figur, die den Kopf nach A, die Füsse nach B, das Auge 286 nach C hin gerichtet hat, der Punkt D nach derselben | Seite liegt, wie D_1 einer Figur, die den Kopf nach A_1, die Füsse nach B_1, das Auge nach C_1 hin gerichtet hat.

4) Zwei parallele Flächenräume $a . b$ und $a_1 . b_1$ setzen wir als gleichbezeichnet, wenn die Richtung b von der Richtung a aus nach derselben Seite liegt, wie b_1 von a_1 aus.

5) Zwei Körperräume $a . b . c$ und $a_1 . b_1 . c_1$ setzen wir als gleichbezeichnet, wenn die Richtung c von $a . b$ aus nach derselben Seite hin liegt, wie c_1 von $a_1 . b_1$ aus, das heisst, wenn einer menschlichen Figur, welcher die Richtung a von den Füssen zum Kopfe geht, und deren Augen in der Richtung b_1 vorwärts sehen, die Richtung c nach derselben Seite liegt, wie die Richtung c_1 einer Figur, und so weiter.

18. Es giebt sieben Gattungen räumlicher Grössen, in vier Stufen vertheilt:

I. Stufe	1) Einfache oder vielfache Punkte. 2) Gerade Linien von bestimmter Länge und Richtung.
II. Stufe	3) Bestimmte Theile bestimmter unendlicher gerader Linien. 4) Ebene Flächenräume von bestimmter Grösse und Ebenen-Richtung.
III. Stufe	5) Bestimmte Theile bestimmter unendlicher Ebenen. 6) Bestimmte Körperräume.
IV. Stufe	7) Bestimmte Körperräume.

Hier kommen die Körperräume zweimal vor, theils als Grössen dritter Stufe, theils als Grössen vierter Stufe, je nachdem sie als Produkte dreier gerader Linien von bestimmter Richtung und Länge, oder als Produkte von vier Punkten aufgefasst werden.

19. Gleichbezeichnete Theile eines und desselben Ganzen geben als Summe einen ebenso bezeichneten | Theil desselben [345] Ganzen, welcher so gross ist, als jene beiden zusammengenommen. (§ 8.)

Zum Beispiel $A.B$ und $A_1.B_1$ geben, wenn sie gleichgerichtete Theile derselben unendlichen geraden Linie sind, zur Summe einen eben so gerichteten Theil derselben Linie, welcher so gross ist, als jene beiden Theile zusammengenommen.

20. Je zwei Grössen derselben Stufe, aber auch | nur 287 solche, können addirt werden; der Begriff für die Addition solcher Grössen lässt sich allemal bestimmen, wenn man die vorher gegebene Bezeichnung dieser Grössen festhält, und die Rechnungsregeln aus III anwendet.

Aufgabe 3. *Zwei Punkte A und B zu addiren.*

Setzt man $A + B = 2S$, so erhält man $B - A = 2(S - A)$, das heisst, S ist die Mitte zwischen A und B. Also die Summe zweier Punkte ist die doppelt genommene Mitte zwischen beiden.

Aufgabe 4. *Zwei vielfache Punkte αA und βB zu addiren, wenn die Koefficienten α und β positiv sind, das heisst, den Punkt S zu finden, welcher der Gleichung*

$$\alpha A + \beta B = (\alpha + \beta) S$$

genügt. (§ 94—98.)

Soll dieser Gleichung genügt werden, so muss

$$\beta(B - A) = (\alpha + \beta)(S - A)$$

sein, und umgekehrt erhält man aus der letzten die erstere. Aus der letzten folgt aber die Konstruktion: Man nimmt von der Linie AB von A aus den Theil $\frac{\beta}{\alpha + \beta}$ (oder von B aus den Theil $\frac{\alpha}{\alpha + \beta}$), so ist der Endpunkt dieses Theiles der Punkt S. — Also „die Summe zweier vielfachen Punkte mit positiven Koefficienten ist ein mit der Summe der Koefficienten multiplicirter Punkt, welcher in der geraden Linie zwischen beiden Punkten so liegt, dass seine Entfernungen von diesen beiden Punkten sich umgekehrt verhalten, wie die zu diesen Punkten gehörigen Koefficienten *)."

Aufgabe 5. *Einen Punkt A und eine gerade Linie von bestimmter Länge und Richtung $C - B$ zu addiren.*

Man konstruire eine gerade Linie von A aus, welche mit $C - B$ gleich lang und gleich gerichtet ist; diese sei $D - A$, so ist D die gesuchte Summe; denn da $C - B = D - A$ ist, so ist

$$A + (C - B) = A + (D - A) = D.$$

Also „die Summe eines Punktes A und einer geraden Linie von be-
288 stimmter Länge und Richtung ist der Endpunkt dieser Linie, wenn A ihr Anfangspunkt ist."

[346] Aufgabe 6. *Einen vielfachen Punkt αA und eine gerade Linie von bestimmter Länge und Richtung $C - B$ zu addiren.*

Man konstruire eine gerade Linie von A aus, welche mit $C - B$ gleiche Richtung hat, aber nur $\frac{1}{\alpha}$ so lang ist; diese sei $D - A$, so ist αD die gesuchte Summe. Denn da

$$C - B = \alpha(D - A)$$

ist, so ist

$$\alpha A + (C - B) = \alpha A + \alpha(D - A) = \alpha D.$$

Aufgabe 7. *Zwei gerade Linien von bestimmter Länge und Richtung $B - A$ und $D - C$ zu addiren.*

Man mache $E - B = D - C$, so ist

$$(B - A) + (D - C) = (B - A) + (E - B) = E - A.$$

Also „zwei Linien von bestimmter Länge und Richtung addirt man, indem man, ohne die Länge und Richtung zu verändern, auf den Endpunkt der einen den Anfangspunkt der andern legt, dann ist die gerade

*) Man sieht, dass dieser Punkt der Schwerpunkt ist, wenn die Koefficienten Gewichte vorstellen.

Linie vom Anfangspunkte der ersten zum Endpunkte der letzten die gesuchte Summe."

Aufgabe 8. *n gerade Linien von bestimmter Länge und Richtung zu addiren.*

Die wiederholte Anwendung der Auflösung von Aufgabe 7 führt sogleich zu der Lösung dieser Aufgabe, nämlich „n gerade Linien von bestimmter Länge und Richtung addirt man, indem man die einzelnen Linien, ohne ihre Richtung und Länge zu ändern, nach der Reihe stetig, das heisst, so an einander legt, dass, wo die eine aufhört, die nächstfolgende anfängt; dann ist die gerade Linie vom Anfangspunkte der ersten zum Endpunkte der letzten die gesuchte Summe."

Aufgabe 9. *Die Summe von n Punkten $A_1, A_2, \ldots A_n$ zu finden, das heisst, den Punkt S zu finden, welcher der Gleichung*

$$A_1 + A_2 + \cdots + A_n = nS$$

genügt.

Subtrahirt man auf beiden Seiten dieser Gleichung nR, wo R ein beliebiger Punkt ist, so erhält man

$$(A_1 - R) + (A_2 - R) + \cdots + (A_n - R) = n(S - R),$$

und, da aus dieser Gleichung wieder die erstere sich ableiten lässt, so folgt: „Um n Punkte zu addiren, zieht man von einem beliebigen Punkte R die geraden Linien nach den n Punkten, legt sie, ohne ihre [289] Richtung und Länge zu ändern, stetig an einander und zwar so, dass der Anfangspunkt der ersten auf R fällt, verbindet R mit dem Endpunkte der letzten durch eine gerade Linie und theilt diese Verbindungslinie in n gleiche Theile, so ist der erste Theilpunkt von R aus der Punkt S, dessen n-faches die gesuchte Summe ist."

Aufgabe 10. *Beliebig viele vielfache Punkte $\alpha A, \beta B, \ldots$ zu addiren, wenn die Summe der Koefficienten $\alpha + \beta + \cdots$ nicht null ist.*

Setzt man

$$\alpha A + \beta B + \cdots = (\alpha + \beta + \cdots) S,$$

und subtrahirt auf beiden Seiten $(\alpha + \beta + \cdots) R$, wo R ein beliebiger [347] Punkt ist, so erhält man

$$\alpha(A - R) + \beta(B - R) + \cdots = (\alpha + \beta + \cdots)(S - R).$$

Also, da auch hieraus wieder die erste Gleichung sich ableiten lässt, so folgt „die Summe von beliebig vielen vielfachen Punkten $\alpha A, \beta B, \ldots$, deren Koefficienten-Summe nicht null ist, findet man, indem man von irgend einem Punkte R aus die Linien nach $A, B, \ldots$ legt, diese dann beziehlich mit $\alpha, \beta, \ldots$ multiplicirt*), die so gewonnenen Linien, ohne

*) Durch solche Multiplikation mit einer Zahlgrösse α ändert sich, wie man

ihre Richtung und Länge zu ändern, stetig an einander legt, so dass der Anfangspunkt der ersten in R fällt, dann R mit dem Endpunkte der letzten verbindet und von der Verbindungslinie von R aus den Theil $\frac{1}{\alpha+\beta+\cdots}$ nimmt, so ist der mit $(\alpha+\beta+\cdots)$ multiplicirte Endpunkt dieses Theiles die gesuchte Summe."

Aufgabe 11. *Die Summe von vielfachen Punkten $\alpha A, \beta B, \ldots$ zu finden, wenn $\alpha+\beta+\cdots=0$ ist.*

Man subtrahire von der Summe $\alpha A+\beta B+\cdots$ den Ausdruck $(\alpha+\beta+\cdots)R$, so wird, da diese subtrahirte Grösse null ist, der Werth der Summe nicht geändert, also ist

$$\alpha A+\beta B+\cdots=\alpha(A-R)+\beta(B-R)+\cdots.$$

Also „die Summe von vielfachen Punkten, deren Koefficientensumme null ist, ist eine gerade Linie von bestimmter Länge und Richtung, 290 die | man dadurch findet, dass man von einem beliebigen Punkte R die geraden Linien nach den gegebenen Punkten zieht, diese mit den diesen Punkten zugehörigen Koefficienten multiplicirt, und die Produkte addirt."

Aufgabe 12. *Zwei Theile $A.B$ und $C.D$ von Linien, die sich in E schneiden, zu addiren.*

Man mache $E.F$ gleich $A.B$ und $E.G$ gleich $C.D$, so ist

$$A.B+C.D=E.F+E.G=E.(F+G)=2E.S,$$

wenn S die Mitte von F und G ist (vgl. Aufgabe 3). Also „zwei Theile von Linien, welche sich schneiden, addirt man, indem man diesen Theilen den Durchschnittspunkt als Anfangspunkt giebt; dann ist die doppelte gerade Linie vom Durchschnittspunkte zu der Mitte der beiden Endpunkte die gesuchte Summe *)."

Aufgabe 13. *Zwei parallele Linientheile $A.B$ und $C.D$ zu addiren, wenn beide nicht gleichlang und zugleich entgegengesetzt gerichtet sind.*

Wenn $A.B$ und $C.D$ parallel sind, so muss $D-C$ gleich [348] $\alpha(B-A)$ sein, wo α irgend eine positive oder negative Zahl ist. | Da nun $A.B$ gleich $A.(B-A)$ ist, weil $A.A$ nach Nr. 12 null ist, so hat man

---

leicht sieht, wenn α positiv ist, die Richtung nicht, während die Länge im Verhältniss $1:\alpha$ sich ändert; und ist α negativ, so wird die Richtung die entgegengesetzte.

*) Diese ist zugleich die Diagonale des Parallelogramms, welches jene Linientheile zu Seiten hat, woraus man sieht, dass die Summe der Linientheile die zusammengesetzte Kraft ist, wenn die Linientheile Kräfte vorstellen.

$$A.B + C.D = A.(B - A) + C.(D - C)$$
$$= A.(B - A) + \alpha C.(B - A)$$
$$= (A + \alpha C)(B - A).$$

Ist die Summe $A + \alpha C$ gleich $(1 + \alpha) S$ (vgl. Aufgabe 4), so wird der letzte Ausdruck

$$= S.(1 + \alpha)(B - A) = S.(B - A + D - C),$$

worin eine einfache Konstruktion jener Summe liegt.

Aufgabe 14. *Zwei gleich lange und entgegengesetzt gerichtete Linientheile $A.B$ und $C.D$ zu addiren.*

Liegen beide in derselben geraden Linie, so ist die Summe null. Ist dies nicht der Fall, so ist, weil $D - C = -(B - A)$ ist,

$$A.B + C.D = A.(B - A) + C.(D - C)$$
$$= A.(B - A) - C.(B - A)$$
$$= (A - C).(B - A).$$

Dann ist die Summe also ein Flächenraum von bestimmter Grösse 291 und Ebenen-Richtung*).

Aufgabe 15. *Zwei Flächenräume von bestimmter Grösse und Ebenenrichtung $a.b$ und $c.d$ zu addiren.*

Sind die Ebenen parallel, so können sie schon nach Nr. 19 addirt werden; sind sie es nicht, so werden beide Ebenen eine Richtung gemeinschaftlich haben. Es sei e eine gerade Linie, welche diese Richtung hat, und $a.b$ gleich $e.f$, $c.d$ gleich $e.g$, so ist

$$a.b + c.d = e.f + e.g = e.(f + g).$$

Aufgabe 16. *Zwei Theile $A.B.C$ und $D.E.F$ bestimmter Ebenen, die nicht parallel sind, zu addiren.*

Sind die Ebenen nicht parallel, so werden sie sich schneiden. Es sei $G.H$ ein Theil der Durchschnittslinie, und es sei $A.B.C$ gleich $G.H.J$, $D.E.F$ gleich $G.H.K$, so ist

$$A.B.C + D.E.F = G.H.J + G.H.K$$
$$= G.H.(J + K) = 2G.H.S,$$

wenn S die Mitte zwischen J und K ist. Also „Zwei Theile nicht paralleler Ebenen addirt man, indem man sie als Dreiecke darstellt, deren gemeinschaftliche Grundseite in dem Durchschnitt beider Ebenen

*) Wie die Summe zweier Linientheile, die nicht in derselben Ebene liegen, zu behandeln sei, kann ich hier nicht ausführen (vgl. Ausdehnungslehre § 51 u. § 122).

[349] liegt; dann ist das Doppelte des Dreiecks, | was dieselbe Grundseite hat, und dessen Spitze die Mitte ist zwischen den Spitzen jener Dreiecke, die gesuchte Summe."

Aufgabe 17. *Zwei Theile $A.B.C$ und $D.E.F$ paralleler Ebenen zu addiren.*

Sind die Ebenen parallel, so muss $(E-D).(F-D)$ gleich $\alpha(B-A).(C-A)$ gesetzt werden können, wo α eine Zahlengrösse ist. Dann ist

$$A.B.C+D.E.F=A.(B-A).(C-A)+D.(E-D).(F-D)^{*)}$$
$$=(A+\alpha D).(B-A).(C-A)$$
$$=S.(1+\alpha).(B-A).(C-A),$$

wenn $(1+\alpha)S$ die Summe von $A+\alpha D$ ist. Der letzte Ausdruck ist

$$=S[(B-A).(C-A)+(E-D).(F-D)],$$

292 worin wieder eine einfache Konstruktion liegt. Ist jedoch $\alpha=-1$, das heisst, sind beide Flächenräume gleich gross, aber entgegengesetzt bezeichnet, so ist $A+\alpha D$ eine gerade Linie von bestimmter Richtung und Länge (Aufgabe 11); ist diese gleich $H-G$, so ist

$$A.B.C+D.E.F=(H-G).(B-A).(C-A),$$

also die Summe dann ein Körperraum.

Aufgabe 18. *Einen Theil $A.B.C$ einer bestimmten Ebene und einen Körperraum $(D-A).(B-A).(C-A)$ zu addiren.*

$$A.B.C+(D-A).(B-A).(C-A)=$$
$$=A.(B-A).(C-A)+(D-A).(B-A).(C-A)$$
$$=D.(B-A).(C-A),$$

woraus der Begriff dieser Addition leicht hervorgeht.

21. Ein kombinatorisches Produkt, dessen Faktoren erster Ordnung Grössen $(n-1)$-ter Stufe sind, welche aber alle in einem und demselben Gebiete n-ter Stufe liegen, nenne ich ein eingewandtes Produkt, und zwar ein auf jenes Gebiet bezügliches;

zum Beispiel ein kombinatorisches Produkt von Linientheilen in der Ebene, oder von Ebenentheilen im Raume.

22. Wird von jetzt an die äussere Multiplikation durch blosses Aneinanderschreiben, die eingewandte Multiplikation durch einen zwischen die Faktoren gesetzten Punkt bezeichnet, so verstehen wir

*) vgl. Nr. 12.

unter dem eingewandten Produkte $AB.AC$, wo A, B, C beliebige Grössen sind, das Produkt $ABC.A$, in welchem ABC wie ein zu A gehöriger Koefficient behandelt wird, vorausgesetzt, dass das Produkt auf das Gebiet von niedrigster Stufe, in welchem A, B und C zugleich liegen, bezogen wird.

Aufgabe 19. *Das auf die Ebene ABC bezügliche Produkt zweier Linientheile $AB.AC$ zu finden.*

Nach Nr. 22 ist dasselbe gleich $ABC.A$; das heisst „das Produkt zweier Linientheile, deren Linien sich schneiden, ist der Durchschnittspunkt, verbunden mit einem Theil der Ebene als Koefficienten.“ Denkt man sich einen Theil der Ebene als Einheit angenommen, so werden die Ebenentheile, mit denen die Punkte behaftet sind, wirkliche Zahlgrössen und die Produkte erscheinen als vielfache Punkte; doch müssen dann alle zu vergleichenden Grössen in derselben Ebene, auf die sich die Produkte beziehen, liegen (wie dies in der Planimetrie immer der Fall ist). [350] 293

Aufgabe 20. *Das Produkt dreier Linientheile AB, AC, BC in Bezug auf die Ebene ABC zu finden.*

Auflösung. $AB.AC.BC = ABC.ABC = (ABC)^2$.

Aufgabe 21. *Das eingewandte Produkt zweier Ebenentheile ABC und ABD (in Bezug auf den Körperraum) zu finden.*

Auflösung. $ABC.ABD = ABCD.AB$.

Aufgabe 22. *Das eingewandte Produkt dreier Ebenentheile ABC, ABD, ACD zu finden.*

Auflösung. $ABC.ABD.ACD = ABCD.ABCD.A$
$= (ABCD)^2.A$.

Aufgabe 23. *Das eingewandte Produkt von vier Ebenentheilen ABC, ABD, ACD, BCD zu finden.*

Auflösung. $ABC.ABD.ACD.BCD = (ABCD)^3$.

Anmerkung. Das Produkt zweier Ebenentheile giebt also einen Linientheil, das dreier einen Punkt, aber jener Linientheil und dieser Punkt haben dann noch einen Raumtheil oder ein Produkt von Raumtheilen als Koefficienten, und nimmt man einen Raumtheil als Einheit an, so gehen diese Koefficienten in wirkliche Zahlgrössen über.

Dies etwa sind die wesentlichsten Begriffe, welche in dem ersten Theile meiner Ausdehnungslehre vorkommen. Aber es ist unmöglich, von der unendlichen Fruchtbarkeit dieser neuen Methode für die Behandlung nicht nur der Raumlehre, sondern überhaupt aller Wissenschaften, welche auf räumliche Verhältnisse zurückgehen, hier auch nur einen oberflächlichen Begriff zu geben. Ebenso wenig konnte ich hier die Beweise liefern, dass in der That die in III gegebenen Rechnungsregeln für die einzelnen hier dargelegten Verknüpfungsweisen gelten, sondern auch hier muss ich auf meine ausführliche Schrift verweisen, in welcher diese Beweise in aller Strenge geführt sind, und wo zugleich die Entwickelung überall in der Art fortschreitet, dass alles Willkührliche, was noch in der Aufstellung der verschiedenen Begriffe zu liegen scheint, verschwindet.

Alphabetisches Verzeichniss der gebrauchten Kunstausdrücke. (1877.) 294

Die Kunstausdrücke, welche ich später ganz aufgegeben habe, sind eingeklammert. Zu denjenigen, welche ich in der Ausdehnungslehre von 1862 durch andere ersetzt habe, sind die letzteren hinzugefügt und durch ein Gleichheitszeichen mit jenen verbunden

Inhalt.

Zweites Kapitel.

Drittes Kapitel.

Viertes Kapitel.

Fünftes Kapitel.

Zweiter Abschnitt. Die Elementargrösse.

Erstes Kapitel.

Zweites Kapitel.

GEOMETRISCHE ANALYSE

GEKNÜPFT AN DIE

VON LEIBNIZ ERFUNDENE

GEOMETRISCHE CHARAKTERISTIK.

GEKRÖNTE PREISSCHRIFT

VON

H. GRASSMANN.

MIT EINER ERLÄUTERNDEN ABHANDLUNG

VON

A. F. MÖBIUS.

LEIPZIG

WEIDMANN'SCHE BUCHHANDLUNG

1847.

H. GRASSMANN'S

GEOMETRISCHE ANALYSE,

Bearbeitung der von der Fürstlich Jablonowski'schen Gesellschaft gestellten Preisaufgabe, die Wiederherstellung und weitere Ausbildung des von Leibniz erfundenen geometrischen Kalkuls oder die Aufstellung eines ihm ähnlichen Kalkuls betreffend.

Etsi omnis methodus licita est, tamen non omnis expedit.
LEIBNIZ.

Gekrönt am 1. Juli 1846.

Wenn die eigenthümliche Kraft eines über seine Zeit hervorragenden Geistes schon *darin* sich offenbart, dass er die Ideen, auf welche die Zeitentwickelung hindrängt, aufzufassen und fortzubilden weiss, und er so als Repräsentant seiner Zeit erscheint: so tritt jene Kraft noch eigenthümlicher hervor in solchen Gedankenreihen, welche der Zeit vorangehen und ihr auf Jahrhunderte die Bahn der Entwickelung gleichsam vorzeichnen.

Während die Ideen ersterer Art, wenn eben die Zeit bis zu einem solchen Punkte der Entwickelung herangereift war, oft gleichzeitig von den hervorragenden Geistern der Zeit ausgebildet wurden (wie zum Beispiel die Differenzialrechnung gleichzeitig von Newton und Leibniz): so erscheinen die der letzteren Art als das besondere Eigenthum des Einzelnen, als die innerste Werkstätte seines Geistes, in welche nur wenigen Geweihten derselben Zeit vergönnt ist einzutreten und ahnend gleichsam anzuschauen den Reichthum der Entwickelung, welcher von da aus über eine künftige Zeit sich ausbreiten wird. Während jene ersten Gedankenreihen in der Zeit, in welcher sie hervortreten, da sie eben den Höhenpunkt dieser Zeit selbst darstellen, mächtigen Anklang finden, grosse Bewegungen und Entwickelungen hervorrufen: so verhallen diese meistens fast wirkungslos in der Gleichzeit, indem sie nur von wenigen verstanden werden, und von keinem vielleicht ganz. Oft erst nach Jahrhunderten, wenn die Zeit bis zu demjenigen Punkte der Entwickelung gediehen ist, welchen jene Geisteskraft vorbildend schuf, wird dann jener Gedanke eine Aussaat für eine reiche Aerndte.

Dass nun die grossartige Idee Leibnizens, deren Auffassung und Fortbildung den Gegenstand dieser Abhandlung ausmacht, nämlich die Idee einer wahrhaft geometrischen Analyse, zu diesen vorbildenden und gleichsam prophetischen Ideen gehört, kann keinen Augenblick zweifelhaft sein, wie sie denn auch das Schicksal solcher Ideen getheilt hat. Ja durch eine besondere Ungunst der Verhältnisse ist dieselbe bis weit über den Zeitpunkt hinaus verborgen geblieben, von welchem an sie hätte kräftig in die Zeitentwickelung eingreifen können. Denn ehe noch jene Leibnizsche Idee durch Uylenbroek aus der Verborgenheit hervorgezogen wurde, waren schon von verschiedenen Seiten her Wege zu einer ganz verwandten Analyse angebahnt.

Dessenungeachtet erscheint es als eine wichtige Aufgabe, durch jene Idee, und durch die besondere Gestaltung, welche ihr Leibniz verliehen hat, die verwandte Analyse der Neueren zu befruchten und so den lange todt gelegenen Keim ins Leben zu rufen. Denn | wenn auch durch jene mehr als hundertjährige Verborgenheit jene Idee gleichsam ausgeschieden ist aus dem historischen Entwickelungsprocesse: so ist sie dennoch, indem sie nun hervortritt, keinesweges eine schon veraltete, sondern schliesst einen noch frischen und lebenskräftigen Keim in sich, dem nun sein Recht, mit der historischen Entwickelung zu verwachsen, nicht länger vorenthalten werden darf. Denn einerseits ist das Ideal dieser geometrischen Analyse, wie es Leibnizen als Ziel einer künftigen Entwickelung vorschwebte, keinesweges schon vollkommen erreicht, noch von den Mathematikern hinreichend als solches erkannt, andererseits ist auch die eigenthümliche Gestaltung, welche er dieser Idee durch seine freilich mehr beispielsweise gegebene Bezeichnungsart verliehen hat, keinesweges schon durch einen neueren Mathematiker auf ähnliche Weise ausgebildet worden; vielmehr sind alle Neueren von andern, wenn auch oft — dem Fortschritte der Zeit gemäss — von viel fruchtbareren Gesichtspunkten ausgegangen.

Leibniz selbst unterscheidet auf das Bestimmteste seinen Gedanken einer rein geometrischen Analyse, deren Ausbildung und Vollendung ihm als ein fernes Ziel vor Augen schwebte, deren Wichtigkeit er aber gleichwohl vollkommen erkannte, und andererseits seinen Versuch einer neuen Charakteristik, welchen er daran anschliesst, um die Möglichkeit der Verwirklichung jenes Gedankens glaublicher zu machen, und der Nachwelt, wenn er selbst an der Ausführung gehindert werden sollte, ein Denkmal zu hinterlassen, welches irgend einem Andern späterhin zur Verwirklichung jenes Gedankens Veranlassung geben möchte. Beides ist daher immer scharf auseinander zu halten, wenn man das Verdienst Leibnizens um die Ausbildung der geometrischen Analyse richtig würdigen will.

In der That überzeugt man sich leicht, dass die von Leibniz verversuchte Charakteristik nicht im mindesten das leistet, was er von der geometrischen Analyse überhaupt verheisst, dass sie vielmehr hinter dem von ihm selbst gesteckten Ziele so unendlich weit zurückbleibt, dass sie nur als ein roher, wenn gleich sehr anerkennungswerther Anfang zu einer Annäherung an jenes Ziel angesehen werden kann. Auch kann man nicht behaupten wollen, Leibniz habe noch andere Bezeichnungsarten in Bereitschaft gehabt, welche der Erreichuug jenes Zieles näher ständen, denn dann würden sie auch die Erreichbarkeit desselben glaubhafter gemacht haben, und also von ihm entweder geradezu statt jener andern Bezeichnungsarten angeführt, oder doch wenigstens andeutungsweise berührt sein, wovon sich keine Spur findet. Man würde somit ein ganz schiefes und ungerechtes Urtheil über Leibnizens Leistungen auf diesem Gebiete gewinnen, wenn man nicht eben streng festhielte, dass er jene Vorzüge, welche er der geometrischen Analyse überhaupt in reichem Masse zuspricht, keinesweges seinem Versuche als schon beiwohnend zuschreiben will.

Woher aber nun, wenn es so steht, diese gewaltigen Lobsprüche über eine Sache, deren Gestaltung er nicht kannte? woher dies entschiedene Anpreisen ihrer Wichtigkeit, dies Aufzählen aller der ans Unglaubliche gränzenden Früchte, die sie tragen müsste auch für alle verwandten Gebiete des Wissens?

Wir können hierauf nur antworten, dass darin eben eine besondere Bevorzugung eines höher begabten Geistes besteht, dass er die Wichtigkeit | eines Gedankens bis in seine fernsten Folgerungen hinein vorahnend anschaut, während kleinere Geister, das Geringfügige für wichtig haltend, an dem wahrhaft Grossen gedankenlos vorübergehn. Eben dies hervorragende Talent Leibnizens, eine ganze Entwickelungsreihe, ohne sie durchzumachen, dennoch ahnend zu überschauen, und, ohne sie vorher zu zergliedern und auseinander zu legen, sie dennoch mit prophetischem Geiste sich zu vergegenwärtigen und so ihre Folgewichtigkeit zu erkennen, dies Talent ist es eben, was ihn zu so grossartigen Entdeckungen fast auf allen Gebieten des Wissens geführt hat. Ich hoffe, im Verlauf dieses Aufsatzes zu zeigen, dass, abgesehen von einzelnen Uebertreibungen, welche aber überall mehr im Ausdrucke als in der Sache selbst liegen, Leibniz hier durchaus recht gesehen, indem ich eine Analyse wenigstens in ihren Grundzügen aufstellen werde, welche im Allgemeinen wirklich das leistet, was er als das Ziel der geometrischen Analyse ansieht; ja es wird sich zeigen, dass selbst die wesentlichen Vorzüge dieser Analyse von ihm mit einer gewissen Vollständigkeit aufgezählt sind. Hierdurch wird sich dann am besten die wissenschaftliche Bedeutung seiner Idee einer geometrischen Analyse darlegen.

Um auch andrerseits die wissenschaftliche Bedeutung seiner eigenthümlichen Charakteristik ans Licht treten zu lassen, und damit sein wissenschaftliches Verdienst auf diesem Gebiete auch nach der andern Seite hin zur Anschauung zu bringen, will ich bei der Ableitung und Entwickelung der neuen Analyse *den* Weg einschlagen, dass ich von der Leibniz'schen Charakteristik ausgehe und zeige, wie von diesem Keime aus bei konsequenter Durchführung und Fortentwickelung, bei gehöriger Ausscheidung des Fremdartigen und Befruchtung durch die Ideen der geometrischen Verwandtschaften, die Analyse hervorgeht, welche ich als die, wenn auch nur relative, Verwirklichung der Leibniz-schen Idee einer geometrischen Analyse anzusehen geneigt bin. Dass dies nicht der Weg ist, auf welchem ich zu dieser Analyse gelangt bin, bedarf wohl kaum einer Erwähnung.

[§ 1. **Die Leibniz'sche Charakteristik.**]

Das Wesentliche bei der Leibniz'schen Bezeichnungsart ist, dass er Punkte, welche ihrer Lage nach unbekannt oder veränderlich sind, gleichfalls zu bezeichnen sich erlaubt, wozu er dann der in der Algebra eingeführten Sitte gemäss die letzten Buchstaben des Alphabets wählt, während er die ihrer Lage nach bekannten oder unveränderlichen Punkte durch die übrigen Buchstaben markirt. Diese Bezeichnung wendet er dann in der von ihm mitgetheilten Probe besonders auf die Kongruenz an, indem er ganz allgemein zwei beliebige Vereine von entsprechenden Punkten kongruent setzt, wenn, ohne dass sich in irgend einem der beiden Vereine die gegenseitige Lage der Punkte ändert, beide zum Decken gebracht werden können, so nämlich, dass jeder Punkt des einen Vereins den entsprechenden des andern deckt, wobei er dann stets die entsprechenden Punkte auf die entsprechenden Stellen der als kongruent bezeichneten Vereine setzt. Diese einfache Betrachtungs- und Bezeichnungsweise wird ihm nun der Keim zu einer Reihe höchst überraschender Resultate; ja er ist dadurch in den Stand gesetzt, wirklich auch schon an dieser Probe nachzuweisen, wie eine rein geometrische Analyse möglich ist, und zwar eine solche, welcher 4 alle räumlichen Beziehungen unterworfen | werden können.

In der That sieht man sogleich, wenn man mit Leibniz ∞ als Zeichen der Kongruenz wählt, und unter x einen seiner Lage nach veränderlichen Punkt, unter a, b und c aber feste Punkte versteht, dass

$$ax \infty bc \tag{1}$$

eine Kugel (deren Mittelpunkt a und deren Halbmesser bc ist) und

$$ax \infty bx \tag{2}$$

eine Ebene (welche ab senkrecht hälftet) als geometrischen Ort des Punktes x liefert. Da nun aber durch Kugel und Ebene (ja schon durch die Kugel allein) sich alle Konstruktionen im Raume ausführen, und somit durch sie alle Arten räumlicher Abhängigkeit sich vermitteln lassen, so folgt, dass das erwähnte Princip ausreichen muss für jede räumliche Betrachtung. Ja es können diese beiden Ausdrücke (1) und (2) als Definitionen der Kugel und Ebene gefasst, und somit auf ihnen das ganze Gebäude der Geometrie selbständig aufgeführt werden. Die Formel (2) kann als Ausdruck für den geometrischen Ort der Mittelpunkte aller Kugeln, welche durch zwei feste Punkte a und b gehen, aufgefasst werden. Ebenso liefert die Formel

$$ax \mathbin{8} bx \mathbin{8} cx \tag{3}$$

die gerade Linie, als geometrischen Ort der Mittelpunkte aller Kugeln, welche durch drei feste Punkte a, b, c gehen. Endlich erscheint die Kreislinie als Durchschnitt zweier Kugeln, also ist ihr Ausdruck

$$\begin{matrix} ax \mathbin{8} ac \\ bx \mathbin{8} bc, \end{matrix}$$

oder zusammengezogen

$$abx \mathbin{8} abc. \tag{4}$$

Man sieht hieraus, wie sich alles auf den Ausdruck für die Kugel zurückführen lässt, und daher ein solcher Aufbau der Geometrie auf jenem Fundamentalausdruck (1) vermöge dieser Einheit und Einfachheit des Princips von hoher wissenschaftlicher Bedeutung sein würde. Doch würde es mich zu weit von dem vorgesteckten Ziele abführen, wenn ich auch nur die Grundzüge einer solchen Konstruktion der Wissenschaft hier entwerfen wollte, wozu ja nothwendig die Ableitung der erforderlichen Grundsätze und der Nachweis, dass sie für die Konstruktion der Wissenschaft hinreichen, gehören würde; und diese Untersuchung wird immer eine der schwierigsten bleiben. Dagegen will ich nun die Anwendbarkeit der Leibniz'schen Rechnungsmethode an der Lösung der beiden Fundamentalaufgaben der Geometrie prüfen, indem ich den Ausdruck einer durch zwei gegebene Punkte gehenden Geraden und den einer durch drei gegebene Punkte gehenden Ebene suche.

Soll zuerst der Ausdruck einer durch zwei Punkte a und b gehenden Geraden gefunden werden, so muss derselbe die Form des Ausdrucks (3) erhalten, in welchem statt a, b, c drei Hülfspunkte a', b', c' eingeführt werden müssen, die jedoch nicht in gerader Linie liegen dürfen. Man hat dann die Formeln:

$$\begin{cases} a'x \mathbin{8} b'x \mathbin{8} c'x, \\ a'a \mathbin{8} b'a \mathbin{8} c'a, \\ a'b \mathbin{8} b'b \mathbin{8} c'b, \end{cases} \tag{5}$$

welche in ihrer Vereinigung die gerade Linie als geometrischen Ort 5 des Punktes x bestimmen. Man kann hier noch die beiden letzten Kongruenzreihen in Eine zusammenziehen

$$aba' \smile abb' \smile abc'.$$

Diese drückt dann aus, dass die Hülfspunkte a', b', c' in einer Kreislinie liegen, deren Ebene von ab senkrecht in dem Mittelpunkte der Kreislinie getroffen wird.

Ebenso verwickelt sind die Ausdrücke für eine durch drei Punkte a, b, c, die nicht in gerader Linie liegen, gehende Ebene. Da der Ausdruck die Form (2) haben muss, so muss man zwei Hülfspunkte a' und b' annehmen, und da a, b, c, x in der durch diese Hülfspunkte bestimmten Ebene liegen müssen, so hat man die vier Formeln

$$\begin{array}{l} a'x \smile b'x \\ \left.\begin{array}{l} a'a \smile b'a \\ a'b \smile b'b \\ a'c \smile b'c. \end{array}\right\} \end{array}$$

Die drei letzten Kongruenzreihen lassen sich in Eine zusammenziehen, nämlich in

$$abca' \smile abcb'.$$

Somit hätte man

$$(6) \qquad \left\{\begin{array}{l} ax' \smile bx' \\ abca' \smile abcb' \end{array}\right.$$

(von denen übrigens die letzte aus dreien zusammengesetzt ist, und ausdrückt, dass a' und b' symmetrisch gegen abc liegen) als Formeln für die durch die drei Punkte a, b, c gehende Ebene.

Wollte man diesen Systemen von Formeln (5) und (6) die erforderliche Einfachheit geben, so müsste man im Stande sein, die willkührlichen Hülfspunkte, welche mit der Natur der Aufgabe nichts zu thun haben, herauszuschaffen und das System von Formeln jedesmal in eine einzige zusammenzuziehen. Man sieht sogleich, dass dies nach der Leibnizschen Bezeichnung, so weit er sie entwickelt hat, unmöglich ist. Bleibt man daher bei ihr stehen, so ist wohl leicht zu sehen, wie die Menge der Formeln bei einer einigermassen verwickelten Aufgabe bald ins Ungeheure wachsen muss, und wie man dabei eine Menge von Elementen mit in die Betrachtung hineinziehen muss, welche mit der ursprünglichen Aufgabe nichts zu schaffen haben.

[§ 2. **Kongruenz und Kollineation.**]

Man erkennt hier das Ungenügende dieser Charakteristik. Worin beruht dies?

Zuerst offenbar darin, dass statt der einfachen Beziehung der Gleichheit, welche allein in mathematischen Formeln hervortreten darf, damit man überall substituiren kann, die Beziehung der Kongruenz eingeführt ist. Wohl gilt für diese Beziehung der Kongruenz das Gesetz, dass, was demselben dritten kongruent ist, es auch unter sich sei; aber keineswegs, dass man überhaupt in einer Kongruenzgleichung statt jedes Ausdrucks den ihm kongruenten setzen könne. Es sei zum Beispiel $ac \; 8 \; bc$ und ein Punkt d liege ausserhalb des von c auf ab gefällten Lothes, so ist *nicht*

Fig. 1.

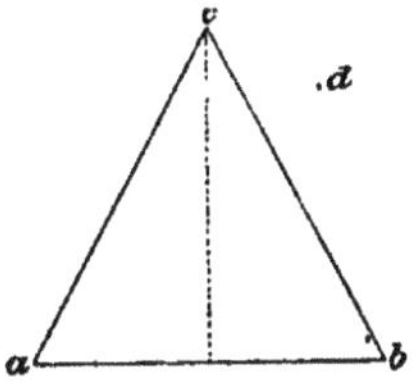

$$acd \; 8 \; bcd,$$

obgleich doch

$$ac \; 8 \; bc,$$

so dass man also in $acd \; 8 \; acd$ nicht auf der einen Seite statt ac das ihm kongruente bc setzen darf. Oder noch einfacher, da alle Punkte kongruent sind, so würde man, wenn man das Kongruente sich gegenseitig substituiren könnte, abc kongruent setzen können mit jedem Vereine von drei beliebigen andern Punkten, was ein Unsinn ist.

Diese Möglichkeit der Substitution, welche bei der obigen Bezeichnung abgeschnitten ist, müssen wir aber nothwendig bei jeder mathematischen Bezeichnung aufrecht erhalten, wenn sie zu fruchtreichen Ergebnissen führen soll. Daher haben wir zunächst die Bezeichnung zu ändern, und die wesentliche Beziehung der Gleichheit einzuführen, indem wir nur das als schlechthin gleich setzen, was wir in jedem Urtheile gegenseitig substituiren können.

Wir fragen, wenn abc kongruent ist def, was ist dann das Gleiche zwischen beiden Vereinen von Punkten? Offenbar muss dann irgend eine geometrische Funktion der drei Punkte a, b, c gleich der entsprechenden Funktion der drei Punkte d, e, f gesetzt werden. Wir wollen diese Funktion vorläufig mit dem Zeichen *figura* oder *fig.* bezeichnen, und setzen statt

$$abc \; 8 \; def$$

jetzt

$$\text{fig.}\,(a, b, c) = \text{fig.}\,(d, e, f)$$

und ebenso

$$\text{fig.}\,(a, b) = \text{fig.}\,(d, e),$$

wenn ab gleich lang ist mit de.

Es kommt dann darauf an, die Form dieser Funktion zu finden, namentlich bei zwei Punkten also die Form der Funktion fig. (a, b). Denn die Gleichung

$$\text{fig.}\,(a, b, c) = \text{fig.}\,(d, e, f)$$

ist nur eine Zusammenfassung der drei Gleichungen

$$\text{fig.}\,(a, b) = \text{fig.}\,(d, e)$$
$$\text{fig.}\,(b, c) = \text{fig.}\,(e, f)$$
$$\text{fig.}\,(c, a) = \text{fig.}\,(f, d).$$

Erst, wenn es uns gelingt, die Form dieser Funktion auszumitteln und die Gesetze, welchen dieselbe unterliegt, sind wir im Stande, vollkommen frei zu substituiren.

Um dazu zu gelangen, wollen wir zuerst die Leibniz'sche Idee erweitern, indem wir sie auf andere Verwandtschaften übertragen. So könnten wir zum Beispiel bei ähnlichen Figuren sagen, ihre Gestalt sei gleich, und könnten also statt

$$abc \sim def.$$

schreiben

$$\text{form}\,(a, b, c) = \text{form}\,(d, e, f).$$

So könnten wir die Gleichheit des Flächenraums zwischen je drei Punkten oder die Gleichheit des Körperraums zwischen je vier Punkten oder auch die Affinität durch besondere Zeichen ausdrücken.

Wir schreiten indessen sogleich zu der allgemeinsten linearen Verwandtschaft, der Kollineation, und setzen für zwei kollineare Vereine

$$a, b, c, d, e, f \text{ und } a', b', c', d', e' f'$$

die Gleichung

$$\text{collin}\,(a, b, c, d, e, f) = \text{collin}\,(a', b', c', d', e', f').$$

7 Unter allen diesen Verwandtschaften erscheint nun allerdings, von einer gewissen Seite aus betrachtet, die Kongruenz als die einfachste, sofern sich hier alles auf Funktionen von zwei Punkten zurückführen lässt; und in derselben Beziehung erscheint die Kollineation als die verwickeltste, sofern hier fünf Punkte, von denen keine vier in Einer Ebene liegen, mit beliebigen solchen fünf andern kollinear verwandt gesetzt werden können, und erst für den sechsten Punkt tritt eine Bestimmung ein von der Art, dass, wenn in dem einen System der sechste Punkt gegeben ist, dann der entsprechende sechste des andern Systemes bestimmt ist. Die einfachste Funktion, auf die sich also bei der Kollineation im Raume alles zurückführen lässt, ist eine Funktion von sechs Punkten, und man sieht leicht ein, dass zwei Systeme von beliebig vielen Punkten dann und nur dann kollinear verwandt sein werden, wenn zwischen je sechs Punkten beider Systeme jene einfachste kollineare Beziehung statt findet.

Während also die Kongruenz auf eine Funktion zweier Punkte zurückführte, so führt die Kollineation auf eine Funktion von sechs

Punkten zurück. Sieht man hingegen auf die Art, wie bei der Kongruenz der zweite und bei der Kollineation der sechste Punkt bedingt ist, so erscheint umgekehrt die Kollineation als die einfachste Verwandtschaft.

Denn, wenn zwei Punkte eines Systems und von den ihnen entsprechenden Punkten des kongruenten Systems nur der eine gegeben ist, so kann der andere dann willkührlich auf einer Kugelfläche liegen, welche den ersteren Punkt zum Mittelpunkte und die gegenseitige Entfernung der beiden Punkte des ersten Systems zum Halbmesser hat; die erste Bestimmung, welche hier eintritt, ist also eine partielle, an den Begriff der Kugelfläche geknüpfte. Hingegen, wenn fünf Punkte eines Systems, von denen keine vier in Einer Ebene liegen, und fünf entsprechende Punkte eines kollinear verwandten Systems, von denen dann auch keine vier in Einer Ebene liegen dürfen, gegeben sind, so ist zu jedem sechsten Punkt des ersten Systems der entsprechende des andern vollkommen bestimmt, und die erste Bestimmung also, welche bei der Kollineation hervortritt, ist eine vollkommene. Auch ist bekannt, dass die Art, wie der sechste Punkt des kollinear verwandten Systems von den gegebenen Punkten abhängt, nur durch Ebenen (oder, wenn man will, durch gerade Linien) vermittelt ist, während die Kongruenz durch Kugelflächen vermittelt war. Nun schliesst aber der Begriff der Kugelfläche den der Ebene ein, in sofern die letztere als Kugelfläche mit unendlich entferntem Mittelpunkte aufgefasst werden kann, hingegen nicht umgekehrt dieser jenen; denn es lässt sich ein selbständiger Theil der Geometrie ausbilden, in welchem der Begriff der Kugel auch nicht einmal der Anlage nach vorausgesetzt ist, wie dies von Grassmann in seiner Ausdehnungslehre nachgewiesen ist. Es erscheint also in Bezug auf die Art der Abhängigkeit — und auf diese kommt es bei der vorliegenden Untersuchung nur an — die Kollineation als die einfachere Verwandtschaft.

Daher gehe ich von dieser aus, betrachte jedoch zunächst nur kollineare Systeme in derselben Ebene. Da lassen sich dann zu vier Punkten, von denen keine drei in Einer geraden Linie liegen, beliebige vier andere solche Punkte als entsprechende eines kollinear verwandten Systems setzen, aber dann ist zu jedem fünften Punkte des einen Systems der entsprechende des kollinear verwandten | Systems vollkommen bestimmt, und es fragt sich, welches die Art dieser Bestimmung ist. 8

Um mich im Folgenden kürzer ausdrücken zu können, will ich sagen, die gerade Linie, welche durch zwei Punkte geht, sei aus diesen Punkten, und der Durchschnittspunkt zweier Geraden aus diesen Geraden durch lineale Konstruktion abgeleitet; und zwar die Gerade zwischen zwei Punkten a und b sei aus diesen Punkten, oder der Durchschnittspunkt zweier Geraden A und B sei aus diesen Geraden durch die entsprechende Konstruktion abgeleitet, wie die Gerade zwischen den beiden Punkten a' und b' aus diesen Punkten oder der Durchschnittspunkt zweier Geraden A' und B' aus diesen Geraden abgeleitet ist.

Wenn nun a, b, c, d, e und a', b', c', d', e' entsprechende Punkte zweier kollinearen ebenen Vereine sind, also

$$\text{collin}\,(a, b, c, d, e) = \text{collin}\,(a', b', c', d', e')$$

ist, so folgt aus dem Princip der Kollineation (s. Möbius baryc. Kalkul § 217), dass, wenn e aus a, b, c, d durch lineale Konstruktionen sich ableiten lässt, dann e' sich aus a', b', c', d' durch die entsprechenden Konstruktionen ableiten lasse. Ferner ist bekannt (s. Möbius baryc. Kalkul § 205), dass, wenn von den Punkten a, b, c, d, welche in Einer Ebene liegen, keine drei in gerader Linie liegen, jeder andere Punkt derselben Ebene sich durch lineale Konstruktionen entweder genau, oder so annähernd, als man will, ableiten lässt; also genügt das erwähnte Princip der linealen Konstruktion für die Auffassung der obigen Kollineationsgleichung.

Man sieht also, dass die ganze Art, wie der fünfte Punkt von den vier übrigen abhängt, nur gegründet ist auf jene einfachen Konstruktionen, und dass also, wenn man den fünften Punkt analytisch ausdrücken will durch die vier andern, man nur die Verbindungslinie zweier Punkte als Verknüpfung derselben und den Durchschnitt zweier Geraden als Verknüpfung dieser Geraden ausdrücken und die Gesetze dieser Verknüpfungen aufstellen muss.

[§ 3. **Punktgrössen und Liniengrössen.**]

Hierbei ist jedoch zu bemerken, dass weder die Punkte an sich, noch die unendlichen Linien können als Grössen aufgefasst werden, indem zu der Grösse wesentlich gehört ein der Vergrösserung und Verkleinerung fähiger Masswerth (metrischer Werth). Sollen es daher räumliche Grössen sein, welche der Verknüpfung unterworfen werden, so muss man an ihnen ein Zwiefaches unterscheiden, nämlich einerseits ihre Lage im Raume und andererseits ihren Masswerth, welcher auch möglicher Weise eine blosse Zahlgrösse sein kann; und zwei räumliche Grössen wird man nur dann einander gleich setzen können, wenn sowohl die Lage im Raume, welche an ihnen haftet, als auch ihr Masswerth gleich ist.

So zum Beispiel stellt der Punkt als solcher nur einen Ort im Raume dar, der Punkt aber, der mit einem bestimmten Zahlkoefficienten behaftet ist, erscheint als räumliche Grösse. Dieser Zahlkoefficient kann Eins sein, dann erscheint also der Punkt selbst auch als Grösse, aber nur in sofern an ihm der Zahlkoefficient Eins als besonderer Werth eines der Veränderung fähigen Zahlkoefficienten aufgefasst wird; dadurch erscheint dann auch der Punkt als der Vergrösserung und Verkleinerung fähig, also als Grösse. So erscheint, um ein anderes Beispiel zu geben, ein begränztes Stück einer geraden Linie als räumliche Grösse, indem die Linie (als unendliche) die Lage im Raume darstellt, ihre Länge aber den Masswerth. Wenn der Masswerth einer | Grösse null wird, so verschwindet die Grösse, und sie 9 muss also selbst dann gleich Null gesetzt werden.

Ich will nun solche mit bestimmten Masswerthen versehene Punkte und Gerade kurzweg Punktgrössen und Liniengrössen nennen, und will unter der Kombination ab zweier Punktgrössen a und b, das heisst, zweier Punkte mit zugehörigen Koefficienten, eine Liniengrösse verstehen, deren Linie durch die beiden zu a und b gehörigen Punkte geht, und deren Masswerth späterhin noch festgesetzt werden soll; und ebenso unter der Kombination AB zweier Liniengrössen A und B (das heisst, zweier begränzter gerader Linien) eine Punktgrösse, deren Punkt der Durchschnittspunkt der zu A und B gehörigen geraden Linien ist, und deren Koefficient späterhin bestimmt werden soll. Zunächst will ich nur noch die Voraussetzung hinzufügen, dass das Ergebniss dieser Verknüpfung stets einen bestimmten Werth haben soll, um daraus die Fälle zu entwickeln, in denen der Masswerth der durch die Verknüpfung gewonnenen Grössen null wird.

Zuerst betrachte ich die Kombination zweier Punktgrössen. Fallen die Punkte beider zusammen, so ist die gerade Linie ihrer Kombination unbestimmt, das Ergebniss der Verknüpfung würde also wider die Voraussetzung unbestimmt sein, wenn man nicht annähme, dass dann der Masswerth null werde. Also wenn die obige Voraussetzung bestehen bleiben soll, so müssen wir die Kombination zweier Punktgrössen null setzen, wenn ihre Punkte zusammenfallen, und aus demselben Grunde die zweier Liniengrössen null setzen, wenn die zugehörigen Linien zusammenfallen. Ferner, *wenn von den beiden Punktgrössen die eine gleich Null ist*, so kann ihr Punkt jede beliebige Lage haben; also ist dann auch die Linie ihrer Kombination mit der andern Punktgrösse unbestimmt; soll also die Voraussetzung aufrecht erhalten werden, so muss auch in diesem Falle die Kombination null gesetzt werden. Und aus demselben Grunde wird auch die Kombination zweier Liniengrössen null gesetzt werden müssen, wenn eine derselben null ist. Da nun aber auch in keinem andern Falle als den erwähnten die räumliche Lage des Ergebnisses unbestimmt ist, so können wir auch festsetzen, dass in keinem andern Falle das Ergebniss null sein solle. So gelangen wir zu der vorläufigen Definition:

Zwei Punktgrössen oder zwei Liniengrössen geben kombinirt dann und nur dann Null, wenn entweder eine derselben null ist oder beide dieselbe Lage haben.

Durch diese Bezeichnungsweise ist man nun im Stande, jede lineale Abhängigkeit in Form einer Gleichung darzustellen, deren eine Seite null ist, während die andere keine andern Verknüpfungen in sich schliesst als die oben bezeichneten. Zum Beispiel bedeutet

Fig. 2.

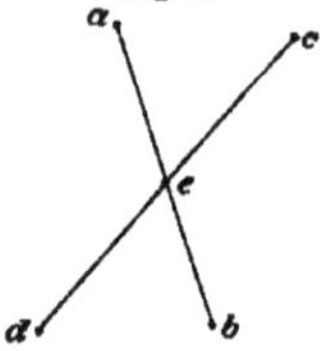

$$ab = 0,$$

dass die Punkte a und b zusammenfallen; ferner

$$(ab)(cd)e = 0,$$

dass e der Durchschnittspunkt der beiden Geraden ab und cd ist. Denn $(ab)(cd)$ drückt den Durchschnittspunkt der Linien ab und cd aus, und die Gleichung $(ab)(cd)e = 0$ drückt aus, dass e mit diesem Punkte zusammenfällt. Auch kann man in solchen Gleichungen statt jeder Punktgrösse oder Liniengrösse, die nicht null ist, eine andere solche von gleicher Lage, das heisst, welche mit ihr kombinirt Null giebt, substituiren. Auch ist klar, dass man das Princip der Kollineation jetzt auch vermittelst des Begriffs dieser Kombinationsgleichungen so aussprechen kann, dass jede Kombinationsgleichung zwischen den Punkten eines Systems auch auf gleiche Weise zwischen den entsprechenden Punkten des kollinearen Systems statt finde.

Es bleibt noch die Kombination einer Punktgrösse mit einer Liniengrösse zu betrachten übrig; für diese haben wir dem Früheren analog nur festzusetzen, dass sie dann, aber auch nur dann null werde, wenn entweder eins der Verknüpfungsglieder null ist, oder der Punkt in der Geraden liegt.

Wie fruchtbar schon diese einfache Idee ist, und zu welchen unerwarteten Aufschlüssen über die Natur der Kurven sie führt, hat Grassmann in seiner Abhandlung über diesen Gegenstand in Crelle's Journal für Math., Band 31 gezeigt. Auch ist man dadurch schon im Stande eine Gleichung aufzustellen zwischen zehn Punkten der Ebene, von denen fünf den fünf übrigen kollinear entsprechen sollen; denn man hat nur nöthig die bekannte Konstruktion des fünften entsprechenden

Punktes vermittelst des Lineals in die eingeführte Bezeichnungsweise umzusetzen, um zu dieser Gleichung zu gelangen. Doch würde dieselbe in sehr komplicirter Gestalt erscheinen und keinesweges geeignet sein, um das Wesen der Kollineation unmittelbar darzustellen.

[§ 4. **Addition der Punktgrössen und der Liniengrössen.**]

Um zu einer solchen Gleichung, die dies in der That leistet, zu gelangen, müssen wir den Begriff der Kombination dadurch erweitern, dass wir auch auf die Masswerthe Rücksicht nehmen. Hierbei kann uns die Analogie mit der Multiplikation, welche hier sogleich in die Augen springt, leiten. Diese Analogie zwischen der Multiplikation und der Kombination der Punktgrössen und Liniengrössen zeigt sich nach dem bisher bemerkten besonders darin, dass, wenn eins der Verknüpfungsglieder bei der Kombination null ist, auch das Ergebniss derselben null ist, und dass, wenn das Ergebniss null ist, es auch null bleibt, wenn man die Masswerthe derjenigen Verknüpfungsglieder, die nicht null sind, in beliebigem Verhältnisse wachsen oder abnehmen lässt. Wir dehnen daher diese Analogie noch weiter aus, indem wir, wenn α und β Zahlgrössen, A und B Punktgrössen oder Liniengrössen sind,

$$(\alpha A)(\beta B) = \alpha\beta\,(AB)$$

setzen. Sind also zum Beispiel A und B Punkte, so ist die Kombination der Punktgrössen gleich der mit dem Produkte der Koefficienten multiplicirten Kombination der Punkte.

Die wesentliche Bedeutung der Multiplikation liegt (siehe Grassmanns Ausdehnungslehre § 10) in ihrer Beziehung zur Addition, dass man nämlich, statt eine Summe zu multipliciren, ohne Aenderung des Ergebnisses auch ihre Stücke einzeln auf gleiche Weise multipliciren und diese Produkte addiren könne. Wir haben daher zu versuchen, ob wir nicht den Begriff der Addition der Punktgrössen und der Liniengrössen, so wie auch die Bestimmung der Masswerthe der jetzt als Produkte aufgefassten Kombinationen, in der Art zu vollziehen vermögen, dass jene Beziehung der Multiplikation zur Addition und Subtraktion ihre Geltung behalte.

Wir nehmen an, die Summe zweier Punktgrössen sei wieder eine Punktgrösse, und betrachten zuerst die Summe zweier Punkte $a + b$. Da nach dem Begriffe jeder Summe $a + b = b + a$ | sein und die Summe 11 eine bestimmte Grösse sein muss, so ergiebt sich, dass der Summenpunkt gegen a und b gleiche Lage haben und seiner Lage nach bestimmt sein muss, also, dass sein Ort nur die Mitte zwischen a und b sein kann.

Es sei s die Mitte zwischen a und b, und x der Koefficient der Summe, also

$$(7) \qquad xs = a + b.$$

Soll nun die multiplikative Beziehung gelten, so muss

$$xss = sa + sb$$

sein; also, da ss null ist (als Kombination zusammenfallender Punkte), so hat man

$$0 = sa + sb \quad \text{oder} \quad sa = -sb,$$

das heisst, sa und sb (was zwei gleich lange aber entgegengesetzt gerichtete Strecken sind) müssen für die in Rede stehende Analyse als gleiche aber entgegengesetzte Grössen aufgefasst werden. Ferner durch Multiplikation mit a hat man

$$xas = aa + ab = ab,$$

da aa null ist. Nun ist ab doppelt so lang als as und gleichgerichtet mit as. Bezeichne ich das Doppelte von as, wenn es in derselben Linie nach gleicher Richtung liegt, mit $2as$, so ist also $ab = 2as$, mithin

$$xas = 2as,$$

also $x = 2$ und somit

$$(8) \qquad a + b = 2s,$$

das heisst, die Summe zweier Punkte ist ihre Mitte mit dem Koefficienten 2.

Betrachte ich nun irgend einen Punkt r, so muss, wenn die Beziehung der Multiplikation zur Addition allgemein gelten soll,

$$(9) \qquad ra + rb = r(a + b) = 2rs$$

sein. Daraus folgt sogleich, dass die Summe von ra und rb die Diagonale rd des Parallelogramms $arbd$ ist, und dass, wenn ra und rb dieselbe Richtung haben, die Summe so gross ist als beide Stücke zusammengenommen, dass also dann die Summe dieselbe ist, als wenn man beide Strecken wie Zahlgrössen addirte. Namentlich ist, wenn a, b, c Punkte derselben geraden Linie sind, allemal $ab + bc = ac$. Hieraus folgt dann auch, dass αab, wo α eine Zahl ist, als eine Liniengrösse aufzufassen ist, welche dieselbe Lage hat, aber α-mal grösser ist als ab; und dass also die Strecke ab genau den Masswerth der Kombination ab darstellt, während die Linie ab als unendliche ihre Lage darstellt.

Fig. 3.

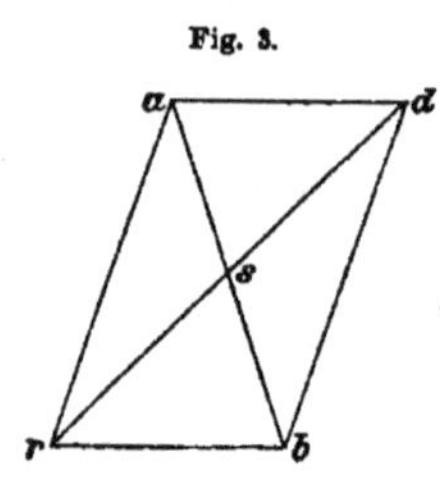

Nun lässt sich auch die Summe $\alpha a + \beta b$, wo α und β Zahlen, a und b Punkte sind, leicht ausmitteln, wenn $\alpha + \beta$ nicht null ist. Nämlich, es sei

$$\alpha a + \beta b = xs,$$

so muss für jeden Punkt r

$$r(\alpha a + \beta b) = xrs,$$

das heisst

(10) $$\alpha ra + \beta rb = xrs$$

sein, also namentlich auch, wenn r in s fällt, also rs null ist. Dann hat man

(11) $$\alpha sa + \beta sb = 0,$$

das heisst, s ist der Schwerpunkt zwischen den Punkten a und b, 12 wenn diesen Gewichte beigelegt sind, die den Zahlen α und β proportional sind. Ferner, fällt in der Gleichung (10) r in a, das heisst, wird ra null, so hat man

$$\beta ab = xas,$$

und, wenn in (10) r gleich b, also rb null wird,

$$\alpha ba = xbs.$$

Also die zweite Gleichung subtrahirt von der ersteren:

$$\beta ab - \alpha ba = x(as - bs)$$

oder, da $-ba = ab$, $-bs = sb$ und $as + sb = ab$ ist,

$$(\beta + \alpha)ab = xab,$$

also $x = \alpha + \beta$, also

(12) $$\alpha a + \beta b = (\alpha + \beta)s.$$

Also, die Summe zweier Punktgrössen, deren Koefficientensumme nicht null ist, ist der Schwerpunkt mit einem Koefficienten, der die Summe jener Koefficienten ist.

Wie man nun diese Verknüpfung der Punkte oder Punktgrössen, die wir hier als Addition bezeichnet haben, in der That als solche nachweisen kann, wie daraus eine entsprechende Subtraktion sich entwickelt, wie als die Differenz zweier Punkte eine Strecke von konstanter Richtung und Länge erscheint*), wie daraus eine Addition und

*) Um Missverständnissen vorzubeugen, will ich hier noch bemerken, dass die Liniengrösse ab und die Strecke $b - a$ hiernach zwar eine verwandte, aber doch eine wesentlich verschiedene Bedeutung haben, insofern die Gleichung $b - a = d - c$ *nur* ausdrückt, dass die von a nach b gezogene Linie gleich lang und gleichgerichtet ist mit der von c nach d gezogenen, wohingegen die Gleichung $ab = cd$ nicht nur dies ausdrückt, sondern zugleich, dass ab und cd Theile einer und derselben unendlichen geraden Linie sind.

Subtraktion solcher Strecken hervorgeht, alles das kann hier nicht der Betrachtung unterworfen werden, da dies schon aus den Werken und Abhandlungen von Möbius und Grassmann als bekannt vorausgesetzt werden darf, und jetzt schon klar zu Tage liegt, wie man auf dem hier eingeschlagenen Wege weiter fortschreiten kann, um auch zu diesen Verfahrungsarten und Gesetzen zu gelangen. Doch werde ich weiter unten diese Gesetze wenigstens für Punkte und deren Vielfache entwickeln.

Aus eben dem Grunde kann ich hier nicht darauf eingehen, zu zeigen, wie die hier als Kombination bezeichnete Verknüpfung mit der algebraischen Multiplikation unter Einen Begriff zusammengefasst werden kann, wobei ich für die erstere den Namen der äusseren oder kombinatorischen Multiplikation beibehalte, wie ferner sich hieraus eine Multiplikation der Strecken (als Linien von konstanter Richtung und Länge) und der Punktgrössen mit den Strecken entwickelt, wie ferner die Liniengrössen unter sich und mit Punktgrössen kombinatorisch multiplicirt werden können, und daraus wieder entsprechende Gesetze für die Multiplikation von Flächenräumen unter sich und mit Strecken hervorgehen. In Bezug auf alles dies muss ich auf Grassmanns Ausdehnungslehre verweisen.

Daher schreite ich, nachdem ich noch die Anwendung auf die Kollineation gegeben, zu der Entwickelung der wirklich neuen Rech-13 nungsmethoden, | wobei ich aber die in den angeführten Schriften gewonnenen Ergebnisse voraussetzen muss.

[§ 5. Die Kollinear-Funktion.]

Wir suchten oben die Form der Kollinear-Funktion. Nun ergiebt sich, wenn

$$\text{collin}\,(a,\, b,\, c,\, d,\, e) = \text{collin}\,(a',\, b',\, c',\, d',\, e')$$

gesetzt ist und unter abc der Inhalt des Dreiecks, dessen Ecken a, b und c sind, verstanden ist, und zwar als positiv genommen, wenn c von ab aus nach links liegt, dass dann (Ausdehnungslehre § 165)

$$\frac{eab}{dab} : \frac{ebc}{dbc} = \frac{e'a'b'}{d'a'b'} : \frac{e'b'c'}{d'b'c'}$$

ist. Doch ist durch Eine solche Beziehung der Punkt e' noch nicht durch die übrigen bestimmt, also die kollineare Beziehung nicht vollständig ausgedrückt; wohl aber genügen zwei solche Beziehungen, also

$$\left(\frac{eab}{dab} : \frac{ebc}{dbc} : \frac{eca}{dca}\right) = \left(\frac{e'a'b'}{d'a'b'} : \frac{e'b'c'}{d'b'c'} : \frac{e'c'a'}{d'c'a'}\right),$$

wo die Klammer auf beiden Seiten die Gleichheit je zweier entsprechender, durch das Zeichen : gegliederter Verhältnisse ausdrücken soll, und wir können also

$$(13)\qquad \left(\frac{eab}{dab} : \frac{ebc}{dbc} : \frac{eca}{dca}\right)$$

als die gesuchte Kollinear-Funktion für die Ebene ansehen.

Für den Raum würde man übrigens, wenn unter $abcd$ der Inhalt des Tetraeders verstanden ist, dessen Ecken a, b, c, d sind, aus

$$\text{collin}\,(a, b, c, d, e, f) = \text{collin}\,(a', b', c', d', e', f')$$

erhalten:

$$(14)\qquad \left(\frac{fabc}{eabc} : \frac{fbcd}{ebcd} : \frac{fcda}{ecda} : \frac{fdab}{edab}\right)$$

gleich dem entsprechenden Ausdruck in a', b', c', d', e', f', worin dann die Gleichheit dreier Verhältnisse ausgedrückt liegt, und der Ausdruck (14) würde selbst die Kollinear-Funktion für den Raum darstellen.

[§ 6. **Rückkehr zur Kongruenz. Gleichungen zwischen räumlichen Grössen.**]

Die Ableitung der neuen Rechnungsmethode knüpfe ich nun wieder an Leibnizens Idee an, indem ich von der nach der einen Seite hin einfachsten Verwandtschaft, der Kollineation, sogleich zu der nach der andern Seite hin einfachsten, der Kongruenz, schreite, von welcher Leibniz ursprünglich ausgegangen war; und durch die bisher aus der Kollineation abgeleiteten oder vielmehr als ableitbar nachgewiesenen und nun als bekannt vorausgesetzten Verknüpfungen wird es nun möglich, auch die Kongruenz auf entsprechende Weise zu behandeln.

Aus den bisher betrachteten Verknüpfungsweisen nämlich lässt sich das Princip der Kongruenz *nicht* ableiten, da sich jene nur auf das Ziehen von geraden Linien oder das Hindurchlegen von Ebenen durch gegebene Punkte beziehen, aber nicht die Natur des Kreises oder der Kugel mit in sich aufnehmen, wie dies bei der Kongruenz der Fall ist. Da sich auch der bisher erschienene Theil von Grassmanns Ausdehnungslehre nur auf solche Verknüpfungsweisen | erstreckt, 14 welche bloss von den Begriffen der geraden Linie und der Ebene abhängen, so werden wir auch in diesem Werke, mit Ausnahme einiger Andeutungen in der Vorrede desselben, keine Entwickelungen mehr vorfinden, welche den im Folgenden darzulegenden Verknüpfungsweisen zur Seite gehen. Deshalb werde ich von nun an, um an Schärfe nichts vermissen zu lassen, *den* Weg wählen, dass ich jedesmal nach Ableitung eines Begriffes diesen Begriff in Form einer Definition noch einmal hinstelle, und die Gesetze, welche daraus entspringen, ohne irgend einen bei der Ableitung des Begriffes vorläufig angewandten Satz vorauszusetzen, in streng mathematischer Form entwickele.

Der einfachste Kongruenzfall, auf den sich jeder andere zurückführen liess, war der, dass zwei gleich lange gerade Linien als kongruent gesetzt wurden, also

$$\text{(15)} \qquad \text{fig.}\,(a, b) = \text{fig.}\,(c, d),$$

wenn der Linientheil ab gleich lang war mit dem Linientheile cd. Nun haben wir oben gleiche Liniengrössen und gleiche Strecken kennen gelernt. Die Liniengrössen ab und cd wurden dann, aber auch nur dann einander gleich gesetzt, wenn beide in derselben geraden Linie lagen und gleiche (nicht entgegengesetzte) Richtung, vom Anfangspunkt zum Endpunkt hin gerechnet, und gleiche Länge hatten. Die Strecke hingegen haben wir als Differenz zweier Punkte auffassen, und $a - b$ und $c - d$ dann, aber auch nur dann gleichsetzen müssen, wenn beide Strecken (die von b nach a und die von d nach c) gleiche Richtung und Länge hatten. Daraus folgt, dass, wenn zwei begränzte Gerade, zum Beispiel die von a nach b und die von c nach d, als Liniengrössen gleich sind, das heisst, $ab = cd$ ist, sie auch als Strecken gleich sein müssen, also $b - a$ gleich $d - c$ sein müsse, aber nicht umgekehrt, indem, wenn $b - a$ gleich $d - c$ ist, nur dann auch ab gleich cd sein wird, wenn a, b, c, d in derselben Geraden liegen. Ferner folgt, dass, wenn jene begränzten Linien als Strecken gleich waren, also $b - a$ gleich $d - c$ war, sie auch kongruent oder gleich lang sein werden, aber nicht umgekehrt, indem aus der gleichen Länge nur dann die Gleichheit der Strecken folgt, wenn ihre Richtung als gleich angenommen wird.

Die Kongruenz schliesst sich also zunächst an die Gleichheit der Strecken an, und wir werden, da jedesmal, wenn

$$a - b = c - d$$

ist, auch

$$\text{fig.}\,(a, b) = \text{fig.}\,(c, d)$$

ist, fig. (a, b), was die Länge der von a nach b gezogenen geraden Linie vorstellt, als Funktion von $a - b$ betrachten und daher, wenn f das Zeichen dieser Funktion ist, statt fig. (a, b) schreiben können $f(a - b)$ und also statt der Gleichung (15) die Gleichung

$$\text{(16)} \qquad f(a - b) = f(c - d)$$

erhalten. Dadurch haben wir den Vortheil, die Länge als Funktion einer einzigen Grösse aufgefasst zu haben.

Wir haben nun dieser Funktion eine solche Form zu geben, dass die Gleichung (16) allemal dann, aber auch nur dann richtig ist, wenn $a - b$ und $c - d$ gleich lang sind.

Um eine solche Funktion zu finden, nehmen wir zuerst an, alle 15 zu betrachtenden Grössen seien in derselben Geraden. Hier können zwei gleich lange Linientheile nur entweder gleiche oder entgegengesetzte Richtung haben. Im ersteren Falle sind sie als Strecken gleich, im letztern ist die eine Strecke das Negative der andern. Bedeutet also p eine Strecke, so ist p gleich lang mit $(-p)$; aber ausser diesen beiden p und $(-p)$ giebt es auch in derselben geraden Linie keine mit p gleich lange Strecke. Es würde also hier nur folgen, dass $f(p)$ eine solche Form haben muss, dass $f(p) = f(-p)$ sei. Könnte man die Strecken innerhalb einer Geraden wie Zahlen behandeln, so würde p^2 eine solche Funktion und zwar die einfachste sein, welche dieser Bedingung genügte. Wir haben also zunächst nur zu untersuchen, ob und wie weit die Gesetze der Zahlenverknüpfungen sich auf Strecken derselben Geraden anwenden lassen, oder überhaupt, ob sie sich auf Grössen anwenden lassen, welche, wie die Strecken derselben geraden Linie, einer Reihe von Zahlgrössen proportional gesetzt werden können.

(**Erklärung 1.**) *Ich setze nämlich eine Reihe von räumlichen Grössen* $A, B, \ldots$ *proportional einer Reihe von Zahlgrössen* $\alpha, \beta, \ldots$, *wenn es irgend eine räumliche Grösse* M *(die nicht null ist) von der Art giebt, dass* $A = \alpha M$, $B = \beta M$*), ... *und so weiter ist, und nenne in diesem Falle jene räumlichen Grössen unter sich gleichartig; wenn ferner zwei Reihen räumlicher Grössen derselben Reihe von Zahlgrössen proportional sind, so nenne ich sie selbst einander proportional.*

Daraus folgt sogleich (**Satz 1**), *dass, wenn eine Reihe räumlicher Grössen* $A, B, \ldots$ *einer Zahlreihe* $\alpha, \beta, \ldots$ *proportional ist, und diese wieder einer andern Zahlreihe proportional ist, auch die Reihe räumlicher Grössen der letzten Zahlreihe proportional sei.*

Denn jede mit der Zahlreihe $\alpha, \beta, \ldots$ proportionale Zahlreihe wird in der Form $\varrho\alpha, \varrho\beta, \ldots$ dargestellt werden können, wo ϱ jede beliebige Zahlgrösse, die nicht null ist, sein kann; setzt man nun $M' = \frac{M}{\varrho}$, so ist

*) Wenn ich eine Grösse als Produkt einer Zahlgrösse α in eine räumliche Grösse A bezeichne, so soll darin ausgedrückt sein, dass für diese Multiplikation die Gesetze der Multiplikation und Division mit Zahlen gelten, namentlich, dass

$$\beta(\alpha A) = (\beta\alpha) A \quad \text{und} \quad \frac{\alpha A}{\beta} = \frac{\alpha}{\beta} A$$

sei, wovon bei dem folgenden Beweise Gebrauch gemacht wird.

$$A = \alpha\varrho M', \quad B = \beta\varrho M', \ \ldots,$$

das heisst, $A, B, \ldots$ verhalten sich auch wie $\alpha\varrho : \beta\varrho : \cdots$, das heisst, wie jede mit $\alpha, \beta, \ldots$ proportionale Zahlreihe.

Hat man nun eine algebraische Gleichung, in welcher die Zahlgrössen $\alpha, \beta, \ldots$ vorkommen, und welche von der Art ist, dass sie auch bestehen bleibt, wenn man statt der Zahlreihe $\alpha, \beta, \ldots$ eine ihr proportionale Zahlreihe setzt, so wird man die Gleichung auch dann noch als richtig setzen können, wenn man der Zahlreihe $\alpha, \beta, \ldots$ eine ihr proportionale Reihe von räumlichen Grössen $A, B, \ldots$ substituirt, indem man dann eben nur festzusetzen hätte, dass diese letztere Gleichung keine andere Bedeutung haben soll als die erstere.

Nun wird eine solche Gleichung, wie wir sie voraussetzen, die Form haben

$$(17) \qquad F(\alpha, \beta, \ldots) = F'(\alpha, \beta, \ldots),$$

16 wo die Zeichen F und F' algebraische und homogene Funktionen gleichen Grades darstellen, das heisst, zwei Funktionen, deren Glieder alle von der Form $\lambda\alpha^{\mathfrak{a}}\beta^{\mathfrak{b}}\ldots$ sind und alle dieselbe Exponentensumme $\mathfrak{a} + \mathfrak{b} + \cdots$ haben, während λ eine beliebige Zahlgrösse ist. Ist in der That $\mathfrak{a} + \mathfrak{b} + \cdots = x$, und man setzt statt $\alpha, \beta, \ldots$ die proportionale Zahlreihe $\varrho\alpha, \varrho\beta, \ldots$, wo ϱ eine Zahl, die nicht null ist, vorstellt, so wird dann $F(\varrho\alpha, \varrho\beta, \ldots)$ gleich $\varrho^x F(\alpha, \beta, \ldots)$ und $F'(\varrho\alpha, \varrho\beta, \ldots) = \varrho^x F'(\alpha, \beta, \ldots)$, also noch

$$(18) \qquad F(\varrho\alpha, \varrho\beta, \ldots) = F'(\varrho\alpha, \varrho\beta, \ldots).$$

Setze ich nun in der Gleichung (17) statt der Zahlreihe $\alpha, \beta, \ldots$ die proportionale Reihe von Raumgrössen $A, B, \ldots$, so will ich die so hervorgehende Gleichung

$$(19) \qquad F(A, B, \ldots) = F'(A, B, \ldots)$$

auch noch eine homogene algebraische Gleichung der räumlichen Grössen $A, B, \ldots$ nennen und gelange dann zu der folgenden Erklärung:

(Erklärung 2.) *Ich setze eine homogene algebraische Gleichung räumlicher Grössen, welche gleichartig, das heisst, einer Reihe von Zahlgrössen proportional sind, dann und nur dann als richtig, wenn die Gleichung, welche dadurch hervorgeht, dass man statt der räumlichen Grössen die ihnen proportionalen Zahlgrössen setzt, eine richtige ist; und von den so hervorgehenden Verknüpfungen der räumlichen Grössen sage ich, dass sie den algebraischen der Zahlgrössen entsprechen.*

Hieraus folgt der Satz (**Satz 1b**): *dass für gleichartige Raumgrössen alle algebraischen Verknüpfungsgesetze gelten, welche sich durch homogene Gleichungen jener Raumgrössen darstellen lassen, und dass jede homogene*

Gleichung zwischen gleichartigen Raumgrössen auch für die ihnen proportionalen Raumgrössen gilt.

Ich habe diesen Satz, den ich hier nur für Strecken innerhalb derselben geraden Linie anzuwenden brauche, darum so allgemein gefasst, weil er für die Uebertragung algebraischer Verknüpfungen auf räumliche Grössen überhaupt von Wichtigkeit ist.

[§ 7. **Innere Produkte von Strecken.**]

Gehe ich nun auf die Gleichung

$$f(p) = f(-p)$$

zurück, so leuchtet ein, dass dieser am einfachsten genügt wird, wenn $f(p) = p^2$ gesetzt wird, da ja $p^2 = (-p)^2$ ist, auch wenn p eine Strecke vorstellt. Denn, da sich p zu $-p$ wie die Zahlen $1 : (-1)$ verhalten, (Erklärung 1), so ist p^2 nach Erklärung 2 gleich $(-p)^2$ zu setzen, wenn $1^2 = (-1)^2$ ist, was der Fall ist.

Wir können daher den Versuch machen, auch allgemein, wenn p und q gleich lange Strecken sind, das Quadrat von p gleich dem von q zu setzen. Doch bleibt dann noch zweifelhaft, ob wir dies Quadrat als dem arithmetischen durchaus entsprechend ansehen können, ja ob überhaupt für die Multiplikation, durch welche die beiden gleichen Faktoren dieses Quadrats verknüpft sind, noch irgend ein Multiplikationsgesetz gilt, sobald man es mit Quadraten anders gerichteter Strecken vergleicht; das heisst, ob wir eine naturgemässe Hypothese gemacht haben, indem wir jene Funktion $f(p)$ allgemein als Quadrat von p setzten. Jedenfalls müssen wir wenigstens vorläufig die Multiplikation, 17 für die wir jene Hypothese machten, mit einem besonderen Namen bezeichnen. Wir nennen sie innere Multiplikation, und das innere Produkt zweier gleicher Strecken das innere Quadrat dieser Strecke. Somit gelangen wir durch Kombination mit der Erklärung 2 zu folgender Erklärung:

(**Erklärung 3.**) *Unter inneren Produkten je zweier paralleler Strecken verstehe ich solche Grössen, welche den Zahlen proportional gesetzt werden, die hervorgehen, wenn man die beiden parallelen Strecken eines jeden inneren Produktes durch dasselbe Mass misst, und die Quotienten dieser beiden Messungen unter sich multiplicirt, alle Masse aber gleich lang annimmt. Das innere Produkt zweier Strecken sei mit* $a \times b$ *bezeichnet, das innere Quadrat* $a \times a$ *mit* a^2.

So zum Beispiel sind (s. Fig. 4) $a \times b$ und $c \times d$ proportional den Zahlen, welche hervorgehen, wenn man a und b durch r_1, c und d

durch r_2 misst, wo r_1 und r_2 gleich lang sind und r_1 mit a und b, r_2 mit c und d parallel ist. Aus der Erklärung folgt sogleich, dass

$$a \times b = b \times a \text{ und}$$

$$a \times (b + c) = a \times b + a \times c$$

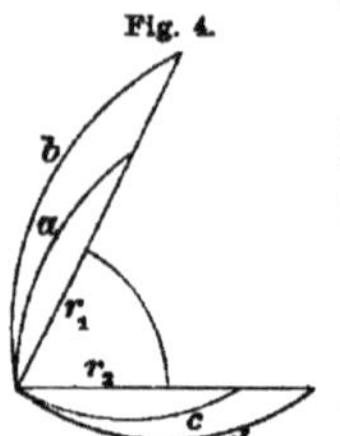

ist, wenn a, b, c parallele Strecken sind, in welchen Fällen ja auch die Gleichungen dieselbe Bedeutung haben, wie die in Erklärung 2 definirten.

Es kommt nun darauf an, das innere Produkt zweier ungleichlaufender Strecken zu finden.

Zu dem Begriffe desselben wird man gelangen, wenn man versucht, die allgemeine Beziehung der Multiplikation zur Addition festzuhalten, und auch die Faktoren vertauschbar zu setzen, damit die innere Multiplikation ungleichlaufender Strecken mit der gleichlaufender unter einen gemeinschaftlichen Begriff falle. Mache ich vorläufig, um zu dem Begriffe dieses Produktes zu gelangen, diese beiden Voraussetzungen, so folgt, dass

$$(a + b) \times (a + b) = a \times a + b \times b + b \times a + a \times b,$$

also

$$(a + b)^2 = a^2 + 2a \times b + b^2. \tag{20}$$

Fig. 5.

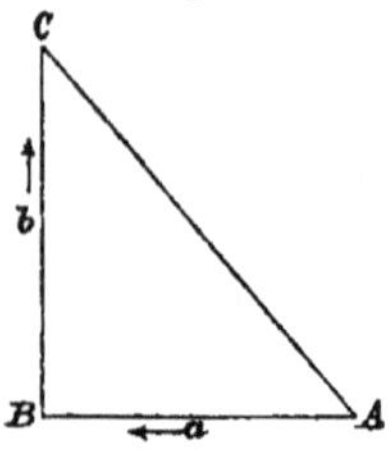

Die Strecke erschien als Differenz zweier Punkte, ist also (s. Fig. 5)

$$a = B - A, \quad b = C - B,$$

so ist

$$a + b = B - A + C - B = C - A.$$

Sind daher a und b rechtwinklig gegeneinander, so ist $a + b$ die Hypotenuse eines rechtwinkligen Dreiecks, worin a und b die Katheten sind, also ist

$$(a + b)^2 = a^2 + b^2. \tag{21}$$

Fig. 6.

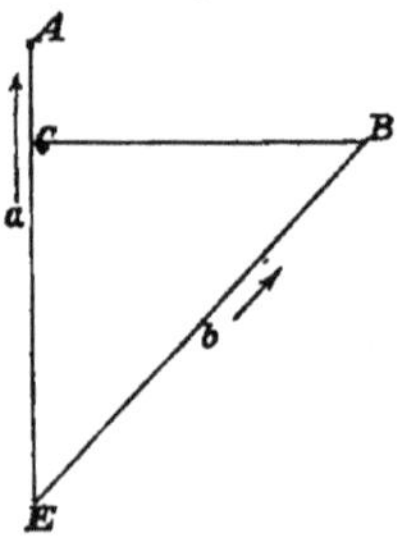

Vergleichen wir diese Gleichung mit der obigen (20), so folgt $2a \times b = 0$, also auch $a \times b = 0$, das heisst, das innere Produkt zweier | gegen einander senkrechter Strecken muss null gesetzt werden. [18]

Hieraus nun lässt sich der Begriff des inneren Produktes zweier beliebiger Strecken a und b ableiten.

Es sei (s. Fig. 6)

$$a = A - E, \quad b = B - E.$$

Man fälle von B das Loth auf EA, der Fusspunkt desselben sei C, so ist

$$B - E = B - C + C - E.$$

Also ist auch

$$a \times b = (A - E) \times (B - E) = (A - E) \times (B - C + C - E) =$$
$$= (A - E) \times (B - C) + (A - E) \times (C - E).$$

Das erste dieser beiden zuletzt gewonnenen Produkte ist null, weil $A - E$ senkrecht gegen $B - C$ ist, also ist

$$a \times b = a \times (C - E);$$

$C - E$ aber ist die senkrechte Projektion von b auf a. Daraus folgt die Erklärung:

(Erklärung 4.) *Unter dem inneren Produkte $a \times b$ zweier nicht paralleler Strecken a und b soll das innere Produkt der ersten a in die senkrechte Projektion der zweiten auf die erste verstanden sein.*

Von dieser Erklärung aus werde ich nun die Gesetze der inneren Multiplikation zu entwickeln haben, ohne die bei der Ableitung des Begriffs zu Hülfe genommenen Sätze voraussetzen zu dürfen*), und zwar erstens:

(Satz 2.) *Die beiden Faktoren eines inneren Produktes zweier Strecken kann man ohne Werthänderung des Produktes vertauschen, das heisst $a \times b = b \times a$.*

Denn, wenn $a = A - E$ (s. Fig. 7), $b = B - E$, C der Fusspunkt des von B auf AE, und D der Fusspunkt des von A auf BE gefällten Lothes ist, so ist

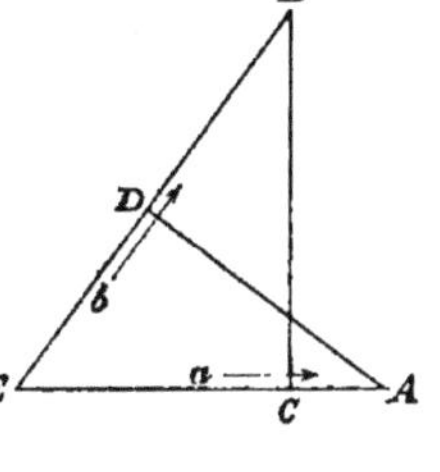

$$a \times b = (A - E) \times (C - E),$$
$$b \times a = (B - E) \times (D - E).$$

Vermöge der Aehnlichkeit der Dreiecke ADE und BCE folgt nun, dass die Länge von AE zu der von DE sich verhält, wie die Länge

*) Es ist überaus wichtig, die nun folgende mathematische Beweisführung von der bisher versuchten (mehr philosophischen) Ableitung des Begriffes aufs strengste zu sondern. Jene Ableitung diente nur dazu, um den Schein der Willkühr, welcher bei dem unmittelbaren Aufstellen der neuen Definitionen hätte entstehen müssen, verschwinden zu lassen, während die nun folgende Beweisführung von jener Ableitung ganz unabhängig ist und sich unmittelbar an die aufgestellten Definitionen anschliesst. So zum Beispiel wurde bei der Ableitung des Begriffs der pythagoräische Lehrsatz angewandt; die mathematische Beweisführung setzt diesen Lehrsatz *nicht* voraus, vielmehr erscheint derselbe als Folgerung der hier gegebenen mathematischen Entwickelung, welche also zugleich einen vollkommenen Beweis jenes Satzes einschliesst.

von BE zu der von CE, also auch das Produkt der Längen von AE und CE gleich ist dem Produkte der Längen von DE und BE, also auch, wenn man $A-E$ und $C-E$ durch ein Mass der Linie EA und $D-E$ und $B-E$ durch ein eben so langes Mass der Linie EB 19 misst, das Produkt aus den Quotienten der beiden ersten Messungen gleich dem Produkte aus den Quotienten der beiden letzten Messungen sein wird, das heisst nach Erklärung 3

$$(A-E)\times(C-E)=(B-E)\times(D-E),$$

das heisst

$$a\times b=b\times a.$$

Ferner folgt daraus:

(Satz 3.) *Ein inneres Produkt zweier gegen einander senkrechter Strecken ist null, aber auch kein anderes, dessen Faktoren nicht selbst null sind.*

Denn, wenn beide Strecken senkrecht gegen einander sind, so ist die senkrechte Projektion der einen auf die andere null, also wird dann, wenn man nach Erklärung 4 statt des zweiten Faktors die senkrechte Projektion desselben auf den ersten setzt, dieser zweite Faktor null, also auch das Produkt null. Hingegen in jedem andern Falle wird, wenn nicht etwa die Strecken selbst null sind, die Projektion nicht null, also auch das Produkt nicht null.

Ferner lässt sich beweisen, dass

$$(22)\quad a\times(b+c)=a\times b+a\times c \text{ und } (b+c)\times a=b\times a+c\times a$$

Fig. 8.

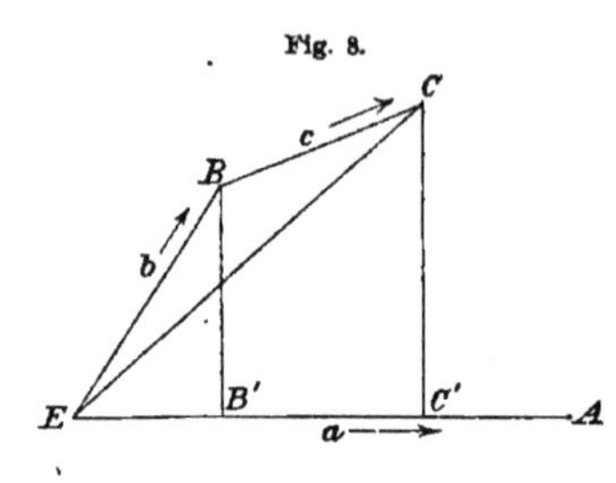

ist. Denn, es sei (s. Fig. 8) $a=A-E$, $b=B-E$, $c=C-B$, so ist $b+c=C-E$. Sind ferner B', C' die Fusspunkte der von B und C auf EA gefällten Lothe, so ist $B'-E$ die senkrechte Projektion von b auf a, und $C'-E$ die von $(b+c)$ auf a, und $C'-B'$ die von c auf a; also ist

$$a\times b+a\times c=a\times(B'-E)+a\times(C'-B'),$$

und da nun alle Strecken auf der rechten Seite in gerader Linie liegen, so ist die rechte Seite

$$\begin{aligned}&=a\times(B'-E+C'-B')\\&=a\times(C'-E)\\&=a\times(b+c).\end{aligned}$$

Da endlich die Faktoren vertauschbar sind, so folgt auch:

$$(b + c) \times a = b \times a + c \times a.$$

Also sind die Gleichungen (22) bewiesen. Daraus folgt aber der allgemeine Satz:

(**Satz 4.**) *Alle algebraischen Sätze, welche die Beziehung der Multiplikation zur Addition und Subtraktion ausdrücken, gelten auch für die innere Multiplikation zweier Strecken,*

weil diese Beziehung eben nur auf dem erwiesenen Grundgesetze (22) beruht (vergleiche Grassmanns Ausdehnungslehre § 10).

Hierdurch ist nun die Benennung und Bezeichnung dieser Verknüpfungsweise als einer Multiplikation gerechtfertigt, zugleich aber, da das Gesetz, dass das innere Produkt zweier | gegen einander senkrechter Strecken null ist, in der Algebra nichts Entsprechendes findet, diese Multiplikationsweise als eine von der algebraischen wesentlich verschiedene nachgewiesen, weshalb wir die Benennung der inneren Multiplikation zur Unterscheidung sowohl von der algebraischen als auch von der äusseren Multiplikation beibehalten und als das specifische Zeichen dieser Multiplikation das Zeichen $\times$ festhalten. Somit folgt, dass wir nicht nur, wenn a, b, c, d Punkte sind, statt der Gleichung 20

$$\text{fig.}\,(a, b) = \text{fig.}\,(c, d)$$

oder statt

$$ab \;8\; cd$$

die Gleichung

$$(a - b) \times (a - b) = (c - d) \times (c - d)$$

oder

$$(a - b)^2 = (c - d)^2$$

einführen, sondern nun auch für diese Multiplikation alle bisherigen Sätze anwenden, und dadurch mit dieser Multiplikation ganz frei, wie mit jeder algebraischen Verknüpfung, operiren können.

[§ 8. Innere und äussere Multiplikation.]

Hiermit ist also die Aufgabe, die wir uns ursprünglich stellten, nämlich die Leibniz'sche Charakteristik auf ihren naturgemässen Ausdruck zurückzuführen, gelöst. Zugleich aber liegt in der Art der Lösung der Keim zu einer neuen Entwickelung nach zwei verschiedenen Seiten hin.

Nämlich einerseits entsteht die Aufgabe, aus dem Produkte zweier Punktdifferenzen das der Punkte selbst abzuleiten, um so durch die Lösung der Klammern, von welchen noch diese Punktdifferenzen umschlossen sind, zu einer noch freieren und allgemeineren Behandlung dieser, die Kongruenz darstellenden Verknüpfung zu gelangen.

Der andere Keim zu weiterer Entwickelung liegt in der Beziehung des inneren Produktes zum äusseren. Diese Beziehung wird durch die Idee „des senkrecht proportionalen" vermittelt.

Nämlich, (**Erklärung 5**) *ich nenne zwei Flächenräume A und B zweien Strecken a und b senkrecht proportional, wenn die Flächenräume auf den Strecken senkrecht stehen und solche Werthe haben, dass, wenn man die eine Strecke b mit ihrem entsprechenden Flächenraum B, ohne die gegenseitige Lage derselben zu ändern, so legt, dass b gleichgerichtet wird mit a, und dann die so verlegte Strecke b durch a und den so verlegten Flächenraum B durch A misst, die Quotienten beider Messungen gleich sind.*

Hieraus folgt der Satz:

(**Satz 5.**) *Zwei innere Produkte je zweier Strecken, $a \times b$ und $c \times d$ verhalten sich wie die äusseren Produkte, welche hervorgehen, wenn man statt zweier aus beiden Produkten ausgewählter Faktoren, zum Beispiel statt a und c, die ihnen senkrecht proportionalen Flächenräume A und C setzt und das Zeichen der inneren Multiplikation in das der äusseren verwandelt, also*

$$(a \times b) : (c \times d) = (A \,.\, b) : (C \,.\, d). \tag{23}$$

Denn, wenn ich c, d, C als ein System betrachte und dieses System 21 so, dass | es sich kongruent bleibt, beliebig verlege, so bleiben die Produkte $c \times d$ und $C.d$ bei dieser Verlegung sich gleich, also verändern sich ihre Werthe auch nicht, wenn dabei c in dieselbe Richtung, die a hat, verlegt wird. Daraus folgt, dass die Gleichung (23) allgemein richtig sein wird, wenn ich sie nur für den Fall erwiesen habe, dass a und c gleichgerichtet sind.

Ist unter dieser Voraussetzung $\frac{c}{a} = \gamma$, so wird dann auch (nach Erklärung 5) $\frac{C}{A} = \gamma$ sein. Substituire ich daher in diesem Falle γa statt c und γA statt C in die Gleichung (23), so bleibt nur zu beweisen, dass

$$(a \times b) : (\gamma a \times d) = (A \,.\, b) : (\gamma A \,.\, d)$$

sei. Dies wird erwiesen sein, wenn ich gezeigt habe, dass

$$(a \times b) : (a \times d) = (A \,.\, b) : (A \,.\, d) \tag{24}$$

sei, oder dass, wenn $a \times b = \alpha (a \times d)$ ist, wo wieder α eine Zahlgrösse ist, auch $A \,.\, b = \alpha (A \,.\, d)$ sei. Ist aber $a \times b = \alpha (a \times d)$, so ist es auch gleich $a \times (\alpha d)$, also $a \times (b - \alpha d) = 0$, also $b - \alpha d$ entweder null oder senkrecht auf a (nach Satz 3), das heisst, da A ein gegen a senkrechter Flächenraum ist, entweder $b - \alpha d$ null oder parallel mit A. Nun giebt aber das äussere Produkt eines Flächenraums in eine mit ihm parallele Strecke null (Ausdehnungslehre § 54 und 55); also ist $A.(b - \alpha d)$ null, also $A.b$ gleich $A.\alpha d$, gleich $\alpha(A.d)$, also ist Gleichung (24) erwiesen, also auch (23) zunächst für den Fall, dass a und c gleichgerichtet sind, und demnächst allgemein.

Wir können den obigen Satz noch allgemeiner fassen, indem wir sagen:

(**Satz 5b.**) *In einer Gleichung, deren Glieder innere Produkte je zweier Strecken oder Vielfache solcher Produkte sind, kann man, ohne dass die Gleichung aufhört eine richtige zu sein, statt dieser inneren Produkte die ihnen proportionalen äusseren setzen, die man dadurch erhält, dass man statt je eines Faktors jener inneren Produkte die senkrecht proportionalen Flächenräume und statt des Zeichens der inneren Multiplikation das der äusseren setzt, und umgekehrt kann man aus der letzteren Gleichung die erstere ableiten.*

Denn, da die inneren Produkte proportional sind einer Reihe von Zahlgrössen und die jenen proportionalen äusseren Produkte derselben Reihe proportional sind, so ergiebt sich der zu erweisende Satz sogleich durch Anwendung der Erklärung 2.

Hierin liegt nun, da man die Idee des senkrecht proportionalen auch auf andere äussere Produkte übertragen kann, der vorher angedeutete Keim weiterer Entwickelung. Ich will nun diese Entwickelung hier darlegen, dann aber, ehe ich die andere oben angedeutete Entwickelungsreihe verfolge, durch Anwendungen auf Geometrie und Mechanik zeigen, in wiefern die bisher entwickelte Analyse die einer solchen von Leibniz beigelegten Vorzüge besitzt.

[§ 9. Innere Produkte von Flächenräumen und Strecken.]

Es ist klar, dass man durch die Idee des senkrecht proportionalen sowohl zu dem äusseren Produkte zweier Strecken als auch zu dem eines Flächenraums in eine Strecke, indem man statt der Strecke einen ihr proportional bleibenden Flächenraum setzt, auf eine neue Weise ein entsprechendes inneres Produkt finden kann. Zur Ableitung der Gesetze dieser | neuen Verknüpfungen, wie auch zur Begründung 22 der Gesetze des vorher behandelten inneren Produktes, wenn man den Satz 5 in eine Definition dieses inneren Produktes umwandelt, genügt folgender Satz:

(**Satz 6.**) *Wenn $a, b, c, \ldots$, Strecken und $A, B, C, \ldots$ ihnen senkrecht proportionale Flächenräume sind, so stehen auch ihre Summen in* *derselben Proportionsreihe, das heisst, wenn* $s = a + b + c + \cdots$ *und* $S = A + B + C + \cdots$ *ist, so sind auch* $s, a, b, c, \ldots$ *senkrecht proportional mit* $S, A, B, C, \ldots$.

Es ist sogleich klar, dass, wenn dies für die Summe zweier Stücke bewiesen ist, es auch durch Fortsetzung desselben Schlusses für beliebig viele gilt; wir beweisen es daher zunächst nur für zwei Stücke, setzen also $s = a + b$, $S = A + B$ und beweisen, dass s, a, b senkrecht proportional seien mit S, A, B.

Es stehe f auf a und b zugleich senkrecht, so steht f auch auf s senkrecht, weil s mit a und b in derselben Ebene liegt. Der Anschaulichkeit wegen denke man sich a, b, s und f von demselben Punkte ausgehend. Drehe ich nun das System der drei Strecken a, b, s, ohne ihre Länge und gegenseitige Lage zu verändern, um die senkrechte Axe f so weit, bis das System (also auch jede Strecke in ihm) einen rechten Winkel beschrieben hat, und gehen dadurch a, b, s in a', b', s' über, so bleibt offenbar noch $s' = a' + b'$. Nun ist aber klar, dass $f.a'$, $f.b'$, $f.s'$ senkrecht proportional mit a, b und s sind; ist also $A = \gamma f.a'$, so wird $B = \gamma f.b'$, also $A + B$ oder

$$S = \gamma(f.a' + f.b') = \gamma f.s'$$

sein, also sind S, A, B senkrecht proportional s, a, b, und so auch allgemein für beliebig viele Glieder.

Da übrigens durch drei Glieder einer solchen senkrechten Proportion das vierte bestimmt ist, so folgt auch umgekehrt:

(Satz 7.) *Wenn* $s, a, b, c, \ldots$ *senkrecht proportional* $S, A, B, C, \ldots$ *sind, und*

$$s = a + b + c + \cdots$$

ist, so ist auch

$$S = A + B + C + \cdots,$$

und umgekehrt, wenn unter obiger Voraussetzung die zweite Gleichung gilt, so gilt auch die erste.

Doch werden wir für die folgende Entwickelung nur den ersteren Satz gebrauchen und auch diesen nur für zwei Glieder.

Durch die Idee des senkrecht proportionalen ergeben sich nun folgende Begriffe:

(Erklärung 6.) *Unter* **inneren Produkten** *je zweier* **Flächenräume** *verstehe ich solche Grössen, die den äussern Produkten proportional sind, welche man erhält, wenn man in allen jenen inneren Produkten statt der ersten Faktoren senkrecht proportionale Strecken setzt, während man die zweiten Faktoren unverändert lässt, das Zeichen aber der innern Multiplikation* ($\times$) *in das der äusseren* (.) *verwandelt,* und

(Erklärung 7.) *Unter inneren Produkten von je einem Flächenraum in eine Strecke verstehen wir solche Grössen, welche den äusseren Produkten senkrecht proportional | sind, die hervorgehen, wenn man statt* 23 *der Flächenräume, welche als Faktoren jener inneren Produkte vorkommen, die ihnen senkrecht proportionalen Strecken setzt, und, ohne den jedesmaligen andern Faktor zu ändern, das Zeichen der inneren Multiplikation in das der äusseren verwandelt.*

So zum Beispiel werden die Produkte $A \times b$ und $C \times d$, in denen A und C Flächenräume, b und d Strecken sind, den Flächenräumen $a.b$ und $c.d$ senkrecht proportional gesetzt, wenn a und c den Flächenräumen A und C senkrecht proportional sind.

Die Gesetze, welchen diese Verknüpfungen unterliegen, lassen sich sehr leicht vermittelst des Satzes 6 ableiten.

So findet man

$$A \times (B + C) = A \times B + A \times C,$$

indem $a.(B + C) = a.B + a.C$ ist, und wenn a senkrecht gegen A ist, die Grössen in der zu erweisenden Gleichung denen der letzteren proportional sind, also derselben Gleichung unterliegen (nach Satz 1 b); und ebenso findet man

$$(B + C) \times A = B \times A + C \times A,$$

indem, wenn b und c senkrecht proportional sind mit B und C, also auch (nach Satz 6) b, c und $(b + c)$ mit B, C und $(B + C)$,

$$(b + c).A = b.A + c.A$$

ist, also auch dieselbe Gleichung zwischen den mit den Gliedern dieser Gleichung proportionalen Grössen statt finden muss, also

$$(B + C) \times A = B \times A + C \times A.$$

Auf ähnliche Weise folgt, dass

$$A \times (b + c) = A \times b + A \times c$$

ist. Denn es ist

$$a.(b + c) = a.b + a.c;$$

also gilt auch nach Satz 7 dieselbe Gleichung für die mit den Gliedern derselben senkrecht proportionalen Grössen, das heisst,

$$A \times (b + c) = A \times b + A \times c.$$

Und endlich folgt auch, dass

$$(A + B) \times c = A \times c + B \times c$$

ist. Denn es seien a und b die den Flächenräumen A und B senkrecht proportionalen Strecken, so sind (Satz 6) a, b, $(a + b)$ senkrecht proportional mit A, B, $(A + B)$. Nun ist

$$(a + b).c = a.c + b.c.$$

Somit gilt nun (Satz 7) dieselbe Gleichung auch für die mit den Gliedern derselben senkrecht proportionalen Grössen. Nach der Erklärung 7 sind aber

$$(A+B) \times c, \quad A \times c, \quad B \times c$$

senkrecht proportional mit

$$(a+b) . c, \quad a . c, \quad b . c,$$

weil $A+B$, A, B senkrecht proportional mit $a+b$, a, b sind. Also ist (nach Satz 7)

$$(A+B) \times c = A \times c + B \times c.$$

Um die Idee der Multiplikation für diesen letzteren Fall der inneren Multiplikation eines Flächenraums A in eine Strecke b noch 24 anschaulicher darzulegen, | will ich annehmen, es sei b_1 die senkrechte Projektion der Strecke b auf den Flächenraum A, und b also gleich $b_1 + b_2$, wo b_2 senkrecht gegen den Flächenraum A ist. Ist dann a eine gegen A senkrechte Strecke, so ist

$$a . (b_1 + b_2) = a . b_1,$$

weil $a . b_2$ als äusseres Produkt zweier gleichartiger Strecken null ist. Somit ist also auch

$$A \times (b_1 + b_2) = A \times b_1$$

oder

$$A \times b = A \times b_1$$

und $A \times b_1$ ist senkrecht proportional zu setzen dem Produkte $a . b_1$. Es ist aber klar, dass die gegen $a . b_1$ senkrechte Strecke in der Ebene A senkrecht gegen die Projektion b_1, also auch gegen b selbst liegt; daraus folgt also, dass das Produkt $A \times b$ durch eine Strecke dargestellt wird, welche in A senkrecht gegen b liegt, und deren relative Grösse eben dadurch bestimmt wird, dass sie dem Flächenraume $a . b$ senkrecht proportional sein soll.

Aus den oben für diese beiden neuen Arten der Multiplikation nachgewiesenen Beziehungen zur Addition ergiebt sich der allgemeine Satz:

(Satz 8.) *Für jede Art der inneren Multiplikation zweier Ausdehnungen im Raume gelten alle algebraischen Sätze, welche die allgemeine Beziehung der Multiplikation zur Addition und Subtraktion ausdrücken.*

Dieser Satz schliesst den früheren Satz 4 als besonderen Fall in sich. Auch ergiebt sich sogleich,

(Satz 9.) *dass für alle Gattungen innerer Multiplikation zweier Ausdehnungen im Raume das Produkt dann, aber auch nur dann null wird, wenn die Faktoren auf einander senkrecht stehen,* weil dann und nur dann das entsprechende äussere Produkt parallele Faktoren enthält, also null wird; und dieser Satz erscheint wieder als eine Verallgemeinerung des dritten Satzes. Auch folgt daraus wieder sogleich,

(**Satz 10.**) *dass jedes innere Produkt nicht paralleler Faktoren gleich ist dem inneren Produkte des einen Faktors in die senkrechte Projektion des andern Faktors auf den ersteren,*

wobei natürlich, wenn das Produkt eines Flächenraums in eine Strecke betrachtet wird, nur von der Projektion der letzteren auf die Ebene des ersteren die Rede sein kann.

Ferner lässt sich leicht zeigen, dass $A \times B = B \times A$ ist; denn, ist die senkrechte Projektion von B auf A gleich αA, wo α eine Zahl ist, so ist

$$A \times B = A \times \alpha A = \alpha(A \times A),$$

und

$$B \times A = (\alpha A) \times A = \alpha(A \times A),$$

also

$$A \times B = B \times A.$$

Das Produkt $a \times B$ ist bisher noch nicht definirt, wir können es der Analogie gemäss gleich $B \times a$ setzen, und haben dann den Satz:

(**Satz 11.**) *Die beiden Faktoren eines jeden inneren Produktes lassen sich ohne Werthänderung des Produktes mit einander vertauschen,*

und es ist klar, wie dieser Satz nur eine Verallgemeinerung des zweiten Satzes ist.

So hat sich nun ergeben, dass alle Gesetze für die innere Multiplikation unter sich übereinstimmen. Insbesondere sind die innere Multiplikation der Strecken und die der Flächenräume, also die von Grössen gleicher Stufe so | vollkommen parallel, dass es keinen noch 25 so abgeleiteten Satz für die eine dieser Verknüpfungen giebt, der nicht für die andere auch gälte, wenn man nur die Begriffe Strecke und Flächenraum vertauscht. Auch lassen sich in der That beide Arten der Produkte dadurch aus einander ableiten, dass man statt beider Faktoren senkrecht proportionale Grössen setzt.

[§ 10. **Geometrische Anwendungen.**]

Ich schreite nun zu den Anwendungen und zwar zuerst zu denen auf die Geometrie, werde jedoch nur die innere Multiplikation der Strecken und der Flächenräume ins Auge fassen.

Da $a + b$ die dritte Seite eines Dreiecks darstellt, dessen beide andere Seiten a und b sind, wenn man den Anfangspunkt von b auf den Endpunkt von a legt, so folgt aus der Formel

$$(a+b)^2 = a^2 + 2a \times b + b^2$$

der folgende Satz, zu dem ich sogleich den entsprechenden für Flächenräume setze:

Das Quadrat einer Seite eines Dreiecks ist so gross als die Summe aus den Quadraten der beiden anderen und ihrem doppelten inneren Produkte, wenn diese beiden Seiten fortschreitend genommen sind.

Insbesondere ist, da das innere Produkt senkrechter Strecken null ist, das Quadrat der Hypotenuse eines rechtwinkligen Dreiecks die Summe aus den Quadraten der beiden Katheten.

Sind a, b, c alle drei gegeneinander senkrecht, so ist

$$(a+b+c)^2 = a^2 + b^2 + c^2,$$

das heisst, das Quadrat einer Strecke ist gleich der Summe aus den Quadraten ihrer senkrechten Projektionen auf drei gegeneinander senkrechte Linien.

Ferner ist allgemein

$$(a+b+c)^2 = a^2 + b^2 + c^2 + \\ + 2a \times b + 2b \times c + 2c \times a,$$

das heisst, wenn man eine Strecke auf drei beliebige Axen parallel den durch die Axen gelegten Ebenen projicirt), so ist das Quadrat der Strecke die Summe aus den Quadraten der Projektionen und aus den doppelten inneren Produkten je zweier Projektionen.*

*) das heisst, auf jede Axe parallel der Ebene der beiden andern; denn dann ist die Strecke die Summe der drei Projektionen (Ausdehnungslehre § 90).

Das Quadrat einer Seitenfläche eines dreiseitigen Prismas ist gleich der Summe aus den Quadraten der beiden anderen Seitenflächen und ihrem doppelten inneren Produkte, wenn diese Seitenflächen fortschreitend genommen sind.

Insbesondere ist, da das innere Produkt senkrechter Flächenräume null ist, das Quadrat der Hypotenusenfläche eines rechtwinkligen dreiseitigen Prismas die Summe aus den Quadraten der beiden Kathetenflächen.

Sind A, B, C alle drei gegeneinander senkrecht, so ist

$$(A+B+C)^2 = A^2 + B^2 + C^2,$$

das heisst, das Quadrat eines Flächenraums ist die Summe aus den Quadraten seiner senkrechten Projektionen auf drei gegeneinander senkrechte Ebenen.

Ferner ist allgemein

$$(A+B+C)^2 = A^2 + B^2 + C^2 + \\ + 2A \times B + 2B \times C + 2C \times A,$$

das heisst, wenn man einen Flächenraum auf drei beliebige Ebenen parallel den Durchschnittskanten der Ebenen projicirt), so ist das Quadrat des Flächenraums die Summe aus den Quadraten der Projektionen und aus den doppelten inneren Produkten je zweier Projektionen.*

*) das heisst, auf jede Ebene parallel der Durchschnittskante der beiden andern; denn dann ist der Flächenraum die Summe seiner drei Projektionen (Ausdehnungslehre § 90).

Diese Sätze, welche als Erweiterungen des Pythagoräischen Lehrsatzes aufgefasst werden können, dienen dazu, um die Länge einer durch ihre Richtstücke (Koordinaten) gegebenen Strecke oder den Inhalt eines durch seine Richtstücke gegebenen Flächenraums auszudrücken. 26

Die Formel

$$(a + b) \times c = a \times c + b \times c$$

liefert, wenn a, b, c in derselben Ebene liegen, den Satz:

Wenn man durch eine Ecke eines Parallelogramms eine Kreislinie legt, und von derselben Ecke die Diagonale $(a + b)$ zieht, so ist das Produkt der Diagonale in die in ihr liegende Sehne die Summe aus den Produkten der beiden an jene Ecke stossenden Seiten a und b in die in ihnen liegenden Sehnen,

weil nämlich diese Sehnen die senkrechten Projektionen des Durchmessers auf die drei Linien sind.

Die Formel

$$(A + B) \times C = A \times C + B \times C$$

liefert, wenn A, B, C durch dieselbe Kante gehen, den Satz:

Wenn man durch eine Kante eines Parallelepipedums eine Cylinderfläche legt, und durch dieselbe Kante die Diagonalfläche $(A + B)$ legt, so ist das Produkt der Diagonalfläche in das von ihr (durch den Cylinder) abgeschnittene Stück die Summe aus den Produkten der beiden durch jene Kante gehenden Seitenflächen A und B in die von ihnen durch den Cylinder abgeschnittenen Stücke,

weil diese Stücke den senkrechten Projektionen der Durchmesser-Ebene proportional sind.

Da die parallelen Sätze für Flächenräume sich immer leicht ableiten lassen aus denen für Strecken, und jene weniger Interesse darbieten als diese, so will ich von nun an nur diese letzteren aufstellen.

Die Formel

$$(a + b + c + \cdots) \times p = a \times p + b \times p + c \times p + \cdots$$

liefert, wenn man a, b, c, ... und p mit ihren Anfangspunkten aneinandergelegt denkt, p senkrecht auf sie projicirt, und bedenkt, dass die Summe $a + b + c + \cdots$, wenn A, B, C, ... die Endpunkte der Strecken und R ihr gemeinschaftlicher Anfangspunkt ist, gleich

$$A - R + B - R + \cdots = n(S - R)$$

ist, wo S den Schwerpunkt der Endpunkte vorstellt und n die Anzahl der Strecken a, b, c, ... ist, den Satz:

Wenn man von irgend einem Punkte (R) nach n Punkten $(A, B, C, \ldots)$ und nach ihrem Schwerpunkte (S) gerade Linien zieht, und durch jenen ersten Punkt (R) eine beliebige Kugelfläche legt (welche die Linien RS, RA, RB, ... in den Punkten S', A', B', ... zum zweitenmale trifft):

so ist das Produkt der nach dem Schwerpunkte (S) *gezogenen geraden Linie* (RS) *in die in ihr liegende Sehne* (RS') *das arithmetische Mittel zwischen den Produkten der nach den n Punkten gezogenen Linien* (RA, RB, ...) *in die in ihnen liegenden Sehnen* (RA', RB', ...).

Hat man eine Gleichung zwischen inneren Produkten je zweier Strecken, so kann man diese Gleichung sehr leicht durch Annahme senkrechter Koordinaten in Zahlgleichungen verwandeln. Denn, ist 27 $p_1 \times p_2$ ein solches inneres | Produkt, und sind a_1, b_1, c_1 die Richtstücke (Koordinaten mit festgehaltener Richtung der Axen, in denen sie liegen) von p_1, und a_2, b_2, c_2 die von p_2 in Bezug auf dasselbe Axensystem, so ist

$$p_1 = a_1 + b_1 + c_1, \quad p_2 = a_2 + b_2 + c_2,$$

also

$$p_1 \times p_2 = (a_1 + b_1 + c_1) \times (a_2 + b_2 + c_2) = a_1 \times a_2 + b_1 \times b_2 + c_1 \times c_2,$$

da alle übrigen Produkte als innere Produkte senkrechter Strecken nach Satz 9 null sind. Misst man nun alle Richtstücke derselben Axe durch dasselbe Mass, und nimmt die drei Masse für die drei Axen gleich lang an, etwa gleich lang der Strecke e, und bezeichnet man die Quotienten dieser Messungen mit den entsprechenden griechischen Buchstaben, so erhält man

$$\frac{p_1 \times p_2}{e^2} = \alpha_1 \alpha_2 + \beta_1 \beta_2 + \gamma_1 \gamma_2,$$

und erhält also dann durch Division der ganzen Gleichung mit dem Quadrate des Masses e eine blosse Zahlengleichung.

[§ 11. Anwendungen auf die reine Bewegungslehre.]

Ich schreite nun zu den Anwendungen auf die Mechanik.

Zuerst will ich einen in der Bewegung begriffenen Punkt betrachten, ohne mich um die Ursachen seiner Bewegung zu kümmern. Ich nehme mit Möbius (Mechanik des Himmels, § 9) und Grassmann (Ausdehnungslehre, § 105) in den Begriff der Geschwindigkeit zugleich den der Richtung auf, so dass ich zwei Geschwindigkeiten nur dann gleich setze, wenn sie nicht bloss gleichen absoluten Werth, sondern auch gleiche Richtung haben, das heisst, ich setze die Geschwindigkeit eines in Bewegung begriffenen Punktes derjenigen Strecke gleich, welche er beschreiben würde, wenn er in dem als Einheit angenommenen Zeitraume dieselbe Bewegung, die er hat, unverändert beibehielte.

Nämlich, wenn ein Punkt in derselben Richtung so fortschreitet, dass er in gleichen Zeiträumen stets gleiche und gleichgerichtete Wege zurücklegt, die Wege sich also wie die Zeiträume verhalten, in denen er sie zurücklegt, so sage ich, der Punkt behalte seine Bewegung unverändert bei. Gesetzt also, er habe in irgend einem Zeitpunkte T eine solche Bewegung, dass, wenn er dieselbe Bewegung während des als Einheit genommenen Zeitraums unverändert beibehielte, er von dem Orte p, den er zur Zeit T wirklich hat, zu dem Orte p_1 gelangen würde, so ist seine Geschwindigkeit $p_1 - p$.

Ich könnte nun dies Verfahren, durch welches diese Geschwindigkeit aus der als bekannt vorausgesetzten Bewegung eines Punktes abgeleitet werden kann, rein geometrisch entwickeln, müsste jedoch dann bis in die Principien der Differenzialrechnung zurückgehen, um diese auf die hier dargestellte Analyse zu übertragen. Da dies jedoch dem vorliegenden Zwecke nicht entsprechen würde, so will ich auf den gewöhnlichen Begriff des Differenzials zurückgehen und zu dem Ende den sich bewegenden Punkt p senkrecht auf eine Axe projiciren. Die Projektion sei p'. Dann ist klar, dass, wenn die Wege, die der projicirte Punkt in gleichen Zwischenräumen zurücklegt, gleich und gleichgerichtet sind, auch die Projektionen dieser Wege gleich sein werden, also die Projektion p' gleichförmig fortschreitet, wenn p gleichförmig und geradlinig fortschreitet, und dass, wenn der projicirte Punkt von dem Orte p nach p_1 gelangt, auch die Projektion gleichzeitig von dem Orte p' nach der | Projektion p_1' des Ortes p_1 gelangt. Ist also $p_1 - p$ 28 die Geschwindigkeit des projicirten Punktes, so ist $p_1' - p'$ die der Projektion, das heisst, *die Geschwindigkeit, mit welcher die senkrechte Projektion eines Punktes auf eine gerade Linie fortschreitet, ist stets gleich der auf diese Linie senkrecht projicirten Geschwindigkeit, mit welcher der Punkt selbst fortschreitet.* Projiciren wir nun eine Strecke senkrecht auf drei gegeneinander senkrechte Axen, so ist die projicirte Strecke die Summe ihrer drei Projektionen. Also, *wenn wir einen sich bewegenden Punkt senkrecht auf drei gegeneinander senkrechte Axen projiciren, so ist die Geschwindigkeit jenes Punktes die Summe aus den Geschwindigkeiten seiner Projektionen.*

Wir wollen nun die Strecke vom Durchschnittspunkte der drei Axen bis zur Projektion des Punktes p auf die eine der drei Axen mit xa bezeichnen, wo x eine Zahlgrösse und a ein Stück der Axe (dies Stück als Strecke betrachtet) ist. Nun ist bekannt, dass die Geschwindigkeit dieser Projektion, wenn x als Funktion der Zeit t gegeben ist, gleich ist $a\frac{dx}{dt}$. Nennen wir nun die Strecken von dem Durchschnittspunkte g der drei Axen bis zu den Projektionen des Punktes p auf die zwei andern Axen yb und zc (wobei a, b, c gleich lang angenommen werden können), so sind $b\frac{dy}{dt}$ und $c\frac{dz}{dt}$ die Geschwindigkeiten der beiden anderen Projektionen, also die Geschwindigkeit des Punktes p gleich

$$a\frac{dx}{dt} + b\frac{dy}{dt} + c\frac{dz}{dt},$$

während

$$p - g = ax + by + cz$$

gleich der Summe seiner Projektionen, oder

$$p = g + ax + by + cz$$

ist. Wir bezeichnen den obigen Differenzialausdruck

$$a\frac{dx}{dt} + b\frac{dy}{dt} + c\frac{dz}{dt},$$

da man zu ihm auch gelangt, wenn man in der Funktion

$$p = g + ax + by + cz$$

die Grössen g, a, b, c wie konstante behandelt und dann nach der Zeit differenziirt, mit $\frac{dp}{dt}$. Das heisst:

Wenn $p = g + ax + by + cz$ ist und g ein Punkt, a, b, c aber drei gegeneinander senkrechte Strecken sind, so ist

$$\frac{dp}{dt} = a\frac{dx}{dt} + b\frac{dy}{dt} + c\frac{dz}{dt},$$

und, da x, y, z Funktionen der Zeit, also auch p eine Funktion der Zeit, aber eine geometrische ist, so folgt der Satz:

Wenn ein sich bewegender Punkt p als geometrische Funktion der Zeit t gegeben ist, so ist der Differenzialquotient $\frac{dp}{dt}$ dieser Funktion nach der Zeit die Geschwindigkeit des Punktes ihrer Grösse und Richtung nach.

Wir haben bisher den Begriff des geometrischen Differenzials an 29 drei gegeneinander senkrechte Axen geknüpft. Hiervon können wir den Begriff leicht lösen.

Es sei allgemein

$$p = g + a_1 T_1 + a_2 T_2 + \cdots,$$

wo p und g Punkte, g ein fester Punkt, a_1, a_2, ... konstante Strecken, T_1, T_2, ... beliebige Funktionen der Zeit sind, so lässt sich leicht zeigen, dass

$$\frac{dp}{dt} = a_1\frac{dT_1}{dt} + a_2\frac{dT_2}{dt} + \cdots$$

ist. Denn, es seien a_1, a_2, ... auf die drei gegeneinander senkrechten

Axen a, b, c senkrecht projicirt und $a_1 = \mathfrak{a}_1 a + \mathfrak{b}_1 b + \mathfrak{c}_1 c, \ldots$, wo $\mathfrak{a}_1, \mathfrak{b}_1, \mathfrak{c}_1, \ldots$ Zahlgrössen sind, so ist

$$p = g + (\mathfrak{a}_1 T_1 + \mathfrak{a}_2 T_2 + \cdots) a + (\mathfrak{b}_1 T_1 + \mathfrak{b}_2 T_2 + \cdots) b + (\mathfrak{c}_1 T_1 + \mathfrak{c}_2 T_2 + \cdots) c,$$

also auch nach der Definition

$$\frac{dp}{dt} = a\left[\mathfrak{a}_1 \frac{dT_1}{dt} + \mathfrak{a}_2 \frac{dT_2}{dt} + \cdots\right] + b\left[\mathfrak{b}_1 \frac{dT_1}{dt} + \mathfrak{b}_2 \frac{dT_2}{dt} + \cdots\right] +$$
$$+ c\left[\mathfrak{c}_1 \frac{dT_1}{dt} + \mathfrak{c}_2 \frac{dT_2}{dt} + \cdots\right] =$$
$$= (\mathfrak{a}_1 a + \mathfrak{b}_1 b + \mathfrak{c}_1 c) \frac{dT_1}{dt} + (\mathfrak{a}_2 a + \mathfrak{b}_2 b + \mathfrak{c}_2 c) \frac{dT_2}{dt} + \cdots$$
$$= a_1 \frac{dT_1}{dt} + a_2 \frac{dT_2}{dt} + \cdots.$$

Es ist jene Form, in welcher p als Funktion der Zeit dargestellt war, die allgemeinste Form, in welcher ein Punkt als geometrische Funktion der Zeit dargestellt werden kann, und wir gelangen also von dieser allgemeinen Form aus sogleich zu dem Differenzialquotienten jener Funktion nach der Zeit, das heisst, [zu] der Geschwindigkeit des als Funktion der Zeit gesetzten Punktes p, wenn wir bei der Differenziation die räumlichen Grössen wie algebraische behandeln; und zu diesem Begriffe würden wir sogleich gelangt sein, wenn wir bei der Entwickelung des Begriffs des Differenzials rein geometrisch fortgeschritten wären.

Wird nun die Geschwindigkeit $\frac{dp}{dt}$ mit v bezeichnet, so ist v wieder eine geometrische Funktion; wir nennen dann $\frac{dv}{dt}$ (die Geschwindigkeit, mit der die Geschwindigkeit des Punktes wächst) die **Beschleunigung des Punktes p**, welche demnach wieder nicht bloss ihrer absoluten Grösse, sondern auch ihrer Richtung nach aufgefasst ist. Sie wird, je nachdem ihre Richtung mit der der Geschwindigkeit einen stumpfen, rechten oder spitzen Winkel macht, den absoluten Werth der Geschwindigkeit vermehren, unverändert lassen oder vermindern. Wir nennen analog der Benennungsweise in der Differenzialrechnung den Ausdruck $\frac{dv}{dt}$, das heisst

$$\frac{d\left(\frac{dp}{dt}\right)}{dt},$$

den wir mit $\frac{d^2p}{dt^2}$ bezeichnen, den zweiten Differenzialquotienten | der räumlichen Funktion p nach der Zeit t, und dieser ist also der Beschleunigung gleich gesetzt. 30

Dies sind die wesentlichen Grundzüge der **reinen Bewegungslehre.**

[§ 12. Die Differentialgleichungen der Mechanik.]

In der Mechanik betrachten wir die Bewegungen als durch Ursachen bewirkt. Wir nennen die Ursache der Beschleunigung eines Punktes die beschleunigende Kraft, welche auf ihn einwirkt, und setzen sie, wenn keine andere beschleunigende Kraft gleichzeitig einwirkt, der Beschleunigung gleich. Wir sagen ferner, dass zwei beschleunigende Kräfte gleichzeitig auf einen Punkt einwirken, wenn die Beschleunigung des Punktes die Summe ist aus den beschleunigenden Kräften, wobei immer festzuhalten ist, dass die beschleunigenden Kräfte als *Strecken* definirt sind und also auch in diesem Sinne ihre Summe aufzufassen ist. Wirken also beliebig viele beschleunigende Kräfte P_1, P_2, ... auf einen Punkt p ein, so hat man die Gleichung

$$\frac{d^2p}{dt^2} = P_1 + P_2 + \cdots \tag{26}$$

als Grundgleichung der Mechanik.

Die beschleunigenden Kräfte können wir wieder, entweder alle oder einige derselben, als Wirkungen allgemeinerer Kräfte, die sich auf ganze Systeme von Punkten beziehen, auffassen. Von dieser Art sind alle Kräfte der Natur. So zum Beispiel hat die Gravitation das Bestreben, die gegenseitige Entfernung zweier Punkte zu vermindern, die Kohäsion, die gegenseitige Entfernung je zweier Punkte des Systems unverändert zu erhalten, die Elasticität, den Raumesinhalt zwischen vier aneinander liegenden Punkten wiederherzustellen, und so weiter. Es kommt darauf an, den Begriff eines solchen Bestrebens schärfer aufzufassen.

Die Entfernung zweier Punkte, der Raumesinhalt zwischen vier Punkten, und überhaupt alles, worauf sich das Streben einer Kraft, die einem System von Punkten einwohnt, bezieht, lässt sich als Funktion dieser Punkte auffassen; wir setzen daher folgende Definition solcher Kräfte fest:

Wir sagen, dass eine Kraft, die sich auf ein System gleich schwerer (gleich beweglicher) Punkte p, q, r, ... bezieht, das Streben habe, eine algebraische Funktion) $F(p, q, r, \ldots)$ dieser Punkte zu vergrössern, wenn die durch sie bewirkte beschleunigende Kraft eines jeden Punktes in derjenigen Richtung wirkt, in welcher bei gleich grossen, aber unendlich kleinen Bewegungen des Punktes jene Funktion am meisten wächst, und wenn die beschleunigenden Kräfte, welchen je zwei Punkte des Systems*

*) Eine algebraische Funktion soll aber eine solche heissen, welche einer veränderlichen Zahlgrösse proportional ist.

vermöge jener Kraft unterliegen, ihrer absoluten Grösse nach in dem Verhältnisse stehen, in welchem beide Punkte einzeln genommen, bei gleich grossen, aber unendlich kleinen Bewegungen nach jenen Richtungen, die Funktion zu vergrössern vermögen.

Ein Beispiel wird dies erläutern.

Es sei das Bestreben einer Kraft V, zwei gleich schwere Punkte p und q von einander zu entfernen. Dann können wir $(p-q)^2$ als die algebraische Funktion der Punkte p und q betrachten, welche zu vergrössern das Streben jener Kraft ist. Um nun zuerst die Richtung der beschleunigenden Kraft, welche V auf den Punkt p übt, zu finden, haben wir zu fragen, welche Richtung er | annehmen müsste, damit 31 bei gleich grossen, aber unendlich kleinen Wegen der Werth von $(p-q)^2$ am meisten vermehrt wird. Dies ist offenbar die Richtung der Verlängerung von qp über p hinaus. Ebenso wird die beschleunigende Kraft, welcher q unterliegt, in der Verlängerung von pq über q hinaus wirken. Fragen wir nun nach dem absoluten Verhältnisse dieser beiden beschleunigenden Kräfte, so ist dies gleich dem Verhältnisse, in welchem bei gleich grossen, aber unendlich kleinen Wegen in den Richtungen der Verlängerungen, während jedesmal der andere Punkt ruhend gedacht wird, $(p-q)^2$ wächst. Dies Verhältniss ist offenbar das der Gleichheit; also sind auch die beschleunigenden Kräfte absolut genommen gleich.

Nun können wir ein sehr leichtes Verfahren finden, nach welchem man jedesmal, welche algebraische Funktion es auch sei, auf die sich das Bestreben der Kraft V bezieht, die Richtungen und das Verhältniss der dadurch gewirkten beschleunigenden Kräfte finden kann. Ich will die Ableitung dieses Verfahrens, da ich nicht eine selbstständige Begründung der geometrischen Differenzialrechnung geben will, wieder zunächst an senkrechte Koordinaten knüpfen, obgleich das Verfahren an sich gänzlich unabhängig davon ist.

Es sei die algebraische Funktion $F(p_1, p_2, \ldots)$ der Punkte $p_1, p_2, \ldots$ gegeben. Um dieselbe in eine algebraische Funktion von Zahlgrössen zu verwandeln, nehmen wir durch einen Punkt g drei gegeneinander senkrechte Axen und in ihnen drei gleich lange Masse a, b, c an, durch welche wir die senkrechten Projektionen der Strecken p_1-g, p_2-g, ... messen, und setzen demnach

$$p_1-g=x_1a+y_1b+z_1c;\quad p_2-g=x_2a+y_2b+z_2c, \ldots$$

Nun können wir diejenige Funktion als eine algebraische der Punkte $p_1, p_2, \ldots$ ansehen, welche einer Funktion der sämmtlichen Koordinaten, jede durch das zugehörige Mass gemessen, proportional, das heisst, gleich einer solchen mit einem konstanten Faktor multiplicirten Funktion ist. Da aus jener Funktion $F(p_1, p_2, \ldots)$ nur die Verhältnisse der beschleunigenden Kräfte und ihre Richtungen abgeleitet werden, und weder diese noch jene, wie sogleich aus der Definition einleuchtet, sich ändern, wenn man die Funktion mit einer beliebigen positiven Grösse multiplicirt, so können wir die algebraische Funktion der Punkte gleich einer mit dem Quadrate des Masses multiplicirten Zahlfunktion der Zahlgrössen $x_1, y_1, z_1;\ x_2, y_2, z_2;\ \ldots$ setzen. Wir setzen daher

$$F(p_1, p_2, \ldots) = a^2 f(x_1, y_1, z_1;\ x_2, y_2, z_2;\ \ldots).$$

Um nun die Richtungen und das Verhältniss der beschleunigenden Kräfte zu finden, haben wir die Funktionsvergrösserung zu betrachten, welche hervorgeht, wenn die Punkte $p_1, \ldots$ unendlich kleine Wege beschreiben. Der unendlich kleine Weg des Punktes p_1, den wir mit δp_1 bezeichnen, ist, wenn $a\delta x_1$, $b\delta y_1$, $c\delta z_1$ die senkrechten Projektionen desselben auf die drei Axen sind,

$$\delta p_1 = a\delta x_1 + b\delta y_1 + c\delta z_1.$$

Durch diese Bewegung geht p_1 in $p_1 + \delta p_1$ über, also $g + ax_1 + by_1 + cz_1$ in

$$g + a(x_1 + \delta x_1) + b(y_1 + \delta y_1) + c(z_1 + \delta z_1);$$

das heisst, es geht dadurch x_1 in $x_1 + \delta x_1$, y_1 in $y_1 + \delta y_1$ und z_1 in $z_1 + \delta z_1$ über. Ist ebenso δp_2 die Bewegung des Punktes p_2, und

32

$$\delta p_2 = a\delta x_2 + b\delta y_2 + c\delta z_2,$$

so geht durch diese Bewegung x_2 in $x_2 + \delta x_2$, y_2 in $y_2 + \delta y_2$, z_2 in $z_2 + \delta z_2$ über, und so weiter. Die daraus fliessende Vergrösserung von f finden wir also durch Differenziation dieser Funktion, indem wir $\delta x_1, \ldots$ als Differenziale der entsprechenden Veränderlichen setzen. Bezeichnen wir das daraus hervorgehende Differenzial der Funktion gleichfalls durch δ, so erhalten wir

$$(27)\quad \begin{cases} \delta f(x_1, y_1, z_1;\ x_2, y_2, z_2;\ \ldots) = u_1\delta x_1 + v_1\delta y_1 + w_1\delta z_1 + \\ \qquad\qquad + u_2\delta x_2 + v_2\delta y_2 + w_2\delta z_2 + \cdots, \end{cases}$$

wo $u_1, v_1, w_1, \ldots$ die partiellen Differenzialquotienten nach den entsprechenden Veränderlichen $x_1, y_1, z_1, \ldots$ sind.

Um hieraus auf eine einfache Weise die Richtungen und das Verhältniss der beschleunigenden Kräfte zu finden, verwandeln wir die Differenzialgleichung wieder durch Multiplikation mit a^2 in geometrische Form und setzen, so wie $F = a^2 f$ war, nun auch $\delta F = a^2 \delta f$; also ist

$$\delta F(p_1, p_2, \ldots) = a^2[u_1\delta x_1 + v_1\delta y_1 + w_1\delta z_1 + u_2\delta x_2 + v_2\delta y_2 + w_2\delta z_2 + \cdots],$$

oder, da $a^2 = b^2 = c^2$ ist,

$$\delta F(p_1, p_2 \ldots) = u_1 a \times \delta x_1 a + v_1 b \times \delta y_1 b + w_1 c \times \delta z_1 c +$$
$$+ u_2 a \times \delta x_2 a + v_2 b \times \delta y_2 b + w_2 c \times \delta z_2 c + \cdots.$$

Also, da

$$a\delta x_1 + b\delta y_1 + c\delta z_1 = \delta p_1, \quad a\delta x_2 + b\delta y_2 + c\delta z_2 = \delta p_2$$

ist und a, b, c gegeneinander senkrecht sind, so ist

$$\delta F(p_1, p_2, \ldots) = (au_1 + bv_1 + cw_1) \times \delta p_1 + (au_2 + bv_2 + cw_2) \times \delta p_2 + \cdots.$$

Wenn wir endlich die Grösse $au_1 + bv_1 + cw_1$ mit q_1, $au_2 + bv_2 + cw_2$ mit q_2, und so weiter, bezeichnen, und diese Strecken q_1, q_2, ... die partiellen Differenzialquotienten nach p_1, p_2, ... nennen, so erhalten wir die einfache Gleichung

$$\delta F(p_1, p_2, \ldots) = q_1 \times \delta p_1 + q_2 \times \delta p_2 + \cdots \tag{28}$$

und den Satz:

Die Aenderung (δF), welche eine algebraische Funktion (F) von Punkten (p_1, p_2, ...), die als Produkt eines Streckenquadrates in eine veränderliche Zahlgrösse erscheint, dadurch erfährt, dass die Punkte, von denen sie abhängt, unendlich kleine Wege (δp_1, δp_2, ...) beschreiben, ist der Summe gleich, die man erhält, wenn man die Funktion nach den einzelnen veränderlichen Punkten partiell differenziirt, diese partiellen Differenzialquotienten mit den Wegen der zugehörigen Punkte innerlich multiplicirt und diese inneren Produkte addirt.

Und:

Den partiellen Differenzialquotienten einer solchen Funktion (F) nach einem der Punkte (p_1), von denen sie abhängt, findet man, wenn man die Funktion durch das Quadrat des Masses dividirt, den Quotienten als Funktion der, in Bezug auf drei gegeneinander senkrechte und gleich lange, an einen beliebigen Punkt gelegte Masse genommenen Koordinaten dieser Punkte darstellt, nach den Koordinaten jenes Punktes p_1 differenziirt und diese drei Differenzialquotienten addirt, nachdem man jeden mit dem zugehörigen Masse multiplicirt hat.

Aus der Gleichung (28) folgen sogleich die Richtungen und Verhältnisse der Kräfte.

Betrachtet man die Funktionsänderung bei verschiedenen unendlich kleinen, aber gleich langen Wegen δp_1 des Punktes p_1, so ist dieselbe gleich $q_1 \times \delta p_1$, das heisst, bei konstantem q_1 proportional der senkrechten Projektion von δp_1 auf q_1, also bei gleich langem δp_1 am grössten, wenn δp_1 gleiche Richtung hat mit q_1. Somit drücken q_1, q_2, ... die Richtungen der beschleunigenden Kräfte aus. Die Funktionsänderungen, welche durch zwei verschiedene Punkte p_1 und p_2 bei gleich langen Wegen nach diesen Richtungen q_1 und q_2 bewirkt 33 werden, verhalten sich wie $q_1 \delta p_1$ zu $q_2 \delta p_2$, also, da δp_1 parallel q_1 und δp_2 parallel q_2, und δp_1 und δp_2 gleich lang sind, wie q_1 zu q_2, das heisst:

Die beschleunigenden Kräfte, welchen die Punkte eines Systems vermöge einer Kraft unterliegen, die das Streben hat, eine algebraische Funktion jener Punkte zu vergrössern, verhalten sich in Grösse und Richtung wie die partiellen Differenzialquotienten dieser Funktion nach diesen Punkten.

Ehe ich die hieraus fliessende Formel der Mechanik ableite, will ich zeigen, dass die partiellen Differenzialquotienten einer Funktion von Punkten, deren Ableitung bisher an gewisse senkrechte Axen geknüpft war, hiervon unabhängig seien.

Es wurden drei gegeneinander senkrechte Masse a, b, c und ein Punkt g angenommen, auf ihre Richtungen wurden die Strecken $p_1 - g$, $p_2 - g$, ... senkrecht projicirt, diese Projektionen jede durch das ihr gleichgerichtete Mass gemessen, und die Resultate dieser Messungen mit x_1, y_1, z_1, ... bezeichnet, so dass

$$p_1 - g = x_1 a + y_1 b + z_1 c, \ldots$$

gesetzt war; dann wurde durch Substitution dieser Werthe für $p_1, \ldots$ in die algebraische Funktion F der Punkte und durch Division mit dem Quadrate des Masses eine algebraische Funktion f von $x_1, y_1, z_1, \ldots$ abgeleitet, diese nach den Veränderlichen x_1, y_1, z_1 ... partiell differenziirt, die Differenzialquotienten mit den ihnen zugehörigen Massen a, b, c multiplicirt und diese Produkte addirt.

Lassen wir nun a, b, c übergehen in e, e', e'', wo

$$(29) \qquad \begin{cases} e = \alpha a + \beta b + \gamma c \\ e' = \alpha' a + \beta' b + \gamma' c \\ e'' = \alpha'' a + \beta'' b + \gamma'' c \end{cases}$$

ist, so werden, wenn

$$p_1 = v_1 e + v_1' e' + v_1'' e''$$

ist, also

$$v_1 e + v_1' e' + v_1'' e'' = x_1 a + y_1 b + z_1 c$$

ist, die Werthe für x_1, y_1, z_1 folgende sein:

$$x_1 = v_1 \alpha + v_1' \alpha' + v_1'' \alpha''$$
$$y_1 = v_1 \beta + v_1' \beta' + v_1'' \beta''$$
$$z_1 = v_1 \gamma + v_1' \gamma' + v_1'' \gamma'';$$

und entsprechende Werthe wird man für die Koordinaten der übrigen Punkte erhalten. Will man nun den Differenzialquotienten einer Funktion F nach p_1 vermittelst dieser neuen Masse finden, so hat man, nachdem man in $f(x_1, y_1, \ldots)$ die soeben gefundenen Ausdrücke substituirt hat, nach v_1, v_1', v_1'' zu differenziiren, die so erhaltenen Differenzialquotienten mit e, e', e'' beziehlich zu | multipliciren und diese 34 Produkte zu addiren; dann ist zu zeigen, dass diese Summe noch gleich q_1, das heisst

$$\frac{\delta f}{\delta x_1} a + \frac{\delta f}{\delta y_1} b + \frac{\delta f}{\delta z_1} c = \frac{\delta f}{\delta v_1} e + \frac{\delta f}{\delta v_1'} e' + \frac{\delta f}{\delta v_1''} e''$$

ist. Nun ist

$$\frac{\delta f}{\delta v_1} = \frac{\delta f}{\delta x_1}\frac{\delta x_1}{\delta v_1} + \frac{\delta f}{\delta y_1}\frac{\delta y_1}{\delta v_1} + \frac{\delta f}{\delta z_1}\frac{\delta z_1}{\delta v_1} = \frac{\delta f}{\delta x_1}\alpha + \frac{\delta f}{\delta y_1}\beta + \frac{\delta f}{\delta z_1}\gamma$$

$$\frac{\delta f}{\delta v_1'} = \frac{\delta f}{\delta x_1}\alpha' + \frac{\delta f}{\delta y_1}\beta' + \frac{\delta f}{\delta z_1}\gamma'$$

$$\frac{\delta f}{\delta v_1''} = \frac{\delta f}{\delta x_1}\alpha'' + \frac{\delta f}{\delta y_1}\beta'' + \frac{\delta f}{\delta z_1}\gamma''.$$

Also ist

$$\frac{\delta f}{\delta v_1} e + \frac{\delta f}{\delta v_1'} e' + \frac{\delta f}{\delta v_1''} e'' = \frac{\delta f}{\delta x_1}(\alpha e + \alpha' e' + \alpha'' e'') +$$

$$+ \frac{\delta f}{\delta y_1}(\beta e + \beta' e' + \beta'' e'') + \frac{\delta f}{\delta z_1}(\gamma e + \gamma' e' + \gamma'' e'')$$

Sind nun e, e', e'' gleich lang mit a, b, c und rechtwinklig gegeneinander, so lässt sich leicht zeigen, dass $\alpha e + \alpha' e' + \alpha'' e''$ gleich a ist, und so weiter. Denn, bezeichnet $\cos(rs)$ den Kosinus des Winkels zwischen zwei gleich langen Strecken r und s, so ist $r \cos(rs)$ die senkrechte Projektion von s auf r ihrer Grösse und Richtung nach. Aus den Gleichungen (29) folgt also dann

$$\alpha = \cos(ea), \quad \alpha' = \cos(e'a), \quad \alpha'' = \cos(e''a).$$

Nun ist

$$a = e \cos(ea) + e' \cos(e'a) + e'' \cos(e''a),$$

das heisst,

$$= \alpha e + \alpha' e' + \alpha'' e''.$$

Und ebenso folgt

$$b = \beta e + \beta' e' + \beta'' e'', \quad c = \gamma e + \gamma' e' + \gamma'' e''.$$

Also erhält man die zu erweisende Gleichung

$$\frac{\delta f}{\delta v_1} e + \frac{\delta f}{\delta v_1'} e' + \frac{\delta f}{\delta v_1''} e'' = \frac{\delta f}{\delta x_1} a + \frac{\delta f}{\delta y_1} b + \frac{\delta f}{\delta z_1} c.$$

Sind e, e', e'' nicht gleich lang mit a, b, c, sondern ist die Länge der letzteren das m-fache von der der ersteren, so hat man nach dem oben angegebenen Verfahren in Bezug auf die Masse e, e', e'' die Funktion $\frac{F}{e^2}$, die wir mit f' bezeichnen wollen, zu differenziiren. Dann ist, da $f = \frac{F}{a^2}$ und $a^2 = m^2 e^2$ ist, | $f' = m^2 f$. Dann sind die Pro- 35 jektionen von e, e', e'' auf a, b, c den mit $\frac{1}{m}a$, $\frac{1}{m}b$, $\frac{1}{m}c$ multiplicirten Kosinussen gleich, und die von a, b, c auf e, e', e'' den mit me, me', me'' multiplicirten Kosinussen, und es wird

$$a = m^2(e\alpha + e'\alpha' + e''\alpha'')$$

und so weiter*).

Also bleibt noch

$$\frac{\delta f'}{\delta v_1}e + \frac{\delta f'}{\delta v_1'}e' + \frac{\delta f}{\delta v_1''}e'' = \frac{\delta f}{\delta x_1}a + \frac{\delta f}{\delta y_1}b + \frac{\delta f}{\delta z_1}c,$$

das heisst, die angegebene Methode ist von der besonderen Annahme der Koordinaten gänzlich unabhängig, sobald diese nur jedesmal untereinander gleich lang und senkrecht sind.

Fassen wir die gewonnenen Resultate zusammen, so ergab sich:

Wenn F die algebraische Funktion zweiter Dimension ist, deren Vergrösserung eine Kraft V, die auf ein System von Punkten p_1, p_2, ... wirkt, erstrebt, und q_1, q_2, ... die partiellen Differenzialquotienten von F nach den Punkten p_1, p_2 ... sind, von denen F abhängt, so sind

$$\lambda q_1,\ \lambda q_2,\ \lambda q_3,\ \ldots$$

die beschleunigenden Kräfte, denen die Punkte p_1, p_2, p_3, ... vermöge jener Kraft V unterliegen, wo λ einen für alle diese Punkte gleichen Zahlfaktor bezeichnet, welcher von der Lage der Punkte p_1, p_2, ... in einer durch die Natur jener Kraft V bedingten Weise abhängt.

Wirken daher auf die Punkte p_1, p_2, ... die beschleunigenden Kräfte P_1, P_2, ..., und ausserdem die durch die Kraft V bedingten beschleunigenden Kräfte λq_1, λq_2, ..., so hat man

$$P_1 + \lambda q_1 - \frac{d^2 p_1}{dt^2} = 0,$$

$$P_2 + \lambda q_2 - \frac{d^2 p_2}{dt^2} = 0,$$

und so weiter.

Multiplicirt man die erste dieser Gleichungen innerlich mit δp_1, die zweite mit δp_2, und so weiter, und addirt, so erhält man, da

$$q_1 \times \delta p_1 + q_2 \times \delta p_2 + \cdots$$

gleich δF ist, die Gleichung

$$(30)\qquad \left(P_1 - \frac{d^2 p_1}{dt^2}\right) \times \delta p_1 + \left(P_2 - \frac{d^2 p_2}{dt^2}\right) \times \delta p_2 + \cdots + \lambda\delta F = 0,$$

welche für jeden Werth von δp_1, δp_2, ... gilt. Nimmt man endlich noch an, dass die Kraft V, wie dies zum Beispiel bei festen Körpern annäherungsweise angenommen werden kann, bei unendlich kleinen

*) weil dann $a = m[e\cos(ea) + e'\cos(e'a) + e''\cos(e''a)]$ ist, und $\cos(ea) = m\alpha$, $\cos(e'a) = m\alpha'$, $\cos(e''a) = m\alpha''$ ist.

Entfernungen aus derjenigen Lage, für die F einen bestimmten Werth hat, schon so intensiv wirkt, dass die übrigen Kräfte das System nicht merklich aus einer solchen Lage zu entfernen vermögen, so können wir annäherungsweise F konstant setzen; wir nennen | solche Kräfte, 36 wenn sie schon bei unendlich kleinen Entfernungen aus jener Lage die übrigen Kräfte zu überwinden vermögen, so dass also nur unendlich kleine Abweichungen aus jener Lage, für die F jenen bestimmten Werth hat, eintreten können, behauptende Kräfte. Also:

Wenn beliebige Kräfte P_1, P_2, ... auf beliebige gleich schwere Punkte p_1, p_2, ... eines Systems wirken, und diese Punkte alle oder theilweise behauptenden Kräften unterliegen, welche mit unüberwindlicher Gewalt gewisse Funktionen L, M, N, ... jener Punkte auf Null zu erhalten suchen, so hat man die Gleichung

$$(31) \qquad 0 = \left(P_1 - \frac{d^2 p_1}{dt^2}\right) \times \delta p_1 + \left(P_2 - \frac{d^2 p_2}{dt^2}\right) \times \delta p_2 + \cdots + \\ + \lambda \delta L + \mu \delta M + \nu \delta N + \cdots,$$

welche in Verbindung mit den Gleichungen

$$L = 0, \quad M = 0, \quad N = 0, \ldots$$

zur Bestimmung der Beschleunigung eines jeden Punktes vollkommen ausreicht.

Dies ist die auf unsere Analyse zurückgeführte Form der allgemeinen Gleichung der Mechanik, wie sie von La Grange der ganzen Mechanik zu Grunde gelegt ist, und damit ist also auch die ganze Mechanik dieser neuen Analyse unterworfen.

[§ 13. **Anwendung auf eine Aufgabe aus der Statik.**]

Als Beispiel für die Anwendung dieses Verfahrens will ich eine beliebige einfache Aufgabe der Statik wählen, nämlich die Aufgabe, den Gleichgewichtszustand eines Systems von Punkten p_0, p_1, ..., p_n zu finden, welche so aneinander befestigt sind, dass die Entfernung je zweier aufeinander folgender Punkte konstant bleibt, und welche ausserdem beziehlich von den beschleunigenden Kräften P_0, P_1, ..., P_n gezogen werden.

Für die Substitution in (31) hat man erstens, da Gleichgewicht stattfinden soll, die sämmtlichen Beschleunigungen null zu setzen. Von den Kräften, durch welche je zwei aufeinander folgende Punkte aneinander befestigt sind, nehmen wir an, dass sie die Entfernungen je zweier Punkte, oder, um eine Funktion zweiter Dimension zu bekommen, die Quadrate der Verbindungsstrecken konstant zu erhalten suchen. Wir erhalten also, wenn wir der Kürze wegen die Punkte mit p_a, die Kräfte mit P_a bezeichnen, wo a nach der Reihe die Indices $0, \ldots n$ ausdrückt, die Gleichung

(32a) $$\mathrm{S} P_a \times \delta p_a + \mathrm{S} \lambda_a \delta [(p_{a+1} - p_a)^2] = 0,$$

wo die Summenzeichen sich auf die verschiedenen Werthe von a beziehen, das erste auf die Werthe von $0, \ldots n$, das letzte auf die Werthe von $0, \ldots (n-1)$, das heisst, alle Werthe von λ_a, in denen a nicht einen der Werthe $0, 1, 2, \ldots (n-1)$ hat, sind null gesetzt. Diese Gleichung in Verbindung mit den n Gleichungen

(32b) $$(p_{a+1} - p_a)^2 = a_a^2,$$

welche die konstanten Entfernungen, deren Quadrate eben [die] a_a^2 sind, darstellen, bestimmen den Gleichgewichtszustand vollkommen.

Es ist aber

$$\tfrac{1}{2} \delta [(p_{a+1} - p_a)^2] = (p_{a+1} - p_a) \times \delta (p_{a+1} - p_a)$$
$$= (p_{a+1} - p_a) \times \delta p_{a+1} - (p_{a+1} - p_a) \times \delta p_a.$$

37 Dadurch hat man, da (32a) für jede Werthreihe von δp_a null ist, also auch die mit einem und demselben δp_a multiplicirten Glieder derselben zusammen null geben müssen, die $(n+1)$ Gleichungen

(32c) $$P_a + 2\lambda_{a-1}(p_a - p_{a-1}) - 2\lambda_a (p_{a+1} - p_a) = 0.$$

Addirt man zwei aufeinanderfolgende dieser Gleichungen, zum Beispiel die, welche P_a, und die, welche P_{a+1} enthält, so erhält man

$$0 = P_a + P_{a+1} + 2\lambda_{a-1}(p_a - p_{a-1}) - 2\lambda_{a+1}(p_{a+2} - p_{a+1});$$

oder allgemeiner, addirt man alle Gleichungen in (32c) zwischen den Anzeigern a' und dem als grösser gedachten a, so hat man

$$0 = P_{a'} + \cdots + P_a + 2\lambda_{a'-1}(p_{a'} - p_{a'-1}) - 2\lambda_a (p_{a+1} - p_a).$$

Also, wenn a' null gesetzt wird, wo dann auch $\lambda_{a'-1}$ nach dem Obigen null ist,

(32d) $$P_0 + P_1 + \cdots + P_a - 2\lambda_a (p_{a+1} - p_a) = 0.$$

Ferner, wenn zugleich a gleich n gesetzt wird, wo dann λ_a null ist,

(33) $$P_0 + P_1 + \cdots + P_n = 0.$$

Um nun aus den Gleichungen (32d) allgemein λ_a zu eliminiren, hat man nur dieselben mit $(p_{a+1} - p_a)$ äusserlich zu multipliciren, da das äussere Produkt (das Parallelogramm) gleichgerichteter Strecken null ist. Man erhält also

(34) $$(P_0 + P_1 + \cdots + P_a) \cdot (p_{a+1} - p_a) = 0.$$

Diese n Gleichungen in (34), in Verbindung mit (33) und den n Bedingungsgleichungen in (32c), bestimmen den Gleichgewichtszustand vollkommen, und es lässt sich alles, wenn noch der Anfangspunkt oder überhaupt einer der n Punkte gegeben ist, durch Konstruktion unmittelbar nach den Formeln finden, was überall der Vorzug dieser neuen Analyse ist.

Es seien zum Beispiel die Entfernungen a_a je zweier aufeinander folgender Punkte, die n Kräfte $P_0, P_1, \ldots, P_{n-1}$ und die Lage des Punktes p_0 gegeben; die Kraft P_n und die Lage der Punkte $p_1, \ldots, p_n$ seien gesucht.

In der That drücken die Gleichungen (34) nur aus, dass jedesmal $P_0 + P_1 + \cdots + P_a$ parallel ist mit $p_{a+1} - p_a$. Daraus ergiebt sich folgende Konstruktion. Man zeichne ein $(n+1)$-eck $A_0, A_1, \ldots, A_n$, dessen Seiten von der Ecke A_n aus fortschreitend genommen den Kräften $P_0, P_1, \ldots P_{n-1}$ gleich und gleichgerichtet sind, das heisst,

$$A_0 - A_n = P_0, \quad A_1 - A_0 = P_1, \quad A_2 - A_1 = P_2, \ldots,$$

so ist

$$A_a - A_n = P_0 + P_1 + \cdots + P_a,$$

und die Gleichung (34) wird

(34a) $\quad (A_a - A_n) \cdot (p_{a+1} - p_a) = 0.$

Fig. 9.

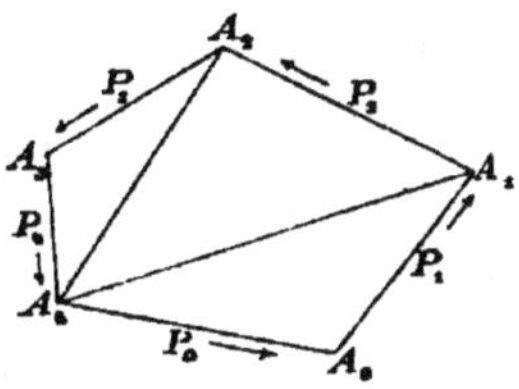

Wird die gesuchte Kraft P_n gleich $X - A_{n-1}$ gesetzt, wo X ein gesuchter Punkt ist, so geht die Gleichung (33) über in

$$A_{n-1} - A_n + X - A_{n-1} = 0,$$

das heisst: $X = A_n$, das heisst, die Seite $A_n - A_{n-1}$ der zu Hülfe genommenen Figur ist die gesuchte Kraft P_n. Ferner schlage man, um die Punkte $p_1, \ldots, p_n$ zu | finden, um p_0 einen Kreis (oder 33

Fig. 10.

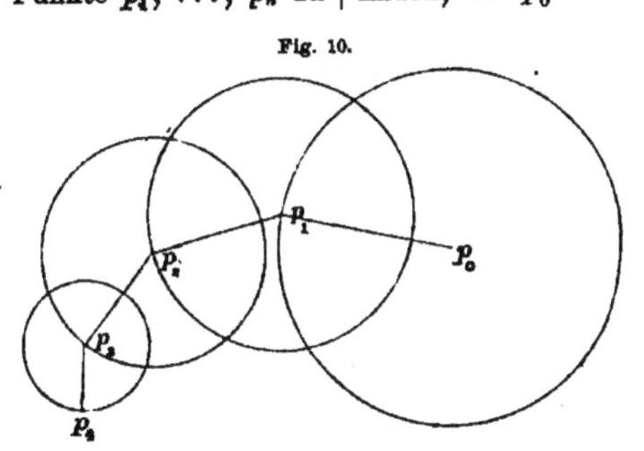

im Raume eine Kugel) mit dem Halbmesser a_0, ziehe durch p_0 eine Gerade parallel mit P_0 (oder $A_0 - A_n$), so genügt jeder der beiden

Punkte, worin diese Gerade den Kreis (oder die Kugel) schneidet, statt p_1 gesetzt den Bedingungen des Gleichgewichtes. Um p_1 schlage man mit a_1 als Halbmesser einen Kreis (eine Kugel) und ziehe von p_1 die Gerade parallel mit $A_1 - A_n$, so genügt jeder der Durchschnittspunkte dieser Geraden und des Kreises (der Kugel) statt p_2 gesetzt den Bedingungen des Gleichgewichtes, und so fort.

Es giebt also im Ganzen 2^n Lagen des Gleichgewichtes. Allein man überzeugt sich leicht, dass es unter ihnen nur Eine Lage des sicheren Gleichgewichtes giebt, welche hervorgeht, wenn man statt der Geraden Strahlen zieht, die den Seiten $A_a - A_n$ entgegengesetzt gerichtet sind.

Es liesse sich freilich die angegebene Konstruktion auch leicht aus der Idee unmittelbar ableiten. Allein, verfolgt man diese begriffliche Ableitung, so wird man sogleich sehen, dass sie mit der durch unsere Analyse gegebenen identisch und nur ihre Uebersetzung gleichsam in die Begriffssprache ist. Und dies ist überall der wesentlichste Vorzug der neuen Analyse.

[§ 14. **Uebergang von Strecken zu Punkten.**]

Ich gehe nun dazu über, die vorher abgebrochene Entwickelung der neuen Analyse weiter fortzuführen.

Ich hatte oben aus der Idee der Kongruenz das innere Produkt zweier Strecken abgeleitet. Jede Strecke erschien als Differenz zweier Punkte, und das innere Produkt zweier Strecken also in der Form

$$(a - b) \times (c - d),$$

wo a, b, c, d Punkte sind. Um von hier aus durch Auflösung der Klammern zu inneren Produkten von Punkten, und von Punkten mit Strecken zu gelangen, will ich mich eines allgemeinen Ableitungsgesetzes bedienen, welches überhaupt für die neue Analyse von der grössten Wichtigkeit ist. Nämlich:

(Satz 12.) *Wenn gewisse Gesetze allgemein gelten für Differenzen je zweier Grössen aus einer Grössenreihe* $(a, b, c, \ldots)$, *und man hat irgend eine Gleichung* (A), *worin jene Grössen* $(a, b, c, \ldots)$ *nur zu Differenzen gepaart vorkommen, und man leitet aus dieser Gleichung* (A) *dadurch, dass man jene Gesetze auch auf jene Grössen selbst statt auf ihre Differenzen anwendet, eine neue Gleichungsform* (B) *ab: so erhält man aus ihr, wenn man statt der Grössenreihe* $(a, b, c, \ldots)$ *die Reihe der Differenzen* $(a - r, b - r, \ldots)$ *dieser Grössen von irgend einer beliebigen Grösse* (r) *dieser Reihe setzt, jedesmal eine richtige Gleichung; und, wenn* B *wieder jene Grössen nur zu Differenzen gepaart enthält, so ist auch* B

selbst eine richtige Gleichung; und zwar erfolgt dies alles auch dann noch, wenn man für solche Differenzen nur das Gesetz allgemein annimmt, dass $(a-b)+(b-c)=a-c$ *sei.*

In der That, da $(a-b)+(b-r)=a-r$ ist, also auch

$$(35) \qquad a-b=(a-r)-(b-r), \qquad 39$$

so kann man aus der Gleichung A durch dies für die Differenzen vorausgesetzte Gesetz eine Gleichung A' ableiten, in welcher statt der Grössen $a, b, c, \ldots$, die in A vorkommen, nur die Differenzen $a-r$, $b-r$, $c-r, \ldots$ eingetreten sind. Leite ich nun aus A dadurch, dass ich die für Differenzen jener Grössen allgemein geltenden Gesetze auch auf diese Grössen selbst anwende, eine Gleichungsform B ab, so werde ich, indem ich dieselben Gesetze auf die Differenzen $a-r$, $b-r, \ldots$ statt auf $a, b, \ldots$ selbst anwende, zu einer richtigen Gleichung B' gelangen, welche sich von B nur dadurch unterscheidet, dass statt der Grössen $a, b, \ldots$ in B hier die Differenzen $a-r$, $b-r, \ldots$ eingetreten sind. Kommen ferner in der Gleichungsform B die Grössen $a, b, \ldots$ nur zu Differenzen gepaart vor, so werden auch in B' die Differenzen $a-r$, $b-r, \ldots$ nur wiederum zu Differenzen gepaart vorkommen. Statt jeder solchen Differenz der Differenzen $a-r$, $b-r, \ldots$ kann ich aber nach dem durch die Gleichung (35) dargestellten Gesetze die entsprechende Differenz der Grössen $a, b, \ldots$ selbst setzen, ohne dass die Gleichung aufhört eine richtige zu sein. Dadurch erhalte ich aber aus B' die Form B. Da also B' eine richtige Gleichung war, so ist es unter der zuletzt gemachten Voraussetzung auch B.

Hieran schliesse ich nun die Definition, welche vermöge des soeben bewiesenen Satzes vollkommen ausreicht für alle analytischen Gesetze der Punktverknüpfungen, wenn die der Streckenverknüpfungen bekannt sind. Nämlich:

(Erklärung 8.) *Eine Gleichung* (B), *welche Punkte enthält, die wenigstens nicht alle zu Differenzen gepaart sind, setze ich dann und nur dann als richtig, wenn sich eine richtige Gleichung* (A) *auffinden lässt, in welcher die Punkte nur zu Differenzen gepaart vorkommen, und welche die Beschaffenheit hat, dass man aus ihr, wenn man die bisher für Strecken allgemein erwiesenen Verknüpfungsgesetze auch auf Punkte anwendet, die gegebene Gleichung* (B) *ableiten kann.*

Hieraus folgt sogleich, dass, wenn man eine richtige Punktgleichung B hat, in welcher die Punkte wenigstens nicht alle zu Differenzen gepaart sind, und man aus ihr dadurch, dass man die Punkte wie Strecken behandelt, eine Gleichungsform C ableitet, in welcher gleichfalls wenigstens nicht alle Punkte zu Differenzen gepaart sind, diese gleichfalls eine richtige Gleichung ist. Denn, nach der Definition ist B nur dann richtig, wenn sie sich aus einer richtigen Streckengleichung A durch Anwendung der für Strecken geltenden Gesetze auch auf Punkte ableiten lässt. Da nun aus A auf solche Weise B, aus B wieder C abgeleitet ist, so ist also auch aus A die letzte C auf solche Weise ableitbar, also C richtig. Aber, vermöge des vorhergehenden Satzes 12 können wir, da für die Strecken $a - b$, $b - c$, auch wenn a, b, c Punkte sind, die Voraussetzung jenes Satzes, dass $(a - b) + (b - c) = a - c$ ist, allgemein gilt, noch weiter gehen, und sagen, auch wenn C eine Streckengleichung ist, die aus B auf die angegebene Weise hervorgeht, sei sie richtig; denn dann geht C auch aus A auf solche Weise, nämlich durch Anwendung der für Strecken geltenden Gesetze auf Punkte hervor, also ist C auch nach dem angeführten Satze richtig, wenn A es ist. Also:

40 *Wenn man eine richtige Gleichung, welche Punkte enthält, dadurch, dass man die für Strecken allgemein geltenden Gesetze auch auf Punkte anwendet, in eine andere Gleichung umwandelt, so ist diese gleichfalls richtig.*

Diesen Satz kann ich auch so ausdrücken und erweitern:

(Satz 13.) *Alle für Strecken allgemein geltenden Verknüpfungsgesetze gelten auch für Punkte und überhaupt für Punktgrössen,*

nämlich auch für Punktgrössen darum, weil dieselben Gesetze, die für Strecken allgemein gelten, auch für Vielfache derselben, da diese Vielfachen gleichfalls Strecken sind, gelten müssen, also auch für die Vielfachen der Punkte, das heisst, für Punktgrössen. Ferner folgt vermittelst desselben Satzes 12, da jede richtige Punktgleichung B nach der Definition 8 aus einer richtigen Streckengleichung A ableitbar ist, also der in jenem Satze 12 für die Punktgleichung B aufgestellten Bedingung unterliegt, der Satz:

(Satz 14.) *Eine richtige Punktgleichung bleibt richtig, wenn man statt der sämmtlichen darin vorkommenden Punkte* $(a, b, \ldots)$ *die Differenzen* $(a - r, b - r, \ldots)$ *derselben von einem und demselben Punkte* (r) *setzt.*

Durch Anwendung dieser beiden Sätze 13 und 14 gehen alle Gesetze der Verknüpfungen von Punkten und Punktgrössen aufs leichteste hervor, wenn man die Gesetze der Verknüpfungen von Strecken kennt. Ich will daher hier gelegentlich und zur besseren Vergleichung auch die Gesetze der Addition und Subtraktion der Punktgrössen aus denen der Strecken ableiten.

[§ 15. Summen von Punktgrössen.]

Sind $a, b, c, \ldots$ Punkte, und $\alpha, \beta, \gamma, \ldots$ Zahlgrössen, und ist zuerst

$$\alpha + \beta + \gamma + \cdots = 0,$$

so hat man, wenn r ein beliebiger Punkt ist,

$$\alpha a + \beta b + \cdots = \alpha a + \beta b + \cdots - (\alpha + \beta + \cdots) r$$
$$= \alpha (a - r) + \beta (b - r) + \cdots,$$

das heisst, wenn wir $\alpha, \beta, \ldots$ die Gewichte der Punktgrössen αa, $\beta b, \ldots, (\alpha + \beta + \cdots)$ ihr *Gesammtgewicht*, und $\alpha(a-r)+\beta(b-r)+\cdots$ ihre *Gesammtabweichung* von dem Punkte r nennen:

(Satz 15.) *Eine Summe von Punktgrössen, deren Gesammtgewicht null ist, ist eine Strecke; ihre Gesammtabweichung von einem veränderlichen Punkte ist konstant, und der Strecke gleich, die ihre Summe ist.*

Ferner: Ist das Gesammtgewicht nicht null, so sei ihre Summe einer noch unbekannten Punktgrösse ϱx gleich gesetzt, wo ϱ eine Zahlgrösse, x ein Punkt ist, also

$$\alpha a + \beta b + \cdots = \varrho x, \tag{36}$$

so ist nach Satz 14

$$\alpha (a - r) + \beta (b - r) + \cdots = \varrho (x - r). \tag{36a}$$

Subtrahirt man diese Gleichung von (36), so hat man

$$(\alpha + \beta + \cdots) r = \varrho r,$$

also, wieder nach Satz 14, wenn r' ein anderer Punkt ist, 41

$$(\alpha + \beta + \cdots)(r - r') = \varrho (r - r'),$$

was eine Streckengleichung ist, aus welcher folgt

$$\alpha + \beta + \cdots = \varrho. \tag{37}$$

Substituirt man diesen Werth in (36), so hat man

$$\alpha (a - r) + \beta (b - r) + \cdots = (\alpha + \beta + \cdots)(x - r), \tag{38}$$

oder, da $(\alpha + \beta + \cdots)$ nicht null ist,

$$x - r = \frac{\alpha (a - r) + \beta (b - r) + \cdots}{\alpha + \beta + \cdots}. \tag{39}$$

Wird nun x aus dieser Gleichung bestimmt, was durch eine einfache Konstruktion möglich ist, so ist auch Gleichung (38) richtig, also ist, da (36), nachdem für ϱ und x die gefundenen Werthe substituirt sind, unmittelbar aus (38) hervorgeht, nach Satz 13 auch (36) richtig, während die vorhergehende Entwickelung zeigt, dass, wenn (36) richtig sein soll, ϱ und x nothwendig den in (37) und (38) gegebenen Bestimmungen unterliegen müssen.

Setzen wir übrigens in (36a) r gleich x, so haben wir

$$\alpha(a-x)+\beta(b-x)+\cdots=0. \tag{40}$$

Bekanntlich nennt man diesen Punkt x den Schwerpunkt zwischen den mit den Gewichten α, β, ... behafteten Punkten a, b, ..., oder, mathematischer ausgedrückt, die *Mitte zwischen den Punktgrössen* αa, βb, ... Also:

(**Satz 16.**) *Eine Summe von Punktgrössen, deren Gesammtgewicht nicht null ist, ist wieder eine Punktgrösse, deren Gewicht das Gesammtgewicht der addirten Punktgrössen* (37), *und deren Ort die Mitte zwischen ihnen ist* (38); *die Gesammtabweichung der Punktgrössen von einem beliebigen Punkte ist gleich der ihrer Summe von demselben Punkte* (36a), *ihre Gesammtabweichung von der Mitte ist also null* (40), *und die Mitte wird also auch gefunden* (39), *wenn man von einem Punkte die Strecken nach den Orten der Punktgrössen zieht, diese Strecken mit den zugehörigen Gewichten multiplicirt, die Produkte addirt, die Summe durch das Gesammtgewicht dividirt, und eine diesem Quotienten gleiche Strecke zieht, welche jenen Punkt zum Anfangspunkte hat; dann ist der Endpunkt dieser Strecke die gesuchte Mitte.*

Wenn wir sagen, das *Gewicht einer Strecke* sei null, und wenn wir Strecken und Punktgrössen zusammen *Grössen erster Stufe* nennen, so folgt aus Satz 15 und 16 sogleich der Satz: *Das Gewicht einer Summe von Grössen erster Stufe ist gleich der Summe der Gewichte der Summanden*, oder allgemeiner:

(**Satz 17.**) *Eine Gleichung zwischen Grössen erster Stufe, das heisst, eine Gleichung, in welcher die Grössen erster Stufe nur der Addition, Subtraktion, Vervielfachung und Theilung unterworfen sind, bleibt richtig, wenn man statt der Grössen erster Stufe ihre Gewichte setzt.*

[§ 16. **Innere Multiplikation von Punktgrössen. Innere Grössen.**]

Ich gehe nun zu den inneren Produkten von zwei Grössen erster Stufe über.

42 Sowohl das innere Produkt zweier Punktgrössen, als auch das einer Punktgrösse in eine Strecke lässt sich als Differenz zweier Quadrate oder als Vielfaches dieser Differenz darstellen.

In der That, wenn im Folgenden unter a, b, c Punkte, unter α, β, γ Zahlgrössen, unter p eine Strecke verstanden ist, so hat man

$$a^2-b^2=(a+b)\times(a-b)=\frac{a+b}{2}\times 2(a-b).$$

Der letzte Ausdruck ist ein Produkt eines Punktes und einer Strecke.

Hat man daher irgend ein Produkt einer Punktgrösse und einer Strecke, etwa $\gamma c \times p$, welches gleich $c \times \gamma p$ ist, so hat man nur $\frac{a+b}{2}$ gleich c und $2(a-b)$ gleich γp zu setzen, wodurch a und b bestimmt sind, wenn γ, c, p gegeben sind, und erhält dann $\gamma c \times p = a^2 - b^2$, wodurch das innere Produkt einer Punktgrösse in eine Strecke auf die Differenz zweier inneren Punktquadrate zurückgeführt ist.

Ebenso ist

$$\alpha(a^2 - p^2) = \alpha(a+p) \times (a-p),$$

wo $a+p$ und $a-p$ Punkte sind. Hat man daher irgend ein Produkt zweier Punktgrössen $\beta b \times \gamma c$, welches gleich $\beta\gamma b \times c$ ist, so hat man nur $\beta\gamma$ gleich α, b gleich $a+p$ und c gleich $a-p$ zu setzen, wodurch α, a, p bestimmt sind, wenn β, γ, b, c gegeben sind, und erhält dann $\beta b \times \gamma c$ gleich $\alpha(a^2 - p^2)$. Beide Resultate in Worten ausgedrückt:

Das [innere] Produkt einer Punktgrösse und einer Strecke ist gleich der Differenz $(a^2 - b^2)$ der Quadrate zweier Punkte a und b, welche den Ort der Punktgrösse in der Mitte zwischen sich haben, und deren Abstand $(a-b)$ gleich der mit dem halben Gewichte der Punktgrösse multiplicirten Strecke jenes Produktes ist. Und das [innere] Produkt zweier Punktgrössen ist gleich der mit einem Koefficienten α multiplicirten Differenz $a^2 - p^2$ der Quadrate eines Punktes a und einer Strecke p, indem der Koefficient α gleich dem Produkte der Gewichte beider Punktgrössen, der Punkt a die Mitte zwischen ihren Orten und das Quadrat der Strecke p gleich dem Quadrate des Abstandes eines dieser Orte von der Mitte ist.

Statt $\alpha(a^2 - p^2)$ können wir auch schreiben $\alpha a^2 - \alpha p^2$; somit können wir eine beliebige Summe von inneren Produkten auf die Form

$$\alpha_1 a_1^2 + \alpha_2 a_2^2 + \cdots + A_1 + A_2 + \cdots,$$

oder mit der Summenbezeichnung auf die Form

$$\mathrm{S}\alpha a^2 + \mathrm{S}A$$

bringen, wo α Zahlgrössen, a Punkte und A innere Streckenprodukte bezeichnen. Also, eine jede Gleichung zwischen inneren Produkten wird sich auf die Form

$$\mathrm{S}\alpha a^2 + \mathrm{S}A = 0 \tag{41}$$

bringen lassen.

Soll nun diese Gleichung richtig sein, so muss nach Satz 14 für jeden Punkt r

$$\mathrm{S}\alpha(a-r)^2 + \mathrm{S}A = 0 \tag{42}$$

sein, das heisst,

(43) $$\mathrm{S}\alpha a^2 + \mathrm{S}A - 2r \times \mathrm{S}\alpha a + r^2\,\mathrm{S}\alpha = 0.$$

Diese Gleichung von der gegebenen (41) subtrahirt, erhält man

(44) $$2r \times \mathrm{S}\alpha a - r^2\,\mathrm{S}\alpha = 0.$$

Also wieder nach Satz 14 für jeden Punkt r'

(45) $$2(r - r') \times \mathrm{S}\alpha(a - r') - (r - r')^2\,\mathrm{S}\alpha = 0.$$

Da man r und r' beliebig wählen kann, so kann man r von r' verschieden annehmen, und r so wählen, dass die Strecke $r - r'$ senkrecht wird gegen die Strecke $\mathrm{S}\alpha(a - r')$; dann wird in (45) das erste Glied (nach Satz 3) null; also erhält man

$$(r - r')^2\,\mathrm{S}\alpha = 0;$$

und da hierin r von r' verschieden, also $(r - r')^2$ nicht null ist, so muss

(46) $$\mathrm{S}\alpha = 0$$

sein. Substituirt man diesen Werth in die Gleichung (45), welche für alle Lagen der Punkte r und r' gilt, so hat man

$$2(r - r') \times \mathrm{S}\alpha(a - r') = 0$$

noch immer für jede Lage der Punkte r und r'. Nun kann man hier also auch r so wählen, dass es von r' verschieden, aber $r - r'$ nicht senkrecht auf $\mathrm{S}\alpha(a - r')$ ist; dann muss (nach Satz 3) $\mathrm{S}\alpha(a - r')$ null sein; also, da $r'\,\mathrm{S}\alpha$ nach (46) null ist, so muss

(47) $$\mathrm{S}\alpha a = 0$$

sein. Diese Gleichung schliesst (nach Satz 17) die Gleichung (46) mit ein. Wenn nun ausser dieser Gleichung (47) noch für irgend einen Punkt r die Gleichung (42) gilt, so folgt daraus, weil aus (42) die (43) hervorgeht, und diese vermöge (47) und der von dieser mit eingeschlossenen (46) sich in (41) verwandelt, die Richtigkeit dieser letzteren.

Also eine Gleichung von der Form (41) ist dann und nur dann richtig, wenn die Gleichung (47) und für irgend einen Punkt r die Gleichung (42) stattfindet. Diese ganze Schlussreihe fasst einen ausserordentlichen Reichthum von Beziehungen in sich, die ich nun, wie auch den Satz selbst in Begriffe kleiden will.

Ich will die Grösse αa die *Mittelgrösse* des vielfachen Punktquadrates αa^2 nennen und sagen, die Mittelgrösse eines inneren Streckenproduktes sei null, ferner will ich die Grösse $\alpha(a - r)^2$ die *Abweichung* des vielfachen Punktquadrates αa^2 von dem Punkte r nennen und

sagen, die Abweichung eines inneren Streckenproduktes von einem beliebigen Punkte sei diesem inneren Streckenprodukte | selbst gleich. 44
Setzen wir dies fest, so lässt sich das Resultat der vorhergehenden Entwickelung in folgenden Satz fassen:

Eine Gleichung, deren Glieder vielfache Punktquadrate und innere Streckenprodukte sind, ist dann und nur dann richtig, wenn die beiden Gleichungen, welche hervorgehen, wenn man einestheils statt der Glieder ihre Mittelgrössen und anderntheils statt derselben ihre Abweichungen von irgend einem Punkte (r) *setzt, richtig sind.*

Wir können diesen Satz in noch einfacherer und allgemeinerer Form aussprechen, indem wir unter der Mittelgrösse und unter der Abweichung einer Summe von vielfachen Punktquadraten und inneren Streckenprodukten, wenn diese Summe sich nicht auf Ein solches vielfaches Punktquadrat oder auf Ein inneres Streckenprodukt zurückführen lässt, die Summe aus den Mittelgrössen oder aus den Abweichungen der Stücke jener Summe verstehen, die Abweichungen nämlich immer auf denselben Punkt bezogen. Ferner will ich jene vielfachen Punktquadrate sowohl, als auch die inneren Streckenprodukte und beliebige Summen beider Arten von Grössen *innere Grössen* nennen. Dann folgt unmittelbar der allgemeine Satz:

(**Satz 18.**) *Jede Gleichung, deren Glieder innere Grössen sind, ist dann und nur dann richtig, wenn die beiden Gleichungen, welche hervorgehen, wenn man einestheils statt der Glieder ihre Mittelgrössen und anderntheils statt derselben ihre Abweichungen von irgend einem Punkte r setzt, richtig sind.*

Oder:

(**Satz 18a.**) *Gleiche innere Grössen haben gleiche Mittelgrössen und gleiche Abweichungen von jedem beliebigen Punkte, und umgekehrt, wenn zwei innere Grössen gleiche Mittelgrössen und gleiche Abweichungen von irgend einem Punkte haben, so sind sie einander gleich.*

[§ 17. **Erste Art von Summen innerer Grössen: Innere Streckenprodukte.**]

Wir gehen nun von diesen allgemeinen Sätzen zu den besonderen Fällen über, um überall möglichst bestimmte Anschauungen zu gewinnen.

Betrachten wir die Summe beliebig vieler innerer Grössen, die immer in der Form

$$S\alpha a^2 + SA$$

dargestellt werden kann, so können hier drei wesentlich verschiedene Fälle eintreten, welche die drei Arten von inneren Grössen liefern.

Nämlich die Summe der Mittelgrössen oder, was dasselbe ist, die Mittelgrösse der Summe kann null oder eine Strecke oder eine Punktgrösse sein. Nach diesen drei Hauptfällen wollen wir die Betrachtung der besonderen Fälle sondern.

Erstens (Satz 19.), *wenn die Summe der zu den inneren Grössen gehörigen Mittelgrössen, also auch die zu der Summe jener inneren Grössen gehörige Mittelgrösse selbst null ist, so ist diese Summe ein inneres Streckenprodukt, nämlich dasjenige, was der Summe der Abweichungen jener inneren Grössen von irgend einem Punkte gleich ist.*

Dies ergiebt sich nicht nur aus obigem Satze 18a, sondern auch unmittelbar, indem dann

$$\mathrm{S}\alpha a^2 + \mathrm{S}A = \mathrm{S}\alpha a^2 - 2r\,\mathrm{S}\alpha a + r^2\mathrm{S}\alpha + \mathrm{S}A$$

45 ist, weil $\mathrm{S}\alpha a$ und also auch $\mathrm{S}\alpha$ null sind, also ist jener Ausdruck

$$= \mathrm{S}\alpha(a-r)^2 + \mathrm{S}A,$$

da

$$\mathrm{S}\alpha a^2 - 2r\,\mathrm{S}\alpha a + r^2\mathrm{S}\alpha = \mathrm{S}\alpha(a-r)^2 \tag{48}$$

ist. Zugleich liegt hierin der direkte Nachweis, dass in diesem Falle die Summe der Abweichungen von einem veränderlichen Punkte konstant ist, also namentlich

$$\mathrm{S}\alpha(a-r)^2$$

konstant ist, wenn r veränderlich und $\mathrm{S}\alpha a$ null ist.

[§ 18. **Zweite Art von Summen innerer Grössen: Innere Plangrössen.**]

Die beiden anderen Fälle nun führen uns zu den Begriffen der neuen Grössen. Nämlich es sei zweitens die Summe der Mittelgrössen eine Strecke p, das heisst (nach Satz 15), die Summe ihrer Gewichte sei null.

Ich gehe hier von dem einfachsten Falle aus, nämlich von der Betrachtung der Summe $a^2 + (-1)b^2$, oder, was dasselbe ist, der Differenz $a^2 - b^2$, also der Differenz zweier Punktquadrate. Diese ist, wie wir schon oben zeigten, einem inneren Produkte von Punkt und Strecke gleich, nämlich

$$a^2 - b^2 = (a+b) \times (a-b),$$

und setzen wir hier $a + b = 2c$, so dass also c die Mitte ist zwischen a und b, und setzen wir die Strecke $a - b = p$, so folgt, dass

$$a^2 + (-1)b^2 = 2c \times p = c \times 2p \tag{49}$$

ist, wenn

(50) $$a + b = 2c \text{ und } a - b = p$$

ist. Durch diese Gleichungen ist die Mittelgrösse und die Abweichung eines inneren Produktes $c \times 2p$ von Punkt und Strecke bestimmt, da sie der Mittelgrösse und Abweichung der ihm gleichgesetzten Summe $a^2 + (-1)b^2$ gleich sein muss. Nun ist die Mittelgrösse dieser Summe gleich $a + (-1)b = a - b = p$, das heisst, die Mittelgrösse eines inneren Produktes von Punkt und Strecke ist der Hälfte dieser Strecke gleich. Ferner die Abweichung der Summe $a^2 + (-1)b^2$ von r ist $(a - r)^2 + (-1)(b - r)^2$. Dies ist gleich $a^2 - b^2 - 2(a - b) \times r$, also gleich $(a + b - 2r) \times (a - b)$, also aus (50) substituirt, gleich $(c - r) \times 2p$. Also ist auch der zuletzt gefundene Ausdruck die Abweichung des inneren Produktes $c \times 2p$ von dem Punkte r, das heisst, die Abweichung eines inneren Produktes $c \times q$ aus Punkt und Strecke von einem Punkte r ist einem inneren Streckenprodukte gleich, dessen einer Faktor die Strecke jenes Produktes und dessen anderer Faktor die Abweichung $c - r$ des Punktes c jenes Produktes von dem Punkte r ist.

Habe ich nun eine beliebige Summe innerer Grössen $S\alpha a^2 + SA$ von der Art, dass der Mittelwerth dieser Summe eine Strecke p ist, so ist die Frage, ob ich auch diese Summe einem inneren Produkte $c \times q$ eines Punktes c in eine | Strecke q gleichsetzen kann. 46

Es wird diese Gleichheit dann und nur dann stattfinden (nach Satz 18), wenn die Mittelgrösse sowohl, als die Abweichung von irgend einem Punkte r bei $S\alpha a^2 + SA$ ebenso gross sind als bei $c \times q$. Die Mittelgrösse von $c \times q$ wird also dann gleich p, also $q = 2p$ sein müssen, und Frage ist nur noch, ob c so gewählt werden kann, dass die Abweichung des Produktes $c \times 2p$ von einem Punkte r gleich der Abweichung jener Summe von demselben Punkte r sei. Es sei die letztere Abweichung A_r, wo also A_r ein inneres Streckenprodukt darstellt; es frägt sich also, ob c so gewählt werden kann, dass

(51) $$(c - r) \times 2p = A_r$$

sei. Man nehme zuerst irgend einen Punkt c' von der Beschaffenheit, dass $(c' - r) \times 2p$ nicht null ist, das heisst, c' von r verschieden und $c' - r$ nicht senkrecht gegen p ist, so wird, da innere Streckenprodukte immer mit Zahlgrössen proportional sind (Erklärung 3 und 4),

$$(c' - r) \times 2p = mA_r$$

gesetzt werden können, wo m irgend eine Zahlgrösse bedeutet, die nicht null ist. Nimmt man dann

$$(c - r) = \frac{1}{m}(c' - r),$$

das heisst, nimmt man eine Strecke, deren Anfangspunkt r ist und welche gleich dem m-ten Theile der Strecke $(c' - r)$ ist, und nennt den Endpunkt derselben c, so ist

$$(c - r) \times 2p = \frac{1}{m}(c' - r) \times 2p = \frac{1}{m} m A_r = A_r,$$

das heisst, der so gefundene Punkt c genügt der Gleichung (51). Also ist nun in der That $c \times 2p$ jener Summe gleich.

Ehe wir dies Resultat in Form eines Satzes aussprechen, wollen wir die Bedeutung eines inneren Produktes von Punkt und Strecke ins Auge fassen; diese Bedeutung hängt von der Beantwortung der Frage ab, wann zwei solche Produkte $a \times p$ und $b \times q$ gleichgesetzt werden können. Sollen sie gleich sein, so muss zuerst ihre Mittelgrösse gleich sein, also muss zuerst $p = q$ sein. Es frägt sich also, wann $a \times p = b \times p$ sei. Offenbar dann und nur dann, wenn $(a - b) \times p = 0$, das heisst, entweder $a = b$, oder $a - b$ senkrecht gegen p ist, also zusammengefasst, wenn a und b in Einer gegen p senkrechten Ebene liegen. Da also zwei Produkte von Punkt und Strecke dann und nur dann gleich sind, wenn diese Strecke und die durch den Punkt gegen die Strecke senkrecht gelegte Ebene zusammenfällt, so bestimmt jene Strecke und diese Ebene den Begriff jenes inneren Produktes. Wir nennen daher das innere Produkt eines Punktes in eine Strecke eine Ebenengrösse oder eine *Plangrösse,* und zwar zur Unterscheidung von der bei der äusseren Multiplikation sich ergebenden Plangrösse (Grassmann's Ausdehnungslehre § 114) eine *innere* Plangrösse, und die Fläche, in welcher der Punktfaktor jenes Produktes sich frei bewegen kann, ohne den Werth des Produktes zu ändern, die *Faktorfläche* der Plangrösse. Nach diesen Bestimmungen können wir nun die gewonnenen Resultate in folgendem Satze zusammenfassen:

(**Satz 20.**) *Das innere Produkt eines Punktes in eine Strecke ist eine innere Plangrösse, deren Mittelgrösse die Hälfte dieser Strecke, und* 47 *deren Faktorfläche die | durch den Punkt gegen die Strecke senkrecht gelegte Ebene ist. Die Abweichung derselben von einem Punkte r ist gleich einem inneren Produkte, dessen einer Faktor dem Doppelten ihrer Mittelgrösse (oder der Strecke jenes Produktes) gleich ist, und dessen anderer Faktor die Abweichung eines beliebigen Punktes der Faktorfläche von dem Punkte r ist. Die Summe mehrerer innerer Grössen ist dann und nur dann eine innere Plangrösse, wenn die Mittelgrösse jener Summe einer Strecke von geltendem Werthe (das heisst, die nicht null ist) gleich ist.*

Hierin liegt auch der besondere Satz, dass die Summe von Plangrössen, wenn die Mittelgrösse der Summe nicht null ist, wieder eine

Plangrösse liefert, während schon in Satz 19 nachgewiesen ist, dass diese Summe, wenn ihre Mittelgrösse null ist, einem inneren Streckenprodukte gleich sei.

Um die innere Plangrösse mit der äusseren (Ausdehnungslehre § 114) vergleichen zu können, sei eine beliebige Gleichung zwischen inneren Plangrössen und inneren Streckenprodukten

$$\text{(52)} \qquad \mathrm{S}a \times p + \mathrm{S}q \times v = 0$$

gegeben, worin die Grössen a Punkte, die Grössen p, q, v Strecken vorstellen, und es seien die den Grössen p, v senkrecht proportionalen Flächenräume P, V (vergleiche Erklärung 5). Dann werden die äusseren Produkte $a.P$ äussere Plangrössen sein, die äusseren Produkte $q.V$ aber Körperräume darstellen. Nun lässt sich leicht nachweisen, dass, wenn die Gleichung (52) richtig ist, auch die Gleichung (53)

$$\text{(53)} \qquad \mathrm{S}a.P + \mathrm{S}q.V = 0$$

richtig sein müsse und umgekehrt aus (53) wieder (52) hervorgehe. Denn die erstere (52) ist nach Satz 18 dann und nur dann richtig, wenn $\mathrm{S}p = 0$ und

$$\text{(54)} \qquad \mathrm{S}(a - r) \times p + \mathrm{S}q \times v = 0$$

für irgend einen Punkt r, und ebenso die letztere (53) nach Grassmann's Ausdehnungslehre § 112 dann und nur dann, wenn $\mathrm{S}P = 0$ und

$$\text{(55)} \qquad \mathrm{S}(a - r).P + \mathrm{S}q.V = 0$$

für irgend einen Punkt r. Nun haben wir oben (Satz 5b) nachgewiesen, dass, wenn jene Gleichungen (54) gelten, auch diese (55) gelten müssen und umgekehrt, also wird auch (52) richtig sein, wenn (53) es ist, und umgekehrt. Also:

(Satz 21.) *Innere Produkte, von deren beiden Faktoren jedesmal wenigstens einer eine Strecke, der andere eine beliebige Grösse erster Stufe ist, verhalten sich wie die äusseren Produkte, welche hervorgehen, wenn man statt jener Strecken die senkrecht proportionalen Flächenräume setzt, den andern Faktor in jedem Produkte unverändert lässt und das Zeichen der inneren Multiplikation in das der äusseren verwandelt, das heisst, jede richtige Gleichung zwischen jenen inneren | Produkten bleibt richtig,* 48 *wenn man statt ihrer diese äusseren Produkte setzt und umgekehrt.*

Wegen dieser Uebereinstimmung in der Bedeutung habe ich beide Grössenarten mit dem gleichen Namen der Plangrössen bezeichnet.

[§ 19. Addition innerer Plangrössen.]

Ich will nun noch die Addition zweier Plangrössen und die einer Plangrösse und eines inneren Streckenproduktes im Einzelnen durchgehen.

Bei der Addition zweier Plangrössen können wir zwei Fälle unterscheiden, nämlich dass sich ihre Ebenen schneiden oder nicht. Im ersteren Falle sei a ein gemeinschaftlicher Punkt beider Ebenen, so ist

$$a \times p + a \times q = a \times (p + q),$$

das heisst, *die Summe zweier Plangrössen, die sich schneiden, ist eine Plangrösse, deren Ebene mit den Ebenen der beiden zu summirenden Plangrössen eine gleiche Durchschnittskante hat, und deren Mittelgrösse die Summe ist aus denen der Summanden.*

Wenn die Ebenen sich nicht schneiden, das heisst also, parallel laufen, so werden die Mittelgrössen Vielfache derselben Strecke p sein. Sind dann $a \times \alpha p$ und $b \times \beta p$ die beiden Summanden, so ist

$$a \times \alpha p + b \times \beta p = (\alpha a + \beta b) \times p = s \times (\alpha + \beta) p,$$

wenn $(\alpha + \beta) s = \alpha a + \beta b$ und $\alpha + \beta$ nicht null ist, das heisst, s die Mitte zwischen αa und βb ist. Also, *die Summe zweier paralleler Plangrössen ist, wenn die Summe ihrer Mittelgrössen nicht null ist, eine Plangrösse, deren Mittelgrösse die Summe ist aus denen der Summanden, und deren Ebene denen der Summanden parallel ist und so liegt, dass, wenn man eine Gerade zieht, welche diese Ebene in s schneidet und die Ebenen der Summanden in a und b, s die Mitte ist zwischen zwei Punktgrössen, die in a und b liegen und deren Gewichte sich wie die zugehörigen Mittelgrössen der Summanden verhalten.*

Wenn die Summe der beiden Mittelgrössen null ist, so folgt, da

$$a \times p - b \times p = (a - b) \times p$$

ist, *dass dann die Summe ein inneres Streckenprodukt sei, dessen einer Faktor das Doppelte, p, von der Mittelgrösse des einen Summanden, und dessen anderer Faktor eine beliebige Strecke von einem Punkte in der Ebene des anderen Summanden nach einem Punkte in der Ebene des ersteren ist.*

Da endlich

$$a \times p + q \times p = (a + q) \times p$$

ist, so folgt: *Die Summe einer inneren Plangrösse und eines inneren Streckenproduktes ist wieder eine innere Plangrösse, deren Mittelwerth gleich ist dem der ersteren und deren Ebene dadurch hervorgeht, dass die Ebene jener ersteren Plangrösse um eine Strecke q vorrückt, welche mit dem Doppelten, p, der Mittelgrösse ein inneres Produkt liefert, das dem gegebenen inneren Streckenprodukt gleich ist.*

[§ 20. **Dritte Art von Summen innerer Grössen: Kugelgrössen.**]

Nun schreite ich zu dem dritten Falle der Addition innerer Grössen, wo nämlich die Mittelgrösse der Summe eine Punktgrösse ist. Und dieser Fall ist es, der zu ganz neuen, keiner der früheren Grössengattungen proportional zu setzenden Grössen führt.

Zuerst kann man jedesmal jede solche Summe, deren Mittelgrösse eine Punktgrösse αa ist, die nicht null ist, gleich $\alpha a^2 + A$ setzen, wenn nur A die Abweichung jener Summe von dem Punkte a ist; denn die Abweichung der Grösse $\alpha a^2 + A$ von dem Punkte a ist gleich A, also Mittelgrösse und Abweichung von dem Punkte a dann auf beiden Seiten gleich, also | die Gleichung richtig (nach Satz 18). 49
Da hier αa, also auch α nicht null sein soll, so kann man statt $\alpha a^2 + A$ auch schreiben $\alpha(a^2 + A')$, wo $A' = \frac{A}{\alpha}$. Es treten hier für die nähere Betrachtung drei wesentlich verschiedene Fälle hervor je nachdem nämlich A' negativ, positiv oder null ist.

Im ersteren Falle sei $A' = -p^2$, so wird $\alpha(a^2 + A')$ gleich

$$\alpha(a^2 - p^2) = \alpha(a + p) \times (a - p),$$

das heisst, gleich dem vielfachen inneren Produkte zweier Punkte, deren Mitte a und deren Entfernung von der Mitte quadrirt p^2 giebt. Die Mittelgrösse αa eines solchen vielfachen Punktproduktes ist also die mit dem Koefficienten α multiplicirte Mitte beider Punkte (daher der Name Mittelgrösse), und die Abweichung desselben von der Mitte ist das mit dem Koefficienten $-\alpha$ multiplicirte Quadrat der Entfernung eines der beiden Punkte von ihrer Mitte. Hieraus folgt also sogleich, dass zwei vielfache innere Punktprodukte gleich sind, wenn der Koefficient, die Mitte der Punkte und das Quadrat der Entfernung dieser Punkte von der Mitte bei beiden gleich sind; oder anders ausgedrückt, ein solches Produkt behält seinen Werth, wenn der Koefficient konstant ist und die Punkte Endpunkte eines Durchmessers einer festen Kugelfläche bleiben. Da somit ein solches Produkt an die Kugelfläche geknüpft ist, so nennen wir das vielfache innere Produkt zweier Punkte eine *Kugelgrösse*, und jene Kugelfläche, in welcher die Punktfaktoren sich bewegen können, ohne den Werth des Produktes zu ändern, die *Faktorfläche* der Kugelgrösse.

Wir gehen nun zu dem andern Falle über, wo A' positiv, gleich p^2 ist, also

$$\alpha(a^2 + A') = \alpha(a^2 + p^2)$$

ist. Dann lässt sich $a^2 + p^2$ nicht in reelle Punktfaktoren zerlegen, also hat dann jene Grösse $\alpha(a^2 + p^2)$ auch keine reelle Faktorfläche.

Dagegen lässt sich diese Grösse offenbar als Summe von Punktquadraten oder von vielfachen Punktquadraten mit positiven Koefficienten darstellen, und am einfachsten in der Form $\beta(b^2+c^2)$.

In der That wird dann und nur dann

$$\alpha(a^2+p^2)=\beta(b^2+c^2)$$

sein, wenn erstens die Mittelgrösse beider Seiten gleich, also

$$\alpha a=\beta(b+c),$$

das heisst

$$\frac{b+c}{2}=a \text{ und } \beta=\frac{\alpha}{2},$$

also a die Mitte zwischen b und c ist, und zweitens die Abweichung beider Seiten von irgend einem Punkte, zum Beispiel der Mitte a, gleich gross ist. Die der linken Seite ist αp^2, die der rechten $\beta((b-a)^2+(c-a)^2)$, oder, da $\beta=\frac{\alpha}{2}$ und $(b-a)^2$, da a die Mitte ist zwischen b und c, gleich $(c-a)^2$ ist, so ist die Abweichung der rechten Seite von a gleich $\alpha(b-a)^2$, das heisst also: wenn zweitens $(b-a)^2=p^2$ ist. Es lässt sich also jene Grösse $\alpha(a^2+p^2)$ in der That als eine mit der Hälfte des Koefficienten α multiplicirte Summe der Quadrate zweier Punkte b und c darstellen, deren Mitte a, und deren quadrirte Entfernung von der Mitte gleich p^2 ist. Daraus folgt, dass man, ohne den Werth des Ausdrucks zu ändern, statt der Punkte 50 b und c zwei beliebige | andere, b' und c', nehmen kann, welche gleichfalls a zu ihrer Mitte haben und von a eben so weit abstehen wie jene, oder anders ausgedrückt, welche Endpunkte eines Durchmessers derjenigen Kugelfläche sind, die die Linie von b nach c zu ihrem Durchmesser hat.

Also auch diese Grösse $\alpha(a^2+p^2)$ oder $\alpha(a^2+A')$, wo A' positiv ist, bleibt an eine Kugelfläche geknüpft. Wir nennen daher auch diese Grösse eine Kugelgrösse, und wollen die Fläche, auf welcher sich die Punkte, als deren vielfache Quadratsumme jene Grösse sich darstellen lässt, ohne Werthänderung der Grösse bewegen können, die *Mittelfläche der Kugelgrösse* nennen.

Um diese Idee der Mittelfläche (als einer mittleren) näher ins Auge zu fassen, wollen wir eine beliebige Summe von n Punktquadraten betrachten, also etwa

$$a_1^2+a_2^2+\cdots$$

oder kürzer geschrieben, $\mathrm{S}a^2$, so ist die Mittelgrösse dieser Summe $\mathrm{S}a$ oder ns, wenn s der Schwerpunkt zwischen den Punkten $a_1, a_2, \ldots$ ist; und die Abweichung von diesem Schwerpunkte s ist $\mathrm{S}(a-s)^2$. Das arithmetische Mittel sämmtlicher Abweichungen von s ist

$$\frac{\mathrm{S}(a-s)^2}{n},$$

was $= p^2$ gesetzt werden mag. Dann ist

$$\mathrm{S}a^2 = n(s^2 + p^2),$$

weil beide Seiten gleiche Mittelgrösse $(\mathrm{S}a = ns)$ und gleiche Abweichung von s $\left(\mathrm{S}(a-s)^2 = np^2\right)$ haben. Nun ist aber p der Halbmesser der Kugelfläche, die wir die Mittelfläche genannt haben, und ihr Quadrat ist das arithmetische Mittel zwischen den verschiedenen Abweichungen der Punktquadrate a_1^2, a_2^2, ..., oder, denkt man sich durch jeden der Punkte a_1, a_2, ... eine Kugelfläche gelegt, welche die Mitte s zu ihrem Mittelpunkte hat, so ist die Mittelfläche eine Kugelfläche mit demselben Mittelpunkt, deren Inhalt (das heisst, da es eine Fläche ist, deren Flächeninhalt) das arithmetische Mittel ist zwischen denen jener Kugelflächen, daher der Name der Mittelfläche.

Wir nennen somit die Grösse $\alpha a^2 + A$, wenn α nicht null ist, mag nun A negativ oder positiv sein, ja auch wenn A null ist, eine Kugelgrösse; ihre Mittelgrösse ist αa, ihr Mittelpunkt a, ihr Gewicht α, ihre Abweichung vom Mittelpunkte ist A. Wir nennen diese Abweichung A den Inhalt oder Gehalt der Kugelgrösse*). Das vielfache Punktquadrat erscheint somit als eine Kugelgrösse, deren Inhalt null ist.

Ehe ich die gewonnenen Resultate in einem Satze zusammenfasse, will ich noch daran erinnern, dass wir $\frac{A}{\alpha} = A'$ setzten, und wenn A' negativ war, | der Halbmesser der Faktorfläche quadrirt $-A'$ (also 51 einen positiven Werth) lieferte, hingegen, wenn A' positiv war, der Halbmesser der Mittelfläche quadrirt A' selbst lieferte. Somit erhalten wir den Satz:

(Satz 22.) *Es giebt drei Arten innerer Grössen: die inneren Streckenprodukte, welche den Zahlgrössen proportional sind, die inneren Plangrössen, welche den äusseren Plangrössen proportional sind, und die Kugelgrössen. Eine Summe innerer Grössen liefert ein inneres Streckenprodukt, eine innere Plangrösse oder eine Kugelgrösse, je nachdem*

---

*) Hierbei hat man nicht an den kubischen Inhalt der Kugel zu denken, sondern, da die Grösse als eine quadratische erscheint, an den Flächeninhalt, also an den Inhalt der Kugelfläche. In der That ist der Inhalt der Kugelgrössen dem mit dem Koefficienten multiplicirten Flächeninhalt der Kugelfläche proportional, wenn man nur noch die Kugelfläche, wenn sie Mittelfläche ist, positiv, wenn Faktorfläche, negativ setzt.

die Mittelgrösse null, eine Strecke oder eine Punktgrösse ist. In dem letzten Falle ist der Inhalt der Kugelgrösse der Abweichung jener Summe von dem Mittelpunkte dieser Kugelgrösse gleich. Wenn dieser Inhalt null ist, so verwandelt sich die Kugelgrösse in ein vielfaches oder einfaches Punktquadrat; wenn er nicht null ist, so liefert die Summe entweder eine Kugelgrösse mit reeller Faktorfläche oder mit reeller Mittelfläche, je nachdem der durch das Gewicht dividirte Inhalt der Kugelgrösse negativen oder positiven Werth hat. Beide Flächen sind Kugelflächen, deren Mittelpunkt der Mittelpunkt der Kugelgrösse ist; das Quadrat von dem Halbmesser der Mittelfläche ist dem durch das Gewicht dividirten Inhalte gleich, das Quadrat von dem Halbmesser der Faktorfläche ist das Entgegengesetzte dieses Quotienten.

[§ 21. **Geometrische Darstellung der Summen innerer Grössen.**]

Es kommt nun nur noch darauf an, durch möglichst bestimmte geometrische Anschauungen die Summe zweier Kugelgrössen oder einer Kugelgrösse mit einer andern inneren Grösse zu fixiren.

Zuerst seien zwei innere Grössen mit reellen Faktorflächen (also Kugelgrössen dieser Art oder Plangrössen) zu addiren, deren Faktorflächen sich treffen (schneiden, berühren oder zusammenfallen): so werden sich beide, wenn a ein gemeinschaftlicher Punkt ist, in der Form $a \times b$, $a \times c$ darstellen lassen, wo b und c beliebige Grössen erster Stufe sind (Strecken oder Punktgrössen, je nachdem die inneren Grössen Plan- oder Kugel-Grössen sein sollen). Da ihre Summe $a \times (b + c)$ ist, so folgt, dass diese Summe auch eine innere Grösse mit reeller Faktorfläche ist, deren Faktorfläche mit denen der Summanden dieselben Punkte gemeinschaftlich hat, wie diese unter sich. Also:

(Satz 23a.) *Zwei innere Grössen mit reellen, sich treffenden Faktorflächen liefern als Summe wieder eine innere Grösse mit reeller Faktorfläche, deren Faktorfläche mit denen der Summanden alle Punkte gemeinschaftlich hat, die diese unter sich gemeinschaftlich haben, und deren Mittelgrösse die Summe aus den Mittelgrössen der Summanden ist.*

Hieraus folgt eine höchst einfache Konstruktion der Faktorfläche der Summe unter den angeführten Bedingungen. Nämlich, man konstruire, wenn die Summe der Gewichte nicht null ist, nach Satz 16 den Ort der Mittelgrösse, das heisst, die Mitte zwischen den mit den zugehörigen Gewichten behafteten Mittelpunkten beider Kugelgrössen, und schlage um diesen Punkt als Mittelpunkt eine Kugelfläche, welche durch einen der gemeinschaftlichen Punkte beider Faktorflächen geht, so ist diese die Faktorfläche der Summe; und wenn die Summe | der 52 Gewichte null ist, so lege man eine Ebene durch die gemeinschaftlichen Punkte beider Faktorflächen, oder wenn sie sich berühren, eine in diesem Berührungspunkte gleichfalls die beiden Faktorflächen berührende Ebene, so ist diese Ebene die Faktorfläche der Summe.

Um auch im allgemeineren Falle die Summation der Kugelgrössen auf geometrische Anschauungen zurückzuführen, will ich noch eine Benennung einführen, durch welche ich die geometrischen Beziehungen zwischen Kugelgrössen stets rein geometrisch ausdrücken kann. Nämlich ich werde die Kugelgrösse $a^2 - p^2$, welche als inneres Produkt zweier Punkte $(a + p) \times (a - p)$ erschien, schlechthin einer Kugelfläche gleich setzen, deren Mittelpunkt a und deren Halbmesser p ist. Dann ist klar, dass $a^2 + p^2$, da es gleich $a^2 - (\sqrt{-1}p)^2$ ist, als Kugelfläche mit reellem Mittelpunkte a und imaginärem Halbmesser $\sqrt{-1}p$ erscheint; ich will eine solche eine ideelle Kugelfläche, und die Kugelfläche $a^2 - p^2$ die ihr entsprechende reelle Kugelfläche nennen. Noch will ich bemerken, dass der Gehalt einer Kugelfläche $a^2 - p^2$ der oben angegebenen Bestimmung gemäss gleich dem negativen Quadrat ihres Halbmessers, also gleich $-p^2$, der der ideellen Kugelfläche also positiv ist. Hiernach können wir nun den obigen Satz 23a auch so ausdrücken:

(Satz 23b.) *Die Vielfachensumme zweier Kugelflächen, die sich treffen, ist eine vielfache Kugelfläche oder eine Plangrösse, je nachdem die Koefficientensumme geltenden Werth hat oder null ist; ihre Fläche hat mit den gegebenen Kugelflächen dieselben Punkte gemeinschaftlich, wie diese unter sich, und ihre Mittelgrösse ist die entsprechende*) Vielfachensumme der Mittelpunkte beider Kugelflächen.*

Namentlich ist die Fläche der Differenz zweier sich schneidender Kugelflächen die Ebene des Durchschnittes beider, und die Fläche der Differenz zweier sich berührender Kugelflächen die Ebene, welche beide in ihrem gemeinschaftlichen Berührungspunkte gleichfalls berührt.

Ich betrachte nun zuerst die Differenzebene zweier Kugelflächen auch im allgemeineren Falle.

[§ 22. Differenzebene zweier Kugelflächen.]

Es ist die Differenz zweier Kugelflächen A und B gleich einer Plangrösse, deren Mittelwerth die Differenz der beiden Mittelwerthe

---

*) Dass unter der entsprechenden Vielfachensumme die mit denselben Koefficienten verstanden ist, bedarf wohl kaum einer Erwähnung.

von A und B, und deren Abweichung von irgend einem beliebigen Punkte gleich der Differenz der Abweichungen jener Kugelflächen von demselben Punkte ist. Da nun die Abweichung der Plangrösse von einem Punkte ihrer Ebene, aber auch von keinem andern null ist, so ist diese Ebene, das heisst die Differenzebene beider Kugelflächen, der Ort eines Punktes c, in Bezug auf welchen die Differenz der Abweichungen beider Kugelflächen null ist, das heisst, von dem beide Kugelflächen gleich weit abweichen, das heisst, eines Punktes, der, wenn

$$A = a^2 + A, \quad B = b^2 + B$$

ist, der Gleichung

$$(a - c)^2 + A = (b - c)^2 + B \tag{56}$$

53 Genüge leistet.

Sind zuerst beide Kugelflächen reell, also A gleich $-p^2$, B gleich $-q^2$, wo p und q Strecken, nämlich die Halbmesser der Kugelflächen sind, so folgt:

$$(a - c)^2 - p^2 = (b - c)^2 - q^2. \tag{57}$$

Liegt nun c ausserhalb der Kugelfläche A, so ist $(a - c)^2 > p^2$, also auch $(b - c)^2 > q^2$. Dann ist klar (s. Fig. 11), dass die linke Seite das Quadrat der von c an A, die rechte das der von c an B gezogenen Tangente ausdrückt; also sind beide Tangenten gleich lang. Schlägt man daher um c als Mittelpunkt eine Kugelfläche, deren Halbmesser diesen Tangenten gleich ist, so wird diese senkrecht geschnitten von den gegebenen Kugelflächen A und B. Der ausserhalb der beiden Kugelflächen A und B liegende Theil der Differenzebene ist also der Ort für die Mittelpunkte aller von jenen beiden Kugelflächen zugleich senkrecht geschnittenen Kugelflächen.

Fig. 11.

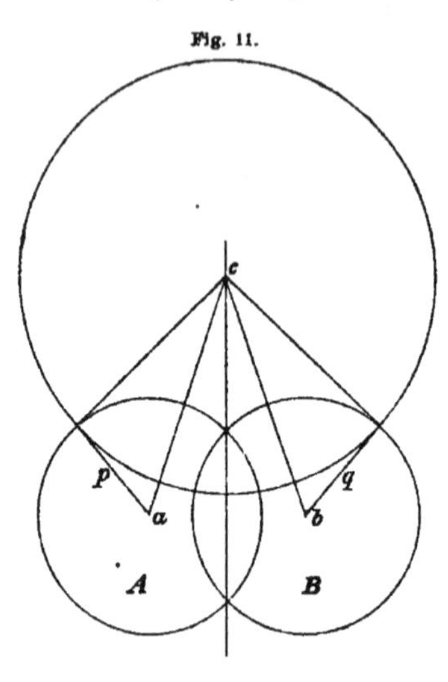

Liegt c innerhalb A, so ist $(a - c)^2$ kleiner als p^2, also auch $(b - c)^2$ kleiner als q^2. Dann wird man die Gleichung (57) auch schreiben können:

$$p^2 - (a - c)^2 = q^2 - (b - c)^2 = s^2.$$

54 Dann ist s (s. Fig. 12) die Hälfte derjenigen Sehne in jeder Kugelfläche, die durch c halbirt wird, und die Gleichung sagt aus, dass

diese Hälften für beide Kugelflächen gleich lang sind. Lege ich also um c als Mittelpunkt eine Kugelfläche, deren Halbmesser s ist, so wird diese durch jede der beiden Kugelflächen A und B gehälftet,

Fig. 12.

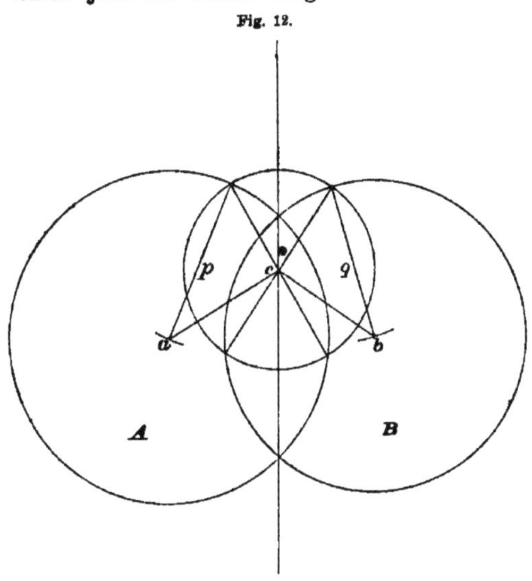

und der innerhalb der beiden Kugelflächen gelegene Theil der Differenzebene (wenn es einen solchen giebt) ist also der Ort für die Mittelpunkte aller durch A und B zugleich gehälfteten Kugelflächen. Also:

(Satz 24.) *Die Differenzebene zweier* [reeller] *Kugelflächen ist der Ort für die Mittelpunkte aller Kugelflächen, welche von jenen beiden zugleich entweder senkrecht geschnitten oder gehälftet werden,*

das heisst, sie ist das, was man die Ebene der gleichen Potenzen beider Kugelflächen oder ihre ideelle Durchschnittsebene genannt hat.

Die Konstruktion dieser Differenzebene kann man, wenn die Kugelflächen A und B sich nicht schneiden, dadurch leicht auf den Fall zweier sich schneidenden Kugelflächen zurückführen, dass man Kugelflächen zu Hülfe nimmt, welche die beiden gegebenen zugleich schneiden. Die Punkte der geraden Linie, in welcher die Ebenen der beiden Durchschnitte einer solchen Kugelfläche mit A und B sich untereinander schneiden, weichen von diesen beiden Kugelflächen gleich weit ab *); konstruirt man also durch zwei solche schneidende | Kugelflächen 55

*) Unter der Abweichung eines Punktes von einer Kugelfläche verstehen wir nämlich dasselbe, was wir unter der Abweichung der letzteren von dem ersteren verstanden.

Fig. 13.

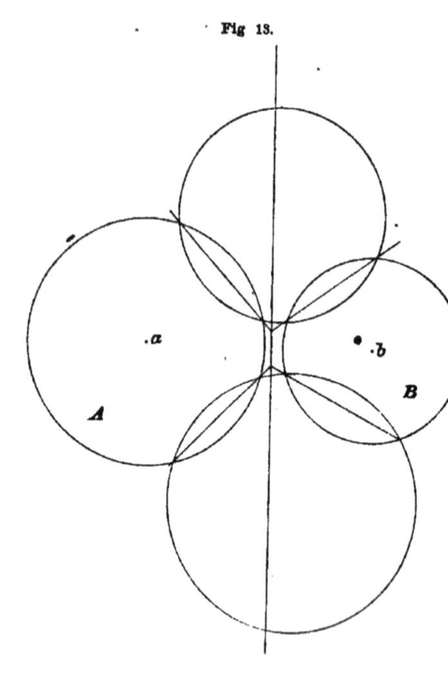

zwei solche gerade Linien, so ist die durch beide gelegte Ebene die gesuchte Differenzebene (s. Fig. 13).

Es seien zweitens beide Kugelflächen A und B ideell, und die ihnen zugehörigen reellen Kugelflächen A' und B' seien durch Konstruktion gegeben, so hat man, wenn $A = p^2$ und $B = q^2$, also $A = a^2 + p^2$, $B = b^2 + q^2$, p und q somit die Halbmesser der ihnen entsprechenden reellen Kugelflächen sind, aus (56)

$$(58) \begin{cases} (a-c)^2 + p^2 = \\ = (b-c)^2 + q^2 = v^2; \end{cases}$$

dann ist v der Halbmesser einer A' und B' zugleich hälftenden Kugelfläche, deren Mittelpunkt c ist (s. Fig. 14).

Fig. 14.

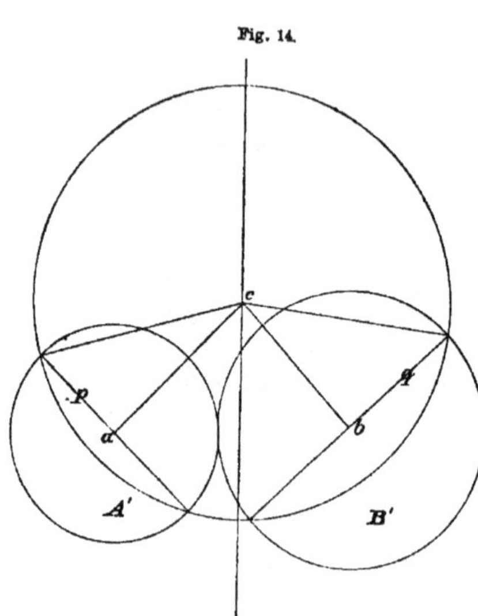

Also ist die Differenzebene zweier ideeller *Kugelflächen der Ort der Mittelpunkte aller Kugelflächen, welche die jenen ideellen entsprechenden reellen Kugelflächen hälften.*

Die Konstruktion dieser Differenzebene erfolgt leicht: nämlich, man ziehe von a und b aus die gegen die gerade Linie ab senkrechten Halbmesser p und q, ziehe eine gerade Linie, welche die Verbindungsstrecke beider Endpunkte derselben senkrecht hälftet, und durch den Durchschnitt c' dieser Geraden mit ab lege man die gegen ab senkrechte Ebene, so ist dies die gesuchte Differenzebene, weil nämlich die um c' als Mittelpunkt durch die Endpunkte der Halbmesser | gelegte Kugelfläche die Kugel- 56 flächen A' und B' hälftet und die Differenzebene senkrecht gegen ab ist.

Endlich sei die eine Kugelfläche, etwa A, reell, die andere, B, ideell und B' die ihr entsprechende reelle, so hat man, wenn $A = a^2 - p^2$, $B = b^2 + q^2$, also $A = -p^2$, $B = q^2$ ist, aus (56)

$$(a - c)^2 - p^2 = (b - c)^2 + q^2 = v^2.$$

Dann ist v der Halbmesser einer um c als Mittelpunkt gelegten Kugelfläche, von der A senkrecht geschnitten, B' gehälftet wird. Also:

Der Ort der Mittelpunkte aller Kugelflächen, von welchen eine gegebene Kugelfläche A senkrecht geschnitten, und zugleich eine andere B' gehälftet wird, ist eine Ebene, nämlich die Differenzebene zwischen der ersteren A und der der letzteren entsprechenden ideellen Kugelfläche B.

Die Konstruktion dieser Ebene kann man leicht auf eine der beiden früheren dadurch zurückführen, dass man die Gehalte $-p^2$ und $+q^2$ um gleich viel wachsen oder abnehmen lässt, und zwar um so viel, dass dadurch beide Kugelflächen entweder ideell oder reell werden; die Differenz, also auch die Differenzebene wird dadurch nicht geändert, und durch dies Wachsen oder Abnehmen entstehen Kugelflächen, die den gegebenen koncentrisch sind, und deren Halbmesserquadrate um eben so viel zu- oder abnehmen, die also stets leicht zu konstruiren sind.

Es kann nun noch die umgekehrte Aufgabe entstehen, nämlich, wenn von den beiden Kugelflächen A und B die eine A, der Mittelpunkt b der andern und die Differenzebene beider (welche dann natürlich, wenn die Lösung möglich sein soll, eine gegen die Verbindungslinie der Mittelpunkte senkrechte Lage haben muss) gegeben ist, die andere B oder, wenn sie eine ideelle sein sollte, die ihr entsprechende reelle Kugelfläche B' durch Konstruktion zu finden.

Ist die gegebene Kugelfläche A eine reelle, so ist, wenn sie die Differenzebene schneidet oder berührt, die andere Kugelfläche B dadurch bestimmt, dass sie die Differenzebene in derselben Kreislinie schneidet oder in demselben Punkte berührt. Schneidet hingegen die reelle Kugelfläche A die gegebene Differenzebene nicht, so hat man nur um den Punkt d, worin die Verbindungslinie ab beider Mittelpunkte die Differenzebene schneidet, eine die gegebene Kugelfläche A senkrecht schneidende Kugelfläche Γ

zu legen. Dann ist, wenn b ausserhalb Γ liegt, diejenige um b gelegte Kugelfläche B, welche gleichfalls Γ senkrecht schneidet, die gesuchte; wenn aber b innerhalb der Kugelfläche Γ liegt, so ist B eine ideelle Kugelfläche, und die ihr entsprechende reelle B' ist dann die von Γ gehälftete Kugelfläche, welche b zum Mittelpunkte hat.

Ist aber A eine ideelle Kugelfläche, und die ihr entsprechende reelle A' ist durch Konstruktion gegeben, so hat man nur den auf ab senkrechten Halbmesser p der Kugelfläche A' zu ziehen, und durch den Endpunkt dieses Halbmessers eine Kugelfläche Γ zu legen, welche den Durchschnitt d der Verbindungslinie ab und der Differenzebene zum Mittelpunkte hat, so ist wieder die gesuchte Kugelfläche B entweder die, welche von Γ senkrecht geschnitten wird, oder die gesuchte Kugelfläche B ist ideell und die entsprechende reelle B' die, welche von Γ gehälftet wird.

[§ 23. Vielfachensummen von Kugelflächen.]

Nachdem ich nun die Eigenschaften der Differenzebene entwickelt habe, gehe ich zu der allgemeineren Aufgabe über, die Fläche Γ einer
57 Vielfachensumme | $\alpha A + \beta B$ zweier Kugelflächen A und B zu konstruiren, oder, wenn sie ideell sein sollte, die ihr entsprechende reelle Γ'.

Ist $\alpha + \beta = 0$, also $\beta = -\alpha$, so wird jene Vielfachensumme gleich $\alpha(A - B)$ und liefert also eine Plangrösse, deren Ebene der Differenzebene $A - B$ identisch und also nach dem Früheren gefunden ist. Wir nehmen also an, $\alpha + \beta$ sei nicht null; dann ist die Summe eine Kugelgrösse, deren Gewicht $(\alpha + \beta)$ ist, die also in der Form $(\alpha + \beta)\Gamma$ dargestellt werden kann, wo Γ die gesuchte Kugelfläche ist. Man hat also

$$\alpha A + \beta B = (\alpha + \beta)\Gamma. \tag{59}$$

Soll diese Gleichung richtig sein, so muss (nach Satz 18) erstens die Mittelgrösse beider Seiten gleich sein, das heisst, der Mittelpunkt von Γ muss die Mitte zwischen den mit den Koefficienten α und β behafteten Mittelpunkten von A und B sein, wodurch also der Mittelpunkt von Γ gefunden ist. Zweitens muss nach demselben Satze die Abweichung beider Seiten von jedem beliebigen Punkte r gleich sein; es sei diese Abweichung einer Kugelgrösse A von einem Punkte r der Kürze wegen mit A_r bezeichnet, so muss

$$\alpha A_r + \beta B_r = (\alpha + \beta)\Gamma_r \tag{60}$$

sein; und umgekehrt, wenn der Mittelpunkt von Γ auf die angegebene Weise bestimmt ist, und die Abweichungen in (59) von irgend einem Punkte gleich sind, so ist die Gleichung (59) richtig, alles dies nach

Satz 18. Ist nun c irgend ein Punkt der Differenzebene zwischen A und B, so hat man nach dem Obigen $A_c = B_c$; wird also dies in (60) substituirt, nachdem man c statt r gesetzt hat, so erhält man

$$(\alpha + \beta) A_c = (\alpha + \beta) \Gamma_c,$$

also, da $\alpha + \beta$ nicht null ist,

$$A_c = \Gamma_c,$$

das heisst, *ein Punkt, welcher von zwei oder (da der Schluss sich auf beliebig viele Glieder ausdehnen lässt) von mehreren Kugelflächen gleich weit abweicht, weicht auch von der Kugelfläche jeder Vielfachensumme derselben, wenn die Koefficientensumme nicht null ist, um eben so viel ab;* und für unsern Fall ergiebt sich, dass, wenn eine Kugelgrösse die Summe zweier andern ist, die Differenzebenen zwischen je zwei der zu ihnen gehörenden Kugelflächen zusammenfallen, und auch umgekehrt, wenn dies der Fall ist und zugleich die Mittelgrösse der einen Kugelgrösse die Summe aus denen der andern beiden ist, so ist auch jene Kugelgrösse die Summe dieser beiden.

Hieraus ergiebt sich die Konstruktion der Summenfläche Γ sehr leicht. Nämlich, man konstruire die Differenzebene $A - B$ und die Mitte zwischen αa und βb (wo a und b die Mittelpunkte von A und B sind) und lege um diese Mitte nach der oben angegebenen Konstruktionsweise eine Kugelfläche, welche mit A gleichfalls die Ebene $A - B$ als Differenzebene hat, so ist dies die gesuchte Kugelfläche der Summe.

[Schlussbetrachtungen.]

Hiermit glaube ich die wichtigsten Gesetze über innere Produkte zweier Grössen erster Stufe abgethan zu haben. Freilich liegt in dem Früheren noch unmittelbar ein Keim zu einer vollständigeren Auffassung des inneren Produktes, | ein Keim, dessen Entfaltung durch den Gang der früheren Entwickelung gleichsam geboten wird und daher zur organischen Einheit des Ganzen nothwendig erscheint. 58

Nämlich wir hatten schon in Erklärung 6 und 7 und den daraus folgenden Sätzen die inneren Produkte von zwei Ausdehnungen höherer Stufen gewonnen, deren jede als äusseres Produkt von Strecken erschien; und andrerseits hatten wir in dem Uebertragungsgesetze (Satz 12) und in der darauf gebauten Erklärung 8 das Verfahren aufgestellt, wie man aus solchen Gleichungen, in denen nur Strecken vorkommen, die entsprechenden Gleichungen ableiten kann, in denen statt der Strecken Punkte eintreten. So erhalten wir dann statt der Ausdehnungsgrössen, welche zu inneren Produkten verknüpft waren, Produkte von Punkten, das heisst Elementargrössen höherer Stufen (s. Grassmanns

Ausdehnungslehre, zweiter Abschnitt). Und wir haben in Satz 13 schon nachgewiesen, dass die sämmtlichen Gesetze, welche für die inneren Produkte der Ausdehnungsgrössen allgemein gelten, auch für diejenigen Elementargrössen oder überhaupt für diejenigen Grössen gelten müssen, welche hervorgehen, wenn man statt der Strecken, als deren Produkte jene Ausdehnungsgrössen erschienen, beliebige Punktgrössen setzt.

Es käme also nur noch darauf an, die anschaulichen Begriffe dieser Verknüpfungen, deren Gesetze vermöge des angeführten Satzes gegeben sind, darzulegen. Da jedoch die Art dieser Darlegung keine Schwierigkeit mehr darbietet, indem sie ganz nach der Analogie des für die inneren Produkte zweier Punkte ausgeführten Verfahrens fortschreitet, so glaube ich, dieselbe hier übergehen zu dürfen. Dagegen würde die Auffassung des Quotienten, die wir bisher ganz übergangen haben, und namentlich des Quotienten nicht paralleler Strecken zu neuen, von allen früheren gänzlich verschiedenen Verknüpfungen, namentlich zu den Gesetzen des Potenzirens, Radicirens und Logarithmirens räumlicher Grössen führen, in denen der Winkel als Potenzexponent oder als Logarithmus erscheint. Doch da dies, wie man schon aus den gänzlich neuen Verknüpfungsweisen, die hierbei auf die Geometrie übertragen werden, abnehmen kann, eine ganz neue Entwickelungsreihe gegeben haben würde, deren Hinanführung bis zu einem Punkte, von dem aus sich die Einheit des Ganzen übersehen liesse, eine Entwickelung von grösserem Umfange als die vorliegende herbeigeführt haben würde, und da zugleich diese Entwickelungsreihe zwar an die Leibniz'sche Charakteristik sich gleichfalls anschliessen lässt, aber doch nicht so eng mit ihr verkettet ist, wie die hier gegebene Analyse: so glaubte ich durch sie, wie wichtig und für die Anwendung fruchtreich sie auch sein mag, doch den Umfang dieser Abhandlung nicht vermehren zu dürfen. Auch glaube ich, dass die hier gegebene Entwickelung schon genügen wird, um zu zeigen, wie richtig Leibniz die eigenthümlichen Vortheile einer rein geometrischen Analyse im Voraus angeschaut habe.

Leibniz hebt hier hervor, dass die Auflösung einer geometrischen Aufgabe durch Hülfe dieser Analyse zugleich die Lösung, die Konstruktion und den Beweis, und zwar auf eine natürliche Weise und auf solchen Wegen, die durch die Analyse selbst mit Nothwendigkeit sich ergeben, liefere *). Da nun in der hier dargelegten Analyse jede 59 Gleichung nur der in | die Form der Analyse gekleidete Ausdruck

*) *Mais cette nouvelle characteristique ... ne manquera de donner en même temps la solution et la construction et la demonstration geometrique, le tout d'une*

einer geometrischen Beziehung ist, und diese Beziehung in der Gleichung, ohne durch willkührliche Grössen — wie etwa die Koordinaten der gewöhnlichen Analyse — verhüllt zu sein, rein und klar sich ausspricht und daher aus ihr ohne Weiteres abgelesen werden kann; und da ferner jede Umgestaltung einer solchen Gleichung nur der Ausdruck einer ihr zur Seite gehenden Konstruktion ist, so folgt, dass in der That durch die angegebene Analyse die analytische Auflösung einer geometrischen Aufgabe gleichzeitig mit der Konstruktion und mit dem Beweise derselben erfolgt. Da ferner nichts Willkührliches, was mit der Natur der Aufgabe in keinem nothwendigen Zusammenhange steht, wie die Koordinaten der analytischen Geometrie, eingeführt zu werden braucht, so muss die Art der Lösung auch stets die der Natur der Aufgabe gemässe sein, und da sie die Form der Analyse hat, auch eine nothwendige, bei der von keinem Umhersuchen nach Auflösungsmethoden die Rede sein kann. Damit auch in der letzteren Beziehung diese Analyse allen Anforderungen genüge, müsste freilich die Theorie der Gleichungen, das heisst die Art, wie unbekannte Grössen aus ihnen eliminirt werden können, vollständig entwickelt werden. Aber man sieht, wie diese Theorie nach den zu Grunde gelegten Principien wenigstens möglich ist.

Ferner hebt er als einen wesentlichen Vorzug der geometrischen Analyse hervor, dass man durch sie die Mechanik fast wie die Geometrie müsste behandeln können, und überhaupt nur vermittelst ihrer hoffen dürfe, in die mathematische Behandlung der Physik tiefer einzudringen, und zum Beispiel die innere Konstitution der Naturkörper zu erforschen*). Nun glaube ich in der oben angeführten Anwendung auf die Mechanik gezeigt zu haben, wie sich in der That die Mechanik durch diese Analyse auf rein geometrische Weise behandeln lasse, woraus dann schon hervorgeht, dass diese Behandlungsweise, auf die Physik überhaupt übergetragen, die mathematische Behandlung der Physik auf eine ausgezeichnete Weise vereinfachen würde, wovon ich,

---

maniere naturelle et par une analyse, c'est à dire par des voyes determinées. Und weiterhin sagt er: *Mais l'utilité principale consiste dans les conséquences et raisonnemens, qui se peuvent faire par les operations des caracteres, qui ne sçauroient s'exprimer par des figures . . . , au lieu que cette methode meneroit seurement et sans peine.*

*) Er sagt: *Je crois, qu'on pourroit manier par ce moyen la mécanique presque comme la géometrie* und *Enfin je n'espere pas, qu'on puisse aller assez loin en physique, avant que d'avoir trouvé un tel abregé . . . . Cependant il y a quelque esperance d'y arriver* (nämlich dazu, die innere Konstitution der zusammengesetzten Stoffe zu erforschen), *quand cette analyse veritablement géometrique sera établie.*

wenn es der Raum gestattet hätte, noch leicht Beispiele aus der Optik, der Akustik, der Elektrodynamik und anderen Zweigen der Physik hätte geben können. Auch glaube ich endlich, dass man nicht mehr weit davon entfernt ist, die innere Konstitution der Naturkörper, das heisst, die Lage ihrer einfachen oder zusammengesetzten Atome gegen einander zu ergründen; jedenfalls ist klar, schon aus den Anwendungen, welche diese Analyse auf die Krystallgestalten gestattet (vgl. Grassmanns Ausdehnungslehre § 171), dass dabei die neue Analyse unentbehrlich sein würde, wenn man nicht durch Einführung von Koordinaten und anderem die Behandlung störenden Apparate die Anschaulichkeit vernichten und die Methode in unnütze Weitläuftigkeiten verwickeln wollte.

60 Endlich findet sich am Schlusse | der Leibniz'schen Darstellung noch eine merkwürdige Stelle, in welcher er die Anwendbarkeit dieser Analyse auch auf Gegenstände, die nicht räumlicher Natur sind, mit deutlichen Worten ausspricht, aber hinzufügt, dass es nicht möglich sei, hiervon in wenigen Worten einen klaren Begriff zu geben*).

Nun lassen sich in der That, wie dies in Grassmanns Ausdehnungslehre durchweg geschehen ist, alle Begriffe und Gesetze der neuen Analyse ganz unabhängig von der räumlichen Anschauung entwickeln, indem sie rein an den abstrakten Begriff eines allmäligen (stetigen) Ueberganges geknüpft werden können; und es ist leicht zu sehen, wenn man einmal diese Idee des rein begrifflich gefassten stetigen Ueberganges in sich aufgenommen hat, dass auch die in dieser Abhandlung entwickelten Gesetze dieser von der räumlichen Anschauung gelösten Auffassung fähig sind. Dadurch ist dann auch dieser Gedanke Leibnizens verwirklicht, so dass, wie es mir scheint, nun nichts mehr übrig bleibt, was wesentlich dazu beitragen könnte, um die Richtigkeit alles dessen, was er von der geometrischen Analyse behauptet, abgerechnet einzelne Uebertreibungen, die aber mehr im Ausdruck liegen als in der Sache, ins Licht zu setzen, und um auch an diesem Gegenstande die bewundernswürdige Kraft eines Geistes zu erkennen, der von den ersten Anfängen einer unübersehbar grossen Entwickelungsreihe aus, die ganze Wichtigkeit dieser Entwickelungsreihe und die wesentlichen und eigenthümlichen Vortheile, welche sie darbieten müsse, zu überschauen vermochte.

---

*) *Je n'ay qu'une remarque à ajouter, c'est que je vois, qu'il est possible, d'étendre la caracteristique jusqu'aux choses, qui ne sont pas sujettes à l'imagination, mais cela est trop important et va trop loin, pour que je me puisse expliquer ladessus en peu de paroles.*

Inhalt
der geometrischen Analyse.

Verzeichniss

der wichtigsten Stellen, an denen die vorliegende Ausgabe der A_1 von dem Texte der Ausgabe von 1878 abweicht *).

S. IV, Z. 2 v. u. (8, Z. 2 v. u.): A_1' hat irrtümlich p. 164. — S. V, Z. 16 v. u. (9, Z. 6 v. o.): A_1' hat: „umsetzen“. — S. VIII, Z. 15 v. u. (11, Z. 14 v. u.) „eine“ fehlt in A_1'. — S. XI, Z. 7 v. u. (14, Z. 14 v, o.) A_1' hat „Halbdurchmesser“. — S. XXIV, Z. 13 v. u. (25, Z. 4 v. o.): in A_1' fehlt „eher“. — S. XXIX, Z. 6 v. u. (29, Z. 8 v. o.): „Element derselben c“. — S. XXXI, Z. 10 f. v. o. (30, Z. 9 f. v. o.): „herrscht — hervor“. — S. 1, Z. 2 v. u. (33, Z. 2 v. u.): „Einl. Nr. 13“. — S. 11, Z. 9 v. u. (43, Z. 5 v. o.): „der zweite Ausdruck ist nach“. — S. 12, Z. 3 v. u. (43, Z. 3 v. u.): A_1' hat „Anmerkung“. —

S. 17, Z. 5 v. u. (48, Z. 12 v. u.): „Element desselben Ausdehnungsgebildes c“. — S. 18, Z. 18 v. o. (49, Z. 11 v. o.): A_1' hat „Strecken“ statt „Elemente“. — S. 21, Z. 7 v. o. (51, Z. 7 v. u.): „so hebt sich“. — S. 24, Z. 12 v. o. (54, Z. 5 v. u.): „wieder eine Strecke bleibt“. — S. 25, Z. 18—15 v. u. (55, Z. 6 v. u.): „indem ich das Endelement des zweiten Gliedes entweder einer anderen Aenderungsweise unterwerfe, oder es in derselben Aenderungsweise vor- oder zurückschreiten lasse, so . . .“, was zum Mindesten unklar ist. — S. 26, Z. 18 v. u. (57, Z. 11 v. o.): „a“ statt „α“. — S. 27 Z. 3 v. o. (57, Z. 16 v. u.): „den Aenderungen“. — S. 27, Z. 14 u. 10 v. u. (S. 58, Z. 9 u. 13 v. o.): „Es seien die beiden Elemente des Systems α und β“ und: „Aenderungen; es kommt nun zunächst“. — S. 29, Z. 8 v. u. (60, Z. 9 v. o.) fehlen die Punkte nach $(b_1 + b_2)$, ebenso S. 31, Z. 13 v. o. (61, Z. 9 v. u.) die Punkte nach a, b, c. — S. 31, Z. 8 v. u. (62, Z. 9 v. o.): „Und dies statt a_1 substituirt“. — S. 32, Z. 14 v. o. (62, Z. 12 v. u.): „Element des Systems β“. — S. 36, Z. 3 v. u. (66, Z. 2 v. u.): „Gegenläufigen (s. oben)“. — S. 37, Z. 5 u. 17 v. o. (67, Z. 4 u. 17 v. o.): „von demselben“ und „als in den andern“. — S. 38, Z. 10 v. u. und 39, Z. 1 v. o. (68, Z. 18 u. 14 v. u.) steht § 19. — S. 40, Z. 6 v. o., 8 und 3 v. u. (69, Z. 6 v. u., 70, Z. 14 u. 3 v. u.):

---

*) Unter A_1' ist hier überall die Ausgabe von 1878 zu verstehen. Die ersten Seitenzahlen beziehen sich immer auf A_1', die in Klammern eingeschlossenen auf die vorliegende Ausgabe. Dahinter ist jedesmal die Lesart von A_1' angegeben und zwar ohne Bemerkung, wenn die Originalausgabe von 1844 mit A_1' übereinstimmt. Solche Stellen, an denen in der vorliegenden Ausgabe der Text der Originalausgabe wiederhergestellt ist, sind durch ein „A_1' hat“ oder „in A_1' fehlt“ kenntlich gemacht. Die in der vorliegenden Ausgabe gemachten Zusätze sind hier nicht mit aufgeführt, da sie im Texte durch Einschliessen in eckige Klammern ausgezeichnet sind.

„Punkt ausserhalb derselben D"; „Punkte R die Summe $[RA] + \cdots$ darstelle"; „bezeichne" statt „verstehe". — S. 44, Z. 16 v. o. (74, Z. 10 v. o.): „besser so auf:". —

S. 48, Z. 14 v. u. (78, Z. 9 v. o.): A_1' hat „genannten Satze". — S. 50, Z. 19 v. o. (80, Z. 2 v. o.): „lagen" statt „liegen". — S. 52, Z. 14 v. o. (81, Z. 7 v. u.): „so gilt für sie der Begriff". — S. 53, Z. 8 v. o. u. 11 v. u. (82, Z. 17 v. u. u. 83, Z. 2 v. o.): § 20 u. § 10 statt § 19 u. § 9; ebenso auf S. 55, Z. 3 u. 12 v. o. (84, Z. 25 u. 17 v. u.). — S. 56, Z. 6 u. 1 v. u. (86, Z. 3 u. 7 v. o.) statt $b.(a+b_1)$ und $b.a$ steht: $a.(b+a_1)$ und $a.b$. — S. 59, Z. 1 v. o. (88, Z. 7 v. o.): „nach § 33 das Produkt". — S. 60, Z. 14 v. u. (89, Z. 7 v. u.): „gesetzt war". — S. 61, Z. 3 v. u. (91, Z. 2 v. u.): in A_1' fehlt „Seite". — S. 63, Z. 8 v. u. (93, Z. 2 v. o.): „ist, und die obige Auflösung ergab". — S. 68, Z. 8 v. o. u. 2 v. u. (97, Z. 6 v. o. u. 2 v. u.): § 26 u. § 115 statt § 25 u. § 120; ebenso S. 72, Z. 1 v. o. (100, Z. 5 v. u.): § 31 statt § 32 und auf S. 77, Z. 8 u. 15 v. o. (105 Z. 5 v. u., 106, Z. 5 v. o.) § 34 statt § 35. — S. 76, Z. 17 v. u. (105, Z. 12 v. o.): „Dieser sei zwischen A und B c, zwischen". — S. 80, Z. 12 v. o. (109, Z. 1 v. o.): „in dem Systeme vierter Stufe". — S. 83, Z. 13 u. 8 v. u. (112, Z. 14 u. 19 v. o.): § 35 statt § 34 u. § 36 statt § 35, 36. — S. 88, Z. 17 v. u. (116, Z. 5 v. u.): A_1' hat „zugleich" statt „sogleich". — S. 92, Z. 9 v. o. (120, Z. 12 v. o.): „jedenfalls müsste dieselbe". — S. 104, Z. 3 v. u. (132, Z. 8 v. u.): „von diesen neuen Grössen". — S. 124, Z. 17 v. u. (151, Z. 8 v. u.): A_1' hat: „Festhalten". —

S. 132, Z. 9 v. u. (159, Z. 11 v. u.): A_1' hat „man erhält". — S. 133, Z. 21 u. 8 v. u. (160, Z. 13 v. o. u. 13 v. u.): an der ersten Stelle hat A_1': „Gleichung", an der zweiten haben beide Ausgaben: „Abweichung dieses Elementes $[\varrho\alpha]$". — S. 135, Z. 8 u. 10 v. o. (161, Z. 7 u. 5 v. u.): „angehört" und „dass aber schon die Gleichheit der Elementargrössen erfolgt". Für „angehört" ist „zugehört" gesetzt worden nach S. 148, Z. 13 v. o. (174, Z. 12 v. u.). — S. 138, Z. 14 v. u. und 139, Z. 11 v. u. (165, Z. 10 v. o. und 166, Z. 10 v. o.): „Abweichungswerthe und umgekehrt gehören" und: „die Gewichte gleich setzt und die Abweichungen von irgend einem Elemente". — S. 147, Z. 5 v. u. (174, Z. 10 v. o.) hat A_1': „wie wir ihn in der". — S. 148, Z. 16 v. u. (174, Z. 3 v. u.): „ihrer Theile". — S. 150, Z. 15 v. o. (176, Z. 8 v. u.): „Dies Produkt". — S. 154, Z. 14 v. o. (180, Z. 15 v. u.): „Vielfachensumme". — S. 164, Z. 4 v. u. (190, Z. 9 v. u.): „reinen" statt „starren". — S. 167, Z. 9 u. 6 v. u. (193, Z. 17 u. 13 v. u.) fehlt in A_1' beide Male „drei". — S. 170, Z. 8 v. u. (196, Z. 20 v. u.): § 89 statt § 88. — S. 172, Z. 2 v. o. (197, Z. 13 v. u.) hat A_1' „eine" statt „seine". —

S. 182, Z. 12 v. o. u. 9 v. u. (207, Z. 14 v. o. u. 11 v. u.) an der ersten Stelle § 47 statt § 61, an der zweiten „und es überdies". — S. 186, Z. 2 v. u. (210, Z. 2 v. u.): „Produktes" statt „Systemes". — S. 194, Z. 3 u. 7 v. o. (218, Z. 9 u. 13 v. o.): „welcher mit D" und „wie das erste"; ebenda Z. 4 v. u. (219, Z. 2 v. o.) fehlt in A_1': „ganzen". — S. 196, Z. 1 v. u. (220, Z. 2 v. u.) „für die" statt „für beide". — S. 201, Z. 4 v. u. und 202, Z. 2 v. o. (225, Z. 15 u. 12 v. u.) sind „ersten" und „zweiten" vertauscht. — S. 203, Z. 8 v. o. (226, Z. 13 v. u.) fehlt in A_1' „hier". — S. 204, Z. 3 v. u. und 205, Z. 2 v. o. (228, Z. 22 u. 18 v. u.) fehlt in A_1' „ein". — S. 207, Z. 7 v. o. (230, Z. 18 v. o.): „gilt, es auch für Beziehungsgrössen, also". — S. 208 Z. 10 v. o. (231, Z. 18 v. u.) fehlt in A_1': „selbst". — S. 210, Z. 4 v. u. (234, Z. 4 v. o.) „der Multiplikation und Division zur Addition und Subtraktion", während doch von der Division erst im folgenden Paragraphen gesprochen wird. — S. 213, Z. 17 u. 2 v. u. (236, Z. 18 u. 2 v. u.): „n-ter" statt „h-ter". — S. 215,

Z. 8 v. o. (238, Z. 4 v. o.): „lassen" statt „lässt". — S. 218, Z. 10 v. u. (241, Z. 11 v. o.): „zurückgeht"; ebd. Z. 8 v. u (Z. 13 v. o.) hat A_1' „Stufenzahlen" statt „Stufenzahl". — S. 221, Z. 8 v. u. (244, Z. 8 v. o.) steht fälschlich „*nadb*" statt „*nabd*". —

S. 228, Z. 7 v. o. und 6 v. u. (250, Z. 10 v. o. und 6 v. u.) stehen A und § 138 statt A' und § 136. — S. 231, Z. 7 v. o. (253, Z. 9 v. o.): „im zweiten Kapitel dieses Abschnittes". — S. 234 Anm. (256 Anm.) überall D statt S. In der gegenwärtigen Ausgabe ist S gewählt, weil D auf der nächsten Seite in ganz anderer Bedeutung vorkommt. — S. 237, Z. 2 v. u. (259, Z. 1 v. u.) fehlt in A_1' „auch". — S. 239, Z. 2 u. 10 v. o. (260, Z. 11 u. 3 v. u.) „Vielfachensumme" und „welcher". — S. 244, Z. 7 v. o. (265, Z. 18 v. u.) „Abschattung". — S. 245, Z. 2 u. 7 v. o. (266, Z. 16 u. 21 v. o.) „gebildeten" und „erzeugten". — S. 247, Z. 14 v. o. (268, Z. 5 v. u.) steht: „(nach § 157)". — S. 255, Z. 5 v. u. (277, Z. 3 v. o.): „das Produkt $Q . R . A$ (nach § 139) ein reines". — S. 256, Z. 11 v. o. (277, Z. 17 v. o.) hat A_1' „rein" statt „reine". — S. 258, Z. 3 v. o. (279, Z. 5 v. o.) § 188 statt § 168; ebd. Z. 16 v. u. (15 v. u.) „nach dem ersten Satze des vorigen Paragraphen", was unrichtig ist. —

S. 264, Z. 18 v. u. (285, Z. 2 v. o.) fehlt in A_1' das Wort „mehr". — S. 266, Z. 13 v. u. (287, Z. 1 v. o.): „in welchen" statt „in welcher". Auf dieser und auf den folgenden Seiten steht in beiden Ausgaben oft PS statt SP, $(ab)S$ statt $S(ab)$, u. s. w. Dieser Wechsel in der Schreibart, der nur störend wirken kann, ist in der vorliegenden Ausgabe beseitigt. — S. 269, Z. 7 v. o. (289, Z. 15 v. o.) hat A_1' „gleich eins sein wird". — S. 271, Z. 11 v. o. (291, Z. 15 v. o.): „welche" statt „welches". — S. 274, Z. 3 v. o. (294, Z. 4 v. o.) hat A_1' „fortgesetzt" statt „festgesetzt". — S. 281, Z. 4 v. o. (300, Z. 11 v. o.) hat A_1': „Aufg. 18". — S. 284, Z. 5 v. o. (302, Z. 1 v. u.) hat A_1': „§ 13—§ 20". —

In dem alphabetischen Verzeichnisse der gebrauchten Kunstausdrücke A_1', S. 294 f., befinden sich mehrere Fehler, die hier (S. 318 f.) verbessert sind. Endlich sind auch in dem Inhaltsverzeichnisse einige kleine Aenderungen angebracht, die anzuführen nicht lohnt. Schliesslich ist noch zu bemerken, dass die Figur 5a auf S. 57 der vorliegenden Ausgabe ursprünglich die Nummer 17 hat. Diese Aenderung ist eine Folge davon, dass die Figuren jetzt in den Text aufgenommen worden sind.

Verzeichniss

der wichtigsten Stellen, an denen die vorliegende Ausgabe der geometrischen Analyse von dem Texte der Originalausgabe abweicht*).

S. 8, Z. 11 v. u. (334, Z. 2 v. u.): „welche an ihr haftet". — S. 14, Z. 9 u. 17 v. o. (342, Z. 3 u. 12 v. o.): „entwickeln" und „liegen". — S. 15, Z. 15 v. u.

*) Die zuerst stehenden Seitenzahlen beziehen sich auf die Originalausgabe der geometrischen Analyse, die eingeklammerten auf die vorliegende Ausgabe. Hinter den Seitenzahlen steht jedesmal der Wortlaut der Originalausgabe. Die Zusätze der vorliegenden Ausgabe sind nicht mit aufgenommen (vgl. die Anm. zu S. 400).

(344, Z. 5 v. o.): „welche von der Art sind“. — S. 16 (344) fehlt die Gleichungsnummer (19). — S. 21, Z. 8 v. o. (350, Z. 10 v. u.): „so bleibt mir zu beweisen“; ebd. Z. 18 v. o. (351, Z. 2, 3 v. o.): „Ausdehnungslehre § 55 und 56“. — S. 22, Z. 6, 7 v. o. (352, Z. 2 v. o.): „so sind noch“. — S. 24, Z. 11 v. o. (354, Z. 14 v. u.): „das Produkt $A.b$“. — S. 31, Z. 4 v. o. (363, Z. 15 f. v. o.): „Verlängerung von pq über p hinaus“. — S. 32, Z. 2 v. o. (364, Z. 23 v. o.) hat die Originalausgabe: „u. s. w., so geht durch“, dieses „u. s. w.“ ist aber überflüssig. — S. 34—36 (367—369) sind in der Originalausgabe die Differentialquotienten in fette Klammern eingeschlossen, die ganz unnöthig sind und geradezu unschön aussehen. — S. 34, Z. 2 v. u. (367, Z. 2 v. u.): „die Funktion $\frac{F}{e}$“. — S. 36 ff. (370 ff.) sind in der Originalausgabe die Summenzeichen S sehr fett und jedesmal oben noch mit wagerechten Strichen versehen. — S. 37 (370) fehlt in allen Gleichungen von (32c) bis (32d) bei den λ der Faktor 2.

S. 37, 39 und 40 (371, 373, 375) tragen im Original drei verschiedene Gleichungen die Nummer (35); in der vorliegenden Ausgabe ist daher die erste mit (34a), die dritte mit (36) bezeichnet und dementsprechend die Gleichung (36) auf S. 40 (375) mit (36a). — S. 41, Z. 15 v. o. (376, Z. 1 v. o.): „Setzen wir übrigens in (36) x gleich r“. — S. 42, Z. 16 f. v. o. (377, Z. 11 v. o.): „so hat man nur α gleich $\beta\gamma$“. — S. 44 (379) sind in der Originalausgabe die beiden Sätze 18 und 18a als Satz 18 bezeichnet. — S. 45 (380) in Gl. (48) steht „$r^2 \mathrm{S} a$“ statt „$r^2 \mathrm{S} \alpha$“. — S. 46, Z. 13 v. o. (381, Z. 5 v. u.): „Zahlengrössen“. — S. 47, Z. 3 v. o. (382, Z. 8 v. u.): „dessen einer Faktor der Hälfte ihrer Mittelgrösse“; ebd. Z. 17 v. u. (383, Z. 15 v. o.): „hervorgeht“; ebd. Z. 14 u. 11 v. u. (383, Z. 17 u. 14 v. u.): „ist, letztere für irgend einen Punkt r“. — S. 48, Z. 18 u. 11 v. u. (384, Z. 12 u. 2 v. u.): „dessen einer Faktor die Hälfte p“ und „welche mit der Hälfte p der Mittelgrösse“. — S. 49, Z. 9 u. 11 v. o. (385, Z. 19 u. 17 v. u.) fehlen α und $-\alpha$. — S. 49, Z. 8 v. u. (386, Z. 12 v. o.): „ap^2“ statt „αp^2“. — S. 51, Z. 2 v. o. (387, Z. 14 v. u.): „liefert“. — S. 51, Z. 14 v. o. (388, Z. 7 v. o.): „positiven oder negativen Werth hat“; ebd. Z. 20, 19 v. u. (388, Z. 18 v. u.): „Grössen erster Stufen“. — S. 52, Z. 18 v. o. (389, Z. 19 v. u.): „Satz 28“. — S. 53, Z. 1 v. o. (390, Z. 13 v. o.): „null“ statt „reell“. — S. 56, Z. 11 v. u. (394, Z. 5 v. o.): „die von Γ senkrecht gehälftete Kugelfläche“.

Noch ist zu bemerken, dass das Original weder in Paragraphen eingetheilt ist, noch Kopfüberschriften hat, die den Inhalt der einzelnen Seiten angeben. Ferner sind im Original die Figuren nicht nummerirt, mit Ausnahme der jetzigen Figuren Nr. 5 und 6, die im Original die Nummern 1 und 2 haben; überdies sind die Figuren Nr. 2, 4, 5, 6, 7 und 11 der jetzigen Ausgabe im Vergleich mit dem Original etwas verkleinert. Endlich ist im Original die Bezeichnung „Erklärung“ und „Satz“ jedesmal unter dem Text als Anmerkung beigefügt; um die Uebersichtlichkeit zu erhöhen, sind diese Bezeichnungen jetzt in den Text aufgenommen worden.

Anmerkungen

zur Ausdehnungslehre von 1844.

(Die Seitenzahlen beziehen sich auf die vorliegende Ausgabe.)

S. 19, Z. 3—15 v. o. und Z. 4 v. u. — S. 20, Z. 4 v. o. Diese beiden eingeklammerten Stellen rühren von V. Schlegel her. Grassmann hatte nämlich, als er starb, die Vorrede zur zweiten Auflage erst im Entwurfe vollendet und V. Schlegel übernahm es auf Wunsch der Söhne Grassmanns, die zur Abrundung des Ganzen erforderlich scheinenden Zusätze einzufügen.

S. 21, Z. 12—14 v. o. Der Sinn dieser Worte ist: Die neuen Gegenstände, die in dem nicht erschienenen zweiten Bande der Ausdehnungslehre von 1844 behandelt werden sollten, sind in der Vorrede zu dieser Ausdehnungslehre nur theilweise erwähnt. In der Ausdehnungslehre von 1862 sind diese Gegenstände behandelt; ganz neu hinzugekommen u. s. w.

S. 24—69. Es erscheint angezeigt, hierzu einige allgemeine Bemerkungen zu machen.

Es ist bekannt genug, dass die halbphilosophische Fassung der Ausdehnungslehre von 1844 die Ursache gewesen ist, dass dieses merkwürdige Werk so lange Zeit nicht zu der ihm gebührenden Anerkennung hat kommen können. Grassmanns ausgesprochene Absicht war, alle seine Begriffe womöglich gleich in der allgemeinsten Form darzustellen, deren sie fähig sind; er suchte überall das Gemeinsame zusammenzufassen, die einfachen Grundgedanken hervorleuchten zu lassen, das Nebensächliche und Wechselnde in den Hintergrund zu drängen. Endlich sollte sein ganzes Gebäude von Geometrie und Analysis unabhängig sein, nur zur Erläuterung und Veranschaulichung seiner allgemeinen Begriffe erlaubte er sich die Geometrie heranzuziehen (vgl. S. 46 Anm.). Verdankt nun auch sein Werk diesem Bestreben sehr wesentliche Vorzüge, die es in einzelnen seiner Theile geradezu als vorbildlich erscheinen lassen, und ist Grassmann auch auf diesem Wege zu äusserst wichtigen Einsichten in die Principien der mathematischen Wissenschaften gelangt — wir erinnern beispielsweise nur an seine Theorie der synthetischen und der analytischen Verknüpfungen und an seine allgemeine Auffassung der Multiplikation — so kann doch nicht geleugnet werden, dass Grassmann in seinem Streben nach Allgemeinheit zuweilen den festen Boden unter den Füssen verloren hat.

Das gilt namentlich von den Grundbegriffen, auf denen in dem vorliegenden Werke die Ausdehnungslehre aufgebaut wird. Diese Grundbegriffe sind viel zu unbestimmt, viel zu inhaltlos, als dass sich solche Folgerungen aus ihnen ziehen lassen, wie sie von Grassmann gezogen werden. Man braucht, um sich davon zu überzeugen, nur zum Beispiel die Definition des Elementes in § 13 mit dem zu vergleichen, was alles später mit eben diesen Elementen gemacht wird.

Das Element soll das Besondere schlechthin sein, ohne allen realen Inhalt; durch eine Aenderung entsteht aus einem Elemente a ein anderes b. Was soll es nun heissen, wenn gesagt wird, dass aus dem Element b durch eine gleiche Aenderung ein neues Element c entsteht? Wie ist es überhaupt möglich, eine Aenderung von a mit einer Aenderung von b zu vergleichen und von gleichen Aenderungen zu reden? Was soll endlich der Begriff der stetigen Aenderung bedeuten? Alle diese Begriffe und natürlich auch die aus ihnen gezogenen Schlüsse schweben in der Luft.

Nicht minder unbefriedigend ist, was Grassmann über das Parallelenaxiom sagt und überhaupt über die Grundbegriffe der Geometrie (§ 22). Die Begriffe „Richtung" und „gleiche Konstruktionen" sind genau so unklar, wie die Begriffe „stetige Aenderung" und „gleiche Aenderungen".

Sehen wir von Grassmanns geometrischen Axiomen ab, deren Gebrechen allerdings unheilbar zu sein scheinen, so liegt die Sache glücklicher Weise nicht so schlimm, wie es den Anschein hat. Thatsächlich hat Grassmann mit den „Aenderungen", von denen ausgehend er sein System der Ausdehnungslehre begründet, nichts andres gemeint, als die Parallelverschiebungen:

$$x_i' = x_i + a_i \quad (i = 1, 2 \ldots)$$

in einem mehrfach ausgedehnten Raume. Setzt man an die Stelle jener inhaltlosen „Aenderungen" diesen konkreten Begriff, den Grassmann nicht aus der Analysis herübernehmen wollte, so wird zwar die, doch nur scheinbar vorhandene, Unabhängigkeit der Ausdehnungslehre von der übrigen Mathematik eingeschränkt, dafür gewinnen aber die Grundvorstellungen einen greifbaren Inhalt*). Die weiteren Entwickelungen lassen ohnehin, so viel wir sehen, an Strenge nichts zu wünschen übrig.

Wir wollen gleich noch auf einen andern Punkt aufmerksam machen.

Grassmann selbst glaubte in seiner Ausdehnungslehre ein Universalinstrument für die geometrische Forschung geschaffen zu haben, dessen Hauptvorzug er in der Vermeidung willkürlicher Koordinatensysteme erblickte. Die dieser Auffassung zu Grunde liegende Vorstellung von dem Wesen der Geometrie können

*) Man kann übrigens den „Aenderungen" auch noch eine allgemeinere Bedeutung unterlegen. Wenn Grassmann sagt, durch dieselbe Aenderung, durch die aus a das Element b entsteht, entstehe aus b ein neues Element c, so schwebt ihm dabei, allerdings in sehr unklarer Form, der Begriff „Transformation eines mehrfach ausgedehnten Raumes" vor, denn eine solche Transformation ordnet allerdings jedem Punkte des Raumes eine Aenderung zu und alle diese Aenderungen kann man einander gleichsetzen, weil sie sämmtlich aus derselben Transformation entspringen. Die Voraussetzungen, die Grassmann über seine Aenderungen macht (vgl. namentlich § 17), kommen nunmehr nach Lies Ausdrucksweise einfach darauf hinaus, dass in einem n-fach ausgedehnten Raume n eingliedrige Gruppen angenommen werden, deren infinitesimale Transformationen einen Punkt von allgemeiner Lage nach gerade n unabhängigen Richtungen fortführen und deren endliche Transformationen paarweise mit einander vertauschbar sind. Diese n eingliedrigen Gruppen bestimmen dann eine n-gliedrige einfach transitive Gruppe mit paarweise vertauschbaren Transformationen und diese Gruppe kann nach einem Satze von Lie durch eine Punkttransformation in die Gruppe aller Translationen des betreffenden Raumes übergeführt werden. Demnach kommen wir hier von einem allgemeineren Standpunkte aus auf die Parallelverschiebungen zurück.

wir heute*) genauer so ausdrücken, dass es im Grunde die Eigenschaften gewisser Transformationsgruppen waren, die damals ausschliesslich oder nahezu ausschliesslich den Inhalt der geometrischen Forschung bildeten. Allein mit diesen Transformationsgruppen ist der Inhalt der Geometrie noch keineswegs erschöpft. Jetzt, wo wir namentlich durch die Arbeiten von Lie von der ausserordentlichen Mannigfaltigkeit der Gruppen und von der zu einer jeden gehörigen „Geometrie", das heisst „Invariantentheorie", eine genauere Vorstellung haben, müssen wir sagen, dass es ein solches Universalinstrument, wie es Grassmann in seiner Ausdehnungslehre zu besitzen glaubte, nicht giebt und nicht geben kann.

In der That handelt es sich in der Ausdehnungslehre von 1844 vorwiegend um gewisse Algorithmen, die zu ganz bestimmten Transformationsgruppen gehören. Es sind das im Wesentlichen die allgemeine projektive Gruppe und die Gruppe der affinen Transformationen**). In der „geometrischen Analyse" und in der Ausdehnungslehre von 1862 kommen zu diesen beiden Gruppen noch die Gruppe der Drehungen um einen festen Punkt und die umfassendere Gruppe der Euklidischen Bewegungen.

Der allgemeinen projektiven Gruppe gegenüber sind die Gleichungen der A_1 invariant, aus denen die Masswerthe der Ausdehnungsgrössen wieder herausfallen, also die in § 165—170 behandelten Beziehungen. Zur Gruppe der affinen Transformationen gehören die übrigen in A_1 behandelten Gleichungen, in denen der Masswerth eine wesentliche Rolle spielt, zum Beispiel die Gleichungen von der Form: $a + b + c = 0$, wenn a, b, c Ausdehnungsgrössen sind. In dem ganzen Werke kommen von Operationen nur die Addition, sowie die äussere und die eingewandte Multiplikation zur Verwendung. Die in A_1 noch nicht behandelte innere Multiplikation, die in der „geometrischen Analyse" und noch ausführlicher in A_2 entwickelt wird, gehört zu den beiden letzten der oben genannten Gruppen.

Der hier ausgesprochene Gedanke, dass die wichtigsten Entwickelungen der Ausdehnungslehre zu ganz bestimmten Gruppen in Beziehung stehen und dass ausserhalb dieses Gebietes der Kalkül der Ausdehnungslehre seine Bedeutung und seine Brauchbarkeit verliert, würde noch deutlicher werden, wenn wir hier die Beziehungen der Ausdehnungslehre zu der Invariantentheorie jener Gruppen darlegen könnten. Das erfordert jedoch umfangreichere Auseinandersetzungen, die einer besonderen Darstellung vorbehalten bleiben müssen. (Study und Engel.)

Zu § 3—10. Die hier besprochenen Gesetze: Vereinbarkeit der Glieder (§ 3), Vertauschbarkeit der Glieder (§ 4) und das Gesetz über die Beziehung der Multiplikation zur Addition (§ 9 und 10) bezeichnet man jetzt mit den Namen: des associativen, des commutativen und des distributiven Gesetzes. Die beiden letzten Namen sind nach H. Hankel (Theorie der complexen Zahlensysteme, Leipzig 1867, S. 3) bereits von Servois eingeführt worden, der erste wahrscheinlich von Hamilton, bei dem er sich schon 1843 findet. Die ganz allgemeine Auffassung der Verknüpfungsgesetze ist aber jedenfalls Grassmanns Eigenthum.

---

*) Nachdem Lie 1871 den allgemeinen Begriff der continuirlichen Transformationsgruppe aufgestellt hatte, zeigte F. Klein 1872 in seinem Programm: „Vergleichende Betrachtungen über neuere geometrische Forschungen" (wiederabgedruckt in den Math. Ann. Bd. 43), dass sich die verschiedenen geometrischen Theorien in der im Texte angegebenen Weise auffassen lassen.

**) Das Wort „affin" im gewöhnlichen Sinne genommen, also nach Lie die allgemeine lineare Gruppe. Grassmann braucht das Wort affin in allgemeinerer Bedeutung.

S. 39. Das Zeichen für die indifferente Form ist hier genau so wiedergegeben, wie es in der Originalausgabe von 1844 steht.

S. 41, Z. 15 v. u. „Zu dem Ende — bestimmt sein". Es ist nicht einzusehen, warum die eine Verknüpfungsweise durch die andere bestimmt sein muss; jedenfalls trägt der Satz zur Klarheit des Ganzen nichts bei und könnte ohne Schaden weggelassen werden; man brauchte dann nur im Folgenden für „Begriffsbestimmung" zu setzen „Beziehung".

S. 66, Z. 14 v. o.: „den partiellen Satz", nämlich den, der sich auf die entgegengesetzte Richtung bezieht.

S. 67, Z. 12 ff. v. o. Man braucht nur an die Kugel zu denken, um einzusehen, dass dieser Beweis nicht Stich hält.

S. 73 ff. Grassmann gebraucht das Wort „Kraft" in doppeltem Sinne, nämlich einmal in dem gewöhnlichen Sinne und dann da, wo wir „Bewegungsgrösse" sagen würden. Später (S. 97) sagt Grassmann in demselben Sinne „Bewegung". (Study.)

S. 108, § 51. Die Entwickelungen dieses Paragraphen sind insofern nicht ganz vollständig, als die Frage unerledigt bleibt, ob der in § 47—50 betrachtete Fall der einzige ist, in dem die Summe zweier Ausdehnungen höherer Stufe wieder eine Ausdehnung giebt. Es lässt sich allerdings beweisen, dass diese Frage zu bejahen ist, aber weder in A_1 noch in A_2 findet man einen Beweis dafür, obwohl sich Grassmann später mehrfach darauf beruft.

S. 115, erste Anm.: dieses Versprechen wird in § 105 nicht eingelöst; vgl. jedoch die Anm. zu § 105, auf S. 174.

S. 117, Z. 13 v. u.: „Momenten dreier Axen", richtiger wäre „in Bezug auf drei Axen"; ebd. Z. 7 v. u. muss es heissen: „die durch denselben Punkt geht und in derselben Ebene liegt". Uebrigens kommen die Sätze des § 59 schon 1837 in der Statik von Möbius vor (ges. Werke. Bd. III), und sind vermuthlich noch älter.

S. 122, Z. 11—8 v. u.: Man erinnere sich, dass die beiden Produkte unter den Voraussetzungen des Satzes sicher von Null verschieden sind.

S. 124, Z. 16 v. u.: Vorher war angenommen worden, dass A, B, C von einander unabhängig seien und das ist gleichbedeutend mit der Voraussetzung, dass C von A, von B und von dem Produkte AB unabhängig sei (vgl. S. 112).

S. 126, Z. 5 v. o.: „also auch durch Wiederholung derselben Schlussreihe". Diese Worte sind unverständlich, es muss etwa heissen: „also auch, wenn man auf beiden Seiten die Faktorenreihe: $d.e\ldots$ hinzufügt".

S. 128, Z. 12 v. o.: „nach § 47", vgl. die oben zu S. 108 gemachte Anmerkung.

S. 137, Z. 10—14 v. o.: Jede Zahlengrösse gehört nämlich jedem beliebigen Systeme an (vgl. S. 147), ist aber nach der Definition auf S. 112 von jeder Ausdehnung m-ter Stufe unabhängig, da sie die Stufenzahl Null besitzt und $m+0$ nicht $>m$ ist.

S. 146, Z. 6 v. o. Nach „also" denke man sich hinzu: „ein geltender Werth von A'".

S. 147, Z. 3 v. o.: „von ihnen", nämlich von allen Ausdehnungen des Systems.

S. 153, Z. 6 v. o.: nach „auf das" denke man sich hinzu: „zu diesem einen Richtstück gehörige".

S. 156 f. Diese Eliminationsmethode ist schon 1840 von Sylvester im „Philosophical magazine" angegeben worden, aber auch die Sylvestersche

Methode ist nicht wesentlich verschieden von einer, die Jacobi bereits 1836 entwickelt hat (Crelles Journal Bd. 15, S. 101—124; Jacobis ges. Werke Bd. III, S. 295—320).

S. 180, Z. 7 v. u.: ϱ soll natürlich das Gewicht Eins haben.

S. 181, Z. 8 v. o. Hierbei ist als selbstverständlich angenommen, dass die Summe: $\mathfrak{a} + \mathfrak{b} + \cdots = 1$ ist. Dasselbe gilt für S. 182, Z. 8 v. u.

S. 184, Z. 6 v. u. Die Ausdehnung einer starren Elementargrösse ist das wahre Bild dieser Elementargrösse, vgl. Anhang III, Nr. 15 (S. 303).

S. 186, Z. 2 v. u. Jede Ausdehnungsgrösse ist ja in der Form: $(\alpha - \beta) . A$ darstellbar, wo α und β Elemente vom Gewichte Eins sind und A eine Ausdehnungsgrösse. Da nun $(\alpha - \beta) . A = \alpha . A - \beta . A$ ist, so hat die Ausweichung von $(\alpha - \beta) . A$ den Werth: $A - A = 0$.

S. 188, Z. 3, 4 v. o.: $\alpha . A$ und P müssen selbstverständlich von gleicher Stufe sein.

S. 191, Z. 12 ff. v. o. Das „nur" ist eben nicht bewiesen, vgl. oben die Anmerkung zu S. 108.

S. 198, Anm. Im ersten Bande seiner Mécanique analytique (ges. Werke Bd. XI) sagt Lagrange: „en prenant le mot de *moment* dans le sens que *Galilée* lui a donné, c'est à dire pour le produit de la force par sa vitesse virtuelle" (I part., sect. II, no. 2). Das Moment in dem jetzt üblichen Sinne bezeichnet Lagrange als „moment relatif à un axe de rotation" (I part., sect. III, no. 6).

S. 203, Z. 11 u. 25 v. o. Beide Male müsste es eigentlich heissen: Zwei gleichwirkende Vereine von Kräften.

S. 204, Z. 8—10 v. o. Besondere Fälle dieses Satzes sind schon auf S. 117 angegeben.

S. 206 ff. Die Schwerfälligkeit in dieser Darstellung der Theorie des eingewandten Produktes rührt zum grössten Theil von dem Bestreben her, beide Produkte, das äussere und das eingewandte, unter einen Hut zu bringen, also einen Satz zu formuliren, wo ihrer zwei hätten formulirt werden müssen. In der Ausdehnungslehre von 1862 ist die Theorie des eingewandten (regressiven) Produktes durch die Einführung des Begriffs der Ergänzung wesentlich vereinfacht.

S. 208. Hier und im Folgenden lässt Grassmann bei äusseren Produkten immer den Punkt weg, weil er ihn zur Bezeichnung der eingewandten Multiplikation braucht. Vgl. S. 219 und den Anhang III, Nr. 22, S. 310.

S. 210, Z. 8—7 v. u. Eigentlich ist ja soeben angenommen worden, dass alle in Betracht gezogenen Grössen, also auch die beiden Faktoren des Produktes dem Beziehungssysteme angehören!

S. 224. Unter den Voraussetzungen des § 136 bestehen Gleichungen von der Form:

$$B = CB', \quad A = DBA' = DCB'A',$$

wo E, D, C, B', A' von einander unabhängig sind. Demnach wird nach S. 218:

$$EDC . B = EDC . CB' = EDCB' . C = EDB . C$$

und ebenso:

$$\begin{aligned} EDB . A &= EDCB' . DCB'A' \\ &= EDCB'A' . DCB' = EA . DB \\ EDC . A &= EDC . DCB'A' \\ &= EDCB'A' . DC = EA . DC. \end{aligned}$$

S. 228, Z. 7 v. u.: nach „grösser" denke man sich hinzu: „wird als im ersten Falle".

S. 234, Z. 15 ff. v. o. Gleichartige Beziehungsgrössen sind natürlich solche, die dasselbe Hauptsystem haben und deren „eigenthümliche Werthe in Bezug auf das Hauptmass" (S. 218) gleichartig sind.

S. 237, Z. 13 v. o.: vgl. auch § 133.

S. 250, Z. 18 v. o. Nur ist in § 142 die Abschattung gar nicht erwähnt.

S. 254, Anm. Weil nämlich auf S. 250 ausdrücklich vorausgesetzt ist, dass A dem Systeme LG angehört.

S. 256, Anm. 1: weil nämlich: $AB = \frac{SM.B}{SB} = \frac{SB.M}{SB} = M$ ist.

S 256, Anm. 2: „im ersten Falle", s. S. 255, Z. 22 ff. v. o. und insbesondere Z. 11 v. u.

S. 257, Z. 12 v. o.: „nach § 158, das heisst, nach S. 254, Z. 6 v. u. bis S. 255, Z. 16 v. o., es ist also: $M' = A'B'$, $N' = B'C'$.

S. 257 Anm. Der Beweis kann durchsichtiger so geführt werden: M, N und B mögen der Reihe nach die Stufenzahlen μ, ν und β haben; dann ist das M und N gemeinschaftliche System von der Stufe $\mu + \nu - \beta$. Nun hat C mit B nur N gemein und beide haben als nächstumfassendes System das Hauptsystem, also hat C die Stufenzahl $h + \nu - \beta$; andrerseits hat C mit M kein andres System gemein als das gemeinschaftliche von M und N, also ist die Stufenzahl des C und M gemeinschaftlichen Systems gleich $\mu + \nu - \beta$ und demnach die Stufenzahl des Systems, das C und M zunächst umfasst, gleich

$$h + \nu - \beta + \mu - (\mu + \nu - \beta) = h.$$

S. 272. Jeder der drei Ausdrücke auf Z. 14, 17 u. 19 v. o. stellt ein gewöhnliches Doppelverhältniss von vier Punkten auf einer Geraden dar, und man übersieht in jedem einzelnen Falle leicht, zu welchen vier Punkten das betreffende Doppelverhältniss gehört. Neu ist dagegen das auf Z. 21 v. o. angegebene Doppelverhältniss von vier Geraden im Raume. Da dieses Doppelverhältniss bisher von den Geometern nicht beachtet worden zu sein scheint, so ist es wohl nicht überflüssig, zu zeigen, dass man von dieser Grösse eine einfache — allerdings irrationale — geometrische Deutung geben kann. Sie lässt sich nämlich als das Produkt zweier gewöhnlicher Doppelverhältnisse darstellen und kann daher nach v. Staudts Regel konstruirt werden.

Wir verstehen unter a, b, c, d vier Punkte, die in einer Geraden G liegen, und benutzen, zur Unterscheidung von den nachher zu betrachtenden räumlichen Grössen, die runde Klammer, um die auf das Gebiet G bezügliche äussere Multiplication zu bezeichnen. Wir haben dann:

$$(ab)(cd) + (ac)(db) + (ad)(bc) = 0;$$

demnach bestehen zwischen den Grössen:

$$d_1 = \frac{(ab)(cd)}{(ad)(cb)}, \quad d_2 = \frac{(ac)(db)}{(ab)(dc)}, \quad d_3 = \frac{(ad)(bc)}{(ac)(bd)}$$

zwei bilineare Gleichungen, aus denen die Relation: $d_1 d_2 d_3 = -1$ folgt. Die Grössen d_i und ihre reciproken Werthe sind die sechs verschiedenen Doppelverhältnisse, die sich aus den vier Punkten a, b, c, d bilden lassen.

Ebenso nun, wie aus vier Punkten einer Geraden, kann man auch aus vier Geraden A, B, C, D des Raumes sechs Doppelverhältnisse bilden, unter denen sich aber *zwei* von einander unabhängige befinden; es sind das die drei Grössen:

$$D_1 = \frac{AB.CD}{AD.CB}, \quad D_2 = \frac{AC.DB}{AB.DC}, \quad D_3 = \frac{AD.BC}{AC.BD},$$

die durch die Relation: $D_1 D_2 D_3 = +1$ mit einander verknüpft sind, und ausserdem die zugehörigen reciproken Werthe. Dass sich unter diesen sechs Doppelverhältnissen zwei von einander unabhängige befinden, das entspricht der Thatsache, dass vier allgemein gelegene Gerade A, B, C, D im Raume gegenüber den projectiven Transformationen des Raumes zwei unabhängige Invarianten haben. Die D_i sind offenbar solche Invarianten und zwar rationale.

Um diese beiden Arten von Doppelverhältnissen in Zusammenhang zu bringen, betrachten wir die beiden Geraden G und Γ, die die vier Geraden A, B, C, D treffen und die im Allgemeinen von einander verschieden sein werden. Sind a, b, c, d und α, β, γ, δ die zugehörigen Schnittpunkte, so dürfen wir annehmen, dass

$$A = a\alpha, \quad B = b\beta, \quad C = c\gamma, \quad D = d\delta$$

ist; dann wird also zum Beispiel AB den Werth:

$$AB = a\alpha . b\beta = -ab . \alpha\beta$$

haben.

Nun können wir in jedem Ausdruck, der sowohl in Bezug auf a, b, c, d als in Bezug auf α, β, γ, δ homogen ist, die auf den Raum bezüglichen Produkte: ab, $\alpha\beta$, ... durch die auf die Geraden G und Γ bezüglichen Produkte: (ab), $(\alpha\beta)$, ... ersetzen, wenn wir nur einen geeigneten Proportionalitätsfactor hinzufügen. Hieraus folgt, dass drei Gleichungen von der Form:

$$AB . CD = \varrho . (ab)(cd) . (\alpha\beta)(\gamma\delta)$$
$$AC . DB = \varrho . (ac)(db) . (\alpha\gamma)(\delta\beta)$$
$$AD . BC = \varrho . (ad)(bc) . (\alpha\delta)(\beta\gamma)$$

bestehen, wo ϱ eine Zahl bedeutet, um deren Werth wir uns nicht weiter zu kümmern brauchen. Bezeichnen wir daher jetzt noch die den d_i entsprechenden Doppelverhältnisse der Punkte α, β, γ, δ mit δ_i, so wird einfach:

$$D_1 = d_1\delta_1, \quad D_2 = d_2\delta_2, \quad D_3 = d_3\delta_3,$$

woraus noch:

$$1 + D_1 - D_1 D_2 = d_1 + \delta_1, \ldots$$

folgt.

Die Grössen d_i und δ_i sind hiermit, nach der modernen Ausdrucksweise, als irrationale Invarianten der vier Geraden A, B, C, D gegenüber den projectiven Transformationen des Raumes definirt und durch die rationalen Invarianten D_i ausgedrückt.

Betrachtet man statt der Schnittpunkte von A, B, C, D mit G und Γ die Verbindungsebenen, so wird man auf dieselben Grössen geführt, nur wechseln dann die d_i und die δ_i ihre Rollen.

Sollen vier gegebene Gerade durch projective (oder auch dualistische) Transformationen in vier andere gegebene Gerade überführbar sein, so ist nothwendig und im Allgemeinen auch hinreichend, dass die symmetrischen Functionen

$$\Sigma D_i + \Sigma \frac{1}{D_i} \quad \text{und} \quad \Sigma D_i . \Sigma \frac{1}{D_i}$$

für die ersten vier Geraden den entsprechenden Funktionen für die zweiten vier Geraden gleich sind. Dagegen wird die gegenseitige Lage von vier Geraden durch die genannten beiden Grössen nicht mehr vollständig charakterisirt, wenn diese Grössen unendlich werden, das heisst, wenn zwei der Geraden sich schneiden. Ebenso verhält es sich noch in einem weiteren Falle. Dieser ist durch das Bestehen einer Gleichung von der Form:

$$\frac{1}{\sqrt{D_i}} + 1 + \sqrt{D_k} = 0 \quad (i \neq k)$$

oder:

$$\sqrt{AB.CD} + \sqrt{AC.DB} + \sqrt{AD.BC} = 0$$

gekennzeichnet. Die vier Geraden werden dann entweder nur von einer einzigen Geraden getroffen, oder von unendlich vielen; das heisst, sie gehören entweder einer einzigen speciellen linearen Congruenz erster Ordnung und erster Klasse an, oder sie liegen auf einer Fläche zweiten Grades und sind in unendlich vielen linearen Congruenzen enthalten. In beiden Fällen wird das Grassmannsche Doppelverhältniss gleich dem Quadrat eines gewöhnlichen Doppelverhältnisses von vier Punkten oder Ebenen. (Study.)

S. 276, Z. 13 v. o. Eigentlich müsste diese Gleichung folgendermassen geschrieben werden:

$$\alpha A + \beta B + \cdots + (-\sigma) S \overset{P}{=} 0.$$

S. 279, Z. 15 v. u.: nämlich die beiden cursiv gedruckten Sätze auf S. 278 u. 279. Ist QR ein äusseres Produkt, so kommt der Satz auf S. 278 in Betracht, denn dann sind auch RA, RB, ... äussere Produkte und haben das System R gemein. Ist aber QR ein eingewandtes Produkt, so sind auch RA, RB, ... eingewandte Produkte, das System niedrigster Stufe, das alle diese harmonischen Systeme: RA, RB, ... umfasst — es möge S heissen — ist daher dem R untergeordnet und infolgedessen haben Q und S dasselbe System gemeinschaftlich, wie QR und S; demnach tritt jetzt der Satz auf S. 279, Z. 7—10 v. o. in Kraft.

Zu § 171 (S. 281 ff.). Der allgemeine Satz über die Krystallgestalten, den Grassmann an die Spitze seiner Betrachtungen stellt, ist natürlich nur eine eigenthümliche Fassung des Gesetzes der rationalen Indices und zwar ergiebt sich diese Fassung sehr leicht, wenn man die Grassmannschen Regeln über die Multiplikation von Strecken und Flächenräumen mit dem „Gesetz der Zonen“ in Verbindung setzt.

In seiner Dissertation: „De lege zonarum principio evolutionis systematum crystallinorum“, Berlin 1826, hatte F. Neumann schon auf den Zusammenhang zwischen dem Zonengesetze und dem Gesetze der rationalen Indices hingewiesen*). Andrerseits hatte Möbius 1827 in seinem barycentrischen Calcul, im 6. Kapitel des II. Abschnitts, das „geometrische Netz“ in der Ebene betrachtet, ein System von Punkten und Geraden der Ebene, das aus vier seiner Geraden ebenso ableitbar ist, wie die Flächen und Kanten einer Krystallgestalt aus vier Flächen unter ihnen. Aber Möbius hatte nicht bemerkt, dass er damit im Grunde eine Ableitung des Gesetzes der rationalen Indices aus dem Zonengesetze gegeben hatte; das bemerkt zu haben, ist das Verdienst Grassmanns. Möbius sagt selbst in seiner Arbeit „Ueber das Gesetz der Symmetrie der Krystalle“ (Leipzig 1849, ges. Werke Bd. II, S. 349—360), bei der Abfassung seines barycentrischen Calculs habe er die Untersuchungen über geometrische Netze für rein geometrische

*) Diese geschichtlichen Mittheilungen sind wesentlich der geometrischen Krystallographie von Liebisch entnommen (Leipzig 1881); vgl. da insbesondere S. 30. Bei Liebisch wird jedoch Grassmann gar nicht erwähnt, und in der That tritt Grassmanns Leistung neben denen von F. Neumann und Möbius zurück.

Spekulationen gehalten, ohne im Entferntesten den engen Zusammenhang zu ahnen, in welcher sie zu einer Haupteigenschaft der Krystalle stehen. Zuerst habe Grassmann darauf aufmerksam gemacht (eben in der Ausdehnungslehre von 1844).

Es ist vielleicht nicht überflüssig, wenn hier die Sätze, die Grassmann auf S. 281 ff. ohne Beweis ausspricht, durch die Grassmannschen Methoden abgeleitet werden.

Bei den Krystallgestalten kommt es nur auf die Richtungen der Flächen und der Kanten an, nicht auf ihre Lage im Raum; die Ausdehnungsgebilde erster und zweiter Stufe, das heisst also die Strecken und die Flächenräume von bestimmter Ebenenrichtung, sind daher sehr geeignet, um die Krystallgestalten analytisch zu behandeln. Das Zonengesetz sagt nun aus, dass jede Schnittlinie zweier Krystallflächen die Richtung einer möglichen Krystallkante liefert und dass jede Ebene, die zwei Krystallkanten parallel ist, die Richtung einer möglichen Krystallfläche liefert; ausserdem besagt das Gesetz noch, dass auf Grund dieses Princips aus vier Krystallflächen, von denen keine drei derselben Geraden parallel sind, oder aus vier Krystallkanten, von denen keine drei derselben Ebene parallel sind, alle möglichen Kanten und Flächen des Krystalls abgeleitet werden können.

Denken wir uns daher ein Tetraeder $ABCD$, das von vier Krystallflächen gebildet wird und bezeichnen wir die Strecken, die mit den Kanten DA, DB und DC gleich lang und gleichgerichtet sind, mit: a, b, c, so sind ab, bc, ca Flächenräume, die den Flächenräumen DAB, DBC, DCA proportional umd mit ihnen gleichgerichtet sind. Ferner werden die Kanten AB, BC, CA ihrer Länge und Richtung nach durch: $b-a$, $c-b$, $a-c$ dargestellt und ebenso die Fläche ABC ihrer Richtung nach durch: $ab+bc+ca$.

Eine zu den beiden Kanten DA und BC parallele Ebene wird nun ihrer Richtung nach durch das äussere Produkt $a(c-b)$ dargestellt, also ist $ac-ab$ eine mögliche Krystallfläche und ebenso natürlich $ba-bc$ und $cb-ca$. Die Verbindung einer dieser drei Ebenen mit den vier Ausgangsebenen liefert keine neue Krystallkante, dagegen erhält man durch paarweise Verbindung dieser drei Ebenen drei neue Krystallkanten. Um sie zu finden, müssen wir also zum Beispiel den Schnitt der beiden Ebenen $ac-ab$ und $ba-bc$ aufsuchen. Dieser Schnitt wird durch das eingewandte Produkt:

$$(ac-ab).(ba-bc)$$

dargestellt, das wegen:

$$ac-ab=a(c-b-a), \quad ba-bc=(c-b-a)b$$

nach S. 218 den Werth:

$$a(c-b-a)b.(c-b-a)=-abc.(c-b-a)$$

besitzt. Hier ist abc ein Theil des Hauptsystems (ein Körperraum), also wird die bewusste Kante durch $a+b-c$ dargestellt, und die beiden andern durch: $b+c-a$, $c+a-b$.

Durch Fortsetzung dieses Verfahrens erkennt man, dass jede mögliche Krystallfläche in der Form: $\lambda ab+\mu bc+\nu ca$ darstellbar ist und jede mögliche Krystallkante in der Form: $\lambda' a+\mu' b+\nu' c$, wo λ, μ, ν und λ', μ', ν' positive oder negative ganze Zahlen sind. Das aber ist eben der Inhalt der beiden Sätze S. 281, Z. 9–5 v. u. und S. 283, Z. 19—15 v. u.

Denkt man sich andrerseits vier Krystallkanten, von denen keine drei einer

Ebene parallel sind, so kann man immer vier diesen Kanten parallele Strecken so auswählen, dass wenn a, b, c drei von diesen Strecken sind, die vierte durch $a + b + c$ dargestellt wird. Das Zonengesetz zeigt dann wieder, dass ab, bc, ca Krystallflächen sind und dass jede mögliche Krystallfläche in der Form $\lambda ab + \mu bc + \nu ca$ darstellbar ist und jede mögliche Krystallkante in der Form: $\lambda' a + \mu' b + \nu' c$, unter λ, μ, ν, λ', μ', ν ganze Zahlen verstanden. Auf diesen Standpunkt, wo man von vier Krystallkanten ausgeht, stellt sich Grassmann auf S. 284, Z. 10—16 v. o., während er vorher immer von vier Krystallflächen ausgeht.

Noch ist zu bemerken, dass die beiden Sätze auf S. 284 etwas eingeschränkt werden müssen. Bei dem ersten ist nämlich die Darstellung als harmonische Vielfachensumme nur für solche Kanten möglich, die nicht der betreffenden Ebene parallel sind, und bei dem zweiten nur für solche Flächen, die nicht der betreffenden Kante parallel sind.

S. 284 ff., § 172. In der Ausdehnungslehre von 1862 ist die Theorie der offnen (lückenhaltigen) Produkte viel ausführlicher und viel klarer dargestellt; dort findet man auch Anwendungen dieser Theorie.

S. 291, Z. 18 v. o.: „zu finden", nämlich, ohne den Ausdruck vorher auf eine Summe von drei Quadraten zurückzuführen.

S. 291, Z. 15—10 v. u. Aus § 144 wird man das nicht sofort herauslesen, zur Erleichterung des Verständnisses sei daher Folgendes bemerkt:

Es sei u ein Punkt — der Ursprung der Träger — und a, b, c seien drei von einander unabhängige Strecken, dann lässt sich jede nicht durch u gehende Ebene in der Form:

$$P = xubc + yuca + zuab + abc$$

darstellen und jeder im Endlichen gelegene Punkt in der Form:

$$v = u + x'a + y'b + z'c,$$

wo x, y, z, x', y', z' Zahlen sind. Soll dieser Punkt v auf der Ebene P liegen, so muss:

$$(u + x'a + y'b + z'c)P = 0$$

sein, das heisst:

$$xx' + yy' + zz' = 1.$$

Die Abweichung der Ebene P von u ist nun nach S. 186 gleich der Ausweichung des Produktes

$$uP = uabc,$$

also ist diese Abweichung gleich abc, das heisst, sie wird $= 1$, wenn man $abc = 1$ setzt. Wird $Q = xbc + yca + zab$ gesetzt, was ein mit der Ebene P paralleler Flächenraum ist, und ferner: $p = x'a + y'b + z'c$, was eine mit der Liniengrösse uv parallele Strecke ist, so lässt sich die besprochene Abweichung auch in der Form: pQ darstellen, denn es wird: $pQ = abc$.

S. 293 f. Anhang I. Es ist nicht recht einzusehen, was Riemann und Helmholtz für ihre Zwecke aus den Entwickelungen der §§ 15—23 hätten entnehmen sollen. Mit mehr Recht hätte sich Grassmann darüber beklagen können, dass ihn Riemann bei der Einführung des Begriffs der n-fach ausgedehnten Mannigfaltigkeit nicht erwähnt hat; aber Riemann kannte wahrscheinlich die Ausdehnungslehre von 1844 gar nicht. Uebrigens hat Grassmann die betreffenden Arbeiten von Riemann und Helmholtz erst kurz vor seinem Tode kennen gelernt und ist nicht mehr dazu gekommen, sie eingehend zu studiren.

S. 295 f. Anhang II. Die Ausdrücke: „regressiv" und „ursprüngliche Einheiten", die hier vorkommen, kennt die Ausdehnungslehre von 1844 noch nicht, Grassmann hat sie erst später, in der Ausdehnungslehre von 1862 eingeführt.

S. 295, Z. 1 v. u.: „nach § 51". Gemeint ist auch hier wieder die unbewiesene Regel, nach der die Summe zweier Ausdehnungen gleicher Stufe nur dann wieder eine einfache Ausdehnung derselben Stufe ist, wenn beide in demselben Gebiete nächsthöherer Stufe enthalten sind. (Study.)

S. 296, Z. 11 f. v. o. C ist nicht das gemeinsame Gebiet von A und B_1, sondern es ist diesem gemeinsamen Gebiete untergeordnet. Dagegen ist C allerdings das gemeinsame Gebiet von A und $B + B_1$. Man kann nämlich setzen:

$$C = a_1 a_2 \ldots a_c, \qquad B = a_1 a_2 \ldots a_c \ldots a_{b-1} . u,$$
$$B_1 = a_1 a_2 \ldots a_{b-1} v, \quad A = C o D,$$

wo $a_1, a_2, \ldots, u$ und v unabhängige Grössen erster Stufe sind und wo D keinen Faktor erster Stufe mit B gemein hat. Dann wird:

$$B + B_1 = a_1 a_2 \ldots a_{b-1} (u + v)$$

und es sind auch $a_1, a_2 \ldots a_{b-1}$, $u + v$ von einander unabhängig, demnach hat A mit $B + B_1$ ausser den c Faktoren von C keinen Faktor erster Stufe gemein.

S. 296, Z. 7 v. u. $A . E_1$ ist hier als äusseres Produkt aufzufassen.

Zu Anhang III. Dieser Aufsatz stammt aus dem Jahre 1845 und steht in Grunerts Archiv Bd. VI auf S. 337—350; diese Seitenzahlen sind am Rande in eckigen Klammern beigefügt. Noch ist zu bemerken, dass die Ausdrücke „Kombinatorisches Produkt" und „Kombinatorische Faktoren erster Ordnung" (S. 301 f.) in der Ausdehnungslehre von 1844 noch nicht vorkommen.

Im letzten Bande dieser Ausgabe, wo die wissenschaftlichen Leistungen Grassmanns im Zusammenhange gewürdigt werden sollen, wird sich auch Gelegenheit finden, auf die Beziehungen zwischen dem Grassmannschen Kalkül und den Hamiltonschen Quaternionen genauer einzugehen. Es dürfte jedoch nicht unangebracht sein, schon hier mitzutheilen, was Hamilton über die Ausdehnungslehre geäussert hat.

In Hamiltons Lectures on Quaternions, Dublin 1853, liest man auf S. (62) der Vorrede in einer Anmerkung Folgendes: „It is propre to state here, that a species of *non-commutative multiplication* for inclined lines (äussere Multiplikation) occurs in a very original and remarkable work by Prof. H. Grassmann (Ausdehnungslehre, Leipzig 1844), which I did not meet with till after years had elapsed from the invention and communication of the quaternions: in which work I have also noticed (when too late to acknowledge it elsewhere) an employment of the symbol $\beta - \alpha$, to denote the *directed line* (Strecke), drawn from the point α to the point β. Nothwithstanding these, and perhaps some other coincidences of view, Prof. Grassmann's system and mine appear to be perfectly distinct and independent of each other, in their conceptions, methods, and results. At least, that the profound and philosophical author of the Ausdehnungslehre was not, at the time of its publication, in possession of the theory of the *quaternions*, which had in the preceding year (1843) been applied by me as a sort of organ or *calculus for spherical trigonometry*, seems clear from a passage of his Preface (Vorrede, p. XIV), in which he states (under date of June 28th, 1844), that he had not then succeeded in *extending the use of imaginaries from the plane to space*;

and generally that unsurmounted difficulties had opposed themselves to his attempts to construct, on his principles, a theory of *angles in space* (hingegen ist es nicht mehr möglich, vermittelst des Imaginären auch die Gesetze für den Raum abzuleiten. Auch stellen sich überhaupt der Betrachtung der Winkel im Raume Schwierigkeiten entgegen, zu deren allseitiger Lösung mir noch nicht hinreichende Musse geworden ist)."

Diese Aeusserung Hamiltons wird in bemerkenswerther Weise ergänzt durch eine Mittheilung, die ich der Güte des Herrn Professor O. Henrici in London verdanke. Dieser schrieb mir nämlich unterm 18. Januar 1893 Folgendes: In der Graves Library im University College befinde sich ein Exemplar der Originalausgabe der 1844er Ausdehnungslehre. Dieses Exemplar sei mit dem barycentrischen Calcul von Möbius zusammengebunden und sei augenscheinlich von einem Engländer sehr gründlich studirt worden. Ueberall seien Bleistiftstriche am Rande oder Stellen im Texte unterstrichen. Hamiltons Name komme zwar nicht vor, aber es sei unzweifelhaft, dass die Bemerkungen von Hamilton herrühren. Herr Prof. Henrici theilte mir zugleich die wichtigsten dieser Bemerkungen mit. Hier sind sie:

Vorrede S. XII. „Grassmann thus seems to have reinvented Double Algebra".

S. 71 gegenüber der 3-ten bis 8-ten Zeile (S. 100, Z. 1—6 v. o. der gegenwärtigen Ausgabe): „Not seen till 1853"*).

S. 102. His Zahlengrössen are my scalars**). He does not seem to introduce the conception of equal angles into his proportion of lines. His angles are identical (see fig. 12). See also p. 111..

S. 130. Consider this!

S. 145. He thinks that he first introduced the conception of directed lines .. the „Strecke".

S. 172. His line-magnitudes are on lines fixed in space.

Dass ich von Henrici gewisse Mittheilungen erhalten könne, die für die Grassmannausgabe von Werth seien, darauf hatte mich seinerzeit Gordan aufmerksam gemacht.

Anmerkungen
zur geometrischen Analyse.

Die „geometrische Analyse" ist die Beantwortung einer Preisaufgabe, die von der Fürstlich Jablonowski'schen Gesellschaft zu Leipzig gestellt worden war. Die Aufgabe wurde im Frühjahr 1844 für das Jahr 1845 gestellt und lautete folgendermassen***):

„Es sind noch einige Bruchstücke einer von Leibnitz erfundnen geometrischen Charakteristik übrig (s. Christi. Hugenii aliorumque seculi XVII. virorum

*) Das Jahr, in dem die Lectures erschienen sind.

**) Die Worte „my scalars" deuten, wie Herr Henrici bemerkt, klar auf Hamilton.

***) Leipziger Zeitung vom 9. März 1844, S. 877.

celebrium exercitationes mathematicae et philosophicae. Ed. Uylenbroek. Hagae comitum 1833. fasc. II, p. 6 *), in welcher die gegenseitigen Lagen der Orte, ohne die Grösse von Linien und Winkeln zu Hülfe zu ziehen, unmittelbar durch einfache Symbole bezeichnet und durch deren Verbindung bestimmt werden, und die daher von unsrer algebraischen und analytischen Geometrie gänzlich verschieden ist. Es fragt sich, ob nicht dieser Calcul wieder hergestellt und weiter ausgebildet, oder ein ihm ähnlicher angegeben werden kann, was keineswegs unmöglich zu sein scheint (vgl. Göttinger gelehrte Anzeigen 1834, S. 1940)" **).

Die Bewerbungsschriften sollten bis Ende November 1845 eingereicht werden. Im Frühjahr 1845 fasste jedoch die Gesellschaft einen andern Beschluss ***):

„Die beiden für das Jahr 1845 aufgegebenen Preisfragen

I. Aus der Geschichte . . .

II. Aus der Physik und Mathematik . . . †)

wiederholt die Gesellschaft, und indem sie dieselben mit der zweihundertjährigen Geburtstagsfeier Leibnitz's, eines gebornen Leipzigers, welche in die letzte Woche des Monats Juni 1846 fallen wird, in Beziehung setzt, dem gemäss also auch auf das Jahr 1846 ausdehnt und die Einsendungsfrist der unter I. und II. bezeichneten Preisschriften vom Ende d. M. November 1845 bis zum Ende des M. März 1846 verlängert, verdoppelt sie den dort angegebenen Preis, erhöht ihn also auf 48 Ducaten in Gold."

Ueber die oben mitgetheilte Preisaufgabe ging nur eine Arbeit ein, eben Grassmanns geometrische Analyse, und diese erhielt den Preis. Am 1. Juli 1846, bei der ersten Sitzung der neu begründeten Königlich Sächsischen Gesellschaft der Wissenschaften hielt Drobisch ausser seiner eigentlichen Festrede auch noch als Sekretär der Jablonowski'schen Gesellschaft eine Rede, in der er das Ergebniss der Preisbewerbung verkündete und auf Grund des, wahrscheinlich von Möbius verfassten Gutachtens der Jablonowski'schen Gesellschaft über Grassmanns Arbeit berichtete ††). Im Jahre 1847 erschien dann die geometrische Analyse als Nummer I †††) der „Preisschriften gekrönt und herausgegeben von der Fürstlich Jablonowski'schen Gesellschaft zu Leipzig". Begleitet war sie von einer erläuternden Abhandlung: „Die Grassmann'sche Lehre von Punktgrössen und den davon abhängigen Grössenformen, dargestellt von A. F. Möbius", s. dessen gesammelte Werke Bd. I, S. 613—633.

---

*) Hier liest man u. A. Folgendes: J'ajouterai ici un essai, qui me paraît considérable, et qui suffira au moins à rendre mon dessein plus croyable et plus aisé à concevoir, afin que, si quelque hazard en empêche la perfection à présent, ceci serve de monument à la postérité, et donne lieu à quelque autre d'en venir à bout.

**) Es ist das eine Stelle aus einer von Stern herrührenden Besprechung des Uylenbroekschen Werkes und zwar wird da kurz über die Leibnizsche Charakteristik berichtet.

***) Leipziger Zeitung vom 5. April 1845, S. 1301.

†) s. oben.

††) Die Rede Drobischs steht in dem 1. Bande der Berichte der Kgl. Ges. d. Wiss. zu Leipzig (1846, S. 45—48).

†††) Vorher waren die Preisschriften eine Reihe von Jahren hindurch unter dem Titel: „Acta societatis Jablonovianae nova" erschienen.

Dass die geometrische Analyse in der gegenwärtigen Ausgabe wieder abgedruckt werden kann, ist dem Entgegenkommen der Fürstlich Jablonowskischen Gesellschaft zu danken, die den Wiederabdruck bereitwilligst gestattet hat.

Die Aeusserungen Leibnizens über die Vorzüge einer solchen geometrischen Charakteristik, wie sie ihm in Gedanken vorschwebte, und die Andeutungen über die Ausführbarkeit dieses äusserst merwürdigen Gedankens, befinden sich in einer Beilage zu einem Briefe, den Leibniz am 8. September 1679 aus Hannover an Huygens geschrieben hat. Er sagt in diesem Briefe (s. das oben angeführte Werk von Uylenbroek, fasc. I, p. 9):

„Mais apres tous les progres que j'ay faits en ces matieres (nämlich in der Theorie gewisser Gleichungen), je ne suis pas encor content de l'Algebre, en ce qu'elle ne donne ny les plus courtes voyes, ny les plus belles constructions de Geometrie. C'est pourquoy lorsqu'il s'agit de cela, je croy qu'il nous faut encor une autre analyse proprement geometrique ou lineaire, qui nous exprime directement *situm*, comme l'Algebre exprime *magnitudinem*. Et je croy d'en voir le moyen, et qu'on pourroit representer des figures et mesme des machines et mouvements en caracteres, comme l'Algebre represente les nombres ou grandeurs: et je vous envoye un *essay* qui me paroist considerable. Il n'y a personne qui en puisse mieux juger que vous, Monsieur, et vostre sentiment me tiendra lieu de celuy de beaucoup d'autres.“ Dieser *essay* ist eben die vorhin erwähnte Beilage, die a. a. O. fasc. II, S. 6—12 abgedruckt ist. In „Leibnizens mathematischen Schriften“, herausgegeben von Gerhardt, findet man den essay in Bd. II, S. 20 ff. und auf S. 27 f. auch die Antwort von Huygens, die nicht gerade sehr günstig lautet. In Bd. V der eben genannten Ausgabe findet man überdies auf S. 141—178 aus dem Nachlasse von Leibniz noch zwei lateinisch geschriebene Abhandlungen über die Charakteristik, die aber nichts wesentlich neues enthalten.

Das Beste ist wohl, gleich den ganzen „essay“ wörtlich nach der Uylenbroek'schen Ausgabe hier abzudrucken, jedoch unter Weglassung der Figuren, da sich die jeder Leser ohne Weiteres selbst zeichnen kann, wenn er es überhaupt nöthig findet. Der „essay“ lautet so *):

J'ay trouvé quelques élémens d'une nouvelle characteristique, tout à fait differente de l'Algebre, et qui aura des grands avantages pour representer à l'esprit exactement et au naturel, quoyque sans figures, tout ce qui depend de l'imagination. 6

L'algebre n'est autre chose que la characteristique des nombres indeterminés, ou des grandeurs. Mais elle n'exprime pas directement la situation, les angles et le mouvement, d'où vient qu'il est souvent difficile de reduire dans un calcul ce qui est dans la figure, et qu'il est encor plus difficile de trouver des demonstrations et des constructions géometriques assez commodes lors meme que le calcul d'Algebre est tout fait. Mais cette nouvelle characteristique suivant des figures de vue, ne peut manquer de donner en meme temps la solution et la construction et la demonstration géometrique, le tout d'une maniere naturelle et par une analyse. C'est à dire par des voyes determinées.

L'algebre est obligée de supposer les elements de geometrie, au lieu que cette caracteristique pousse l'analyse j'usqu'au bout. Si elle estoit achevée de la

*) Grassmann selbst besass nur den „essay“, in einer Abschrift; er erzählt das in einem an H. Hankel gerichteten Briefe vom 2. Februar 1867.

7 maniere que je la conçois, on pourrait faire | en caracteres, qui ne seront que des lettres de l'Alphabet, la description d'une machine quelque composée qu'elle pourroit estre, ce qui donneroit moyen à l'esprit de la connoistre distinctement et facilement avec toutes les pieces et meme avec leur usage et mouvement sans se servir de figures ny de modelles et sans gener l'imagination, et on ne laisseroit pas d'en avoir la figure présente dans l'esprit autant que l'on se voudroit faire l'interpretation des caracteres. On pourroit faire aussi par ce moyen des descriptions exactes des choses naturelles, comme par ex. des plantes et de la structure des animaux, et ceux qui n'ont pas la commodité de faire des figures, pourveu qu'ils ayent la chose présente devant eux ou dans l'esprit, se pourront expliquer parfaitement et transmettre leurs pensées ou experiences à la posterité, ce qui ne se scauroit faire aujourd'huy, car les paroles de nos langues ne sont pas assés arrestées ny assés propres pour se bien expliquer sans figures.

Mais c'est la moindre utilité de cette caracteristique, car s'il ne s'agit que de la description, il vaudra mieux, quand on en peut et veut faire la dépense, d'avoir les figures et mesme les modelles, ou plustost les originaux des choses. Mais l'utitité principale consiste dans les conséquences et raisonnemens, qui se peuvent faire par les operations des caracteres, qui ne se scauroient exprimer par des figures (et encor moins par des modelles) sans les trop multiplier, ou sans les brouiller par un trop grand nombre de points et de lignes, d'autant qu'on seroit obligé de faire une infinité de tentatives inutiles: au lieu que cette methode meneroit seurement et sans peine.

Je croy qu'on pourroit manier par ce moyen la mécanique presque comme la géometrie, et qu'on pourroit mesme venir jusqu'à examiner les qualités des materiaux, par ce que cela dépend ordinairement de certaines figures, de leurs parties sensibles. Enfin je n'espere pas qu'on puisse aller assez loin en physique,
8 avant que d'avoir trouvé un tel abregé pour soulager | l'imagination. Car nous voyons par-exemple quelle suite de raisonnemens géométriques est necessaire pour expliquer seulement l'arc en ciel, qui est un des plus simples effects de la nature, par où nous pouvons juger combien de consequences seroient nécessaires pour penetrer dans l'interieur des mixtes, dont la composition est si subtile que le microscope, qui en decouvre bien plus que la cent-millieme partie, ne l'explique pas encor assés pour nous aider beaucoup. Cependant il y a quelque esperance d'y arriver en partie, quand cette analyse veritablement géometrique sera établie.

Mais comme je ne remarque pas que quelque autre ait jamais eu la meme pensée, ce qui me fait craindre qu'elle ne se perde, si je n'ai pas le tems de l'achever; j'adjouteray ici un essay, qui me paroist considerable, et qui suffira au moins à rendre mon dessein plus croyable et plus aisé à concevoir, afin que, si quelque hazard en empeche la perfection à present, ceçy serve de monument à la posterité, et donne lieu à quelque autre d'en venir à bout.

Or, il est constant qu'il n'y a rien de plus important dans la géometrie que la consideration des lieux; c'est pourquoy j'en exprimeray un des plus simples par cette maniere de caracteres.

Les lettres de l'alphabet signifieront ordinairement les points des figures. Les premières lettres, comme A, B, exprimeront les points donnés; les derniers, comme x, y, les points demandés. Et au lieu qu'on se sert des égalités ou equations dans l'algebre, je me sers icy des congruités que j'exprime par le caractère ♉. Par ex. dans la premiere figure ABC ♉ DEF veut dire qu'il y a de la congruité entre les deux triangles ABC et DEF suivant l'ordre des points, qu'ils peuvent occuper exactement la meme place, et qu'on peut appliquer ou mettre l'un sur l'autre sans rien changer dans ces deux figures que la place. Ainsi en appliquant *D* sur *A* et *E* sur *B* et *F* sur *C*, les deux triangles (estans posés egaux et semblables) seront manifestement | coincidents. Mais sans parler 9 des triangles, on en peut dire autant en quelque façon des points, scavoir *ABC* ȣ *DEF*, dans la seconde figure, (fig. 2) c'est à dire, on pourra mettre en mesme temps *A* sur *D*, et *B* sur *E*, et *C* sur *F*, sans que la situation des trois points *ABC* entre eux, ny des trois points *DEF* entre eux, soit changée; supposant les trois premiers joints par quelques lignes inflexibles (droites ou courbes n'importe) et les trois autres de meme. Après cette explication des caracteres, voicy les lieux:

Soit *A* ȣ *Y* (dans la fig. 3) c'est à dire, soit un point donné *A*. On demande le lieu de tous les points *Y* ou (*Y*) etc. qui ont de la congruité avec le point *A*. Je dis que le lieu de tous les *Y* sera *l'espace infini* de tous cotés. Car tous les points du monde ont de la congruité entre eux, c'est à dire l'un se peut tousjours mettre à la place de l'autre. Or tous les points du monde sont dans un meme espace. On peut aussi exprimer ce lieu ainsi *Y* ȣ (*Y*). Tout cela est trop manifeste, mais il falloit commencer par le commencement.

Soit (dans la fig. 4) *AY* ȣ *A* (*Y*). Le lieu de tous les *Y* sera la surface de la sphere, dont le centre est *A*, et le rayon *AY*, tousjours le meme en grandeur, ou égal à la donné *AB* ou *CB*. C'est pourquoi on peut aussi exprimer le mesme lieu ainsy: *AB* ȣ *AY* ou *CB* ȣ *AY*.

Soit (dans la 5e. fig.) *AX* ȣ *BX*; le lieu de tous les *X* sera le plan. Deux points *A* et *B* estant donnés, on demande un troisième *X*, qui ait la mesme situation à l'égard du point *A*, qu'il a à l'égard du point *B*, [c'est à dire que *AX* soit égale ou (parce que toutes les droites égales sont congruentes) congruente à *BX*, ou que le point *B* se puisse appliquer au point *A*, gardant la mesme situation qu'il avoit à l'égard du point *X*] je dis que tous les points *X* (*X*) d'un certain plan seul, continué à l'infini, satisferont à la question. Car comme *AY* ȣ *BY* de mesme *A*(*Y*) ȣ *B*(*Y*). | Mais il n'y en aura point qui satisfasse 10 hors de ce plan. C'est pourquoy ce plan continué à l'infini sera le lieu commun de tous les points du monde, qui sont situés à l'égard de *A*, comme à l'égard de *B*. [Il s'ensuit que ce plan passera par le milieu de la droite *AB*, qui luy est perpendiculaire.]

Soit (dans la 6e. fig.) *ABC* ȣ *ABY*; le lieu de tous les *Y* sera la circulaire. C'est à dire, il y a trois points donnés *A*, *B*, *C*, on demande un quatrieme *Y*, qui a la meme situation que *C* à l'egard de *AB*. Je dis qu'il y a une infinité de points qui peuvent satisfaire, et le lieu de tous ces points est la circulaire. Cette description ou definition de la ligne circulaire ne présuppose pas le plan (comme celle d'Euclide) ny mêmes la droite. Cependant il est manifeste que son centre est *D*, au milieu entre *A* et *B*. On pourroit aussi dire ainsi: *ABY* ȣ *AB*(*Y*), car alors le lieu seroit un cercle, mais qui ne seroit pas donne. C'est pourquoy il faut adjouter un point donné. L'on se peut imaginer que les points *AB* demeurant fixes, et que le point *C* attaché à eux par quelques lignes inflexibles (droites ou courbes) et par consequent gardant la meme situation à leur égard, soit tourné à l'entour de *A*, *B*, pour decrire la circulaire *CY*(*Y*). On peut juger par là que la situation d'un point à l'égard d'un autre peut estre conçue sans exprimer la ligne droite, pourveu on les conçoive joints par quelque ligne que ce soit. Et si la ligne est posée inflexible, la situation des deux points entre eux sera immutable. Et deux points peuvent estre conçus avoir la mesme situation entre eux que deux autres points, si les uns peuvent estre joints par une ligne qui puisse estre congrue avec la ligne qui joint les autres. Je dis cecy, à fin qu'on voye que ce que j'ay dit jusqu'ici ne depend pas encor de la ligne droite (dont je vay donner la definition), et qu'il y a difference entre A, C, situation de A et C entre eux et la droite AC.

11 Soit (dans la fig. 7) $AY \,ȣ\, BY \,ȣ\, CY$; le lieu de tous les Y sera *la droite*. C'est à dire, trois points estant donnés, on demande un point Y, qui a la meme situation à l'égard de A, qu'il a à l'égard de B, et qu'il a à l'égard de C. Je dis que tous ces points tomberont dans la droite infini $Y(Y)$. Si tout estoit dans un même plan, deux points donnés suffiroient pour determiner ainsi la droite.

Soit enfin (dans la 8ᵉ. fig.) $AY \,ȣ\, BY \,ȣ\, CY \,ȣ\, DY$; le lieu sera un seul *point*; car on demande un point Y, qui ait la mesme situation à l'égard de quatre points donnés A, B, C, D; c'est à dire que les droites AY, BY, CY, DY soient égales entre elles; et il n'y a qu'un seul qui puisse satisfaire.

Ces mesmes lieux se peuvent exprimer en plusieurs autre façons, mais celles-cy sont des plus simples et des plus fécondes et peuvent passer pour des definitions. Et pour faire voir que ces expressions servent au raisonnement, je monstreray par les caracteres, avant que de finir, ce qui est produit par l'intersection de ces lieux.

Premièrement: *l'intersection de deux surfaces spheriques est une ligne circulaire.* Car puisque l'expression de la circulaire est $ABC \,ȣ\, ABY$, nous aurons $AC \,ȣ\, AY$ et $BC \,ȣ\, BY$, dont les lieux sont deux surfaces spheriques, l'une ayant le centre A et le rayon AC, l'autre le centre B et le rayon BC.

De mesme: *l'intersection d'un plan et de la spherique est une ligne circulaire.* Car l'expression d'une spherique est $AC \,ȣ\, AY$, et celle d'un plan est $AY \,ȣ\, BY$, et par consequent $AC \,ȣ\, BC$, parce que le point C est un des points Y. Or BC estant $ȣ\, AC$, et $AC \,ȣ\, AY$; nous aurons $BC \,ȣ\, AY$, et AY estant $ȣ\, BY$, nous aurons $BC \,ȣ\, BY$. Joignons ces congruités, et nous aurons $A.B.C \,ȣ\, A.B.Y$, c'est à dire

$$AB \,ȣ\, AB, \quad BC \,ȣ\, BY, \quad AC \,ȣ\, AY.$$

Or $ABC \,ȣ\, ABY$ est à la circulaire, donc l'intersection d'un plan et d'une surface spherique donne la circulaire. Ce qu'il falloit demontrer par cette sorte de calcul. —

12 De la même façon il paroit que | *l'intersection de deux plans est une droite.* Car soyent deux congruités, l'une $AY \,ȣ\, BY$ pour un plan, l'autre $AY \,ȣ\, CY$ pour l'autre plan, nous aurons $AY \,ȣ\, BY \,ȣ\, CY$, dont le lieux est la droite. Enfin, *l'intersection de deux droites est un point.* Car soit $AY \,ȣ\, BY \,ȣ\, CY$ et $BY \,ȣ\, CY \,ȣ\, DY$, nous aurons $AY \,ȣ\, BY \,ȣ\, CY \,ȣ\, DY$.

Je n'ay qu'une remarque à adjouter, c'est que je vois qu'il est possible d'étendre la caracteristique jusqu'aux choses, qui ne sont pas sujettes à l'imagination; mais cela est trop important et va trop loin pour que je me puisse expliquer la-dessus en peu de paroles.

Wir kehren jetzt zur „geometrischen Analyse" zurück. In gewissem Sinne ist diese Abhandlung Grassmanns ein Ersatz für den nicht erschienenen zweiten Theil der Ausdehnungslehre von 1844. Sie enthält wenigstens die Theorie des inneren Produktes und gewisse Anwendungen auf die Mechanik, alles Gegenstände, die in diesem zweiten Theile dargestellt werden sollten (vgl. S. 11—14), und man kann sich daher ein Bild machen, in welcher Weise ungefähr Grassmann die genannten Theorien in diesem zweiten Theile behandelt haben würde. Allerdings ist ein beträchtlicher Theil der geometrischen Analyse (von § 11 an) offenbar sehr schnell niedergeschrieben und entbehrt noch sehr der Feile, ein Umstand, der das Verständniss erheblich erschwert.

Die erläuternde Abhandlung von Möbius hier mit abzudrucken, erschien unnöthig. Es wird genügen, wenn nachher in einer Anmerkung kurz die Art und Weise auseinandergesetzt wird, wie Möbius die innere Multiplikation der Punktgrössen der Anschauung zugänglich zu machen sucht. Doch jetzt zu den einzelnen Stellen der geometrischen Analyse, bei denen Bemerkungen wünschenswerth erscheinen.

S. 329, Z. 16 ff. v. o. Der Leibniz sche Gedanke, Alles auf die Kugel zurückzuführen, tritt in den neueren Untersuchungen über die Grundlagen der Geometrie öfter auf, allerdings ohne dass auf Leibniz Bezug genommen wird. So zum Beispiel bei Lobatschewskij und Bolyay, die freilich damals den Leibnizschen Aufsatz noch gar nicht kennen konnten. Ferner stellt sich Helmholtz in seiner bekannten Abhandlung, die schon auf S. 293 erwähnt ist, im Grunde geradezu die Aufgabe, alle Geometrien des gewöhnlichen Raumes zu finden, zu denen man von dem Begriff der Kugel aus gelangen kann. Einen ähnlichen Weg hat dann später auch de Tilly eingeschlagen. Allerdings hat weder Helmholtz noch de Tilly das Problem erledigt und erst Lie hat mit Hülfe seiner Gruppentheorie nachgewiesen, dass man wirklich nur zu der Euklidischen Geometrie oder zu einer der beiden nicht Euklidischen Geometrien gelangt, dabei vorausgesetzt, dass die Punkte des Raumes durch Koordinaten bestimmt werden können und dass die Kugeln durch Gleichungen dargestellt werden, die eine gewisse Anzahl von Differentiationen gestatten (vgl. Lies Theorie der Transformationsgruppen, bearbeitet unter Mitwirkung von F. Engel, Bd. III, S. 393 ff., Leipzig 1893).

S. 331, Z. 1 v. o. Dem „zuerst“ entsprechend erwartet man später ein „zweitens“, aber dieses „zweitens“ kommt nicht.

S. 340 f. (§ 5). Unter abc ist natürlich das äussere Produkt der drei Punkte a, b, c zu verstehen. Die beiden Verhältnisse, durch die die Kollinearfunktion in der Ebene bestimmt wird, sind Doppelverhältnisse im gewöhnlichen Sinne des Worts. Der Quotient:

$$\frac{(eab)\,(ecd)}{(ead)\,(ecb)}$$

zum Beispiel ändert seinen Werth nicht, wenn man c und d durch: $c' = c - \lambda e$, $d' = d - \mu e$ ersetzt. Wählt man insbesondere λ und μ so, dass c' und d' in die Gerade ab fallen, das heisst:

$$\lambda = \frac{(abc)}{(abe)}, \quad \mu = \frac{(abd)}{(abe)},$$

so reducirt sich jener Quotient auf das Doppelverhältniss der vier Punkte: a', b', c', d', er stellt somit nichts andres dar, als das Doppelverhältniss der vier Strahlen: ea, eb, ec, ed.

S. 350. Der Begriff „des senkrecht proportionalen“ ist in der Ausdehnungslehre von 1862 durch den bestimmteren der „Ergänzung“ ersetzt. Dadurch wird eine ganz allgemeine Definition des inneren Produktes ermöglicht, bei der es nicht mehr, wie hier auf S. 352 f., nöthig ist, für jeden einzelnen Fall eine besondere Definition aufzustellen. Auch das Zeichen $\times$ für die innere Multiplikation wird durch die Einführung des Zeichens für die Ergänzung überflüssig.

S. 356, Z. 9 v. o.: „fortschreitend", das heisst, die drei Seiten werden als Strecken aufgefasst und zwar so, dass die eine die Summe der beiden andern ist, also, wenn ABC das Dreieck ist, so sind $B-A$, $C-B$ und $C-A$ die drei Seiten.

S. 364, Z. 1 v. u.: a^2, b^2, c^2 sind innere Quadrate.

S. 365, Z. 9 v. o. Das alles wird wesentlich einfacher, wenn man, wie Grassmann es in der Ausdehnungslehre von 1862 wirklich thut, den Ausdruck $a^2 f$ direkt als Funktion der Punkte: $p_1, p_2, \ldots$ darstellt. Es ist ja:

$$x_1 = \frac{(p_1-g)\times a}{a^2}, \quad y_1 = \frac{(p_1-g)\times b}{a^2}, \quad \ldots$$

also wird:

$$F(p_1, p_2, \ldots) = a^2 f\left(\frac{(p_1-g)\times a}{a^2}, \quad \frac{(p_1-g)\times b}{a^2}, \ldots\right)$$

und demnach:

$$\delta F = \left(a\frac{\delta f}{\delta x_1} + b\frac{\delta f}{\delta y_1} + c\frac{\delta f}{\delta z_1}\right)\delta p_1 + \cdots.$$

S. 368, Z. 12 v. o.: „zweiter Dimension" im Sinne von S. 364, Z. 6—8 v. o.

S. 372—374. Die hier aufgestellten Sätze und Erklärungen sind, wie sie gefasst sind, kaum vollständig zu verstehen. Der Gedankengang, der Grassmann zu ihnen geführt hat, scheint folgender gewesen zu sein:

Jede Gleichung zwischen äusseren Produkten von Punkten: $p_1, p_2, \ldots$ hat die Eigenschaft, auch dann noch bestehen zu bleiben, wenn man für die Punkte ihre Abweichungen: $p_1 - r$, $p_2 - r, \ldots$ von einem beliebigen Punkte r setzt. Jede solche Gleichung lässt sich nämlich auf die Form:

$$p . A + B = 0$$

bringen, wo p ein Punkt ist und A und B Summen von Ausdehnungsgrössen, also von äusseren Streckenprodukten, in denen nur die Differenzen der Punkte vorkommen. Setzt man nun statt aller in dieser Gleichung vorkommenden Punkte ihre Abweichungen von irgend einem Punkte r, so ändern sich A und B nicht und die Gleichung geht über in:

$$(p-r) . A + B = 0,$$

diese aber sagt nichts andres aus, als dass die Abweichung der Grösse $p . A + B$ von dem Punkte r verschwindet, was nach S. 186f. der Fall ist, sobald $p . A + B$ verschwindet. Hierin liegt zugleich, dass eine Gleichung zwischen äusseren Produkten von Punkten dann und nur dann richtig ist — um Grassmanns Ausdruck zu gebrauchen —, wenn auch die Gleichung richtig ist, die entsteht, sobald man statt aller Punkte ihre Abweichungen von einem ganz beliebigen Punkte setzt. Demnach lassen sich alle Gleichungen zwischen äusseren Produkten von Punkten durch Gleichungen zwischen äusseren Produkten von Strecken ersetzen.

Diesen Satz über äussere Produkte von Punkten benutzt nun Grassmann als ein Princip, von dem er verlangt, dass es auch für die inneren Produkte gelten soll. Wenn er eine Gleichung zwischen inneren Produkten von Punkten hat, so setzt er fest, dass diese Gleichung nur dann richtig sein soll, wenn die Gleichung zwischen inneren Streckenprodukten richtig ist, die entsteht, sobald man für jeden Punkt seine Abweichung von einem beliebigen Punkte setzt. Hierdurch hat er den Vortheil, dass alle die „Gesetze", das heisst, die Rechnungsregeln, die früher für innere Streckenprodukte abgeleitet worden sind, unmittelbar auf die Punkte angewendet werden können. Es sind das die Gesetze, die in den Gleichungen:

$$a \times b = b \times a$$

$$a \times (b + c) = a \times b + a \times c, \quad (b + c) \times a = b \times a + c \times a$$

ausgesprochen sind, unter a, b, c Strecken verstanden; diese Rechnungsregeln gelten nun auch sofort, wenn a, b, c Punkte sind.

Allerdings ist damit nur die Möglichkeit gegeben, formell mit inneren Produkten von Punkten und Punktgrössen zu rechnen, es ist aber noch nicht erklärt, was nun eigentlich unter dem inneren Produkte zweier Punkte zu verstehen ist.

S. 376 ff. Es ist wohl nicht zu bezweifeln, dass Grassmann das innere Produkt eines Punktes in eine Strecke und das zweier Punkte rein formell aufgefasst hat. Diese Produkte sind für ihn Grössen in demselben Sinne, wie die formelle Summe oder Summengrösse. Man erinnere sich nur an das, was er auf S. 108 über die formelle Summe sagt: „Um ihre konkrete Bedeutung zu gewinnen, müssten wir ... aufsuchen, wie sich die Form der Summe, die in dem Werth der Stücke besteht, ändern könne, ohne dass der Werth der Summe selbst sich ändere. Dadurch erhalten wir eine Reihe von konkreten Darstellungen jener formellen Summe, und die Gesammtheit dieser möglichen Darstellungen in Eins zusammengeschaut, wie die Arten einer Gattung (nicht wie die Theile eines Ganzen), würde uns den konkreten Begriff vor Augen legen". Und nun vergleiche man, was er auf S. 382 über die Bedeutung des inneren Produktes von Punkt und Strecke sagt: „diese Bedeutung hängt von der Beantwortung der Frage ab, wann zwei solche Produkte ... gleichgesetzt werden können" und kurz darauf: „so bestimmt jene Strecke und diese Ebene den Begriff jenes inneren Produktes".

Es ist nicht zu verkennen, dass diese Auffassung der Begriffe Summe und Produkt etwas fremdartiges hat, ja sie steht sogar mit der ursprünglich von Grassmann eingeführten Auffassung dieser Begriffe in Widerspruch, denn eine Summe oder ein Produkt ist nach dieser Auffassung das Ergebniss einer Verknüpfung von zwei Gliedern und ist daher durch diese beiden Glieder vollständig bestimmt. Die Betrachtung aller der Werthe der Faktoren, für die das Produkt denselben Werth behält, hat mit dem Begriffe des Produktes an sich nicht das Geringste zu thun. Andrerseits ist es aber auch wünschenswerth, sich unter dem inneren Produkte zweier Punktgrössen etwas vorstellen zu können, was dem gewöhnlichen Begriffe des Produktes entspricht und was doch der geometrischen Anschauung zugänglich ist.

Eine derartige Auffassung des inneren Produktes zweier Punktgrössen hat Möbius in der oben erwähnten Abhandlung entwickelt, die er der geometrischen Analyse zur Erläuterung beifügte. Möbius denkt sich nämlich die „Punkte" und „Punktgrössen", von denen auf S. 376 ff. die Rede ist, nicht etwa als mit Gewichten behaftete Punkte, im Sinne des barycentrischen Kalkuls oder der Ausdehnungslehre von 1844, sondern er denkt sie sich als Strecken, die von einem festen Punkte (dem Ort der Punktgrösse) und von einem veränderlichen Punkte begränzt sind. Für diese Auffassung erscheinen also die Grassmannschen Symbole a und αa nur als Abkürzungen für die einfachen und vielfachen Strecken: $a - x$ und $\alpha(a - x)$, unter x einen veränderlichen Punkt verstanden. Das innere Produkt $a \times b$ bekommt dadurch eine anschauliche Bedeutung, denn es ist nur eine Abkürzung für das innere Streckenprodukt: $(a - x) \times (b - x)$. Eine Gleichung zwischen solchen Produkten wird richtig gesetzt, wenn sie richtig ist für jede Lage des veränderlichen Punktes x. Die Differenz zweier „Punkte" a und b

ist natürlich auch bei dieser Begriffsbestimmung die Strecke $a - b$, da der veränderliche Punkt x aus dem Ausdruck: $(a - x) - (b - x)$ herausfällt.

Zum Beispiel sind die von Grassmann auf Seite 376 f. geschriebenen Gleichungen:

$$a^2 - b^2 = \frac{a+b}{2} \times 2(a - b)$$

und

$$a^2 - p^2 = (a + p) \times (a - p)$$

für diese Auffassung weiter nichts als Abkürzungen der folgenden Gleichungen, die richtig sind für jede Lage des veränderlichen Punktes x:

$$(a - x)^2 - (b - x)^2 = \left(\frac{a+b}{2} - x\right) \times 2(a - b)$$

und:

$$(a - x)^2 - p^2 = (a + p - x) \times (a - p - x).$$

Der Leser wird hiernach keine Schwierigkeit haben, sich die Grassmannschen Entwickelungen in diesem Sinne zurecht zu legen.

Es muss aber ausdrücklich betont werden, dass der Wortlaut der Grassmannschen Ausführungen nirgends erkennen lässt, dass Grassmann sich die Punktgrössen hier in der von Möbius angegebenen Weise gedacht hat. Es wäre auch geradezu unerhört, wenn Grassmann in der zweiten Hälfte seiner Arbeit unter Punktgrössen plötzlich etwas andres verstanden hätte, als in der ersten, ohne auch nur ein Wort darüber zu sagen. Die Möbiussche Auffassung kann daher nur als ein Versuch gelten, die Grassmannschen Begriffe der Anschauung näher zu bringen, sie bringt aber nicht das zum Ausdruck, was sich Grassmann selbst gedacht hat.

Dass Möbius selbst die Sache so aufgefasst hat, das zeigt nicht nur der Anfang seiner erläuternden Abhandlung, sondern es bestätigt sich auch noch auf andre Weise. In dem Nachlasse von Möbius, der von Herrn Reinhardt in musterhafter Weise geordnet worden ist und der jetzt als Möbiusarchiv auf der Leipziger Sternwarte aufbewahrt wird, befinden sich auch eine Reihe von Notizen über die geometrische Analyse. Es sind das jedenfalls die Entwürfe zu einem Gutachten, das Möbius für die Jablonowskische Gesellschaft abgefasst hat*). Da heisst es unter Anderm:

„Niemand wird sich unter dem inneren Produkt aus einem Punkt in eine gerade Linie, was hier eine Plangrösse heisst, oder unter dem innern Produkt zweier Punkte, einer Kugelgrösse, etwas anschauliches denken können. Die Einführung solcher Scheingrössen erschwerte mir besonders das Studium des letzten Theiles der Abhandlung und es wurde dieser erst dann mir verständlich und geniessbar, als ich fand, dass alle jene Scheingrössen als abgekürzte Ausdrücke gewisser wirklicher Grössen angesehen werden können, und dass man letztere bloss für die ersteren zu substituiren hat, um von der Bedeutung der betreffenden Formeln eine vollkommene klare Vorstellung zu erhalten."

Uebrigens hebt Möbius auch noch mit Recht hervor, dass Grassmann gar keine Anwendungen seiner inneren Grössen giebt, und erwähnt, dass er selbst,

*) Die betreffenden Manuskripte findet man in dem Möbiusarchiv unter III, B, 8; vgl. die Mittheilungen über dieses Archiv in den Leipziger Berichten von 1889, S. 14 ff.

im Crelleschen Journale Bd. 26 auf S. 26 ff., Sätze entwickelt habe, auf die sich die Rechnung mit Kugelgrössen sehr gut anwenden lasse. In den gesammelten Werken von Möbius stehen diese Sätze in Bd. I auf S. 581—588.

Study ist mit der auf S. 422 f. entwickelten Auffassung des inneren Produktes zweier Punktgrössen nicht einverstanden. Er erkennt zwar an, dass der Wortlaut der geometrischen Analyse zu einer solchen formellen Auffassung nöthigt, er ist aber andrerseits überzeugt, dass Grassmann ursprünglich dieses innere Produkt anders aufgefasst hat, etwa so wie Möbius; nur durch seine Neigung zur Abstraktion sei Grassmann dazu geführt worden, den Begriff jenes Produktes so rein formell zu fassen.

S. 383, Z. 14—11 v. u. Man erinnere sich ausserdem, dass auch von den beiden Gleichungen: $\mathrm{S}P = 0$ und $\mathrm{S}p = 0$ jede aus der andern folgt (Satz 6, S. 351).

S. 387, Z. 7 v. o.: „ihr Quadrat", nämlich das Quadrat von p.

S. 389—394 (§ 22). A und B sind hier Kugelgrössen vom Gewicht Eins.

Im vierten Bande der gesammelten Werke von Möbius ist auf S. 663—697 aus dem Möbiusschen Nachlasse eine Abhandlung abgedruckt, die aus dem Jahre 1862 stammt und den Titel trägt: „Ueber geometrische Addition und Multiplikation". Möbius giebt hierin eine zusammenhängende Darstellung seiner eigenen und der Grassmannschen Untersuchungen über diesen Gegenstand. Entstanden ist diese Arbeit offenbar deshalb, weil sich Möbius von der Grassmannschen Darstellung nicht befriedigt fühlte (vgl. a. a. O. S. 720 f.).

Sachregister

zur Ausdehnungslehre von 1844 und zur geometrischen Analyse.*)

*) Die cursiv gedruckten Seitenzahlen beziehen sich auf die geometrische Analyse; in runde Klammern eingeschlossen sind die Seitenzahlen, die sich auf den Anhang III zu A_1 beziehen (S. 297—312), die Seitenzahlen in eckigen Klammern beziehen sich auf die beiden Anhänge I und II zu A_1 (S. 293—296).

Berichtigungen.

S. 19 in der Kopfüberschrift, statt A_4 lies A_1.
S. 102, Z. 8 v. o. statt „Gebiete“ lies „Systeme“.
S. 289, Z. 3 v. u. statt $\frac{c}{\sqrt{c}}$ lies $\frac{c}{\sqrt{C}}$.

CPSIA information can be obtained
at www.ICGtesting.com
Printed in the USA
BVHW032022151222
654336BV00008B/212